国外含油气盆地丛书

欧洲含油气盆地

朱伟林　杨甲明　杜　栩等　著

科学出版社

北京

内 容 简 介

本书以"有多少油气"、"这些油气是如何分布的"和"控制油气分布的主要区域地质背景和石油地质背景是什么"为主线，全面介绍欧洲区域地质背景、含油气盆地类型及其基本地质特征，重点描述具有典型意义的 6 个含油气盆地。

本书可供石油勘探开发研究人员以及石油和地质院校相关专业的师生参考。

图书在版编目(CIP)数据

欧洲含油气盆地/朱伟林，杨甲明，杜栩等著. —北京：科学出版社，2011
（国外含油气盆地丛书）
ISBN 978-7-03-032815-1

Ⅰ. 欧… Ⅱ. ①朱… ②杨… ③杜… Ⅲ. 含油气盆地-研究-欧洲
Ⅳ. P618.130.2

中国版本图书馆 CIP 数据核字（2011）第 237515 号

责任编辑：罗 吉 卜 新／责任校对：包志虹
责任印制：赵 博／封面设计：王 浩

科 学 出 版 社 出版
北京东黄城根北街 16 号
邮政编码：100717
http://www.sciencep.com

中国科学院印刷厂 印刷
科学出版社发行 各地新华书店经销

*

2011 年 12 月第 一 版　　开本：787×1092　1/16
2011 年 12 月第一次印刷　　印张：39 3/4
印数：1—1 600　　　　　　　字数：940 000

定价：**198.00** 元
（如有印装质量问题，我社负责调换）

《欧洲含油气盆地》

主要作者： 朱伟林　杨甲明　杜　栩

参撰人员： 李江海　甘克文　刘祚冬　詹艳涛
　　　　　　　程海艳　张立伟　黄　荣　王　凯

丛 书 序

我国海洋石油工业起步较晚。20 世纪 80 年代对外开放以来，中国海洋石油总公司和各地分公司在与国际石油公司合作勘探开发海洋油气过程中全方位引进和吸收了许多先进技术，并在自营勘探开发海洋油气田中发展和再创新这些技术。目前，中国海洋石油总公司在渤海、珠江口、北部湾、莺歌海和东海等盆地合作和自营开发 107 个油田，22 个气田。2010 年，生产油气当量已超过 5 000 万 t，建成一个"海上大庆"，成绩来之不易。

进入 21 世纪，中国海洋石油总公司将"建设国际一流能源公司"作为企业发展目标，在党中央、国务院提出利用国际、国内两种资源，开辟国际、国内两个市场的决策下，中国海洋石油总公司开始涉足跨国油气勘探、开发业务。迄今已在海外多个石油区块进行投资，合作勘探开发油气田。

我国各大石油集团公司在国际油气勘探开发方面时间短，经验少。我国多数石油地质科技工作者对国外含油气盆地缺乏感性认识和实践经验。因此，在工作中系统调查研究海外油气地质资料，很有必要。自 2011 年起，由中国海洋石油总公司朱伟林主编的《国外含油气盆地丛书》（共 11 册）由科学出版社出版。该丛书包括《全球构造演化与含油气盆地（代总论）》和《欧洲含油气盆地》、《中东含油气盆地》、《北美洲含油气盆地》、《南美洲含油气盆地》、《俄罗斯含油气盆地》、《中亚-里海含油气盆地》、《环北极圈含油气盆地》、《非洲含油气盆地》、《南亚-东南亚含油气盆地》、《澳大利亚含油气盆地》，对区域构造、沉积背景、油气地质特征、油气资源、成藏模式及有利目标区和已开发典型含油气盆地、重要油气田等进行详细阐述。该丛书图文并茂，资料数据丰富，为从事海外油气业务的领导、技术专家、工作人员和关心石油工业的学者、高等学校师生提供极其有益的参考。在此，我谨对该丛书作者所做的贡献表示祝贺！

中国科学院院士

李德生

2011 年 11 月于北京

丛 书 前 言

改革开放以来，我国各大石油集团公司相继走上国际化的发展道路，除了吸引国际石油公司来华进行油气勘探开发投资外，纷纷走出国门，越来越多地参与世界范围内含油气盆地的油气勘探开发。

然而，世界含油气盆地数量众多，类型复杂，石油地质条件迥异，油气资源分布极度不均。油气勘探走出国门，迈向世界，除了面临政治、宗教、文化、环境差异等一系列困难外，还存在对世界不同类型含油气盆地地质条件和油气成藏特征缺乏系统、全面的认识和掌握等问题。此外，海外区块的勘探时间常常受到合同期的制约。因此，如何迅速、全面地了解世界范围内主要含油气盆地的地质特征和油气分布规律，提高海外勘探研究和决策的水平，降低海外勘探的风险，至关重要。出版《国外含油气盆地丛书》，以飨读者，正当其时。

本丛书在中国海洋石油总公司走向海外的勘探历程中，对世界 400 多个主要含油气盆地进行系统的资料搜集、分析和总结，在此基础上，系统阐述世界主要含油气盆地的区域构造背景、主要盆地类型及其石油地质条件，剖析典型盆地的含油气系统及油气成藏模式，未过多涉及石油地质理论的探讨，而是注重丛书的资料性和实用性，旨在为我国石油工业界同人以及从事世界含油气盆地研究的学者提供一套系统的、适用的工具书和参考资料。

《国外含油气盆地丛书》共 11 册，包括《全球构造演化与含油气盆地（代总论）》、《欧洲含油气盆地》、《中东含油气盆地》、《北美洲含油气盆地》、《南美洲含油气盆地》、《俄罗斯含油气盆地》、《中亚-里海含油气盆地》、《环北极圈含油气盆地》、《非洲含油气盆地》、《南亚-东南亚含油气盆地》、《澳大利亚含油气盆地》。

本丛书主编为朱伟林，副主编为崔旱云、杨甲明、杜栩，委员为马立武、马前贵、王志欣、王春修、白国平、江文荣、李江海、李进波、李劲松、吴培康、陈书平、邵滋军、季洪泉、房殿勇、胡平、胡根成、钟锴、侯贵廷、宫少波、聂志勐，中国海洋石油总公司勘探研究人员以及国内相关科研院校的数十位专家和学者参加编写。在此，向参与本丛书编写和管理工作的团队全体成员表示诚挚的谢意！

本丛书各册会陆续出版，因作者水平有限，不足之处在所难免，恳请广大读者批评、指正，以便不断完善。

主　编
2011 年 11 月

前　言

　　《欧洲含油气盆地》是中国海洋石油总公司组织出版的《国外含油气盆地丛书》中的一部。鉴于《俄罗斯含油气盆地》包括整个东欧地台，故本书不再重复有关内容。

　　欧洲是现代地质学的诞生地，不但许多地质学的基础研究源于欧洲，而且其研究深度、资料丰富程度居世界前列。

　　含油气盆地，是一个地区区域地质与石油地质的结合部。换句话说，不同类型的含油气盆地有着不同的区域地质背景和不同的石油地质特征。第一章介绍欧洲区域地质背景。第二章含油气盆地类型及其基本石油地质特征是本书重点之一，被详细介绍。第三至八章介绍 6 个重点含油气盆地，这些盆地在欧洲都具有典型意义。

　　贯穿全书的主线是：各种类型盆地有多少油气？这些油气是如何分布的？为何有如此的油气分布特征？因此，本书不仅归纳欧洲的含油气特征，并且对诸多现象有所认识、有所分析。

　　本书的另一个重点是突出堪称世界石油地质经典之所在，如北部北海大陆裂谷盆地、华力西前陆气区、阿尔卑斯前渊与山间盆地。

　　本书精华之处可归纳为以下六点。

　　第一，欧洲大陆的构造发展史是板块拼合与离散的历史。我们可以简单地将其归纳为三次拼合、两次离散：

　　第一次拼合是加里东期末劳伦古陆与芬诺-波罗的海古陆的拼合。其后，加里东褶皱带在北海海域形成西欧地台稳定的沉降区，中—新生代北海北部地幔柱的发育造就欧洲最大的含油气区。

　　第二次拼合是海西旋回联合古陆的拼合，前华力西褶皱带前缘中碳世—晚石炭世前陆盆地的发育形成欧洲的主要天然气区。第一次离散发生在联合古陆，中侏罗世劳亚大陆和冈瓦纳大陆分离，古地中海和中大西洋张裂。

　　第三次拼合是古地中海闭合、非洲-阿拉伯板块与欧亚板块的碰撞，阿尔卑斯期的褶皱带前缘和内部地块形成一系列新生代含油气盆地。欧洲大陆第三次拼合与第二次离散几乎是同时的，欧亚大陆和北美-格陵兰地壳分离，产生欧洲被动大陆边缘盆地。

　　第二，欧洲可划分为 7 个基本构造单元：芬兰-斯堪的纳维亚地盾、东欧地台、加里东褶皱带、西欧地台、华力西褶皱带、阿尔卑斯褶皱带和北大西洋被动大陆边缘等。西欧地台是主要含油气构造单元，占欧洲油气总储量的 70%；北大西洋被动大陆边缘占欧洲油气总储量的 7%；与阿尔卑斯褶皱带相关的盆地占欧洲油气总储量的 17.5%。这三个构造单元占欧洲油气总储量的 94.5%。

　　第三，北部北海大陆裂谷盆地油气储量居世界第一位，占欧洲油气总储量的 44%，是欧洲的主要产油区。裂陷期发育三叉裂谷，油气主要分布于裂谷。上侏罗统海相基默里奇热页岩是主要源岩，是控制油气分布的首要因素。基默里奇热页岩的形成与中侏罗世基梅里热隆起密切相关。

第四，位于华力西前陆的英荷盆地、西北德国盆地和东北德国-波兰盆地是欧洲的主要气区，占欧洲油气总储量的 26%，有世界著名的格罗宁根大气田。上石炭统煤系为主要气源岩，二叠系赤底统风成砂岩是良好的储层，泽希斯坦岩盐为区域盖层。这一绝佳的生储盖配置取决于区域构造演化。华力西前陆决定源岩的分布，二叠纪联合古陆形成，带来干旱的季风，造就风成砂岩和近海盐盆的必备条件。

第五，就石油地质来说，碰撞的阿尔卑斯、推覆的喀尔巴阡、对冲的迪纳拉-亚平宁是欧洲阿尔卑斯褶皱系中含油气盆地发育的主体部位。阿尔卑斯褶皱系 20 个含油气盆地油气储量占欧洲油气总储量的 17%。其中，前渊盆地占欧洲油气总储量的 11%。在三个褶皱系中，喀尔巴阡褶皱系占阿尔卑斯域油气总储量的 76%，是油气的主要富集部位。前渊盆地中复理石带主要含油，磨拉石带主要含气，油气分布主要取决于源岩分布。

第六，北大西洋－挪威海被动大陆边缘盆地共有 9 个含油气盆地，占欧洲油气总储量的 7%。挪威海东侧 4 个盆地油气储量占被动大陆边缘油气总储量的 95%。这一油气富集的特点很可能与基梅里期热隆起的分布有关，由基默里奇热页岩的分布决定。

本书许多地方沿用"第三纪（系）"的旧有名词，这是因为在所引原著中没有区分"新第三纪和老第三纪"、"上第三系和下第三系"，无法断定各处内容中的"第三纪（系）"是指新近纪（系），还是指古近纪（系），抑或兼指二者，只好直接引用原著。特此说明。

本书主要作者为朱伟林、杨甲明、杜栩，参撰人员为李江海、甘克文、刘祚冬、詹艳涛、程海艳、张立伟、黄荣、王凯。

在撰写过程中，中海石油（中国）有限公司勘探部崔旱云总监、吴培康经理以及季洪泉、邵滋军、胡根成等专家给予多方指导和大力帮助。在书稿完成过程中，中国石油大学王志欣教授、白国平教授在有关资料收集上给予支持，北京大业嘉成科技有限公司在盆地资料库制作和欧洲含油气盆地工业制图方面给予大力协助。在此，一并致谢。

本书大量应用 IHS 公司商业资料库的插图和数据，无法确切查对资料来源，只据原图在书中注明原著者。还有一类是 IHS 公司自己编制的插图，书中引用时只注明：IHS，2007。根据 IHS 公司数据编制的数据表，同样注明：IHS，2007。本书应用 C&C 咨询公司的插图，书中注明：C&C，2007 或原著者。在成书过程中，我们参阅大量文献，在正文中以著者-出版年形式注明出处，在参考文献中尽量与其对应，注明著者、出版年、文献名、出版机构等著录项目，但很难全面列举。在此，我们向所有文献作者表示感谢。

作　者

2011 年 6 月

目　录

丛书序

丛书前言

前言

绪论 ………………………………………………………………………………………… 1

 第一节　概况 …………………………………………………………………………… 1

 第二节　勘探开发历史 ………………………………………………………………… 4

第一章　区域地质背景 …………………………………………………………………… 7

 第一节　构造区划 ……………………………………………………………………… 7

 第二节　构造和沉积演化历史 ………………………………………………………… 42

第二章　含油气盆地类型及其基本石油地质特征 …………………………………… 75

 第一节　裂谷盆地 ……………………………………………………………………… 77

 第二节　被动大陆边缘盆地 …………………………………………………………… 132

 第三节　华力西前陆盆地 ……………………………………………………………… 151

 第四节　阿尔卑斯域前渊盆地、山间盆地、拉分盆地和冲断带 ………………… 199

 第五节　克拉通盆地 …………………………………………………………………… 235

第三章　北部北海盆地 …………………………………………………………………… 252

 第一节　盆地概况 ……………………………………………………………………… 252

 第二节　基础地质特征 ………………………………………………………………… 255

 第三节　维京地堑石油地质特征 ……………………………………………………… 286

 第四节　中央地堑石油地质特征 ……………………………………………………… 322

 第五节　马里-福斯地堑石油地质特征 ……………………………………………… 354

 第六节　三个正向一级构造单元的石油地质特征 ………………………………… 374

 小结 …………………………………………………………………………………… 389

第四章　英荷盆地 ………………………………………………………………………… 391

 第一节　盆地概况 ……………………………………………………………………… 391

 第二节　盆地基础地质特征 …………………………………………………………… 394

 第三节　盆地石油地质条件 …………………………………………………………… 405

 小结 …………………………………………………………………………………… 432

第五章　阿基坦盆地 ……………………………………………………………………… 433

 第一节　盆地概况 ……………………………………………………………………… 433

 第二节　盆地基础地质特征 …………………………………………………………… 436

 第三节　盆地石油地质条件 …………………………………………………………… 450

小结 ··· 468

第六章　潘诺盆地 ··· 469
　第一节　盆地概况 ··· 469
　第二节　盆地基础地质特征 ··· 472
　第三节　盆地石油地质条件 ··· 488
　第四节　油气分布与油气聚集的主要控制因素 ························· 510
　小结 ··· 512

第七章　北喀尔巴阡盆地 ··· 513
　第一节　盆地基础地质特征 ··· 515
　第二节　盆地石油地质特征 ··· 529
　小结 ··· 562

第八章　维也纳盆地 ··· 563
　第一节　盆地概况 ··· 563
　第二节　盆地基础地质特征 ··· 566
　第三节　石油地质特征 ··· 582
　小结 ··· 603

参考文献 ··· 605
附录　中外文专用名词对照表 ····································· 617

绪　论

第一节　概　况

欧洲北临北冰洋，西濒大西洋，南与非洲、亚洲以地中海、黑海、大高加索山脉和里海相隔，东界为俄罗斯乌拉尔山与乌拉尔河，包括 44 个国家和地区，总面积 $1\,016 \times 10^4\,km^2$。

这里所说的"欧洲"不包括东欧的爱沙尼亚、拉脱维亚、立陶宛、白俄罗斯、乌克兰、摩尔多瓦和俄罗斯的欧洲部分，故只包括南欧、中欧、西欧和北欧 4 地区 37 个国家。

欧洲共计有 48 个含油气盆地，共计面积 $489 \times 10^4\,km^2$，已发现石油可采储量 $138 \times 10^8\,m^3$，天然气可采储量 $179\,028 \times 10^8\,m^3$，合计油气可采油当量 $304 \times 10^8\,m^3$（图 0.1）。盆地的油气分布，以北部北海盆地最富，其次为西北德国盆地和英荷盆地，这 3 个盆地油气可采储量达 $208 \times 10^8\,m^3_{oe}$，占欧洲油气总储量的 68.5%。在欧洲 48 个含油气盆地中，储量排前 10 位盆地的油气储量占欧洲总储量的 90% 左右（图 0.2）。北部北海盆地占欧洲油气总储量的 44.5%（油当量），占石油总储量的 66%，是欧洲最重要的油气区；英荷盆地、西北德国盆地占欧洲天然气总储量的 40%，是欧洲最重要的天然气区。

至 2005 年欧洲的石油采出程度已经达到 68%，天然气采出程度为 59.2%，石油产量自 2000 年后迅速递减，天然气产量目前正处于高峰，居世界第六位。据 2009 年资料，欧洲油、气储量的增长都居世界最后一位（表 0.1）。

美国联邦地质调查局 2000 年评价结果，认为欧洲待发现石油资源量占世界总量的 3%（图 0.3），列第 7 位；待发现天然气资源量占世界总量的 8%（图 0.4），列第 5 位。

在世界范围内，欧洲并不是主要油气的富集区。由于欧洲是世界资本主义的诞生地，也是现代工业的发祥地，因此，在基础地质和石油地质研究上都占据显著位置。欧洲的克拉通盆地、中生代裂谷盆地、华力西前陆盆地、阿尔卑斯前渊盆地和山间盆地，都有鲜明的特色，堪称经典。特别是北海海上油气的勘探开发，当时与阿拉伯湾、墨西哥湾、马拉开波湖和南中国海占据有同等重要位置。

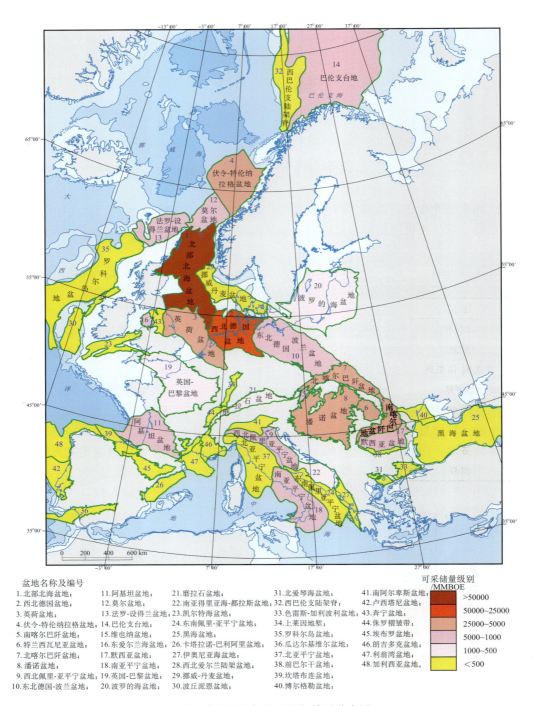

盆地名称及编号

1. 北部北海盆地；　　　　11. 阿基坦盆地；　　　　21. 磨拉石盆地；　　　　31. 北爱琴海盆地；　　　　41. 南阿尔卑斯盆地；
2. 西北德国盆地；　　　　12. 莫尔盆地；　　　　　22. 南亚得里亚海-都拉斯盆地；　32. 西巴伦支陆架脊；　　　42. 卢西塔尼盆地；
3. 英荷盆地；　　　　　　13. 法罗-设得兰盆地；　23. 凯尔特海盆地；　　　33. 色雷斯-加利波利盆地；　43. 奔宁盆地；
4. 伏令-特伦纳拉格盆地；14. 巴伦支台地；　　　　24. 东南佩里-亚平宁盆地；34. 上莱因地堑；　　　　　44. 侏罗褶皱带；
5. 南喀尔巴阡盆地；　　　15. 维也纳盆地；　　　　25. 黑海盆地；　　　　　35. 罗科尔岛盆地；　　　　45. 埃布罗盆地；
6. 特兰西瓦尼亚盆地；　　16. 东爱尔兰海盆地；　　26. 卡塔拉诺-巴利阿里盆地；36. 瓜达尔基维尔盆地；　46. 朗吉多克盆地；
7. 北喀尔巴阡盆地；　　　17. 默西亚盆地；　　　　27. 伊奥尼亚海盆地；　　37. 北亚平宁盆地；　　　　47. 利翁湾盆地；
8. 潘诺盆地；　　　　　　18. 南亚平宁盆地；　　　28. 西北爱尔兰陆架盆地；38. 前巴尔干盆地；　　　　48. 加利西亚盆地。
9. 西北佩里-亚平宁盆地；19. 英国-巴黎盆地；　　29. 挪威-丹麦盆地；　　39. 坎塔布连盆地；
10. 东北德国-波兰盆地；　20. 波罗的海盆地；　　　30. 波丘派恩盆地；　　　40. 博尔格勒盆地；

可采储量级别
/MMBOE

	>50000
	50000~25000
	25000~5000
	5000~1000
	1000~500
	<500

图 0.1　欧洲含油气盆地油气储量分布图
1MMBOE＝0.001 589 87×10^{8}m^3

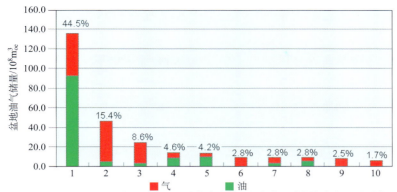

图 0.2　欧洲油气可采储量排前 10 位的含油气盆地油气储量规模序列

1.北部北海盆地；　2.西北德国盆地；　3.英荷盆地；　4.伏令-特伦纳拉格盆地；5.南喀尔巴阡盆地；
6.特兰西瓦尼亚盆地；7.北喀尔巴阡盆地；8.潘诺盆地；9.西北佩里-亚平宁盆地；10.东北德国-波兰盆地

表 0.1　2009 年世界年油气探明储量及天然气年产量表

地 区	石油储量/$10^8 m^3$	天然气储量/$10^8 m^3$	天然气产量/$10^8 m^3$
北美洲	330.24	97 301.01	9 877.733
欧洲	21.71	47 885.16	3 537.734
中美洲-南美洲	195.06	75 484.41	2 435.803
俄罗斯	157.22	564 644.20	7 927.051
中东	1 186.04	733 956.10	5 563.747
非洲	186.12	139 922.90	3 940.728
亚太	54.06	121 892.70	4 752.946
世界	2 130.45	1 781 086.48	38 035.742

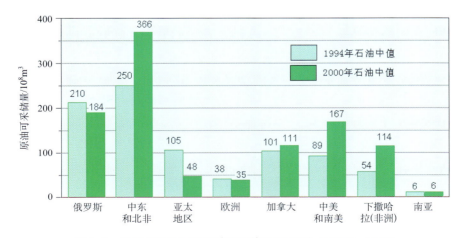

图 0.3　世界主要地区石油待发现资源量预测（USGS，2000）

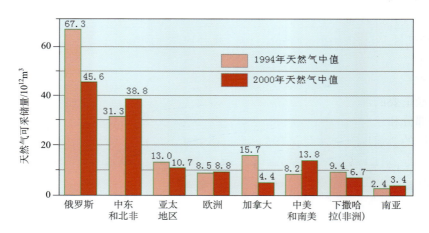

图 0.4　世界主要地区天然气待发现资源量预测（USGS，2000）

第二节　勘探开发历史

欧洲油气勘探开发的历史可以分两大阶段：

第一阶段　19 世纪中期至 20 世纪中期是初始地面地质勘探阶段。这个时代以罗马尼亚为代表，是当时欧洲（除苏联外）最早开创采油工业和最重要的产油国。1857 年，罗马尼亚在南喀尔巴阡盆地首创石油的工业性开采，于 1860 年钻探井，开发莫雷尼、布斯特纳里等油田。1895 年发现波里斯劳油田（可采储量 $2\ 800 \times 10^4$ t），至 1909 年最高年产量达 192×10^4 t。1909 年首次发现特兰西瓦尼亚盆地的气田。至 1920 年罗马尼亚累计产油量为 $2\ 220 \times 10^4$ t。1921~1948 年虽经战争破坏，而其累计产油量仍达到 1.37×10^8 t，1936 年最高年产 870×10^4 t。1930 年产气仅 2.24×10^8 m³。1946 年达到 6.4×10^8 m³。

德国石油工业历史也很悠久。1857~1863 年在汉诺威附近的伟兹油田钻过 13 口井，其中三口产少量油。直到 1920 年，德国石油均产自汉诺威附近的四个盐丘油田，年产 35 045t，累产 216×10^4 t。

自 1891 年在意大利北亚平宁褶皱带发现维来亚油田起，陆续发现一些小油田，不久又在波盆地南缘根据地面构造找到一些上新统油田。1934 年在波河三角洲发现第四系气藏，1944 年产气 $2\ 100 \times 10^4$ m³。

这一阶段也是地质-地球物理综合勘探的早期。德国 1921 年起使用的扭秤和折射地震，普及于第二次世界大战之后。此阶段工作的特点是以现代石油地质学为指导，不断更新地质、地球物理、钻探、测试等方法技术，开展大面积的评价预测和选区勘探工作。

1948 年，罗马尼亚实现国有化，投入的年钻井工作量从以往的年进尺 4×10^4 m 提升为 20×10^4 m，1951 年跃至 45×10^4 m，1968 年达 90×10^4 m。至 1968 年底的 20 年间，共做地震 4 000 队月，钻探井 1400×10^4 m。1949~1970 年共产油 2.36×10^4 t，原

油年产量1947年为400×10^4t，1955年$1\,060 \times 10^4$t，1976年最高达$1\,516 \times 10^4$t，1978年开始下降（$1\,399 \times 10^4$t）。1948～1968年天然气储量由625×10^8m^{3}增长至$2\,700 \times 10^8$m^3。产气量1959年为5×10^8m^3，1962年建成了$3\,300$km的输气主管道后产量一增再增，至1978年产气量达343×10^8m^3。罗马尼亚1970年进口原油230×10^4t，1976年已达850×10^4t，原先传统的原油出口国终于变成为进口国。

德国最重要的油气盆地为西北德国盆地、磨拉石盆地、莱茵地堑、东北德国-波兰盆地的一部分和北海盆地的一小角。德国在二战期间1940年产油103.8×10^4t，1948年引进美国的新式反射地震仪，动用22个地震队，发现了一批盐丘油田。20世纪50年代使萨克森地堑中段地区成为全国油气中心区，产量占全国的1/2。一系列发现使德国成为发现北海油田以前的西欧最大的产油国。1963年产量超过700×10^4t，1968年最高纪录达798×10^4t。至1977年产量递减，消费量已高达1.23×10^8t。

荷兰1959年在西北德国盆地陆上发现了世界级的格罗宁根大气田，二叠系赤底统风成砂岩天然气储量达$25\,830 \times 10^8$m^3（91.22 TCF）。格罗宁根大气田的发现激发了人们对于北海油气前景的兴趣和信心，揭开了欧洲油气勘探历史新的一页。

第二阶段　20世纪60年代以后是以北海为重点的海上油气勘探时期。1964年各有关国家对北海海域辖区范围的划定，进一步促进了北海的油气勘探。

由于北海南部海况条件相对较好，英国1965年首先于英荷盆地上钻，次年在Sole Pet反转构造带南端发现赤底统的Leman大气田，可采储量$3\,403.68 \times 10^8$m^3。由于英国对天然气市场价格的控制和北海北部良好的中生代—新生代裂谷的发现，促进了油公司向自然条件更恶劣的北海北部发展。

1969年，在北海已经钻了200口探井之后，菲利普斯公司在中央地堑的挪威海域发现埃科菲斯克（Ekofisk）油田，上白垩统丹宁组和古新统白垩储层最大厚度达315 m，测试单井日产油量达到$1\,590$m^3，石油储量达5.4×10^8m^3，天然气$1\,840.28 \times 10^8$m^3，折合为油当量，合计7.12×10^8m^3。随后，1970年壳牌和埃索公司又在中央地堑的英国海域发现福蒂斯油田，古新统砂岩储层净厚度平均230 m，储量4.60×10^8m^3。埃科菲斯克油田的发现是北海北部油气勘探的重要里程碑，它证实了侏罗系是北海的主要源岩，促成了20世纪70年代早期以中生界和古近系为目的层的钻探高峰。

1971～1976年是北海油气勘探大发展阶段，形成了北海储量发现高峰（图0.5）。1970年英国第三轮招标许可证范围向北扩展，1971年发现布伦特油田，下侏罗统和三叠系砂岩不整合油气藏储量2.33×10^8m^3。同年还发现Frigg气田，古新统砂岩底水气藏，储量$1\,914.22 \times 10^8$m^3。英国政府抓住布伦特油田的发现机遇，年底开始了第四轮招标。1972～1976年北海北部出现激动人心的场面，连续发现8个大油田，都属于不整合断块油藏：包括1974年发现的北海最大的Statfjord油田（储量达6.61×10^8m^3）、Sleipner油田、马里-福斯地堑的Piper油田和Claymore油田等。1975年维京地堑南部发现由侏罗系断崖扇砂砾岩构成的Brae油田。

20世纪70年代末80年代初北海探井工作出现低谷。英国政府逐年提高招标区块的租金，最低勘探工作量也逐渐变得严格；挪威对其国家石油公司的保护是导致勘探工作量降低的主要原因。英国从 1993 年起为鼓励中小油气田的勘探开发，调整了税收政策，再加上大量三维地震的投入，使北海的油气产量很快走出低谷，在 20 世纪 90 年代末期达到了生产高峰。

　　进入 21 世纪，北海的储量替代率已经小于 1，剩余储量逐年递减。英国的储量累计曲线基本可以反映北海勘探历史阶段的划分，1966～1971 年曲线斜率缓慢增加，1971～1978 年斜率陡然增加，1978～1992 年斜率降低，1992 年以后斜率逐年进一步降低，盆地进入了成熟勘探阶段。

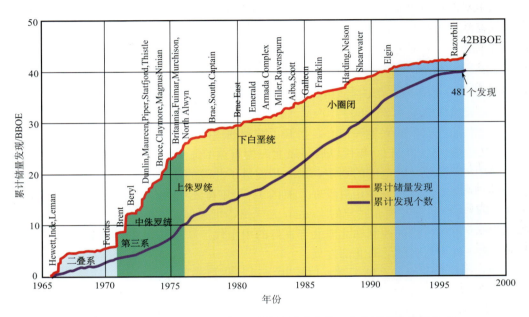

图 0.5　北海英国 1965～1996 年可采储量累计曲线（由英国壳牌数据修改）

区域地质背景 第一章

　　这里对欧洲区域地质背景的介绍，完全出于对含油气盆地分析的需要。不同类型的含油气盆地有着特定的全球构造位置。不同类型盆地或相同类型的不同盆地间，石油地质条件的差别，往往与区域构造、沉积演化存在着千丝万缕的联系。可以说，区域地质背景是含油气盆地分析的基础；反过来说，含油气盆地的石油地质特征又是对区域地质背景的印证。

第一节　构　造　区　划

　　众所周知，不了解褶皱带的发育，很难对盆地的发育有一个正确的分析。在本节，我们以马丽芳、刘训等 1980 年翻译的《欧洲地质》（D. V. Ager. *The Geology of Europe*）为蓝本，按照石油地质工作者的习惯进行了缩编和修改，只想在大量资料基础上粗略勾绘欧洲的区域构造轮廓，为正确进行盆地类型划分和盆地发育描述提供一个区域构造背景。

　　我们将欧洲划分为：芬兰-斯堪的纳维亚地盾、东欧地台、加里东褶皱带、西欧地台、华力西褶皱带、阿尔卑斯褶皱带和北大西洋被动大陆架边缘等 7 个基本构造单元（图 1.1.1）。

一、芬兰-斯堪的纳维亚地盾

　　芬兰-斯堪的纳维亚地盾大部分由前寒武纪岩石组成，该区介于西面的斯堪的纳维亚加里东褶皱带前缘和东面的大面积盖层覆盖的东欧地台之间。此地盾的范围包括芬兰全部，瑞典的大部分，挪威南部的大部分以及苏联的西北角。

　　芬兰-斯堪的纳维亚地盾及其在俄罗斯和波兰地台下的延展区，前寒武纪时期受到多次造山运动幕的影响，该区的基本特征在于从前寒武纪末以来再没有受到造山运动的影响。

　　对芬兰-斯堪的纳维亚地盾的前寒武纪基底曾提出过许多不同的划分方案，下面所列是目前最普遍采用的一种方案（表 1.1.1）。它们的分布如图 1.1.2 所示。

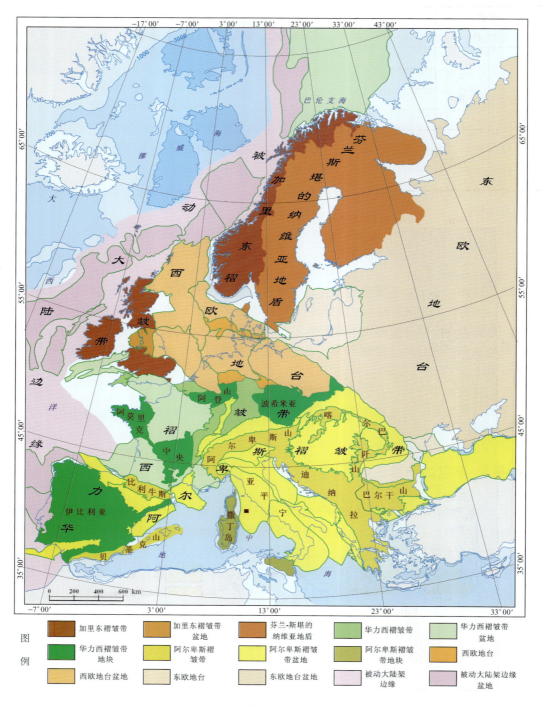

图 1.1.1 欧洲大地构造分区图

表 1.1.1　芬兰-斯堪的纳维亚地盾地层表

时 代		地层名称	最小年龄值/Ma
古生界			
前寒武系	元古界	约特尼岩系	600
		达尔斯兰岩系	1 000
		哥德岩系	1 300
		瑞芬岩系（包括卡累利阿岩系）	1 800
	太古界	白海岩系	2 000
		萨姆岩系（包括前哥德岩系）	2 500
		远太古界	3 000

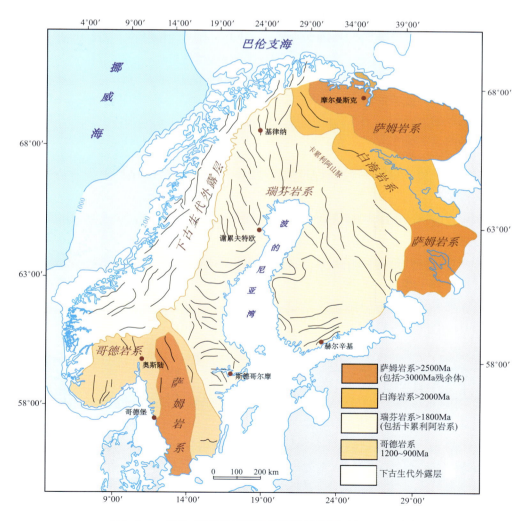

图 1.1.2　芬兰-斯堪的纳维亚地盾地质略图（Ager，1980）

萨姆岩系　为深变质的片麻岩带，年龄约 2 500 Ma，是欧洲真正的太古代岩石。

白海岩系　具有很重要的麻粒岩——拉普兰（Lapland）麻粒岩，根据所测得的大约 2 000 Ma 的同位素年龄值，属于太古代较晚期或属于早元古代。

瑞芬岩系　定为元古代，其时限 1 640～1 870 Ma，其主要变质作用的时期可能在 1 800 Ma。现在普遍认为在大约 1 800 Ma 时有一次重要的世界性构造运动事件发生（可以与太古代末大约 2 600 Ma 的一次事件相对比）。这次事件使波罗的海地区在克拉通初次稳定时成为一个统一体。这可能就是我们今天所理解的真正大陆壳开始形成时期，因此，这个年龄值可以说是欧洲大陆诞生的时期。瑞芬时期开始的地质构造，大体上可以与以后的构造模式相对比，甚至还可以辨认出西南面为狭义的瑞芬带优地槽，东北面是通常称为卡累利阿带的冒地槽。在造山运动和瑞芬岩系的变质作用以后，有一次遍及芬诺-斯堪的纳维亚的重要事件（甚至到达格陵兰），这就是拉巴克夫类型花岗岩的侵入。该花岗岩以具有成带状分布的长石斑晶为特征，年龄值 1 800～1 650 Ma。

哥德岩系　这是一条很年轻的褶皱带，时间为 400～500 Ma，具有砾岩、石英岩（有保存完好的交错层和波痕）灰岩和浅变质的层状铁矿。

达尔斯兰岩系　是时限 1 100～900 Ma 的独立造山旋回的产物，推测这些是在元古代后期于新固结的波罗的海克拉通两侧形成的褶皱带。整个杂岩可能代表了一次造山运动增强和减弱的大旋回。下部是硬砂岩、上部是石英岩的沉积物消失在大面积的火山岩之中，更多的是消失在大量的花岗岩和其他侵入岩之中。最后一次造山幕大约在 1 000 Ma 前，和世界范围的第三次重要事件（如格林威尔）相吻合，也被划为前寒武纪。也有人主张这是刚性板块的第一次形成时期。

约特尼岩系　著名的约特尼红色砂岩和砾岩是波罗的海地盾仅有的前寒武纪最后几亿年的历史记载。它们似乎是河流相的沉积，类似于据孢粉确定的晚元古代沉积物，完全没有变质，说明了这个地区前寒武纪以后的稳定性。

在芬兰-斯堪的纳维亚地盾的南部，古生代的沉积物一堆堆地分散在古老岩石的中间。这套地层为早寒武世至晚志留世，可能还包括一些属于早泥盆世的"老红砂岩"类型的沉积。寒武系的特征比其他几个系更为单一，几乎都是底部为砂岩，顶部是页岩，并且具有一层相当发育的油页岩。

二、东欧地台

芬兰-斯堪的纳维亚地盾的东部和南部是大面积的东欧地台（也称俄罗斯地台），它比欧洲大陆其余地区的地壳要厚得多（大于 40 km）。该地台可划分成 4 部分：①俄罗斯-波兰平原；②里海拗陷；③乌克兰地块；④季曼拗陷。除苏联外，只有波兰处于东欧地台范围。

覆盖在东欧地台前寒武纪变质基底之上的古生代及后期的沉积盖层，地层产状平缓，厚度较薄。这些盖层在一些开阔而具平坦底板的盆地里厚度增大，有的将近 4 000 m 深,盆地西北部古生代地层自西而东依次出露。波兰处于东欧地台西部边缘波罗的海拗陷西南部。波罗的海拗陷最深部位古生代地层厚度达 2 000 m，南部边缘覆盖有将近 1 000 m 中生代地层，我们将在盆地类型一节中详细介绍。

三、加里东褶皱带

加里东褶皱带：指欧洲西北部的主要山区，那里的前寒武纪和早古生代岩石曾受到加里东造山运动的影响，而晚古生代岩石不是呈水平就是呈平缓褶皱产出。挪威、苏格兰、英格兰西北部、威尔士的绝大部分和爱尔兰的许多地区的北东向褶皱和逆冲断层都是在此时形成的。北极的斯匹次卑尔根岛（斯瓦巴德群岛）也是欧洲加里东褶皱带的组成部分。关于构造运动和变质作用的时代一直有争议，通常认为在志留纪末运动达到了它的顶峰，但早在寒武纪就已有运动发生，此外中到晚奥陶世还有一次较强烈的作用。下面介绍挪威和英国两个主要加里东褶皱带出露区。

（一）斯堪的纳维亚加里东褶皱带

斯堪的纳维亚加里东褶皱带其西侧是大西洋，东侧以推覆的逆冲断层与芬兰-斯堪的纳维亚地盾相邻（图 1.1.3）。在最近 400 Ma，它一直是上升区，故在此山区造山期后的覆盖层已大部分缺失。大致可将斯堪的纳维亚加里东褶皱带分为西部片麻岩杂岩体和东部推覆体两大部分。

西部片麻岩杂岩体　沿挪威西海岸分布有两条大的前寒武纪岩带。它们通常被称为"西部片麻岩杂岩体"、"基底片麻岩"或"片麻岩群"。北部这套岩系可与苏格兰西部高地的斯考里对比，同位素年龄测定为 2 800 Ma 左右。南部前寒武纪岩系包括多种类型的变质岩，大部分是片麻岩，最老不超过 1 800 Ma，可与苏格兰高地的拉克斯福德对比。

东部推覆体　这些推覆体主要是由早古生代岩系组成，并与大片完整的前寒武纪变质岩在一起，被认为属于一个从西推覆过来的早古生代的优地槽带。推覆体以片岩为主，并伴有复理石型沉积、基性火山岩和一些砾岩。估计这些上部推覆体推移了相当大的距离。有人认为挪威南部的推覆体推移了 100 多千米，一直推到没有发生位移的前寒武纪基底之上。通常采用 50 km 左右这个数字，但在一些论文中，有些作者推测距离更大，甚至认为可达 1 000 km。

（二）英国的加里东褶皱带

不列颠群岛中的加里东褶皱带可划分成两条宽带：一条贯穿北苏格兰和爱尔兰西北部地区，此带的早古生代岩系均已变质；另一条贯穿苏格兰南部、英格兰西北部、威尔士和爱尔兰中部，该带的岩系几乎没有受到变质。按通用术语，分别把这两条带称为正加里东造山带和副加里东造山带。

1. 变质的加里东造山带

苏格兰西北部是加里东前缘-莫因逆冲断裂带，为一条至少长 250 km，宽 18 km 的狭窄地带。它将具前寒武纪和早古生代岩系的推覆体朝北西西方向推到了赫布里底群岛

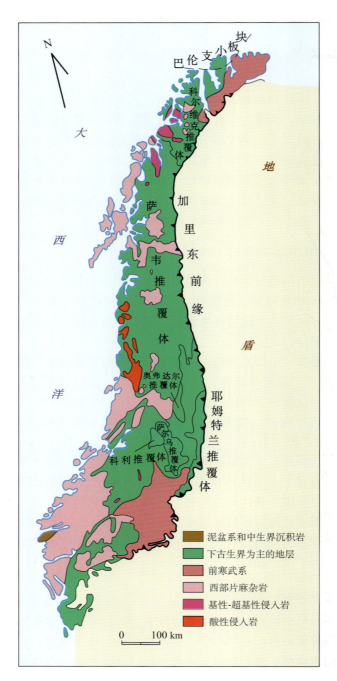

图 1.1.3　斯堪的纳维亚加里东褶皱带
地质略图（Ager，1980）

基底的刘易斯、托里登和寒武纪—奥陶纪地层之上（图 1.1.4）。

莫因逆冲断层以东是一个角闪片麻岩带，是穿透莫因盖层而出现在核部的较老地

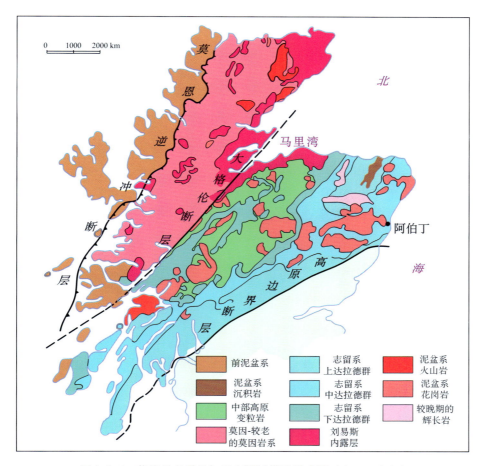

图 1.1.4 苏格兰变质的加里东褶皱带地质略图（Ager，1980）

层，称做刘易斯内露层。

　　莫因岩系主要是沉积成因，可能原来是页岩和砂质泥岩互层沉积，现在变质为云母片岩和石英-长石质麻粒岩。莫因岩系的大批放射性年龄数据表明它们形成于加里东地质事件时期（320～560 Ma）。此外，也有一批完全不同的年龄数据（730～1 050 Ma），可以将它们往回推到前寒武纪的时期。

　　达拉德岩系也是沉积成因的，但它与莫因岩系不同，以发育碳酸盐相、正石英岩和冰碛岩为特征。达拉德岩系的总厚度很可能超过 8 000 m。根据上覆的温洛克统的砾岩可确定其时代为前志留纪，并根据所含的碎屑物测定，很可能为前阿伦尼克期的产物。

2. 未变质的加里东造山带

　　英国未变质的加里东褶皱带，早古生代地层分布在英国中部、西部以及爱尔兰大部分地区。该区早古生代地层已强烈褶皱，但未明显变质。苏格兰中部的高原边界断层显然是其西北部的边界。东南边缘划在英国和南威尔士沿早古生代强烈褶皱作用终止处，南部未变质的加里东带紧靠着华力西前缘，即在南威尔士和爱尔兰南部终止。

3. 后加里东盆地

在未变质的加里东褶皱带内，有两个后加里东沉降带：福斯湾地堑和奔宁地区。

1）福斯湾地堑。又称米德兰谷地，是横贯苏格兰中部的一个大型地堑，北以苏格兰高地边界断裂为界，南界为南厄普兰断裂（图1.1.5）。"老红砂岩"不整合在志留系之上，沿米德兰谷地两侧出露，主要是一些河湖相的砂砾岩。下部"老红砂岩"的厚度大约有6 000 m，另外还有1 000 m的上部"老红砂岩"不整合于其上。东部福斯湾的海滨有巨厚的油页岩（在中洛锡安曾大规模开采过）和含铁矿石的"早石炭世煤系"地层。晚石炭世的三角洲和沼泽中有交错层砂岩和煤系沉积，有许多零星分布的煤田。二叠纪的陆相砂岩不整合于石炭系之上。

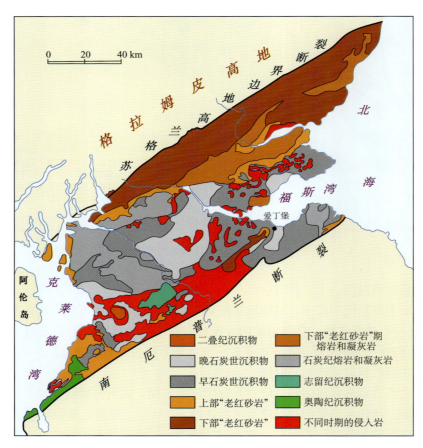

图1.1.5　苏格兰米德兰谷地地质略图（Ager，1980）

2）奔宁地区。主要由石炭系组成，特别是下部的碳酸盐岩，过去被称为"山岳灰岩"（图1.1.6）。许多地方可见到前寒武纪沉积以及奥陶纪和志留纪的泥砂质沉积，奥陶系中夹有火山岩。寒武系在钻孔岩心中有所见。在里布斯代尔的霍顿附近著名的不整合面上，"石炭纪灰岩"水平地沉积在板状志留纪地层之上，后者的倾角为50°左右。下古生界地层不仅发生强烈的褶皱，还受到块状花岗岩侵入。奔宁地区的泥盆系存在与否一直有争论。下石炭统主要是碳酸盐沉积，奔宁地区最北部中石炭统大量三角洲相砂岩，上石炭统为"煤系"地层。诺丁汉郡的埃克林附近有一个石炭系油田已开采多年。

图 1.1.6　英格兰北部奔宁地区地质略图（Ager，1980）

就斯堪的纳维亚加里东褶皱带而论，人们现在认为，大部分的前寒武系主要是原地的，不像从前认为是一些外来体。

在不列颠群岛的加里东褶皱中，许多地方已经发现倾向各异、活动期不同的俯冲带和缝合线。在爱尔兰西部的梅奥地区，发现一些寒武纪高地边界断裂蛇纹岩，它代表古拉匹特斯洋向苏格兰高地之下俯冲的早期幕。拉匹特斯洋在奥陶纪的闭合是一个十分重要的事件，特别是在现在的不列颠群岛。苏格兰西部地区这次运动在早-中奥陶世时达到高峰。格尔文的南面，著名的巴兰特里岩层是我们在加里东褶皱带中见到的一个较好的蛇绿岩套。爱尔兰西部和斯堪的纳维亚也有类似的蛇绿岩套。对不列颠群岛拉匹特斯洋的闭合有多种解释，最近的解释认为从早奥陶世至早泥盆世存在三个俯冲带。在苏格兰西北部地区，莫因逆冲断层被认为是刘易斯大陆向达拉德盆地之下呈南东东向反复俯冲的位置。沿南厄普兰构造线直到爱尔兰，有条北北西向的俯冲带，把岩石圈的物质带到了对面的苏格兰。根据二者之间的构造作用、变质作用、侵入活动和隆起的漫长历史，可以推测这里就是两个俯冲板块汇聚的位置。早古生代时的拉匹特斯洋后来被认为是沿盎克鲁-苏格兰边界向东南俯冲的结果，并可见于湖区和爱尔兰东南部。现已得到的同位素年龄资料，不少花岗岩体的同位素年龄几乎和主造山幕的时期完全一致。例如，在爱尔兰，花岗岩体的年龄值大约可分成三组：500 Ma（寒武纪末）、460 Ma（中奥陶世）和 415 Ma（晚志留世）。

四、以加里东褶皱带为基底的西欧地台

地球物理资料编制出的西欧地台，指芬兰-斯堪的纳维亚地盾以西、英国加里东褶皱带以东，西欧华力西褶皱带前缘以北地区，包括了波罗的海平原和北海海域，面积830 000 km^2。这一地区是加里东期后的稳定沉降区，由华力西前陆（晚古生代二叠盆地）、中生代裂谷（北部北海盆地和挪威-丹麦盆地）组成，是西欧的主要油气产区。我们将在盆地类型划分一节中做详细介绍。

西欧地台一词是我们这次工作中给定的。因为本区绝大部分被海水或第四系覆盖，D. V. Ager 在 20 世纪 80 年代初曾经在《欧洲地质》一书中把这个地区称做"丹麦三角区"，认为西南英格兰的东部地区以及东面的波兰等地，某些深钻打到了陡倾的下古生界，是丹麦三角区划归为加里东褶皱带，而不属于斯堪的纳维亚地盾或东欧地台的唯一证据。实际上，当时 Pozaryski 和 Dembwski（1984）、Teichmüller 等（1984）、Ziegler（1982）已经根据钻井和地震资料绘制了二叠系以下地质图（图 2.3.9），划定了加里东褶皱带前缘和华力西褶皱带前缘的具体位置。通过德国东部-波兰盆地的钻井和地球物理横剖面可以形象地看到上述两个褶皱带的前缘（Decorp，1999）（图 1.1.7）。"三角带"是加里东褶皱基底上的后加里持续沉降区，这一点已经被大量石油勘探工作所证实。

加里东褶皱带上，"三角区"有别于其他的一个显著特征就是加里东期后的持续沉降。在华力西期，波罗的海平原属于华力西地槽系北侧陆架沉积系统，称做北德国-波兰大陆架（图 1.1.1），划归东欧地台。在维宪阶末期到那慕尔阶早期的苏台德或华力西造山运动中，阿摩里卡及萨克森图林根中部盆地发生褶皱，其北侧发生前陆盆地（图 1.1.8），"三角区"仍然继承着陆架沉积。盆地滨海环境在晚那慕尔期和早威斯特法期日益扩大（图 1.1.9）。中晚威斯特法期以前，华力西前陆盆地广泛沉积煤系地层，往北渐变为无矿红层。二叠盆地成盆机理众说纷纭，有人认为由斯蒂芬阶—奥顿阶扭动牵引变形所导致的热异常逐渐衰减，致使西北部和中部欧洲的南北二叠纪盆地逐渐下

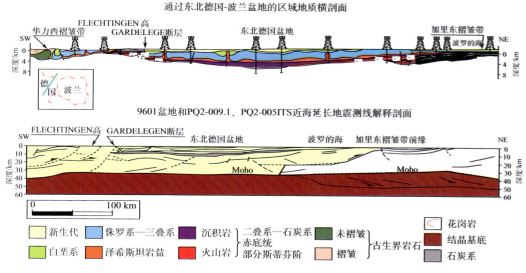

图 1.1.7 通过德国西部的地球物理和钻井地质解释横剖面
表示西欧地台南侧华力西褶皱带前缘与北侧加里东褶皱带前缘的位置（Dccorp，1999）

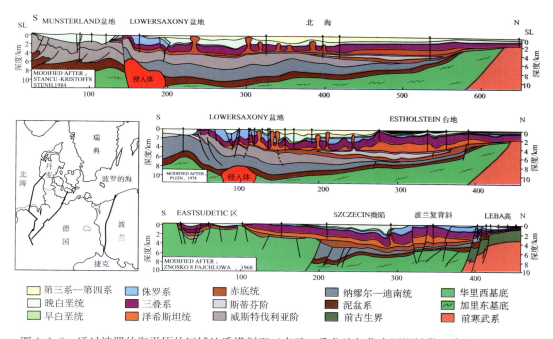

图 1.1.8 通过波罗的海平原的区域地质横剖面（表示二叠盆地与华力西褶皱带、前渊间的成生关系）（Stancu-Kristoff，Stehn，1984；Plein，1978；Znosro，Pajchlowa，1968）

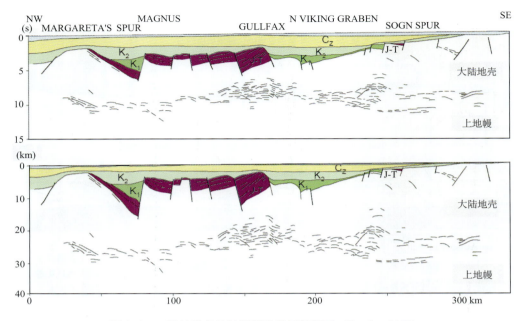

图 1.1.9 通过维京地堑深部地震反射剖面 (Beach, 1985)

沉。也有人将二叠盆地看做是华力西裂谷的裂后热沉降发育阶段，认为威斯特法顶面的不整合就是破裂不整合面（图 1.1.8）。二叠盆地沉积了厚厚的赤底风成砂岩和陆内盐湖沉积物，南二叠盆地赤底统—泽希斯坦统最大沉积厚度可达 4 000 m（Plein，1978；Ziegler，1982a；Glennie，1984a，1984b）。

进入中生代，西欧地台发育北西向裂谷，中欧和西欧广泛接受中生界沉积。这里值得一提的是北海北部中生代裂谷，它是西欧中生代规模最大、发育最完善的裂谷体系，控制了北部北海盆地的构造和沉积发育。维京地堑-中央地堑-福斯湾地堑构成了三叉裂谷，是地幔柱的发育部位，通过维京地堑的深部地震测线勾绘出了地幔隆起的形态特征（图 1.1.9）。

三叠纪—侏罗纪为同生裂谷发育阶段，各阶地层厚度明显受断陷控制（图 1.1.10）。晚白垩世至今为裂后热沉降阶段，北海北部成为统一的沉积拗陷（图 1.1.11）。

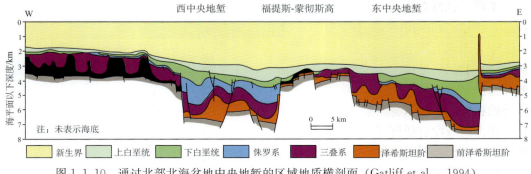

图 1.1.10 通过北部北海盆地中央地堑的区域地质横剖面 (Gatliff et al., 1994)

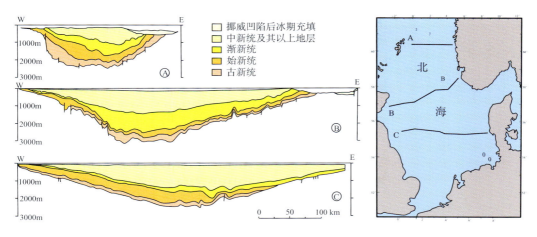

图 1.1.11 北部北海盆地第三系等厚图及构造横剖面（Ziegler，Louwerens，1979）

在西欧地台上一共发育有 5 个负向构造单元，包括：北海北部盆地、挪威-丹麦盆地、英荷盆地、西北德国盆地和东北德国-波兰盆地。西欧地台是欧洲油气资源最为丰富的构造单元。

五、华力西褶皱带

欧洲中部的华力西褶皱带近三角状，东西长 2 000 多千米，实际上大部分面积被中生界沉积层所覆盖，华力西露头区都是孤立分布的，这就是迄今华力西褶皱带仍然缺乏令人满意的进一步构造区划方案的根本原因。作为石油地质工作者，研究对象主要是盆地，我们更喜欢将这样的华力西褶皱带称做年轻地台。

根据出露的华力西褶皱带的构造学和岩石学特征，大体上可分为北、中、南三带。

北部褶皱带　从芒斯特起经科努比和北阿摩里卡，跨越阿登山、艾费尔山、莱茵片岩山到波希米亚。此带的古生界虽已褶皱但没有变质，生物群保存也完好。

中央带　其古生界已强烈变质，原来的沉积物和化石大部分已不清楚。该带从南阿摩里卡开始，向南进入法国中央高原，然后再向北到孚日山和黑林山。

南带　也没有变质，它从具有极好古生代生物群和沉积序列的伊比利亚和摩洛哥高原起，经过比利牛斯山的古生代地块、努瓦勒山、科西嘉，直到撒丁岛（图 1.1.12）。

华力西域的较老地层显得单一和均匀。几乎所有华力西地块内部都有一个早在前寒武纪结束前就已形成由变质岩组成的稳定陆核。波希米亚地块的莫尔达努比和中央高原的奥弗涅地核就是明显的例证。华力西域的大部分地区在前寒武纪末并没有广泛的造山运动的迹象。加里东造山运动似乎没有在华力西域留下任何痕迹。

华力西域没有任何可与阿尔卑斯褶皱带或者加里东褶皱带的洋底岩石。甚至不存在任何有力证据表明有使地壳明显缩短的板块碰撞。有关中欧洲晚古生代古地理方面的争议主要是有没有一条横跨大陆中部的大缝合线，一个消失的大洋。随着板块构造盛行，

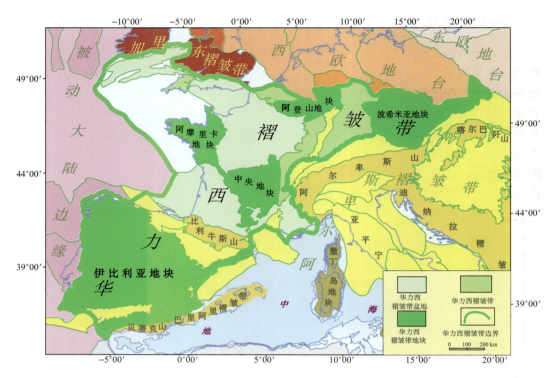

图 1.1.12　华力西褶皱带构造区划略图

消减带到处可见，其中特别难以处理的是沿北华力西褶皱带的那一条。通常假设以科努比、阿登山、艾费尔山、莱茵片岩山和哈茨山为一侧；阿摩里卡，法国中央高原和孚日山、黑林山为另一侧，两者之间有一对向外的构造带。科努比、莱茵和哈茨山的枕状熔岩有力地支持了这种观点。但是，超基性岩体特别罕见，没有发现"绿岩带"或蛇绿岩缝合线，事实上也没有一点真正的线状特征。在这段历史的最后，还出现少量石炭纪和二叠纪的安山岩和流纹岩喷发，但不是岛弧型的。

　　最普遍的（也是争论最激烈的）观点是把向上挤入的岩浆侵位看做是华力西运动的驱动力。花岗岩体的侵位使大块地壳熔融，产生宽阔的接触变质带。随着它们的向上运移，在它们的前缘发育了狭窄的沉陷槽，并接受了沉积。实际上这就是在前一节板块构造演化中所提到的，前海西旋回原始特提斯的俯冲带属于马里亚纳型聚敛边缘。

　　华力西末期，张性的和垂直的运动变得非常广泛，它们将地块切割成大致今天的样子，而后期的火山活动也都与此有关。地块作为一个正向隆起单元，其周围堆积了巨厚的中生代和新生代沉积物。

　　限于篇幅，我们在这里不可能全面介绍华力西褶皱带的各个出露区，只能选择有代表性的，做一简单描述，以期窥一斑而知全豹。

（一）阿登山、艾费尔山褶皱区

这是华力西北带晚古生代地层分布最广的地区之一，泥盆纪和石炭纪的许多阶的名称都以这里的城市和乡村命名。这三个地区的沉积和构造面貌各不相同。阿登-艾费尔地块由两个狭窄的复背斜和三个大型复向斜组成，大致呈东西向。自南而北三个复向斜是艾费尔、迪南和那慕尔，前二者间为阿登主复背斜。迪南复向斜已经向北推覆到那慕尔复向斜之上，其间的构造几乎都已被切掉。这里还有一条北欧最著名的断层——米迪大破碎带，它向西一直延伸到英国的华力西前缘。晚古生代时，布拉班特地块似乎是较刚性的地区，几乎未受华力西运动的影响，但是较老岩层的状态清楚地表明有加里东造山作用存在（图 1.1.13）。

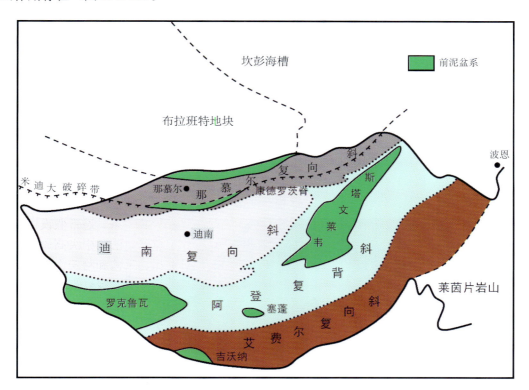

图 1.1.13 阿登山河艾费尔山地质略图（Ager，1980）

阿登地区位于华力西弧后盆地北侧。艾费尔复向斜主要为泥盆系地层，中-晚泥盆世时，艾费尔地区形成一套典型的艾费尔期地层。露头分布于孤立的向斜中，每个向斜中的地层细节和相邻的都不一样，因此，产生大量的群组名称。

迪南复向斜是迪南统最发育的地区。迪南城就位于陡倾的迪南统灰岩之上，杜内和维宪（迪南统的两个主要阶由此处得名）距此不远，那里的默兹谷中有一条下石炭统的典型剖面。它的相类型是大多数欧洲地质学者公认的典型"石炭纪灰岩"。

那慕尔阶根据那慕尔复向斜的那慕尔镇命名，它在该处由砂岩、煤层和海相页岩构成巨厚的旋回，并且有陆相植物和棱角石交替出现。向上，过渡为人们熟知的威斯特法阶"煤系"。那慕尔复向斜中的那慕尔阶和威斯特阶砂岩、页岩和煤层总厚度达数千米。

阿登山仅仅成为中生代海中的一个岛屿。三叠纪砾岩和红色砂岩不整合盖在褶皱和断裂切过的艾费尔地块之上，它们在许多地方沉积在一些向斜谷中。只是到白垩纪最末期阿登山才基本上全部被海水淹没，这时马斯特里赫阶粗粒滨海沉积物从北方超覆在地块之上。

阿登山地区不同于欧洲大陆上别的华力西期地块，缺乏第三纪火山活动的证据，只有斯帕镇的温泉是这类活动的唯一代表。

（二）波希米亚地块

如果说芬兰-斯堪的纳维亚地盾是欧洲的核部，那么波希米亚地块就是华力西褶皱带的心脏（图1.1.14）。这是突出在一系列复杂褶皱带内的一个稳定地块，是欧洲最大、也是研究程度最高的华力西地块，它几乎包括捷克斯洛伐克的西部。地块的西面和南面主要以断层为界，向北它平缓地延伸到德国北部大平原之下，在东南面，以一系列深断裂与喀尔巴阡山分界。从前寒武纪直到华力西运动期间，这里是一个具有巨厚沉积和频繁运动的活动带。太古代是波希米亚地块最老的部分，核部的中心即著名的布拉格南面延入奥地利和西德的摩尔达努比。它由晚太古代和（或）早元古代岩层的杂岩系组成，后来又受到华力西造山运动的改造并成为地块中刚性最强的部分。原始沉积层序是巨厚的（可能几千米）典型"地槽型"沉积，含火山岩夹层。早元古代时，这里发生强烈的褶皱、变质和混合岩化作用，大致相当于芬兰-斯堪的纳维亚地盾上的瑞芬运动。

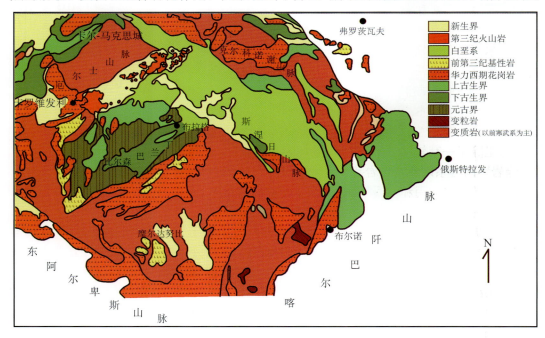

图1.1.14　波希米亚地块主要部分地质略图（Ager，1980）

这次造山运动（通常称"摩尔达努比运动"）后，经过长期的隆起和剥蚀，使摩尔达努比成为整个地区的刚性地核，为一正向构造单元，直到华力西期。元古代的巨厚沉积和造山运动以后，波希米亚地块在早古生代时再次变成地槽。

在这里，巨厚的沉积真正开始于特马豆克期，整个奥陶纪以黑色笔石页岩和砂岩为主，几乎完全缺失碳酸盐岩。志留系上部厚层灰岩发育，向上过渡为富含介壳类及笔石动物群的海相泥盆系。经过多年讨论，这里的克伦克碳酸盐层序被国际地层委员会选做志留系与泥盆系的界限层。地块中部巴兰丁地区没有任何加里东运动的迹象，东北缘在志留纪末发生过强烈的褶皱、逆冲断裂和变质作用，褶皱呈北西向（特别是苏台德地区）。

钙质相泥盆系是波希米亚地块的一个主要特征。华力西主幕似乎发生在早石炭世末期。在巴兰丁，所有古生界均已褶皱，其东北部构造作用更强烈，一些前寒武纪地层被推覆到古生界之上。花岗岩侵位是华力西造山运动的一个重要特征。

华力西造山运动结束时，波希米亚已经变成一个刚性地块，其上散布着一系列晚石炭世与二叠纪的小型盆地。在晚二叠系、三叠纪和早侏罗世时，波希米亚地块的大部分地区是隆起的陆地。侏罗海仅淹没了地块边缘，侏罗纪沉积物仅在地块北侧一些断裂带中呈条带状出现。后华力西期的主要地质事件是赛诺曼期的海侵。地块的整个北半部发生沉陷，被晚白垩世海所淹没。

（三）伊比利亚地块

伊比利亚半岛大部分由一个强烈褶皱和部分变质的华力西地块构成。老岩层大部分出露在西班牙西部和葡萄牙北部（图 1.1.15）。在地块东部，受构造变动的古生界大部分被水平产状或具平缓褶皱的中生界和新生界覆盖。向南，华力西构造明显地被沿瓜达尔基维尔河谷北侧延伸的断层所截断。东部有加泰罗尼亚第三纪褶皱带。东北部，沿着法国边界，古华力西构造在阿尔卑斯运动时期再次活动，形成了比利牛斯山脉。该地块上，有两个主要的古生代后洼地，西面为葡萄牙低地，东面是埃布罗盆地。

前寒武系　元古界在伊比利亚半岛仅有两块出露区，一块在葡萄牙北部，一块在比利时西南部。其岩性可与阿摩里卡地块的下元古界澎蒂夫群及上元古界布里俄韦群对比。这里除了一套较厚的沉积序列外（主要为云母片岩和块状石英岩），还有被看成"蛇绿岩"的岩系以及麻粒岩甚至榴辉岩（时代为 900 Ma）。一般能辨认出彭蒂夫幕和卡多姆幕的构造作用和变质作用。

古生界　下古生界地层纵贯伊比利亚半岛中部。坎塔布连山剖面中有一些著名的地层值得一提。中寒武统有红色结核：次灰岩，是南欧古生界的一个特色，是众所周知的标志层，属于浅水相。在坎塔布连山，下古生界最突出的沉积建造以西巴里奥斯德卢纳命名，这些石英岩基本上与下奥陶统阿伦尼克阶的石英岩相当。从坎塔布连山向西，下古生界为较深水的类复理石泥质沉积，并伴有火山岩。地块南部边缘为下古生界变质岩，是以浅水为主的沉积，含很多著名的早古生代生物群。伊比利亚地块缺乏加里东造山运动的确切证据，变质作用和侵入活动看来应属华力西期。

泥盆系主要分布在坎塔布连山西部，为一套较厚和多变的浅水层序，含丰富的化

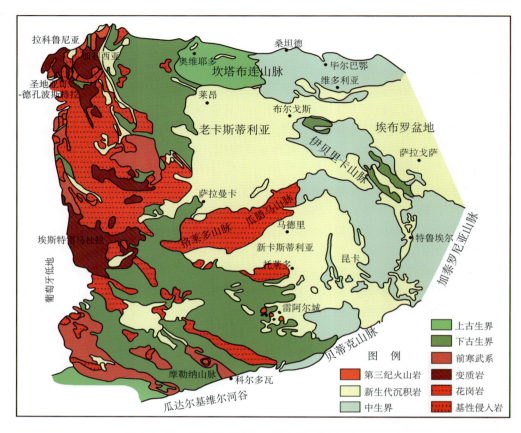

图 1.1.15　伊比利亚地块地质略图（Melendz，1958）

石，并在中泥盆统吉维特期末形成一些壮丽的珊瑚。在坎塔布连山，泥盆纪末（法门期）普遍海退后，像欧洲其他华力西地块一样，有一次早石炭世的海侵，沉积"山岳灰岩"，形成欧洲的一些高峰和壮观的峡谷。还有一些产棱角石的深水"大理岩"，在南部持续发育浅水碎屑岩，直至威斯特法期末。早斯蒂芬期的主构造幕，即华力西造山运动的阿斯突里幕，有向北的逆冲活动。阿斯突里幕之后，是斯蒂芬阶的粗碎屑沉积，为冲积而成的砾岩和砂岩。马德里西北部有巨大的花岗岩侵入体，它们的年龄值范围长达50 Ma（325～275 Ma），属于晚石炭世。

中生界和古近系—新近系沉积　中生界地层主要分布在伊比利亚半岛的东侧，平缓地覆盖在一切老地层之上。三叠系底部为奥陶系石英岩漂砾，向上，变为具交错层的红色砂岩，也就是北欧到处可辨认的"斑砂岩"统。接着出现白云岩。推测这些是中三叠世的"壳灰岩"统。上三叠统是含盐的红色和绿色泥灰岩，相当于德国剖面上的"考依波"统。侏罗系出露于伊贝里卡山链的广大地区，这是一套以浅水为主的沉积层序。白垩纪地层尽管有各种南欧的特征，但明显是非阿尔卑斯型（狭义）的。古近系—新近系绝大部分是水平的陆相沉积，露头稀少，对比困难。一些地方的蒸发盐岩形成了引人注目的底辟构造。

在华力西褶皱带上发育有：中生代至新生代的英国-巴黎盆地、阿基坦盆地、凯尔特海盆地、埃布罗盆地、上莱茵地堑等负向构造单元。

六、阿尔卑斯褶皱带

阿尔卑斯褶皱带位于欧洲南部，是晚白垩世至今的非洲板块与欧亚板块的碰撞带。阿尔卑斯褶皱系西起伊比利亚半岛南缘的贝蒂克山脉，向东经阿尔卑斯山脉、喀尔巴阡山脉、亚平宁山脉，最终抵达大高加索山脉，绵延 5 000 km，是欧洲最长、最高、也是最复杂的山系。阿尔卑斯褶皱带由四个部分组成：外弧、北阿尔卑斯褶皱带、南阿尔卑斯褶皱带和褶皱带内部的地块与盆地（图 1.1.1）。外弧是阿尔卑斯褶皱系北缘褶皱最早构造带（中生代末期开始），西部由比利牛斯山、普罗旺斯褶皱带和侏罗山组成，东部有克里米亚和大高加索山。北阿尔卑斯褶皱带是阿尔卑斯褶皱系的主带，西有伊比利亚半岛南缘的佩尼维蒂克山-巴利阿里群岛，中段是最为壮观的阿尔卑斯山脉，东段喀尔巴阡褶皱系呈反 S 形，结束于黑海东缘。南阿尔卑斯褶皱带西部指非洲西北缘里弗山链，实际是贝蒂克山脉被直布罗陀海峡相隔的非洲部分，东部为亚平宁山脉和迪纳拉-海伦尼克山脉。

（一）外弧

外弧是阿尔卑斯褶皱系北缘中生代晚期至新生代的褶皱带，发育于主阿尔卑斯造山带的北缘，有人称其为阿尔卑斯"前波"。在华力西褶皱带南缘分布有比利牛斯褶皱带、普罗旺斯褶皱带和侏罗山褶皱带。这些褶皱带自中生代晚期开始发育，阿尔卑斯期也有活动。

1）比利牛斯褶皱带。比利牛斯山不完全属于阿尔卑斯山链的范畴，因为它的岩相及动物面貌大多数具有西欧外阿尔卑斯的特征。它是一条华力西与阿尔卑斯褶皱作用几乎完全重叠的造山带，沿这条造山带出现的构造运动还涉及比斯开湾的裂开。

比利牛斯山的核部由古老岩系和大型的岩基构成，称为内带。其南部和北部中生代和新生代沉积物组成边缘海槽，又称南、北外带。华力西褶皱作用最强烈的轴部也就是古生代地槽的中心部位；外带是白垩纪晚期至第三纪早期沉积最厚的地方。内带北部褶皱向北倒转，南部褶皱向南倒转，形成一个理想的对称构造；两条外带的褶皱比靠近山脉中央地区的要微弱些。外带的南北边缘形成两条较小山脊，北面的称小比利牛斯山，南面的叫做山脉带（图 1.1.16、图 1.1.17）。

比利牛斯山东段出露古老的片麻岩，推测为前寒武系。

下古生界主要出露于中段，片麻岩之上是层状变质岩，再上为厚度很大的碎屑岩及泥质岩，并夹薄层灰岩和酸性火山岩。可以见到上奥陶统由板岩、砂岩和砾岩组成。志留纪含化石灰岩和黑色笔石页岩互层，现在一般已变质成为板岩。

上古生界地层分布较广。泥盆系为红色灰岩，具有含远洋生物的结核状灰岩。上泥盆统沿轴部带中部为类复理石相沉积，外围发育浅水成因的礁灰岩。早石炭世的沉积比较缓慢，底部为燧石及碳酸盐的结核层，向上过渡为广泛分布的硬砂岩及一些含植物化

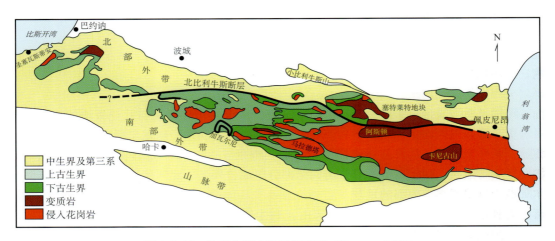

图 1.1.16　比利牛斯山脉地质略图（Rutten，1969）

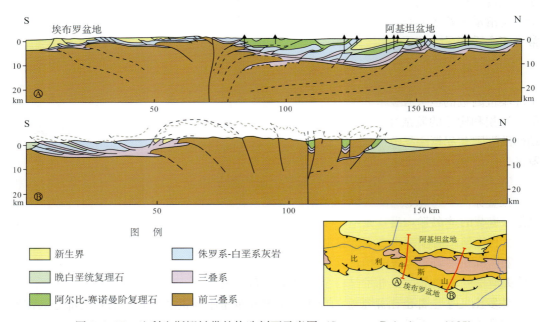

图 1.1.17　比利牛斯褶皱带的构造剖面示意图（Seguret，Daignieres，1985）

石的泥质岩，再上是大套黑色灰岩夹层间夹角砾岩。晚石炭世古特提斯海沉积物在比利牛斯山零星分布。主要运动都发生在晚石炭世斯蒂芬阶沉积前。在造山运动末期，发生了大型花岗闪长岩岩基的侵位，形成今天最壮观的比利牛斯山脉。这些岩体的年龄值为250～300 Ma。古生代末期还发生了大量的火山活动，特别是沿中比利牛斯和西比利牛斯的南部边界更为发育。火山作用后，沉积了典型的造山期后红层，包括厚层的砾岩。这些岩层通常笼统地归于"二叠纪—三叠纪"。

中生代地层主要发育于比利牛斯山脉的南北两侧，中央轴部的地层趋于变薄，并通常缺失侏罗系，这表明侏罗纪时此处已经隆起。三叠系仅保存在侏罗系下面的一些红色洞穴中。侏罗纪和白垩纪的沉积以浅水碳酸盐相为主，一般富含动物化石。侏罗纪早期地层中富含腕足类化石，基本仍属北欧型分子，与阿尔卑斯和贝蒂克山的同时代动物面貌完全不同。下白垩统以灰岩为主。早白垩世末发生构造运动，阿尔必期陆相砾岩和角砾岩分布广泛，此时运动沿北比利牛斯断层活动，并且轴部带可能已成为山脊而露出海面。晚白垩世发育复理石沉积。

大部地区见到的始新统都以富含货币虫及蜂窝状有孔虫的块状灰岩为最早期的沉积。比利牛斯西部地区，复理石沉积跨越了中生代—新生代的界线。始新世结束前，海槽曾受到形成现代比利牛斯山脉的构造运动影响。此处第三纪主褶皱的时间比其他西阿尔卑斯山脉早得多，即发生在始新世末期。这就是阿尔卑斯造山运动中的比利牛斯幕。可以看到中生代灰岩逆掩到始新世地层之上。

法国东南角马赛至尼斯一带的普罗旺斯褶皱带，隔利翁湾与比利牛斯山遥相呼应。普罗旺斯褶皱带主要由中生界灰岩组成，逆冲断层和褶皱主要发生在始新世末。普罗旺斯地区的构造是很简单的，它的东西走向主褶皱的核部一般是三叠纪地层，沿其薄弱地带发生滑动及角砾岩化。该背斜的特点是北翼较陡，南翼因一些次级褶皱的向南逆冲面常常完全看不见。普罗旺斯完全没有像阿尔卑斯那种远距离推覆构造的规模。

在比利牛斯山北侧发育有阿基坦盆地，南侧发育了坎塔布连盆地。

2）侏罗山褶皱带。侏罗山是从法国东南部的孚日山、黑林山以南，向南延伸到瑞士苏黎世附近的巨大弧形中生代山脉。传统上它们被认为是阿尔卑斯的前缘波，其地层、地貌和构造的复杂性均介于具稳定、平缓中生代地层的欧洲西北部与具强烈构造变动的欧洲阿尔卑斯山脉之间。侏罗纪即以此山命名，此山所见到的大部分构造都是由侏罗纪岩系组成（图1.1.18）。

钻井揭露了三叠系以下地层：

三叠系——考依坡阶（T3）红层夹厚层蒸发岩，壳灰岩统（T2）灰岩、白云岩、红层及蒸发，本特阶（T1）杂色砂岩。总厚300 m左右。

二叠系——萨克森阶（P1）红色砂岩及泥岩。平均厚约190 m。

石炭系——斯蒂芬阶（C3）砂岩、页岩和煤，贝底砾岩。平均厚600 m。

基 岩——花岗岩、混合岩、片麻岩和云母片岩。

侏罗山几乎全部由出露很好的中生代灰岩及少量中新世磨拉石，前者大部分属侏罗纪和白垩纪早期。背斜核部偶尔出露三叠纪晚期红层及蒸发岩地层。

侏罗纪总体属于陆表海沉积。下侏罗统与英国南部和德国西南部典型的地层非常相似——为一套灰岩与钙质页岩互层。中侏罗世是一套浅海相碎屑灰岩，局部地方珊瑚礁很发育。晚侏罗世沉积富含菊石的钙质泥岩和珊瑚礁灰岩。

白垩纪为一套灰岩，缺失晚白垩统。

中新统不整合于中生界之上，是一套黄绿色的砂岩及砾岩，类似充填在侏罗山与阿尔卑斯山之间的磨拉石建造。侏罗山脉外缘最后一次向前的逆冲运动使得中生代灰岩覆盖在中新世的磨拉石之上。

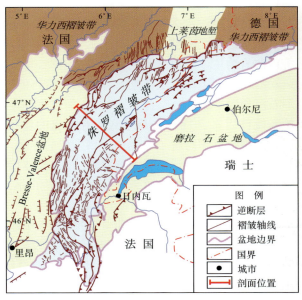

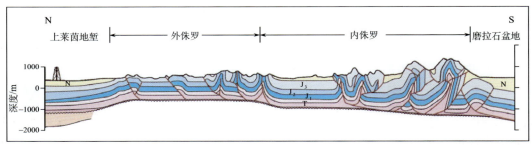

图 1.1.18　侏罗山主要构造单元略图（Ager，Evamy，1963）

（二）北阿尔卑斯褶皱带

此带由直布罗陀海峡起一直伸向黑海，不过它在南喀尔巴阡山东部突然向南拐弯。可分成三个区域：贝蒂克-巴利阿里、阿尔卑斯和喀尔巴阡-巴尔干。

1. 贝蒂克山脉-巴利阿里群岛

贝蒂克山脉位于伊比利亚半岛的东南角，与其东侧的巴利阿里群岛一起构成欧亚大阿尔卑斯山链的西端，全长将近 1 000 km。贝蒂克山脉可以分成五部分：前贝蒂克、瓜达尔基维尔拗陷、亚贝蒂克、贝蒂克山脉（狭义）和巴利阿里群岛（图 1.1.19）。下面逐一介绍。

1）前贝蒂克。由完全未变质的、大部分是原地的中生代和第三纪沉积物组成。三叠纪，主要由具蒸发岩的红层、有名的海相"壳灰岩"和玄岩组成，普遍出现底辟构造。侏罗系已成为一种单一的块状灰岩建造，时代可能属于基默里奇期或提唐期。白垩

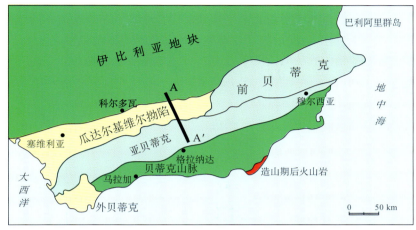

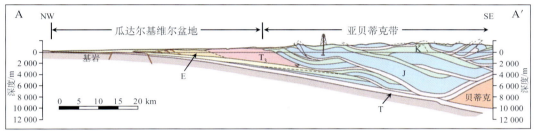

图 1.1.19　贝蒂克山脉主要构造单元略图（Berastegui et al.，1998）

系发育很完全（在一个间断面上面），是一套灰岩和"泥灰岩"层序。主要运动明显发生在中中新世，并伴随有砾岩沉积，往上只有沿海岸分布有第四纪卵石和钙质胶结砾石。古近纪地层常常已强烈褶皱。

2）瓜达尔基维尔拗陷。瓜达尔基维尔一名是纪念摩尔人的，阿拉伯语的意思是"大河"。拗陷中沉积了巨厚的第三纪地层。

3）亚贝蒂克。东起阿利坎特，向西延伸到加的斯湾。此处没有中生代以前的岩石出露，中生代层序主要是深水沉积，在德国型三叠系之上完全是深水远洋海相层序，晚白垩世，碎屑物增加形成明显的复理石和类复理石沉积，这种沉积一直延续到古新世。三叠纪的石膏层在构造演化过程中起着重要作用，整个山系构造的基本特征是许多侏罗系和白垩系的碎块在三叠系上面滑动。晚侏罗世起经白垩纪到始新世的层序，被各种颜色的三叠纪泥灰岩所包围，整个山脉就像漂浮在三叠纪沉积物之上。

4）贝蒂克山脉（狭义）。是该山链中最高、最壮观的，也是最复杂的山区，主要由古生代地层组成。它受阿尔卑斯造山运动的强烈影响，组成一系列彼此叠覆的向北的推覆体。整个地区看起来主要由巨厚的古生代千枚岩、片岩和大理岩组成，由于这些岩石普遍缺失化石，几乎不可能准确地确定它们的时代。

5）巴利阿里群岛。是前贝蒂克山脉沿北东东方向在地中海里的直接延续部分，因为它由同样的中生代灰岩组成。岛上出露有较厚的从志留系到二叠系的古生代层序。泥盆纪以片岩为主，上石炭统以海相和具植物的非海相互层为特征。覆盖在上述基底上的是红色三叠系。该岛西南部主要由大量平板状的白色中新世灰岩组成，时代定为文多邦阶（中新世）。它显然是造山期后的，并不整合覆盖在所有以前地层之上。

与贝蒂克褶皱带相关的负向构造单元有：瓜达尔基维尔盆地。

2. 阿尔卑斯山

整个阿尔卑斯山脉呈一条大弧形，从法国南部经过意大利北部、瑞士、德国南部到奥地利，长约 800 km，宽 150 km。根据构造的不同和侵蚀程度的不同，可将阿尔卑斯山脉分做东、西两个部分。

因苏布里克线是阿尔卑斯也是欧洲的一条非常重要的缝合线，习惯上把它作为划分南北阿尔卑斯的界线。它清楚地分开了两个构造和变质作用完全不同的地区，现在表现为一条巨厚的糜棱岩带或者是一条轮廓清楚的后阿尔卑斯断裂。当前普遍的看法认为它是从南向北推来的一个微大陆的前缘。

沿莱茵河上游到博登湖的"恩加丁线"是东西阿尔卑斯的分界线，显示出东阿尔卑斯南部边缘相对于西阿尔卑斯往北推移了相当大的距离（可能有 20 km）。

（1）西阿尔卑斯褶皱带

西阿尔卑斯的大块地质体从南往北推覆了很大距离，常常由于后期剥蚀作用成为完全"无根"的飞来峰。西阿尔卑斯本身可划分出三个大构造带（推覆体）：奥地利（Austro）带、彭尼内（Penninic）带 c 和海尔微（Helvetic）带（图 1.1.20）。

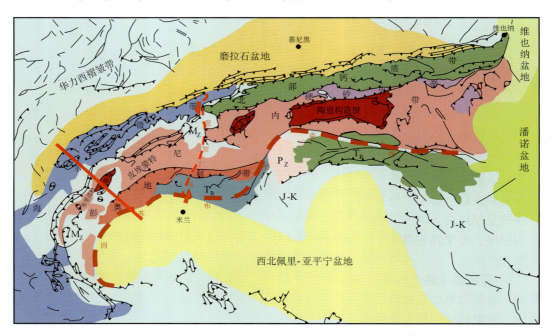

图 1.1.20　阿尔卑斯山褶皱带主要构造单元分布图（Ager，1980）

1) 奥地利带。在地层方面，奥地利带完全不同于北阿尔卑斯，而是和南阿尔卑斯相当，可见是一个巨大的推覆体。此带底部层位由高温变质的片麻岩、大理岩和基性岩组成。其地层层序从古生代最上部的石墨片岩和韦鲁卡诺型角砾岩开始，然后过渡为以碳酸盐岩为主的中生代岩石，顶部的下中侏罗统中出现大量急流形成的角砾。在北部勃朗峰以飞来峰的形式作为异地物覆盖在彭尼内带的地层之上，被认为是奥地利带的推覆体，可见因苏布里克线附近推覆作用之强烈（图 1.1.21）。

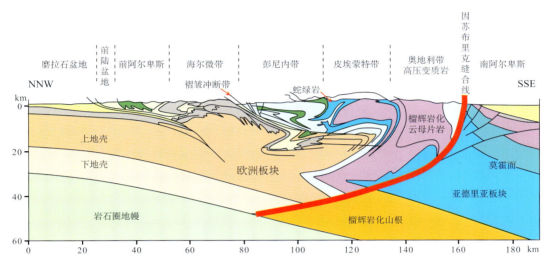

图 1.1.21　过勃格朗峰的阿尔卑斯山构造横剖面（剖面位置见图 1.1.20）

2) 彭尼内带。由大量的推覆体构成，南部的内带称皮德蒙特（Piemonte）亚带，北部（外带）叫做布里昂松亚带。皮德蒙特亚带东部完全是洋壳，西部是一些薄的大陆壳岩片。古生代的基底被三叠纪的角砾岩和早侏罗世的钙质岩石（现变成了大理岩）所覆盖。然后是闪光片岩，由巨厚的含闪光云母的砂质、钙质片岩组成，一般认为属于侏罗纪（无太多证据）或白垩纪。闪光片岩有时与巨大块体的蛇绿岩共生。它们可当做与俯冲带有关的海槽（或优地槽）沉积，一整套推覆体的形式向阿尔卑斯外侧移动了很大的距离。北部的布里昂松亚带位于阿尔卑斯弧的中央部分。此带很少出露结晶基底，向上是石炭系最上部和二叠系的厚层陆相沉积，在弧区附近的山谷里厚度大于 300 m。中三叠统是厚层白云岩，三叠系之上常常为上侏罗统——薄层泥灰岩所覆盖，然后是薄层上白垩统。布里昂松带是介于接近山脉内侧的大海槽与接近外侧的小海槽之间的一个脊。

3) 海尔微（瑞士）带。基底是深变质的云母和角闪片麻岩，时限从前寒武纪到石炭纪。在阿尔卑斯原地地块中，保存较好又几乎未变质的晚古生代层序，分布在南面和西面。这里的中生代层序非常之厚，而且保存得非常完整。其中，发育大量灰岩，但缺乏火山岩，因而曾叫做冒地槽，而且厚度巨大，"里阿斯"统最下部就有 1 000 m 厚。海尔微带外侧已不发育推覆体，只不过构造变动较强烈。

（2）东阿尔卑斯褶皱带

东阿尔卑斯褶皱带主要有以下 4 个次级构造单元：彭尼内带、北部钙质阿尔卑斯带、复理石带和海尔微带（图 1.1.22）。

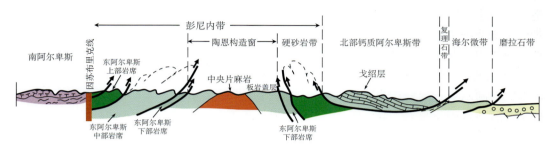

图 1.1.22　东阿尔卑斯褶皱带构造横剖面示意图（Ager，1980）

1）彭尼内带。指大逆冲岩席覆盖下的刚性基底，属原地岩系或准原地岩系，由强烈变形的变质岩组成，主要是片麻岩、片岩和千枚岩。

下部岩席　在陶恩构造窗中展示最充分，是逆冲在彭尼内带之上主要由变质中生代地层组成的逆掩片。中生代岩石本身又可进一步划分成两部分：下部单元，较薄，以具有石英岩和多层角砾岩的板岩为特征；上部单元，以钙质为主，与北部钙质阿尔卑斯密切相关。

中部岩席　由一套复杂的片麻岩、片岩、石英岩和闪岩的逆掩片组成，它们似乎受到多次变质作用的影响。其时代推测为古生代，并有时代为早石炭世的花岗片麻岩的侵入。老结晶岩之上是轻度变质的古生代和中生代盖层，它们具有相当完整的化石。在南部因苏布里克线北侧盖尔塔尔山及其邻近山区以三叠纪碳酸盐岩为主，类似于北部钙质阿尔卑斯带。

上部岩席（硬砂岩带）　指构成此带大部分的古老灰色千枚岩和石英岩。这套岩石有志留系、泥盆系和石炭系可靠的化石证据，一般认为它是一套比较完整的古生代层序。在沉积环境方面它从笔石页岩相到含陆生植物的陆相沉积，还发育大量的火山岩，尤其是玄武岩和石英斑岩。

彭尼内带包括两个构造窗——大陶恩构造窗、恩加丁构造窗。

大陶恩构造窗很可能是原地产物，核部为华力西期的中央片麻岩，盖层为上古生界至中生界浅变质岩，周围老地层向构造窗核部逆冲。盖层的底部主要由局部夹有石英岩的黑色千枚岩（其中一些是石墨）和大量岩浆岩组成，推测为古生代的优地槽产物，与下面要介绍的硬砂岩层序（志留系—泥盆系）相当。其上覆为二叠系—早三叠系海进层序，有 100 m 的砾岩和石英岩，常常为长石质，并具有石膏。往上，一套碳酸盐层序，推测与北部钙质阿尔卑斯带的中三叠统、上三叠统的厚层灰岩和白云岩相当，厚 200 m。侏罗系—白垩系主要是千枚岩，与蛇绿岩共生，很可能是中生代洋底的一些残余物。此盖层受低温高压变质作用的影响，形成蓝片岩相，变形很强烈，一般推测造山运动可能发生在中生代末，有些地方可能延入第三纪。

2）北部钙质阿尔卑斯带。它是由南往北移动了很大距离的逆冲岩片，中上三叠纪的灰岩和白云岩厚度就可达 3 km。在层序底部下三叠统很薄，但有重要的蒸发岩，含盐层为逆冲断层和底辟构造，起了润滑作用。下中侏罗统为泥质沉积，上侏罗统再次发育碳酸盐岩，并且在南部出现礁。白垩统以角砾岩和浅水碳酸盐沉积为特征。主要的构造运动发生在中、晚侏罗世并持续到中白垩世，同时推覆距离较大。北部钙质阿尔卑斯带的下侏罗统腕足类动物化石群与海尔微带格雷斯滕相的化石有明显差别。在晚始新世整个块体包括戈绍层在内可看做是一个独立的大逆掩片在运动，少延续到中新世。

3）复理石带。此带以一条狭窄的条带分布在陡峭的北部钙质阿尔卑斯带北侧，在北部钙质阿尔卑斯带大片碳酸盐岩之下的构造窗里也可以看到它们。这种产出状况和一些钻孔资料告诉我们该带至少向前运动了 20 km。这里复理石海槽的沉积作用开始于早白垩世，并持续到始新世。此带和西阿尔卑斯带一样，是准原地岩，它处在北面海尔微带和南面彭尼内带之间的位置上。

4）海尔微带。此带比复理石带更窄，呈不连续的细长逆掩片沿复理石带外侧分布，海尔微带是准原地岩系，主要由砂岩和泥岩组成，化石很丰富，其时限从早侏罗世（典型的北部格雷斯滕相）到始新世，其间无明显间断。

阿尔卑斯褶皱带北缘发育有磨拉石盆地。沉积物几乎全部是第三系，主要是渐新统到上新统，以中新统为主体。以浅海和半咸水沉积为特征，往北由于接近波希米亚地块而明显变薄。

3. 喀尔巴阡山脉

喀尔巴阡山脉从维也纳盆地起，紧靠着波希米亚地块呈一向北凸出的巨大弧形穿过捷克斯洛伐克东部、波兰南部和乌克兰，然后向南经罗马尼亚境内，于铁门处穿过多瑙河进入南斯拉夫。

喀尔巴阡褶皱带大致可以划分为 4 个构造单元：内带、飞来峰带、复理石带和磨拉石带（图 1.1.23）。复理石带和磨拉石带构成了南、北喀尔巴阡盆地。

1）内带。"内带"是指古潘诺山间地块的东北边缘部分，这里出露的元古界通常都已高度变质，还包括一些蚀变的早古生代地层。寒武系、奥陶系是具有许多酸性火山岩的陆源沉积，志留系是碳酸盐相，泥盆系包含大量的基性火山岩。石炭纪西喀尔巴阡山开始了新的运动幕和地槽沉积。该带缺失早石炭世沉积，此时造山运动伴随有紫苏花岗岩和辉长岩等大型深成岩体的侵位。晚石炭世以碎屑沉积为主，也包括一些碳酸盐岩和基性喷发岩，已强烈褶皱变形。二叠系南面是海相，北面是陆相。整个古生代时期喀尔巴阡山是一个沉积海槽，构造作用发生在古生代末。三叠系在南部为具"南相"动物群的海相灰岩和白云岩组成；北部却由德国型的"斑砂岩统"、"壳灰岩统"和"考依波统"组成。侏罗纪为深水沉积的泥岩、放射虫岩和半深海灰岩。类似的沉积延续到早白垩世，以强烈的地壳运动发生而告终，这次运动在土伦期达到最高潮，发育了向北逆冲的推覆构造，地壳相应缩短了 40～80 km。

2）飞来峰带。飞来峰带是喀尔巴阡内带和外带之间的分界构造带。该带通常只有 1～10 km 宽（不大于 20 km），但延展却从维也纳附近起到罗马尼亚北部长达 500 km 左右。它是复杂的叠瓦构造带中一条巨大的混杂堆积构造角砾岩带，由"漂浮"在晚白

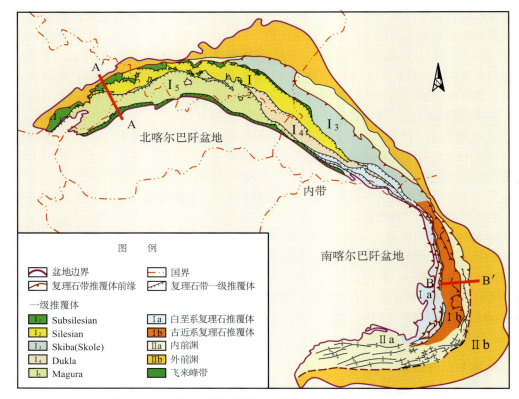

图 1.1.23　南、北喀尔巴阡盆地构造区划图（Picha，1996）

垩世泥质沉积物中的大量侏罗纪和早白垩世灰岩的岩块组成。在内喀尔巴阡带，白垩纪和第三纪时的主运动使它们本身互相挤压，同时又将它们集中到这条带里，为此推测此带是沿一条深部构造缝合线分布的。

　　3）复理石带。复理石带主要由白垩系和古近系组成。在复理石带内侧发现的侏罗系地层许多都是由侏罗纪灰岩的碎块组成，这些碎块因海底滑坡而滚入白垩纪深水泥质沉积物之中。晚白垩世开始外喀尔巴阡以优地槽带面貌发育。从晚白垩世（森诺期）起一直到渐新世，以砂页岩韵律性复理石沉积为主。阿尔卑斯造山运动的主幕发生在中新世，发育了新的推覆体，并再次向北推移。新近纪晚期造山期后的沉积物，常保存在一些地堑构造里，主要是淡水和陆相沉积，其中还含有褐煤。

　　复理石带长约 1 000 km，宽 15～100 km，是一个强烈的弧形逆冲构造带。按推覆体（nappes）或逆冲席（thrust sheets）内部的地层分布可将复理石带划分为 7 个次一级构造单元：北喀尔巴阡 5 个单元——I₁-Subsilesian、I₂-Silesian、I₃-Skiba（Skole，Tarcau）、I₄-Dukla 和 I₅-Magura；南喀尔巴阡 2 个单元——Ia-白垩系复理石推覆体和Ib-古近系复理石推覆体（图 1.1.23、图 1.1.24）。每一个推覆体都由若干叠覆的逆冲席组成，每个逆冲席都发育有狭窄的、不对称的逆牵引背斜构造。

　　4）磨拉石带。新近纪厚层磨拉石覆盖在东欧地台的边缘，围绕着喀尔巴阡山前缘蜿蜒分布称为喀尔巴阡磨拉石带。内前渊是指推覆的磨拉石带（IIa），外前渊为原地磨

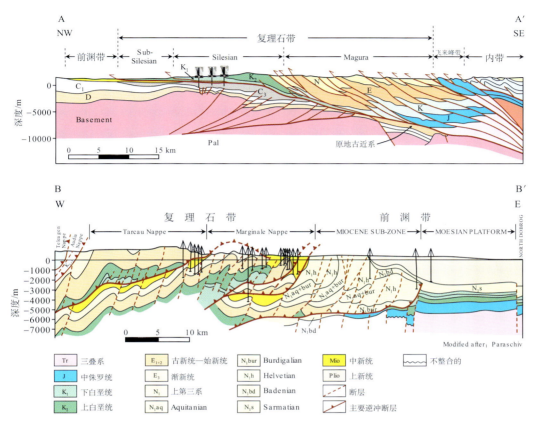

图 1.1.24　喀尔巴阡山构造横剖面图（Picha，1996）（剖面位置见图 1.1.23）

拉石沉积区（IIb）。

　　南、北喀尔巴阡盆地主要由复理石带和磨拉石盆地构成。在喀尔巴阡褶皱带内侧为潘诺地块，其上发育有潘诺盆地、特兰西瓦尼亚盆地和维也纳盆地等负向单元，与南、北喀尔巴阡盆地共同构成阿尔卑斯域中含油气最为丰富的构造单元。

（三）南阿尔卑斯褶皱带

　　南阿尔卑斯褶皱带的主体是北东向的迪纳拉褶皱带和亚平宁褶皱带。迪纳拉-亚平宁褶皱带东侧的巴尔干山、北侧的南阿尔卑斯山和西端的非洲阿特拉斯山脉都属于南阿尔卑斯褶皱带。下面主要介绍含油气的迪纳拉褶皱带和亚平宁褶皱带。

1. 迪纳拉褶皱带

　　迪纳拉褶皱带沿着亚得里亚海东岸向东南延伸，把意大利北部的南阿尔卑斯山和阿尔巴尼亚及希腊的海伦尼克（Hellenic）褶皱带联系起来。迪纳拉褶皱带从"内侧"到"外侧"（即从东北到西南）可以分为 5 个构造-古地理带——塞尔维亚-马其顿地块、中生代火山岩带、古生界背斜带、高岩溶带和古近系复理石带（图 1.1.25）。

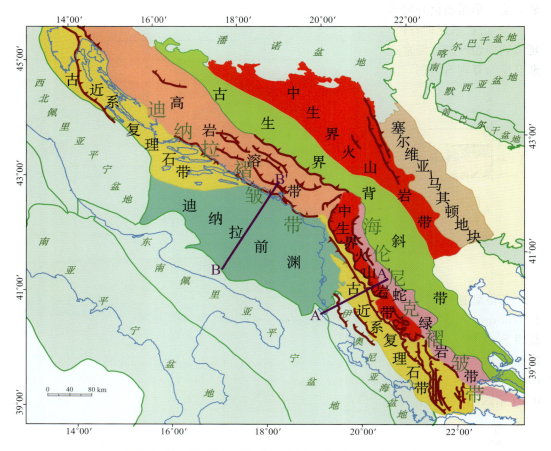

图 1.1.25　迪纳拉褶皱带构造区划图（Velaj et al.，1999）

1）塞尔维亚-马其顿地块。这一地块代表造山带之间一个被挤出来的陆壳断块，主要由前寒武系和古生界变质岩组成，外围中生界沉积物的主体除复理石外就是钙质的碳酸盐岩。

2）中生代火山岩带。这个带大部分由中生代火山岩组成。在西南面，早、中三叠世厚度不大的远洋灰岩及火山岩不整合沉积在古生界之上。侏罗纪主要为"辉绿岩-放射虫岩"建造，其中包括巨大的蛇绿岩块体。侏罗纪晚期地层，在西南面被白垩纪（主要为晚白垩世）的浅水介壳灰岩不整合覆盖，在东北面被远洋复理石覆盖。

3）古生界背斜带。这个构造单元基本上是一个轴部由古生界组成的大背斜，盖层为中生代沉积。三叠纪初沉积为红层，向上为晚三叠世和早侏罗世巨厚的浅水碳酸盐岩。其上为早侏罗世晚期图阿尔阶的红色鲕状灰岩，然后是放射虫岩、角砾岩和基性火山岩。背斜构造是在晚白垩世升起的，同时受到侵蚀，然后被淹没。背斜带东南侧侏罗纪末期发育蛇绿岩，向上延续到白垩纪最早期，可能是欧洲主要的缝合线之一。

4）高岩溶带。又称高喀斯特带，几乎全由灰岩组成。这些灰岩的时代从中三叠世一直到晚白垩世，都是一些浅水沉积，经常含有很多化石，有时成礁，有的地方具铝土矿夹层。早始新世开始复理石沉积。

5）古近系复理石带。在地表上，中、上三叠统，或者上侏罗统浅水灰岩向上一直延续到中始新统，经常造成一种岩溶地形。许多地方与高岩溶带很难区分。中始新世至渐新世为复理石沉积，南部海伦尼克褶皱带西侧保存有中新统沉积（图 1.1.26）。

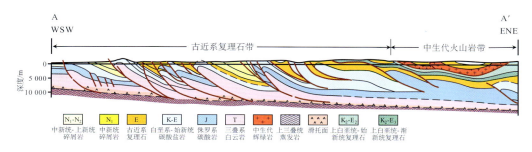

图 1.1.26　过迪纳拉中生代火山岩带-古近系复理石带构造
横剖面图（Velaj et al，1999）（剖面位置见图 1.1.25）

亚得里亚海-都拉斯盆地，是一个典型的前渊盆地（图 1.1.27）。新生界沉积厚达 10 000 m，中生代至下中新世全为碳酸盐岩台地。中中新世开始了盆地沉积历史，中中新世 Serravalian 期为深海复理石沉积（最厚 1 500 m）。上中新世 Tortonian 期逐渐自深海过渡为三角洲（最大 1 200 m），Messinian 期发育为陆架-滨岸-潟湖（最大 2 000 m）。上新世早期复而变为深海，晚期由近海陆架转变为陆相磨拉石沉积（最大 3 000 m）。第四纪一直保持海陆交替的磨拉石沉积（最大 3 000 m）。

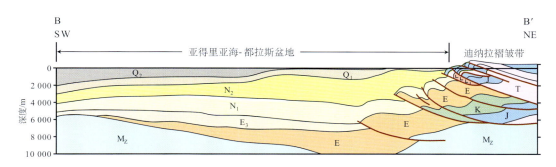

图 1.1.27　过迪纳拉前渊-南亚得里亚海-都拉斯盆地构造横剖面（Sestini，1994）
剖面位置见图 1.1.25

2. 亚平宁褶皱带

1）北亚平宁褶皱带。位于意大利北部，是一个自早渐新世开始，一直延续到早更新世，由西南向东北推覆的逆冲褶皱带。地表所见最古老的岩石属于晚古生代，含有少量化石（主要是植物），通常多少有些变质。二叠纪为含砾石的粗砂岩和砾岩——韦鲁卡诺型（这个术语被用于整个南欧）。中生代层序从上三叠统巨厚的碳酸盐岩与硬石膏的互层开始，侏罗纪最早期为浅水的块状灰岩，向上为含燧石结核的灰岩，时代包括整个中侏罗世。其后海水越来越深，到晚侏罗世时，逐渐变为较深水环境中沉积的放射虫燧石以及硅质灰岩。这种状态一直持续到白垩纪，出现一些杂色页岩，它们具有许多特提斯沉积物的特征，并被认为是一些较深水的沉积。钙质页岩型的沉积持续了整个白垩纪以及古新世、始新世和渐新世的大部分时期。渐新世晚期至中新世早期由粗粒的长石质硬砂岩组成，有时有砾岩，厚度可大于 3 000 m。

　　按推覆体可以进一步划分为 4 个次级单元（图 1.1.28、图 1.1.29）。

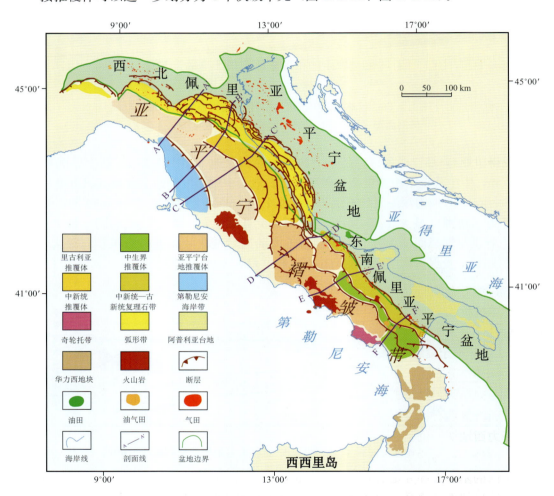

图 1.1.28　亚平宁褶皱带构造区划图（Mostardini et al.，1988）

　　第勒尼安（Tyrrhenian）海岸带　磁性基底埋藏深度 3～6 km。基本上是一系列由优地槽物质组成的异地岩片，包括大量蛇绿岩，时代都是侏罗纪的，可以看做是从西面的里古利亚-皮德蒙特小洋盆逆掩上来的洋底物质楔状体。

　　里古利亚（Liguride）推覆体　由于沉积岩的叠覆磁性基底埋藏深度增加至 14 km。深部有完整的中生代至早—中渐新世台地灰岩。上部是晚渐新世及其后的前渊沉积。地表

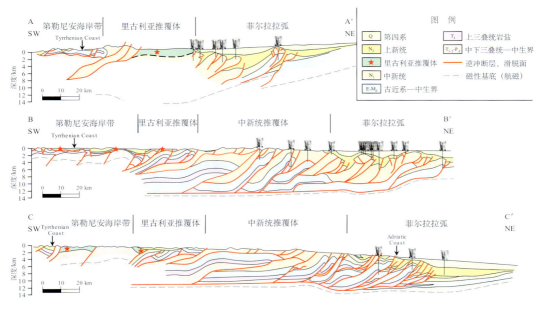

图 1.1.29　北亚平宁褶皱带构造横剖面图（IHS，2007）

出露大量蛇绿岩和洋底物质，北部是大块的楔状体，南部主要是泥质沉积物的滑塌堆。

第勒尼安海岸带和里古利亚推覆体通常称做内带，可以视做经远距离推移的推覆体。

中新统推覆体　是一系列中生界碳酸盐岩至中新统准原地的推覆体。中新统为砂质复理石，然后变成磨拉石，部分亚平宁前缘海沟中充填了巨厚沉积物。

菲尔拉弧（Ferrara Arc）　指亚平宁前缘的弧形地带，三叠纪至始新世为浅水碳酸盐岩台地，并基本属于原地沉积，其上有 1 000 m 左右的中新统—上新统碎屑岩。

2）南亚平宁褶皱带。位于意大利南部，南北亚平宁以罗马-佩斯卡拉一线为界，以北"优地槽"分布占优势，以南主要为"冒地槽"。在地面，可以分做 6 个岩石-构造带，由西向东为：华力西地块、奇轮托带、亚平宁台地推覆体、中生界推覆体、古新统—中新统复理石推覆体、阿普利亚台地（图 1.1.28、图 1.1.30）。

华力西地块　位于亚平宁半岛西南角，是西西里东北部的佩洛里塔尼地块的直接延续，具麻粒岩相的前华力西基底，它们在晚古生代末与晚古生代沉积物一起再次受到变质。出露的基底大部分是变质的泥盆纪和石炭纪沉积，还有一些晚石炭世的花岗岩类侵入体。这里缺失三叠系，中生界的其余部分也是很薄的陆相沉积或是浅海沉积。始新世时，最老的粒变岩被向东推到了晚古生代地层之上，然后又依次推到已受中生代构造变动的内复理石带之上。

奇伦托（Cilento）带　这是一套已受构造变动的中生代沉积。侏罗纪薄层灰岩（包括一些深水类型）和蛇绿岩及硅质岩相共生。白垩系则厚得多，并有不同类型的沉积物，都受到一定程度的变质并再次与蛇绿岩共生。早白垩世开始出现碎屑物质，其上的晚白垩世—始新世沉积才是真正的复理石。可以和北亚平宁的第勒尼安海岸带相对比。

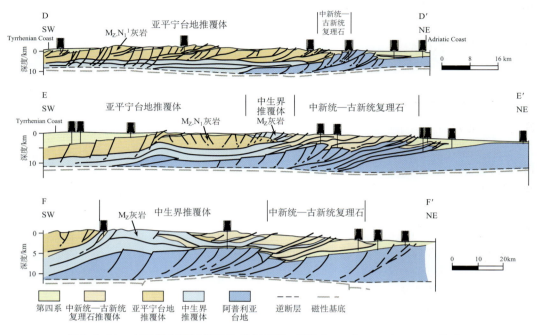

图 1.1.30　南亚平宁褶皱带构造横剖面图（据 Mostardini et al.，1988 修改）

亚平宁台地推覆体　此类岩石-构造带在南亚平宁广泛分布。碳酸盐台地的时代为晚三叠世到白垩纪，其上为变化较大的第三纪沉积。三叠系主要是从钻孔中了解的，大部分已经白云岩化，并夹有蒸发盐岩。侏罗纪和白垩纪单调的陆棚灰岩组成，都是浅水成因的，厚度可达 5 000 m。曾发生一次向北东方向的逆冲（推测是沿着三叠纪蒸发盐岩层面上发生的），同时产生一系列重要的逆掩断层，大体平行于现代的海岸。早第三纪的薄层灰岩及其他沉积物仅见于碳酸盐岩分布区的边缘。

中生界推覆体　在亚平宁山脉南部有一个"外复理石带"，称做中生界推覆体（又叫 Lagonegro 带），为一个巨大的优地槽。这个带逆掩于亚平宁推覆体之下。中三叠统和侏罗系地层，其大部分由深海灰岩、硅质页岩及放射虫岩组成，含燧石，上部变为复理石层，并持续到下白垩统顶部。上白垩统出现浅水沉积，包括厚壳蛤形成的礁，其后在第三纪时底部为砂岩、砾岩和滑塌堆积的沉积，继而出现复理石沉积，一直持续到中新世。

中新统-古新统复理石推覆体　在中生界推覆体与南亚平宁前渊之间是中新统—古新统复理石推覆体，在北部应该看做原地沉积，南部整个推覆体厚度可达 7 000 m。

阿普利亚（Apulian）台地　阿普利亚台地是亚得里亚海地块上的原地沉积，晚二叠世至早侏罗世为陆相-浅海碎屑岩、碳酸盐岩和蒸发岩沉积，在南亚平宁半岛的东部。阿普利亚台地覆盖在亚平宁推覆体和拉贡尼格罗推覆体之下，受到推覆影响，也可以看做原地沉积。

亚平宁褶皱带东侧前渊发育了西北佩里-亚平宁盆地和东南佩里-亚平宁盆地，是与迪纳拉-亚平宁褶皱带相关的主要含天然气盆地。

七、被动大陆边缘

　　欧洲的被动大陆边缘发育于欧洲大陆西侧，挪威海至北大西洋东侧大陆架上。欧洲的被动大陆边缘无论在构造上和沉积上都由两大部分组成：下部中生代断陷体系和上部新生代被动大陆边缘体系。

　　自早白垩世至古近纪末，北大西洋至挪威海自南而北的扩张使劳伦古陆与欧亚古陆再次分离，形成了纵贯欧洲西缘的被动大陆边缘。冰岛以南的北大西洋中脊主要扩张时间自早白垩世至渐新世，冰岛以北的挪威海主要扩张期为渐新世。

　　这一被动大陆边缘的基底可分为两大部分：爱尔兰及其以北为加里东褶皱基底；爱尔兰以南为华力西褶皱基底（见图 1.1.1）。

　　中生代，北部加里东褶皱带以碎屑岩沉积为主；华力西褶皱带处于特提斯海西北大陆边缘，三叠系以含有大量蒸发岩为特征，侏罗系以碳酸盐岩沉积为主。早白垩世在这两个构造单元上普遍为浅海碎屑沉积，晚白垩世广泛沉积白垩。

　　古新世明显海退，北大西洋东岸发育了大陆架沉积。晚渐新世挪威海扩张，形成了统一的欧洲大陆西缘的陆架。

　　无论在西欧大陆边缘的北部或南部，我们都可以看到大陆边缘裂谷发育的双层结构。北部挪威西海岸的伏令-特伦纳拉格盆地在晚白垩世进入裂后沉降期（图 1.1.31）。葡萄牙西海岸的卢西塔尼亚盆地，直至古近纪才进入裂后沉降期（图 1.1.32）。

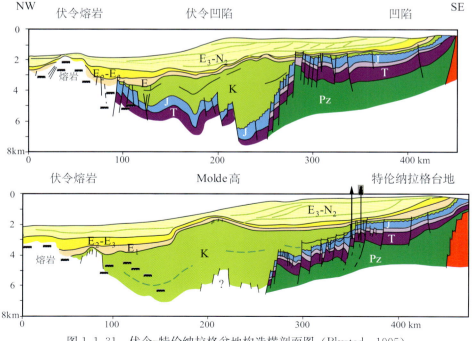

图 1.1.31　伏令-特伦纳拉格盆地构造横剖面图（Blystad，1995）

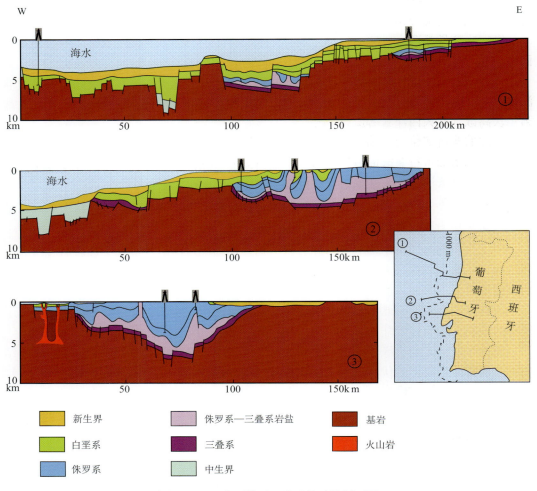

图 1.1.32　卢西塔尼亚盆地构造横剖面图

图例：

- 新生界
- 白垩系
- 侏罗系
- 侏罗系—三叠系岩盐
- 三叠系
- 中生界
- 基岩
- 火山岩

　　欧洲的被动大陆边缘共发育了 9 个负向构造单元，自北而南有：西巴伦支陆架脊、伏令-特伦纳拉格盆地、莫尔盆地、法罗-设得兰盆地、罗科尔岛盆地、西北爱尔兰陆架盆地、波丘派恩盆地、加利西里盆地和卢西塔尼亚盆地等。

第二节　构造和沉积演化历史

　　欧洲大陆的构造发展史是板块拼合与离散的历史。我们可以简单地将其归纳为三次拼合、两次离散。

　　第一次拼合是加里东期末劳伦古陆与芬诺-波罗的海古陆的拼合。

　　第二次拼合是联合古陆的拼合，包括前海西旋回（泥盆纪—早石炭世）劳伦-俄罗斯古陆的增生与海西期造山旋回（维宪期—晚二叠世）联合古陆的形成——沿阿巴拉契亚-毛里塔尼亚褶皱带、华力西褶皱带及乌拉尔褶皱带、哈萨克斯坦地块、西西伯利亚地块、冈瓦那古陆分别与劳俄大陆碰撞。

第一次离散是联合古陆在中侏罗世劳亚大陆和冈瓦纳大陆的分离，古地中海和中大西洋张裂。

欧洲大陆第三次拼合与第二次离散几乎是同时的：阿尔卑斯期古地中海闭合，非洲-阿拉伯板块与欧亚板块碰撞——第三次拼合；欧亚大陆和北美-格陵兰地壳分离——第二次离散（北大西洋和挪威海-格陵兰海张开）。

欧洲的构造演化与含油气盆地的形成有着密切的联系：

加里东褶皱带在北海海域形成西欧地台（稳定的沉降区），中生代—新生代北海北部地幔柱的发育造就了欧洲最大的含油气区；

华力西褶皱带前缘，中石灰世—晚石炭世前陆盆地的发育形成了欧洲的主要天然气区；

阿尔卑斯期的褶皱带前缘和内部地块形成了一系列新生代含油气盆地。

一、第一次拼合——劳伦古陆形成

北冰洋-北大西洋地区晚加里东期（410 Ma 左右）构造演化涉及了四个板块的汇聚（图 1.2.1）。拉匹特斯（Iapetus）大洋板块沿北冰洋-北大西洋加里东造山带缝合线发生俯冲作用，并在晚志留世—早泥盆世达到高峰期。随后劳伦-格陵兰（Laurentia-Greenland）古陆与芬诺萨尔马特-波罗的海（Fennosarmatia-Baltic）古陆发生左旋斜向

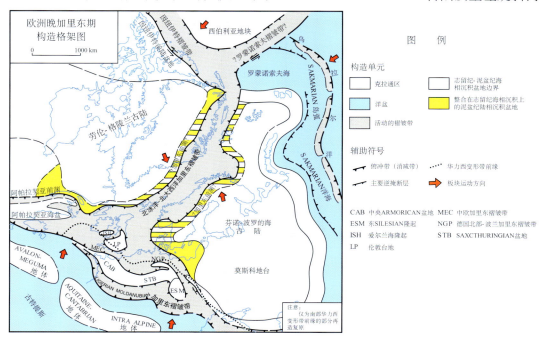

图 1.2.1　欧洲晚加里东期构造格架图（Ziegler，1988）

碰撞，由此形成劳伦-俄罗斯古陆，又称北大陆（Wilson，1966；Phillips et al.，1976；Roberts，Gale，1978；Soper，Hutton，1984）（图 1.1.2）。

劳伦-格陵兰古陆与芬诺-波罗的海古陆碰撞拼合的过程中，古特提斯板块向北与其汇聚。在劳伦大陆东南边界以及芬诺大陆西南边界，古特提斯板块向北俯冲形成沟-弧-盆体系，寒武纪—奥陶纪—早志留世俯冲作用使得从冈瓦纳大陆北缘裂解出来的数个微陆块向北漂移。其中，一些外来陆块在加里东造山旋回中成为新形成的北大陆（劳伦大陆）南缘的增生地块。在北极地区，西伯利亚地块向南与劳伦-格陵兰大陆北缘汇聚，形成一条可能与因纽伊特（Innuitian）褶皱带相关的南倾俯冲带，古北冰洋沿该俯冲带闭合。

古生代各构造域与造山运动旋回之间的时间-空间关系如图 1.2.2 所示。

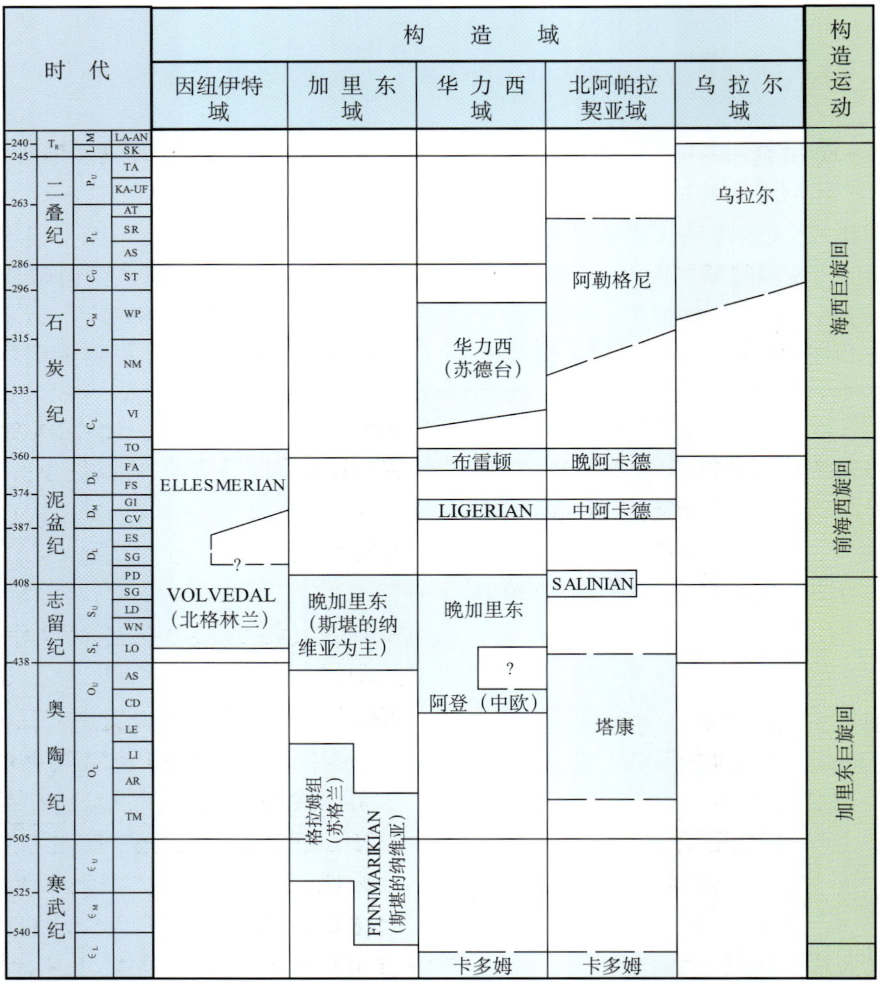

图 1.2.2　古生代各造山运动旋回关系表（Ziegler，1988）

（一）加里东褶皱带

北冰洋-北大西洋加里东造山带，即拉匹特斯巨缝合带，于晚加里东期固结（Gee，Sturt，1986；Dallmeyer，Gee，1986），包括东格陵兰、斯瓦尔巴、挪威、瑞典以及北大不列颠岛的加里东褶皱带。

向北西方向，北冰洋-北大西洋加里东造山带逐渐变成格陵兰北端的因纽伊特褶皱带以及加拿大北部岛屿；向北东方向，则很可能逐渐变成假设的罗蒙诺索夫（Lomonosov）褶皱带，该褶皱带被认为尖灭于西伯利亚克拉通的前缘。因纽伊特褶皱带以及罗蒙诺索夫褶皱带很可能于泥盆纪末—石炭纪初期固结。

向南，北冰洋-北大西洋加里东造山带在北海区域分为两支，一支延伸到苏格兰-爱尔兰加里东造山带，并进而延伸到阿帕拉契亚地槽中，另一支则延伸到北德国-波兰加里东造山带中。

（二）加里东前渊盆地

地球动力学资料表明，北冰洋-北大西洋地区以及劳伦古陆陆南边界的加里东褶皱带发育有广泛的前渊盆地（图 1.2.1）。但是，这些盆地的大部分地区或者被加里东期之后的构造运动破坏，或者被更年轻的沉积物覆盖。

Caucasus-Dobrugea-Polish 加里东造山带前渊盆地仅保存了一部分（Rizun，Senkovskiy，1973）。在波兰东南部以及 Dobrugea 地区，加里东磨拉石沉积开始于早泥盆世齐根（Siegenian）时期。在波罗的海东部，早泥盆世晚期大陆碎屑整合覆盖于志留纪海相沉积地层之上，可能代表了加里东前渊盆地远端沉积的残余部分。

基于区域地质调查，可以推测芬兰-斯堪的纳维亚地盾的大部分，以前都被下古生界开放的大洋台地沉积物所覆盖，并且向上逐渐变为前渊盆地，堆积下志留系-泥盆系顶部陆源红色沉积。

二、第二次拼合——联合古陆形成

（一）泥盆纪—早石炭世（前海西期）

晚加里东期，沿着北冰洋-北大西洋加里东造山带，劳伦-格陵兰古陆和芬诺萨尔马特-波罗的海古陆缝合，形成劳伦-俄罗斯古陆。这个大克拉通板块在大约 350 Ma 的时间内都保持完整，直到始新世早期，它才沿着北冰洋-北大西洋加里东大缝合线裂开。

1. 前海西期板块再造

在北大西洋地区，控制西-中欧加里东褶皱带演化的三板块汇聚系统（Ziegler，1982a；Soper，Hutton，1984），在从志留纪到泥盆纪的过渡时期变成两板块汇聚系统。泥盆纪和早石炭世劳伦-俄罗斯古陆南部边界的演化受古特提斯板块向北方向的持续俯冲控制。这个俯冲作用发生在弧-沟体系中，从沿 Ligerian-Moldanubian 山脉南部边界的阿巴拉契亚地区延伸到高加索地区。Adamia 等（1981）展示了一个位置更南的洋内弧（pontid-transcaucasus），这个弧在大高加索弧-沟体系地区，标明了萨尔马特（Sarmatian）地台的南部边界（图 1.2.3）。

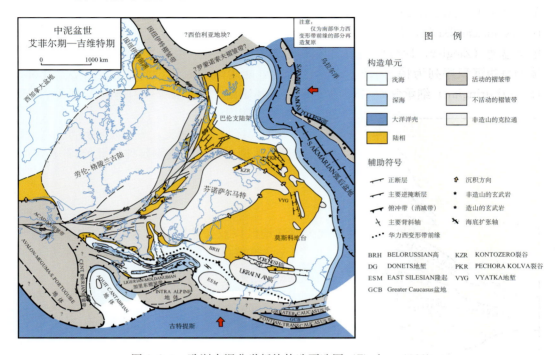

图 1.2.3　欧洲中泥盆世板块构造再造图（Ziegler，1988）

在泥盆纪和早石炭世时期，大洋性乌拉尔板块持续汇聚到劳伦-俄罗斯古陆（Zonenshain et al.，1984）。随着从志留纪到泥盆纪拉匹特斯大缝合线的关闭和北冰洋-北大西洋加里东地区相对俯冲过程的停止，劳伦-俄罗斯古陆东部边界泥盆纪和石炭纪的演化受萨克马尔-马格尼托哥尔斯克（Sakmarian-Magnitogorsk）俯冲系统的控制。

西伯利亚克拉通和劳伦-格陵兰古陆之间的持续汇聚作用在志留纪晚期和石炭纪早期的埃尔斯米尔（Ellesmerian）造山运动中到达顶峰，它导致了因纽伊特褶皱带的固结（图 1.2.3）。

伊纽伊特-罗蒙诺索夫褶皱带的北部前陆是由东西伯利亚克拉通、环楚科塔（Chukotka）和新西伯利亚岛组成的。不能确定这个板块在泥盆纪晚期到石炭纪早期与西西伯利亚地块是被海洋隔断，还是连接在一起，形成了更大的西伯利亚克拉通。

劳伦-俄罗斯古陆泥盆纪和早石炭世的演化重塑中，华力西变形前缘地区的古构造古地理再造是不完善的。在后期受华力西和阿尔卑斯造山运动叠加的地区，构造单元和相带受到了不同程度的扭曲。此外，在泥盆纪时期和古特提斯俯冲带汇聚的大陆碎片（外来地体）的轮廓在这些图上仅仅有示意性的表示。

2. 华力西地槽系

欧洲西部和中部加里东褶皱带的构造格架中，元古代末卡多米（Cadomian）期固结的阿摩里卡（Amorican）和波希米亚（Bohemia）克拉通之上的中阿摩里卡盆地（Central Amorican Basin）和 Saxothuringian-Barrandian 复合盆地，可以被看做加里东期的继承盆地（Ziegler，1984）。这些盆地以寒武纪—奥陶纪—泥盆纪甚至部分早石炭世连续的海相沉积序列为特征（Svoboda，1966），可以推测中央阿摩里卡-萨克森图林根（Saxothuringian）继承盆地向东与古特提斯洋相连（图 1.2.4）。

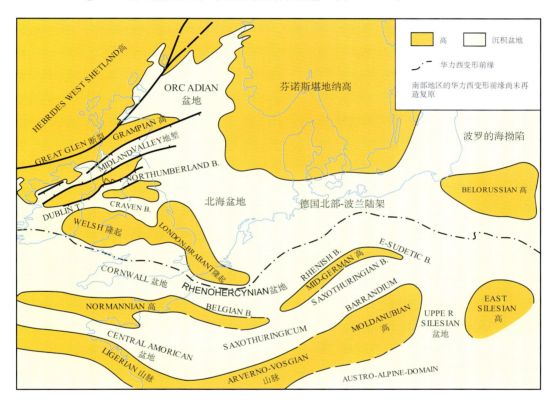

图 1.2.4 华力西地槽系主要构造单元（Ziegler，1988）

中阿摩里卡-萨克森图林根盆地在早泥盆世齐根期（Siegenian）和埃姆斯期（Emsian），轴部就是深水环境。中晚泥盆世和早石炭世主要是碳酸盐台地，Rhenohercynian 盆地的北部边缘发育有生物礁（Ziegler，1982a）。晚泥盆世和早石炭世来自中德国高地的碎屑流增加。

在中阿摩里卡盆地，早泥盆世浅海碳酸盐和碎屑连续堆积在志留纪地层之上。中泥盆世和早石炭世，主要流入来自 Ligerian 山脉的三角洲和大陆碎屑物。而早石炭世沉积之前，还沉积了晚法门阶（Famennian）脉冲式深水复理石沉积。

在泥盆纪和早石炭世，中阿摩里卡-萨克森图林根和莱茵海西（Rhenohercynian）

弧后盆地的演化伴随着多次诱发裂谷作用和陆内碱性镁铁质-长英质双峰式火山作用（Floyd，1982；Ziegler，1982a，1984，1986）。

图1.2.4南部的点划线是华力西变形带的北缘（尚未重塑）。诺曼底高（Normannian High）与中德国高（Mid German High）南北两侧为深海海槽。泥盆纪-石炭纪的陆相沉积盆地主要分布在芬诺-劳伦古陆间的拉匹特斯加里东褶皱带上。

3. 前海西期古特提斯的弧后伸展——华力西域

泥盆系至早石炭世中央阿摩里卡（Central Armoricain）-萨克森图林根（Saxothuringian）-Barrandian地槽系属于古特提斯与劳伦-俄罗斯古陆间马里亚纳型（B型）俯冲带的弧后盆地。在中泥盆世Acadian-Ligerian造山作用期间，中央阿摩里卡的南部、萨克森图林根盆地和Barrandian盆地受弧后收缩作用的影响，华力西地槽系主要为浅海沉积。晚泥盆世和早石炭世是主要伸展期，地槽系主要为深海（图1.2.5、图1.2.6），地台区主要发育碳酸盐台地。

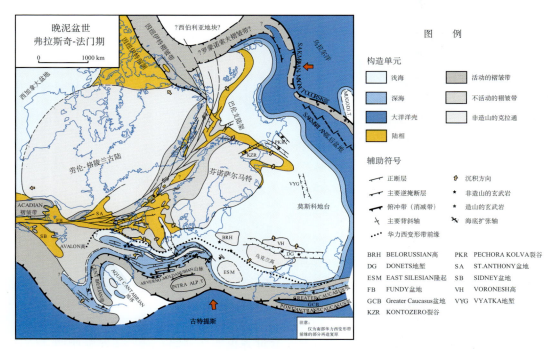

图1.2.5　欧洲晚泥盆世弗拉斯奇—法门期构造-古地理图（Ziegler，1988）

4. 阿卡德、利洁-布雷顿运动与地体的拼接

中泥盆世阿卡德（Acadian）、利洁（Ligerian）造山运动和跨越泥盆纪-石炭纪界线的布雷顿（Bretonian）造山运动使大洋性古特提斯板块向北进一步俯冲，随后来自冈瓦纳的大陆碎块（外来地体）向劳伦-俄罗斯古陆南缘碰撞增生（图1.2.3、图1.2.5、图1.2.6）。由于它们与古特提斯俯冲带的结合，阿卡德-利洁和布雷顿褶皱带都可以被

认为是"太平洋型"或"增生型"造山带。古地磁资料显示，在泥盆纪和早石炭世期间，古特提斯逐渐变窄，维宪期冈瓦纳与劳伦-俄罗斯古陆的碰撞达到顶峰，"喜马拉雅型"华力西造山运动开始（Jones et al.，1979）。

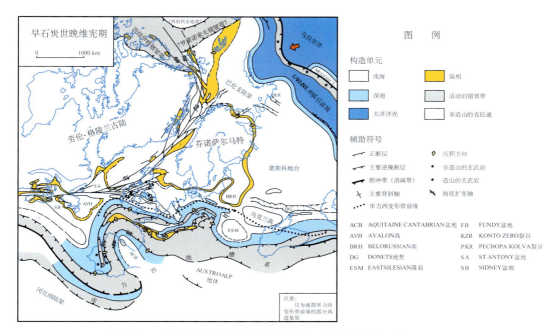

图 1.2.6 欧洲早石炭世晚维宪期构造-古地理图（Ziegler，1988）

5. 北冰洋-北大西洋巨型剪切断层

芬诺斯坎迪亚（Fennoscandia）和劳伦-格陵兰古陆之间，在晚志留世右旋相对移动至少为 1 500 km。这个移动量的大部分在中晚泥盆世都被通过沿这个复杂断裂系统的左旋运动所恢复。这个断层纵贯北冰洋-北大西洋加里东造山带的轴部，在早石炭世可能仍然发生了相对较小的位移（图 1.2.1、图 1.2.3、图 1.2.5～图 1.2.7）。

现代古地磁数据支持这一假设。同时这个假设与北大西洋边界和挪威-格陵兰海的地层记录相一致。这些运动大部分是在石炭纪发生的（Keppie，1985）。

加拿大沿海诸省盆地在阿卡德运动后，中泥盆世晚期到杜内阶厚度达 4 000 m 大陆的碎屑物之上覆盖着维宪阶含少量碳酸盐岩和碎屑岩的蒸发岩序列。

在北不列颠群岛早泥盆世，大规模拉张的奥卡德（Orcadian）山间盆地，中陆谷（Midland Valley）和诺森伯兰-都柏林地垒中堆积了下老红砂岩的大陆和湖泊序列，它们的发育伴随着广泛的造山后侵入和喷出火成作用。

挪威西海岸在特隆赫姆峡湾（Trondheimsfjord）中，大约 1 300 m 厚的早中泥盆世砾岩岩系被保存在一个狭窄的地垒内。

在东格陵兰中部，大约 7 000 m 厚的包括砾岩、砂岩和湖相页岩的埃姆斯阶到早杜内阶老红岩系堆积在布鲁斯特角附近的地垒中。

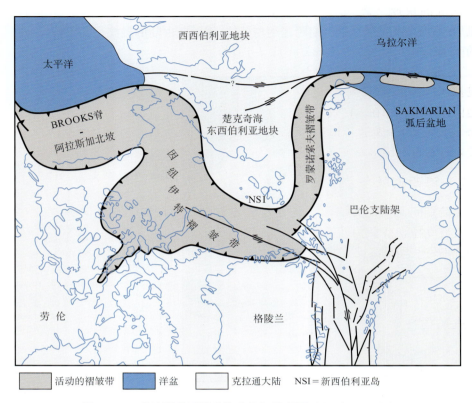

图 1.2.7　北冰洋早石炭世构造格架示意图（Ziegler，1988）

在斯瓦尔巴特群岛，1 500～2 000 m 厚的泥盆系当顿阶（Downtinian）红层沉积在加里东期基底杂岩之上。

巴伦支海域泥盆纪和早石炭世接受了自东而西的海侵，斯匹次卑尔根岛中泥盆世发育有边缘海相地层。

以上沉积记录表明，在北冰洋-大西洋地区泥盆纪右旋张扭断陷体系发育，并普遍充填陆相老红砂岩（图 1.2.5）。

6. 因纽伊特褶皱带

在北格陵兰，晚加里东期沉积了约 3 000 m 厚的志留纪复理石序列，晚志留世到早泥盆世的造山运动导致了薄皮冲断岩席的侵位。这些冲断岩席卷入的沉积物中最年轻的是早泥盆世吉丁阶（Gedinnian）（Dawes，Peel，1981）。

7. 芬诺萨尔马特东缘和前乌拉尔阶弧-沟系统

Zonenshain 等（1984）认为，早泥盆世晚期到中泥盆世沿 Sakmarin-Magnitogrosk 弧-沟体系俯冲作用重新活动，大洋地壳在水下俯冲到芬诺萨尔马特边缘的下部（图 1.2.3、图 1.2.5）（Ruzencev，Samygin，1979）。这些推覆体的侵位并没有伴生着附近大陆架地区的快速下沉（Artyushkov，Baer，1983）。中泥盆世晚艾费尔（Eifelian）期，弧后压缩作用停止，让位于弧后伸展作用，吉维阶至少在萨克马尔期（Sakmarin）盆地的南部形成了新的大洋地壳。萨克马尔期盆地弧后伸展作用的开始时间和季曼-伯朝拉（Timan-Pechora）盆地裂谷作用相一致。

乌拉尔洋板块和 Sakmarian Magnitogorsk 弧-沟体系持续碰撞，法门阶到杜内阶弧后盆地内深水扇沉积在大洋地壳上（图 1.2.5、图 1.2.6）。在杜内阶到早维宪阶，Sakmarian-Manitogorsk 岛弧以造山的酸性火山作用为特征，随后是中维宪阶花岗质深成岩体的侵入（Zonenshain et al.，1984）。

（二）海西期联合大陆拼合

维宪阶期间，非洲和芬诺萨尔马特之间持续右旋运动，直到地中海中西部地区碰撞汇聚以及喜马拉雅型华力西造山运动开始后结束。欧洲的华力西期褶皱带在 4000 万年后的晚威斯特法期最终结束（图 1.2.8）。

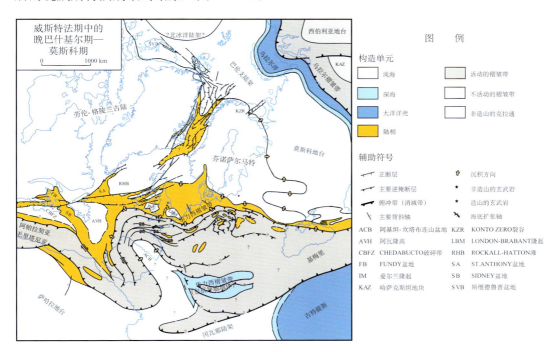

图 1.2.8 威斯特法期中的晚巴什基尔期—莫斯科期构造-古地理图（Ziegler，1988）

非洲西北缘在俯冲系统作用下与北美克拉通边缘的阿巴拉契亚在晚石炭世（那慕尔期到威斯特法期，Keppie，1985）碰撞对接。晚二叠世期间，阿勒格尼造山运动幕期末，阿巴拉契亚-毛里塔尼亚褶皱带固化（Secor et al.，1986）。从晚石炭世斯蒂芬期到早二叠世奥顿期的阿勒格尼造山运动使非洲和欧洲之间产生大规模右旋运动，导致横切华力西褶皱带及其前陆地区的复杂旋转断层体系的发育（图 1.2.9）（Arthaud，Matte，1977；Ziegler，1982a）。

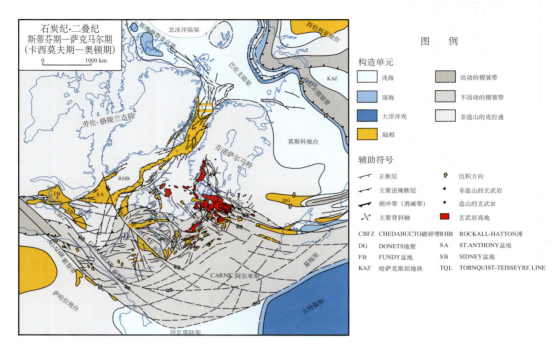

图 1.2.9　欧洲石炭纪—二叠纪斯蒂芬期—萨克马尔期构造-古地理图（Ziegler，1988）

在威斯特法期，哈萨克斯坦地台与芬诺萨尔马特东南缘碰撞的同时，西西伯利亚克拉通与哈萨克斯坦碰撞。前乌拉尔洋的关闭使碰撞前锋向北传播，在斯蒂芬期和早二叠世期间到达巴伦支海东缘（图 1.2.9）。6000 万年后，乌拉尔造山运动在早三叠世终止（Zonenshain et al.，1984）。

另一方面，在大西洋北极地区，大尺度的旋转变形在早石炭世到晚石炭世过渡期间终止后，挪威-格陵兰海的区域地壳扩张，形成大范围裂谷体系（图 1.2.9～图 1.2.11）。加拿大北极圈群岛地区的斯韦尔德鲁普（Sverdrup）盆地在这期间接受快速沉积。在华力西褶皱带的北侧发生了热沉降，形成了古二叠盆地。这正是一次古大陆的拼合，也就是下一个分裂的开始。

1. 华力西造山运动

在维宪期，欧洲中西部的大型构造运动环境发生根本变化。在华力西地槽体系，变化主要体现在早维宪期—晚维宪期过渡期间弧后拉张作用的终止及区域挤压作用的开始。

区域应力的这一变化促使古特提斯-冈瓦纳和劳俄大陆的加速聚合以及非洲和沿芬诺萨尔马特南缘 B 型俯冲系统的顺时针方向旋转碰撞。这标志着喜马拉雅型华力西造山运动的开始。在华力西运动过程中，奥地利-阿尔卑斯、Carnic-Dinarid 以及一些未识别的微型陆块并入欧洲海西褶皱带。

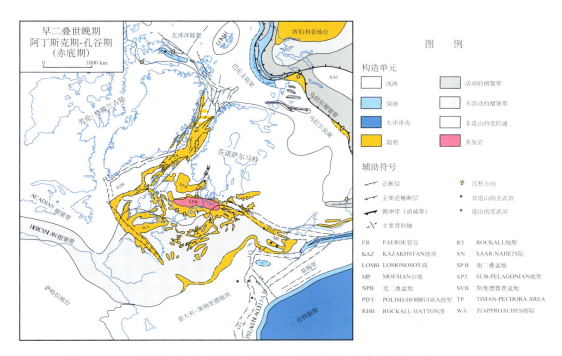

图 1.2.10　欧洲早二叠世晚期阿丁斯克期—孔谷期构造-古地理图（Ziegler，1988）

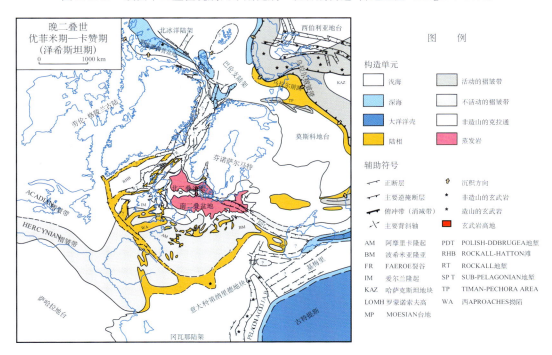

图 1.2.11　欧洲晚二叠世优菲米期—卡赞期构造-古地理图（Ziegler，1988）

在那慕尔阶和威斯特法阶，华力西期前陆盆地在推覆体系统和碎屑冲积裙负载下持续沉积，从葡萄牙南部向东经过爱尔兰、英格兰直至波兰南部，超过 4 000 km 范围，可能抵达到黑海地区（图 1.2.8）。这一前陆盆地为英荷盆地、西北德国盆地和东北德国-波兰盆地提供了重要源岩。早二叠世赤底期（Rotliegendn）和晚二叠世泽希斯坦期（Zechstein）在前陆区发生热沉降，形成欧洲的古二叠盆地，同时提供了良好的储盖条件，成就了欧洲重要的天然气区的形成（图 1.2.10、图 1.2.11）。

在华力西构造带西部地区，在阿基坦-坎塔布连（Aquitaine-Cantabrian）地块南部发现石炭纪古特提斯洋缝合线。在中东部地区，由于剧烈的阿尔卑斯叠覆和华力西基底杂岩出露有限，难以定位古特提斯洋缝合线位置，也无法确定可能的异地（外来）岩层范围。

2. 阿勒格尼造山运动

阿勒格尼形变作用与非洲和北美克拉通的拼合同期，Rast（1984）概略地给出了此作用的时空范围。

非洲克拉通与阿巴拉契亚俯冲系统的碰撞时限未定，有人认为是早石炭世-晚石炭世（Spariosu et al.，1984；Secor et al.，1986），也有人认为在威斯特法期（Rast，1984；Keppie，1985；Ross，1985）。

3. 乌拉尔造山运动

中维宪期原有 Sakmarian-Magnitogorsk 岛弧的俯冲体系消亡后，哈萨克斯坦克拉通西缘和南缘发育新的俯冲系统，这标志着哈萨克斯坦向芬诺萨尔马特边缘汇聚以及乌拉尔洋俯冲的开始。同时，西西伯利亚克拉通开始向哈萨克斯坦地块和芬诺萨尔马特汇聚（图 1.2.6）。

在早威斯特法期（晚 Bashkirian，310 Ma），作为哈萨克斯坦地块运动前缘的弧-沟系统，与芬诺萨尔马特边缘碰撞。喜马拉雅型的乌拉尔造山运动及乌拉尔前陆盆地开始发育（Zonenshain et al.，1984；Artyushkov and Baer，1983）。同时，西西伯利亚克拉通与哈萨克斯坦地块碰撞；并在斯蒂芬阶期与巴伦支陆架（Barents Shelf）东缘碰撞（图 1.2.8、图 1.2.9），结束了泥盆纪至二叠纪巴伦支陆架的发育历史。

从二叠纪到早三叠世，西西伯利亚和哈萨克斯坦克拉通向芬诺萨尔马特持续汇聚。到早三叠世时，乌拉尔和 Altay-Sayan 缝合带整合固化（Zonenshain et al.，1984）；（图 1.2.10、图 1.2.11）。

总之，乌拉尔和 Altay-Sayan 褶皱带组成了海西期芬诺萨尔马特、西西伯利亚和哈萨克斯坦克拉通之间的巨型缝合带。乌拉尔运动的起始时间晚于华力西造山运动（维宪期）30～40 Ma；发生在晚二叠世到早三叠世的结束期，比华力西褶皱带固化时间（晚威斯特法期）晚约 60 Ma。

4. 海西晚期华力西褶皱带的破裂

晚威斯特法期华力西褶皱带固化，俯冲系统关闭，非洲和劳俄大陆的汇聚方向从东南—西北方向变为近东—西向。在斯蒂芬期和奥顿期，非洲古陆和芬诺萨尔马特之间发生右旋平移错动（图 1.2.9）。这些运动被陆内转换断层系统调节，右旋转换断层系统横切固化不久的华力西褶皱带，引起复杂共轭剪切断层的发育和转换拉张盆地、拉张盆地的沉降以及大范围的火山活动。

这个破裂系统一直扩张到华力西褶皱带的前陆地区，其发展可反映非洲和芬诺萨尔马特汇聚的边界。早二叠世末阿勒格尼地壳变动使阿巴拉契亚固化之后，断裂系统才停止活动（Ziegler，1982a）。

在欧洲中西部，海西晚期断裂系统只能在出露的华力西造山带隆起地区反映出来，另外，在进行地下烃类资源勘探的大型沉积盆地也提供了重要资料（Arthaud，Matte，1977；Ziegler，1982a）。图 1.2.9 中展示的阿尔卑斯和地中海地区断裂样式只是概念模型，由于掌握的资料有限，无法在阿尔卑斯和地中海地区定位海西晚期断裂系统和斯蒂芬阶-奥顿期沉积盆地的轮廓。

海西晚期华力西褶皱带的断裂系统为中生代裂谷系的发育奠定了构造基础。

三、第一次离散——早中生代（三叠纪—中侏罗世）板块重构

三叠纪至中侏罗世是联合古陆欧洲部分裂谷发育的主要裂陷阶段，可以分为两大裂陷体系：北冰洋-北大西洋裂陷系继承了前期加里东褶皱带的构造形迹，为一系列北东向裂陷；华力西域的裂陷受控于海西末期北西向张扭断裂系，发育北西向裂陷。其形成的总体地球动力学背景是区域性伸展和局部发育的地幔柱（北海三叉裂谷）。最终，在中侏罗世劳亚大陆和冈瓦纳大陆发生分离。

（一）三叠纪北极-北大西洋裂谷体系

三叠纪挪威-格陵兰海至北大西洋加里东褶皱带，继承早期构造形迹发育了一系列北东—南西向裂陷，已经被钻井证实的有法罗地堑、罗科尔地堑和波丘派恩地堑等，其他为地球物理资料解释结果（图 1.2.12）。巴伦支陆架自泥盆纪开始接受沉积，至三叠纪一直属于地台型沉积，不在裂谷系范畴。

三叠纪挪威-格陵兰海域海侵方向自北而南，北部以浅海泥质沉积为主，南部伏令盆地一带为海陆过渡沉积。纽芬兰至爱尔兰以北的北大西洋海域裂陷主要充填陆相碎屑。

北海海域由于地幔柱隆起发育了三叉裂谷，裂陷中充填物也以陆相碎屑为主。

凯尔特海地堑和东爱尔兰盆地虽然以陆相沉积为主，但是已经受到来自特提斯海水的影响，发育了蒸发岩。

（二）三叠纪古特提斯裂谷体系

晚二叠世—早三叠世黑海海底扩张，基梅里（Cimmeria）地体与芬诺萨尔马特南部边缘分离（Adamia et al.，1981）（图 1.2.11）。晚三叠世黑海继续闭合，早侏罗世基梅里北部边缘发育为北倾的俯冲带（图 1.2.13、图 1.2.14）。

三叠纪总体向西推进的古特提斯洋裂谷已延伸到了地中海区域的中部和西部，中三

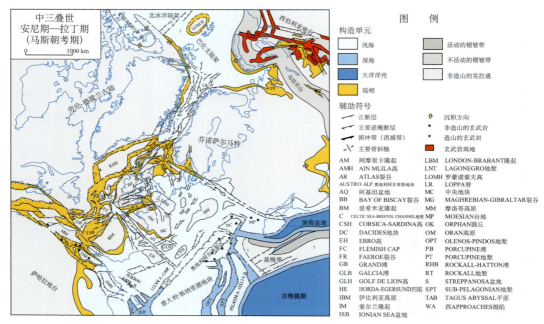

图 1.2.12　欧洲中三叠世（安尼期—拉丁期）构造-古地理图（Ziegler，1988）

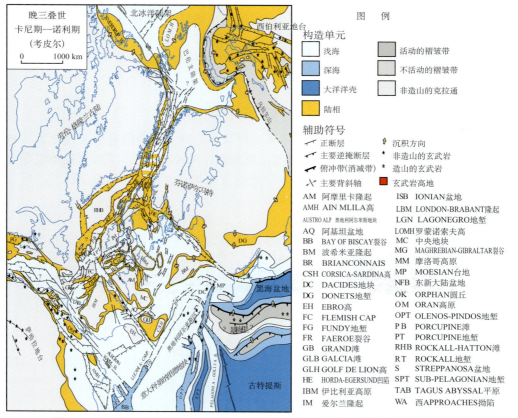

图 1.2.13　欧洲晚三叠世（卡尼期—诺利期）构造-古地理图（Ziegler，1988）

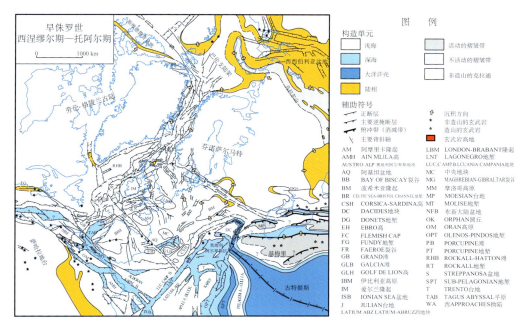

图 1.2.14　欧洲早侏罗世（西涅缪尔期—托阿尔期）构造-古地理图（Ziegler，1988）

叠世到达了中大西洋（Laubscher，Bernoulli，1977）（图 1.2.12、图 1.2.13）。中侏罗世非洲和冈瓦纳古陆开始与欧亚大陆解体，中大西洋拉开，地中海大洋中脊与古特提斯洋中脊连为一体（图 1.2.15）。

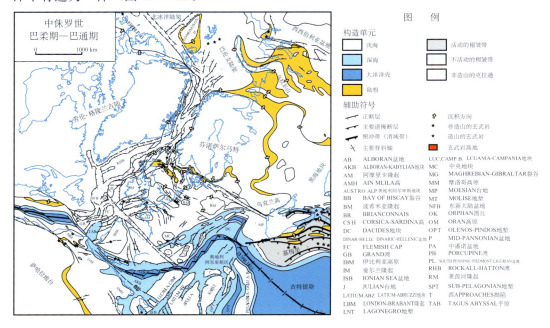

图 1.2.15　欧洲中侏罗世（巴柔期—巴通期）构造-古地理图（Ziegler，1988）（图 1.1.16）

　　早、中三叠世时期，在古特提斯洋两侧的大陆架上发育了大范围的碳酸盐台地，有一些地区发育了蒸发盐盆地，介于台地间的海槽中则发育了深水碳酸盐和泥岩（Aubouin，1973）。

　　三叠纪阿尔卑斯-地中海海相沉积区为以碎屑岩为主的日耳曼式沉积，分布于古特提斯大陆架的最西端和北部以及中欧和西欧的盆地中。日耳曼式沉积非常客观地反映了构造沉降、沉积速率和海平面变化的关系。它将三叠纪沉积序列划分为三个阶段，底部为斑砂岩统碎屑岩，中部为海相壳灰阶碳酸盐和蒸发岩，最上部为考皮尔统的潮坪和干盐湖沉积。这些岩相之间的界限在不同的盆地中并不都是同步的，而且它们的沉积速率在不同盆地也有差异。

　　特提斯洋西北陆架区三叠纪的海进期自东南向西北有三条主要通道，使得特提斯洋与古北冰洋沟通。北部中三叠世，特提斯洋通过 Polish-Dobrudgea 地堑海侵到欧洲西北部盆地的东部，导致了波兰早壳灰岩阶的碳酸盐岩沉积。特提斯和欧洲西北部盆地之间的第二个连接通道经由侏罗山与德国中部断陷体系于伦敦-布拉班特-阿摩里卡隆起（London-Brabant-Armoricain Massif）与波希米亚隆起（Bohemian Massif）间张开。中三叠世和晚三叠世，海进已达到北海南部地区。晚三叠世卡尼阶和诺里阶在华力西域及其北部前陆区出现广泛的盐湖沉积和潮坪沉积（Ziegler，1982a）。三叠纪特提斯洋的海进第三条通道由比斯开湾裂谷而形成。晚三叠世与第二通道类似的沉积向北一直影响到爱尔兰附近的波丘派恩盆地和凯尔特海地堑。

　　在非洲古陆与劳亚古陆间还有一条直布罗陀裂谷（Maghrebian-Gibraltar），这条裂谷自三叠纪开始发育。联合古陆在海西期后的初期分裂发生在中侏罗世。

（三）第一次离散——中侏罗世劳亚大陆和冈瓦纳大陆的分离

　　冈瓦纳大陆和劳亚古陆的离散-走滑，促进了特提斯-中大西洋裂陷系在中侏罗世加速伸展，联合古陆在海西期后的初期发生分裂。中侏罗世特提斯洋脊向北西延伸，古地中海 Alboran 洋盆、潘诺（Pannonian）洋盆和 South Penninic-Piedmont-Ligurean 洋盆拉开，此时，中大西洋也开始张裂，特提斯洋底扩张轴和中大西洋洋底扩张轴直接通过横切西地中海的左旋剪切带连为一体。至晚侏罗世冈瓦纳大陆与劳亚古陆彻底分离（图1.2.15、图1.2.16）（Vegas，Banda，1983）。

（四）北海裂谷隆起

　　晚阿伦期和巴柔期北海北部地幔柱再次上隆，穹隆的中心位于中央地堑，在维京地堑、中央地堑和马里-福斯湾地堑的三连点喷发重要的火山岩。在热穹隆顶部，中生代地层被剥蚀2 000～3 000 m（图1.2.15）——基梅里不整合。这一构造事件为北部北海盆地基默里奇源岩的形成提供了必要条件，造就了欧洲最大的北部北海油气区。

（五）北极圈

　　晚三叠世和早侏罗世乌拉尔山上升，罗蒙诺索夫高地重新隆升，巴伦支大陆架富煤三角洲快速沉积，为巴伦支海盆地提供了巨厚的气源岩（图1.2.12、图1.2.13）。

四、第三次拼合与第二次离散

第三次拼合与第二次离散几乎是同时发生的，发育过程可以分作三期：早期为晚侏罗世-早白垩世，古地中海关闭，同时大西洋中脊海底扩张；中期指大西洋海底扩张和阿尔卑斯碰撞；晚期为欧亚大陆和北美-格陵兰的地壳分离（北冰洋和北大西洋的张开）。

（一）早期——古地中海关闭，晚侏罗世—早白垩世大西洋中脊海底扩张

在晚侏罗世-早白垩世期间，大西洋中脊的进一步扩张，导致了非洲和劳亚古陆间左行扭动（Olivet et al.，1984；Livermore and Smith，1985），早白垩世地中海地区西部洋盆的转换拉张和迪纳拉-海伦尼克（Dinaric-Hellenic）海逐渐关闭，奥地利-阿尔卑斯（Austro-Alpine）地块前缘与芬诺萨尔马特南部边缘的碰撞（图 1.2.16、图 1.2.17）。这次碰撞标志着阿尔卑斯式造山运动的开始。

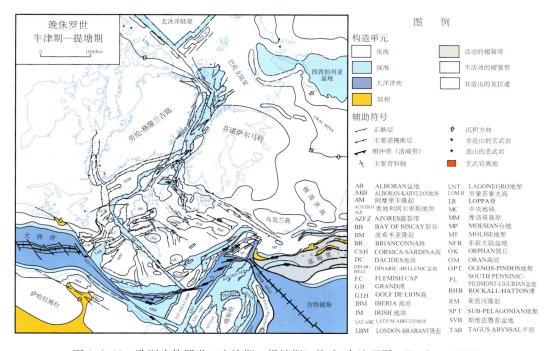

图 1.2.16 欧洲晚侏罗世（牛津期—提塘期）构造-古地理图（Ziegler，1988）

北极-大西洋北部裂谷系晚侏罗世，属于裂陷晚期，早白垩世进入裂后热沉降阶段。这一热沉降并不是冷却沉降，而是地幔上侵、地壳迅速减薄所造成的均衡沉降，直至渐新世北大西洋彻底拉开。晚侏罗世北极地区和古特提斯边缘海通过北西向裂谷系与欧洲西部和中部的盆地形成一个可以沟通的相对开放的环境（图 1.2.16），促进了仅仅生长在古特提斯海陆架碳酸岩台地的生物群与北极-大西洋生物群的交换。

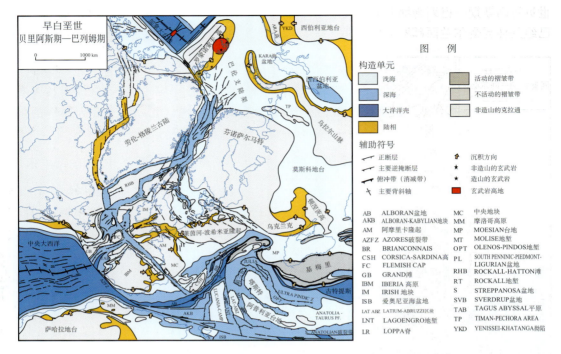

图 1.2.17　欧洲早白垩世（贝里阿斯期—巴列姆期）构造-古地理图（Ziegler，1988）

1. 第三次拼合早期——古地中海的关闭（特提斯洋地区的演化）

大约 180 Ma 前（中侏罗世），地壳分离以后，中大西洋在晚侏罗纪以约 3.4 cm/a 的速度打开。早白垩世，扩张速度有所减慢，但是仍然保持在大约 2.3 cm/a 的速度（Olivet et al.，1984；Savostin et al.，1986）。中大西洋的扩张导致非洲古陆的左行旋转，致使晚侏罗世 Alboran 和 Ligurian-Piedmont-South Penninic 海发生转换拉伸变形，洋盆中脊扩张（图 1.2.16）（Horner，Freeman，1983）。转换带南北两侧地块上为浅海碳酸盐岩台地（Kalin，Trumpy，1977）。

早白垩世意大利-迪纳拉海角与欧洲南缘发生碰撞；Pelagonia-Golija 地块和非洲 Italo-Dinard Promontory 的前缘与巴尔干半岛-Rhodope 消减带发生碰撞（图 1.2.16、图 1.2.17）。这一次碰撞使得侏罗纪意大利-迪纳拉洋盆闭合。阿尔卑斯型碰撞带前缘向庞蒂（Pontides）、喀尔巴阡、阿尔卑斯东部和中部地区扩展。外喀尔巴阡挤压变形明显，同时形成大量复理石堆积。

总之，晚侏罗世—早白垩世地中海地区的演化，是由大西洋中部扩张引起的非洲和劳亚古陆之间左行转换作用控制的。白垩纪最早期意大利-迪纳拉与欧洲南部边缘碰撞，宣告了阿尔卑斯造山旋回的开始。

2. 第二次离散早期——北大西洋张开

继中侏罗纪非洲和北美之间地壳分离后，晚侏罗世中大西洋海底扩张仍然持续，此间北大西洋地区还处于裂陷晚期。海底磁异常分析表明，中大西洋海底扩张轴在早白垩世贝里阿斯期—巴列姆期向北大西洋南部地区增长（图1.2.17），阿普特期—阿尔必期已经延伸至爱尔兰西部罗科尔盆地（图1.2.18）。

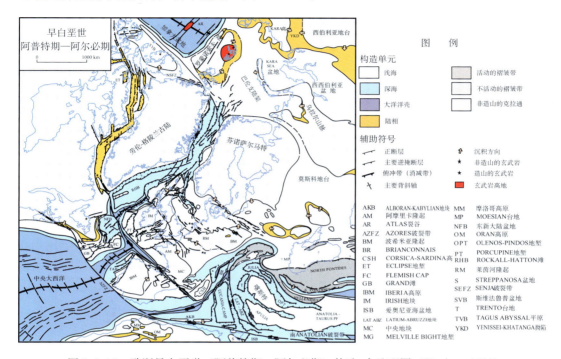

图1.2.18 欧洲早白垩世（阿普特期—阿尔必期）构造-古地理图（Ziegler，1988）

早阿普特期中大西洋中脊快速扩张，直布罗陀的左行转换断裂带（Azires）和比斯开湾右行转换，将伊比利亚微型陆块从劳亚古陆分离（图1.2.18）。比斯开湾和北大西洋海底扩张形成了伊比利亚逆时针方向旋转（Masson，Miles，1984；Olivet et al.，1984）。

早白垩世北大西洋南、北不同地区构造发育有显著差别。北部挪威-格陵兰海域早白垩世许多盆地进入快速热沉降阶段，以深海碎屑岩沉积为主，可能与地幔上侵、地壳快速减薄有关，侏罗系厚度远小于白垩系厚度，如巴伦支陆架脊、伏令盆地、法罗-设得兰盆地、罗科尔盆地等（图1.1.20）。这些早白垩世地幔上侵部位正是基梅里热隆起部位，也是基默里奇热页岩发育部位。

南部伊比利亚海域白垩系仍然处于被动边缘伸展裂陷期，直至新生界才进入裂后发育阶段，如比斯开湾外海和葡萄牙近海的卢西塔尼亚盆地等。

（二）中期——晚白垩世和古新世大西洋海底扩张和阿尔卑斯碰撞

晚白垩世北大西洋域拉布拉多陆架和格陵兰之间地壳完成分离，同时比斯开湾（Biscay）和罗科尔海槽南部地区的海底扩张轴形成（Kristoffersen，1977；Olivet et al.，1984）。古新世海底扩张轴的重组，使得拉布拉多-格陵兰间的海底扩张成为北冰洋-北大西洋裂谷体系演化的主角（图1.2.19、图1.2.20），巴芬湾裂谷浅海演变为深

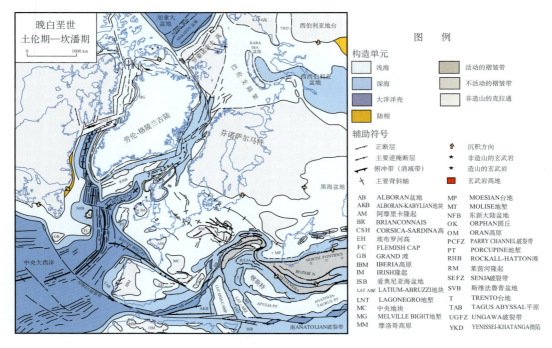

图 1.2.19　欧洲晚白垩世（土伦期—坎潘期）构造-古地理图（Ziegler，1988）

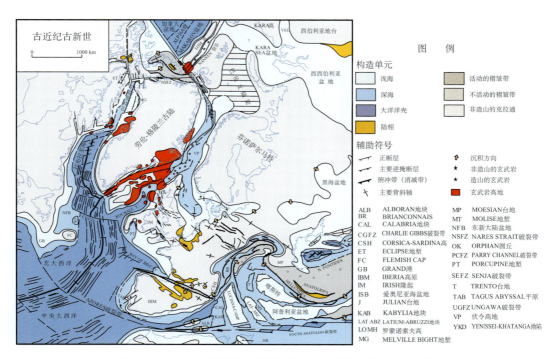

图 1.2.20　欧洲古近纪古新世构造-古地理图（Ziegler，1988）

海，比斯开湾（Biscay）和罗科尔海槽停止扩张。

欧洲与非洲之间的左旋扭动在晚白垩世继续进行。晚白垩世南大西洋-印度洋的张开引起非洲漂移模式的改变，逐渐向劳亚大陆汇聚（Olivet et al.，1984；Livermore，Smith，1985；Savostin et al.，1986），导致了特提斯中部和西部海盆的逐步闭合。

一些学者认为，晚白垩世末期海平面已上升至最高，高于现在海平面 110～300 m（Vail et al.，1977）。这导致了早白垩世世界范围内海水越过了盆地的边界，重新开通了北冰洋、巴伦支陆架和西西伯利亚地台海与北大西洋和特提斯洋之间的联系。晚白垩世欧洲发育了最广泛的碳酸盐岩台地；在冷水主导的斯韦尔德鲁普盆地、巴伦支大陆架、西西伯利亚盆地和挪威-格陵兰海区域，则以开阔海相页岩沉积为主。

中古新世是一个海退时期（Vail et al.，1977），它可能是由区域岩石圈变形引起的。特别是在欧洲西部和中部，这种海退伴随着主要的板内变形。在晚古新世，海平面再次上升，导致了新的海进（Vail et al.，1977）。

1. 早期阿尔卑斯造山运动

早期阿尔卑斯造山旋回称为 Spannii，时代为晚白垩世至中古新世。

晚白垩世北大西洋的张开和非洲相对于欧洲大陆的左旋扭动，导致南彭尼内-皮德蒙特-里古利亚（South Pernninic-Piedmont-Ligurian）海盆的关闭（图 1.2.19）。

潘诺盆地所在的达西第斯（Dacides）地块南部彭尼内海盆关闭，地块的北缘（内带）早白垩世发生挤压形变，晚白垩世进一步强化，前缘产生复理石海槽，欧洲大陆边缘广泛发育碳酸盐岩台地。喀尔巴阡构成了一个典型的 A 型俯冲系统（Debelmas et al.，1983）。

阿尔卑斯山系，彭尼内-皮德蒙特洋的晚白垩世闭合碰撞，洋壳物质仰冲到皮德蒙特域东翼之上。相应的压应力还没有作用于西部阿尔卑斯前陆地区，这些地区内晚白垩世早期（赛诺曼期）没有发生明显的挤压变形。

在 Ligurian 和 Alboran 海域，随着洋内俯冲带的发育，赛诺曼期蛇绿岩仰冲到南皮德蒙特、科西嘉和撒丁地块边缘之上（Debelmas et al.，1983）。有证据表明，产生变质作用的赛诺曼期挤压变形也影响了南伊比利亚的贝蒂克（Betic）山脉、北阿尔及利亚和突尼斯褶皱带（Vegas，Banda，1983；Dercourt et al.，1986）。

晚白垩世坎潘期至早古新世丹麦期，可以在阿尔卑斯前陆和瑞士地区观察到小的挤压变形，说明早期阿尔卑斯碰撞前锋已经开始向北传播（图 1.1.22）。

晚赛诺曼期到古新世弧后扩张引起黑海地区两大洋盆地的张开。

2. 欧洲西北部板块内部收缩变形

在喀尔巴阡北部前陆地区和阿尔卑斯山脉的东-中部的构造活动，在晚土伦期和坎潘期再次逐渐强化，阿尔卑斯-喀尔巴阡推覆体系和瑞士陆架被动边缘之间碰撞。这一碰撞在赛诺曼期表现为，沿着波希米亚地块和瑞典南部的主要基底断块陡立的逆冲和走滑；北海南部区域、德国北部、丹麦、波兰的主要中生代地堑发生构造反转（图 1.2.21）。这个板内挤压、压扭变形阶段称做"亚海西构造作用"，时间大致为晚白

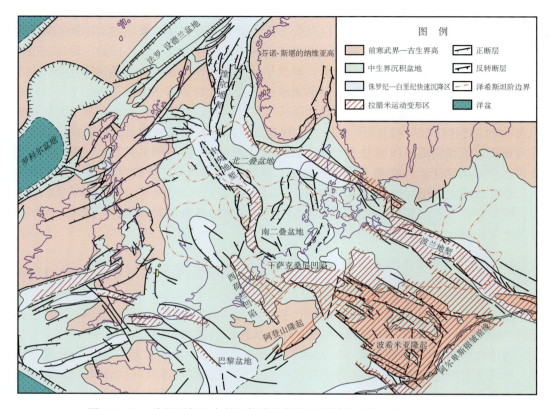

图 1.2.21　欧洲西部和中部的拉腊米期构造反转分布图（Ziegler，1988）

垩世。

在阿尔卑斯北部和喀尔巴阡前陆地区，赛诺曼期、亚海西期与阿尔卑斯碰撞相关的挤压变形都限制在波兰地堑至英荷盆地之间。沿着瑞典南部和丹麦北部芬诺斯堪的纳维亚边缘地带以及北海中央地堑都发现有这种挤压变形。古新世中期，产生了更普遍的"拉腊米"（Larami）期构造反转。这一期反转向西扩展到了巴黎盆地、英吉利海峡和凯尔特海地区（图 1.2.21）。

3. 伊比利亚微大陆与欧洲南部边界的碰撞

坎潘早期，比斯开湾海底扩张中止，伊比利亚开始顺时针与欧洲西南部边缘斜向汇聚。在比利牛斯山东部和坎塔布连山脉，第一次挤压变形发生在晚白垩世坎潘期（图1.2.19）。这可能标志着汇聚的开始，随后，伊比利亚与欧洲南部边界碰撞。在晚赛诺曼阶和古新世，伊比利亚和欧洲的持续汇聚导致了他们之间的碰撞前锋西向传播（图1.2.20）。迅速变窄的比利牛斯地槽晚森诺阶和早第三纪同期造山运动形成深水碎屑物（复理石）的堆积。在法国南部，同时代的板块内部挤压变形很明显（Baudrimont and Dubois，1977）。

4. 拉布拉多海域的张开

加拿大拉布拉多半岛与格陵兰间的拉布拉多海的海底磁异常表明，海底扩张自赛诺曼期开始，并持续到晚古新世。坎潘期拉布拉多海海底扩张开始达到顶峰（图 1.2.22）。

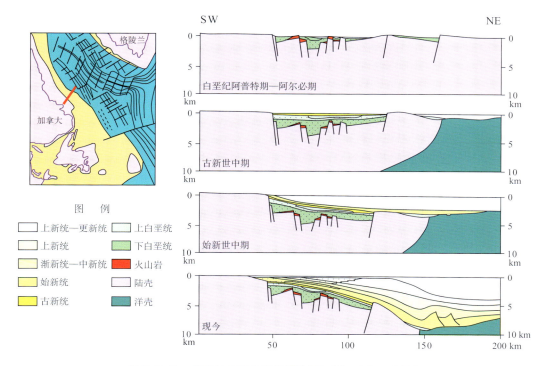

图 1.2.22　拉布拉多海构造发育剖面（Umpleby，1979）

巴芬湾在晚白垩世曾与北冰洋沟通，为浅海沉积，北极动物群第一次出现在拉布拉多陆架是在坎潘时期。直至渐新世巴芬湾才被拉开，出现洋中脊。

5. 北海的中部和北部

在北海的中部和北部，上白垩统的白垩和泥灰岩充填维京地堑和中央地堑，并超覆到盆地高地和地堑翼部（图 1.2.19）。与下白垩统深海相泥质沉积相比，显然，晚白垩世该区沉降速率已经下降。低沉降速率与晚白垩世海平面上升相配合，形成了最广泛的海侵，当时海水已经侵入到芬诺斯堪的纳维亚地盾和苏格兰高原边部。古近纪古新世海退，北部北海盆地成为了海湾，浊积砂岩成为盆地的重要储层之一。

晚古新世为北大西洋重要的火山活动期，称为极北火山活动区（Thulean prov-ince），包括了格陵兰东西两岸的广大地区，主要为溢流玄武岩喷发（图 1.2.20）。极北火山活动之后，挪威-格陵兰海和巴芬湾迅速扩张。

（三）晚期——欧亚大陆和北美-格陵兰地壳分离（北冰洋和北大西洋张开）

　　早渐新世中拉布拉多海岭的海底扩张停止，从那时起，晚森诺世到渐新世早期曾是北美和欧洲之间的中间地块的格陵兰，就永久加入了北美板块，拉布拉多海-巴芬海湾现在成为了北冰洋-北大西洋海底扩张系统衰亡的一支。北大西洋北部和挪威-格陵兰海洋盆在早始新世张开，南部埃吉尔（Aegir）洋脊的活动在晚渐新世约磁异常条带 7（27～26 Ma）停止（参见图 1.2.27）。

1. 极北火山作用

　　在东格陵兰沿海地区，极北火山岩和侵入体延伸超过了 2 200 km，冰岛热点大约位于这个火山活动区的中心部位，是当今的热点。极北火山活动形成了厚度达到 2 000～3 000 m 的广阔溢流玄武岩喷出、玄武岩岩墙群侵入和辉长岩、正长岩、花斑岩、花岗岩侵入。极北喷发岩有明显的镁铁质-长英质双峰式特点，拉斑玄武质和苦橄质玄武岩占主导。极北火山活动的主要阶段持续了 10 Ma，跨越了早古新世晚期和中始新世时期（60～50 Ma）。

　　中始新世—早渐新世 King Christian IV Land 地区在海岸边部形成壮观的扇形岩墙侵入系统，玄武岩覆盖大陆地区厚达数公里（图 1.2.23）（Haller，1971）。

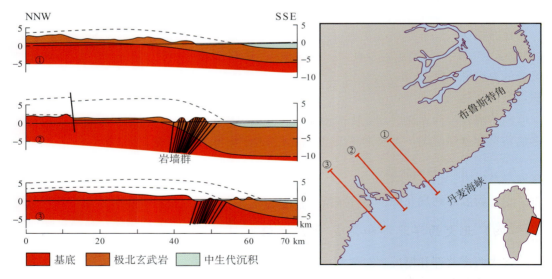

图 1.2.23　东格陵兰中部 King Christian IV Land 的海岸挠曲，
显示始新世辐射状岩墙群系统（Haller，1971）

　　罗科尔盆地在晚古新世和早始新世形成 6 km 厚的玄武岩堆积（图 1.2.24）（Roberts et al.，1984）。

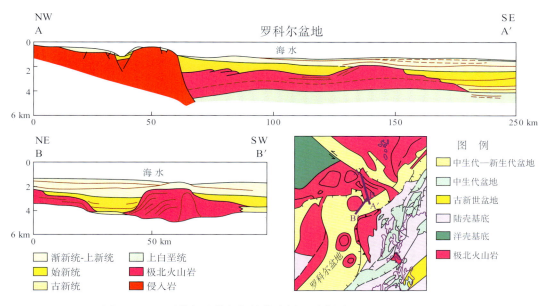

图 1.2.24　罗科尔地槽北部的构造剖面示意图（Shell UK Expro）

2. 拉布拉多海和巴芬海湾

拉布拉多海的西部边缘以晚白垩世至今前积到洋底的被动陆缘楔为特征（图 1.2.25），这个碎屑沉积楔在现在的陆架外缘最大厚度达到大约 10 km，部分掩盖了最老的海底磁异常条带（Umpleby，1979）。相反的，拉布拉多海的格陵兰边缘缺乏沉积，然而在始新世到渐新世有从格陵兰到戴维斯海峡三角洲相沉积（图 1.2.26），在现今的陆架边缘（纬度 67°N）处，新生界碎屑岩厚度最大达到 4 000 m。戴维斯海峡的主要扩张期在古新世至早渐新世。

巴芬湾中部被年轻沉积物充填，洋壳范围和具体拉开时间都无法确定，推测主要扩张期在渐新世。巴芬岛陆架的地震数据显示张性断裂主要影响了白垩世的沉积并持续到古近纪，新近纪到现在的沉积在被动陆缘条件下发育。

（四）北大西洋北部和挪威-格陵兰海

北大西洋北部和挪威-格陵兰海洋盆在早始新世张开，海底扩张速度为 1.3～1.5 cm/a。在海底磁异常条带 20 之后，渐新世时期扩张速率逐渐减少到约 0.7 cm/a，但是随后再次加速到平均 0.9 cm/a（图 1.2.27）。

东格陵兰中部地震反射数据显示大陆边缘发育有 3～5 km 厚的碎屑楔（图 1.2.28），这些碎屑物质在陆地部分覆盖在基底断块之上，向海方向一直推进到洋壳之上（Hinz，Schlüter，1978b）。

图 1.2.29 反映了挪威中部西海岸地壳厚度的变化，芬诺萨尔马特地盾地壳厚度约

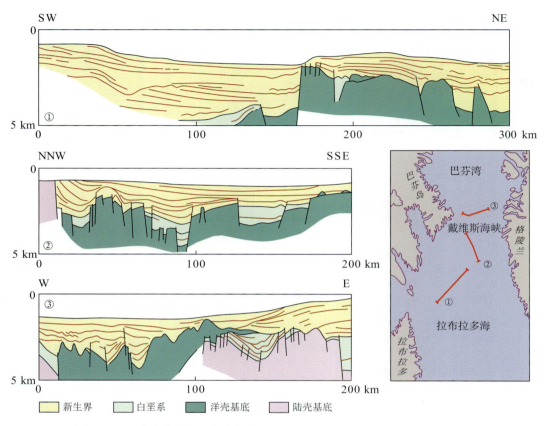

图 1.2.25 戴维斯海峡和拉布拉多海北部的构造横剖面图 (Newman, 1982)

43 km, 自海岸向西 100 km 范围内, 大陆边缘地壳厚度自 43 km 很快减薄至 16 km (图 1.2.29)。

北大西洋北部西巴伦支陆架构造比较复杂: 南部 Senja 洋脊地区 (图 1.2.30A-A') 构造活动频繁, 下白垩统-上白垩统之间、上白垩统与古近系之间和始新统—渐新统之间都有不整合发育, Tromso 盆地只有始新统-渐新统之间的区域不整合发育, 新生代大陆边缘沉积楔覆盖在洋壳上的厚度可达 4 km (Hinz, Schluter, 1978)。北部 Stappen 高地表现为一个反转的中生代盆地 (巴伦支陆架脊), 主要发育期很可能在晚始新世到早渐新世 (Faleide et al., 1984)。Stappen 高地西缘为一条大的正断层带, 在洋陆转换带保存有厚层古近纪沉积 (图 1.2.30B-B')。此外, 有证据表明有两个大的古新世水下火山建造在这个半地堑中发育。

（五）晚期——新生代欧亚大陆和非洲-阿拉伯板块拼合

非洲-阿拉伯板块和欧洲板块的拼合与大西洋的张开有着紧密的成因联系。

始新世初期, 欧洲和北美-格陵兰大陆分离以及随后的北冰洋-北大西洋张开与非洲-阿拉伯板块、欧亚板块沿阿尔卑斯缝合带的碰撞拼合同时发生, 并导致非洲-阿拉伯

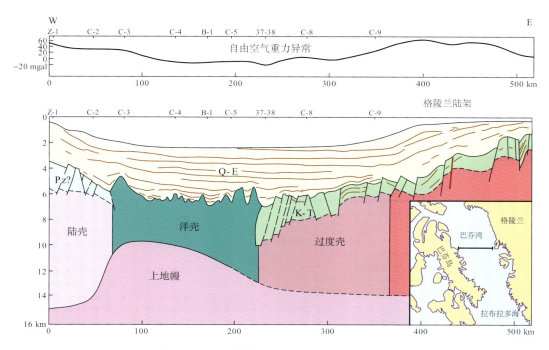

图 1.2.26　巴芬湾地壳构造横剖面图（Srivastava，1981；Menzies，1982）

1gal＝4.546 09L

板块继续向北漂移和逆时针旋转。此间中、南大西洋和印度洋持续张开（Livermore，Smith，1985；Savostin et al.，1986；Dercourt et al.，1986）（图 1.2.20）。

　　始新世时期，非洲-阿拉伯板块和欧洲板块近 N-S 向汇聚；渐新世到早中新世，两个板块的汇聚方向发生了改变，沿着 NW 向右旋斜碰（图 1.2.27）。这一变化源于中大西洋和北冰洋-北大西洋之间的不同海底扩张率。海底磁异常指示在异常 13（anomaly 13，±37 Ma，渐新世 Rupelian 期）之后中大西洋海底扩张速率减小，而北大西洋海底扩张速率直到异常 6（anomaly 6，±20 Ma，早中新世 Burdigalian 期）才有显著减小（Savostin et al.，1986）。这与欧洲板块和非洲-阿拉伯板块间的右旋转换边界一致。非洲-阿拉伯板块与欧洲板块之间的运动控制着主阿尔卑斯造山期和非洲意大利-迪纳拉（Italo-Dinarid）海角与欧洲之间的碰撞。

　　在异常 6 之后，北冰洋-北大西洋与中大西洋海底扩张率基本相当（Dercourt et al.，1986）。然而，阿尔卑斯褶皱带变形样式指示在中中新世和上新世晚阿尔卑斯造山期，非洲-阿拉伯板块和欧洲板块之间的右旋斜向运动继续起着重要的作用，甚至一直持续到现今（图 1.2.31～图 1.2.33）。

1. 始新世—早中新世主阿尔卑斯造山期

　　始新世—渐新世非洲-阿拉伯板块与欧洲板块的汇聚引起了地壳的缩短（Aubouin，

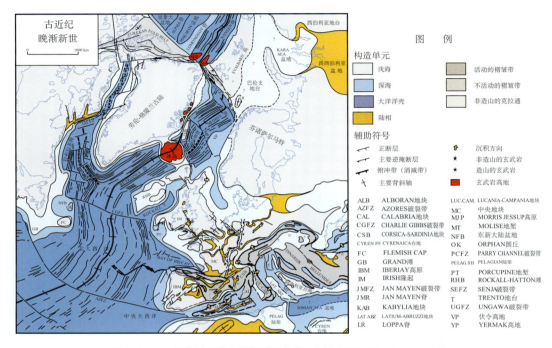

图 1.2.27　欧洲古近纪晚渐新世构造-古地理图（Ziegler，1988）

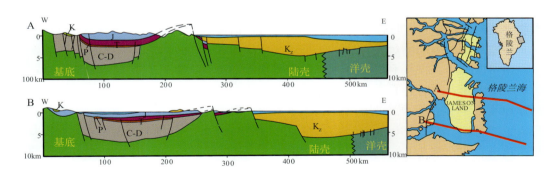

图 1.2.28　穿过 Jameson Land 半地堑和东格陵兰
中部陆架的构造示意剖面（Cleintuar，1985）

1973；Debelmas et al.，1983；Dercourt et al.，1986），同时伴随着 Ligurian-Alboran 洋的闭合以及在晚始新世时期 Alboran-Kabylia-Calabria 地块与伊比利亚地块东南边界的碰撞（图 1.2.27）（Rondeel，Simon，1974）。

　　主阿尔卑斯期褶皱带前缘是深海复理石盆地发育部位，尤其是喀尔巴阡褶皱带前缘，渐新世封闭的深水复理石页岩构成南、北喀尔巴阡盆地的主要油源岩。

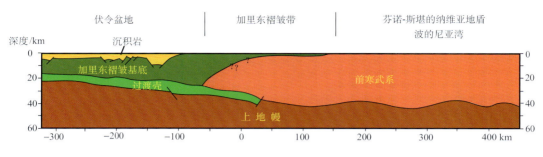

图 1.2.29　中挪威大陆边缘地壳结构（Meissner，个人交流）

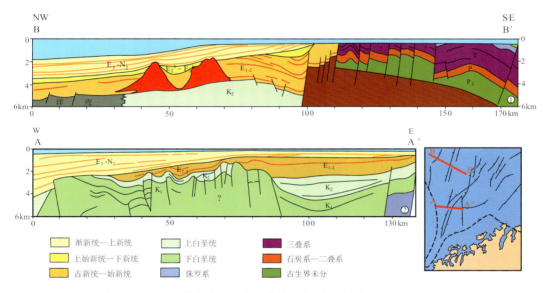

图 1.2.30　巴伦支陆架大陆边缘构造剖面示意图（Norske Shell）

2. 西地中海地区

晚始新世 Alboran-Kabylia 地块南部边界强烈缩短。同时，板内的挤压应力引起了早中生代阿特拉斯（Atlas）海槽的反转。

森诺世-古新世，Ligurian-Alboran 洋的闭合和蛇绿岩在 Corsica-Sardinia 地块之上的仰冲共同受控于 Alboran-Calabrian 地块南部边界的南倾俯冲带（图 1.2.20）。始新世时期，北西倾的俯冲带开始发育，导致渐新世至早中新世沿俯冲带 Calabria 地块和 Lucania-Campania 地台的挤压变形（图 1.2.27）以及亚平宁前渊盆地的发展和 Sardinia 地块钙碱性火山活动（Sestini，1974）。

始新世，Alboran 洋闭合，随之发生了 Alboran-Kabylia 地块和 Iberia 板块的碰撞；渐新世至早中新世持续的右旋斜向汇聚（图 1.2.27）（Rondeel，Simon，1974；Durand-

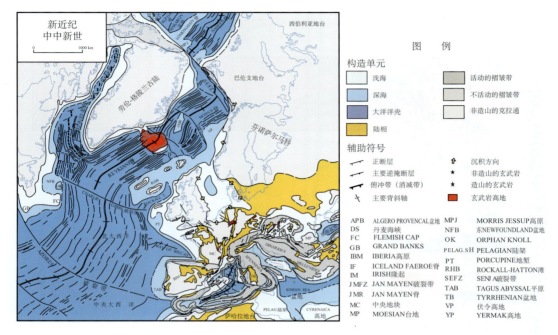

图 1.2.31　欧洲新近纪中中新世构造-古地理图（Ziegler，1988）

Delga，Fontbote，1980；Vegas，Banda，1983）。这个造山事件与比利牛斯主造山期在时间上是一致的。

中中新世 Algero-Provencal 洋盆张开，同时形成东侧的亚平宁褶皱带（图 1.2.31）。

3. 阿尔卑斯-喀尔巴阡褶皱带

在阿尔卑斯构造域，始新世—渐新世主阿尔卑斯造山期，卷入基底的奥地利阿尔卑斯（Austro-Alpine）和彭尼内推覆体侵位于北欧的海尔微（Helvetic）大陆架上（Tollmann，1978；Milnes，Pfiffner，1980；Debelmas et al.，1983），造成上地壳的滑脱、下地壳和上地幔物质仰冲到彭尼内带之上（Muller，1982）。同时，在 Helvetic 大陆架形成叠瓦状复理石推覆体（图 1.2.27）。到早中新世，阿尔卑斯和北喀尔巴阡推覆体基本推覆到了现今的位置，前缘出现磨拉石盆地（Debelmas et al.，1983），形成了阿尔卑斯域的主要含油气区。西阿尔卑斯构造横剖面见图 1.2.34。

在阿尔卑斯构造域，主阿尔卑斯造山运动伴随着少量同造山的火山活动，广泛的高压、低温变质作用以及晚始新世—渐新世南阿尔卑斯花岗岩的侵入。

4. 东地中海地区

始新世时期，喀斯特（Karst）和其南侧相邻地块受东西两个方向推覆的影响，成为复理石海槽，并最终在渐新世—早中新世褶皱、叠覆（图 1.2.31）。迪纳拉和海伦尼德地区发生广泛的高压、低温变质作用以及大量地壳和上地幔物质的仰冲（Aubouin，

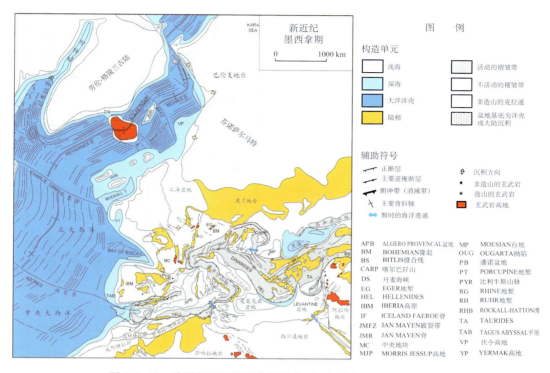

图 1.2.32 欧洲新近纪墨西拿期构造-古地理图（Ziegler，1988）

1973）。晚渐新世至早中新世，迪纳拉-海伦尼克已经运动到现今的亚得里亚海位置（Fieri，1975；Boccaletti et al.，1984），这样亚得里亚盆地开始呈现出今天的形态。

渐新世时期，在北 Pontides 地区地壳继续缩短，并且在黑海盆地伴生同造山复理石沉积。

5. 中新世—上新世晚阿尔卑斯造山期

晚阿尔卑斯造山期是指从早中新世布尔迪加尔期（Burdigalian）一直到现今。非洲-阿拉伯板块和欧亚板块继续汇聚（Dercourt et al.，1986；Savostin et al.，1986）。阿尔卑斯-地中海造山系各褶皱带的构造活动样式，以横推断层（transcurrent fault）和弧后盆地的新组合，说明了欧亚和非洲-阿拉伯板块间持续的右旋错移（图 1.2.31）。

地中海地区晚阿尔卑斯造山期，晚中新世墨西拿（Messinian）时期，欧洲和非洲-阿拉伯板块汇聚使地中海盆地与外围海域部分或者暂时的完全隔离，Algero Privencal 盆地、伊奥尼亚盆地都成为了蒸发岩盆地，岩盐最大厚度达到 2 000 m（图 1.2.32）。

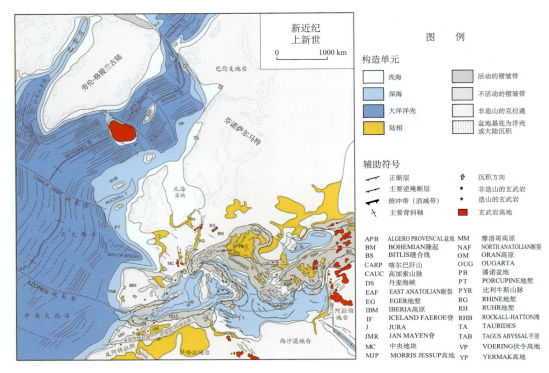

图 1.2.33　欧洲新近纪上新世构造-古地理图（Ziegler，1988）

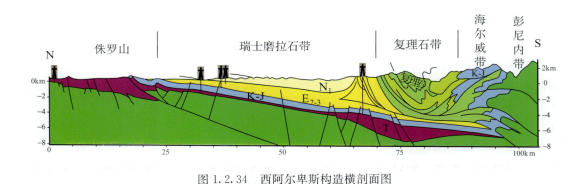

图 1.2.34　西阿尔卑斯构造横剖面图

　　早上新世时期，由于直布罗陀马蹄形山（orocline）的裂口形成，大西洋和地中海盆地之间连通，使得地中海海水盐度恢复到正常状态（图 1.2.33）。

含油气盆地类型及其基本石油地质特征 第二章

　　基于全球构造划分的含油气盆地类型，将含油气盆地与全球构造和沉积发育联系在一起，赋予了各种类型含油气盆地以特定的区域地质背景。所以说含油气盆地类型是区域地质与石油地质的结合部，有了含油气盆地类型，更便于我们综合研究各类含油气盆地石油地质条件的共性，以及同一类型、不同含油气盆地间的差别。

　　本章的目的不在于进行盆地分类研究，而在于应用前人盆地分类的研究成果，以利于描述盆地形成的区域地质背景和盆地的构造-沉积发育。因此，实用是我们选择盆地类型划分方案的主要出发点。

　　在考虑叠合盆地的命名时，由于世界上许多盆地都是不同时期、不同类型盆地的叠合，我们在笼统地谈盆地类型时，以盆地中主要含油气系统存在的时空位置的盆地类型为代表。如北部北海盆地主要含油气系统存在于中生代—新生代裂谷中，虽然在盆地南部叠加有石炭系—二叠系的前陆盆地，但我们仍笼统地称其为裂谷盆地。维也纳盆地主要源岩在主阿尔卑斯期推覆体的侏罗系地层中，主要储层却在叠加于推覆体之上的新近系中新统拉分盆地中，考虑突出盆地的主要特征，我们还是把它叫作拉分盆地。阿尔卑斯期的许多盆地都发育有内复理石带和磨拉石带，但主要含气系统一般都分布在磨拉石带中，我们统称其为前渊盆地。裂谷盆地实际是一种发育系列，在大陆早期结束的裂谷叫拗拉槽，发育的终极形态是被动大陆边缘盆地，虽然主要含油气系统发育在中生界裂陷，如果位于被动大陆边缘，我们就称其为被动大陆边缘盆地。

　　据 48 个含油气盆地统计，欧洲的含油气盆地可分为 8 种类型：克拉通盆地、前陆盆地、裂谷盆地、被动大陆边缘盆地、前渊盆地、山间盆地、拉分盆地和中生代冲断带。其中裂谷盆地按时代和所处构造单元可进一步划分为 5 种：加里东地台中生代—新生代裂谷、加里东褶皱带上古生代裂谷、被动大陆边缘中生代—新生代裂谷、华力西褶皱带中生代—新生代裂谷和阿尔卑斯褶皱带新生代裂谷（图 2.0.1 和表 2.0.1）。由含油气盆地的数量来看，裂谷型盆地约占 25％，前渊盆地占 25％，被动大陆边缘盆地占 19％，山间盆地占 10％。油气的储量分布也以裂谷储量最高，可占总储量的 55％，加里东地台的前陆盆地、前渊盆地、被动大陆边缘盆地和山间盆地分别列第二至五位（表 2.0.1）。由发现油气储量的规模来说，如果我们明白了欧洲的裂谷盆地，可以说我们已经了解了欧洲含油气盆地的一半；如果我们再明白了欧洲的前陆盆地，那么我们就了解了欧洲含油气盆地的 2/3；如果我们再把前渊盆地和山间盆地弄明白了，就可以说我们了解了全部欧洲的含油气盆地。下面让我们分别对各类盆地的地质特征进行综合描述。

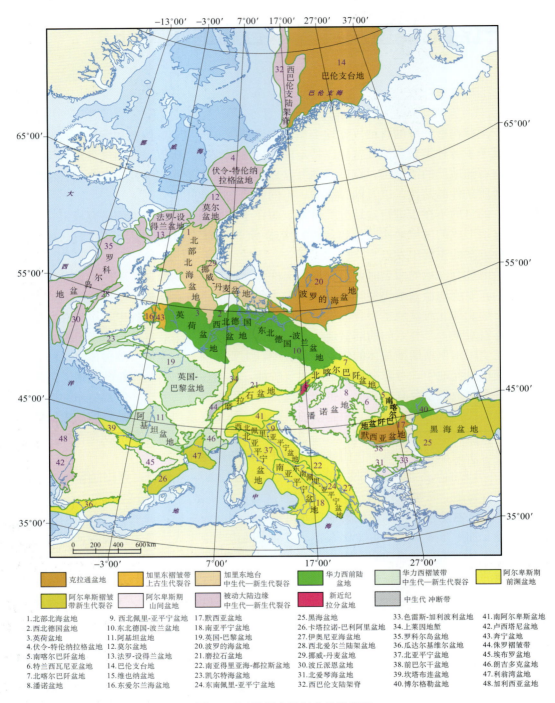

图 2.0.1　欧洲含油气盆地类型图

图例：

克拉通盆地　　加里东褶皱带上古生代裂谷　　加里东地台盆地　　华力西前陆盆地　　华力西褶皱带中生代—新生代裂谷　　阿尔卑斯期前渊盆地

阿尔卑斯褶皱带新生代裂谷　　阿尔卑斯期山间盆地　　被动大陆边缘中生代—新生代裂谷　　新近纪拉分盆地　　中生代冲断带

1. 北部北海盆地
2. 西北德国盆地
3. 英荷盆地
4. 伏令-特伦纳拉格盆地
5. 南喀尔巴阡盆地
6. 特兰西瓦尼亚盆地
7. 北喀尔巴阡盆地
8. 潘诺盆地
9. 西北佩里-亚平宁盆地
10. 东北德国-波兰盆地
11. 阿基坦盆地
12. 莫尔盆地
13. 法罗-设得兰盆地
14. 巴伦支台地
15. 维也纳盆地
16. 东爱尔兰海盆地
17. 默西亚盆地
18. 南亚平宁盆地
19. 英国-巴黎盆地
20. 波罗的海盆地
21. 磨拉石盆地
22. 南亚得里亚海-都拉斯盆地
23. 凯尔特海盆地
24. 东南佩里-亚平宁盆地
25. 黑海盆地
26. 卡塔拉诺-巴利阿里盆地
27. 伊奥尼亚海盆地
28. 西北爱尔兰陆架盆地
29. 挪威-丹麦盆地
30. 波丘派恩盆地
31. 北爱琴海盆地
32. 西巴伦支陆架脊
33. 色雷斯-加利波利盆地
34. 上莱因地堑
35. 罗科尔岛盆地
36. 瓜达尔基维尔盆地
37. 北亚平宁盆地
38. 前巴尔干盆地
39. 坎塔布连盆地
40. 博尔格勒盆地
41. 南阿尔卑斯盆地
42. 卢西塔尼盆地
43. 奔宁盆地
44. 侏罗褶皱带
45. 埃布罗盆地
46. 朗吉多克盆地
47. 利翁湾盆地
48. 加利西亚盆地

表 2.0.1　欧洲盆地类型和油气储量分布表（IHS，2007）

盆地类型		盆地个数	可采储量		油气田数	
			/(10⁸m³oe)	比例/%	个数	比例/%
克拉通盆地	内克拉通盆地	3	5.49	1.8	212	4.81
前陆盆地	加里东地台前陆	4	77.88	25.6	823	18.68
裂谷盆地	加里东地台中生代裂谷	2	135.56	44.6	623	14.14
	加里东褶皱带上古生代裂谷	2	2.59	0.9	33	0.75
	华力西褶皱带中生代裂谷	4	6.15	2.0	173	3.94
	阿尔卑斯褶皱带新生代裂谷	4	1.20	0.4	92	2.09
被动大陆	中生代—新生代裂谷	9	21.67	7.1	74	1.68
前渊盆地	阿尔卑斯前渊盆地	12	32.98	10.9	1477	33.53
山间盆地	阿尔卑斯期山间盆地	5	17.53	5.8	761	17.28
拉分盆地	新近纪拉分盆地	1	2.75	0.9	124	2.81
冲断带	中生代冲断带	2	0.05	0.01	13	0.30
合计		48	303.85	100	4405	100

注：裂谷盆地个数合计 12，可采储量比例合计 47.9。

第一节　裂谷盆地

摘　　要

◇　欧洲的裂谷型含油气盆地共有 12 个，占欧洲油气总储量的 48%，是欧洲油气储量最丰富的盆地类型。

◇　北部北海盆地是受地慢活动控制的中生代—新生代沉积盆地，其油气储量占裂谷型盆地总储量的 93%，占欧洲油气总储量的 44%，在世界同类盆地中占有显著位置。

◇　按照所在区域构造位置可进一步将与区域构造伸展活动相关的裂谷分为加里东地台中生代裂谷（2 个，占总储量 93.2%）、加里东褶皱带晚古生代裂谷（2 个，占总储量 1.8%）、华力西褶皱带中生代裂谷（4 个，占总储量 4.2%）和阿尔卑斯褶皱带新生代裂谷（4 个，占总储量 0.8%）。

◇　中生代裂谷盆地的展布主要受加里东期末和华力西期末构造格局控制。

◇　华力西构造域中生代裂谷盆地属特提斯沉积域，以碳酸盐岩沉积为主；加里东构造域中生代裂谷盆地以碎屑岩沉积为主，属北冰洋、大西洋沉积域，从而决定了这两个构造域的基本石油地质特征。

◇　北部北海盆地和挪威近海被动大陆边缘盆地的油气分布，主要受源岩条件控制。上侏罗统海相基默里奇热页岩是主要源岩，其分布主要受相对封闭的局限海沉积环境控制。局限海沉积主要与中侏罗世基梅里不整合的发育有关。

　　欧洲的裂谷型含油气盆地共有 12 个（表 2.1.1），总面积 $125 \times 10^4 \text{ km}^2$，共发现油气田 921 个，发现油气可采储量 $145.5 \times 10^8 \text{ m}^3_{\text{oe}}$。欧洲的裂谷型含油气盆地中 1/2 属于中生代裂谷（共 6 个），分别发育于西欧加里东地台和华力西褶皱带上，是裂谷盆地中最显著的一类。以加里东褶皱为基底的西欧地台上发育有两个盆地——北部北海盆地和挪威-丹麦盆地，其油气储量发现占整个欧洲裂谷型盆地储量发现总和的 93%，其中北部北海盆地是世界级的油气富集区。华力西褶皱带上的裂谷盆地共有 4 个，储量占 4.2%，阿基坦盆地储量将近 $4 \times 10^8 \text{ m}^3_{\text{oe}}$，英国-巴黎盆地储量近 $1.6 \times 10^8 \text{ m}^3_{\text{oe}}$。加里东褶皱带上的古生代裂谷以及阿尔卑斯域新生代裂谷，从储量发现和盆地数量、规模来看，都不占重要位置（图 2.1.1）。

表 2.1.1　欧洲裂谷型盆地油气储量统计表（IHS，2007）

序号	构造单元	盆地名称	可采储量		油气田数
			类型/10^8 m^3	比例/%	
1	加里东地台	北部北海盆地	135.56	93.2	623
2	中生代裂谷	挪威-丹麦盆地			
3	加里东褶皱带	东爱尔兰海盆地	2.59	1.8	33
4	晚古生代裂谷	奔宁盆地			
5		阿基坦盆地	6.15	4.2	173
6	华力西褶皱带	英国-巴黎盆地			
7	中生代裂谷	凯尔特海地堑系			
8		朗吉多克盆地			
9		利翁湾盆地	1.20	0.8	92
10	阿尔卑斯期	黑海盆地			
11	新生代裂谷	卡塔拉诺-巴利阿里盆地			
12		上莱茵地堑			
合 计			145.5	100	921

一、区域构造背景

　　加里东期劳伦古陆与斯堪的纳维亚古陆斜向拼合，形成了具有右旋走滑带特征的巨大拉匹特斯缝合带（图 2.1.2）。泥盆纪—石炭纪中期北大西洋-挪威海的加里东褶皱带，继承了左旋走滑伸展（图 2.1.3），形成了罗科尔、法罗等一系列北西向石炭系裂谷盆地，也包括了东爱尔兰海盆地和奔宁盆地。北大西洋-挪威海这一北西向裂陷格局一直延续到中生代，早白垩世至晚渐新世北大西洋的裂开也是沿着这一裂陷带发育的。

　　威斯特法期后华力西褶皱带固化，同时俯冲系统关闭，非洲和劳俄大陆的汇聚方向为北西向，非洲大陆和芬诺萨尔马特大陆之间发生右旋扭动（图 2.1.4）。这一区域应力使得固化不久的华力西褶皱带发育了一系列北—北东向大型走滑断裂带及复杂共轭剪

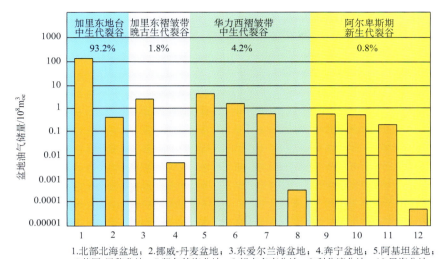

1.北部北海盆地；2.挪威-丹麦盆地；3.东爱尔兰海盆地；4.奔宁盆地；5.阿基坦盆地；
6.英国-巴黎盆地；7.凯尔特海盆地；8.朗吉多克盆地；9.利翁湾盆地；10.黑海盆地；
11.卡塔拉诺-巴利阿里盆地；12.上莱茵地堑

图 2.1.1　欧洲裂谷型盆地油气储量分布图

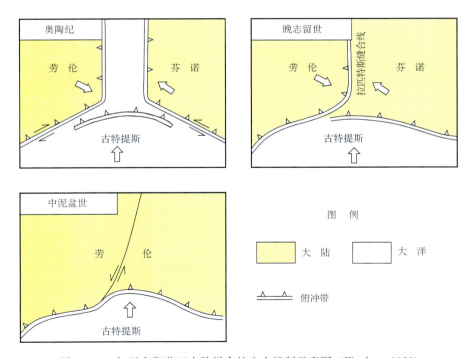

图 2.1.2　加里东期劳亚古陆拼合的应力机制示意图（Ziegler，1988）

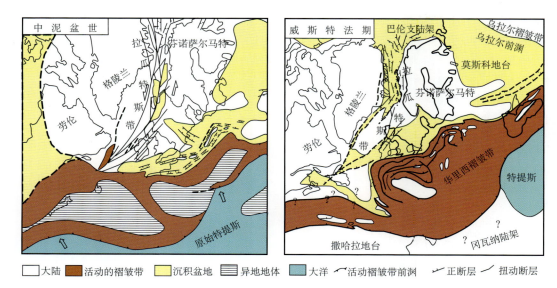

图 2.1.3　中泥盆世、晚石炭世欧洲区域构造格局及古地理略图（表示劳伦-格陵兰古陆与芬诺萨
　　　　　尔马特古陆间由于左旋扭动发育裂陷）（Ziegler，1990a）

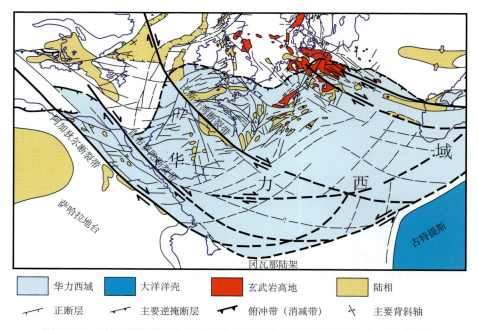

图 2.1.4　欧洲斯蒂芬期末区域构造格架及古地理图（表示华力西域右旋扭
　　　　　动形迹）（Ziegler，1988）

切断裂系。这些大型走滑断裂带既是后来中生代断陷盆地的主要发育带，也是特提斯海与北冰洋沟通的主要通道。

联合古陆海西期后的初期分裂发生在晚二叠世到中侏罗世，特别是在冈瓦纳大陆和劳亚古陆的离散、走滑发育期间达到了顶峰。在北极-北大西洋和特提斯域中，三叠纪—侏罗纪时期的多元横切裂谷体系反映了这个板块重构过程。这些裂谷的演化一方面受挪威-格陵兰海裂谷快速南进的控制，另一方面受到特提斯海西北陆架裂谷系发育，以及向北快速延伸的影响。这两个巨型裂谷体系在欧洲中-北部汇合。我们将在下面中生代裂谷的沉积发育中进一步介绍。

加里东褶皱带后期裂谷发育也好，华力西褶皱带后期裂谷发育也好，其裂谷的分布格局都受控于褶皱带形成期末的区域构造格局。这一点在欧洲表现得非常典型，对我们研究区域应力场对裂谷盆地系分布的控制作用有重要的参考价值。

阿尔卑斯域的裂谷型盆地多与地幔隆起（上涌）有关，黑海盆地和利翁盆地在中生界末期和渐新世末期出露洋壳，上莱茵地堑和卡塔拉诺-巴利阿里盆地深部都是新生界地幔隆起。

二、中生代沉积演化

由于中生代裂谷盆地占据了欧洲裂谷型盆地油气储量的绝大部分，在这里重点介绍中生代的沉积演化。

联合古陆形成之日，也正是裂陷开始发育之时，中生代中-西部欧洲的沉积发育史就是一部裂谷充填的历史。限于篇幅我们不可能对各类裂谷盆地进行描述，只能按照时间顺序概略地叙述各期区域沉积特征。

（一）中三叠世（安尼期—拉丁期）

早、中三叠世时期，在特提斯洋西北侧的大陆架上发育了大范围的碳酸盐台地，有一些地区发育了蒸发盐盆地，台地间的海槽中则发育了深水碳酸盐和泥岩（Auboin，1973）。

自三叠纪开始，中-西部欧洲开始了广泛的裂谷发育。特提斯海水北进，在华力西褶皱带上有三条北西向主要裂谷通道，自南而北：通过直布罗陀海峡的直布罗陀裂谷（Maghrebian-Gibraltal Rift）、比斯开湾裂谷和挪威-丹麦裂谷。特提斯北缘可分为浅海碳酸盐岩相，蒸发岩-碳酸盐岩相，蒸发岩、碎屑岩、碳酸盐岩相。北海海域和北冰洋-大西洋加里东褶皱域，主要为陆相碎屑沉积。在英格兰南部和爱尔兰的周围还发育有蒸发岩。挪威海域为滨-浅海沉积，仅伏令盆地见有蒸发岩（图2.1.5）。

（二）晚三叠世（卡尼期—诺利期）

晚三叠世卡尼—诺利期是一个海退期。华力西域及其北缘普遍为蒸发岩和陆相碎屑岩沉积。北海北部以及法罗盆地、罗科尔盆地全为陆相碎屑沉积。挪威盆地也发生海退，为海陆交互沉积（图2.1.6）。

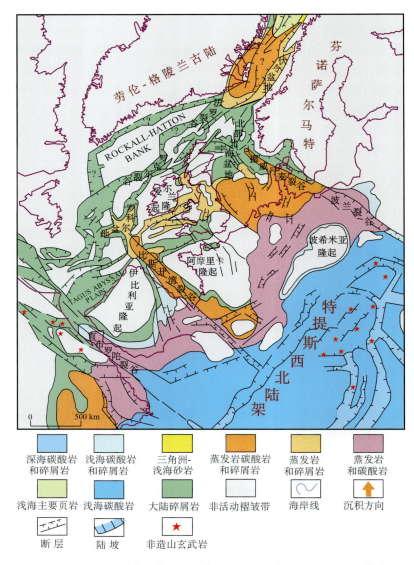

图 2.1.5　中三叠世安尼期—拉丁期沉积相图（据 Ziegler，1988 修改）

　　就烃源岩而言，欧洲的三叠系不占重要位置。由于陆相砂岩比较发育，在许多盆地中都见有三叠系砂岩储层，如北部北海盆地、西北爱尔兰陆架盆地、英国-巴黎盆地等，都有一定规模储量，但是也不占重要位置。虽然中、西部欧洲三叠系的蒸发岩分布很广，但是岩体的规模一般不大，只在挪威-丹麦盆地、卢西塔斯亚盆地见到盐底辟构造。三叠系底辟构造在含油气体系中绝对不能与北海的南、北二叠系盆地相提并论，但是在阿尔卑斯域中三叠系蒸发岩对推覆构造的发育却起到了至关重要的作用，往往成为重要的滑脱面。

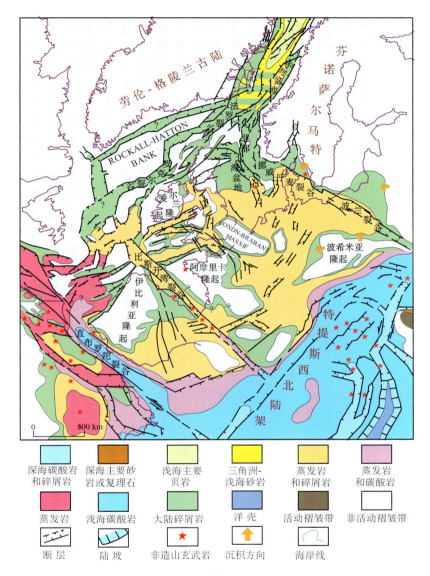

图 2.1.6　晚三叠世卡尼期—诺利期沉积相图（据 Ziegler，1988 修改）

（三）早侏罗世（西涅缪尔期—图阿尔期）

早侏罗世西涅缪尔期—图阿尔期，又一次海进。华力西域除几个古老的地块外，为浅海碳酸盐岩-碎屑岩和浅海碳酸盐岩沉积（包括英国-巴黎盆地和阿基坦、加里西亚、卢西塔尼亚等盆地）。加里东域为早裂谷期浅海泥岩沉积（包括北海盆地、伏令盆地、法罗盆地和罗科尔盆地）（图 2.1.7）。

北冰洋和特提斯洋在早里阿斯期就产生了一定的联系。埃唐日期通过法罗-罗科尔（Faeroe-Rockall）裂陷扩张和爱尔兰海使得两个分隔的大洋出现通道，从而允许北冰洋

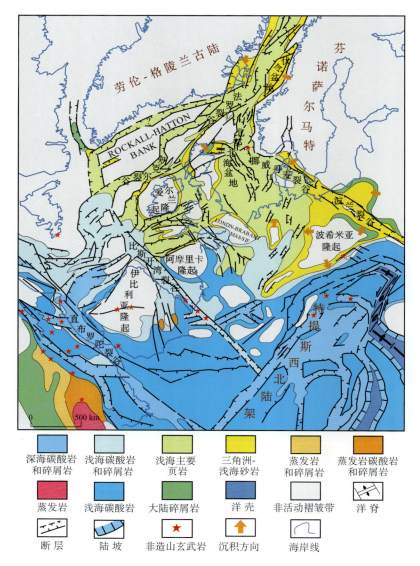

图 2.1.7　早侏罗世西涅缪尔期—图阿尔期沉积相图（据 Ziegler，1988 修改）

动物群的南迁与特提斯动物群于埃唐日期在英吉利海峡汇合（Ager，1956）。两个海域联系的主要通道是直布罗陀峡谷和比斯开裂陷带西部窄而浅的裂谷。

（四）中侏罗世（巴柔期—巴通期）

中侏罗世巴柔期—巴通期，基本延续了早侏罗世的沉积格局。南部特提斯域的沉积仍以碳酸盐岩为主，北部为浅海砂、泥岩。由于中基梅里期（Cimmerian）北海北部地幔隆起，使得北部北海盆地发生区域性隆起。北海裂谷隆起在阿伦期—巴柔期为低水位沉积（Vail，Todd，1981），造成了北冰洋和特提斯洋之间联系的中断。晚巴柔期—巴通期这两个不同的生物区系之间交流的开始也说明了这一观点。只有维京地堑-中央地堑-幕瑞福斯地堑这一三叉裂谷及其附近范围存在中侏罗统沉积（图 2.1.8）。

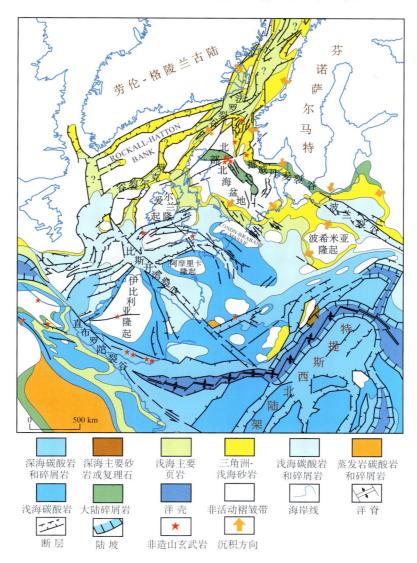

图 2.1.8　中侏罗世巴柔期—巴通期沉积相图（据 Ziegler，1988 修改）

（五）晚侏罗世（牛津期—提塘期）

晚侏罗世牛津期—提塘期，特提斯洋与大西洋已经沟通，特提斯洋北侧的大陆架（现中-西欧大陆）广泛沉积碳酸盐岩。加里东褶皱带的现今海域部分，在裂谷中主要为浅海泥岩沉积（图 2.1.9）。在晚侏罗世，北极地区和特提斯边缘海通过挪威-格陵兰边缘海断裂带与欧洲西部和中部的盆地形成一个可以沟通的相对开放的环境。这促进了仅仅生长在特提斯海陆架的、浅海碳酸岩地台的动物群的交换。

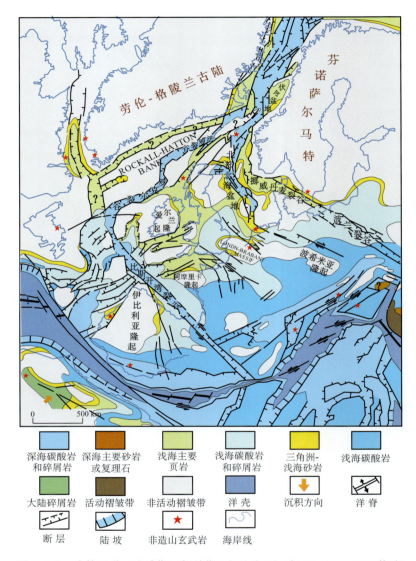

图 2.1.9　晚侏罗世（牛津期—提塘期）沉积相图（据 Ziegler，1988 修改）

　　晚侏罗纪—早白垩纪过渡期间，是一个海平面相对低的水位期（Vail，Todd，1981）。北海前基默里奇热隆起造成了北海地区与北冰洋、特提斯洋的隔绝。封闭的沉积环境造就了优质的基默里奇（Kimmeridgian）热页岩的形成。晚基梅里运动（Kimmerian Orogeni）不整合是具有区域意义的，并可以在北大西洋侧翼大多数盆地和比斯开湾得到证实。在挪威-格陵兰海域，这一不整合与区域热穹隆发育有关。这可能是地壳分离前渐进式岩石圈减薄，中央大西洋海底扩张轴向北扩张的反映。

（六）早白垩世（贝里阿斯期—巴列姆期）

早白垩世的海退，使特提斯海退至华力西褶皱带以南。贝里阿斯期—巴列姆期北大西洋开始拉开。比斯开湾裂谷-罗科尔裂谷-法罗裂谷-挪威海裂谷乃至北海的维京地堑-中央地堑发育了深海碎屑沉积。挪威-丹麦裂谷充填浅海泥岩。英国-巴黎盆地为陆相碎屑沉积（图2.1.10）。

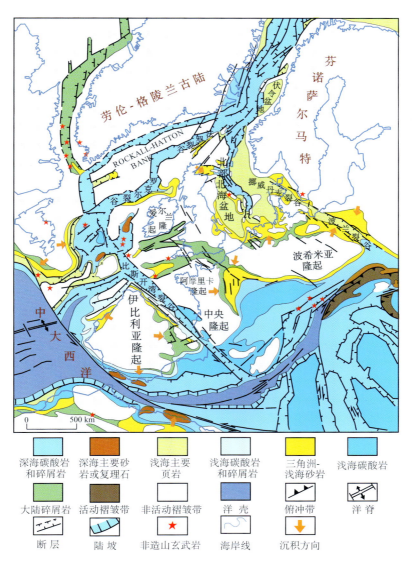

图 2.1.10 早白垩世贝里阿斯期—巴列姆期沉积相图（据 Ziegler，1988 修改）

（七）早白垩世（阿普特期—阿尔必期）

早白垩世阿普特期—阿尔必期，北大西洋中脊迅速向北延伸至罗科尔盆地，比斯开湾也出现了洋壳。此时欧洲的中生代裂谷基本上结束了裂陷发育期，进入裂后沉降阶段。法罗裂谷-挪威海裂谷-维京地堑-中央地堑仍然沉积深海泥质。挪威-丹麦裂谷、英国-巴黎盆地以浅海砂质沉积为主（图2.1.11）。

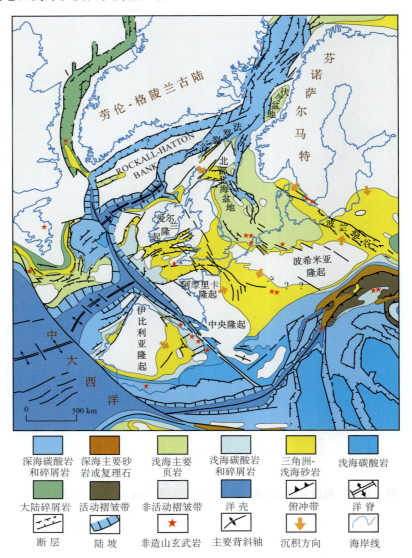

图2.1.11　早白垩世（阿普特期—阿尔必期）沉积相图（据Ziegler，1988修改）

（八）晚白垩世（土伦期—坎潘期）

晚白垩世土伦期—坎潘期一次广泛的海侵几乎淹没了除斯堪的纳维亚以南的整个

中-西欧陆地，仅留下了一些古老地块孤岛。这是一个有标志意义的白垩沉积期（图2.1.12）。南欧和中欧地区广泛沉积白垩。

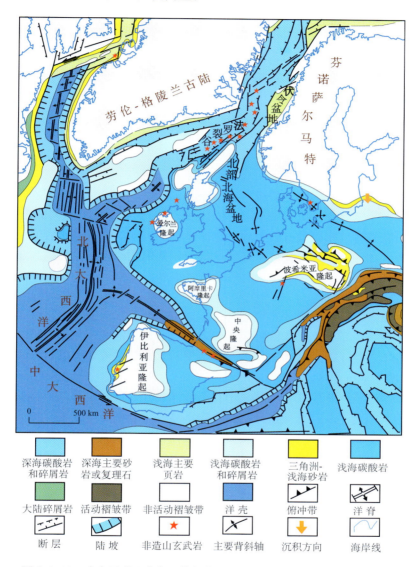

图 2.1.12　晚白垩世土伦期—坎潘期沉积相图（据 Ziegler，1988 修改）

三、裂谷基本石油地质特征

　　由裂谷盆地的油气储量分布看，中生代裂谷盆地约占裂谷盆地总储量的 97%，我们在分析石油地质基本条件时当然要以中生代裂谷盆地为重点。晚古生代裂谷只有东爱尔兰海盆地和奔宁盆地两个，我们将在后面做简单介绍。新生代裂谷盆地只占裂谷盆地总储量的 0.8%，放在最后介绍。

（一）中生代裂谷盆地

中-西部欧洲中生代有着统一的区域构造背景和沉积演化背景，为我们描述中生代裂谷盆地基本石油地质条件带来了便利。源岩条件是控制中生代裂谷盆地油气富集程度的决定性条件，只要我们把中生界源岩的分布特征和构造、沉积背景联系起来，就可以看到早侏罗纪末期的基梅里热隆起是控制基默里奇热页岩分布的关键地质因素。

1. 源岩

欧洲中生界裂谷盆地主要烃源岩为侏罗系，虽然三叠系、白垩系也有一定的生烃潜力但未见形成重要油气区的报道。三叠系处于裂陷早期，一般岩性偏粗。白垩系已经进入热沉降阶段，一般为开阔海泥质或台地白垩沉积，缺乏有机质的保存条件。侏罗系源岩条件直接受控于特提斯和北冰洋两大沉积区的沉积特征：特提斯西北部大陆架侏罗纪—白垩纪一直发育清水碳酸盐岩台地；北冰洋沉积区则以海相碎屑岩沉积为主。侏罗系主要源岩为北冰洋海域的晚侏罗世基默里奇阶，其优质源岩形成的构造背景是晚期裂陷阶段普遍的局限海的沉积环境，为有机质的富集和保存创造了必要条件。

（1）两大沉积区

由沉积背景看，欧洲的侏罗系可划分为南部特提斯沉积区和北部北海-北大西洋-挪威海沉积区。在构造单元上，南部沉积区大致相当于华力西域；北部沉积区发育在加里东褶皱基底之上包括了西欧地台、加里东褶皱带和北大西洋被动大陆边缘。

1）华力西台地沉积区。

华力西褶皱带进入中生代，实际属于特提斯洋北部的大陆架，以广泛、持续地发育碳酸盐岩台地沉积为主要特征。由此也就决定了其烃源岩的特征（图 2.1.13），一般碳酸盐岩有机质含量都很低，其中黑色页岩只发育在局部（潟湖相）凹陷中。

英国-巴黎盆地位于华力西褶皱带阿摩里卡-阿登山地块之间，特提斯海与北冰洋的交汇区。下侏罗统（里阿斯阶）是该盆地主要的已经证实的源岩层，可分为上、中、下三段。下段为底栖生物繁盛富含有机质的湖相泥质沉积。中里阿斯阶海水变浅，沉积下滨砂岩，其上被低能泥岩和潟湖沉积覆盖。晚里阿斯期开始沉积潟湖相纸状页岩，随后覆盖退积三角洲砂泥沉积。在巴黎次盆下侏罗统查诺（Chaunoy）砂岩（河流相）为主要储层，中侏罗统大鲕粒灰岩（Great Oolit）也是重要储层。

阿基坦盆地早侏罗世为萨巴哈式潮上盐坪（Sabkha）沉积，是暂时性浅水盐湖，主要由石膏质白云岩组成，常与藻纹层白云岩共生（可见当时特提斯海也没越过比斯开湾）。中侏罗世发育陆架碳酸盐岩台地，主要沉积灰岩、泥灰岩、白云岩。晚侏罗世基默里奇阶页状灰岩是盆地的主要生油层。上侏罗统基默里奇页岩之上的马诺（Mano）白云岩是阿基坦盆地的主要储层。

凯尔特海盆地位于爱尔兰岛南部，华力西褶皱带北缘。在沉积特征方面基本上与北冰洋海域近似，主要为碎屑岩沉积。下侏罗统西涅缪尔阶、普林斯巴赫阶和图阿尔阶为海相泥岩，上侏罗统基默里奇阶发育有湖相泥岩。

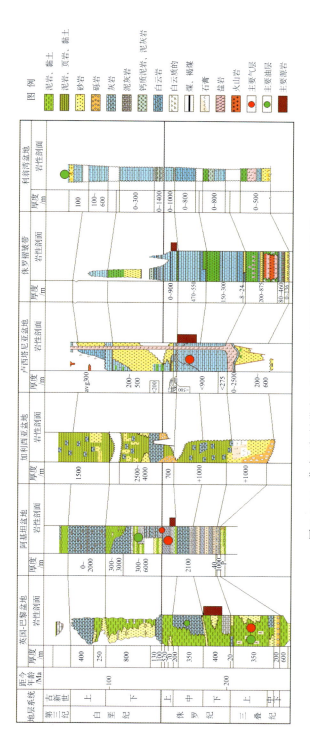

图 2.1.13　华力西褶皱带中生界地层对比图（据 IHS，2007 编辑）

图 2.1.13 还表示了卢西塔尼亚盆地、侏罗褶皱带和利翁盆地典型的中生界特提斯岩性特征，他们都以碳酸盐岩为主，在含油气盆地中都不占主要位置。

2）以加里东褶皱带为基底的中生代裂谷沉积区。

按照构造单元，这一沉积区可进一步分为两个部分：西欧地台的北海盆地和挪威-丹麦盆地、北起西巴伦支盆地南至波丘派恩盆地的被动大陆边缘盆地（图 2.0.1）。

① 西欧地台。

三叠系基本是陆相沉积，包括河流相和冲积平原，在挪威-丹麦盆地还有蒸发盐沉积（图 2.1.14）。

早侏罗世在北海北部三叉裂谷区以浅海页岩沉积为主，地堑边部发育有三角洲、冲积扇和滨岸沙坝。受基梅里不整合影响，在三叉点区早侏罗统遭受了剥蚀。中侏罗统的沉积范围基本限制在三叉裂谷内部，自三叉裂谷外围向中部超覆。自北而南，自维京地堑向中央地堑方向阿伦阶至牛津阶逐层向南超覆。马里-福斯湾地堑，自西而东，巴通阶—牛津阶逐层向东超覆（图 2.1.15）。在早基默里奇期以后海水才全部淹没热隆起，形成了统一的北海基默里奇期海盆（图 2.1.16）（Ziegler，1990a，b）。侏罗纪这一沉积发育特征，使得基默里奇页岩在北部北海盆地中既能广泛分布，又具有封闭的沉积环境，从而成为盆地最主要的油源岩。中侏罗统-晚侏罗统砂岩成为主要储层。

白垩纪北部北海盆地进入了统一的热沉降阶段。由沉积厚度看三叉裂谷仍是北海海域沉积最厚部位，其次是挪威-波兰盆地（图 2.1.17）（Ziegler，1990a）。下白垩世三叉裂谷中一般为深海泥质沉积，其外围浅海陆架也以泥质沉积为主，滨岸砂岩和三角洲主要发育在北海西南边缘——英国-荷兰海域（图 2.1.18）（Ziegler，1990a）。晚白垩世海侵（Ziegler，1990b）。除维京地堑，北部仍然为深海泥质沉积，北海全海域全为台地相白垩沉积。上白垩统在中央地堑南部是主要天然气储层。

② 被动大陆边缘。

三叠纪　北端西巴伦支陆架脊属于北冰洋陆架范畴，以边缘海（开阔海）泥质沉积为主，顶部和底部黑灰色页岩夹粉砂岩和薄层砂岩，中部 1 700 m 灰色页岩。向南，至挪威西部伏令盆地，下部近 2 000 m 的陆相砂泥沉积，中部 1 000 m 左右的潟湖相膏盐，上部近千米河流相砂泥岩，已经进入了陆相裂谷沉积区。再向南的北大西洋海域欧洲的被动边缘盆地主要为陆相粗碎屑和蒸发盐沉积，只有凯尔特海盆地、罗科尔盆地有较厚的萨巴哈潮上盐坪泥质沉积。可见，三叠系在欧洲被动大陆边缘不具有良好的生烃条件，只具有一定的储集条件。

侏罗系　西巴伦支陆架脊下侏罗统为 148～572 m 灰色、深灰色页岩，属边缘海潮坪-泛滥平原沉积。中侏罗统阿伦阶—巴柔阶 114～430 m 浅海进积型砂岩夹薄层页岩，是主要含油层段。上侏罗统（上牛津段、基默里奇阶、伏尔加阶）页岩，最大厚度 856 m，一般为 17～124m，深灰色-褐灰色页岩，夹薄层灰岩、白云岩、粉砂岩和砂岩，下部为高伽马段（热页岩），是主要源岩（图 2.1.19、图 2.1.20）。

南至伏令盆地下侏罗统（800 m）自下而上由冲积平原发育为扇三角洲-开阔海。中侏罗统（阿伦阶—巴柔阶）下部为潮汐三角洲砂岩，上部为辫状河-三角洲砂岩。下

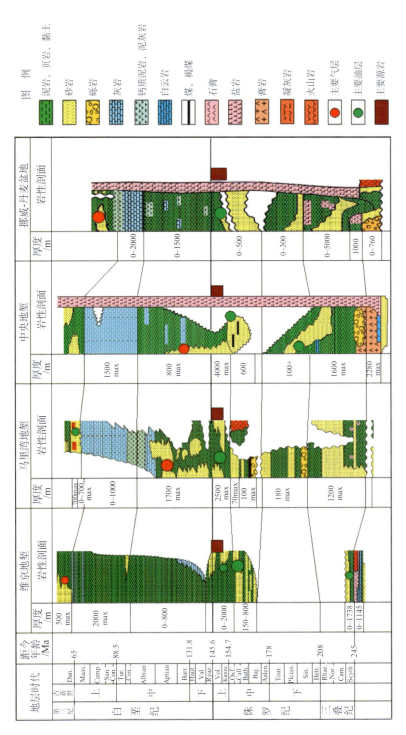

图2.1.14　以加里东褶皱带为基底的北部北海盆地中生代裂谷盆地地层对比图（据 IHS，2007 编辑）

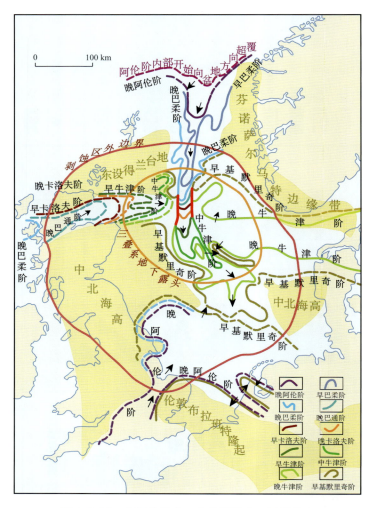

图 2.1.15　北海盆地中—上侏罗统在三叉裂谷中
各阶地层的超覆界限（After Underhill and Partington，1993，1994）

侏罗统—中侏罗统砂岩是伏令盆地的主要储层。经过巴通期的沉积间断，卡洛夫期-牛津期为开阔海沉积。再经过一个短暂的沉积间断，基默里奇阶—伏尔加阶在缺氧环境的封闭海沉积的斯派克热页岩（Spekk）是伏令盆地的主要生油层。

莫尔盆地下侏罗统为浅海沉积的灰色-深灰色含云母页岩，厚近 300 m。中侏罗世阿伦期—巴柔期由进积三角洲发育为浅海泥质沉积。经过一个沉积间断，基默里奇期—提塘期（Draupne FM）变为局限海环境，沉积了厚达 300 m 的深灰褐色、黑色纹层状热页岩。

法罗-设得兰盆地下侏罗统西涅缪尔阶—普林斯巴赫阶的斯克瑞（Skerry）组是厚达 500 m 的浅海相细砂岩夹薄层泥岩、粉砂岩为主的地层，上部 200 m 为深灰色、黑色页岩夹粉砂岩、炭质灰岩波层。经过一个沉积间断，图阿尔阶—巴柔阶沉积了低位域

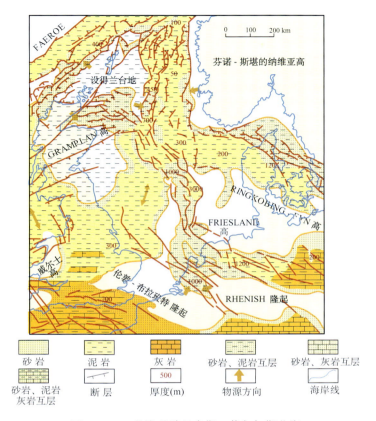

图 2.1.16　北海基默里奇期—伏尔加期北海
盆地古地理图（After Ziegler，1990a，b）

扇砂岩。巴通期—卡洛夫期开始进入海进体系域，局部沉积了泥岩。晚侏罗世处于高位域，基默里奇阶—提塘阶成为局限海环境，普遍发育富含有机质的黑色页岩，地层厚可达 300 m，优质源岩厚度 20～86 m。

　　罗科尔盆地，由于盆地中巨厚的白垩系和第三系沉积，没有钻井揭示侏罗系地层，只在盆地边缘钻遇过中侏罗统阿伦阶—巴柔阶页岩，为混合型干酪根。

　　西北爱尔兰陆架盆地北部埋藏较深，只有南部斯莱恩（Slyne）次盆揭示侏罗系较多。下侏罗统—中侏罗统以厚层泥岩为主夹有砂岩、灰岩和煤层，为开阔海沉积。上侏罗统以海相砂岩为主，大部分地区已经遭受剥蚀。

　　波丘派恩盆地早侏罗世为开阔内浅海环境，以泥质沉积为主，夹白云岩、灰岩和砂岩。中侏罗世开始为辫状河-冲积扇沉积，向上水体变深，为陆架泥质沉积，来自西北部的物源形成了盆地西北部的河流三角洲。上侏罗世为海进期，浅-深海缺氧环境泥质沉积是盆地的主要源岩。

　　凯尔特海盆地中侏罗统—下侏罗统为浅海相泥岩、粉砂岩和灰岩，普林斯巴赫阶—图阿尔阶发现有厚层泥岩和炭质页岩，有较好的生油能力。上侏罗统下朴尔比克组

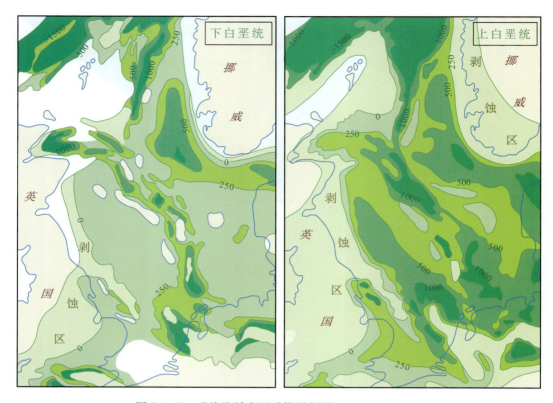

图 2.1.17　北海海域白垩系等厚度图（Ziegler，1990a）

（Purbeck）为巨厚的富含有机质的湖相泥岩。七头（Seven Heads）构造发现的高蜡原油被认为与上侏罗统源岩有关。

　　这里要特别注意的是被动大陆边缘北部中侏罗世—晚侏罗世基梅里不整合的普遍存在（图 2.1.19），与北部北海盆地一样，它将对晚侏罗世的沉积环境产生重要影响，也是富含有机质的基默里奇页岩发育的主要控制因素之一。

　　白垩系　除凯尔特海盆地应属大陆裂谷外，其他欧洲大陆西缘的被动边缘盆地白垩系地层厚度都有 3 000 m 以上。下白垩统一般以开阔海泥质沉积为主。上白垩统以罗科尔盆地为界，南部以碳酸盐岩为主，北部以泥质岩为主。对烃源而言，白垩系没有重要贡献，却为良好的区域盖层；但白垩系的滨岸砂岩和浊积岩常为某一构造单元的重要储层。

　　第三纪北大西洋和挪威海已经拉开，基本上为开阔海泥质沉积，边缘部位三角洲、冲积扇常成为重要储层。

　　（2）有机地球化学特征

　　1）华力西台地沉积区。

　　华力西台地沉积区中生代基本属于碳酸盐台地沉积，这一沉积特征决定了其沉积环境基本属于氧化环境，只有局部潟湖泥质沉积有机质比较丰富，不具有区域性大套的有

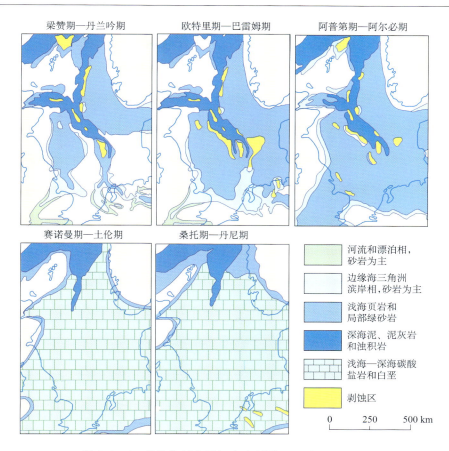

梁赞期—丹兰吟期　　欧特里期—巴雷姆期　　阿普第期—阿尔必期

赛诺曼期—土伦期　　桑托期—丹尼期

河流和漂泊相，砂岩为主

边缘海三角洲滨岸相，砂岩为主

浅海页岩和局部绿砂岩

深海泥、泥灰岩和浊积岩

浅海—深海碳酸盐岩和白垩

剥蚀区

0　　250　　500 km

图 2.1.18　北海海域白垩纪古地理图（Ziegler，1990a）

利烃源岩发育条件。

① 阿基坦盆地。

阿基坦盆地主要烃源岩是上侏罗统基默里奇阶，三叠系、白垩系虽然都有一定的生烃能力，但只是次要源岩。

三叠系　三叠系顶部卡坎层（Carcan FM）发现 20～40 m 灰色-黑色泥灰岩和页岩，伴有蒸发盐，页岩 TOC 可达 5.5%，干酪根为 II 型，曾在钻井中见有原油。

下侏罗统　普林斯巴赫阶—图阿尔阶，泥灰岩（最大厚度 100 m），TOC 可达 2.8%，生烃潜能（IGC）为 $1×10^6$ t 烃/km²。

上侏罗统　基默里奇页岩是阿基坦盆地主要烃源岩，地层最大厚度 500 m，平均厚度 230 m，在盆地中普遍分布（Tissot et al.，1971），为腐泥型干酪根。西北部双亲（Parents）拗陷中平均 TOC>1%，Castor 1 井 TOC 达 3.6%，S_2 达 13.6kg 烃/t 岩，生烃能力（IGC）$2.3×10^6$ t 烃/km²。油窗门限约 3 000 m。东部密兰德（Mirand）凹陷 TOC 高达 3.6%，S_2 达 20kg 烃/t 岩，生烃潜能 $1.5×10^6$ t 烃/km²。油窗门限约 2 600 m。

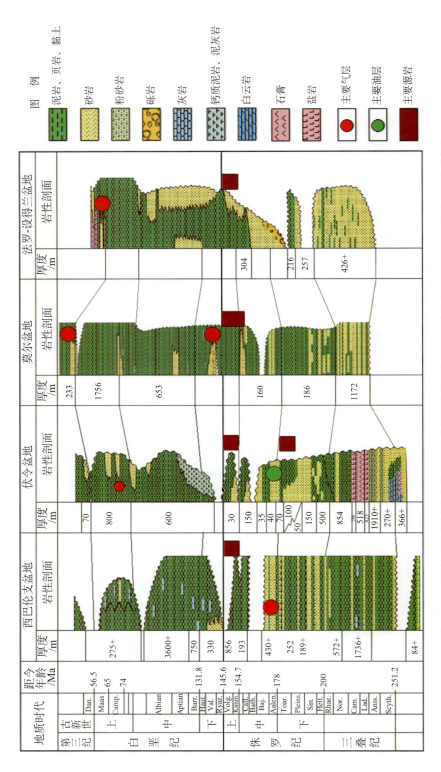

图 2.1.19　以加里东褶皱带为基底的被动大陆边缘中生代裂谷盆地地层对比图(据 IHS, 2007 编辑)

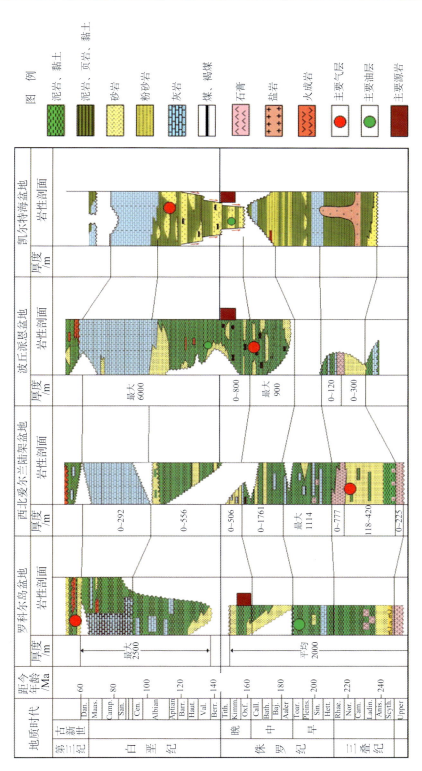

图 2.1.20 以加里东褶皱带为基底的被动大陆边缘中生代裂谷盆地地层对比图(据 IHS, 2007 编辑)

　　下白垩统　巴列姆阶—阿尔必阶碳酸盐岩组，TOC 为 0.2%～2.5%，生烃潜能为 1.5×10^6 t 烃/km²。属次要烃源岩。

　　② 英国-巴黎盆地。

　　下侏罗统（里阿斯统）是英国-巴黎盆地主要源岩。这些页岩在巴黎次盆已经成熟，在维斯（Wessex）次盆和威尔德（Weald）次盆深拗部位刚刚进入生烃门限。牛津阶和基默里奇阶是次要源岩。

　　里阿斯统最大厚度为 400 m，下部页岩是低能环境沉积物，底栖生物和富含有机质的黑色页岩说明为缺氧环境的产物；中部，在滨海-陆架砂质沉积之上，覆盖着低能浅海泥岩和潟湖沉积；上部，由两部分组成：下部为潟湖相纸状页岩，上部为浅海相泥岩和进积型砂泥沉积。在巴黎次盆发现四层富含沥青质页岩：上图阿尔阶厚 30 m，TOC 为 7%；下图阿尔阶厚 65 m，TOC 最高达 10%，平均 2%，H/C 达 1.4，氢指数 >500，干酪根类型为 II 型。巴黎次盆生烃门限为 2 000 m（$R_0 = 1.1\%$），烃源灶在盆地中央呈圆形，直径 100～200 km。主要生烃期为早白垩世至古近纪初。渐新世为主要运移期。维斯次盆和威尔德次盆里阿斯页岩厚 100 m，最好的源岩发育在下部，II—III 干酪根，TOC 最高达 8%。凹陷中部源岩已进入气窗。主要生烃期为早白垩世，中白垩世-晚白垩世为油气运移高峰。

　　③ 凯尔特海盆地。

　　凯尔特海盆地下侏罗统是已经证实的源岩，石炭系威斯特法阶煤层可能具有一定生气潜力，上侏罗统在盆地中心部位可能有生烃能力。

　　下侏罗统西涅缪尔阶、普林斯巴赫阶和图阿尔阶具有厚层泥岩，炭质页岩腐泥质含量可达 65%。这套源岩在盆地北部比较发育，TOC 为 1.1%～4.5%。海威克（Helvick）油田油源研究表明，其轻质低硫原油源自下侏罗统。生油门限 $R_0 = 0.7$，埋深约 3 000 m；生气门限 $R_0 = 1.3$，埋深约 4 500 m。自晚白垩世始，下侏罗统源岩已经开始生油。

　　48/19-1 区块上侏罗统有巨厚的富含有机质的湖相页岩，TOC 含量 0.35%～4.6%，为混合型干酪根。

　　④ 朗吉多克盆地。

　　油气储量发现只有 20 万桶，一般认为石炭系—二叠系为主要源岩。下侏罗统发现几公尺厚的黑色页岩，TOC 可达 10%，中-上侏罗统厚度可达 2 000 m，TOC 仅 1%。白垩系中所夹泥岩也只有几公尺厚，不构成有价值的源岩。

　　⑤ 利翁盆地。

　　仅在局部渐新统中见到油层油气，认为源自渐新统褐煤。中生界以灰岩为主，未发现有意义的源岩。

　　2）以加里东褶皱带为基底的中生代裂谷沉积区。

　　以加里东褶皱带为基底的中生代裂谷盆地主要分布在西欧地台和北大西洋被动大陆边缘。其主要源岩为上侏罗统基默里奇页岩，下侏罗统和下白垩统底部在个别盆地中是次要源岩，三叠系一般没有重要源岩。据统计，北海海域 71% 的油气源自侏罗系。其中，基默里奇页岩的贡献占主要地位。图 2.1.21 给出北海及其邻近地区的源岩纵向分布及其生烃潜力，可以看到基默里奇页岩在各层源岩中的显著位置。下面重点描述基默里奇页岩的有机地化特征。

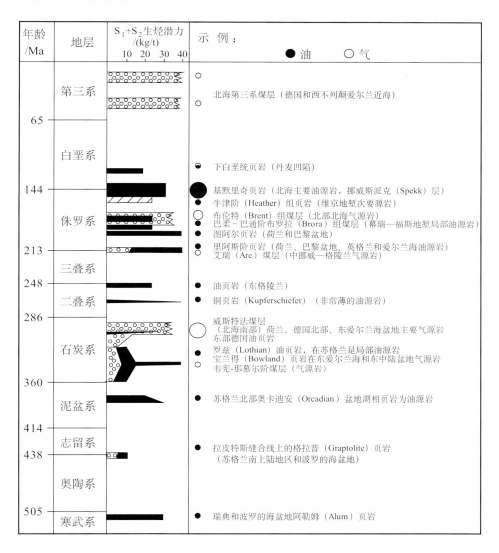

图 2.1.21　北海及其邻近地区源岩的地层分布（Glennie，1998）

① 基默里奇页岩有机质含量。

图 2.1.22 表示了北海地区中、新生界有机质含量的纵向分布。由图中可以看出，除煤层外只有上侏罗统基默里奇层和中上侏罗统海泽尔（Heather）层总有机碳平均含量可达 5%，其他各层 TOC 平均含量不过 1%～2%。实际上基默里奇页岩有机质含量是极不均一的。在纵向上人们把有机质含量最高的具有高自然伽马、低密度和高时差特征的源岩称做 "热页岩"，其他有机质含量较低的称做 "冷页岩"（图 2.1.23）。在平面上热页岩相可能会局部发育，而且是不同时代的，如 Fiske 次盆地中伯格拉姆地层的

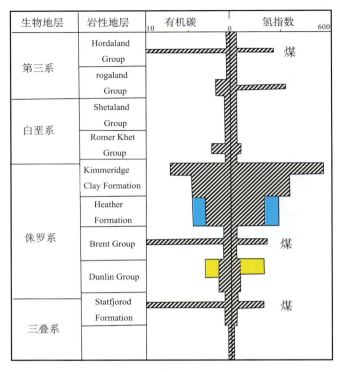

图 2.1.22　北海地区中、新生界有机质含量（Glennie，1998）

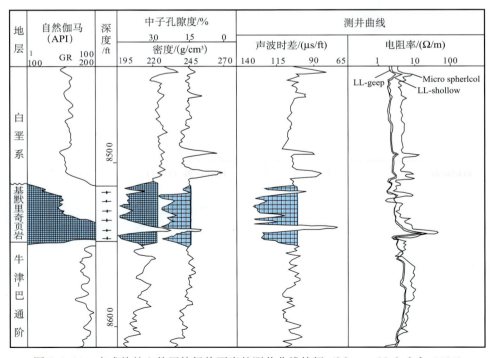

图 2.1.23　未成熟的上侏罗统烃热页岩的测井曲线特征（Meyer，Nederlof，1984）

Tau 热页岩单元就是伏尔加（侏罗系顶部）时代的，然而邻近的中央地堑中挪威区段的热页岩则是里亚赞阶（白垩系底部）曼达尔地层（Hamar et al.，1983；Dore et al.，1985）。因此不同地区基默里奇页岩有机碳的平均值也会有很大出入（表 2.1.2）。但是有一点是可以肯定的，上侏罗统在西欧地台和被动大陆边缘北部各盆地中无疑都是最重要的源岩（表 2.1.3）。如果我们把热页岩和盆地的油气储量发现相比较，似乎油气储量并不简单决定于优质源岩的存在，这一点我们在后面还会论及。

表 2.1.2　北海及其邻近地区有机碳含量统计表（Spencer et al.，1978；abbortts，1991）

地区	TOC 百分数/%	资料来源	注释
北海	平均 2.7	Fuller（1980）	
中央地堑	平均 5.5	Cornford（1994）	TOC2%～9%
北海井下（未分）	平均 5.6～4.9	Brooks 和 Thusu（1997）	中上部
Unst 盆地	6～10	Johns 和 Andrews（1985）	UK1/4-1 区块
Ekofisk	平均 1.4～2.6	Van den Bark 和 Thomas（1981）	NOCS2/4-19 区块
外马里-福斯湾地堑	平均 1.0～3.8	Bissada（1983）	UKQ14 and Q15 Piper 井
南维京地堑	2.5～4.5	Pearson 等（1983）	UK16/22-2 区块
内马里-福斯湾地堑	3～6	Pearson 和 Watkins（1983）	UK Quadran 12 well
Brae area wells	平均 4.29	Reitsema（1983）	UK16-7a-19
东设得兰盆地	5.4	Goff（1983）	中间值
Ninian 油田	6～9	Albright 等（1980）	范围值
Tern 油田	3.4～8.1	Grantham 等（1980）	UK210/25-3，平均 6.8
Statfjord 油田	平均 4.58	Kirk（1980）	037 区块
南挪威海	7	Hamar 等（1983）	热页岩 7%～17.5%
南挪威陆架	平均 2.1～5.1	Fuller（1975）、Lindgreen（1985）	NOCE 2/11-1 岩心
丹麦北海	平均 3.85	Thomsen 等（1983）	西北中央地堑 1-1 井
挪威北海	平均 5	Ronnevik 等（1983）	范围 1%～5%
英国地面剖面	平均 3.75	Fuller（1975）	Bituminous 页岩

表 2.1.3 中生代裂谷盆地主要源岩有机质含量表

构造单元		盆地	源岩时代	TOC /%	HImg烃 /gTOC	S₂/(kg 烃/t岩)	类型	油储量 /MMBO	气储量 /MMBOE
加里东褶皱基底裂谷	西欧地台	北部北海	J₃-Kim-Vol 热页岩	5～12	500～700		Ⅱ-Ⅲ	57167	27850
		挪威-丹麦	J₃-Tau FM	2.2～4.4	浅海		Ⅱ	226	20
	被动大陆边缘	西巴伦支	J₃-牛津	8～10	100～475		Ⅱ-Ⅲ	0	139
		伏令	J₃-Spekk 热页岩 J₁-Are 煤系	8 8	500 250	60 25～135	Ⅱ-Ⅲ Ⅲ-Ⅱ	4781	3930
		莫尔	J₃-Spekk 热页岩 K₂	3.1～6.1	445～563 200		Ⅱ 生物气	159	2282
		法罗-设得兰	J₃-Kim Clay "very hot" shales	15.4	500			1343	436
		西北爱尔兰陆架	J₁（J₃无资料） C₃	3.4～7.2 1～52	海陆交互 煤系	0.2～26.8	Ⅱ-Ⅲ Ⅲ	0	250
		罗科尔	J₃	4～14	浅海		Ⅱ-Ⅲ	10	83
		波丘派恩	J₃	2.3～3.7	浅海	9.2～16.4	Ⅱ-Ⅲ	3	208
华力西褶皱基底		凯尔特海	J₃ J₁	0.3～4.6 1.1～4.5	湖 浅海		Ⅰ-Ⅲ Ⅱ-Ⅲ	15	332
		英国-巴黎	J₁	2	浅海			918	69
		阿基坦	J₃	<1				620	1914

② 干酪根类型。

北海基默里奇页岩的干酪根类型属海相Ⅱ型（表2.1.4）。"热页岩"的典型干酪根类型是海相浮游源细菌降解的藻类碎屑（无定形类脂体）和降解的陆源腐殖质（无定形镜质体）的混合物。颗粒状煤质体（木质碎屑）及惰质体为陆生植物来源，并经高度蚀变。陆生植物孢子和海相藻类，如横裂甲藻纲和 hystrichospheres，以少量或痕量的形式出现。草莓状黄铁矿很常见，证明了硫酸盐还原菌的作用。在显微镜下反射光照射的抛光全岩光片，干酪根显示出一个细微至发散的荧光背景，然而透射光照射下的单一干酪根则显示出块状非晶态的暗淡或不均匀荧光（Batten，1983；Teichmuller，1986）。在透射电子显微镜下观察，干酪根有"超微细层状"结构，该结构的形成是由于微藻类外部稳定的细胞壁的富集（Largeau et al.，1990）。

原油中的甾烷分布显示，细菌降解的菌藻类干酪根在基默里奇源岩中占统治地位（Hughes et al.，1985）。图2.1.24 中甾烷碳数分布显示，浮游菌藻干酪根（C₂₇）含量一般占 50%～90%，陆源有机物质（C₂₉）和细菌降解作用产生的 C₂₈ 甾烷占 12%～50%。

表 2.1.4　基默里奇页岩中热页岩的有机组成

项目	数值	资料来源	注释
TOC/%	5		实际平均值
H/C（干酪根）	0.9～1.2		未成熟干酪根
热解氢指数	450～600	Barnard 和 Cooper（1981）	未成熟干酪根
干酪根类型	Ⅱ	Barnard 和 Cooper（1981）	未成熟干酪根
$\delta^{13}C$/‰（干酪根）	−27.6～−28.7	Reitsema（1983）	
有机相（干酪根镜鉴面积百分数）			
无定型/%	30～80		被细菌降解的藻类
特殊腐泥型/%	1～10		甲藻、孢子等
镜质体/%	20～70		无定型＋特殊型
堕质体/%	1～25		丝质体、半丝质体
产油率			
油产率/(bal/(acre·ft·1%TOC))	50		在源岩生烃高峰期

注：1acre=0.404856hm²，1ft=3.048×10⁻¹m，1 bal=0.158987 m³

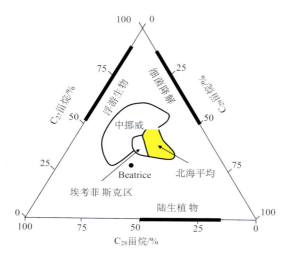

图 2.1.24　北海和中挪威的甾烷碳数分布（Glennie，1998）

Barnard 和 Cooper（1981）利用生油岩评价仪高温裂解数据描述了总有机碳含量的变化和基默里奇页岩层中单层 180 m（600ft）的四种干酪根类型，并得到了从台地边缘到地堑中心干酪根组成的变化规律——接近古海岸线（偏气型）陆源干酪根会增加，向沉降中心部位偏油型海相浮游/细菌干酪根会增加（图 2.1.25）。如果把这张干酪根类型分布图与表 2.1.4 描述的热页岩分布比较，可以看出不同资料来源之间的差别。实际上在法罗-设得兰盆地以北的大陆边缘盆地中普遍都有热页岩的分布。

在英国法罗-设得兰盆地，基默里奇页岩为高自然伽马热页岩（Bailey et al.，

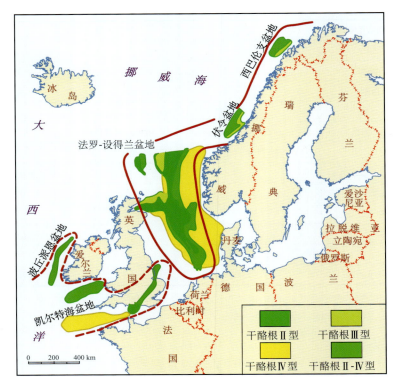

图 2.1.25　北海及其邻区齐莫里页岩干酪根
类型分布图（Demaison et al.，1980）

1987），该岩层向盆地的西北部变厚，并随着地层厚度增加过度为较深海相环境。Cro-ker 和 Shannon（1987）描述了波丘派恩盆地有机质高品质上侏罗系页岩，认为波丘派恩盆地与特提斯海相连的说法还值得商榷。Miller（1990）给出的波丘派恩盆地钻井的总有机碳含量范围是 1.1‰～2.4‰。做一个横跨大西洋范围内的比较，近来的分析显示，波丘派恩盆地越靠南边的钻井，侏罗系岩性越像加拿大东部的斯考提安（Scotian）陆架。

　　③ 高品质基默里奇源岩形成条件。

　　陆相高品质源岩一般形成于较深水湖相，这是我国石油地质学家非常熟悉的。海相高品质源岩只有水深条件是不够的，还必须具备相对封闭的沉积环境才能使有机质得以富集和保存。

　　基梅里期不整合为基默里奇页岩沉积创造了普遍的局限海环境。如果我们再回顾一下图 2.1.14～图 2.1.19，可以清楚地看到基梅里不整合在北海及其以北的挪威大陆架各盆地普遍存在，而这一地区正是富含有机质的基默里奇页岩的 II_A 型干酪根发育区，同时也是热页岩发育区。英伦三岛西南的波丘派恩、凯尔特海等盆地，基默里奇页岩型干酪根类型以 II-III 型为主。

　　基默里奇页岩的局限海环境是在晚侏罗世海平面上升和早白垩世海平面下降的强海

侵与强海退背景下形成的，也正由于晚侏罗世的第二期断陷的发育，不但造成了晚侏罗世凹陷间的差异沉降，也造成了早白垩世初期坑洼不平的古地形，这正是不同凹陷间基默里奇热页岩发育层位各不相同的主要原因（图 2.1.26、图 2.1.27）。

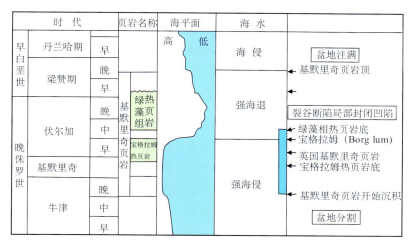

图 2.1.26　基默里奇页岩发育期海平面升降与第二期裂陷差异沉降造成凹陷分割的局限海环境为有机质富集保存提供了良好的封闭环境（Rawson and Riley，1982）

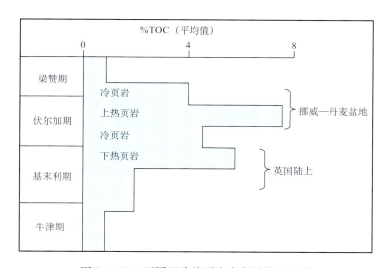

图 2.1.27　不同凹陷热页岩发育层位的差别

　　沉积环境对于海相源岩有机质的富集与保存起到决定作用。关于富含有机质的基默里奇页岩的沉积环境前人曾做过大量研究。在全世界范围内，上侏罗纪是一个海侵的时段（Rawson，Riley，1982），该时期有利于富有机质岩石的沉积。原因是较高的养分浓度进而导致较高的生物繁殖力，高的沉积速率，进而导致分层水和较低的溶解氧浓度（Demaison，Moore，1980）。根据该单元的地球化学和放射性不均一性，Miller（1990）

的观点是与盐度跃层相关的分层现象的形成促进了厌氧作用进而导致富有机质沉积。

Wignall 和 Ruffell（1990）曾提出在基默里奇时期气候由潮湿变化为半干旱，气候的变化控制了有机沉淀。他们认为气候变化与沉积速率变慢有关，随着时间变化从产生甲烷发酵作用到硫酸盐还原作用，致使沉积物生物降解机制发生变化。

Oschmann（1988，1990）也讨论了天气对基默里奇阶有机质的控制，他提出了一个高纬度季风气候控制厌氧度，同时 Mann 和 Myers（1990）也提出了一个极其相似的模型。

Van Buchem 等（1995）提出轨道气候旋回对约克郡的基默里奇黏土中有机物旋回性起到主要的控制作用。

Tyson 等（1979）提出的模式，设想了一个深度厌氧的分层水体系（盐跃层或温跃层），该体系周期性倒转，释放养分并导致了藻类的兴盛繁殖。

总之，富含有机质的基默里奇页岩其形成条件大致可以归纳为五点：基梅里不整合造成了局限海的封闭环境；中侏罗世—晚侏罗世北海第二期断陷造成了分割地堑的快速沉降；高纬度季候风形成的上升流提供了海水的富营养条件；富营养环境造成菌藻勃发；陆源有机物和大量菌藻类沉积形成强还原水体创造了良好的有机质保存条件（图 2.1.28）。

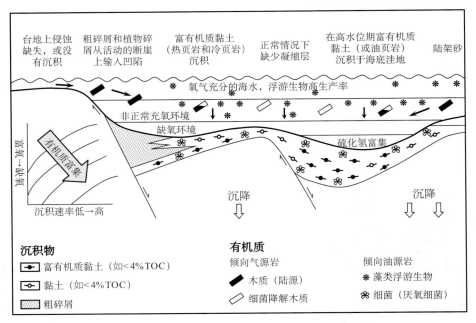

图 2.1.28　北海地堑体系中上侏罗系富有机质源岩沉积环境示意图（Tyson et al.，1979）

④ 烃源岩的热演化程度。

对北海地区井下温度的详细数据经过处理后绘制成的地温梯度图表明（Carstens and Finstad，1981；Brigaud et al.，1992），北海地区地温梯度一般为（2.5～3.5）℃/100 m。很明显在三叉裂谷附近地温梯度较高，这当然与地幔隆起有关。挪威大陆架地温梯度的增高与挪威海大洋中脊的发育有关。德国陆上高地温梯度形成可能与沉积层的岩性（导热率）关系更为密切（图 2.1.29）。

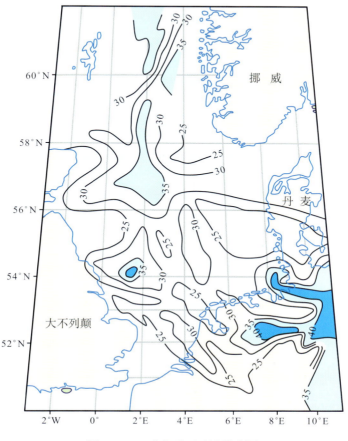

图 2.1.29 北海地区地温梯度图

利用 598 口井温测井曲线以及 50 个钻杆温度得出（Homer 校正的）测井曲线温度，并经过温度校正后得出：北维京地堑，平均地温梯度为 31.8～36.3℃，第三系、白垩系、侏罗系—三叠系的地温梯度为 28～56℃（Brigaud et al.，1992）。

上侏罗统基默里奇页岩的成熟度可以通过白垩系底面地震反射层等深度图来估计（Pegrum，Spencer，1990）（图 2.1.30）。利用地温梯度和海底温度（4℃）可计算出基默里奇页岩的顶面温度，从而判断其热演化程度。热演化历史是温度和时间的函数，因此源岩上覆地层的沉降速率的差异也将造成热演化程度的不同。在北海地区，白垩纪—第四纪沉降中心有自北而南迁移的趋势：白垩纪北维京地堑沉降速率最快；古近纪沉降中心向南移至南维京地堑；新近纪移动到中央地堑北部；第四纪进一步移动到中央地堑南部。这一沉降特征既影响源岩进入生烃门限的时间，也决定着凹陷的主要油气运移期。

利用埋藏史（沉降速率）曲线可以清楚地看到北海各凹陷热演化史的差异

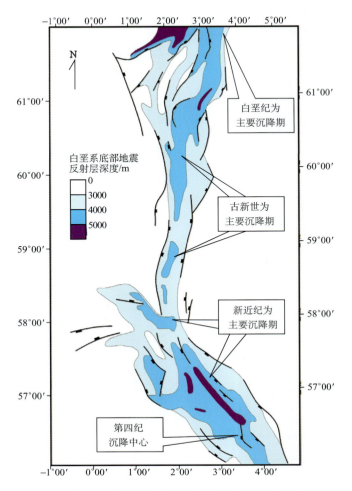

白垩系底部地震
反射层深度/m

0
3000
4000
5000

白垩纪为
主要沉降期

古新世为
主要沉降期

新近纪为
主要沉降期

第四纪
沉降中心

图 2.1.30　近白垩系底部地震反射层（相当于基默里奇黏土层顶部）
等深度图（Pegrum，Spencer，1990）

（图 2.1.31）。

　　Goff（1983）编制了东设得兰凹陷和北维京地堑基末利页岩顶面的热演化史平面图
（图 2.1.32），表明 65 Ma 凹陷开始进入生烃门限，40 Ma 维京地堑进入中成熟期，至
今设得兰凹陷为中成熟期、北维京地堑深部已经进入晚成熟期。

　　Cornford 等（1983）利用约 100 个北海石油和"热页岩"提取物样品进行色-质谱
分析，详细地研究了不同热演化阶段原油与源岩的生物标记化合物特征，他强调在每个
成熟阶段"热页岩"都会产生一种可识别的原油类型（生物标志物特征）（图 2.1.33）。
图 2.1.33e 中热页岩甾烷比值趋势线反映了不同热演化阶段"热页岩"C_{29} 异构甾烷与异构烷比
值减去正构甾烷"的数值变化趋势——随着热演化程度增高这一数值有规律地增大。其
中直方图表示 60 个油样甾烷特征值的分布，其中未成熟原油和早成熟原油没有出现，
大部分原油含有完整成熟度系列的生物标记化合物特征或者只是烃源岩晚成熟部分

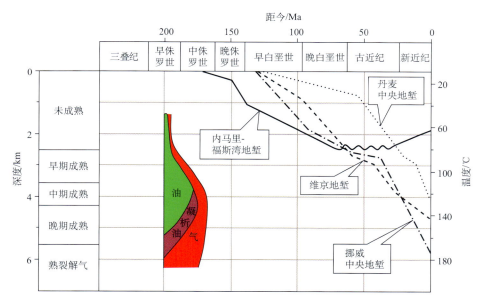

图 2.1.31　北海不同凹陷埋藏历史曲线（Thorne and Watts，1989）

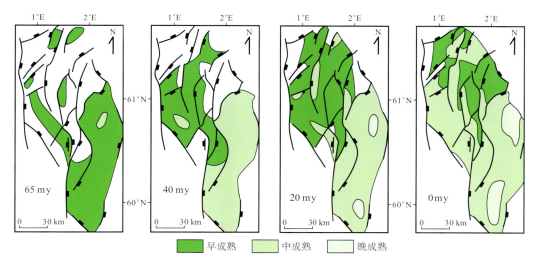

图 2.1.32　东设得兰凹陷和北维京地堑基默里奇页岩顶面的热演化史平面图（Cornford et al.，1983）

产物。

在英国北海油的 API 重度分布图中（图 2.1.33d），对四种原油类型进行了鉴别："b"为生物降解原油，"c"为凝析油-轻质油，"e"为早成熟原油，"f"为完整成熟度系列原油。可见完整成熟度系列原油占绝大多数。

最终作者提出了北海原油性质与源岩热演化程度之间的概念模型，认为地堑边部的储集体，在凹陷内不同源岩热演化阶段不断得到不同成熟程度的原油，绝大部分储集体

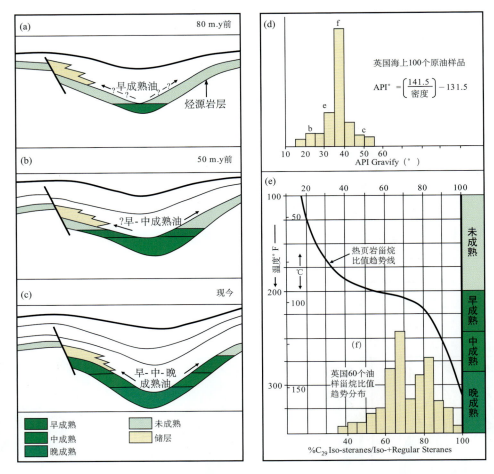

图 2.1.33　北海石油性质与烃源岩成熟度的关系图（Cornford et al.，1983）

中最终得到的是不同成熟程度阶段原油的混合体（图 2.1.33（a）～（c））。

　　图 2.1.34 综合了不同学者用不同钻井资料归纳的源岩成熟程度与温度和埋藏深度之间的（大致的）关系。由于不同地区地温梯度的变化和埋藏史的差异，很难有统一的油气演化阶段的深度标准，不过人们还是习惯于了解一个地区的大致生油门限深度，我们可以大致认为北海的生油门限深度在 2 300 m，门限温度约为 85℃。

　　⑤ 北部北海盆地的油气性质。

　　概括地说，北部北海生产两大类烃：中等比重的原油和湿（伴生）气。Abbotts（1991）列出英国部分源自基默里奇页岩组的典型北海低硫、中等比重、环烷烃-石蜡基原油性质（表 2.1.5）。天然气多为湿凝析气和低硫干气，后者常常在覆盖在重油柱之上，被认为是湿气生物降解的产物（James，Burns，1984）。

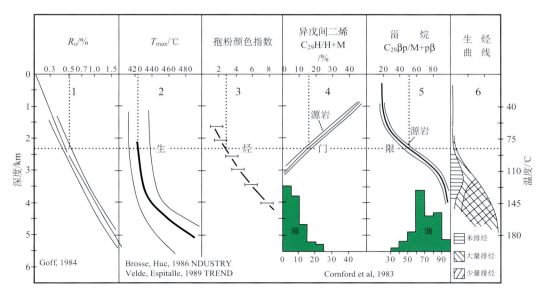

图 2.1.34　北海生油门限的大致深度和温度（Cornford et al.，1983）

表 2.1.5　北部北海盆地部分原油性质平均值（Abbotts，1991）

项目	范围值	平均值	注　释
API°*	17～51	36（±6.5）	63 个北海原油样品
	36～55	42（±5.4）	26 个中央地堑原油样品
硫	0.13～0.55	0.32（±0.12）	15 个油田
	0.56～1.57	1	（除 Piper/Clymore/Tratan/Buchan 油田）
油气比（scf/bbl）**	216～1547	671（±415）	不同地区资料
	158～13219	2200（±3100）	26 个中央地堑油田样品
沥青质（质量分数/%）	0.62～8.0	2.02（±1.2）	不包括富含沥青的油样
饱和烃/芳烃	0.62～8.0	2.02（±1.2）	Topped 油田
植烷/Nc17	0.3～1.0	0.63（±0.17）	除去生物降解原油外
姥姣烷/Nc18	0.2～1.1	0.65（±0.18）	
δ^{13}C 全油/‰	−30.4～27.1	−28.9（±1.3）	Brae、Statfjord、moray 油田，中央地堑
钒/ppm	0.53～6.0	3.1（±1.8）	Piper 油田，平均值来自 nine 油田，除去
镍/ppm	0.5～5	1.8（±1.3）	Buchan 油田（V26ppm，N4.5ppm）
蜡	4.0～7.7	6.3（±1.1）	6 个油样

注：1ppm$=10^{-6}$

*　API°$=$（141.5/密度）$-$131.5（密度单位 g/cc）

**　油气比 1 m³$_g$/m³$_o=$10.0059ft³$_g$/bbl。

北海 50% 以上的原油是完整成熟系列原油的混合（早＋中＋晚烃源岩中排出烃的混合），大约 38°API（图 2.1.35）。低 API 的生物降解原油和高 API 的晚成熟气与凝析

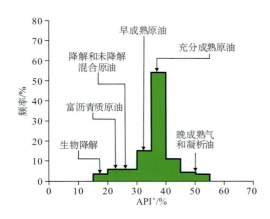

图 2.1.35　北海原油 API°分
布图（Glennie，1998）

油不占主要位置。

北海油藏气/油（GOR）和凝析油/天然气（CGR），随深度、地层和地区的变化而异。油/气比值随深度增加（图 2.1.36（a）），而凝析气/气比值随深度增加，显示出垂直运移期间的分馏作用（图 2.1.36（b））。在地理上，维京地区北部的资料组内没有高 GOR 的石油，而大部分 GOR 高的石油出现在中央地堑的白垩储层中。

图 2.1.37 显示了北部北海盆地油气性质的平面分布。维京地堑的东设得兰凹陷基本都是 34°～38° API 的混合原油，油气比较低。

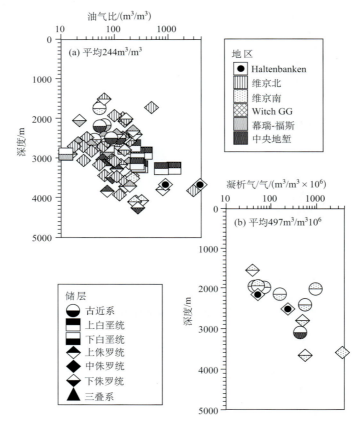

图 2.1.36　北海盆地油气比与埋藏深度关系图（Glennie，1998）

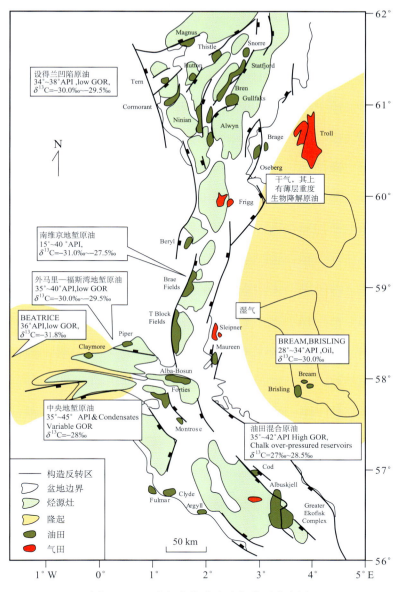

图 2.1.37　北部北海盆地油气类型分布图

2. 各类裂谷盆地含油气地质特征

由于各种类型的裂谷盆地石油地质条件差别很大，很难按照各项石油地质条件综合，为叙述方便，我们按照不同类型的裂谷盆地进行归纳。

北部北海盆地和阿基坦盆地被列为重点含油气盆地，将在第三章和第五章详细介绍，本节只作简单归纳。

（1）西欧地台中生代-新生代裂谷盆地

西欧地台是以加里东褶皱为基底的稳定沉降区，其南缘是华力西期末的前陆盆地，进入中生代成为统一的中-新生代沉降区，可以认为北海北部是单一的中-新生代裂谷盆地，北海南部至华力西褶皱带前缘实际是前陆盆地与裂谷盆地的叠合。

西欧地台上只有两个裂谷盆地——北部北海盆地和挪威-丹麦盆地（图2.0.1）。非常有趣的是这两个盆地一个油气储量非常丰富，成为欧洲储量最高的盆地（北部北海盆地油气可采储量 $135 \times 10^8 \mathrm{m}^3$）；另一个（挪威-丹麦盆地）只发现有 $0.4 \times 10^8 \mathrm{m}^3$，列欧洲48个含油气盆地的第29位。造成如此反差的根本原因是北部北海盆地为受地幔隆起控制的三叉裂谷，中侏罗世—早白垩世的基梅里不整合创造了普遍的局限海环境，发育了著名的富含有机质的基默里奇源岩。挪威-丹麦盆地是受控于华力西期末的右旋扭动形成的北西向裂谷系，盆地沉降幅度较小，并且主要沉降期为三叠纪，主要侏罗系源岩进入生烃门限的范围有限，是这一盆地油气资源较为贫乏的主要原因。北部北海盆地将在第三章中重点介绍，这里只简单介绍挪威-丹麦盆地。

挪威-丹麦盆地，上侏罗统基默里奇页岩为局限海沉积，当地命名为"T"层（Tao formation）。"T"层源岩发育有热页岩，总有机碳含量为2.2‰～4.4‰，干酪根类型为Ⅱ型。"T"层源岩只在盆地西北部的埃格森（Egersund）凹陷中进入了生油窗（门限深度约3 000 m）（图2.1.38），成为挪威陆架区唯一的油源区。主要生烃期为渐新

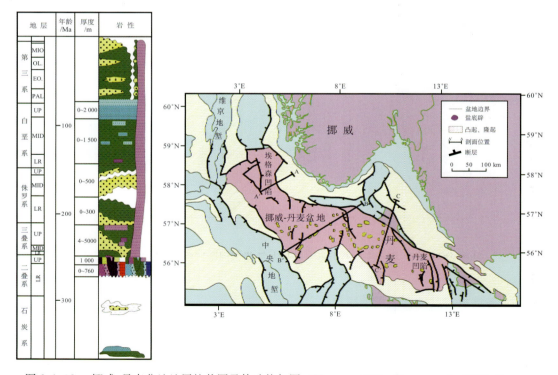

图2.1.38　挪威-丹麦盆地地层柱状图及构造格架图（Hamar，1982；Hermanrud，1990；Jensen，Schmidt，1993；Kabelac，1994；Michelsen，1977；Rathore，Hospers，1986）

世一新近纪。

　　在丹麦地区，下侏罗统 Fjerritslev 层是丹麦地区的主要源岩。福杰莱兹源岩 TOC
含量为 0.6%～5.8%，上部干酪根类型为 III 型、中下部为 II—III 型，源岩的质量和数
量都向丹麦西北海域变差（图 2.1.38）。在盆地中段，由于构造反转侏罗系埋藏深度普
遍小于 200 m。

　　挪威-丹麦盆地储盖条件和圈闭条件发育良好。上侏罗统和下白垩统有大套泥质岩
可作为区域性盖层。上二叠统泽希斯坦岩盐造成了盆地中普遍发育的底辟构造。只是由
于盆地中-东部缺失了主要源岩——基默里奇页岩，盆地西北部埃格森凹陷范围有限，
使得源岩条件不够理想（图 2.1.38、图 2.1.39）。

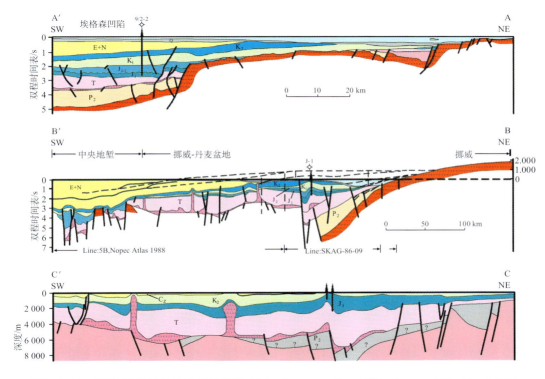

图 2.1.39　挪威-丹麦盆地地质横剖面图（Liboriussen et al.，1987；Jensen，Schmidt，1993）

　　挪威-丹麦盆地总面积 90 000 km²，已钻各类探井 100 多口。自 1972 年首次发现
017/12/01 油田，至今 37 年间共发现油气田 12 个（全部位于海上），发现原油储量近
0.36×10⁸m³，天然气储量近 40×10⁸m³。其中，最大的油田为 Siri 油田，储量为 0.1
×10⁸m³；最大的气田为 017/03-01 气田，储量为 20×10⁸m³。

　　（2）华力西褶皱带中生代裂谷

　　华力西褶皱带上有 4 个中生代裂谷盆地——阿基坦盆地、英国-巴黎盆地、凯尔特
海盆地和朗吉多克盆地。这 4 个盆地都分布于华力西褶皱带西部，也可以认为是年轻地
台上的沉积盆地。阿基坦盆地、英国-巴黎盆地和朗吉多克盆地的盆地原形应该是碟形

盆地，凯尔特海盆地属于断陷盆地，由于阿基坦盆地和朗吉多克盆地临近阿尔卑斯褶皱带，使得临近部位构造变得复杂。4 个盆地总面积 461 225 km²，已钻探井 1755 口，发现油气田 73 个，发现石油储量 $2.5 \times 10^8 \, m^3$，天然气储量 $4000 \times 10^8 \, m^3$，折合油当量约 $6 \times 10^8 \, m^3$。油气储量主要分布于阿基坦盆地和英国-巴黎盆地（表 2.1.6 和图 2.1.40）。

表 2.1.6　华力西褶皱带中生代裂谷盆地基础数据百分数表（IHS，2007）

盆地名称	盆地面积/%	已钻探井/%	主要源岩	主要储层	油气储量发现			油气田/%
					油/%	气/%	合计/%	
阿基坦	29.0	31.7	K、J_3 页岩	J_3—K_1 碳酸岩	39.9	82.7	65.5	26.01
英国-巴黎	49.6	56.6	J_1 页岩	J 灰岩、T_3 砂岩	59.1	3.0	25.5	65.32
凯尔特海	10.9	6.1	J_1、J_3 泥岩	J_3、K_1 砂岩	0.9	14.3	9.0	7.51
朗吉多克	10.5	5.6	$C_3 P_1$ 煤、页岩	T_2 钙质系列	0.01	0	<0.001	1.15
合　计	100	100			99.91	100	100	99.99

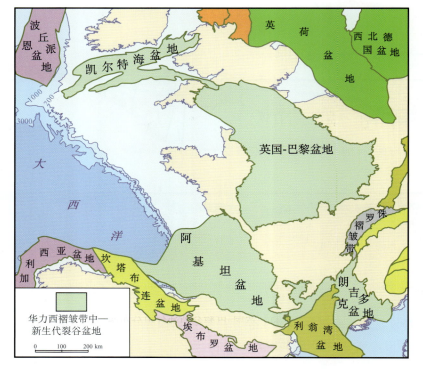

图 2.1.40　华力西褶皱带中生代裂谷盆地位置图

　　华力西域中生代基本属于特提斯海北侧陆架碳酸盐岩沉积区，主要烃源岩依靠局部的潟湖相泥质沉积，相对较小的烃源灶范围使得盆地有效勘探范围大大减小，从根本上影响了盆地油气的富集程度。这 4 个盆地储量分别列为欧洲 48 个含油气盆地的第 11、

19、23 和 46 位。阿基坦盆地不但油气储量（$4.5 \times 10^8 \text{m}^3_\text{oe}$）列裂谷型盆地的第二位，同时也是华力西域中含量最丰富的含油气盆地，我们将其放在后面作为重点盆地描述，这里只简单介绍其余 3 个盆地。

1）英国-巴黎盆地。

英国-巴黎盆地横跨英吉利海峡，面积约 $23 \times 10^4 \text{km}^2$，共完成地震剖面采集近 $15 \times 10^4 \text{km}$，钻探井约 100 口。发现了 13 个油气田，油气储量合计油当量近 $1.57 \times 10^8 \text{m}^3$。1974 年在维尔德凹陷发现最大的 Wytch Farm 油田，储量为 $0.78 \times 10^8 \text{m}^3$，占据了盆地油气储量的 1/2。1982 年发现最大的 Trois Fontaines 气田，储量只有 $30 \times 10^8 \text{m}^3$。

英国-巴黎盆地可分为 3 个次级负向构造单元：巴黎凹陷（法国），维斯凹陷和维尔德凹陷（英国）（图 2.1.41）。巴黎凹陷是一个典型的残余构造凹陷，凹陷中央保存有第三系，向外围依次出露白垩系、侏罗系、三叠系（图 2.1.42）。维斯凹陷、维尔德凹陷是侏罗纪断陷，裂后沉白垩系不整合于一切老地层之上（图 2.1.43）。

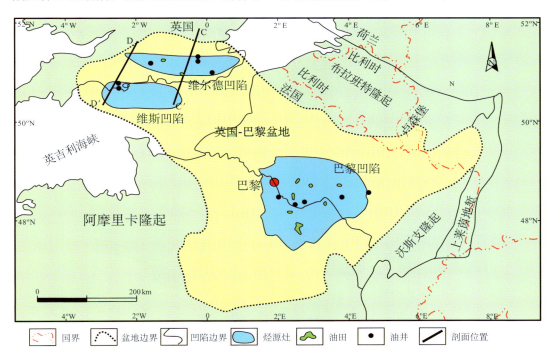

图 2.1.41　英国-巴黎盆地油气田分布图

英国-巴黎盆地油气紧紧围绕成熟烃源灶分布。主要源岩为早侏罗世里阿斯页岩（前面已经介绍），晚侏罗世基默里奇页岩一般成熟度较低是次要源岩。2 000 m（$R_\text{O} = 0.5\%$）为英国-巴黎盆地的生烃门限，有效排烃深度为 2 400～2 800 m（$R_\text{O} = 1.1\%$）。巴黎凹陷下侏罗统源岩主要处于生油窗，生烃高峰为渐新世，成熟源岩范围半径约为 100 km（面积约 30 000 km²）（图 2.1.41）。维斯和维尔德凹陷里阿斯页岩厚达 100 m，为缺氧条件下沉积的富含有机质页岩，TOC 可达 8%，维斯凹陷一般处于油窗，维尔

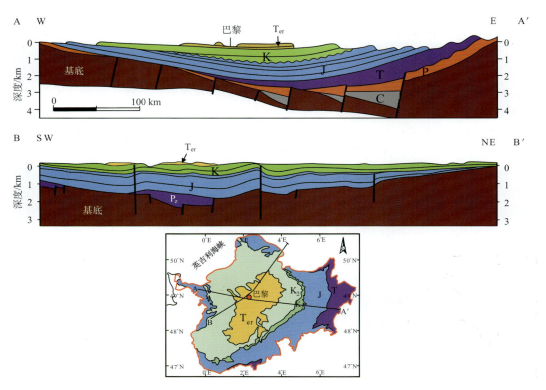

图 2.1.42　英国-巴黎盆地巴黎凹陷构造横剖面图（Perrodon，Zaheks，1990）

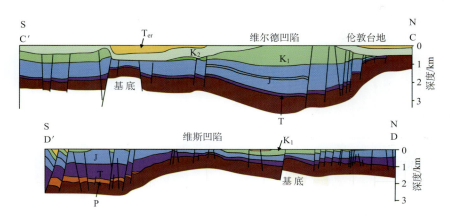

图 2.1.43　英国-巴黎盆地维斯凹陷、维尔德凹陷构造
横剖面图（Penn et al.，1987）（剖面位置见图 2.1.41）

德凹陷南部部分已经进入气窗。

　　英国-巴黎盆地的储层和圈闭很有特色，主要的油气储量集中分布于下三叠统和中侏罗统的构造圈闭中。下三叠统舍伍德砂岩是英国-巴黎盆地的重要储层，它占据了盆

地石油储量的53%和天然气储量的34%（主要分布在英国的维尔凹陷）（图2.1.44和表2.1.7）。舍伍德砂岩为河流相沉积，辫状河砂岩最大厚度可达200 m，孔隙度10%～20%。舍伍德砂岩是盆地中最大的Wytch-Farm油田的主要储层。中侏罗统构造油藏共有51个，占据了盆地石油储量的22%和天然气储量的27%。中侏罗统构造油藏一般都是一些小型岩性-构造油气藏，在51个油气藏中只有12个储量大于$30×10^4 m^3$。主要储层为巴通阶—卡洛夫阶骨骼鲕粒灰岩与灰岩裂缝储层。在英国的两个凹陷中，一般大鲕粒组（Great Oolite Group）储层孔隙度可达10%～18%，渗透率300～600 mD。中侏罗统构造油藏的主要构造形式是断背斜或断层下降盘断块。

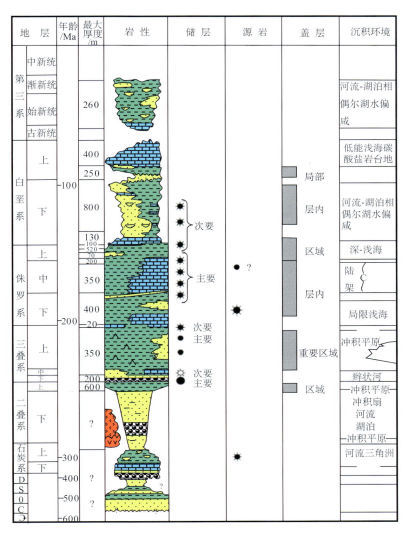

图2.1.44 英国-巴黎盆地地层柱状图（据IHS，2007修改）

下侏罗统里阿斯页岩是英国-巴黎盆地的主要源岩，上侏罗统牛津页岩和基默里奇页岩在英国维尔德凹陷和维斯凹陷的深凹部位也具有一定生烃能力。由油气储量的地层分布（表2.1.7和图2.1.44、图2.1.45）可以明显看出，油气储量基本分布于主要源岩上下相邻地层中。

表 2.1.7　英国-巴黎盆地油气储量地层分布表（据 IHS，2007 资料统计）

储层	油储量 /$10^8 m^3$	气储量 /$10^8 m^3$	占总盆地储量/%	
			油	气
下白垩统尼欧克姆阶	0.06	0	5	0
上侏罗统	0.01	8.54	0	7
中侏罗统大鲕粒组	0.31	31.43	22	27
下侏罗统	0.06	1.30	4	1
上三叠统瑞替阶	0.22	5.06	16	4
下三叠统舍伍德砂岩	0.74	39.64	53	34
上二叠统	<0.01	30.57	0	26
合　计	1.40	116.54	100	0.99

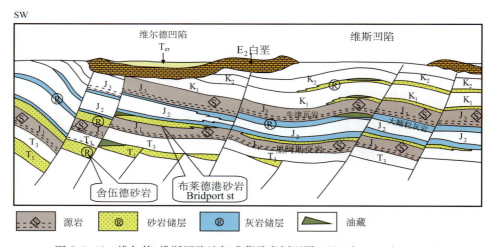

图 2.1.45　维尔德-维斯凹陷油气成藏示意剖面图（Hawkes et al.，1998）

白垩纪末期是威驰-伐姆油田主要油气聚集期，第三纪皮尤比克（Purbeck）断裂带发生反转，反转带上早期形成的油藏遭到破坏，威驰-伐姆油田的封闭断层未经受反转，故油藏得以保存（图2.1.46）。

2）凯尔特海盆地。

凯尔特海盆地位于爱尔兰南部凯尔特海，总面积 $5×10^4 km^2$，共完成地震测线约 $14×10^4 km$，钻探井 100 口，发现油气田 13 个，探明石油储量 $238×10^4 m^3$，天然气储量 $565×10^8 m^3$，合计发现油气当量约 $5500×10^4 m_{oe}^3$。1983 年发现最大的海尔维克

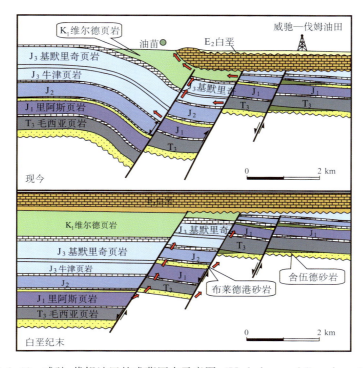

图 2.1.46　威驰-伐姆油田的成藏历史示意图（Underhou and Stoneley，1988）

（Helvick）油田，储量 $156 \times 10^4 m^3$。1971 年发现最大的"领航"气田（Kinsale Head），储量 $460 \times 10^8 m^3$。

盆地主体发育于华力西褶皱带北缘，北部一隅跨入了加里东褶皱（图 2.1.47）。凯

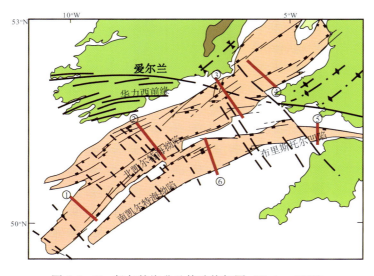

图 2.1.47　凯尔特海盆地构造格架图（Ptrie，1998）

尔特海盆地有两个负向构造单元——北凯尔特海拗陷和南凯尔特海拗陷，是典型的裂谷盆地。可以划分为两个裂谷发育旋回：三叠纪为第一期裂陷阶段，以陆相沉积为主；早侏罗世—中侏罗世为第一期热沉降阶段，以浅海沉积为主。晚侏罗世（Purbeckian阶）为第二期裂陷阶段，以湖相泥岩沉积为主，白垩纪和第三纪为第二期热沉降阶段，早白垩世为河流-三角洲沉积，晚白垩世沉积白垩（图2.1.48）。

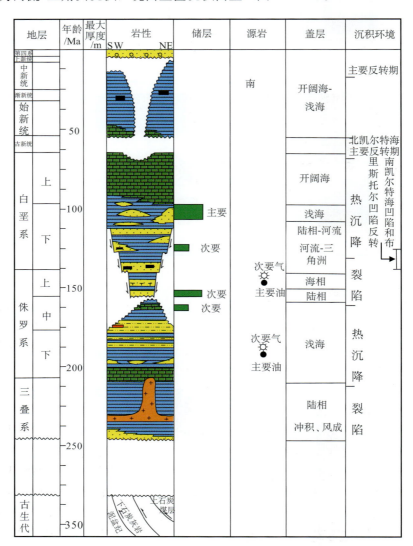

图 2.1.48　凯尔特海盆地地层柱状图（IHS，2007）

侏罗系沉积后的构造反转是凯尔特海盆地的重要构造特征，使得南凯尔特海拗陷上侏罗统遭受剥蚀，北凯尔特海拗陷上侏罗统和白垩系保存比较完整（图2.1.49）。

下侏罗统和上侏罗统是凯尔特海盆地主要源岩，下侏罗统西涅缪尔阶、普林斯巴赫阶和图阿尔阶发育有厚层海相泥岩和碳酸盐岩，腐泥质含量最高可达65%。北凯尔特

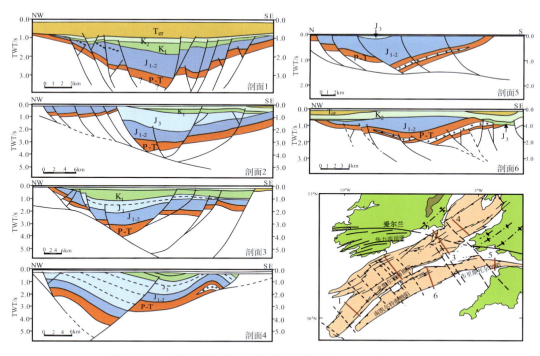

图 2.1.49　凯尔特海盆地构造横剖面图（Petire et al.，1989）

海拗陷 TOC 含量 1.1%～4.5%，并由西南向东北方向含量增高。南凯尔特海拗陷由于构造反转，下侏罗统源岩未进入生烃门限。北凯尔特海拗陷的海尔维克（Helvick）油田，轻质低硫原油被认为源自下侏罗统，其生油门限古埋藏深度约为 3 000 m（R_0＝0.7），气窗门限深度为 4 500 m（R_0＝1.3），晚白垩世进入主要生烃阶段。

上侏罗统下部厚层湖相泥岩富含有机质，TOC 含量 0.35%～4.6%，混合型干酪根，沿北凯尔特海拗陷轴部可进入生烃门限。在七头构造上下白垩统阿普特阶威尔顿砂岩中发现的高蜡原油，被认为是源自波倍克阶下部的湖相泥岩。

几乎所有的油气发现都集中于北凯尔特海拗陷。油气藏的主要圈闭形式为构造圈闭。"领航"气田为完整的背斜圈闭，储层为下白垩统绿砂岩（Green sand），气田储量占盆地储量的 81%。海尔维克油田是一个断层上升盘的断鼻，储层为上侏罗统（牛津-基末利阶）砂岩，占据了盆地石油总储量的 65%。

（3）加里东褶皱带晚古生代裂谷盆地

在欧洲西部加里东褶皱带上发育有两个古生代裂谷盆地——东爱尔兰海盆地和奔宁盆地。奔宁盆地位于英格兰中部，夹持于英荷盆地与东爱尔兰盆地间，盆地面积 $2×10^4$ km^2，地面出露石炭系—二叠系地层，是英国的主要产煤区，地面出露有大量油气苗。早在 1919 年奔宁盆地就有油气发现，至 2002 年才发现了盆地中最大的气田（储量 $3×10^4$ m^3）。至今共钻有 45 口探井，共发现油气储量 $47×10^4$ m$^3_{oe}$。

东爱尔兰海盆地就油气储量而言，可列为欧洲第 17 位。下面我们做一简要介绍。

东爱尔兰海盆地面积约 $1 \times 10^4 km^2$，已采集地震测线不到 $5 \times 10^4 km$，钻探井 94口。发现油气田 25 个，原油储量约 $3800 \times 10^4 m^3$，天然气储量 $2360 \times 10^8 m^3$，共计油当量约 $2.6 \times 10^8 m^3$。1990 年发现最大的道格拉斯（Douglas）油田，储量约 $1600 \times 10^4 m^3$；1974 年发现南默瑞堪布（Morecambe South）气田，储量约 $1500 \times 10^8 m^3$（图 2.1.50）。

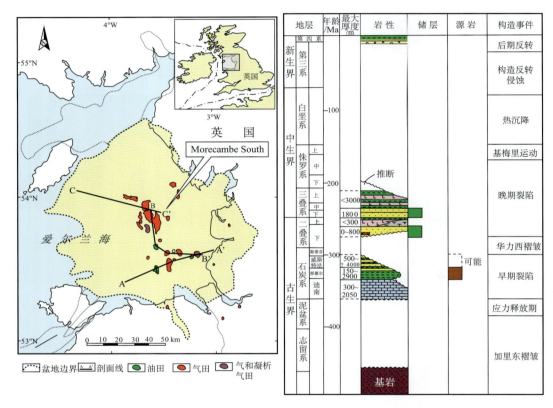

图 2.1.50　东爱尔兰盆地位置图（据 IHS，2007 修改）

石炭纪为盆地的早期裂谷发育期，下石炭世（迪南统）沉积了巨厚的（300～2 050 m）鲕粒滩和灰岩。上石炭世那慕尔阶比萨特（Bisat）组，自下而上由深海页岩过渡为三角洲前缘-三角洲平原，厚度 150～2 900 m，被认为是盆地的主要源岩。上石炭统威斯特法阶凯斯顿（Kidston）组为煤层、三角洲平原、冲积平原沉积，有一定的生气潜力。其上缺失上石炭统斯蒂芬阶和下二叠统底部地层。下二叠（赤底）统中上部是单调的风成砂岩，当地称为考莱哈斯特（Collyhurst）砂岩，厚 0～763 m，砂岩底部局部见有火山岩。晚二叠世泽希斯坦阶，在盆地北部为海湾-滨岸相沉积，盆地南部为风成沙丘，盆地东部为冲积扇，地层厚度 69～228m。整个二叠系在盆地东南部以砂岩为主，为石炭系的天然气运移提供了纵向通道。中三叠世-下三叠世舍伍德（Sherwood）砂岩组包括了赛特阶和安尼西阶，为河流相沉积，沿近南北向的地堑系分布，物源方向自北而南，平均地层厚 1 325 m。上部奥姆斯柯克（Ormskirk）砂岩（属于中三叠世安尼西阶），为河流相砂岩夹有风成砂岩（厚 128～333 m）是盆地内的主要储层，平均孔隙度为 16.4%，渗透率 10～1 000 mD。早三叠世赛特阶，当地称为"蜜蜂街"（St bees）砂岩，为河流相砂岩，厚 371～1 343 m。中三叠统—上三叠统麦尔西亚（Mercia）泥岩组，主要为泥岩、岩盐和风成黄土互层，岩盐层普遍向盆地北部增厚，是盆地的区域盖层，最厚达 3 025 m（图 2.1.50）。

东爱尔兰盆地以关键断层（Keys fauld）和高格兹断层（Gogath fault）为界，西部为台地，局部保存有二叠系与三叠系地层；东部为断陷，普遍保存有较厚的二叠系与三叠系地层，石炭系顶面埋藏深度约 3 500 m，其北部三叠系厚约 2 000 m、二叠系厚1 500 m，南部三叠系厚达 2 500 m 以上、二叠系厚度不足 1 000 m（图 2.1.51）。泽希斯坦阶不但在盆地北部厚度大，而且以泥岩为主，限制了石炭系气源的垂向运移；而南部不但厚度薄又以砂岩为主，石炭系的气源很容易运移至三叠系储层。东爱尔兰盆地油气田分布范围，大致就是泽希斯坦阶沉积较薄岩性较粗的范围。

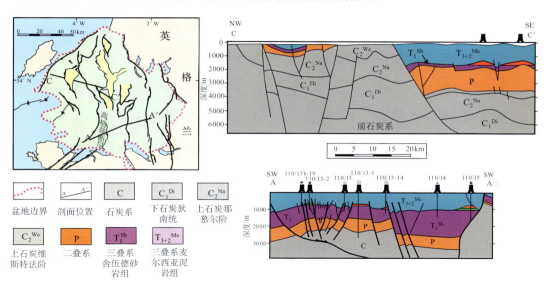

图 2.1.51　东爱尔兰盆地构造横剖面图（据 IHS，2007 资料修改）

东爱尔兰盆地的含油气系统很简单，以石炭系为源岩，三叠系舍伍德组砂岩为主要储层，中上三叠统穆尔西亚组蒸发岩和泥岩为盖层。三叠系构造圈闭几乎占据了盆地储量的绝大部分（表 2.1.8）。石炭系只发现了少量煤层气。二叠系泽希斯坦阶在盆地东南部没有好的盖层，只有两个小气田。在盆地东部边缘第四系中发现了一个小油田。

（4）第三系裂谷盆地

阿尔卑斯期发育的裂谷盆地有 4 个：上莱茵地堑、黑海盆地、利翁盆地和卡塔拉诺-巴利阿里盆地。上莱茵地堑发育于华力西褶皱带上，其余 3 个都发育于阿尔卑斯褶皱带中（图 2.4.1）。

表 2.1.8　东爱尔兰盆地圈闭类型和储量表（IHS，2007）

地层	圈闭类型	油气田个数	储层	油气储量	
				油/$10^8 m^3$	气/$10^8 m^3$
第四系	岩性	1	砂岩、泥砾岩	<0.01	0
三叠系	构造	22	砂岩	0.38	2 359
二叠系	构造	2	砂岩	0	1
石炭系	岩性	1	威斯特法煤层	0	0.50
合　计		26		0.38	2 360

上莱茵地堑是发育在华力西褶皱带北部的第三系三叉裂谷的一支，黑海盆地和利翁盆地分别为中生代与古近纪洋壳上的沉积盆地。这 4 个盆地面积共计 $41 \times 10^4 km^2$，钻探井 771 口，有 92 个油气发现，总计发现油气储量 $1.2 \times 10^8 m^3$（表 2.1.9）。

表 2.1.9　第三系裂谷盆地油气勘探基础数据表（据 IHS，2007 统计）

盆地名称	盆地面积/($10^4 km^2$)	已钻探井/口	油气储量发现			油气田个数
			油/$10^8 m^3$	气/$10^8 m^3$	合计/$10^8 m^3$	
上莱茵地堑	1.5	323	0.17	15	0.18	57
黑海盆地	30.6	253	0.37	157	0.52	12
利翁盆地	4.6	78	<0.01	0	<0.01	1
卡塔拉诺-巴利阿里盆地	4.2	117	0.46	40	0.50	22
合　计	40.9	771	1.00	212	1.2	92

1）莱茵裂谷。

西北阿尔卑斯前陆在晚始新世和中新世—上新世的挤压变形与莱茵-布莱斯-若恩（Rhine-Bresse-Rhone）地堑系和艾格尔（Eger）地堑的演化是同期的。现今应力场指示莱茵地堑在左旋走滑运动的作用下发生变形。地球物理数据显示这些裂谷穹隆的形成与不连续的莫霍面上升有关，其下存在着异常低密度、低速的上地幔（图 2.1.52）。上地幔异常可能是软流圈物质侵入壳-幔边界的结果。这样的上地幔异常是一种典型的活

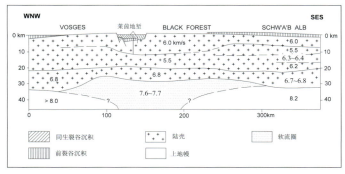

图 2.1.52　莱茵地堑地壳深部结构图（Laubscher，1970；Sittler，1969a；Doebl，Teichmüller，1979）

动火山裂谷环境。

晚始新世，布莱斯和莱茵地堑开始了不同规模的三叉裂谷沉降（Sittler，1969a，b；Rat，1974）。

莱茵地堑是这一地堑系中唯一含有油气的地堑。自 20 世纪 30 年代莱茵地堑就开始了油气勘探，盆地面积为 $1.5×10^4\,m^2$，至今共发现石油储量近 $2\,000×10^4\,m^3$，天然气储量 $15×10^8\,m^3$。主要源岩为始新统—渐新统泥岩，主要储层为渐新统砂岩，主要圈闭形式为构造圈闭。最大的油气田为蓝渡（Landau）油气田，可采储量不足 $600×10^4\,m^3$。由莱茵地堑第三系底面构造图看，其构造形式很像中国东部的新生代断陷。晚始新世为初始裂陷期，渐新世是沉降速率最大的同生裂陷期，新近纪为裂陷晚期，第四纪是裂后期（图 2.1.53）。

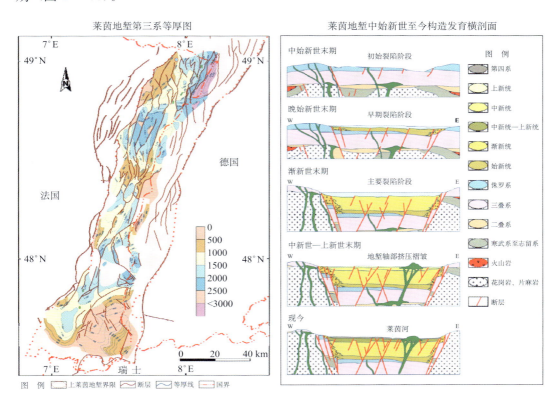

图 2.1.53　莱茵地堑构造图及构造发育横剖面（Villemin，1986）

2）黑海裂谷。

黑海盆地位于阿尔卑斯期大高加索（Greater Caucasus）褶皱带与庞蒂（Pontides）褶皱带间。中生代为同生裂陷期，中生代末期地幔的强烈侵位使得洋壳出露于海底，裂后期古新世直接覆盖于盆地中央的洋壳之上（图 2.1.54）。新生代黑海盆地经历了强烈沉降，第三系底面埋深可达 15 km。整个盆地新生界地层构造变动微弱。

黑海盆地面积大于 $30×10^4\,km^2$（其中陆地面积不到 $1×10^4\,km^2$），至今只发现了油

气储量 5000×10^4 m^3（油当量）。

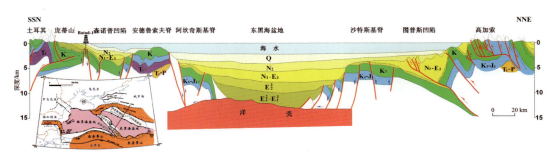

图 2.1.54　黑海盆地构造横剖面（据 IHS，2007 修改）

　　3）利翁裂谷。

　　中中新世地中海西部 Algero-Provencal 洋盆张开，其西北部的被动边缘形成了利翁盆地（图 1.2.31）。利翁盆地可分为两大构造单元：西北部的利翁湾陆架拗陷为晚白垩世—古近纪裂谷发育区，裂后期沉积较薄；东南部深海拗陷为中新世—第四系的后期深拗陷，中新统底面最大埋深将近 10 000 m（图 2.1.55）。

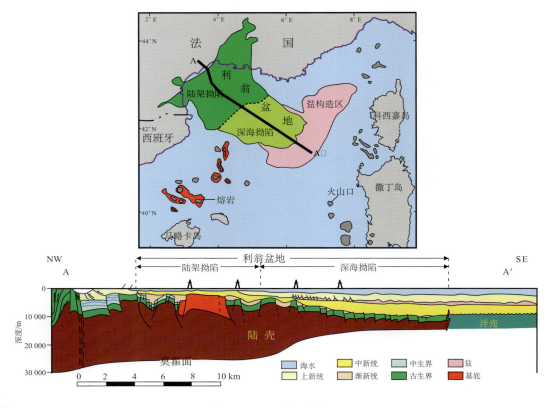

图 2.1.55　利翁盆地构造区划图及构造横剖面图（Maillard，2002）

利翁盆地面积不足 47 000 km²，唯一的油气发现是 1951 年在陆上的 Gallician 油藏，可采储量不足 $500 \times 10^4 \text{ m}_{oe}^3$。

4）卡塔拉诺—巴利阿里盆地。

卡塔拉诺—巴利阿里盆地是在贝蒂克褶皱带北缘发育的新近系裂谷盆地，位于利翁盆地西南，西班牙近海。早渐新世—早中新世初期是同生裂谷早期阶段，中中新世–晚中新世进入裂后沉降阶段。其新近系底面最大埋藏深度可达 3 000 m。莫霍面埋藏深度最小为 16 km（图 2.1.56）。

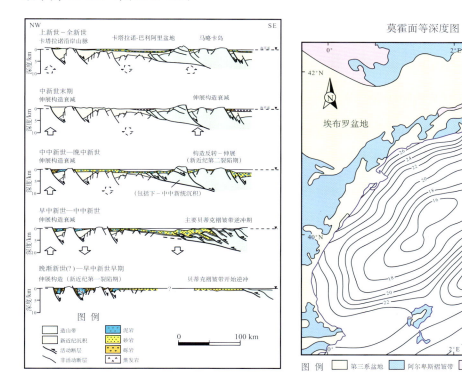

图 2.1.56　卡塔拉诺-巴利阿里盆地构造发育横剖面图（Roca，Desegaulx，1992）

卡塔拉诺-巴利阿里盆地自 1964 年开始勘探，至今共发现石油可采储量不足 $5 000 \times 10^4 \text{ m}^3$，天然气可采储量 $40 \times 10^8 \text{ m}^3$。油主要产自白垩系灰岩，中新统砂岩是主要天然气产层。

裂谷型含油气盆地石油地质特征小结：

1）在欧洲的 12 个裂谷型含油气盆地中，北部北海盆地油气量富集，探明油气储量为 $135 \times 10^8 \text{ m}_{oe}^3$，为世界级的油气富集区。油气富集根本原因是北部北海盆地为与地幔活动相关的中-新生代大陆裂谷盆地，是富含油气的中-新生代大陆裂谷盆地典型。

2）与地幔活动相关的 4 个新生代裂谷盆地，共发现油气 $1 \times 10^8 \text{ m}_{oe}^3$。上莱茵地堑发育规模有限。利翁盆地和黑海盆地分别在早中新世末期和古近纪末期拉开，出露洋壳，裂陷期厚度较薄伖保存范围仅限于盆地边部。发育与利翁盆地西南部的卡塔拉诺-巴利阿里盆地同受 Algero-Provencal 洋盆控制，但卡塔拉诺-巴利阿里盆地中生界裂陷较为发育，其油气储量占据了此类盆地的 1/2。

3）古生代裂谷和华力西域中生代裂谷的发育主要受控于水平伸展，中生代华力西域油属于特提斯碳酸盐沉积区，限制了区域性大规模有利源岩的形成。

第二节　被动大陆边缘盆地

摘　　要

◇　　经过三叠纪和侏罗纪裂陷发育期后，北大西洋至格陵兰-挪威海自南向北，白垩纪—渐新世逐步拉开。

◇　　北大西洋东侧被动大陆边缘至挪威海共有 9 个盆地，可分为 3 个部分：

北部，挪威海有西巴伦支陆架脊盆地、伏令-特伦纳拉格盆地、莫尔盆地和法罗-设得兰盆地，以发育巨厚的白垩系和古近系沉积为特征，海相侏罗系发育有基默里奇热页岩，是被动大陆边缘含油气最丰富的部分，占被动大陆边缘盆地油气总储量 95.8%；

中部，英国西侧陆架，包括西北爱尔兰陆架盆地、波丘派恩盆地和罗科尔岛盆地，为白垩纪和第三纪深海盆，侏罗系以海陆交互含煤沉积为主，占被动大陆边缘盆地油气总储量 4.1%；

南部，伊比利亚半岛西侧为加利西亚盆地和卢西塔尼亚盆地，中生代断陷发育局限，只占被动大陆边缘盆地油气总储量 0.1%。

◇　　挪威海的伏令-特伦纳拉格盆地有与北部北海盆地形似的裂陷发育特征，特伦纳拉格台地和当纳阶地两个构造单元占据了被动大陆边缘油气总储量的 64%。

◇　　被动大陆边缘北部和中部勘探成效较低的主要原因为，巨厚的白垩系和第三系开阔海沉积占据了盆地的绝大部分盆地面积，有效勘探范围仅限于盆地东缘一隅。

一、区域构造背景

大西洋东西两岸的被动大陆边缘几乎纵贯全球，但是真正成为油气富集区的只有北大西洋北部的挪威海域和南美南部的东部大陆边缘—非洲南部的西部大陆边缘。在北大西洋北部挪威近海被动边缘盆地，可能都与地幔热穹隆有关，裂后期都发生了快速热沉降。南美和南非大西洋两侧被动大陆边缘富含油气的盆地也可能与地幔隆起有关。北大西洋北部和南大西洋南部在古近纪也都是地幔热点发育区。

中大西洋在侏罗纪已经裂开，北大西洋裂开时间始于早白垩世，并逐渐向北推移。早白垩世末北大西洋中脊已经延伸到爱尔兰西侧，挪威海-格陵兰海快速沉降（深海相）。晚白垩世挪威海-格陵兰海持续沉降。古新世格陵兰西侧的巴芬湾也变成了深海。直至渐新世挪威海-格陵兰海才彻底裂开，北大西洋洋壳与北冰洋贯通，冰岛热点开始发育（图 2.2.1、图 2.2.2）。

北大西洋和挪威海-格陵兰海的拉开形式有很大的不同，由东侧被动大陆边缘盆地

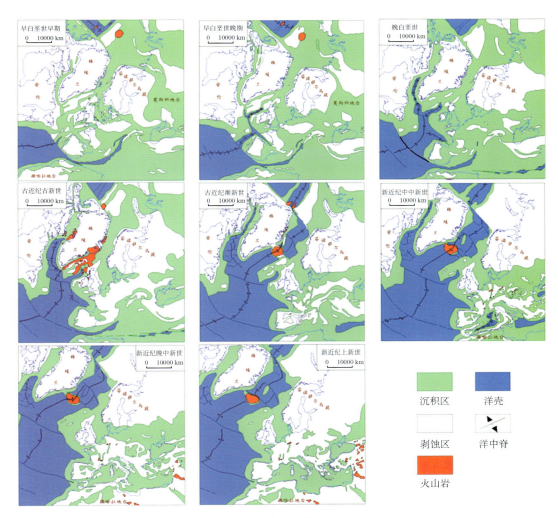

图 2.2.1　北大西洋洋壳发育史图（Ziegler，1988）

的构造横剖面可以看出：在白垩纪拉开的北大西洋在拉开前没有经过强烈的裂后沉降，如比斯开湾外海和卢西塔尼亚盆地；渐新世拉开的挪威海-格陵兰海在白垩纪和古新世经过了强烈的裂后沉降，白垩系和古新统的厚度在巴伦支陆架脊、伏令盆地、法罗-设得兰盆地和罗科尔盆地都可达 4 km（图 2.2.3）。

二、盆地基本石油地质特征

北大西洋东侧的被动大陆边缘共发育 9 个裂谷型盆地（图 2.2.4 和表 2.2.1）：9 个盆地面积共计约 $71 \times 10^4 \ km^2$，钻预探井 399 口，油气发现共计 75 个，合计油气储量约 $21.65 \times 10^8 \ m^3$。我们可以将欧洲被动边缘裂谷型盆地分作三个部分：第一部分是北部

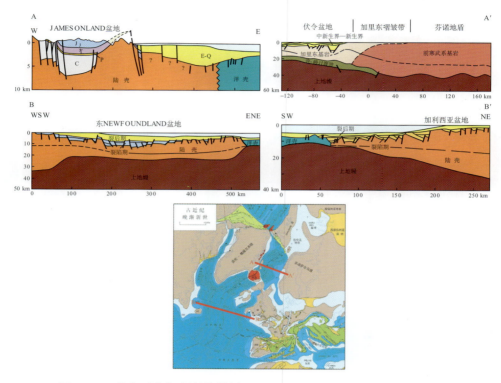

图 2.2.2　北大西洋壳-幔结构横剖面图（Avedik，1992；Levesque，1985）

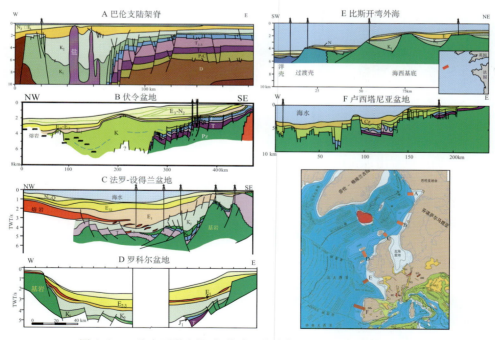

图 2.2.3　北大西洋和挪威-格陵兰海东侧沉积盆地构造横剖面图
（Lamers，1999；Spencer，1999；Graciansky，1985）

挪威海陆架，包括西巴伦支陆架脊盆地、伏令-特伦纳拉格盆地、莫尔盆地和法罗-设得兰盆地；第二部分是英国西侧陆架，包括西北爱尔兰陆架盆地、波丘派恩盆地和罗科尔岛盆地；第三部分是伊比利亚半岛西侧的加利西亚盆地和鲁西塔尼亚盆地（图 2.2.4）。在表 2.2.1 中我们可以清楚地看到欧洲被动大陆边缘盆地不同部位含油气的丰度差别很大——挪威海域最高，英国西部次之，伊比利亚西侧最差。显然这一油气分布特点首先是受烃源条件控制（前面已经提到，不再重复）。另外一个重要原因是受有效勘探面积的影响，由于白垩纪—第三纪北大西洋和挪威海地壳厚度急剧减薄，造成了巨厚的沉

图 2.2.4　被动陆缘盆地位置图

积，以侏罗系为目的层的有效勘探范围大大减少。

表 2.2.1　被动大陆边缘盆地基础数据百分比统计表（IHS，2007）

位置	盆地名称	盆地面积/%	预探井数/口	可采储量/%		油气田数/个
北部	⑥西巴伦支陆架脊	10.7	17	1.0	95.9	66
	①伏令-特伦纳拉格盆地	15.4	92	63.9		
	②莫尔盆地	7.5	37	17.9		
	③法罗-设得兰盆地	7.9	93	13.1		
中部	④西北爱尔兰陆架盆地	1.5	11	1.8	4.0	6
	⑤波丘派恩盆地	4.7	30	1.5		
	⑦罗科尔岛盆地	32.1	16	0.7		
南部	⑧卢西塔尼盆地	8.6	87	0.03	<1	3
	⑨加利西亚盆地	11.6	16	<0.01		

下面重点介绍挪威海域的西巴伦支陆架脊、伏令-特伦纳拉格盆地、莫尔盆地、法罗-设得兰盆地、北爱尔兰陆架盆地和波丘派恩盆地 6 个。

（一）西巴伦支陆架脊

西巴伦支陆架脊面积约 $10 \times 10^4 km^2$，共完成地震剖面采集不到 $9 \times 10^4 km$，钻预探井 17 口。发现了 4 个气田，合计天然气储量 $237 \times 10^8 m^3$（折合油当量约 $0.2 \times 10^8 m^3$）。2000 年发现最大的气田"7019/01-01"，储量为 $119 \times 10^8 m^3$（表 2.2.2）。

表 2.2.2　西巴伦支陆架脊气田可采储量百分比统计表

气田名称	储层	发现日期	圈闭类型	天然气可采储量/%
7019/01-01	下白垩统岩	2000 年	断块	14.4
	中侏罗统岩	2000 年	断块	35.9
7119/12-03	中侏罗统岩	1983 年		17.4
7120/07-01	中侏罗统岩	1982 年	断块	27.1
7316/05-01	始新统砂岩	1992 年	下降盘半背斜	5.2

西巴伦支陆架脊实际是巴伦支海台地西缘与挪威海东侧大陆边缘的过渡部位（图 2.2.5）。盆地北部宽度 30～70 km，为 Homsund 复杂断裂带，被列为低勘探前景区；盆地南部最宽部位可达 150 km，是以往勘探工作量主要分布地区。盆地的主要源岩为上侏罗统基默里奇页岩，TOC 含量 8%～10%，烃指数为 100～475，干酪根类型为 II—III 型。主要储层为中侏罗统和下白垩统砂岩（图 2.2.6）。7019/01-01，7119/12-03 和 7120/07-01 井都钻在侏罗系的断块上。7019/01-01 井中侏罗统砂岩经测试日产气

21.4MMcf/d，CO_2 含量达 60％～70％（为深部碳酸盐岩形成的 CO_2）。7119/12-03 井中-下侏罗统砂岩测试日产气近 $10×10^4 m^3/d$，天然气中 CO_2 含量 12.4％，原油 API 46°。7120/07-01 井中-下侏罗统砂岩测试日产气不到 $5×10^4 m^3/d$。位于深盆区的 7316/05-01 井钻于第三系玄武岩中，经测试始新统砂岩日产气约 $7×10^4 m^3/d$，为干气，甲烷含量 99.8％，属生物气。上侏罗统河流-滨岸相砂岩埋深 2 280 m 处孔隙度平均 17％、渗透率 100～500 mD。中-下侏罗统远滨细砂岩平均孔隙度 12％、渗透率 20 mD。7120/01-02 井浊积扇砂岩毛厚度 154m，净毛比 90％，孔隙度 16％。7316/05-01 井在 1 338m 钻遇 43 m 海相砂岩，孔隙度 28.2％，渗透率 93.5 mD。

西巴伦支陆架脊白垩系和第三系为大套泥岩组成，是良好的区域性盖层（图 2.2.6）。作为巴伦支陆架脊的主体——深盆区，白垩系和第三系的沉积厚度可达 10 000 m，这样就使得侏罗系有效勘探范围仅限于陆架脊东缘的狭窄范围（图 2.2.6、图 2.2.7）。西巴伦支陆架脊生、

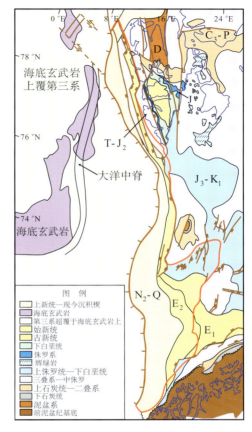

图 2.2.5　西巴伦支陆架脊地质简图（Sigmont，1992；Bugge et al.，1995；Dalmann et al.，2002）

储、盖乃至圈闭条件都比较好，只是由于有效勘探范围只有大约 4 000 km^2，大大影响了全区的勘探成效。

（二）伏令-特伦纳拉格盆地

伏令-特伦纳拉格盆地面积将近 $16×10^4 km^2$，共完成地震剖面采集约 $27×10^4 km$，钻预探井 129 口。发现了 44 个油气田，石油储量约 $7.6×10^8 m^3$，天然气储量近 $6700×10^8 m^3$，合计储量将近 $14×10^8 m^3_{oe}$。其油气储量列欧洲 48 个含油气盆地第 4 位。1985 年发现最大的海德润（Heidrun）油田，储量为 $1.7×10^8 m^3$。2000 年发现最大的维多利亚（Victoria）气田，储量不到 $900×10^8 m^3$。

伏令-特伦纳拉格盆地包括了 3 个一级构造单元——特伦纳拉格台地、当纳（Donna）阶地和深盆拗陷。特伦纳拉格台地 $4.7×10^4 km^2$，侏罗系顶面埋藏深度不超过 2 000 m，侏罗系之上直接覆盖着第三系和第四系，缺失白垩系。在靠近台地西缘侏罗系砂岩中有 5 个油气发现（油约 $1.7×10^8 m^3$，天然气不足 $1300×10^8 m^3$，总计油当量将近 $3×10^8 m^3$）。当纳阶地东西宽约 60km，南北长近 200 km，侏罗系顶面埋藏深度为

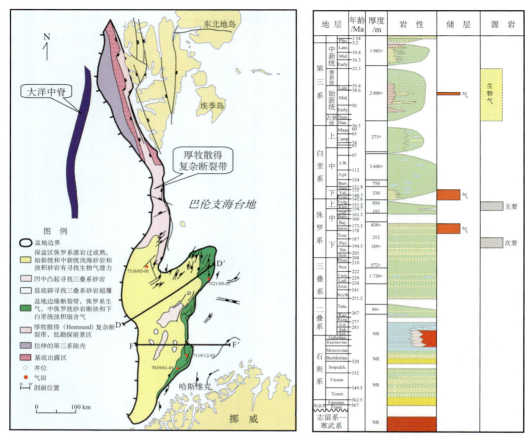

图 2.2.6　西巴伦支陆架脊构造格架及地层柱状图

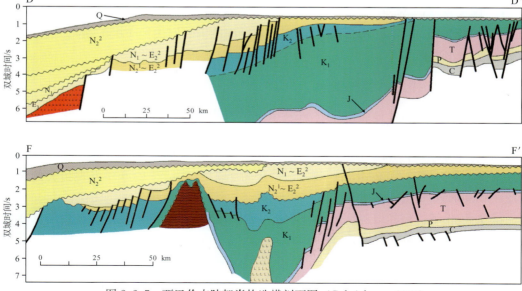

图 2.2.7　西巴伦支陆架脊构造横剖面图（Gabrielsen，1990）

3 000~5 000 m。盆地中 80% 的油气储量分布于这一不足 30 000 km² 的构造单元中，共有油气发现 32 个，发现石油储量 5.9×10⁸ m³，天然气储量 5 403×10⁸ m³。西部的深盆拗陷实际是白垩系和第三系的沉积拗陷。其中，白垩系底面最大埋藏深度可达 10 000 m。古新世—中新世的凹陷偏于盆地西边界断层，最大沉积厚度不足 1500 m（图 2.2.8、图 2.2.9）。

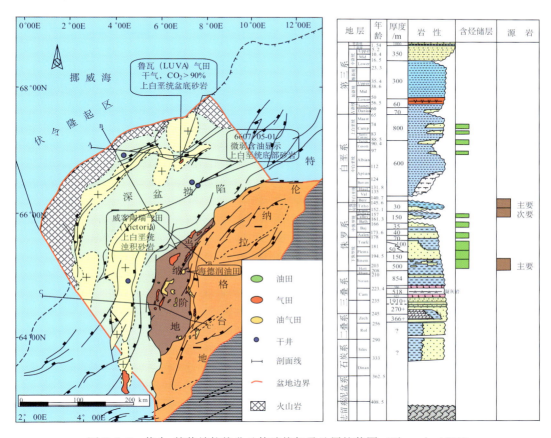

图 2.2.8　伏令-特伦纳拉格盆地构造格架及地层柱状图（Blystad，1995）

上侏罗统基默里奇页岩（当地称为 SPEKK 页岩）是主要油源岩，TOC 平均含量达 8%，S1+S2 可大于 500 mg 烃/g 岩，干酪根 II—III 型。下侏罗统为三角洲沉积，煤和炭质页岩厚度约占 20%，以 III 型干酪根为主，平均 TOC 含量可达 8%，S1+S2 平均 250 mg 烃/g 岩，是主要的气源岩。

侏罗系的海相砂岩是盆地中的主要储层，其油气储量可占盆地总储量的 88.8%；白垩系储层以浊积砂岩为主，其储量占盆地总储量 11.2%（表 2.2.3）。

侏罗系的构造圈闭是盆地的主要圈闭类型，66% 的油气储量分布于此类圈闭中；其次是侏罗系构造-不整合圈闭，其储量占总储量的 12.2%（表 2.2.3）。

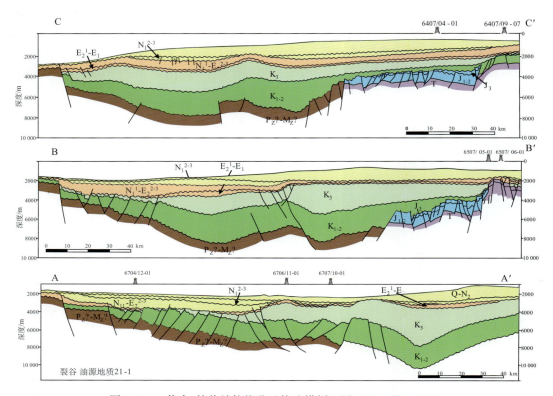

图 2.2.9　伏令-特伦纳拉格盆地构造横剖面图（Blystad，1995）

表 2.2.3　伏令-特伦纳拉格盆地油气储量的地层和圈闭分布（IHS，2007）

时代	油藏类型	油储量		天然气		总计油当量		
		/$10^8 m^3$	/%	/$10^8 m_{oe}^3$	/%	/$10^8 m_{oe}^3$	/%	
侏罗系	侏罗系岩性-构造	1.38	18.7	0.08	1.2	1.45	10.6	88.8
	侏罗系构造	5.11	69.5	3.94	61.9	9.04	66.0	
	侏罗系构造-不整合	0.38	5.1	1.29	20.4	1.67	12.2	
白垩系	白垩系岩性-构造	0.45	6.1	0.43	6.8	0.88	6.4	11.2
	白垩系构造	0.05	0.6	0.61	9.7	0.66	4.8	
	总　计	7.37	100	6.35	100	13.70	100	

　　特伦纳拉格台地绝大部分侏罗系源岩未进入生烃门限。西部深盆拗陷巨厚的白垩系为开阔海泥质沉积，本身源岩条件差，阻隔侏罗系油源向上运移。只有当纳阶地各项石油地质条件配置适当，面积不足全盆地 1/10，储量丰度却达到 $1.1×10^4 m^3$ 油/km^2。

　　可见，只要有高质量的基默里奇源岩，且各项石油地质条件搭配适当，就可能形成高储量丰度的含油气区。

　　海德润（Heidrun）油田概述

海德润油田位于当纳台地，是盆地中最大的构造不整合层状油气藏，油田面积 33 km²，石油可采储量约 1.5×10^8 m³，天然气可采储量近 425×10^8 m³。虽然伏令-特伦纳拉格盆地与北部北海盆地属于两个不同构造单元，海德润油田与布伦特油田油气藏类型如此相似，暗示着其盆地形成特点的某些共同之处。

海德润油田位于伏令-特伦纳拉格盆地当纳阶地中北部。海德润油田属于构造-不整合圈闭，大套的白垩系和第三系泥岩（＞2 000 m）不整合覆盖于中下侏罗统复杂的高断块之上，上侏罗统基默里奇页岩分布于构造西南侧的下倾部位（图 2.2.10～图 2.2.12）。构造被北东向和近南北向两组断裂夹持，构造上地层向西南倾斜，构造高点位于最北端，芳斯特组顶面构造幅度达 398m。

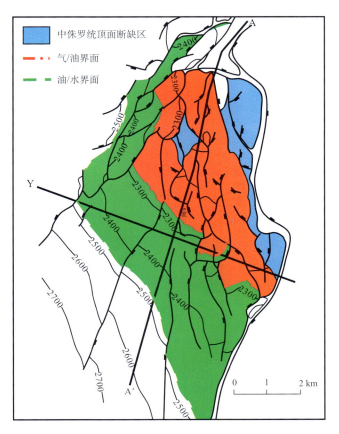

图 2.2.10　海德润油田中侏罗统芳斯特（Fangst）
组顶面构造等值线图（Hemmens et al.，1994）

海德润油田的储层由中侏罗统—上三叠统芳斯特组和巴特（Bat）组构成，地层厚度达 840 m。总的来说，中下侏罗统属于滨海沉积，可分 16 个不同的微相，主要储层包括了滨岸砂岩、潮汐水道砂岩、河道砂岩、河口坝砂岩等（图 2.2.13、图 2.2.14）。整个储层被柔尔（Ror）泥岩段分为上下两大部分：上部为芳斯特组，储层净厚度平均 63 m；下部巴特组分为提尔捷（Tilje）段和埃尔（Air）段，储层净厚度分别平均为

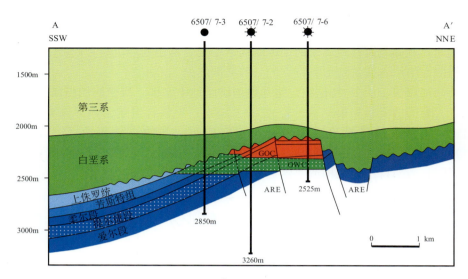

图 2.2.11　海德润油田 A-A′油藏横剖面图 （Hemmens，1994）

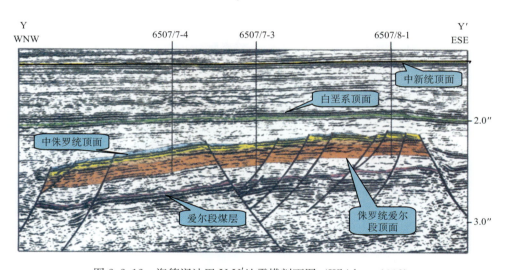

图 2.2.12　海德润油田 Y-Y′地震横剖面图 （Whitley，1992）

90 m和 103 m。

　　1966 年油田初产达到 235 000bo/d，2001 年产量开始递减，预计至 2016 年油田将接近枯竭（图 2.2.15）。

（三）莫尔盆地

　　莫尔盆地面积约 $7.2 \times 10^4 km^2$，共完成地震剖面采集约 $9 \times 10^4 km$，钻探井 37 口。发现了 5 个油气田，原油储量 $0.25 \times 10^8 m^3$，天然气储量约 $3900 \times 10^8 m^3$，合计油当量约 $3.8 \times 10^8 m^3$。1997 年发现最大的 Ormen Lange 气田，储量 $3450 \times 10^8 m^3$。

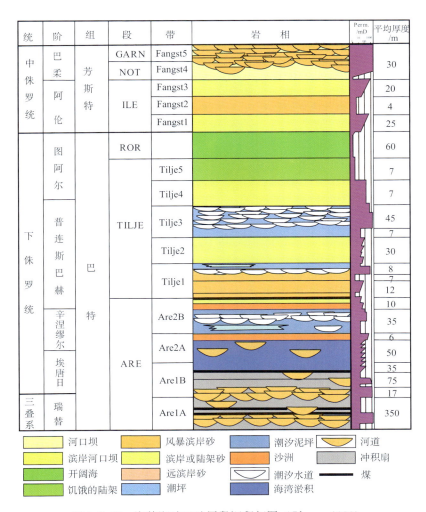

图 2.2.13　海德润油田油层段沉积相图（Olsen，1999）

　　莫尔盆地由两个次级构造单元组成：东部为莫尔阶地，其上分布着一系列北东向三叠系—侏罗系的箕状凹陷；西部广大地区是巨厚的白垩系—第三系沉积拗陷。盆地的勘探工作集中分布于莫尔阶地（图 2.2.16）。自 20 世纪 70 年代投入勘探至 1997 年发现了 Ormen Lange 气田，此后 20 年间每年钻探井 1～2 口，至今再无任何经济发现。

　　侏罗系为盆地的主要源岩，中下侏罗统主要为开阔海沉积，具有一定的生气潜力；上侏罗统为局限海泥质沉积，是盆地的主要源岩。33/6-1 井中侏罗统布伦特页岩 TOC 达 2.86%～3.57%，烃指数 282～303 mgHI/gTOC，III 型干酪根，可能是盆地天然气的主要源岩。6306/6-1 井基默里奇页岩中发育热页岩，TOC 高达 3.14%～6.15%，烃指数 455～563 mgHI/gTOC，II 型干酪根，为盆地的主要油源岩。莫尔盆地与伏令-特伦纳拉格盆地实际上没有地质意义上的分界，两个盆地在同一阶地上（当纳阶地-莫尔阶地）含油气丰度出现了显著差别。究其原因，主要是两个盆地侏罗系凹陷发生了明显

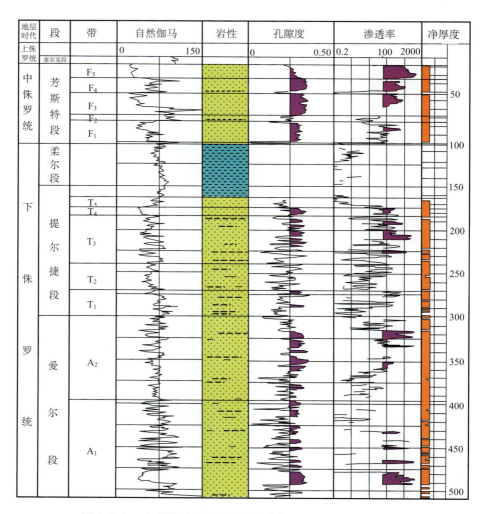

图 2.2.14　海德润油田油层段测井曲线图（Hemmens，1994）

差别：伏令-特伦纳拉格盆地侏罗系是宽缓的凹陷，当纳阶地上普遍存在上侏罗统基默里奇页岩；莫尔盆地的莫尔阶地变成箕状断陷，生烃凹陷的范围变得非常局限（图2.2.17）。

（四）法罗-设得兰盆地

法罗-设得兰盆地位于丹麦的法罗岛和英国设得兰岛之间，呈北西-南东向，长约350 km、宽200 km，面积不到 $8 \times 10^4 \text{km}^2$，水深 200～100 m。该盆地自 20 世纪 70 年代投入勘探，已采集地震测线近 $11 \times 10^4 \text{km}$，钻预探井 93 口，油气发现 13 个，获石油储量约 $2 \times 10^8 \text{m}^3$，天然气储量 $700 \times 10^8 \text{m}^3$，合计油当量将近 $3 \times 10^8 \text{m}^3$。这些勘探工作量大部分集中在盆地东南一侧，盆地西北一侧因巨厚的火山岩覆盖几乎没有钻探（图 2.2.18、图 2.2.19）。

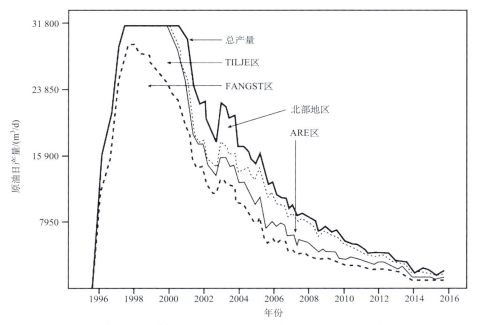

图 2.2.15　海德润油田原油生产曲线（Hemmens，1994）

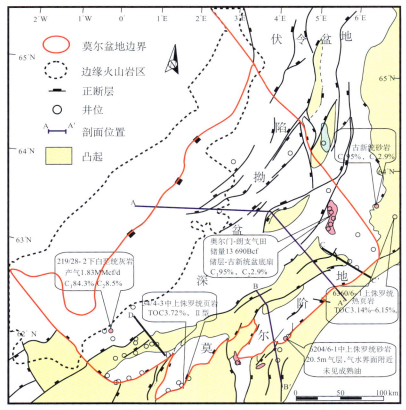

图 2.2.16　莫尔盆地构造格架图（据 IHS，2007 修改）

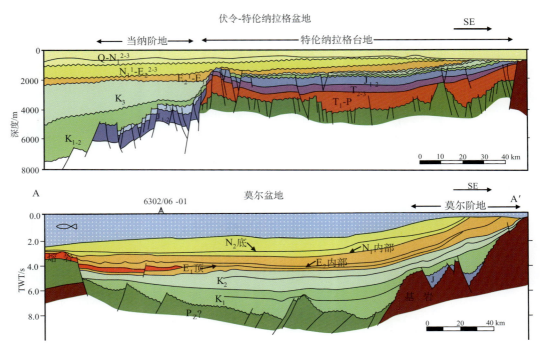

图 2.2.17　莫尔盆地与伏令-特伦纳拉格盆地构造横剖面图（Blystad，1995）
（表示当纳阶地与莫尔阶地侏罗系生烃凹陷的差别）

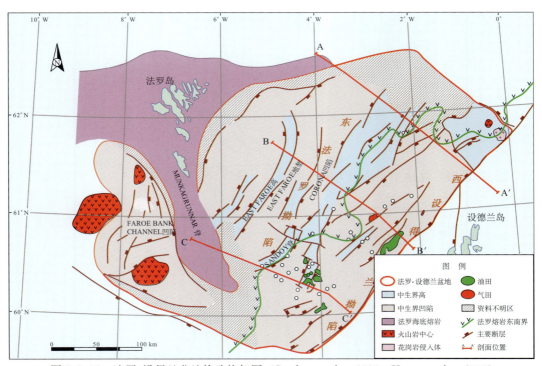

图 2.2.18　法罗-设得兰盆地构造格架图（Storker et al.，1999；Keser et al.，2005）

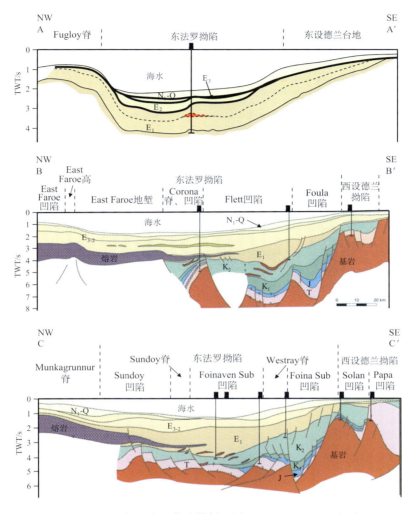

图 2.2.19　法罗-设得兰盆地构造横剖面图（Lamers，carmichael，1999）

法罗-设得兰盆地主要源岩为中侏罗统—上侏罗统：中侏罗统为局部凹陷中的湖相页岩 TOC 含量 4%～5%，氢指数 400～800 mg HC/g TOC，有机质类型为 I 型，向上逐渐变为海相源岩质量变差，是高蜡原油的主要源岩；上侏罗统基默里奇页岩为热页岩，TOC 含量 4.2%～5.3%（最高达 15.2%），氢指数 230～267 mg HC/g TOC（最高 500 mg HC/g TOC）。古近系浊积砂岩和陆坡水道砂岩为该盆地主要勘探目的层，占盆地原油储量的 91%（$1.7 \times 10^8 \mathrm{m}^3$），天然气储量的 96%（$632 \times 10^8 \mathrm{m}^3$）（图 2.2.20）。油气的主要圈闭类型为岩性-构造圈闭、次为构造型圈闭。

该盆地 1974 年投入钻探，1984 年进入钻探高峰，1993 年发现盆地中最大的 Schiehallion 油气田，石油储量约 $0.8 \times 10^8 \mathrm{m}^3$，天然气储量 $400 \times 10^8 \mathrm{m}^3$，合计油当量为 $1.2 \times 10^8 \mathrm{m}^3$。直至 2004 年仍有油气发现。2004 年和 2000 年分别为油、气产量高峰，此后油气产量逐步递减，至 2007 年剩余储量仍然＞50%。看来该盆地仍然处于勘探高

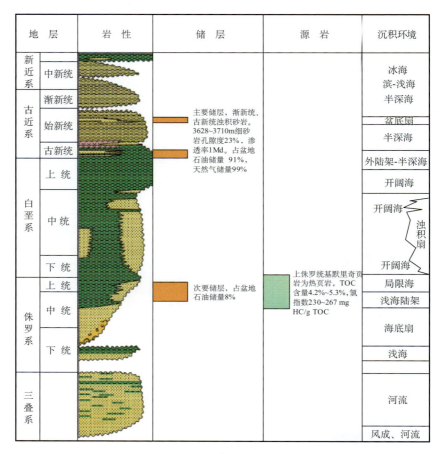

图 2.2.20　法罗-设得兰盆地综合柱状图（据 IHS，2007 修改）

峰期。

（五）北爱尔兰陆架盆地

北爱尔兰陆架盆地位于爱尔兰西侧陆架，面积约 $1.4×10^4\,km^2$，已采集地震测线 $4×10^4\,km$，钻预探井 11 口，发现一个气田（储量约 $400×10^8\,m^3$）。

北爱尔兰陆架盆地是一个简单的北东向延伸的箕状断陷。基岩之上直接覆盖着不厚的石炭系—三叠系地层，侏罗系最大厚度可达 3 000 m（图 2.2.21）。

Corrib 气田储层为三叠系 Sherwood 砂岩，构造为断背斜，盖层为 Mercia 蒸发岩，源岩为中上石炭统煤系（图 2.2.22）。

（六）波丘派恩盆地

波丘派恩盆地面积约 $4.5×10^4\,km^2$，已采集地震测线 $14×10^4\,km$，钻预探井 30 口，已有 3 个油气发现，获油气储量约 $0.34×10^8\,m^3$。

波丘派恩盆地自 1977 年钻第一口预探井，至 2001 年只有 3 个油气发现。1978

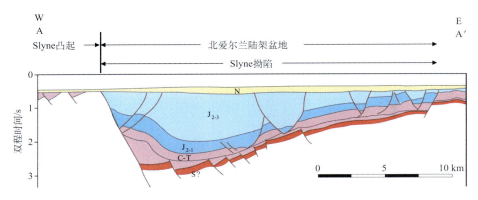

图 2.2.21　北爱尔兰陆架盆地构造横剖面图（PAD，1999）

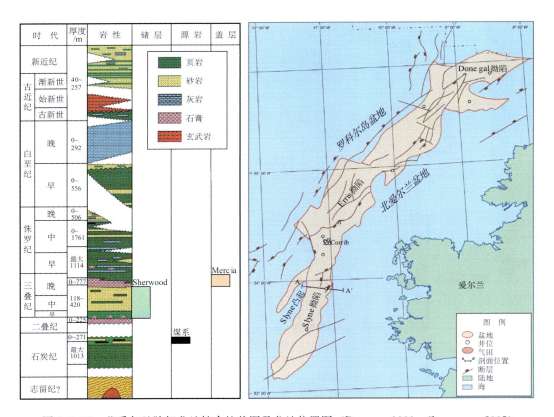

图 2.2.22　北爱尔兰陆架盆地综合柱状图及盆地位置图（Dencer，1999；Corcoran，2005）

年发现 Burren 出油点。1979 年发现 Connemara 出油点。1981 年发现了天然气储量为 $350×10^8 m^3$ 的 Spanish Poine 天然气田。上述油气发现全部集中于盆地北部（图 2.2.23）。

　　盆地的主要源岩为中侏罗统—上侏罗统。自北而南至波丘派恩盆地，侏罗系全部变

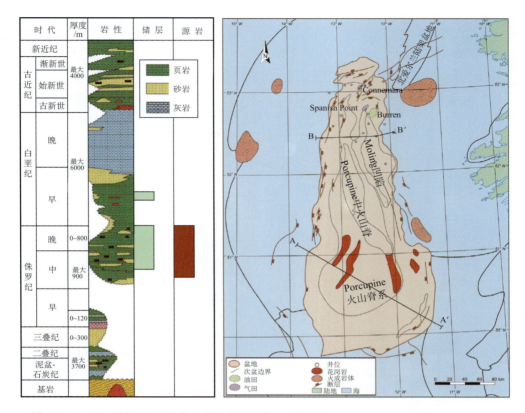

图 2.2.23　波丘派恩盆地综合地层柱状图及构造格架图（Moore，1995；Robinson，2001）

为海陆交互相含煤沉积，沉积明显受断陷控制。中侏罗统非海相页岩在盆地西北部有较好的生烃潜力，34/15-1 井和 35/06-1 井 TOC 值为 1%～1.8%，干酪根类型为 I-II 型，Connemara 的原油经详细有机地化学研究认为是源自非海相中侏罗统源岩的原油。上侏罗统基默里奇页岩是好的油源岩，26/30-1 井 TOC 值达到 2.27%～3.75%，干酪根类型为 II 型。Burren 出油点的原油和 Spanish Poine 的天然气，经生物标记化合物与碳同位素研究，认为源自基默里奇海相源岩。

中侏罗统储层主要为滨海相、河流相和三角洲砂岩，主要分布在盆地北部（Nolan et al.，1999）。

Spanish Point 的天然气储层为上侏罗统深海扇砂岩，超压储层压力达 5 000psi。天然气的形成与侵入体热源有关。

盆地的勘探主要受侏罗系目的层的埋藏深度限制，盆地中除东缘很窄的范围，侏罗系埋藏深度普遍在 6 000 m 以下，已有探井的分布大致表示了有效的勘探范围（图 2.2.24）。

罗科尔岛盆地、西里西亚盆地和卢西塔尼亚盆地由于很少有油气发现，在这里不再赘述。

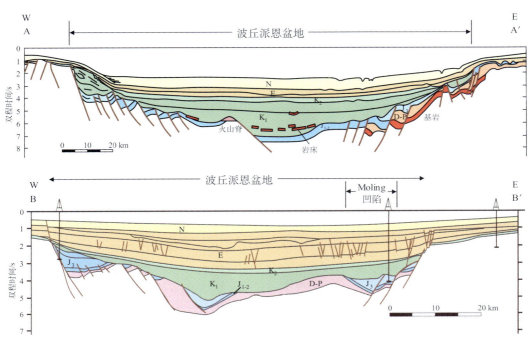

图 2.2.24　波丘派恩盆地构造横剖面图（PAD，2002）

被动大陆边缘盆地石油地质特征小结：

1）北大西洋东侧被动大陆边缘在中生代属于欧洲大陆裂谷系的一部分，北部和中部的 7 个盆地为以加里东褶皱为基底的中生代裂谷盆地，南部属于以华力西褶皱为基底的中生代裂谷盆地。

2）各盆地油气的生、储条件都是由裂陷期的沉积发育所决定的，裂后期白垩系和第三系仅起到区域盖层的作用。

3）北部挪威海的伏令盆地和莫尔盆地含油气较为丰富，主要由于基梅里不整合的发育，为海相基默里奇热页岩的发育提供了半封闭海环境。

4）更进一步说，大西洋被动大陆边缘盆地的含油气性，除三角形洲盆地外，主要决定于中生代裂谷期的盆地发育，受地幔活动控制的大陆裂谷性盆地有利于大油气区的形成。

第三节　华力西前陆盆地

摘　　要

◇　西欧地台与华力西褶皱带接壤部位的英荷盆地、西北德国盆地和东北德国-波兰盆地是三层复合盆地：晚石炭世西欧地台边缘的华力西前陆盆地，其上叠加二叠纪南二叠热沉降盆地，最后发育为中生代-新生代裂谷盆地。由于主要源岩发育于华力西前陆区，故简称为前陆盆地。华力西前陆盆地共发现天然气储量 76 334×10^{8}m^3，是欧洲的主要天然气区。

　　◇ 晚石炭世威斯特法阶在前陆盆地中为海陆交互相沉积，最大厚度 2 000 m，中-下部煤层发育，可占总厚度的 2％～6％，是盆地的主要气源岩。

　　◇ 海西末期联合古陆形成，欧洲的古二叠盆地应该是与地幔活动相关的早期内陆热沉降盆地。受自东而西的干旱季风的影响，形成内陆沙漠湖泊的地貌景观。直接覆盖在源岩之上的下二叠（赤底）统干谷-风成砂岩成为盆地主要储层，其油气储量占三个盆地油气总储量的 64％～96％。赤底统之上的上二叠（泽希斯坦）统的巨厚蒸发岩，构成了良好的区域盖层。

　　◇ 以石炭系威斯特法阶为主要源岩，以下二叠赤底统为主要储层，以上二叠泽希斯坦统岩盐为主要盖层的上古生界含气系统是华力西前陆盆地的主要含油气系统。

　　华力西褶皱带北缘与西欧地台接壤部位的英荷盆地、西北德国盆地和东北德国-波兰盆地是典型的前陆盆地，华力西造山带向着西欧地台一侧逆冲、推覆，与华力西褶皱带相毗邻的西欧地台产生边缘拗陷。华力西运动成就了以上石炭统煤系地层为源岩，上二叠（赤底）统风成砂岩为主要储层，上二叠（泽希斯坦）统蒸发岩为盖层的含气系统，构成了西部欧洲的主要大气区（图 2.3.1）。

图 2.3.1　华力西前陆盆地分布图

　　欧洲华力西前陆区 4 个盆地合计面积 529 773km^2，共发现天然气储量 76 334.46×10^{8}m^3，石油储量 6.4×10^{8}m^3，折合为油当量，共计 77.89×10^{8}m^3。此类前陆型盆地油气储量仅次于裂谷型盆地，占欧洲油气总储量的 24.4%（表 2.3.1）。华力西前陆盆地天然气储量占油气总储量的 91%，并且 90% 的天然气储量分布在二叠系赤底统砂岩中。石油主要储存于侏罗系—白垩系地层中。

表 2.3.1　欧洲华力西前陆型盆地面积和可采储量百分比表（IHS，2007）

盆地名称	盆地面积/%	可采储量		
		油/%	气/%	油+气/%
西北德国盆地	25.4	62.0	59.9	60.1
英荷盆地	28.9	31.9	33.7	33.5
东北德国-波兰盆地	39.4	5.7	6.4	6.4
博尔格勒盆地	6.3	0.4	<0.02	<0.05
合计（华力西前陆区）	100	100	100	100

一、区域构造背景

海西期造山旋回从早石炭世维宪期（不包括杜内期）持续到晚二叠世（表 2.3.2）。维宪阶期间，非洲和芬诺萨尔马特陆块之间持续右旋运动，直到地中海中西部地区汇聚碰撞，喜马拉雅型华力西造山运动开始后结束。欧洲的华力西运动自维宪期开始（345.3 Ma），至晚威斯特法期最终结束（306.5 Ma），经历了近 4 000 万年的活动历史。

表 2.3.2　华力西域构造运动表

240 245　263　286 296　315　333　390 374 387　408　438　505 525 540

地质时代	T_R	二叠纪				石炭纪			泥盆纪			志留纪		奥陶纪		寒武纪		
		T_2 T_1 P_2 P_1				C_3 C_2 C_1			D_3 D_2 D_1			S_2 S_1		O_2 O_1		$\in_1$ $\in_2$ $\in_3$		
	本特岩	壳灰岩 阿塞林 萨克马尔 喀山 鞑旦	斯提芬 威斯特法 那缪尔	维宪	杜内	法门	弗拉斯 古维特	艾费尔 艾姆斯 齐根	吉丁	普里道立 卢德洛 温洛克 兰多维列	阿石吉尔 卡拉道克	兰代克 兰维尔 阿伦尼克	特马豆					
华力西域		华力西（苏台德）	布雷顿	里吉莱		晚加里东		阿登（中欧）					卡多姆					
构造旋回		海西巨旋回		前海西旋回			加里东巨旋回											

中泥盆世—晚泥盆世　泥盆纪古特提斯板块的俯冲作用伴随着来自冈瓦纳的内阿尔卑斯（Intra Alpine）地体、阿基坦-坎塔布连（Aquitaine-Cantabrian）地体和假想的阿尔卑斯内大陆碎片（Perroud et al.，1984；Ziegler，1986）的持续向北漂移，这些地块在中泥盆世和古特提斯俯冲杂岩碰撞，产生了里吉莱（Ligerian）造山运动，形成了弧后盆地——华力西地槽系（图 2.3.2）。前海西旋回华力西地槽系是一个完全

地槽系，包括了阿摩里卡-萨克森图林根（Amorican-Saxothuringian）优地槽、莱诺海尔西（Rhenohercynian）冒地槽及其间的诺曼底-中德国（Normanian-Mde German）地背斜。与华力西地槽相毗邻的西欧地台沉积了浅海相碳酸盐岩和陆相碎屑岩（图 2.3.2）。

早石炭世 经过了布雷顿运动，华力西域许多地区早石炭世杜内阶和部分晚泥盆世法门阶遭受了不同程度的剥蚀。维宪期华力西域褶皱范围迅速增大，华力西地槽范围变窄，地背斜范围加宽，西欧地台的沉积范围也有所扩大。在西欧地台南部沉积了陆架碳酸盐岩和碎屑岩（图 2.3.3）。

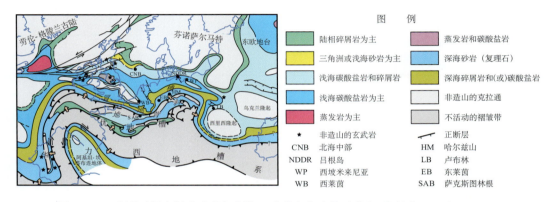

图 2.3.2 欧洲西部中泥盆世艾姆斯期—艾费尔期古构造格架再造图（Ziegler，1988）

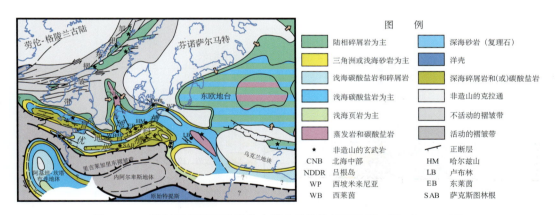

图 2.3.3 欧洲西部早石炭世维宪期古构造格架再造图（Ziegler，1988）

晚石炭世 在维宪阶末期到那慕尔阶早期的苏台德或华力西造山运动中，阿摩里卡及萨克森图林根中部盆地发生褶皱，并且部分被破坏。接着，那慕尔阶和威斯特法阶陆相层序在局部山间盆地堆积（图 2.3.4）。

从维宪期末—那慕尔期，华力西褶皱带前缘以北的华力西前陆盆地中，维宪阶碳酸盐岩上沉积了那穆尔阶以陆相为主的页岩和碎屑岩（图 2.3.4）。盆地滨海环境在晚那慕尔期和早威斯特法期日益扩大。中晚威斯特法期，华力西前缘盆地广泛沉积煤系岩层，构成了前陆盆地的主要气源岩。

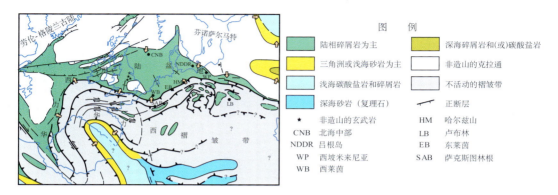

图 2.3.4 欧洲西部晚石炭世威斯特法期古构造格架再造图 (Ziegler, 1988)

在华力西造山运动末幕，华力西造山运动达到了高峰，前陆近侧部分卷入了薄皮推覆体和基底推覆体，华力西褶皱带大面积缺失晚斯蒂芬和早二叠世奥顿阶地层 (图 2.3.5)。

石炭纪末—二叠纪初 晚威斯特法期后，华力西褶皱带固化，冈瓦纳俯冲系统关闭，劳伦-欧亚-冈瓦纳大陆连接成为泛大陆。晚石炭世斯蒂芬期—早二叠世奥顿期，处在挤压应力场下，整体隆起剥蚀，只发育有小规模的陆相碎屑沉积盆地。由华力西期后非洲古陆与华力西褶皱带发生右旋扭动造成的深部地壳破裂，引起了欧洲西北部的斯蒂芬阶—奥顿阶大量火山岩的普遍喷出和侵入活动。这个扭动系统一直扩张到华力西褶皱带的前陆地区，直布罗陀、比斯开湾右行剪切带开始形成 (图 2.3.5)。

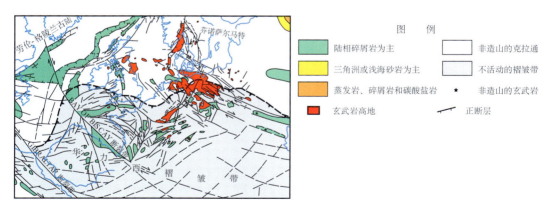

图 2.3.5 欧洲西部斯蒂芬期-奥顿期古构造格架再造图 (Ziegler, 1988)

二叠纪 泛大陆的形成宣告了一个新的构造演化阶段的开始，大陆早期地幔活动造成了西北部和中部欧洲的南北二叠纪盆地的沉降。在早二叠世后期干燥的环境下，这些盆地里形成了厚厚的赤底风成砂岩和陆内干盐湖沉积物 (Ziegler, 1982a) (图 2.3.6)。

晚二叠世南北二叠盆地沉积海湾相泥岩和蒸发岩，与赤底统砂岩构成良好的储盖组合（图 2.3.7）。

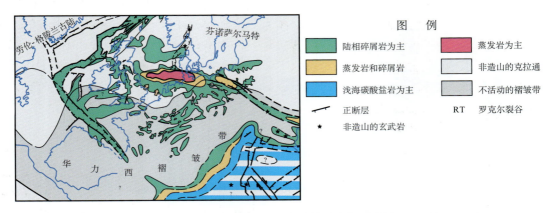

图 2.3.6　欧洲西部早二叠世晚期晚赤底期古构造格架再造图（Ziegler，1988）

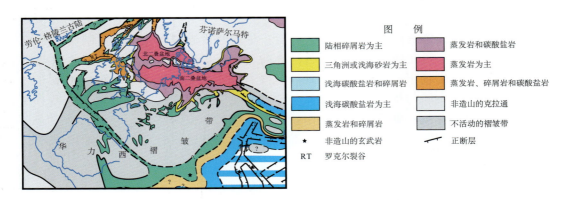

图 2.3.7　欧洲西部晚二叠世泽希斯坦期古构造格架再造图（Ziegler，1988）

二、盆地构造特征

（一）五大构造层

华力西前陆盆地实际上是一个叠合盆地，包括前海西旋回中晚泥盆世—中石炭世地槽发育阶段、晚石炭世前陆发育阶段、华力西期后二叠纪热沉降阶段和中生代—新生代裂谷发育阶段。纵向可划分为五大构造层：加里东褶皱基底构造层、华力西泥盆系—石炭系地槽边缘至前陆构造层、二叠系热沉降构造层、三叠纪—侏罗纪裂陷构造层和白垩纪—新生代热沉降构造层（图 2.3.8 和表 2.3.3）。

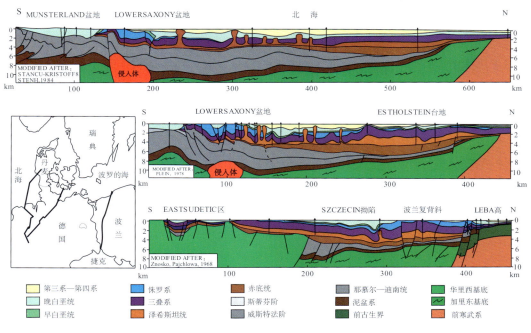

图 2.3.8 华力西前陆盆地构造横剖面

(Schroder, 1991; Plein, 1978; Znosko, Pajchlowa, 1968)

表 2.3.3 华力西前陆盆地构造层划分表

构造层名称	地层	构造发育阶段	沉积环境
白垩纪—新生代热沉降构造层	白垩系—第三系	中新生代裂谷盆地	海相
三叠纪—侏罗纪裂陷构造层	三叠系—侏罗系		
二叠系热沉降构造层	二叠纪	华力西期后热沉降盆地	海相蒸发盐 陆相碎屑
泥盆系—石炭系地槽边缘 至前陆构造层	上石炭统威斯特法阶	华力西前陆盆地	海陆交互及沼泽
	下石炭统维宪阶— 泥盆系	华力西弧后盆地	海相碳酸盐岩台地
华力西-加里东褶皱基底构造层		华力西-加里东褶皱带	

华力西前陆盆地理应以西欧地台加里东褶皱带为基底，由于是不同期次盆地的叠合，波兰境内南二叠盆地直接覆盖在华力西褶皱带之上，故出现一个盆地存在两个褶皱基底的特殊现象。

泥盆系—石炭系地槽边缘至前陆构造层 古特提斯洋的关闭与华力西褶皱带的形成是一个复杂的过程。在冈瓦纳大陆和劳俄大陆的聚合以及其在古地中海中西部区域的最终碰撞阶段，其间有许多微型陆块相互碰撞，并可能发生插入洋壳的俯冲-仰冲作用。华力西造山形变在华力西褶皱带地中海不同部分，具有时空上多样化特征。占主导地位的早石炭世弧后拉伸盆地与华力西地槽系统也不是一蹴而就的。例如，以深水碎屑（库尔木浊积岩）沉积作用的开始为标志，华力西地壳运动的开始定位在伊比利亚西北部的奥地利-阿尔卑斯为早迪南期，在巴利阿里群岛和阿尔及利亚为中晚维宪期，在法国南部为晚维宪期，而阿尔卑斯内以及迪纳拉（Dinarid）区域的拉张背景在威斯特法期—石炭纪末期结束（Ziegler，1984）。华力西前陆盆地基本叠覆在华力西弧后盆地北侧的陆架部分，其间只有微弱的不整合，这就是为何我们在前陆盆地的构造层划分中将地槽发育阶段和前陆发育阶段归并成一个构造层的主要原因。

二叠系热沉降构造层 由于盆地形成机制的改变，古二叠盆地完全偏离了前陆盆地的沉积范围。另外泽希斯坦统巨厚的蒸发岩沉积造成了二叠系热沉降构造层底辟构造的普遍发育，这种底辟活动可以向上一直影响到第三系地层，大大增加了这一构造层的复杂性。

三叠纪—侏罗纪裂陷构造层 中生代整个欧洲进入了裂谷断陷发育阶段，形成了另一套含油气系统。尤其是英荷盆地，侏罗纪末期的构造反转，使得原侏罗纪沉积凹陷成为了今日的正向构造单元。

白垩纪—新生代热沉降构造层 一般来说，白垩系和第三系除受到底辟活动影响外，没有经过很强的构造变动。

（二）三层叠合盆地

华力西前陆盆地实际是华力西前陆盆地与古南二叠盆地、中生代—新生代裂谷盆地的叠合盆地。在这里，我们将晚石炭威斯特法期的前陆盆地与泥盆纪—早石炭世迪南期的地槽边缘盆地合并成了一个盆地发育期，简称为前陆盆地（威斯特法阶为盆地主要源岩，泥盆系和迪南统在盆地含油气系统中不占显著位置）。

从剥去二叠系的地下露头分布图（图2.3.9）上可以清楚地看到，上石炭威斯特法阶分布非常广泛，占据了盆地的绝大部分面积。前陆盆地北缘和英荷盆地、西北德国盆地南缘基本以石炭系分布范围为界，东北德国-波兰盆地南缘大致是二叠系分布边界（图2.3.10）。三个盆地之间，英荷盆地与西北德国盆地是以北海盆地的中央地堑为界，西北德国盆地与东北德国-波兰盆地实际上是一个盆地，其间的界限是民主德国和联邦德国的分界。中生界—新生界裂谷盆地覆盖了全区，由于英荷盆地和西北德国盆地的西部侏罗纪末和白垩纪末的构造反转，使得部分地区侏罗纪系和白垩系遭受剥蚀。

（三）二叠系盐底辟构造普遍发育

古二叠盆地为一盐盆，这也是华力西前陆盆地的显著特征。巨厚的盐层使得深拗部位普遍发育了底辟构造（图2.3.11）。盐底辟的发育强度与盐层上覆沉积厚度有关，上覆厚度大于3 000 m的凹陷区是盐株、盐墙的主要分布区（图2.3.12）；上覆层厚度小于3 000 m的凹陷区主要发育盐枕（Salt Pillow）。华力西前陆盆地西部（英荷盆地）泽希斯坦阶的埋藏深度一般小于3 000 m，底辟活动较弱，主要发育盐枕构造（图2.2.13）；西北德国盆地和东北德国-波兰盆地的深拗部位则发育有大量的盐墙和盐

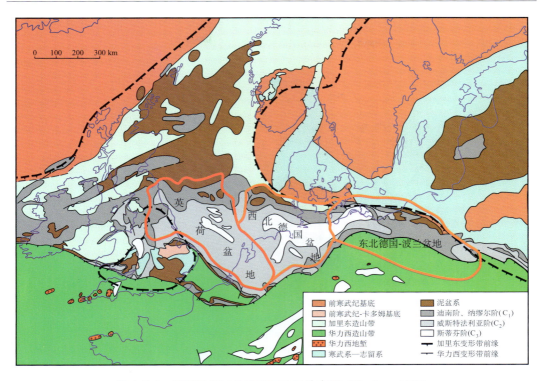

图 2.3.9 西部欧洲二叠系以下地层分布图 (Ziegler, 1982)

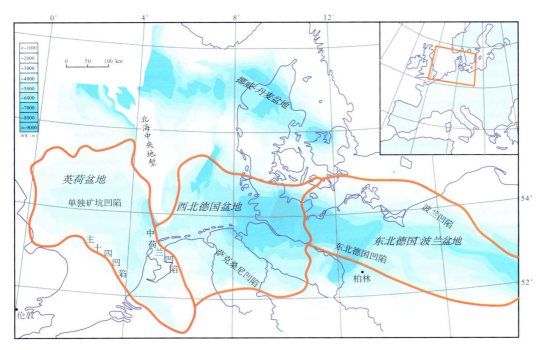

图 2.3.10 西部欧洲二叠系底面埋藏深度图

株（图 2.3.12）。泽希斯坦统盐底辟并不影响其下覆地层的构造，地震剖面上看到的盐枕、盐株之下赤底统往往为背斜构造，实际都是速度陷阱。

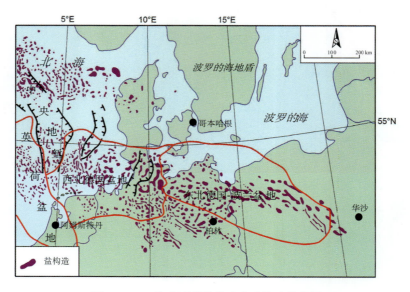

图 2.3.11　华力西前陆盆地底辟构造分布图

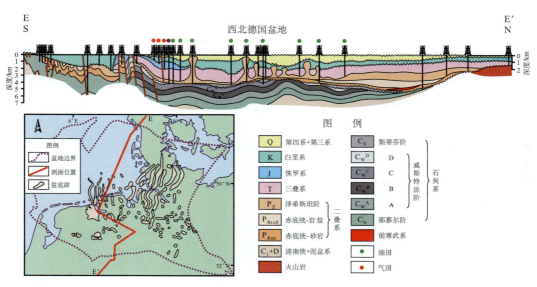

图 2.3.12　华力西前陆盆地底辟构造横剖面图（Decorp，1999）
表示泽希斯坦统在埋藏深度大于 3 000 m 的深凹陷部位，盐墙和盐株构造发育

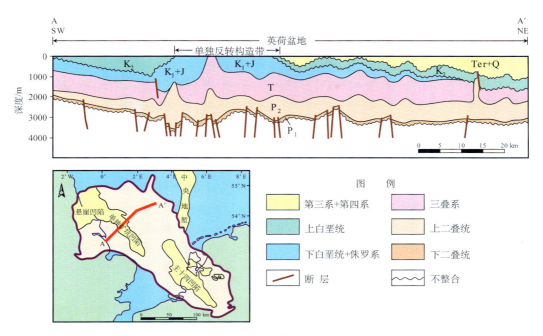

图 2.3.13 英荷盆地构造横剖面 (Ziegler, 1977)
表示泽希斯坦统埋深在 3 000 m 以上, 主要发育盐枕

（四）前陆盆地西部白垩纪末的构造反转

在裂谷盆地中, 裂陷期末的构造反转是常见的地质现象。在华力西前陆盆地中, 其构造反转产生于白垩纪末（相当于热沉降中期）, 与阿尔卑斯期特提斯域地块、华力西褶皱带的碰撞有关。在华力西褶皱带北缘表现为沿褶皱带前缘发生挤压反转, 往往使得中生代凹陷反转隆起。这一现象在英荷盆地最为发育, 以侏罗系为主的悬崖凹陷、单独矿坑凹陷（图 2.3.13）和主十四凹陷（图 2.3.14）都发生不同程度反转。西北德国盆地的萨克森 (Saxony) 凹陷甚至产生了逆断层（图 2.3.8、图 2.3.12）。这一构造反转往往终结了侏罗系源岩的生烃过程, 但在局部地区也为圈闭的发育和油气聚集创造了有利条件（如主十四反转构造带）。欧洲最大的格罗宁根气田的天然气富集也得益于这一期的构造反转。

三、盆地地层与沉积特征

由于盆地中油气储量 90% 分布于上古生界地层中, 在这里, 我们主要介绍上古生界地层与沉积特征。对于中生界地层, 我们在裂谷型盆地中做了较为详细的介绍, 这里不再重复。

在华力西前陆盆地内部, 石炭系及其以下地层埋藏深度都在 4 000～5 000 m 以下, 不是主要目的层, 所以了解的很少, 我们只能以盆地外围对盆地内部进行推测。二叠系

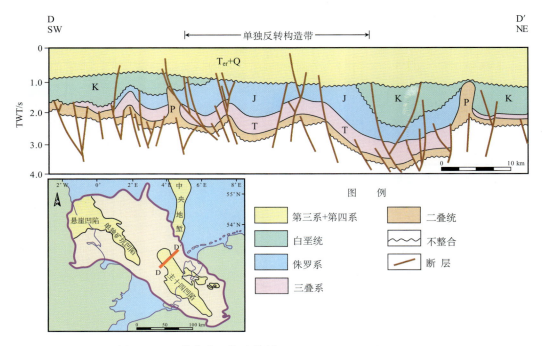

图 2.3.14　英荷盆地构造横剖面（Cameron，Ziegler，1977）

表示主十四侏罗系凹陷在白垩纪末期成为反转构造带

是盆地的主要勘探目的层，资料较为丰富，我们将做重点介绍。

　　泥盆纪—石炭纪那慕尔期，华力西前陆盆地基本处于华力西地槽（弧后盆地）北侧、西欧地台的陆架边缘。我们选择了华力西前陆盆地外围 8 条柱状剖面，用以帮助我们建立区域沉积概念（图 2.3.15、图 2.3.16）。图 2.3.15 是泥盆纪弗拉斯期—法门期沉积相图，其上标注了 8 条柱状剖面的位置：古萨克森图林根盆地处于优地槽部位；西莱茵（W. Rhine）隆起、东莱茵（E. Rhine）隆起和哈尔兹（Harz）山，代表了接近华力西前缘的冒地槽沉积；北部北海盆地-吕根岛-西波美拉尼亚（Pomerania）为西欧地

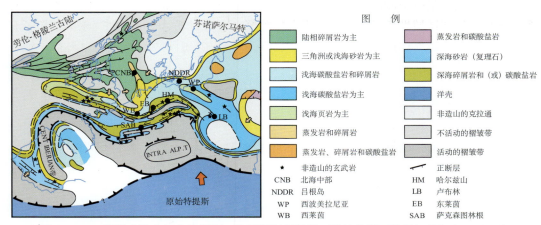

图 2.3.15　欧洲晚泥盆纪弗拉斯期—法门期沉积相图（附柱状剖面位置）（Ziegler，1988）

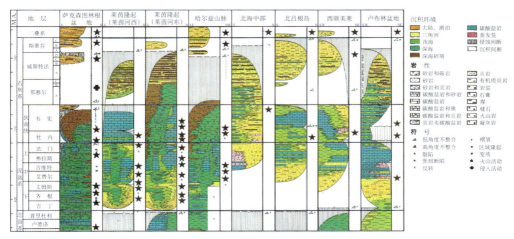

图 2.3.16　华力西前陆盆地周缘地层柱状剖面图（Ziegler，1988）

台和斯堪的纳维亚地块边缘陆架沉积区。

　　萨克森图林根优地槽在泥盆纪沉积了巨厚的深海相复理石，并有大量的喷发岩，早石炭世回返沉积了粗碎屑。西莱茵隆起、东莱茵隆起和哈尔兹山冒地槽，泥盆纪—早石炭世末为深海碎屑岩和碳酸盐岩，在早石炭世末—那慕尔期回返。西欧地台和斯堪的纳维亚地块边缘陆架，泥盆纪—早石炭世靠近北侧为陆架砂泥沉积，接近华力西前缘发育了碳酸盐岩台地。

　　晚石炭世威斯特法期地槽系褶皱隆起前缘部位发育了海陆交互相含煤沉积。

（一）晚石炭世威斯特法阶

　　威斯特法阶是一个砂泥岩互层并夹有煤层的沉积序列，地层区域性南倾，根据地震资料解释在华力西前缘厚达 2 000 m。威斯特法阶在华力西前陆盆地普遍分布，自下而上分为 A、B、C、D 四个单元（图 2.3.17）。

（二）晚石炭世斯蒂芬期

　　石炭纪末期的斯蒂芬阶主要分布在德国西北部海上，称为"EMS"（Emsland）凹陷，其厚度最大 230 m，不整合于威斯特法阶之上。其岩性主要为页岩、细砂岩、粉砂岩，时而含有砾

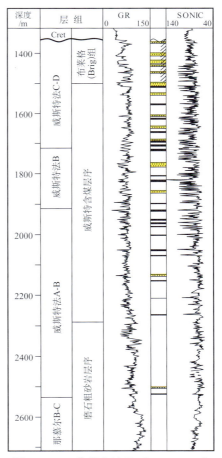

图 2.3.17　英荷盆地 Bijsbergen—1 井威斯特法 A—C 含煤层序典型的岩性组合（Cowan，1989）

岩。晚期气候变得越加干旱，偶尔加有风化土和钙质砾岩。在西北德国盆地发现一些以斯蒂芬砂岩为储层的小型气田。在荷兰地区斯蒂芬阶保存很薄，很难与同样夹有红层的威斯特法 D 相区分。

（三）早二叠世赤底统

赤底统（Rotliegend）在德语中是红层的意思，该地层位于泽希斯坦统地层之下。经典的赤底统沉积序列被保存在后华力西期盆地中，延伸大约 1 500 km，即由英格兰东部直到俄国和波兰边境，习惯称为南部二叠纪盆地。在南部二叠纪盆地的东部地区，赤底统大致可以分为两个截然不同的单元，即上赤底统单元和下赤底统单元（图 2.3.18），它们由萨尔（Saalian）不整合隔开。下赤底统单元的特点是具有一套酸性（流纹岩，熔结凝灰岩）及中性火山岩，而在上赤底统单元中，仅在德国发现有玄武质火山岩，其他地方则很少见到火山岩。位于德国地区的上赤底统单元又可分为两个次级单元：上赤底统 1（UR1），主要分布于德国中部地区，形成时间部分与萨尔阶不整合相当；上赤底统 2（UR2），出现在南二叠纪盆地的德国北部地区，推测其可能延伸到德国其他地区。

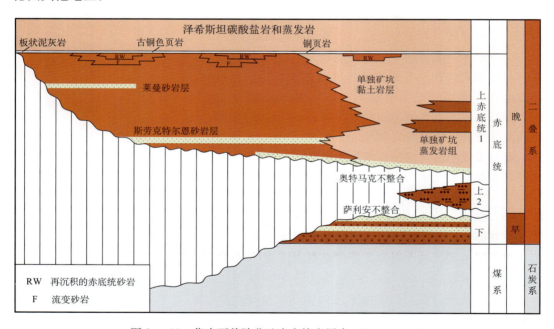

图 2.3.18　华力西前陆盆地赤底统底层表（Gast，1988）

1. 下赤底统

主要包含一套相关的火山岩，但也包含沉积系列，尤其是在德国中部；这些沉积系列主要是在河流相和湖泊相环境下形成的，处于干旱与半干旱的反复交替的气候环境，只有少量的风成活动。

在早二叠纪较短的时间段内（大约 5 Ma 左右），一系列的大体上呈南北走向和北西—南东走向的地堑在欧洲西北部地区广泛发育。大部分地堑被认为是由于与转换拉伸应变相伴随的深部的基性—酸性火山岩喷出所形成的（图 2.3.19）。

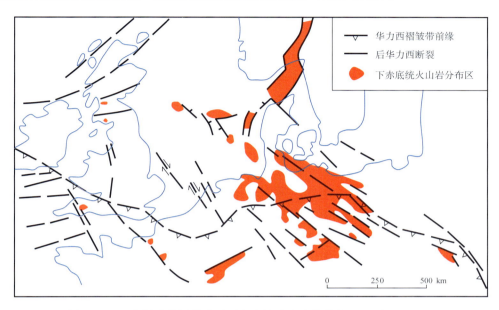

图 2.3.19　奥顿阶断层样式及下赤底统火山岩的分布（Ziegler，1990）

2. 上赤底统

北二叠盆地由于资料的欠缺还做不出完整的相图。南二叠纪盆地的上赤底统地层是由四个明显的岩相带组成，分别是河流（干谷）相、风成相、盐沼相和湖泊相（Glennie，1972）。河流相和风成相分布于盆地周缘，盆地内部为盐沼相和湖泊相（图 2.3.20、图 2.3.21）。其沉积中心东起德国北部，向西延至荷兰北部海上，沉降中心偏东，主要部分位于德国北部陆上，最大厚度达 1 800～2 000 m（图 2.3.22）。

河流相　河流（干谷）相典型相特征是具有干裂和下粗上细的河流相砂岩粒度韵律。风成砂岩通常与河流相互层，河流相砂岩比风成砂岩含更多的泥质成分和原生白云石胶结物，解释为干旱-半干旱环境下的间歇性河流沉积——干谷沉积。干谷成因的砂岩通常沿着赤底统盆地南部边缘分布（图 2.3.23），尤其是在荷兰、德国和波兰。

图 2.3.24 表示了二叠盆地上赤底统盆地边部与盆地中心干谷相、沙漠湖相的岩性特征。干谷相以河流相砂岩和风成砂岩为主，沙漠湖相则以湖相黏土岩和蒸发岩为主。

图 2.3.25 二叠盆地南部赤底统岩性横剖面图更进一步表明了上赤底统和下赤底统的岩性剖面结构，下赤底统以火成岩为主，河流相砂岩只在晚期有所发育；上赤底统上部汉诺尔-维克斯尔湖相泥岩超覆在下部斯洛赫特伦砂岩之上，形成了良好的储盖关系，盆地中 90% 的天然气储集于本层。

干谷沉积物实际上是所有风成砂岩的来源，包含了湖边缘盐沼环境。由于缺少任何

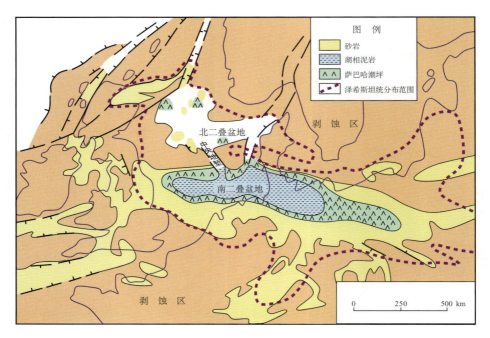

图 2.3.20　欧洲古二叠盆地上赤底统沉积相图（Ziegler，1990b）

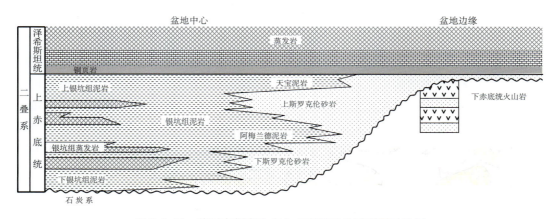

图 2.3.21　德国南部南北向上赤底统岩性横剖面示意图

持续的冲积流，没有形成任何规模的湖边缘三角洲相沉积，处于该环境中的确定的冲积序列通常可能仅为 10～50 cm 厚，仅在局部地区超出 1 m 或者更多。

　　石炭系煤层沉积的潮湿赤道环境到上赤底统沉积的干燥气候的变化，很可能是劳亚古陆与冈瓦纳大陆拼合的结果。下赤底统的河流和湖泊成因为主的沉积物意味着那段时间内，华力西域的气候是相对比较湿润的。上赤底统沉积时南部二叠纪盆地最终占据了赤道北部的纬度位置，受自东而西的干旱季风影响（图 2.3.26），这个地区已经变成了沙漠（相当于现在的北非和阿拉伯沙漠）。萨尔不整合运动与气候变化基本一致。在大

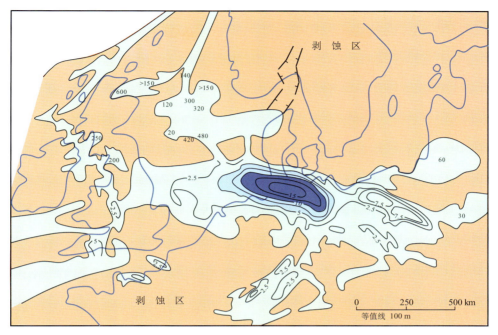

图 2.3.22 欧洲古二叠盆地上赤底统等厚图（据 Ziegler，1982b 修改）

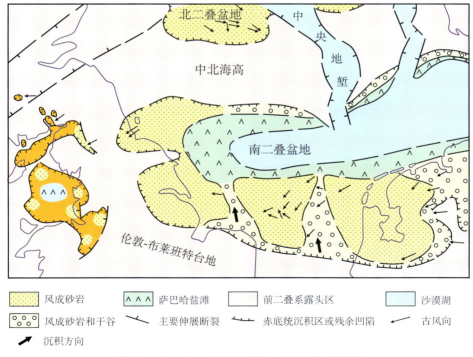

	风成砂岩	∧∧∧	萨巴哈盐滩		前二叠系露头区		沙漠湖
	风成砂岩和干谷		主要伸展断裂		赤底统沉积区或残余凹陷		古风向
	沉积方向						

图 2.3.23 南二叠盆地西部上赤底统沉积相图
(Glennie，1972)

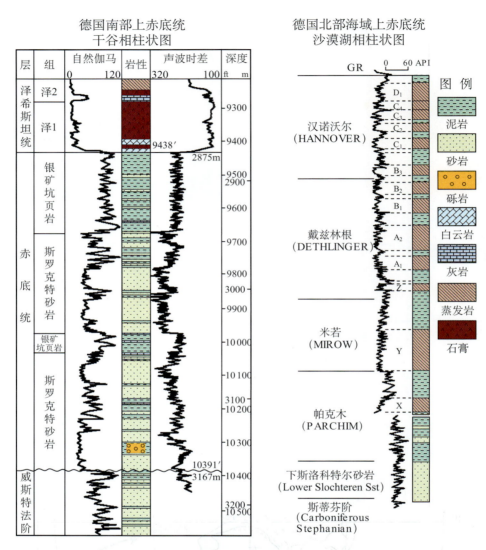

图 2.3.24　上赤底统干谷相和沙漠湖相岩性柱状图（Hedeman et al.，1984）

部分石炭纪和整个二叠纪期间岗瓦纳大陆存在巨大冰帽，赤底统沙漠的气候条件很可能类似于那些北非更新世冰期的信风沙漠：最大冰期强信风持续、间冰期较宽的赤道无风带和弱风期的潮湿气候（图 2.3.27）。

　　湖泊相　湖泊相主要是由红色和棕色的泥岩及少量的粉砂岩组成。在英国水体环境的深水部分，有几个岩盐水平层，但是在德国北部及其相邻的近海水域，多达 16 层的岩盐层厚度超过 450 m（图 2.3.25）。沙漠湖泊相被认为是一个持续的相而不是一个暂时的相。该湖泊的全部范围包括它的萨巴哈边缘，南北范围超过了 200 km，东西超过了 1 200 km（图 2.3.20）。

　　Gebhardt（1994）认为至少在沙漠湖泊的德国部分，沙漠湖基本上是一个连续的盐

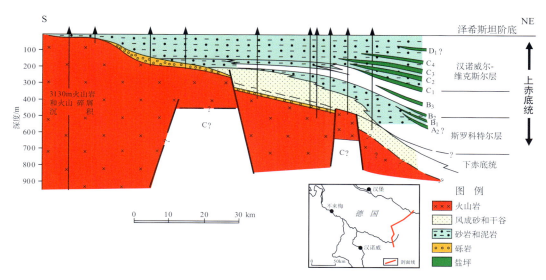

图 2.3.25　二叠盆地南部（德国）赤底统岩性横剖面图（Gast，1988）

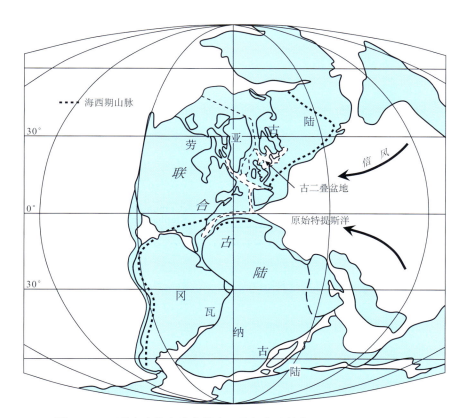

图 2.3.26　联合古陆内地南部古二叠纪盆地的位置（Glennie，1986）

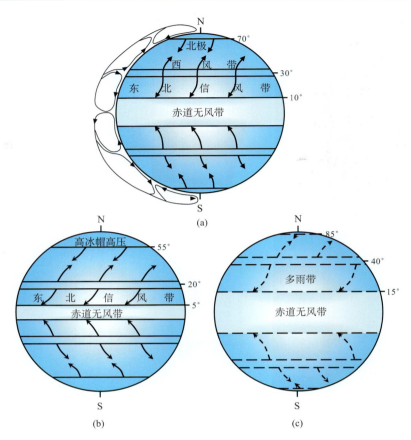

图 2.3.27　与极地冰帽大小有关的地球气压带的位置和宽度（Glennie，1986）

（a）现在的风系；（b）冰期的风系（持续较强的风形成了主要的沙丘系统）；（c）间冰期较弱的风系

类沉积过程。盐类沉积被几次短期的低盐度的海水入侵所间断，这些低盐度海洋动物群到沙漠湖泊中。在几层水平盐层下面，发现的化石是湖泊相的。这些盐岩上部的化石则是海相的，并且在水生生物不能生存的高盐度条件形成之前，向上被淡水河—半咸水生物所代替。

盐滩相（Sabkha）　在沙漠湖泊和更南部的干谷和风成砂岩沉积地区（图 2.3.20、图 2.3.23）之间是一个很宽的成层性不好的黏土，粉砂岩和砂岩沉积，其范围达 20 km 或 30 km 宽，显示了许多萨巴哈特征（如泥裂、砂岩墙、黏附波痕、硬石膏结核）。这些特征综合指示了一个干旱气候下的潮湿沉积表面环境。

（四）晚二叠世泽希斯坦统

泽希斯坦群由晚二叠世的蒸发盐岩和碳酸盐岩组成。泽希斯坦统沉积可能跨越了二叠纪/三叠纪边界，该边界在南中国由一层很薄的斑脱岩确定（大约为 251.2±3.4 Ma）。据估计，泽希斯坦统沉积作用持续了 5～7 Ma。赤底统和一些石炭系的气田极大地依赖于泽希斯坦统盐层的有效封盖。泽希斯坦统顶部和底部通常提供有重要的地震反射信息，为识别含油气地层上部或下部结构提供了重要线索。一些泽希斯坦统碳酸盐岩有很好的孔隙度和渗透率，或是广布的裂缝，具有可观的储存空间。泽希斯坦统碳酸盐岩还具有一定的生烃潜力。

1. 泽希斯坦统的沉积学特征

南部盐岩盆地从东英格兰、穿过荷兰和德国到波兰和立陶宛，已被地震资料证明，在荷兰-丹麦地区，这个组的厚度超过 2 000 m。由于盐底辟、盐株和盐墙的发育，造成了泽希斯坦组地层的强烈变形，很难做出完整的厚度图和岩相图。西部的英荷盆地地层变形较小，可以做出大致的厚度图（图 2.3.28）。

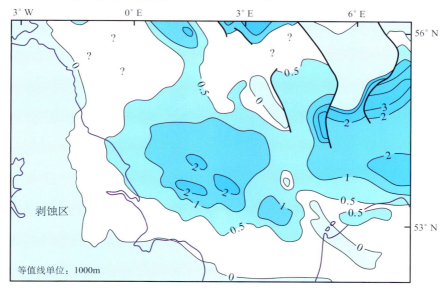

图 2.3.28 英荷盆地和西北德国盆地西部泽希斯坦统等厚图
(Taylor，1981)

南盐岩盆地的地层学划分是基于盐度递增旋回的概念。在南二叠盆地能够分辨出四个主要的蒸发盐岩旋回（$Z_1 \sim Z_4$）。源自于德国的各个岩性单元的命名如图 2.3.29 所示。

"理想"的旋回（Richter-Bemburg，1955，1959）反映了渐增盐度的影响，盐度的变化取决于蒸发过程，同时最初的海侵过程和以后某些时期的海水侵入是控制旋回发育的主导因素。一个典型的旋回底部为薄层碎屑岩，向上依次沉积灰质白云岩-无水石膏-盐岩，最终到达具有高度溶解性的镁盐、钾盐（盐卤）（图 2.3.30）。南部完整的泽希斯坦统（$Z_1 \sim Z_4$）四个沉积旋回可以分为 7 个连续的发育阶段（图 2.3.31）。

泽希斯坦第一旋回（Z_1） 可以分为两阶段。第一阶段是泽希斯坦灰质岩发育阶段，沉积了 3～100 m 的含碳质白云岩、灰岩和泥质岩。盆地边缘带含丰富的腕足类、双壳类、苔藓虫、海百合类和有孔虫类化石，向盆地中心和向上部地层方向逐渐减少。在英国、丹麦、德国和波兰，被叠层石覆盖含苔藓虫-海藻的礁是 Z_1 碳酸盐的重要特

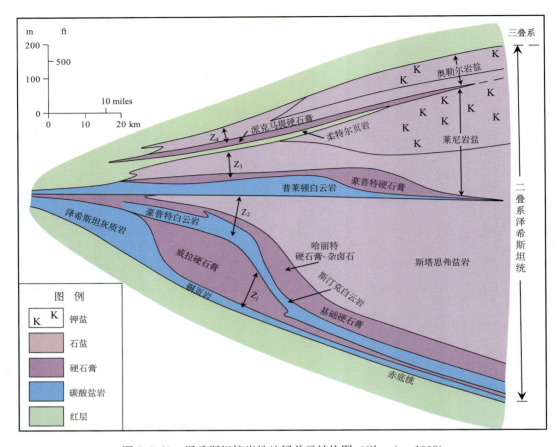

图 2.3.29　泽希斯坦统岩性地层单元结构图（Glennie，1998）

点，在英国诺丁汉郡的露头中发育有点礁和台地边缘礁，台地边缘礁高度可达 100 m，延伸长度达 35 km。第二阶段 Z_1 蒸发盐岩在南二叠盆地周围形成厚达 180 m 的透镜体。主要为含蓝白色无水石膏的棕褐色微晶白云岩，无水石膏具有"瘤""鸡笼网""镶嵌"结构和条带结构。无水石膏的比率随着威拉组厚度的增加而减少。在荷兰以东地区下威拉（Werra）组的顶部发现有小型盐岩岩体（可能是起源于盐湖相）。在荷兰、德国和波兰，威拉组盐岩增厚并且最终伴生出现了钾盐。

　　泽希斯坦第二旋回（Z_2）　底部豪普特白云岩包含有 30～90 m 的浅水相到潮间带的白云岩，代表特征是含有鲕粒或球粒，双壳类、腹足类、有孔虫类、介形虫类构成的动物群在局部地区出现。在波兰海滨，在坡度 11°～14° 边缘的 Z_2 "点礁"和"环礁"能够在地震波剖面中识别出来。在波兰、德国、荷兰的豪普特（Haupt）白云岩地层的堡礁相的和鲕粒白云岩中都发现了天然气田。向上是哈丽特硬石膏、杂卤石沉积阶段，这组地层沉积厚度较薄与上覆的斯塔思弗（Stassfurt）组为渐变关系。上部斯塔思弗蒸发岩，是泽希斯坦统盐岩建造的主要的流动组分，在盆地边缘厚约 90 m 的杂岩带，由无水石膏层、盐岩、杂卤岩（在斜坡断层前段）和硫酸镁石组成，在盆地中心，初始厚

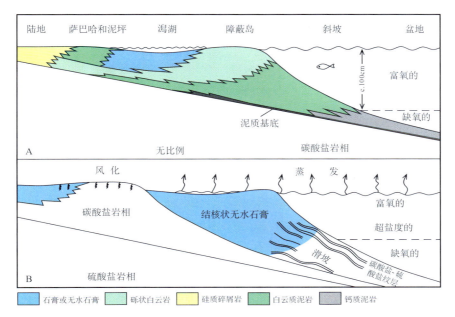

图 2.3.30 泽希斯坦统碳酸盐-蒸发盐旋回的概念模型（Richter-Bemburg，1955，1959）

A. 碳酸盐阶段，盆地接近正常的盆地盐浓度；B. 蒸发盐早期阶段，沿盆地边沉积厚的石膏

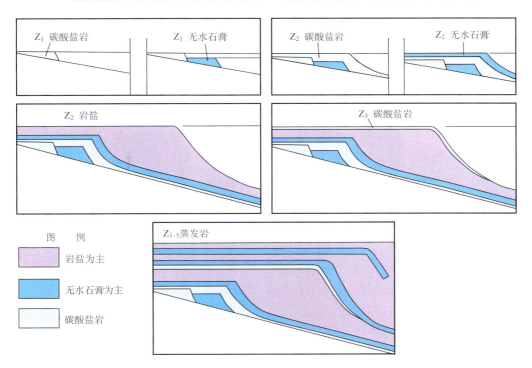

图 2.3.31 泽希斯坦统层序累积过程示意图（Taylor，1980）

度可能超过 1 400 m (Christian，1969)。Z₂ 蒸发盐岩顶部广泛分布的钾盐。

泽希斯坦第三旋回（Z₃） 　　底部为普莱顿（Platten）白云岩，浅滩相地层最厚处可达 75～90 m，其底部在测井资料上为一普遍存在的高伽马峰值（图 2.3.32）。普莱顿白云岩为浅水安静环境（潟湖或局限的浅滩）沉积，主要由灰色微晶白云石组成，含有薄层页岩层，管状钙质藻类的岩席非常典型，微体化石和双壳类局部地区富集。向上是豪普特硬石膏组，在南部二叠盆地的 Z₃ 浅滩碳酸盐的顶部含有海藻（蓝绿藻）和瘤状无水石膏，向上逐渐过渡并为豪普敦无水石膏地层（主要是无水石膏），边部厚度约 3 m，到莱普顿白云岩边缘增厚至 45 m。第三旋回的岩盐段称为莱尼组，盆地边部厚 30～150 m，盐岩中混合或夹有厚层钾盐。

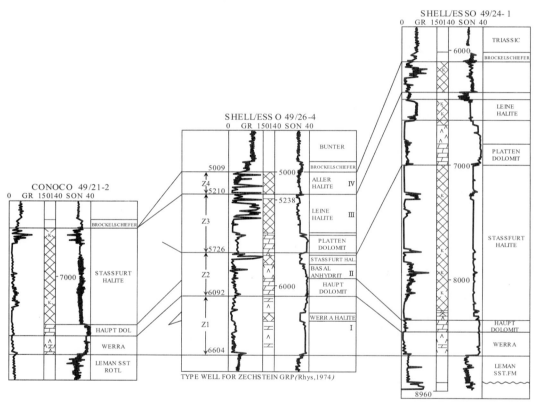

图 2.3.32　南二叠盆地西部海域泽希斯坦统测井曲线对比图（Glennie，1998）

泽希斯坦第四旋回（Z₄） 　　北二叠盆地一般缺失硬石膏沉积单元，派格马提（Pegmatit）无水石膏组广泛分布在南部盐岩盆地的边缘周边，但厚度不大。奥勒尔（Aller）岩盐在南二叠盆地的中部厚度约 90 m，分布有钾盐、光卤石和红色泥岩（图2.3.32）。

南二叠盆地有些地区发育有第五旋回，与第四旋回相隔一薄层红色泥岩，第五旋回由无水石膏组成，全部总厚度仅为 6 m。

前陆盆地东部波兰地区，泽希斯坦统地层变形较轻，瓦格纳尔编制了波兰泽希斯坦统岩相图（图 2.3.33），表明了泽希斯坦自下而上（P$_{Z1}$～P$_{Z4}$）的沉积演化。在南二叠盆地东部波兰泽希斯坦组总体上为一个海退沉积过程，早期第一旋回（Z$_1$）是盆地沉积范围最大的时期，碳酸盐岩相-硬石膏相-浅水盐相-深水盐相呈环带状分布；第二旋回（Z$_2$）各相带依然存在只是盆地范围缩小；第三旋回（Z$_3$）不但盆地范围继续缩小，而且陆源沉积物增加，边缘的碳酸盐岩相被盐和粉砂沉积替代；第四旋回（Z$_4$）陆源物质进一步增加，盆地中心的岩盐相中也夹有陆源沉积物。南二叠盆地是一个典型的蒸发岩沉积盆地，自下而上由碳酸盐岩-硫酸盐-钠盐-钾盐构成完整的蒸发序列。第二旋回是岩盐沉积最厚的时期，也是造成后期底辟活动的主要盐体。

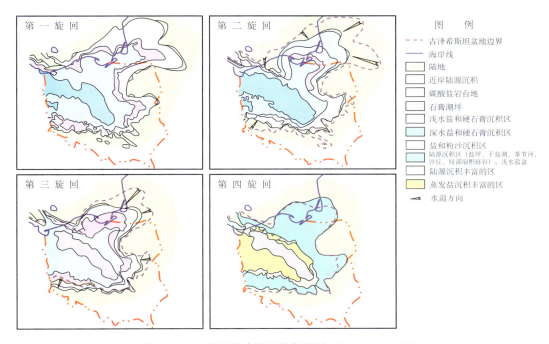

图 2.3.33　波兰泽希斯坦统岩相图（Glennie，1998）

2. 泽希斯坦统岩盐的运动学特征

泽希斯坦统盐运动作为控制沉积和油气圈闭的主要因素，有着复杂的构造发育过程。关于盐的流变性能的知识有助于理解盐体发育的原因，以及从地震剖面上正确解释它们的形状。

岩盐移动之前，必须有一个临界最小负载或一个最小盐厚度。Jackson 和 Talbot（1986）的研究结果显示，盐表现为一种非牛顿流体（其黏性随应力变化）。由于等效黏度极高，因此只有达到一个最小应力时，盐体才能流动，尽管运动可能太慢而无法察觉。

当盐被埋藏时，其体积密度保持在 2.2g/cm^3 左右，而其他沉积物的密度随深度增加而增大。因此，在深度达到一定数值之后，盐密度小于负载层，则有可能在浮力作用下隆起，此深度在 600～1 000 m，取决于沉积物的原始密度。

（1）盐的初始运动

引起运动的所必需应力的四个主要因素，在不同海拔分别是盐、覆盖层不连续面、差异负载和地壳运动。其中，差异负载可能是最普遍作用的因素，基底断裂是很重要的原因，丹麦中央地堑的盐刺穿在地堑的基底平行断层和横切断层交叉处最为发育（Remmelts，1996）。在挪威—丹麦盆地中 86 个已识别的盐构造中，只有 5 个与基底断层有关。Vendeville 和 Jackson（1992a）的模型工作表明盐底辟是在脆性覆盖层中的张裂作用下形成的，而非盐底板上必须有断层存在。

近来，世界上更多地强调盐岩从盆地边缘向盆地中心的运移的运动模型。在英国海域 Z_3 盐层发现，未形变的大规模石盐席和透镜体的差异侧向运动中发生整体运动，这些石盐以不同的速度在由石盐组成的滑动面间彼此滑动。

“压溶”是盐变形的一种重要的内部机制（Spiers et al.，1984，1986）。如果断层位移速度足够快，断面上以包裹体和晶间膜方式存在的极其微量水，能降低运动黏度数个数量级，使得盐能够显示出脆性。

（2）盐构造发育

按照“经典”观点（主要是在德国发展起来的），盐上覆盖层中任何失衡，都可引起盐从载荷大的地方向载荷小的地方流动，形成了盐“隆”或盐“枕”及旁侧的边缘沉陷（图 2.3.34）。差异抬升和沉降之后，来自抬升地区的侵蚀产物沉积在邻近的边缘向斜，持续不均衡，负载层的穿刺也许将变为底辟构造-盐株，如果被拉长则变为盐“墙”。在近来实验基础上，Spiers（1994）提出浮力驱动的盐枕只在压溶蠕变作用下开始形成，压溶蠕变和位错蠕变可能在盐底辟作用期间轮流占主导地位。

底辟构造上升速度最高能达到 530 m/Ma，但通常为 200～300 m/Ma。这为泽希斯坦统盐岩的上升提供了充足的时间，使得盐岩可从 3 000 m 深处上升到现今的海底。由于各种原因，更多的构造并没有发育到这种程度，一些盐枕直到晚白垩世仍保持静态。

（3）底辟构造发育的阻滞

一个底辟构造的上升，也许会因为源层的枯竭或上部与下部岩层的区域性闭合而停止。如果覆盖层是塑性，并足够薄弱，边缘沉陷变形造成静水压力，进入底辟构造的物质流动在早期阶段就会被截止。如果覆盖层是脆性的，在底辟构造的向上运动中，底辟构造会与覆盖层碰撞，

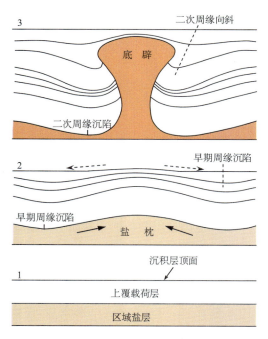

图 2.3.34　盐枕和底辟发育阶段图解
（Trusheim，1960）

如果覆盖层强度足够，那么运动则会被中断。然后盐也许会侧向侵入强度较弱的地层。

（4）个别盐层的优先运移

并非所有的泽希斯坦统盐岩都是一样流动的。无水石膏和杂卤石相对固定，而石盐、钾盐及特别是光卤石流动更容易。由于 Z_3 和 Z_4 石盐所含杂质多于 Z_2 石盐，Z_2 的厚层纯净石盐形成了北海南部的大多数盐构造。

盐体运动时间和速度的不同，可以导致构造和沉积结构的复杂化。

在图 2.3.35 中，覆盖层抬升导致侏罗系层序在左侧盐枕之上整体缺失。另一方面，右侧盐枕直到晚白垩世才开始发育。盐分运移持续到第三纪早期以后。这一实例说明在不同地方，引起盐运动的事件是不同的，尽管具有相似的埋藏深度和厚度。

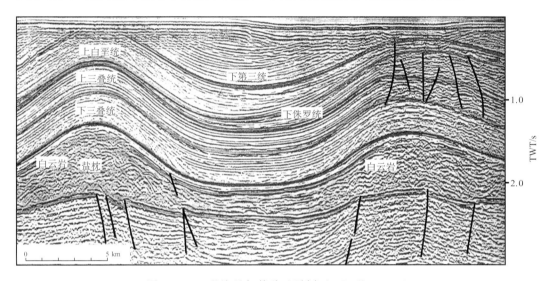

图 2.3.35　北海叠加偏移地震剖面（Reilly，1992）

显示两个盐枕（Ze）的不同开始时间

从图 2.3.36 中，可以明显看出两个相邻底辟构造在演化上的区别，它们的发育阶段可由其侧向边缘沉陷推演出来。在左侧盐枕之上，只有第三系底部较小的张性断层，而右侧底辟的峰脊受到更强的错断，包括穿过断层的相对垂向运动，伴随着可能与溶解作用有关的上覆地层塌陷。到古近纪末，这一地区底辟构造的盐分运移最终完全停止。

图 2.3.37 中，盐流动生成盐墙，宽约 3 km 的盐墙几乎伸展到海底。圈定侏罗系侧向地层的抬升和侵蚀边界的构造关系表明，底辟构造发育在早白垩世时经历了一个盐枕阶段。盐分运移很好地持续到第三纪，但从盐墙右边剖面的盐缺失来看，现今盐体活动可能已经终止了。在盐墙左边，底辟作用形成的前白垩纪构造过于复杂，因而仅通过地震资料无法解释。

（五）盆地的基本石油地质特征

在英国、荷兰、德国和波兰的陆上和海上广泛分布石炭系—二叠系地层。石炭系威斯特法阶含煤层系与上覆赤底统砂岩、泽希斯坦统蒸发岩，自然地构成了良好的生-储-

图 2.3.36　北海叠加偏移地震剖面（Reilly，1992）

古近纪末刺穿生长结束，刺穿是由盐的完全运移和盐体边缘沉陷引起的

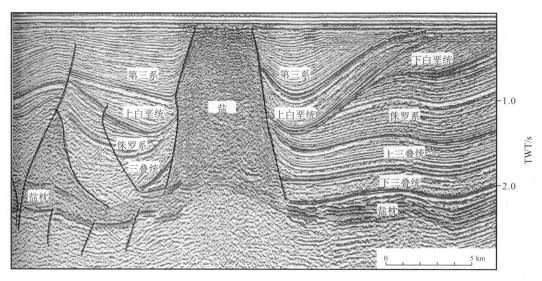

图 2.3.37　北海叠加偏移地震剖面（Reilly，1992）

表示盐墙从白垩纪到早第三世的发育，由边缘沉陷确定

盖组合。

1. 源岩

　　威斯特法阶是一个砂泥岩互层并夹有煤层的沉积序列，在华力西前缘厚达2 000 m，是华力西前陆盆地的主要气源岩。

（1）沉积特征

威斯特法阶自下而上分为 A、B、C、D 四个单元：

A、B 段的沉积发育　A、B 段为近海平原沉积，发育有淡水沼泽和微咸水潟湖。曲流河携带陆源物质进入平原，决口扇砂岩与潟湖相沉积互层。几个海相层进一步将 A、B 段分为几个旋回。物源分别来自南北两个方向。在北海南部和西北德国已知有 98 个煤层。A_1 段煤层占其总厚的 2%～2.5%，A_2 段煤层占 5.5%～6%；B_1 段煤层占 4%～4.5%，B_2 段煤层占 5%～6%（Lokhorst，1998）。向北随着砂岩的增多，煤层减少。

C、D 段的沉积发育　最后一次海侵之后，盆地轮廓随着气候发生了改变，靠近南缘断层沉降速度加快，并有更多的砂质输入。在西北德国，威斯特法 B_1 期—威斯特法 C 期，砂岩比例由 12% 增加到 60%。气候从威斯特法 C 的中期逐渐变得干旱。下威斯特法 C 煤层仍然很频繁，但随后煤层的厚度和层数都有所减少，这种趋势一直延续到威斯特法 D，并且红层（红土和钙质砾岩）频繁出现。水系的流向由西转向北，海水向西的入口关闭，地形高差变得更显著，侵蚀基准面下降，在高湾河流相之上发育了辫状河流相（David，1990；Sedat，1992）。在 C 段除煤层之外，黏土夹层普遍存在分散有机质，并且总有机质数量可能还高于煤层（Lokhorst，1998）。

（2）有机质含量和类型

英荷盆地威斯特法煤系地层在英荷盆地厚达 1 000 m，威斯特法 A 单个煤层厚 0.5～5 m，约占地层厚度的 5%；威斯特法 B 和 C 约占地层厚度的 6%。煤层的总有机碳含量可达 70%，泥岩有机质含量较低。煤可分为两类：高木质含量的煤是好的气源岩，混有菌藻类的煤是最好的气和凝析气源岩。藻烛煤和淡水油页岩是潜在的油源岩。

西北德国盆地煤层厚度平均占威斯特法阶总厚度的 5%。在 C 段，除煤层之外，黏土夹层普遍存在分散有机质，并且总有机质数量可能还高于煤层。

东北德国-波兰盆地威斯特法煤层为 III 型干酪根，TOC 含量达 90%。

（3）有机质演化程度

欧洲西北部的石炭系煤级从亚烟煤变化到超无烟煤。大部分气体生成都发生于镜质体反射值在 1%～3%（图 2.3.38），即从中挥发分烟煤-无烟煤。

在华力西前缘的北部，许多地区在经

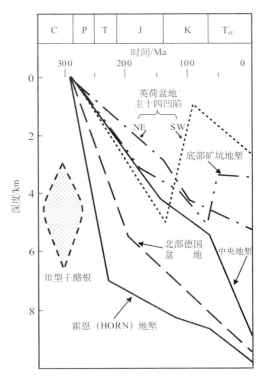

图 2.3.38　南二叠盆地中威斯特法阶顶部源岩的埋藏历史曲线对比图（Glennie，1981）

历了华力西造山运动后仍保存相对完好的气体生成潜力（即镜质体反射率 Ro 值小于 2%），正是这些地区应当被认为在后期的埋藏作用中产生更多的油气。

第二个主要的后华力西埋藏区域是在德国北部、丹麦南部，该地区是荷兰东北的格罗宁根（Groningen）大气田的主要来源。利用成岩伊利石的 K/Ar 定年技术估计出，第一次气体注入格罗宁根气田北部边缘，发生于晚侏罗世—早白垩世（约 120～150 Ma 前）。

格罗宁根气田天然气组分构成——C_1 81%，C_2^+ 4%，N_2 14%，CO_2 1%，凝析气含量小于 $1.0 \text{ m}^3/10^6 \text{ m}^3_{\text{gas}}$。

南二叠盆地可以归纳为三种埋藏史类型：持续沉降型，弱反转型和强反转型（图 2.3.39）。

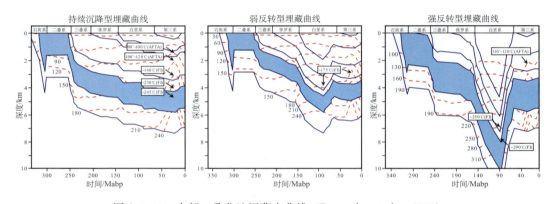

图 2.3.39　南部二叠盆地埋藏史曲线（Petmecky et al.，1999）

持续沉降型指盆地中部，一般现今泽希斯坦阶底面埋深达 4 000 m 以上，威斯特法阶源岩在二叠纪就进入了煤成气阶段（80℃）。煤成气阶段可以一直延续到第三纪早期。进入第三纪虽然盆地沉降幅度不大，但由于古地温升高，导致地温急剧上升，使得威斯特法阶进入凝析气阶段（80～180℃）。

弱反转型是指白垩纪早—中期沉降较快，晚白垩世发生构造反转。威斯特法阶源岩在二叠纪就进入了煤成气阶段，侏罗纪末进入凝析气阶段（180～250℃），白垩纪晚期退火返回至煤成气阶段。

强反转型白垩纪早—中期快速沉降（沉降幅度可以超过 4 000 m），白垩纪沉降期威斯特法阶源岩进入了裂解气阶段（＞250℃）。白垩纪末期的反转将白垩系全部剥蚀，威斯特法源岩又返回到煤成气阶段。

上述三种埋藏类型中，反转型的沉降区在反转期及其以后生烃过程实际上都已终止，反转期后的烃类主要靠临近的持续沉降区补给。

格罗宁根气田的沉降过程不同于上述三类，其反转期主要在侏罗纪末期，构造反转前威斯特法阶源岩尚未进入生烃门限，直到第三纪格罗宁根气田的石炭系才进入生烃门限，并尚未进入热解-热裂解气阶段（图 2.3.40）。格罗宁根气田的石炭系称为林伯格组（Limburg Group）岩性主要为河流-三角洲砂泥岩互层夹煤层和灰岩，下部为那慕

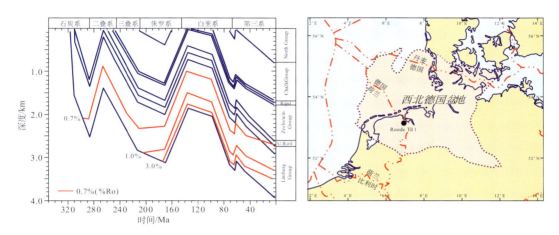

图 2.3.40　格罗林根气田埋藏史曲线和生烃史曲线（Rijks Geologische Dienst，1995）

尔 A 段，上部属那慕尔 B—威斯特法 C 段地层，顶部可能还包括有威斯特法 D 段地层。威斯特法 C 段煤层和炭质泥岩是主要源岩。格罗宁根气田凝析气含量为 $1.0~\text{m}^3/10^6~\text{m}^3_{\text{gas}}$，说明临近的凹陷（源区）已经进入热解—热裂解的凝析气阶段。

2. 储层和盖层

华力西前陆盆地自石炭系—古近系都有储层发育，80％～90％的油气储量集中分布于二叠系中，下面我们主要介绍二叠系储层，对其他次要储层只作简单描述。

（1）石炭系

石炭系在盆地中仅仅是一个次要储层，分布在石炭系中的油气储量，不到整个华力西前陆盆地总储量的 10％。石炭系的油气主要分布在威斯特法阶底部的河流-三角洲砂岩中，其孔隙度一般为 3％～19％，渗透性为 0.1～11 mD[①]（平均 1.87 mD）。在南部 Hewett 大陆架上的威斯特法阶红层物性较好，平均孔隙度为 14％～20％。

在北海南部地区石炭系砂岩储层经历了复杂的成岩作用，压实作用、早期石英的沉淀以及白云石的胶结作用导致主要孔隙度的降低。实际上，所有观察到的孔隙都是次生的，两期的溶解影响了碳酸盐胶结以及碎屑长石。威斯特法阶本身是一个砂泥岩频繁交互的平原河流沉积，其本身的页岩就是局部盖层。

（2）二叠系

二叠系是盆地的主要储层，其油气发现可占全盆地总储量的 80％～90％，其中又以赤底统为主，泽希斯坦统中的储量只占 10％左右（表 2.3.4～表 2.3.6）。

---

① 1D＝$0.986~923 \times 10^{-12}$ m^2

表 2.3.4　西北德国盆地石油储量的地层分布表（据 IHS，2007 统计）

地层	占天然气总储量/%	占石油总储量/%
二叠系	90	59
侏罗系	10	12
白垩系	0	29

表 2.3.5　东北德国—波兰盆地油气地层分布表（据 IHS，2007 统计）

地层	油气类型	储量/m³	比例/%	烃类/%	油气田个数
赤底统	气	$3\,535.35\times10^8$	72	64	104
泽希斯坦统	油	$0.315\,2\times10^4$	100	32	173
	凝析油	$0.051\,3\times10^4$	99		
	气	$1\,240.00\times10^8$	25		

表 2.3.6　英荷盆地油气储量的地层分布表（据 IHS，2007 统计）

地层	油		凝析油		气		油气田个数
	储量/$10^4\,m^3$	比例/%	储量/$10^4\,m^3$	比例/%	储量/$10^4\,m^3$	比例/%	
石炭系	0.116 4	9.6	0.027 5	3.4	1 801	7.1	114
二叠系	0.008 7	<0.1	0.671 0	82.1	20 683	81.4	333
三叠系	0.103 2	8.5	0.117 0	14.3	2 814	11.1	69
侏罗系—白垩系	0.977 9	81.1	0.001 6	0.2	98	0.4	38
合计	1.206 2	99.2	0.817 1	100	25 397	100	554

二叠系赤底统砂岩　这是盆地中最好的储层，砂岩形成在赤底统层序中部风成沉积部位，在这些地方，由于储层没有被成岩作用破坏，其孔隙度大约为 25%，平均渗透率超过了 100 mD。下部混合的风积和干谷层序经历过早期的胶结作用（图 2.3.41）。

在英荷盆地砂岩储层中，风成沙丘的孔隙度为 15%～20%，渗透率为 10～1 000 mD；在邻近的潮上滩含油砂岩中，孔隙度和渗透率分别降到了 5%～17%和0.1～10 mD（Myre et al.，1995）。

从干谷洪积砂到沙丘顶、底和崩塌斜坡储层物性显著变好，沙丘内部的盐坪和与泽希斯坦接触部位由于碳酸盐岩胶结物增多（白底板 Weissliegend）物性变差（图2.3.42）。

纤维状伊利石胶结物是成岩过程中的产物，它大大降低了孔隙率和渗透率。伊利石的形成和酸性地层水有关，这些酸性水是由于石炭纪沉积物的压实作用和煤层的成熟作用产生的。伊利石在主要的断层带附近非常富集，在英国，破坏渗透率的纤维状伊利石发育在水下 3 000 m 以下的深度。在德国的赤底统分布地区，伊利石胶结的砂岩中，虽然孔隙度高于 10%，但渗透率不超过 1 mD。发育绿泥石反应边的砂岩，渗透率一般高于 100 mD。绝大多数德国北部赤底统分布地区的天然气和最优质的储层出现在海滨线

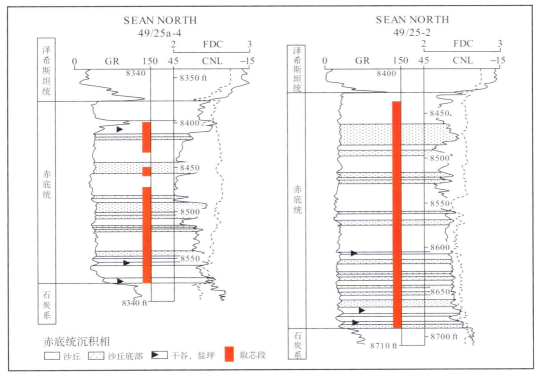

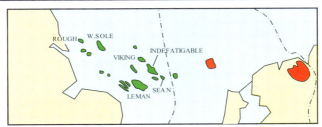

图 2.3.41 Sean 气田赤底统风成砂岩的电测曲线特征（Ten Have，Hillier，1986）

图中测井曲线 FDC 为补偿底层密度测井，CNL 为双源距补偿

的砂岩中。这些砂岩，很可能是潮上滩类型，带有很大的风积成分，具有放射状充填的绿泥石胶结物和良好的孔隙度。德国赤底统天然气储层的物性是最好的（Gast，1991）。导致此种情况产生的原因很可能是因为产生在潮上滩碱性地下水之中的绿泥石，抑制了晚期胶结作用。在潮上滩砂岩相的外部边缘，绿泥石非常富集，和红色页岩相互夹杂，这种情况在湖泊边缘非常普遍。

泽希斯坦统 在波兰，Z_1 的鲕粒岩和鲕状浅滩白云岩形成了具有商业价值的气藏（Depowski，1981）。有效孔隙度为 6%～13%，有时孔隙度甚至可达 30%，渗透率范围为 100～200 mD，很少达到 1 000 mD。在丹麦，点礁和白云泥岩中有大约 24 m 的潜在净储集岩，孔隙度为 12%～30%，渗透率范围为 10～100 mD。

在波兰、德国、荷兰的 Z_2 组 Haupt 白云岩地层的浅滩相提供了具有经济价值的油

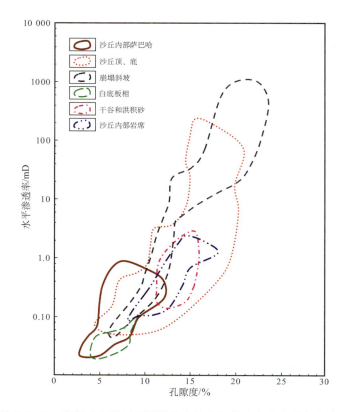

图 2.3.42　底部矿坑地区不同的赤底统岩相孔隙度和渗透率的关系

气藏，主要来自堡礁相的 oncolitic 和鲕粒状岩床、前堡礁的局部高地和后堡礁潟湖。在荷兰和丹麦的钻井岩芯的孔隙度在 15%～30%，渗透率可达 100 mD，储层净厚度有 10～20 m。

　　在 Z_3-Z_4 地层中很少发现有效的储层。

　　受 Z_1-Z_2 碳酸盐岩相带分布的控制，泽希斯坦统油气发现主要分布在盆地周缘碳酸盐岩台地上，盆地南缘以天然气为主，盆地北缘以油为主（图 2.3.43）。

　　泽希斯坦蒸发岩是赤底统砂岩的良好区域性盖层。

　　（3）三叠系

　　三叠系沉积物主要为红色岩层，包括典型的冲积扇、河流相、风成相、潮上滩、湖成相和浅海相。在华力西前陆盆地中三叠系的油气主要分布在英荷盆地中，其天然气储量可占英荷盆地总储量的 11%。

　　西荷兰凹陷是三叠系的主要含气区，下三叠统本特（Bunter）砂岩是主要储层。其上的道斯英（Dowsing）组蒸发岩是良好盖层（图 2.3.44）。

　　本特组砂岩储集层在英荷盆地艾斯蒙德（Esmond）气田，纯产油层为 80 m，储集层总厚度为 104 m。储层物性良好，冲积平原辫状河砂岩孔隙度一般为 15%～30%，渗透率最高达 100 mD（图 2.3.45）。

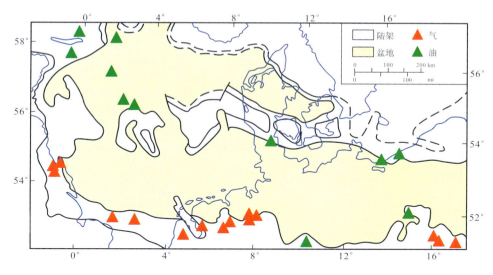

图 2.3.43　南、北二叠盆地泽希斯坦统油气发现的分布图

（4）侏罗系和白垩系

侏罗系和白垩系是西北德国盆地和英荷盆地的主要含油层。在西北德国盆地侏罗系和白垩系的石油储量占盆地石油总储量的 51%。英荷盆地侏罗系和白垩系的石油储量占盆地石油总储量的 80%。

西北德国盆地的中侏罗统道格（Dogger）组是一种重要的储层类型，特别是在中生界裂陷中和盐墙间的小洼陷内，它占据了盆地油储量的 10%。道格浅海相砂岩可以分作 10 个单独的砂岩储层，储层物性差别很大，河口坝顶部砂岩变粗，孔隙度可>20%。次生孔隙往往使得砂岩孔隙度得以提高。河道砂体续断分布于泥岩之中，未能形成良好储层。上侏罗统毛姆（Malm）组的石油占盆地石油总储量的 10%，主要分布在萨克森凹陷，储层为基默里奇阶（毛姆组）下部的浅海相砂岩和中上部的碳酸盐岩。毛姆组灰岩储层由介壳灰岩、鲕粒灰岩和少量白云岩组成，总厚不到 10 m，灰岩孔隙度 10%~20%（平均 16%），渗透率 1~100 mD（平均 29 mD）。海相砂岩储层孔隙度 5%~22%（平均 16%），渗透率平均 300 mD。下白垩统奥斯宁（Osning）砂岩是德国萨克森凹陷的主要含油层之一，它占据了盆地总石油储量的 29%。浅海相丹兰吟阶（Valanginian）砂岩厚 4~55 m，在下萨克森凹陷形成很好的储层，孔隙度一般在 10%~40%（平均 23%），渗透率 1~10 000 mD，平均 1 500 mD。

英荷盆地的中央荷兰凹陷、主十四凹陷、西荷兰凹陷和罗尔湾地堑，下侏罗统—早白垩统弗里兰德砂岩与中白垩统阿普特—阿尔必阶艾瑟尔蒙德组砂岩是主要储层，它们占据了英荷盆地石油储量的 80%。弗里兰德砂岩是一个牛津期—丹兰吟期穿时的海进沙洲、沙坝砂岩，砂岩净厚度 10~50 m，平均孔隙度 20%~28%，渗透率 500 mD。艾瑟尔蒙德组是陆相或海陆交互相灰色和杂色黏土岩、黏土质砂岩偶尔夹有煤层。不同的构造沉降区还有辫状河沉积，其上湖相页岩和煤层。主十四凹陷为细—中粒砂岩与粉砂

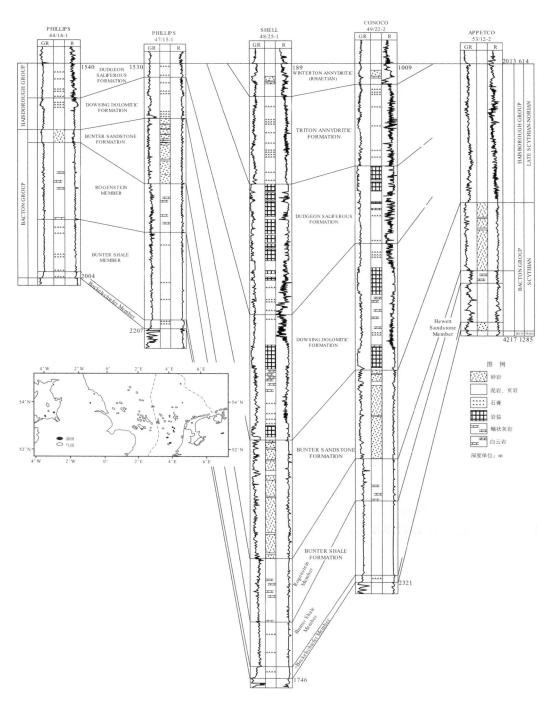

图 2.3.44　英荷盆地三叠系地层对比图（Cameron，1993a）

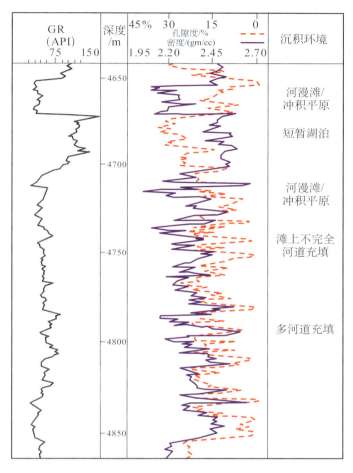

图 2.3.45　艾斯蒙德气田本特组测井曲线图

岩、黏土岩互层。西荷兰凹陷是平原河流相中-粗粒砂岩，孔隙度10％～27％，渗透率100～3000 mD，净砂岩厚度可达300 m。

3. 含油气圈闭

华力西前陆盆地的主要含油气圈闭类型为构造型圈闭。西北德国盆地纯构造型圈闭天然气储量占盆地天然气总储量的83％（表2.3.7），中生界构造型圈闭的石油储量占盆地石油总储量的40％（表2.3.8）。东北德国-波兰盆地油气圈闭类型几乎全为岩性-构造油气藏，二叠系占据了油气总储量的96％，赤底统占据了天然气储量的72％，泽希斯坦统占据了全部石油和凝析油的储量（表2.3.9）。英荷盆地94％的天然气储量存在于构造型圈闭中，构造型圈闭中的石油和凝析油储量分别占盆地总储量的88％和98％（表2.3.10）。

表 2.3.7　西北德国盆地天然气储量分布表（据 IHS，2007 统计）

地层	圈闭类型		地层占盆地储量/%
	类型	占盆地储量/%	
赤底统	赤底统构造气藏	75	80
	赤底统构造-岩性气藏	5	
泽希斯坦统	泽希斯坦构造气藏	8	10
	泽希斯坦岩性-构造气藏	2	

表 2.3.8　西北德国盆地石油储量分布表（据 IHS，2007 统计）

地层	圈闭类型		地层占盆地储量/%
	类型	占盆地储量/%	
侏罗系	道格组构造油藏	10	22
	里阿斯构造-不整合油藏	2	
	毛姆组构造油藏	10	
白垩系	下白垩统构造油藏	20	29
	下白垩统岩性油藏	6	
	下白垩统构造-不整合油藏	3	

表 2.3.9　东北德国-波兰盆地油气分布表（IHS，2007）

地层	圈闭类型	油气类型	储量/$10^4 m^3$	比例/%	烃类/%	油气田个数
赤底统	赤底统岩性-构造	气	3 535	72	64	104
泽希斯坦统	泽希斯坦构造-岩性	油	0.315 2	100	32	173
		凝析	0.051 3	99		
		气	1240	25		

表 2.3.10　英荷盆地油气圈闭类型储量分布表（IHS，2007）

地层	圈闭类型	油气类型	储量/$10^4 m^3$	比例/%	油气田个数
石炭系	构造	油	0.115 4	9	89
		凝析	0.021 0	2	
		气	940	4	
	构造-不整合	油	0.001 1	<1	25
		凝析	0.022 4	3	
		气	861	3	

续表

地层	圈闭类型	油气类型	储量/$10^4 m^3$	比例/%	油气田个数
下二叠统	赤底统构造	凝析	0.666 7	79	294
		气	19 981	78	
	赤底统岩性-构造	凝析	0.001 4	<1	1
		气	283	1	
	泽希斯坦统构造	油	0.008 7	<1	38
		凝析	0.002 8	<1	
		气	419	2	
三叠系	构造	油	0.103 2	8	69
		凝析	0.117 0	14	
		气	2 814	11	
侏罗系—白垩系	构造	油	0.977 9	80	38
		凝析	0.001 6	<1	
		气	98	<1	

4. 含油气系统

以石炭系威斯特法阶为主要源岩，以下二叠赤底统为主要储层，以上二叠泽希斯坦统岩盐为主要盖层的上古生界含气系统是华力西前陆盆地的主要含油气系统（图2.3.46）。这一含油气系统深凹陷中自石炭系晚期开始生烃，此时的烃类只对当时威斯特法阶和斯蒂芬阶的圈闭有效。此后生烃和运移过程可以一直延续至今。不过一定的生烃期只对一定的生烃空间、运移空间和储集空间有效（图2.3.47）。赤底统砂岩遍布盆地周缘，直接覆盖于威斯特法源岩之上，其上就是泽希斯坦区域性盖层，为油气富集创造了得天独厚的有利条件。世界著名的特大气田——格罗宁根气田，就得利于这一含油气系统。

5. 格罗宁根气田简介

格罗宁根气田位于荷兰东北部，在南部二叠纪盆地的南部边缘（图2.3.48）。它是世界级的大型天然气田，气田面积约900 km²，可采天然气储量大约25 830×10⁸ m³。构造属于背斜构造。储层为赤底统干谷和风成砂岩，向北西方向增厚。天然气为干气和凝析气，靠天然气膨胀能量驱动，水驱能量可以忽略不计。预计采收率为90%。渗透率一般大于100 mD，并且储层均质性较好。气田被几条切穿盖层的断层所分割，但对流体的流动没有实际的影响。

勘探历史　第二次世界大战之后，地震勘探技术取得长足进步，使得校正泽希斯坦盐下构造成为可能。1952年钻了第一口探井——哈伦（Haren）1井，钻穿了泽希斯坦碳酸盐岩，发现了将近200 m厚的赤底统含水砂岩。1955年钻第二口探井——天宝（Ten Boer）1井，在泽希斯坦底部发现天然气，由于机械事故，未钻达赤底统目底层

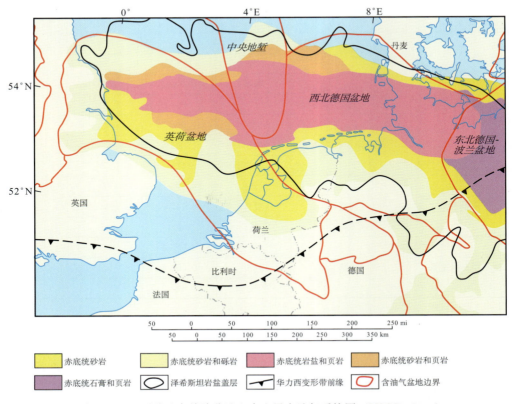

图 2.3.46　西欧地台前陆盆地上古生界含油气系统图（USGS，2000）

被迫完钻。1957 年苏伊士危机使得已有油田开发成为首要，天然气勘探暂时放在了第二位。格罗宁根气田是在 1959 年发现的，斯洛赫特伦（Slochteren）1 井钻于现在气田的西南缘，发现了赤底统气层。次年，在气田的东北部边缘钻了第二口井（Delfzil 1），发现压力结构、天然气组分与前一口井相同，地震资料解释为两个分割的天然气藏。此时天然气证实储量达到了 $60 \times 10^9 \mathrm{m}^3$。1961 年钻了斯洛赫特伦 2 井，对天宝（Ten Boer）2 井又做了详细的地震工作，证实储量增加到 $160 \times 10^9 \mathrm{m}^3$。1962 年随着地震速度测井资料的取得和地震资料的反复解释，认识到格罗宁根气田是一个巨大的独立气田，储量可达 $11\,000 \times 10^8 \mathrm{m}^3$。到 1996 年，储量已经超过 $25\,800 \times 10^8 \mathrm{m}^3$。

　　构造　格罗宁根气田位于 Ems 洼陷（Ems Low）与德克塞尔-伊斯米尔高（Texel-Ijsselmeer High）之间的北荷兰高（North Netherlands High）上（图 2.3.48）。格罗宁根地区是一个前石炭纪构造高部位，晚侏罗世发于为北西-南东向凹陷，早白垩世发生构造反转，形成北荷兰高，二叠纪后产生盐构造。格罗宁根气田是一个被断层切割的背斜构造，赤底统砂岩底不整合于上石炭统源岩之上，顶板为上二叠统泽希斯坦阶蒸发盐。圈闭的东部、东北部和西部、西北部四个方向靠地层下倾圈闭，南部和东南部更多的是依靠断层圈闭（图 2.3.49、图 2.3.50）。断层的主要方向为北西-南东向，次要为北西-西向。大部分的断层断距小于储层厚度（80～200 m）。区域气水界面为海拔 2 970 m。

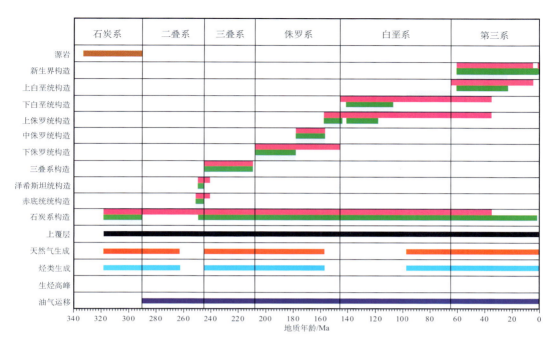

图 2.3.47　西欧地台前陆盆地含油气系统表（USGS，2000）

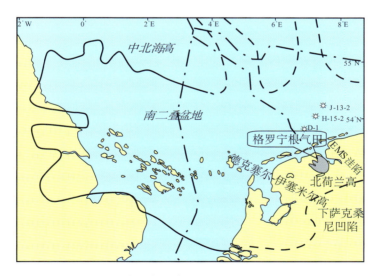

图 2.3.48　格罗宁根气田位置图（Glennie，Provan，1990）

地层和沉积相　格罗宁根气田钻穿的最老的地层是上石炭统，与上覆赤底统储层呈不整合接触（图 2.3.51）。赤底统之上是泽希斯坦蒸发盐。三叠系厚 0～360 m，当发育盐构造或反转构造时三叠系可能完全遭受剥蚀。在格罗宁根气田侏罗系完全缺失，下白垩统页岩直接超覆于基梅里（Cimmerian）不整合之上。赤底统砂岩厚 70～240 m，自

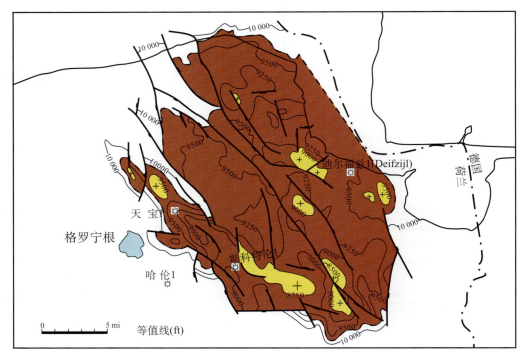

图 2.3.49　格罗宁根气田赤底统砂岩顶面构造等值线图（Stäuble，Milius，1970）

1 mi＝1.609 344 km

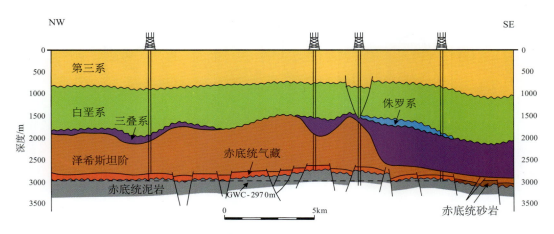

图 2.3.50　格罗宁根气藏横剖面图（Hasselt，1992）

东南向西北方向（南二叠盆地中心部位）增厚，呈楔状（图 2.3.52）。赤底统砂岩占优势的岩性段称为斯洛赫特伦（Slochteren）砂岩组，其上泥岩占优势的岩性段叫做天宝组。斯洛赫特伦砂岩组自气田南部向北增厚（80～200 m），由河流相砂岩和风成砂岩间互层组成。下部以河流相为主，为砾岩与少量砂岩、页岩间互层。斯洛赫特伦砂岩组为冲积扇-干谷沉积，粒度自南而北变细，上部风成砂岩占优势，多为细粒，储集性能

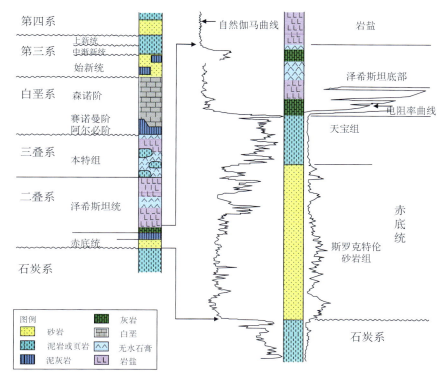

图 2.3.51　格罗宁根气田地层柱状图（Hasselt，1992）

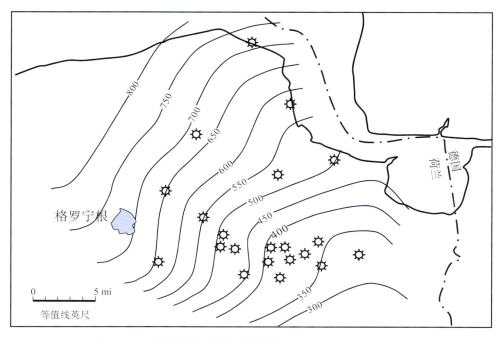

图 2.3.52　斯科特伦砂岩组等厚图（Stäuble，Milius，1970）

较好。天宝组在气田南部厚 30 m，北部厚度可大于 75 m，气田主要为红褐色无水石膏、粉砂质泥岩薄互层，夹粉砂岩和砂岩，属于宽阔的沙漠湖边缘膏盐潮坪沉积（图2.3.53、图 2.3.54）。

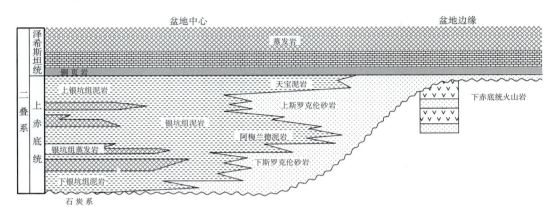

图 2.3.53　二叠盆地南部边缘斯科特伦砂岩横剖面示意图

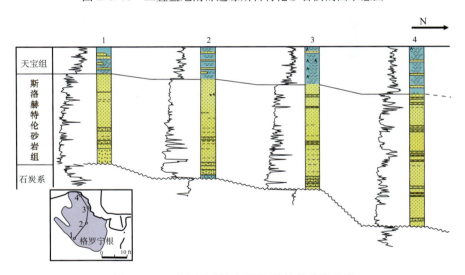

图 2.3.54　格罗宁根气田斯洛赫特伦砂岩组岩
性柱状对比图（Stäuble，Milius，1970）

储层质量　赤底统砂岩孔隙度一般在 $10\%\sim20\%$，渗透率为 $1\sim1000$ mD。净毛比一般 $0.6\sim0.9$，并自北而南变好。控制储层物性的主要因素是沉积相，由上赤底统沉积相图可以清楚地看到，南二叠盆地北部为沙漠湖，风成砂岩和河流相砂岩主要分布在沙漠湖以南（图 2.3.55），萨巴哈相带基本是上赤底统砂岩百分比的零线（图 2.3.56）。风成砂岩具有最好的孔渗性，孔隙主要是原始的粒间孔，也有大量的钾长石溶蚀孔，孔隙充填物主要是高岭石碎屑，以及早期、浅埋、低温胶结物，包括白云石、石膏、纤维状伊利石、石英、钾长石等。随着深度的增加，由于胶结物中纤维状伊利石含量增加，

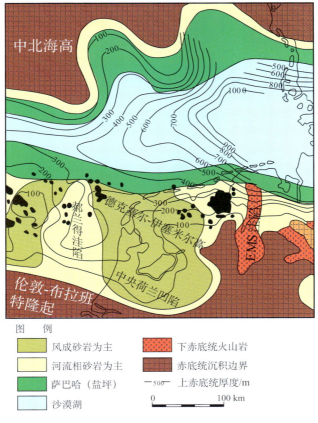

图 2.3.55　赤底统岩相图（Wijhe et al.，1980）

图　例

风成砂岩为主　　　下赤底统火山岩

河流相砂岩为主　　赤底统沉积边界

萨巴哈（盐坪）　—500— 上赤底统厚度/m

沙漠湖　　　　　0　　　　　100 km

储层渗透率降低（Lee et al.，1989），并认为与早白垩世伊利石形成期的埋藏深度有关。当天然气充注期早于伊利石形成深度，则原生孔隙得以更好保存（Lee et al.，1985）。

　　气田开发　气田的能量主要依靠气体膨胀驱动。气田的东侧、南侧和西南侧受断层圈闭，西侧是赤底统的一个低渗透带，气田北部有底水，存在很大的水锥风险。因此主要的开发井集中布置在气田的南部（图 2.3.57）。气田上已经钻有 293 口丛式开发井，共计 29 组，每组都有自己的脱水装置。第一组丛式井共 6 口，井网为 5 km，以便在短期内对南部地区进行相关的评价。后来，早期丛式井距改为 2.0~2.5 km。1963 年格罗宁根气田投产，初始产量 500 000 m³/日，1975 年平均日产量达 247×10⁶m³。20 世纪 80 年代高峰期日产量达到 430×10⁶m³（图 2.3.58、图 2.3.59）。到 1991 年累计产出天然气 1 200×10⁹m³，占最终可采储量的 64%（图 2.3.60）。原始地层压力为 347 bar[①]，1994 年下降到 170bar。气田的寿命预期可以延续到 2050 年，地层压力将降至 20 bar。现在气田上已经采用了压缩设施。为了满足生产高峰的需求，已经计划在卫星

---

① 1 bar＝10⁵Pa

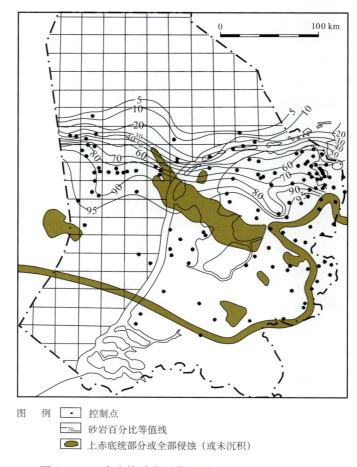

图　例　　·　控制点
　　　　　　⌐70　砂岩百分比等值线
　　　　　　上赤底统部分或全部侵蚀（或未沉积）

图 2.3.56　赤底统砂岩百分比图（Wijhe et al.，1980）

气田设置缓冲储存系统。由于采气原因，1990 年地面已经下沉了 19 cm，预计 2050 年达到 36 cm。

华力西前陆盆地石油地质特征小结：

1）晚石炭世华力西前陆盆地的发育，造成了巨厚的威斯特法阶煤系地层沉积，为英荷盆地、西北德国盆地和东北德国-波兰盆地提供了丰富的气源岩。

2）联合古陆的拼合不但给古二叠盆地的热沉降提供了形成条件，也同时造就了干旱沙漠、湖泊，形成了风成砂岩储层和区域性的盐岩盖层。

3）如果说理想的生储盖组合是大气区形成的前提条件，白垩纪—古近纪华力西前缘的构造反转提供了普遍的构造圈闭则是大气区形成的必要条件。如此有利于大气区形成的石油地质条件的精巧组合，堪称世界经典。

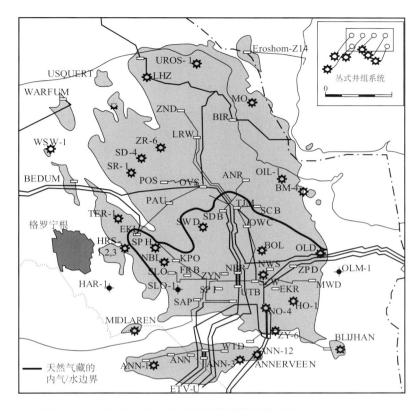

图 2.3.57　格罗宁根丛式井组及管线位置图（Nieuwland，1990）

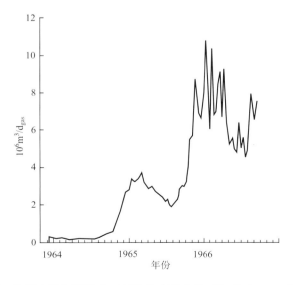

图 2.3.58　格罗宁根气田投产三年的日产率曲线（De Ruiter et al.，1967）

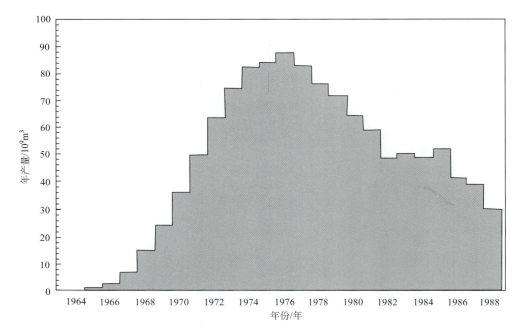

图 2.3.59　格罗宁根气田 1964～1988 年生产曲线（Nieuwland，1990）

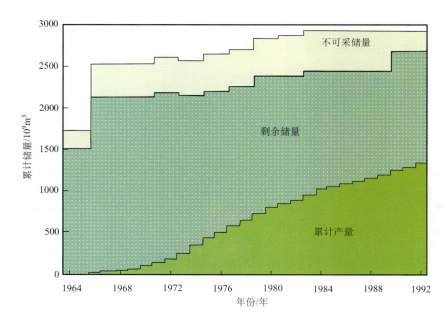

图 2.3.60　格罗宁根气田 1964～1992 年累计
生产曲线（Breunese，Rispens，1969）

第四节　阿尔卑斯域前渊盆地、
山间盆地、拉分盆地和冲断带

摘　要

◇　欧洲的阿尔卑斯褶皱系是一个复杂的褶皱系，其主体是阿尔卑斯褶皱带（狭义）、喀尔巴阡褶皱带和迪纳拉-亚平宁褶皱带。这三个褶皱带也正是主要含油气盆地发育带。

◇　非洲-阿拉伯板块与欧亚板块的碰撞实质上是新特提斯多岛洋的闭合，不同地块在不同的时间、部位表现出不同的运动学特征。我们简单地将阿尔卑斯褶皱带主体归纳为碰撞的阿尔卑斯、推覆的喀尔巴阡和对冲的迪纳拉-亚平宁。

◇　始新世—早中新世为主阿尔卑斯造山期，形成阿尔卑斯山、喀尔巴阡山和迪纳拉—亚平宁山。中新世—上新世为晚阿尔卑斯造山期，各褶皱带的构造持续活动，磨拉石盆地和地中海小洋盆的发育，是晚阿尔卑斯构造发育的显著特征。

◇　阿尔卑斯褶皱带共有 22 个含油气盆地。前渊盆地和山间盆地是主要含油气盆地类型，占据了阿尔卑斯域油气总储量的 95%。喀尔巴阡褶皱带 5 个盆地约占阿尔卑斯域总油气储量的 76%，是主要含油气盆地发育带。

◇　南喀尔巴阡、北喀尔巴阡和西北佩里-亚平宁三个盆地是前渊盆地中的主要含油气盆地，占据了前渊盆地总油气储量的 86%。他们的共同特点是都发育有复理石带和磨拉石带：复理石带由晚白垩世—古近纪复理石推覆体组成，以含油为主，渐新统深海相页岩是主要源岩；磨拉石带是指狭义的前渊（磨拉石）盆地，以含生物气为主，中新统和上新统浅海相泥岩是主要源岩。

◇　潘诺盆地和特兰西瓦尼亚盆地占据了山间盆地总油气储量的 97%，在阿尔卑斯域含油气盆地中占有显著位置（占总储量的 32%）。这两个盆地的形成与中新世地幔隆起有关，中中新统浅-深海泥岩是主要源岩，主要储层为中中新统和上新统浅海相砂岩。潘诺盆地的主要圈闭形式为披覆构造，油、气储量基本各占一半；特兰西瓦尼亚盆地以背斜构造和盐底辟构造圈闭为主，储量发现中几乎全部为天然气，并且以生物气为主。

◇　维也纳盆地是发育在阿尔卑斯褶皱带和喀尔巴阡褶皱带间的拉分盆地，也是欧洲含油气丰度最高的盆地。原地侏罗系生烃，上覆新近系拉分盆地为主要储层，是一个很有特色的含油气系统。

阿尔卑斯褶皱带共有含油气盆地 22 个，其中前渊盆地 12 个、山间盆地 5 个、拉分盆地 1 个、冲断带 2 个，另外还有 2 个裂谷型盆地（前面已经做过介绍）（图 2.4.1 和表 2.4.1、表 2.4.2）。除裂谷型盆地外，其余 20 个含油气盆地面积共计 $113 \times 10^4 \, \text{km}^2$，发现油气田 2 487 个，油气储量 $53 \times 10^8 \, \text{m}^3_{oe}$。其中前渊盆地和山间盆地是主要含油气盆地类型，占据了阿尔卑斯域油气总储量的 95%（表 2.4.1、表 2.4.2）。这里所称的前渊（Foredeep）盆地实际是"前陆盆地的一部分"，包括了"前渊带"和"逆冲楔顶部带"，我们只不过按照当地习惯称为前渊，绝非狭义的前渊盆地。若按构造单元划分，

图 2.4.1　阿尔卑斯褶皱带盆地分布图

表 2.4.1　阿尔卑斯域各类型含油气盆地油气储量统计表（据 IHS，2007 资料统计）

盆地类型	盆地个数	占阿尔卑斯域 盆地总储量/%	盆地面积 /km²	油气可采储量 /$10^8 m^3_{oe}$	油气田数
前渊	12	61.7	787 169	32.81	1 501
山间盆地	5	33.0	310 583	17.52	831
拉分盆地	1	5.2	6 668	2.75	142
冲断带	2	0.1	27 257	0.05	13
合　计	20	100.0	1 131 677	53.13	2 487

表 2.4.2　阿尔卑斯域不同构造单元油气储量统计表（据 IHS，2007 资料统计）

褶皱带	盆地个数	盆地面积		油气可采储量		油气田数	
		/km²	/%	/$10^8 m^3_{oe}$	/%	个数	/%
喀尔巴阡	5	389 861	34.5	40.54	76.3	1 649	66.3
迪纳拉-亚平宁	6	465 445	41.1	11.08	20.9	533	21.4
阿尔卑斯	3	104 528	9.2	0.86	1.6	213	8.5
巴尔干	3	47 384	4.2	0.54	1.0	61	2.5
比利牛斯	2	77 886	6.9	0.04	0.1	2	0.1
贝蒂克	1	46 573	4.1	0.06	0.1	29	1.2
阿尔卑斯 20 个盆地合计		1 131 677	100	53.12	100	2 487	100

喀尔巴阡褶皱带的盆地油气储量比较丰富，其次为南阿尔卑斯的亚平宁-迪纳拉褶皱带的盆地，构造活动最为剧烈的阿尔卑斯山褶皱带实际只发育了一个磨拉石盆地。喀尔巴阡褶皱带 5 个盆地约占 20 个盆地油气总储量的 76%，其盆地类型主要为前渊和山间盆地（表 2.4.3、表 2.4.4）。亚平宁-迪纳拉褶皱带的 6 个前渊盆地，占据了油气总储量的 21%，西北佩里-亚平宁盆地油气储量可达 $7 \times 10^8 \mathrm{m}_{oe}^3$，南亚平宁盆地储量达 $1 \times 10^8 \mathrm{m}_{oe}^3$，其他 4 个盆地储量都较小。阿尔卑斯山褶皱带的磨拉石盆地只占总储量的 1.6%。巴尔干、比利牛斯和贝蒂克三个褶皱带有 6 个盆地，占总储量的 1.2%。

表 2.4.3　阿尔卑斯域含油气盆地的构造单元油气储量百分比分布表（据 IHS，2007 资料统计）

构造单元	盆地名称	盆地面积/%	可采储量/%	油气田数
喀尔巴阡褶皱带	南喀尔巴阡盆地	5.80	23.2	335
	北喀尔巴阡盆地	7.35	15.8	399
	特兰西瓦尼亚盆地	2.50	16.3	139
	潘诺盆地	18.20	15.8	634
	维也纳盆地	0.59	5.2	142
	喀尔巴阡褶皱带合计	34.44	76.3	1 649
迪纳拉-亚平宁褶皱带	西北佩里-亚平宁盆地	7.97	13.9	339
	南亚平宁盆地	7.78	3.3	47
	南亚得里亚海-都拉斯盆地	4.79	1.6	17
	东南佩里-亚平宁前渊	6.82	1.1	88
	北亚平宁盆地	10.80	0.1	33
	伊奥尼亚海盆地	2.98	0.9	9
	迪纳拉-亚平宁合计	41.14	20.9	533
阿尔卑斯褶皱带	磨拉石盆地	5.19	1.6	199
	南阿尔卑斯盆地	2.79	0.03	5
	侏罗褶皱带	1.25	0.002	9
	阿尔卑斯合计	9.23	1.6	213
巴尔干褶皱带	北爱琴海盆地	1.03	0.6	7
	色雷斯-加利波利盆地	2.00	0.4	50
	前巴尔干褶皱带	1.15	0.08	4
	巴尔干合计	4.18	1.0	61
比利牛斯褶皱带	坎塔布连盆地	3.18	0.1	1
	埃布罗盆地	3.71	0.001	1
	比利牛斯合计	6.89	0.1	2
贝蒂克褶皱带	瓜达尔基维尔盆地	4.12	0.1	29
	贝蒂克褶皱带	4.12	0.1	29

表 2.4.4　阿尔卑斯域含油气盆地的盆地类型油气储量百分比分布详表（据 IHS，2007 资料统计）

盆地类型	盆地名称	国　家	盆地面积/%	油气可采储量/%	油气田数
前渊盆地	南喀尔巴阡盆地	罗马尼亚、塞尔维亚、保加利亚	5.80	23.2	335
	北喀尔巴阡盆地	波兰、乌克兰、捷克等	7.35	15.8	399
	西北佩里-亚平宁盆地	意大利、克罗地亚、圣马力诺	7.97	13.9	339
	南亚平宁盆地	意大利	7.78	3.3	47
	磨拉石盆地	德国、瑞士、奥地利等	5.19	1.6	199
	南亚得里亚海-都拉斯盆地	意大利、克罗地亚、阿尔巴尼亚等	4.79	1.6	17
	东南佩里-亚平宁前渊	意大利、希腊、克罗地亚等	6.82	1.1	88
	伊奥尼亚海盆地	希腊、阿尔巴尼亚	2.98	0.9	9
	瓜达尔基维尔盆地	西班牙、葡萄牙	4.12	0.1	29
	北亚平宁盆地	意大利、法国、圣马力诺等	10.80	0.1	33
	坎塔布连盆地	西班牙、法国	3.18	0.1	1
	南阿尔卑斯盆地	意大利、瑞士、奥地利	2.79	0.03	5
	12 个前渊盆地合计		69.57	61.73	1 501
山间盆地	特兰西瓦尼亚盆地	罗马尼亚	2.50	16.3	139
	潘诺盆地	匈牙利、塞尔维亚、罗马尼亚	18.20	15.8	634
	北爱琴海盆地	希腊	1.03	0.6	7
	色雷斯-加利波利盆地	土耳其、希腊、保加利亚	2.00	0.4	50
	埃布罗盆地	西班牙	3.71	0.001	1
	5 个山间盆地合计		27.44	33.10	831
拉分盆地	维也纳盆地	奥地利、斯洛伐克、捷克	0.59	5.2	142
	1 个拉分盆地		0.59	5.2	142
冲断带	侏罗褶皱带	法国、瑞士	1.25	0.002	9
	前巴尔干褶皱带	保加利亚、土耳其、塞尔维亚	1.15	0.08	4
	2 个冲断带合计		2.40	0.08	13

　　阿尔卑斯域的盆地和油气分布显著地受区域构造发育的控制。我们可以简单地将阿尔卑斯褶皱系的主体（欧洲的东南部）理解为碰撞的阿尔卑斯山褶皱带、推覆的喀尔巴阡褶皱带和对冲的迪纳拉-亚平宁褶皱带（图 2.4.2）。下面我们首先介绍区域构造和沉积演化，然后分别叙述这三个构造单元的基本石油地质特征。

一、区域构造和沉积演化

　　晚侏罗世—早白垩世地中海地区，非洲和劳亚古陆之间大西洋中部的扩张引起的左

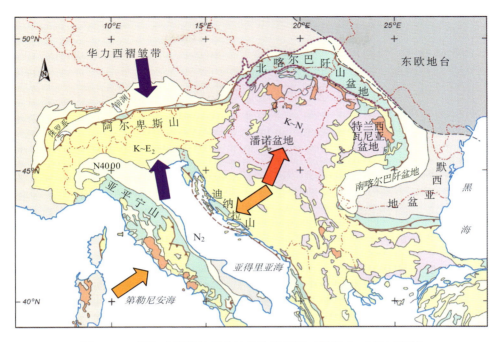

图 2.4.2　阿尔卑斯褶皱系主体构造格架图（据 Pich，1996 修改）

行转换，标志着阿尔卑斯造山旋回的开始。

　　晚白垩世—中古新世为早阿尔卑斯造山运动。特提斯中部和西部海盆的闭合，意大利-迪纳拉地块和迪纳拉-海伦尼克-南庞蒂（South Pontides）俯冲体系之间碰撞，使得南庞蒂（Pontides）特提斯海的蛇绿岩在赛诺曼期仰冲到阿纳托利-陶瑞（Anatolid-Tauride）台地之上。特伦斯瓦尼亚（Transylvanian）-皮埃尼（Pienid）海的闭合，使得达西第斯地块变形前锋向北围绕着稳定地台，向东连接到北泛高加索地块逆冲前锋上。阿尔卑斯域，彭尼内-皮德蒙特洋的逐渐闭合，奥地利-阿尔卑斯俯冲体系与彭尼内断块之间碰撞，沿着中阿尔卑斯和东阿尔卑斯北缘发育了新的俯冲带。

　　始新世—早中新世为主阿尔卑斯造山期。非洲-阿拉伯板块与欧洲板块的汇聚引起了地壳的缩短，形成海伦尼德山、迪纳拉山、喀尔巴阡山和阿尔卑斯山。阿尔沃兰（Alboran）-卡比利亚（Kabylia）-卡拉布里（Calabria）地块与伊比利亚板块东南边界的碰撞。阿尔卑斯构造域，基底卷入的奥地利-阿尔卑斯（Austro-Alpine）和彭尼内推覆体侵位于北欧的大陆架上，造成上地壳的滑脱、下地壳和上地幔物质的 A 型俯冲。

　　中新世—上新世为晚阿尔卑斯造山期。晚阿尔卑斯造山期是指从早中新世伯迪加尔（Burdigalian）时期一直到现今，非洲-阿拉伯板块和欧亚板块继续汇聚。阿尔卑斯-地中海造山系各自褶皱带的构造持续活动，横推断层（transcurrent fault）和地中海小洋盆的发育，是晚阿尔卑斯构造发育的显著特征。

（一）晚侏罗世新特提斯洋的关闭

　　阿尔卑斯地区，在南彭尼内-皮德蒙特-里古瑞（South Penninic-Piedmont-Ligurian）海快速打开的同时，瓦莱斯（Valais）-北彭尼内（North Penninic）-内喀尔巴阡（Intra-Carpathian）海槽在晚侏罗纪拉张转换运动中逐渐稳定（Trumpy，1980；Durand-Delga and Fontbote，1980；Lemoine，1985；De Wever and Dercourt，1985；Weissert and Bernoulli，1985；Lemoine et al.，1986）。

　　晚侏罗纪，特提斯北部的大陆架已基本形成，在彭尼内深海槽的边部，地块浅部为碳酸盐沉积，包括大量来自附近布莱安康（Brianconnais）高地的沉积物。当特伦托（Trento）和胡利亚（Julia）地块被淹没的时候，卢卡尼亚-坎帕尼亚（Lucania-Campania）、拉提阿姆-阿布鲁齐（Latium-Abruzzi）、阿普里亚（Apulia）、喀斯特（Carst）和派力高尼亚-戈利亚（Pelagonia-Golija）地块也变为稳定碳酸盐沉积区（图2.4.3）。

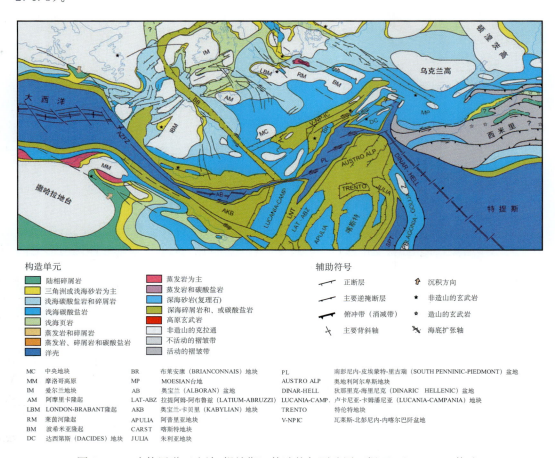

构造单元

- 🟩 陆相碎屑岩
- 🟨 三角洲或浅海砂岩为主
- 🟦 浅海碳酸盐岩和碎屑岩
- 🟦 浅海碳酸盐岩
- 🟩 浅海页岩
- 🟧 蒸发岩和碎屑岩
- 🟧 蒸发岩、碎屑岩和碳酸盐岩
- 🟦 洋壳

- 🟥 蒸发岩为主
- 🟪 蒸发岩和碳酸盐岩
- 🟦 深海砂岩（复理石）
- 🟩 深海碎屑岩和、或碳酸盐岩
- 🟥 高原玄武岩
- ⬜ 非造山的克拉通
- ⬜ 不活动的褶皱带
- ⬜ 活动的褶皱带

辅助符号

- 正断层
- 主要逆掩断层
- 俯冲带（消减带）
- 主要背斜轴

- 沉积方向
- ★ 非造山的玄武岩
- ★ 造山的玄武岩
- 海底扩张轴

MC	中央地块	BR	布莱安康（BRIANCONNAIS）地块	PL	南彭尼内-皮埃蒙特-里古瑞（SOUTH PENNINIC-PIEDMONT）盆地
MM	摩洛哥高原	MP	MOESIAN台地	AUSTRO ALP	奥地利阿尔卑斯地块
IM	爱尔兰地块	AB	奥宝兰（ALBORAN）盆地	DINAR-HELL	狄那里克-海里尼克（DINARIC HELLENIC）盆地
AM	阿摩里卡隆起	LAT-ABZ	拉提阿姆-阿布鲁齐（LATIUM-ABRUZZI）	LUCANIA-CAMP.	卢卡尼亚-卡帕潘尼亚（LUCANIA-CAMPANIA）地块
LBM	LONDON-BRABANT隆起	AKB	奥宝兰-卡贝里（KABYLIAN）地块	TRENTO	特伦托地块
RM	莱茵河隆起	APULIA	阿普里亚地块	V-NP IC	瓦莱斯-北彭尼内-内喀尔巴阡盆地
BM	波希米亚隆起	CARST	喀斯特地块		
DC	达西第斯（DACIDES）地块	JULIA	朱利亚地块		

图 2.4.3　晚侏罗世（牛津-提塘期）构造格架再造图（据 Ziegler，1988 修改）

晚侏罗纪非洲板块和意大利-迪纳拉（Italo-Dinarid）海角的平移转换，导致迪纳拉-海伦尼克（Dinaric-Hellenic）洋逐渐变窄，以至停止扩张。沿派力高尼亚-高里加微古陆的西部和东部边缘的压性变形非常明显，晚侏罗纪和侏罗纪—白垩纪，分别发生了蛇绿岩套逆冲到派力高尼亚-高里加微古陆上。此外，有证据表明在迪纳拉-海伦尼克海边缘，沿着巴尔干半岛一带存在原始消减带。

晚侏罗世-早白垩世地中海地区的演化，是由非洲和劳亚古陆之间大西洋中部的扩张引起的左行转换作用所控制的。白垩纪最早期意大利-迪纳拉海峡被动碰撞，奥地利-阿尔卑斯地区和欧洲南部边缘，及随后从非洲板块拆离下来的地块发生旋转，标志着阿尔卑斯造山旋回的开始。

（二）晚白垩世—中古新世（早期阿尔卑斯造山运动）

晚白垩世南大西洋-印度洋的张开引起了非洲漂移模式的改变，非洲大陆逐渐与劳亚大陆汇聚，导致了特提斯中部和西部海盆的闭合。南彭尼内海从阿尔必期—土伦期的闭合，与随后的阿尔卑斯俯冲系和欧洲克拉通南部被动边缘的碰撞，都伴随着挤压应力向欧洲克拉通的传递。这些压力引起了晚白垩世森诺期—中古新世的板块内部的主要压缩和压扭变形（Ziegler，1987）（图 2.4.4）。

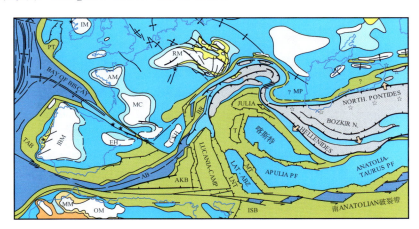

图 2.4.4　晚白垩世（土伦-坎潘期）构造格架
再造图（据 Ziegler，1988 修改）（图例同图 2.4.3）

一些学者认为在晚白垩世末期，海平面已上升至最大，约高于现在水平面 110～300 m（Vail et al.，1977），导致海水越过了盆地的边界，重新开通了较冷水的北冰洋、巴伦支陆架和西西伯利亚地台海和暖水的北大西洋和特提斯洋之间的联系。

在晚白垩世海进时期，广泛的碳酸盐台地占据了特提斯陆架的北部和南部。在欧洲西部、中部和东部大量早白垩世陆地区域逐渐被淹没，产生了广泛清水台地条件和白垩岩系沉积（Ziegler，1982a；Vinogradov，1969）。

早期阿尔卑斯造山旋回在这里被定为"Spannii"——晚白垩世—中古新世期间。位于东部地中海区域的特提斯海的逐渐闭合，意大利-迪纳拉地块和迪纳拉-海伦尼克-

南庞蒂（South Pontides）俯冲体系之间碰撞，并向东传播。在迪纳拉和海伦尼德（Hellenides），缺少内推覆体（Aubouin，1973；Richter，1978；Channell et al.，1979；Adet et al.，1980；Bonneau，1982），并且南庞蒂特提斯海的蛇绿岩在赛诺曼期仰冲到阿纳托利-陶瑞（Anatolid-Tauride）台地之上。

在内喀尔巴阡地区，阿尔必期和整个晚白垩世，达西第斯（Dacides）地块内部压缩变形和特伦斯瓦尼亚（Transylvanian）—潘诺海闭合，达西第斯地块变形前锋向北围绕着稳定地台，向东连接到北泛高加索地块逆冲前锋上。晚白垩世时期，广泛的同造山运动复理石系列沉积于喀尔巴阡-巴尔干前渊（图2.4.4）。在侧向上，稳定的前陆地区变为碳酸盐岩台地。古新世海退，华力西褶皱带全部出露水面，喀尔巴阡-巴尔干前渊持续发育复理石系列沉积，阿尔沃兰洋盆闭合（图2.4.5）。

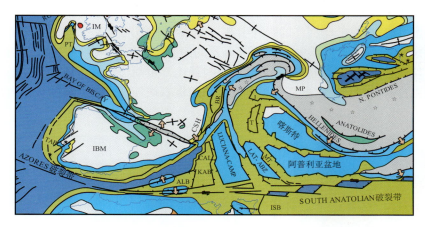

图2.4.5　古近纪（古新世）构造格架再造图（据 Ziegler，1988修改）（图例同图2.4.3）

在阿尔卑斯域，北彭尼内盆地的叠瓦作用和局部俯冲之后，造山作用前锋可能于晚土伦—早赛诺曼时期到达阿尔卑斯东部和喀尔巴阡北部的被动瑞士陆架边缘。这可能伴随一个位于彭尼内-瑞士边界的真实 A 式俯冲的发育。

（三）始新世—早中新世（主阿尔卑斯造山期）

始新世—渐新世非洲-阿拉伯板块与欧洲板块的汇聚引起了地壳的缩短，海伦尼德山、迪纳拉山、喀尔巴阡山和阿尔卑斯山的形成（Aubouin，1973；Debelmas et al.，1983；Dercourt et al.，1986），同时伴随着阿尔沃兰洋的闭合，以及在晚始新世时期阿尔沃兰-卡比利亚-卡拉布里地块与伊比利亚板块东南边界的碰撞（图2.4.6）（Rondeel，Simon，1974）。

1. 阿尔卑斯-喀尔巴阡褶皱带

在阿尔卑斯构造域，主阿尔卑斯造山期，基底卷入的奥地利-阿尔卑斯和彭尼内推覆体侵位于北欧的大陆架上（Tollmann，1978，1980；Trumpy，1980；Milnes，Pfiffner，1980；Debelmas et al.，1983），造成上地壳的滑脱、下地壳和上地幔物质的

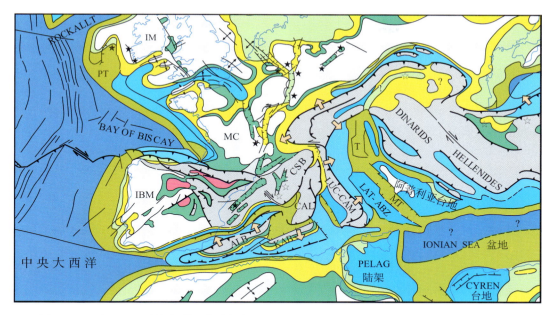

图 2.4.6　古近纪（晚渐新世）构造格架再造图（据 Ziegler，1988 修改）（图例同图 2.4.3）

A 型俯冲（Muller，1982）。到早中新世，阿尔卑斯和北喀尔巴阡推覆体基本推覆到了现今的位置（Ricou，Siddans，1986）。

始新世—早中新世，奥地利-阿尔卑斯和彭尼内推覆体仰冲于北欧克拉通的边缘上，并伴随着阿尔卑斯前渊（磨拉石盆地）的发展。由于前进的推覆体系统施加在前陆地壳上的构造荷载作用，磨拉石盆地的中心向克拉通方向不断迁移。（Bachmann et al.，1987；Nachtmann and Wagner，1987）。

始新世时期，广泛的同造山复理石序列沉积在盆地的南部近端，盆地的北部远端浅海碎屑岩和碳酸盐岩进积覆盖于中生界沉积序列上（这些中生代沉积序列在前陆挤压时期已经遭受强烈变形）。渐新世时期，在阿尔卑斯前渊的中部和西部，浅海和三角洲环境广泛发育，而深水环境在东阿尔卑斯和北喀尔巴阡的前渊持续存在。

2. 东地中海地区

东地中海地区，迪纳拉-海伦尼克（Dinarid-Hellenic）褶皱带受到主阿尔卑斯造山运动的强烈影响。始新世时期，喀斯特地块进入复理石海槽，其平行于前进的推覆体系统并最终在渐新世—早中新世推覆、褶皱。渐新世—早中新世，新推覆体侵位于迪纳拉-海伦尼克地区，使得该地区发生广泛的高压、低温变质作用，以及大量地壳和上地幔物质的俯冲，可以由希腊和南斯拉夫地区发育完整的钙碱性同造山岩浆作用得以证实（图 2.4.5、图 2.4.6）（Aubouin，1973）。

主阿尔卑斯造山旋回中，东喀尔巴阡山和巴尔干地区地壳缩短量相对小于阿尔卑斯和迪纳拉-海伦尼克褶皱带。另一方面，渐新世时期，在北庞蒂地区地壳继续缩短，并且在黑海盆地形成同造山复理石沉积（Letouzey et al.，1977；Zonnenshain，Le Pichon，1986）。

亚平宁和迪纳拉-海伦尼克变形前锋的快速传播说明在主阿尔卑斯造山旋回期内，意大利-迪纳拉海角受到东西向的挤压作用。晚渐新世—早中新世时期，迪纳拉-海伦尼克已经运动到现今的亚得里亚海位置，这样亚得里亚盆地开始呈现出今天的形态。

伊奥尼亚（Ionian）海盆以薄壳为特征，这个存在很大争议的特征在恢复东地中海演化的不同模型中起着重要作用（Finetti，1985；Dercourt et al.，1986；Ricou et al.，1986）。地球物理证据指示伊奥尼亚海下面要么存在薄层的陆壳，要么存在着真实的洋壳（Finetti，1985）（图 2.4.6）。

（四）中新世—上新世（晚阿尔卑斯造山期）

晚阿尔卑斯造山期是指从早中新世伯迪加尔（Burdigalian）时期一直到现今，非洲-阿拉伯板块和欧亚板块继续汇聚。通过对北、南阿尔卑斯前陆宏观和微观构造的古应力场的研究（Letouzey，1986）以及震源机制解，可以证实欧亚板块和非洲-阿拉伯板块之间的右旋扭动观点。

1. 地中海地区

晚阿尔卑斯造山期，由于欧洲和非洲-阿拉伯板块汇聚，地中海盆地与外围海部分或者暂时完全隔离。中中新世地中海地区奥基若-普柔文考（Algerian-Provencal）盆地（APB）和伊奥尼亚盆地张开，形成小洋盆（图 2.4.7）。如图 2.4.8 所示，晚中新世墨西拿期（Messinian），这些盆地产生了高盐分沉积。但是，当时的冰川作用引起的海平面波动可能打破了这个限制。墨西拿期，爱琴海和黑海（准特提斯（Para-Tethys Ba-

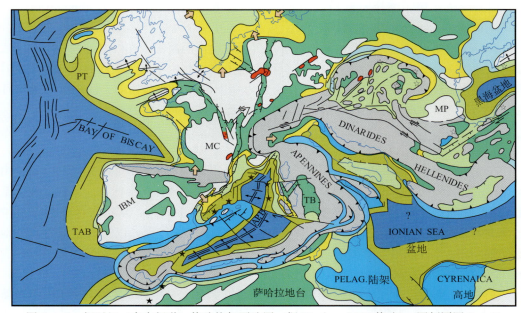

图 2.4.7　新近纪（中中新世）构造格架再造图（据 Ziegler，1988 修改）（图例同图 2.4.3）

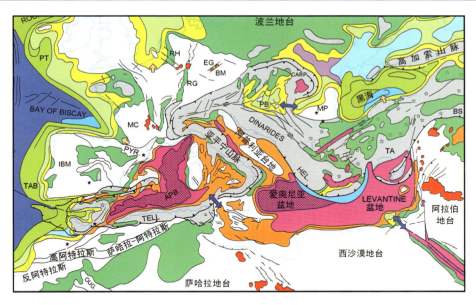

图 2.4.8 新近纪-晚中新世（墨拿西期）构造格架
再造图（据 Ziegler，1988 修改）（图例同图 2.4.3）

sin））之间可能形成了短暂的连通，即通过博斯普鲁斯海峡和东地中海和印度洋之间的红海和苏伊士湾连通。

地中海盆地内水流的限制和高蒸发率，引起了盐度的快速增加，以及在浅地台区碳酸盐岩沉积和硫酸盐岩的沉积，岩盐厚度达到 2 000 m。主要的墨西拿盐盆有奥基若—普柔文考盆地、伊奥尼亚海、利闻廷（Levantine）盆地。

2. 阿尔卑斯-喀尔巴阡山褶皱带

渐新世—早中新世北喀尔巴阡和迪纳拉的主地壳运动后，潘诺盆地地区隆起，广泛的钙碱性火山物质喷发，喀尔巴阡期—萨尔马特期（17.5～10.5 Ma，late Burdigalian to early Tortonian）的伸展作用引起盆地的沉降，如潘诺盆地、特兰西瓦尼亚盆地（Horvath et al.，1981，1986；Royden，1985）。在这些盆地中，中—晚中新世期间在浅海地区（部分深水区）堆积了大量碎屑岩。随着碎屑流的充填和沉降率的降低，这些盆地在上新世和第四纪逐渐变浅。在早中新世晚期—晚中新世早期强烈的裂谷作用之后，火山活动逐渐减弱，区域开始大范围沉降。伸展和扭动构造周期性也被挤压变形打断，从中新世这种伸展和扭动构造一直持续至今。上新世和第四纪火山物质中含有碱性玄武岩。

新近纪和第四纪，潘诺盆地的深部位置沉积物厚度超过了 4 000 m，在最深的地堑处达到了 7 000 m。上新世初始，形成了湖相和陆相沉积格局。喀尔巴阡山外围的逆冲作用是与潘诺盆地的沉降同时期的。沿着北喀尔巴阡山外部逆冲断裂的活动在晚中新世停止了，东喀尔巴阡山于上新世时期停止活动（Royolen et al.，1982）。

东喀尔巴阡山新近纪地壳缩短量巨大，估计可达到 100 km 以上（Burchfiel，Bleahu，1976）。同期潘诺盆地地壳伸展量明显小于前者的缩短量，这点可以从新近纪断裂地震反射数据上看出。潘诺盆地莫霍面深度范围在 25～30 km，在喀尔巴阡和第那里德褶皱带达到 45～60 km。

潘诺盆地的次级盆地的沉降是与早中新世晚期年轻的地壳伸展以及晚中新世和上新世—更新世下地壳减薄有关。后者是因为部分幔源岩浆底垫于壳-幔边界的结果，并且引起了莫霍不连续面的上升。两个过程都引起了地壳的强烈减薄，并使得中央潘诺（Central Pannonian）盆地快速的线性沉降，甚至现今仍然以上升的热流为特征。

欧洲的阿尔卑斯褶皱带总体看来呈北东-东向延展，其中出现了向北东方向突出的喀尔巴阡褶皱带，和北西向延伸的迪那拉-亚平宁褶皱带。这一复杂的构造线交织现象，恰恰说明阿尔卑斯期非洲板块和欧亚板块之间为一多岛洋。众多的地块在两大板块呈左行压扭碰撞过程中，就像麻将牌洗牌时那样，具体每两张牌都可能出现不同的挤压方向。我们将与含油气盆地关系比较密切的褶皱带简单地归纳为碰撞的阿尔卑斯褶皱带、推覆的喀尔巴阡褶皱带和对冲的迪那拉-亚平宁褶皱带。这样，我们就将区域构造、沉积发育与盆地形成发育以及不同类型盆地石油地质特征紧密地联系起来。

二、碰撞的阿尔卑斯山褶皱带及磨拉石盆地的石油地质特征

阿尔卑斯山脉是晚白垩世—第三纪非洲大陆与欧亚大陆碰撞的产物，是整个阿尔卑斯构造系构造活动最为强烈的部位，也是欧洲地形最高的山脉（勃格朗峰海拔 4 807 m）。阿尔卑斯山脉只在北部边缘发育有磨拉石盆地。南侧山麓称南阿尔卑斯盆地，实际是中生代地层出露区，只钻过 28 口探井，发现了 5 个小油气田，总油气储量不到 $200 \times 10^4 \, m_{oe}^3$。

磨拉石盆地石油地质特征

磨拉石盆地位于阿尔卑斯山北侧，西起法国东至奥地利（盆地主体主要分布于瑞士和德国南部），东西长 900 km，南北宽 120 km，总面积 58 772 km² （图 2.4.9）。

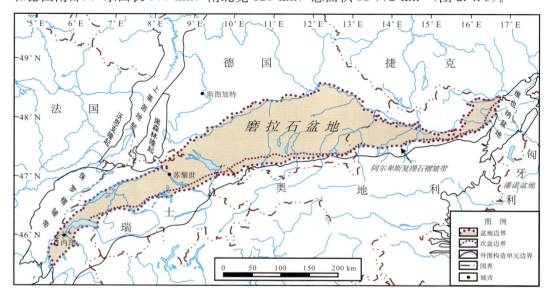

图 2.4.9　磨拉石盆地位置图（IHS，2007）

　　磨拉石盆地自 1891 年发现第一个油气田，至今已有百余年的勘探开发历史。20 世纪 50～80 年代为勘探高峰，至 2006 年已采集地震测线将近 $3×10^4$ km，钻探井 788 口，发现石油约 $2500×10^4$ m^3，天然气约 $800×10^8$ m^3，合计油气储量（油当量）约 $8400×$ 10^4 m^3。盆地中共有 197 个油气发现，全为小型油气田。1964 年发现最大的 Voitsdort 油田储量只有 $400×10^4$ m^3，1964 年发现最大的 Bierwang 气田储量为 $55×10^4$ m^3。

　　20 世纪 90 年代每年探井数已降至 1～6 口，2004～2005 年虽然回升至 13～15 口井/年，但储量并没有显著增长，实际已经进入高成熟勘探阶段。

　　磨拉石盆地经过了四个主要发育阶段：石炭系—二叠系受控于华力西右旋扭动，产生断陷，早期河流相沉积为主，二叠系发育为冲积扇和干盐湖环境；中生代发育为被动大陆边缘；晚白垩世—古近纪非洲大陆与欧洲大陆碰撞，产生前渊盆地复理石沉积；新近纪前渊盆地北移，发育磨拉石沉积（图 2.4.10）。

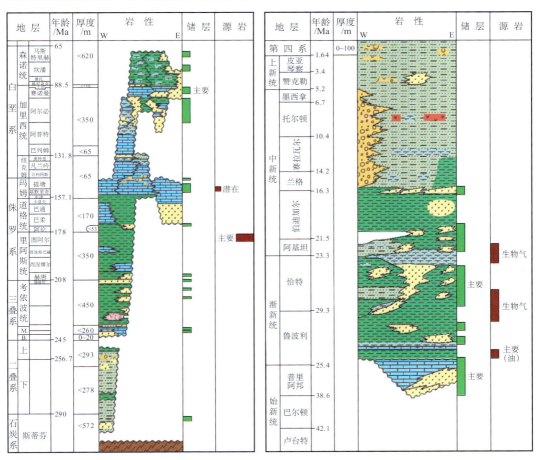

图 2.4.10　磨拉石盆地地层柱状图（据 IHS，2007 修改）

　　磨拉石盆地的油气主要分布在盆地东部的德国和奥地利境内。在纵向上，油气主要分布在第三系中，约占盆地石油储量的 79%、天然气储量的 94%。在中生界地层中主要含油气层位是白垩系，约占盆地石油储量的 15%、天然气储量的 2%（表 2.4.5）。

　　磨拉石盆地北侧为南倾单斜，可分为东西两个部分：西部主要在瑞士境内，受控于西阿尔卑斯（图 2.4.11、图 2.4.12）；东部主要在德国和奥地利境内，受控于东阿尔卑斯。磨拉石盆地的油气主要分布于盆地东部。

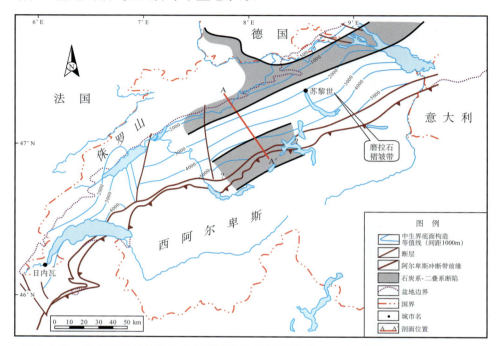

图 2.4.11　磨拉石盆地西部中生界底面构造等值线图（www.forestoilinternational.com）

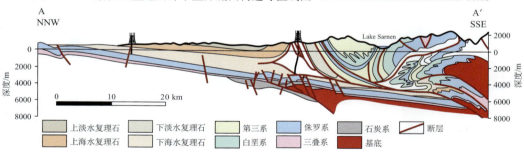

图 2.4.12　磨拉石盆地西部构造横剖面图（Vollmayr，1987）（剖面位置见图 2.4.11）

表 2.4.5　磨拉石盆地油气储量的地层分布表（据 IHS，2007 不完全统计）

成藏组合	油		凝析油		气		备注
（油气田数）	储量/$10^4 m^3$	比例/%	储量/$10^4 m^3$	比例/%	储量/$10^8 m^3$	比例/%	
中新统（75）			16	18	176	29	德国、奥地利
渐新统（87）	6 571	28	506	54	262	37	德国、奥地利
始新统（73）	1 201	51	166	16	173	28	德国东部
白垩系（17）	364	15			11	2	奥地利
侏罗系（9）			66	7	9	1	德国西部
合计	8 136	94	754	95	631	97	

　　磨拉石盆地最重要的区域性油源岩是渐新统海相鱼页岩（Lattorfian Fish Shale），TOC＝0.92%～6.1%，S2＝1.57～35.5 mg HC/g rock（平均 14.9 mg HC/g rock）。最有利的源岩相区在奥地利磨拉石区与德国东部磨拉石区，也就是当前主要含油气区（图 2.4.13）。德国东部磨拉石上奥地利磨拉石区中上渐新统（Rupelian/Chattian）和中新统底部（Chattian/Aquitanian）海相页岩是主要生物气源岩。下侏罗统图阿尔斯海相页岩、上侏罗统碳酸盐岩和石炭系煤层都是未经证实的潜在源岩（图 2.4.10）。

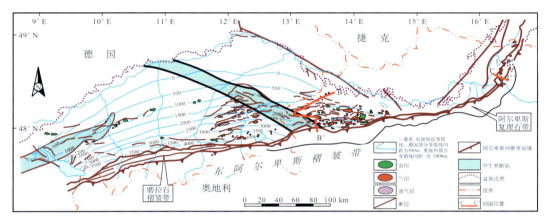

(a) 第三系底面构造等值线图(WWW.forestoilinternational.com)

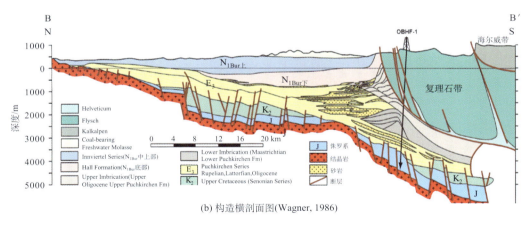

(b) 构造横剖面图(Wagner, 1986)

图 2.4.13　磨拉石盆地东部

　　盆地的主要油气储量都分布在临近主要源岩的上下层位，渐新统—始新统—上白垩统约占盆地石油总储量的 94%，中新统—渐新统—始新统约占盆地天然气总储量的94%（表 2.4.5）。

　　上白垩统赛诺曼—土伦阶 Glauconite 砂岩在奥地利地区发现 16 个油田，可采储量约 340×10⁴ m³，占磨拉石盆地石油总储量的 15%。

　　始新统普里阿邦阶（Priabonian）Chatt 砂岩和始新统底砂岩是主要储层，前者主要为气田（占盆地天然气总储量的 14%），后者主要为油田（占盆地石油总储量的

44%)（表 2.4.6 和图 2.4.14）。

表 2.4.6　磨拉石盆地始新统主要油气藏类型统计表（IHS，2007）

含油气层位	油气藏类型	油气田数	油		凝析油		气		备注
			储量/$10^4 m^3$	比例/%	储量/$10^4 m^3$	比例/%	储量/$10^8 m^3$	比例/%	
Lithothamnia 灰岩	岩性-构造-不整合	10			15	16	23.59	4	德国东部磨拉石区藻灰岩白云岩化
Ampfing 砂岩	岩性-构造	7	157	7	0.3		24.13	4	德国东北磨拉石局部砂岩
Chatt 砂岩	岩性-构造	13	14	<1	0		89.16	14	德国东部磨拉石区河道砂岩
上始新统底砂岩	岩性-构造	39	1 026	44	0.6	<1	28.30	5	德国东部磨拉石区
上始新统底砂岩	岩性-构造-不整合	4	4	<1	0.2	<1	7.39	1	德国东部磨拉石区
合　计		73	1 201	51	16.1	16	172.57	28	

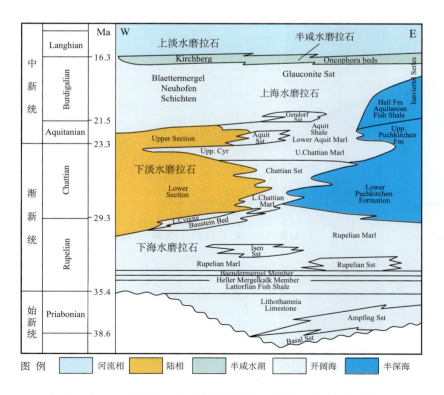

图 2.4.14　磨拉石盆地东部与西部主要储层及沉积相分布示意表

渐新统在德国西部，是盆地中的主要油田分布区之一，占盆地石油总储量的 28%，其中底部 Baustein 砂岩为最重要的储层（占盆地石油总储量的 26%）。渐新统上部 Puchkirchen 组砂岩在北奥地利是主要的生物气储层，58 个小型气田占据了盆地天然气总储量的 32%（表 2.4.7）。

中新统在北奥地利和德国东部有 75 个小气田，总储量 673 Bcf，占盆地天然气总储量的 29%，砂岩类型以深海海底扇和水道砂岩为主（表 2.4.8）。

表 2.4.7 磨拉石盆地渐新统主要油气藏类型统计表 (IHS, 2007)

含油气层位	油气藏类型	油气田数	油		凝析油		气		备注
			储量 /$10^4 m^3$	比例 /%	储量 /$10^4 m^3$	比例 /%	储量 /$10^8 m^3$	比例 /%	
Puchkirchen 砂岩	构造	11					26.93	4	奥地利磨拉石区半深海细砂岩生物气为主
Puchkirchen 砂岩	岩性-构造	22			20.2	22	101.33	16	
Puchkirchen 砂岩	岩性-构造-不整合	17			20.4	22	57.60	9	
Puchkirchen 砂岩	岩性-不整合	8	2.7	<1	0.5	<1	20.98	3	
Stuben 砂岩	岩性-构造	5	43.9	2	2.8	3	8.06	1	德国西部
Baustein 砂岩	岩性-构造	15	61.1	26	6.4	7	2.19	<1	德国西部
Isen 砂岩	岩性-构造	5	0				22.59	4	德国东部磨拉石区
合计		83	107.7	28	50.3	54	239.68	37	

表 2.4.8 磨拉石盆地中新统主要油气藏类型统计表 (IHS, 2007)

含油气层位	油气藏类型	油气田数	油		凝析油		气		备注
			储量 /$10^4 m^3$	比例 /%	储量 /$10^4 m^3$	比例 /%	储量 /$10^8 m^3$	比例 /%	
Oncophor 砂岩	岩性-构造	6					61.31	10	德国东部磨拉石区海底扇砂岩
Hall 砂岩	岩性-构造	39			15.9	18	25.41	4	奥地利深海水道砂岩
Hall 砂岩	岩性	21					67.12	11	
Aquitan 砂岩	岩性-构造	9					22.50	4	奥地利淡水磨拉石与海相过渡带
合计		75			15.9	18	176.34	29	

三、推覆的喀尔巴阡山褶皱带及相关盆地的石油地质特征

推覆的喀尔巴阡山褶皱带包括两大部分：一部分叫潘诺山间地块（又叫达西第斯（Dasides）地块，或 Pelso-Tisza 地块）；潘诺山间地块的东北缘就是喀尔巴阡山褶皱带。也可以说喀尔巴阡山褶皱带是在主阿尔卑斯期潘诺地块向欧亚板块仰冲的结果。在前渊部位形成南、北喀尔巴阡盆地；在山间地块上形成了潘诺盆地和特兰西瓦尼亚盆地；喀尔巴阡山褶皱带与阿尔卑斯褶皱带间产生了维也纳走滑拉分盆地（图 2.4.15）。

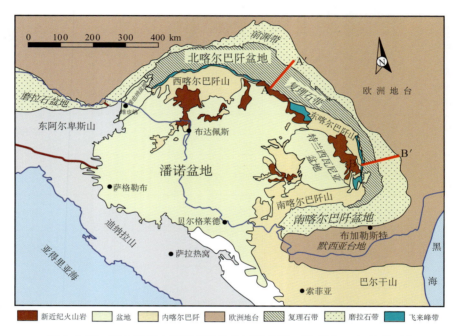

图 2.4.15　喀尔巴阡山褶皱带构造单元划分图（据 Picha，1996 修改）

表 2.4.9　喀尔巴阡山褶皱带含油气盆地统计表（据 IHS，2007 统计）

盆地类型	盆地名称	盆地面积/%	可采储量/%	储量丰度 /(10^4m³/km²)	油气田 /%
前渊盆地	南喀尔巴阡盆地	38.18	51.21	139.4	44.51
	北喀尔巴阡盆地				
山间盆地	特兰西瓦尼亚盆地	60.11	42.00	72.7	46.88
	潘诺盆地				
拉分盆地	维也纳盆地	1.71	6.79	413.4	8.61
合　计		100	100		100

喀尔巴阡山褶皱带共有 5 个含油气盆地，其中 2 个前渊盆地、2 个山间盆地和 1 个拉分盆地，盆地总面积 456 850 km²，发现油气可采储量 42.33×10⁸ m³oe，占阿尔卑斯域含油气盆地总储量（53×10⁸ m³）的 76%，是阿尔卑斯域中最重要的含油气区（表 2.4.9 和图 2.4.15）。与喀尔巴阡山褶皱带相关的前渊盆地和山间盆地，分别占 5 个盆地油气总储量的 51% 和 42%，拉分盆地不足 7%。

下面我们依次介绍前渊盆地、山间盆地和拉分盆地的基本石油地质特点。

（一）前渊盆地——南、北喀尔巴阡山盆地

北喀尔巴阡盆地和南喀尔巴阡盆地实际上是一个统一的盆地，只是在乌克兰和罗马尼亚两国的国界以南，盆地最狭窄的部位，人为地将其划分为南北两个盆地。南、北喀尔巴阡盆地面积 148 863 km²，采集地震测线 33 700 km，钻预探井 1 383，其他各类探井 6 340 口，发现油气藏 734 个，发现油气储量 20.76×10⁸ m³oe。由于南喀尔巴阡盆地构造条件相对比较简单，近 10 年的探井成功率明显下降（表 2.4.10）。

表 2.4.10 南、北喀尔巴阡盆地勘探工作量和勘探成效统计表（据 IHS，2007 统计）

盆地	地震测线/%	探井/口		探井成功率/%		平均一口初探井找到油气储量	
		初探井	其他探井	全程	1998～2007 年	油/(10⁴ m³/口)	气（油当量）/(10⁴ m³/口)
北喀尔巴阡	65	69	61	39.7	46.5	31.8	55.6
南喀尔巴阡	35	31	39	76.3	25.9	214.6	76.3
合 计	100	100	100				

统一的成盆机制决定了两个盆地在诸多石油地质条件上的相似之处，绵延千余公里也必然造成不同构造部位的某些差异。在后面的章节里北喀尔巴阡盆地将作为重点盆地介绍，这里只综合分析这两个盆地在石油地质条件上的主要异同。

1. 复理石次盆地主要含油、磨拉石次盆地是天然气的主要分布区

复理石次盆地中主要分布白垩系和古近系复理石沉积，磨拉石次盆地中主要分布新近系地层。统计油气储量的地层分布可以清楚地看出，北喀尔巴阡盆地新近系占盆地天然气总储量的 51%，南喀尔巴阡盆地新近系占盆地天然气总储量的 77%（图 2.4.16 和表 2.4.11、表 2.4.12）。北喀尔巴阡盆地古近系占盆地石油总储量的 72%，南喀尔巴阡盆地古近系和中新统占盆石油气总储量的 90%。这一油气分布特征主要决定于两个次盆地的源岩与构造的发育。

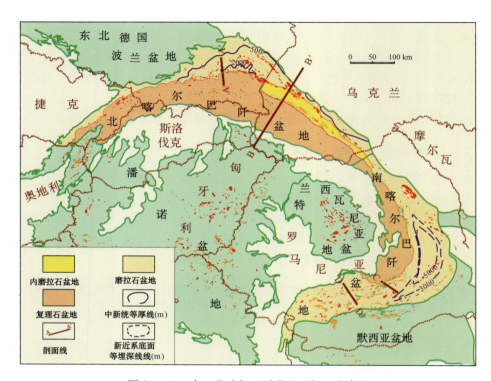

图 2.4.16　南、北喀尔巴阡盆地油气田分布图

表 2.4.11　北喀尔巴阡盆地油气储量的地层分布表（据 IHS，2007 统计）

含油气层位	油气田数	油		凝析油		气	
		储量/$10^8\,m^3$	比例/%	储量/$10^8\,m^3$	比例/%	储量/$10^8\,m^3$	比例/%
中新统	163	0.76	22	0.01	10	2 776	51
渐新统	90	1.39	39	0.05	54	920	17
始新统	49	1.07	30	0.03	28	296	5
古新统	1	0.11	3	0.01	6	27	<1
白垩系	47	0.10	3	0.000 2	<1	1 004	19
侏罗系	21	0.11	3	0.000 8	<1	394	7
合　计	371	3.54	100	0.10	100	5 417	100

表 2.4.12　南喀尔巴阡盆地油气储量的地层分布表（据 IHS，2007 统计）

含油气层位	油气田数	油		凝析油		气	
		储量/$10^8\,m^3$	比例/%	储量/$10^8\,m^3$	比例/%	储量/$10^8\,m^3$	比例/%
第四系	20	0.01		0		152	6
上新统	25	0.07	1	0		164	7
中新统	281	3.54	68	0.01	4	1 513	64

续表

含油气层位	油气田数	油		凝析油		气	
		储量/$10^8 m^3$	比例/%	储量/$10^8 m^3$	比例/%	储量/$10^8 m^3$	比例/%
古近系	67	1.14	22	0.38	78	193	8
侏罗系—白垩系	44	0.22	5	0.03	7	100	4
二叠系—三叠系	19	0.20	4	0.05	11	181	8
志留系—泥盆系	4	0		0.01	<1	55	2
合　计	460	5.18	100	0.48	100	2 358	99

2. 磨拉石次盆气田主要围绕中新统深凹陷分布

北喀尔巴阡盆地前渊天然气田围绕厚度大于 1 000 m 的中新统凹陷分布（图 2.4.16～图 2.4.18），共发现天然气储量 20Tcf。中新统的天然气主要为干气，甲烷含量可达 95%～99%，氮气含量 2%，CO_2 含量 0.02%～0.7%，是典型的生物气。源岩为中中新统（上 Badenian 和 Sarmatian 组）三角洲—浅海相泥岩。主要储层是 Sarmatian 组砂岩。主要为小型气田，最大的气田是 Przemysl 气田，天然气储量为 2 428Bcf，为披覆在前寒武系基岩隆起上的背斜型层状岩性构造气藏。

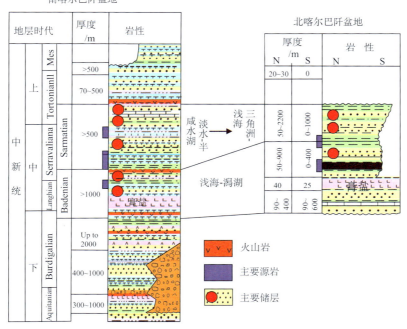

图 2.4.17　南、北喀尔巴阡盆地中新统生储盖组合图（IHS，2007）

南喀尔巴阡盆地的油气田主要分布在外磨拉石次盆中，共发现天然气储量 12 355Bcf。磨拉石次盆中新统底面最大埋藏深度可达 11 000 m（图 2.4.16）。中—上中新统 Pontian、Sarmatian 和 Badenian 组源岩以海相至淡水湖湘泥岩为主。Badenian 组下部为潟湖相沉积，上部过度为正常浅海。Pontian、Sarmatian 组为半咸水—淡水湖湘沉积（图 2.4.17）。有机质以腐殖质为主，干酪根类型 II-III 型，Pontian 组总有机碳 1.20%～3.20%，门限深度 3 500 m。有些学者认为 Sarmatian 组和上新统砂岩储层中的天然气主要为生物气，但是这一说法没有详细有机地化依据，只是与北喀尔巴阡盆地类比的一种推测。内磨拉石次盆南部以油田为主（图 2.4.16），实际主要为油气田。在图 2.4.19 中我们可以看到埋深 2 000 m 以上的上新统中以气藏为主，应该认为与生物气有关（剖面 C）；中中新统的源岩一般未成熟，其油源应该与渐新统有关（剖面 D）。内磨拉石的北部是凹陷的最深部位，中新统底埋深可达 11 000 m，周围主要分布含有凝析油的气田，推测以热成熟气为主。

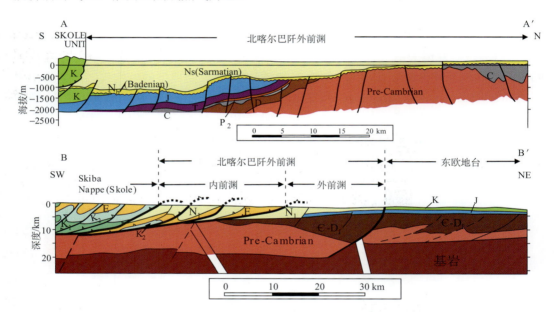

图 2.4.18　北喀尔巴阡盆地前渊次盆构造横剖面图（Jurkiewicz，1979）（剖面位置见图 2.4.16）

3. 复理石次盆的源岩主要来自渐新统 Menilite 页岩

复理石次盆渐新统 Menilite 深海复理石沉积主要分布在北喀尔巴阡盆地，南喀尔巴阡盆地为浅海砂泥沉积（图 2.4.20）。

根据碳同位素和生物标记化合物分析结果，渐新统 Menilite 页岩及与之相关的原油可以很好的对比，具有明显的陆相高等植物特征。波兰的 Menilite 页岩，TOC 含量一般为 2.15%～22.15%，氢指数（HI）一般 300～650 mg 烃/g TOC。乌克兰地区 TOC 平均 4%～8%（Koltun et al.，1998）。干酪根类型为 II 型和 II-III 型，主要为陆源有机质。

北喀尔巴阡盆地白垩系复理石是次要源岩，主要发育于尼欧克母阶 Cieszynu 组，为砂泥岩互层，最厚 300 m。TOC 含量一般为 1.5%～3.0%，氢指数（HI）一般

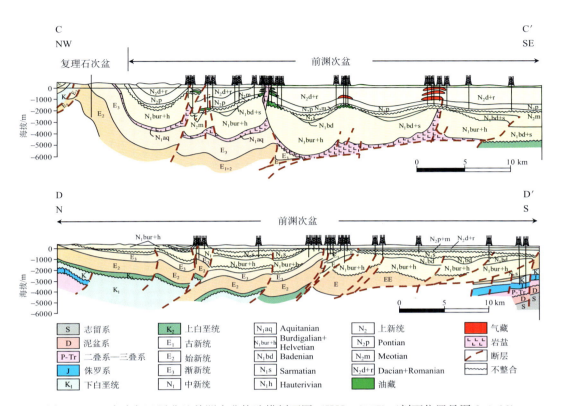

图 2.4.19 南喀尔巴阡盆地前渊次盆构造横剖面图 (IHS, 2007)(剖面位置见图 2.4.16)

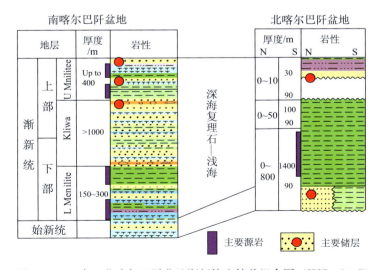

图 2.4.20 南、北喀尔巴阡盆地渐新统生储盖组合图 (IHS, 2007)

$100\sim120$ mg 烃/g TOC，干酪根类型为 III 型。阿尔必—阿普特阶 Spas 黑色页岩与砂岩互层，在波兰 TOC 含量 $1.5\%\sim4\%$（平均 2%），氢指数（HI）一般 $80\sim90$ mg 烃/gTOC，干酪根类型为 III 型；乌克兰 TOC 一般 $>2\%$（Koltun et al.，1998），氢指数（HI）可达 200 mg 烃/gTOC，干酪根类型也为 III 型。一般认为白垩系是复理石带的气源岩。

南喀尔巴阡盆地 Menilite 页岩是内前渊带的主要油源岩。白垩系是次要源岩，内前渊带南部大量石油的发现主要与渐新世源岩有关。上、下 Menilite 页岩岩性为沥青质页岩、泥灰岩和硅质页岩（图 2.4.20），TOC 含量 $0.15\%\sim7.65\%$，干酪根类型为 II 型。

北喀尔巴阡盆地共发现原油储量 $3.11\times10^8\mathrm{m}^3$，远低于南喀尔巴阡盆地的 $9.24\times10^8\mathrm{m}^3$，造成这一差别的原因不能不认为与源岩质量有直接关系。另外，南喀尔巴阡盆地复理石带面积远小于北喀尔巴阡盆地，其含油主要依靠内前渊次盆南部，而这一地区构造推覆强度大大减弱，提供了更好的构造圈闭发育条件（图 2.4.19）。

（二）山间盆地——潘诺盆地和特兰西瓦尼亚盆地

围绕在西喀尔巴阡山—东喀尔巴阡山—南喀尔巴阡山—迪纳拉山之间的是潘诺和特兰西瓦尼亚山间盆地。山间盆地本不是形成学的术语，可以有多种成因，这里介绍的潘诺和特兰西瓦尼亚盆地是在阿尔卑斯褶皱带基本形成后，在诸褶皱带间的地块部位受控于地幔隆起形成的类似裂谷型的沉积盆地。关于盆地的构造-沉积演化和形成机制我们将在潘诺盆地一章中详细介绍，在这里只对特兰西瓦尼亚盆地做简单介绍。

特兰西瓦尼亚盆地位于罗马尼亚北部，北、东、南三面被喀尔巴阡山环绕，西隔 Apusenish 山与潘诺盆地相邻，盆地面积约 $3\times10^4\mathrm{km}^2$。该盆地自 1909 年第一个气田的发现至今已有 100 年的勘探历史，共计采集地震测线 10 000 km，钻初探井 169 口，其他类型探井 205 口，天然气发现 133 个，获天然气可采储量 $9\,240\times10^8\mathrm{m}^3$，其中最大的气田为 1954 年发现的 Filitelnic 气田，储量 $1\,476\times10^8\mathrm{m}^3$。勘探早期初探井成功率 78.7%，$1998\sim2007$ 年成功率降至 40.7%。至 2007 年剩余可采储量约 $2\,000\times10^8\mathrm{m}^3$。

特兰西瓦尼亚盆地是一个简单的新近系碟状盆地（图 2.4.21），133 个天然气发现全部属于岩性-构造气藏，集中分布在中中新世—上新世地层中。

盆地可划分为两大构造层，下构造层由中生界和下中新统地层组成，上构造层为中—上中新统至上新统地层（图 2.4.23）。中生代末盆地中的主要正断层发生反转（逆冲），使得中生界地层保留在分割的残余凹陷中。始新世在残余凹陷的中心部位开始了古近系的沉积。始新世早期为陆相沉积，晚期过度为海相（图 2.4.23）。渐新世—早中新世又自海相转变为陆相沉积，完成了一个下构造层的完整沉积旋回。确切地说特兰西瓦尼亚盆地的形成开始于早中新世 Dej 凝灰岩和岩盐的沉积，这是盆地中潟湖相发育最为广泛的时期。此后，中中新世（Badenian 和 Sarmatian 组）沉积了深海至局限海砂泥，形成了盆地的主要源岩和储层。Badenian 和 Sarmatian 组咸水、半咸水页岩 TOC 平均值为 0.5%，10 口井热解分析结果 S2 值为 $0.14\sim0.48\mathrm{mg}$ HC/g。主要储层为中—上中新统海相砂岩，孔隙度 $2.5\%\sim34.7\%$，渗透率 $0.8\sim702$ mD，天然气以生物气为主。

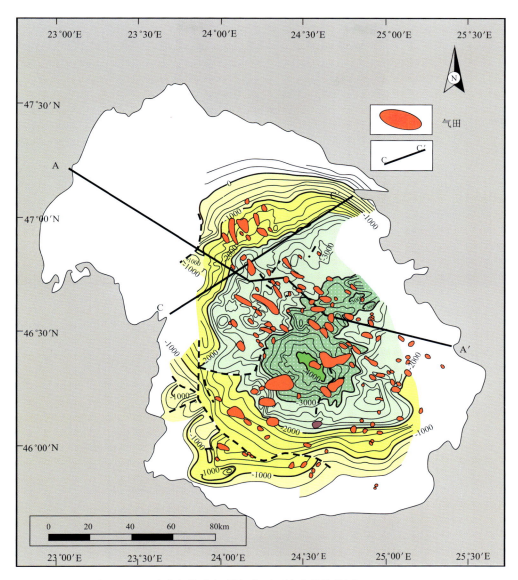

图 2.4.21 中中新统底部凝灰岩顶面构造等值线图（IHS，2007）

中中新世与晚中新世之间（Sarmatian 与 Pannonian 组间）发生过一次区域性不整合，构造运动导致了盐底辟活动，盐底辟自中中新世—上新世逐渐减弱。在盆地中部椭圆形盐底辟长轴一般近北-北西向，说明这些底辟构造是受近东西向挤压而形成的。比较强烈的底辟活动一般与深部凹陷的断裂有关（图 2.4.21、图 2.4.22）。底辟构造是盆地中的主要圈闭形式。

中—上中新统底面埋藏深度最大 4 000 m，气藏分布在埋深 1 000 m 以下（图 2.4.21）。中中新统—上中新统底部为遍布全盆地的岩盐层，可以认为特兰西瓦尼亚盆

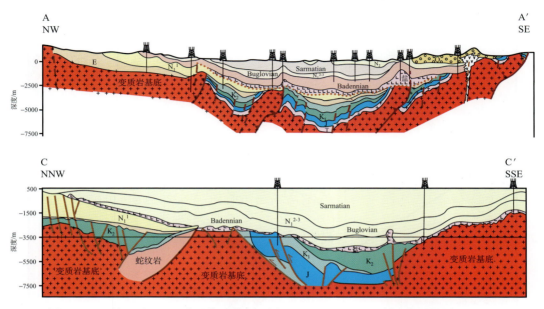

图 2.4.22　特兰西瓦尼亚盆地构造横剖面图（Ciularu，2000）（剖面位置见图 2.4.21）

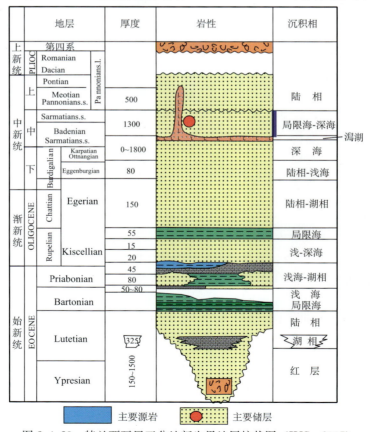

图 2.4.23　特兰西瓦尼亚盆地新生界地层柱状图（IHS，2007）

地的天然气系统仅仅与上构造层沉积相关。

盆地中的天然气一般属于生物气，在盆地东部深凹部位混有热成熟气。盆地的天然气系统非常简单，为以中中新统 Badenian 和 Sarmatian 组页岩为主要源岩，Badenian、Sarmatian 组和上新统下部砂岩为主要储层，以中中新世末—上新世盐底辟为主要圈闭，中中新统底面埋深 1 000 m 为系统分部范围（图 2.4.21）。

（三）拉分盆地——维也纳盆地

维也纳盆地是欧洲唯一的拉分盆地，位于阿尔卑斯和喀尔巴阡褶皱带之间的中新世走滑带上。该盆地石油地质条件很有特色，我们将其列为重点盆地置于第八章中。

四、对冲的迪纳拉-亚平宁褶皱带及相关盆地的石油地质特征

迪纳拉和亚平宁褶皱带在阿尔卑斯山南侧，两个褶皱带呈北西-南东向，中间隔亚得里亚海遥遥相望。迪纳拉褶皱带自东北向西南逆冲，亚平宁褶皱带自西南向东北逆冲。南阿尔卑斯位于地中海东部地区，在阿尔卑斯期是一个复杂的、大小不一的地体、地块汇聚的过程。晚白垩世大西洋的张开导致非洲板块与劳亚大陆的左旋斜向聚合。位于两个大陆间的地体、地块在不同时间、不同部位有着不同的运动方式。总体来看，地中海东部地区是拉提阿姆-阿布鲁齐、阿普利亚（Apulia）、特伦托、胡利亚和喀斯特等地块的拼合产物。晚白垩世—晚渐新世这些地块上发育碳酸盐岩台地，地块间为深海碎屑岩和碳酸盐岩；东侧的迪纳拉-海伦尼克俯冲带前缘发育复理石沉积；西侧的卢卡尼亚-坎帕尼亚地块在晚渐新世全面向东俯冲，同时形成了其前缘的复理石带。中新世迪纳拉-亚平宁褶皱带之间为浅海—半深海沉积，靠近亚平宁前渊为复理石沉积。中新世末期是迪纳拉-亚平宁褶皱带构造活动最为强烈的时期，我们在亚平宁褶皱带和迪纳拉褶皱带都可以看到中新统与其下覆地层同样遭受强烈的推覆褶皱。

与这两个褶皱带相关的含油气盆地共有 6 个——西北佩里—亚平宁盆地、南亚平宁盆地、南亚得里亚海—都拉斯盆地、东南佩里—亚平宁盆地、伊奥尼亚海盆地和北亚平宁盆地（图 2.4.24）。这 6 个盆地共发现油气田 529 个，石油储量 $3.06 \times 10^8 m^3$，天然气储量 $8\,574 \times 10^8 m^3$，折合油当量，共计 $11.08 \times 10^8 m^3$（表 2.4.13）。换算为油当量，石油大致占 28%，天然气占 72%。

按照当地习惯，将迪纳拉-亚平宁褶皱带划分为四个构造单元：迪纳拉褶皱带、迪纳拉前渊、亚平宁褶皱带、亚平宁前渊（图 2.4.24）。显然这与喀尔巴阡地区的构造单元划分不尽统一，喀尔巴阡地区把复理石带和前渊带称做一个盆地中的两个次盆，迪纳拉-亚平宁地区则将复理石带和前渊带称做盆地。为尊重历史习惯，我们没有对这样的构造单元的命名进行统一。

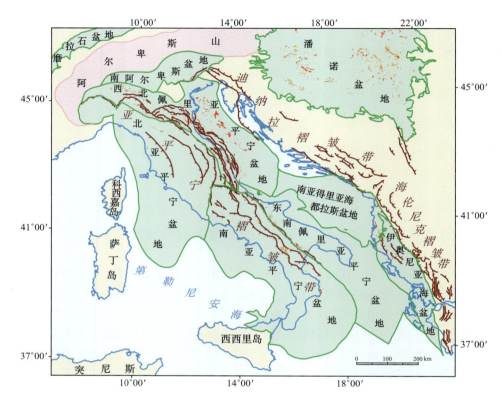

图 2.4.24　迪纳拉-亚平宁地区盆地分布图

表 2.4.13　迪纳拉-亚平宁地区盆地油气储量统计表（IHS，2007）

盆地类型	盆地名称	可采储量			油气田数
		油/%	气/%	油当量/%	
前渊	西北佩里-亚平宁盆地	26.6	82.0	66.7	337
	南亚得里亚海-都拉斯盆地	19.8	2.8	7.5	15
	东南佩里-亚平宁盆地	6.3	4.4	5.0	88
	合 计	52.7	89.2	79.2	440
褶皱带	南亚平宁盆地	35.9	8.3	15.9	47
	伊奥尼亚海盆地	11.2	1.8	4.4	9
	北亚平宁盆地	0.2	0.7	0.5	33
	合 计	47.3	10.8	20.8	89
总 计		100	100	100	529

（一）西北佩里-亚平宁盆地

这是北亚平宁褶皱带上新世—第四纪的前渊。盆地内上新统—第四系最大沉积厚度可达 7 000 m。上新统—更新世早期是凹陷最深的时期，外围浅-半深海砂泥沉积区称为 Santerno 组；靠近西侧冲断带为深海浊积岩沉积区，上部为 Porto Garibaldi 组，下部为 Porto Corsini 组，具有厚层浊积砂岩，是盆地的主要储层之一（图 2.4.25、图 2.4.26）。第四纪中—晚期主要为浅海砂泥沉积。

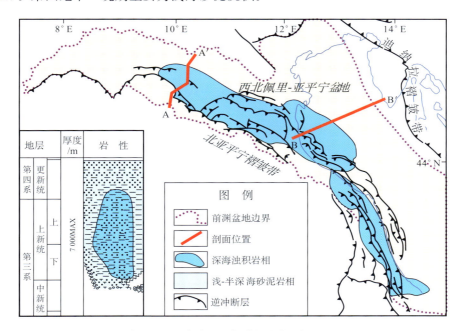

图 2.4.25　西北佩里-亚平宁盆地上新世沉积相图（Pieri，Groppi，1981）

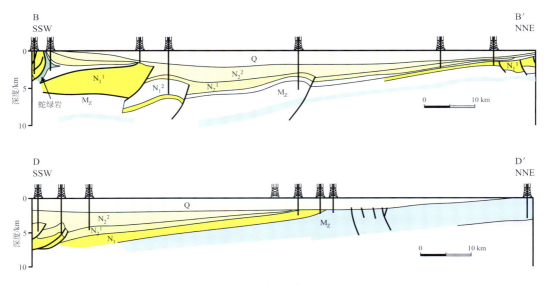

图 2.4.26　西北佩里-亚平宁盆地构造横剖面图（Pieri，Groppi，1981）

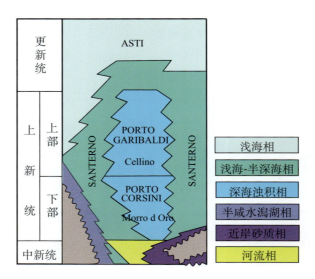

图 2.4.27 西北佩里-亚平宁盆地岩石地层单元命名

　　主要源岩发育于上新统和更新统，不同层位、不同相带有着不同岩石地层名称。上新统深海浊积相在盆地北部称 Porto Garibaldi 组（上部）和 Porto Corsini 组（下部），盆地南部亚得里亚弧叫做 Cellino 组（上部）和 Morro d'Oro 组（下部）。Sterno 组泛指上新统—更新统下部浅-半深海相砂泥沉积。上新统上部—更新统浅海相砂泥沉积叫做 Aste 组（图 2.4.27）。上述这些岩石地层单元中的泥质岩都有一定的生气条件。半深海泥岩总有机碳含量为 0.1%～0.6%，有机质属陆源有机质，类型为 III 型（镜质体含量大于 85%）。Santerno 组 TOC 含量在 0.1% 左右。Porto Garibaldi 和 Porto Corsini 组的厚层浊积砂岩、浊积泥岩主要分布在东波平原和北亚得里亚海，其有机碳平均值可达 0.7%，原始机质为草本和木本植物，干酪根类型属 III 型。通过天然气的氢、碳同位素构成和 C_2 含量百分比可以识别混合天然气的生物成因气与热成熟气的不同比例。一般在凹陷较深部位上新统下部多混有热成熟气，在个别情况下，借助于断层热成熟气可运移到更新统。

　　就天然气的储量分布来说，我们可以简单地将西北佩里-亚平宁盆地看作一个上新统和更新统自生自储的含油气系统。盆地内共发现油气储量 $7.39×10^8 m^3_{oe}$，其中 89% 为天然气，原油储量 $0.81×10^8 m^3$，仅占总储量的 11%。可以说西北佩里-亚平宁盆地是一个气盆。如果按岩石地层单元来说，浊积岩组和浅海砂泥岩地层单元占据了盆地天然气储量的大部分：上新统浊积岩地层单元（Porto Corsini 组、Porto Garibaldi 组和 Cellino、Morro 组）天然气储量为 $5\,489×10^8 m^3$，占盆地总储量的 68%；上新世上部—更新世浅海砂泥岩地层单元（Asti 组和 Santerno 组）天然气储量为 $2\,041×10^8 m^3$，占盆地总储量的 25%（表 2.4.14 和图 2.4.28）。

表2.4.14　西北佩里-亚平宁盆地油气储量的岩石地层组分布（IHS，2007）

含油气岩性地层单元		油气田数	油		气	
			储量/$10^8 m^3$	比例/%	储量/$10^8 m^3$	比例/%
更新统-上新统油气储量的岩性体分布	Asti组浅海砂岩	70			1 407	17.4
	Santerno组浅海砂岩	61			634	7.8
	Cellino+Morro浊积体	64			503	6.2
	Porto Corsini+Porto Garibaldi浊积体	90			4 985	61.6
油气储量的地层分布	中生界—中新统	285	0.032 0	2	567	7
	上新统—更新统合计	286	0.738 7	98	7 529	93

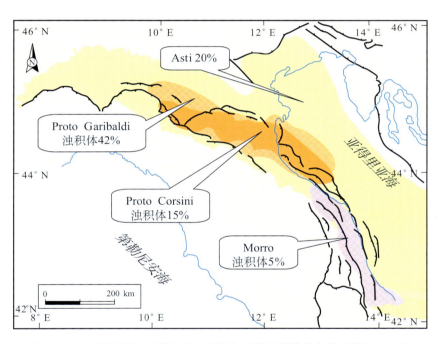

图2.4.28　西北佩里-亚平宁盆地天然气储量的岩体分布图（IHS，2007）

（二）东南佩里-亚平宁盆地

虽然盆地面积将近40 000 km²，但绝大部分面积属于阿普利亚碳酸盐岩台地（图2.4.29），只靠近南亚平宁褶皱带前缘发育有狭窄的前渊盆地（图2.4.30）。也只有在这狭窄的前渊中有油气发现。

东南佩里-亚平宁盆地共发现油气储量55×10⁴m³oe。其中，石油19×10⁴m³，天然气储量380×10⁴m³，天然气储量占总储量将近2/3。天然气田主要分布在狭窄（宽20 km左右）的前渊盆地中（图2.4.31）。上新统和第四系沉积厚度最大不过5 000 m，一

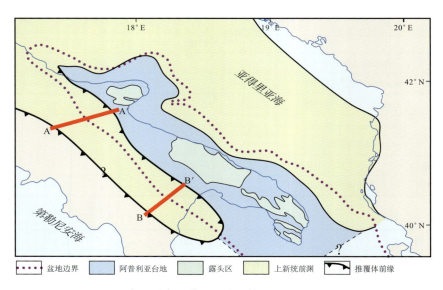

图 2.4.29　南亚平宁（前渊）盆地构造区划图（IHS，2007）

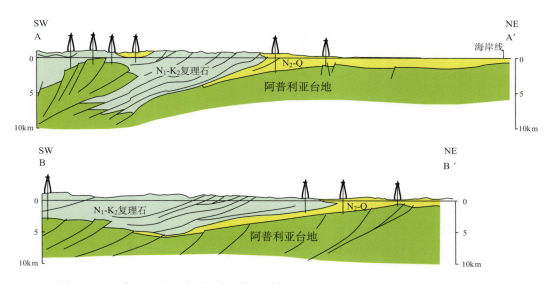

图 2.4.30　南亚平宁（前渊）盆地构造横剖面图（据 Mostardini et al.，1988 修改）

般在 2 000 m 左右。盆地中的天然气绝大部分是源于上新统和更新统的生物气，深部见到的热成熟气可能来自阿普利亚推覆体。

（三）南亚得里亚海-都拉斯盆地

一共只有 15 个油气发现，共发现油气储量约 $0.8 \times 10^8 \mathrm{m}^3_{\mathrm{oe}}$。其中，原油占总储量的73%，天然气只有 $243 \times 10^8 \mathrm{m}^3$。虽然上新统和第四系在盆地中总厚达 6 000 m，但主要

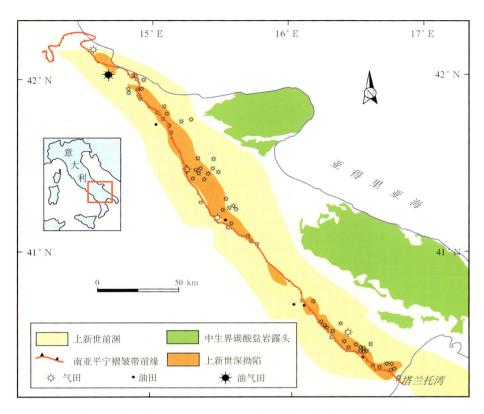

图 2.4.31 东南佩里-亚平宁盆地油气发现分布图（IHS，2007）

是磨拉石（粗碎屑）沉积，缺少源岩条件，只发现了 5 个小型生物气气藏。盆地的油源主要来自中生界灰岩，气源主要为中新统中部三角洲和深海泥岩。油气发现集中于盆地东南缘，中新统顶部 Messinian 砂岩是盆地的主要储层，阿尔巴尼亚陆上三个油田（Patos Marinez-Kolonje 和 Kucova 油田）占盆地石油储量的 80%（4 338×10^4 m^3）和天然气储量的 41%（98×10^8 m^3）（图 2.4.32）。

（四）北亚平宁盆地

里古利亚推覆体和弧形带，发育于上三叠系上部的潮坪相白云岩与硬石膏互层是主要源岩，其 TOC 含量一般为 0.1%～0.6%（最高达 1.5%），干酪根类型为 Ⅱ 型。盆地中共发现 33 个油气藏，石油储量 48×10^4 m^3，天然气储量 58×10^8 m^3，合计油气储量为 590×10^4 m^3_{oe}。里古利亚推覆体上白垩统里古利亚复理石砂岩和灰岩储层占据了北亚平宁褶皱带石油储量的 98%（570×10^4 m^3）、天然气储量的 56%（3 158×10^8 m^3）。Romagna 弧形带中新统顶部 Marnoso 组砂岩聚集了褶皱带中 34%（68.9Bcf）的天然气（图 2.4.33）。

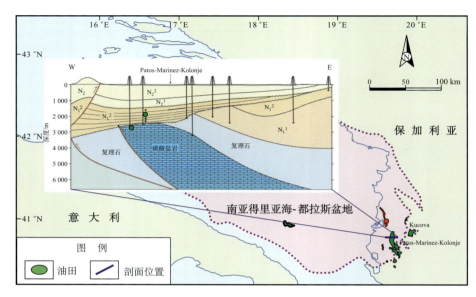

图 2.4.32　南亚得里亚海-都拉斯盆地油气田位置图（OMV（Albanien），2000）

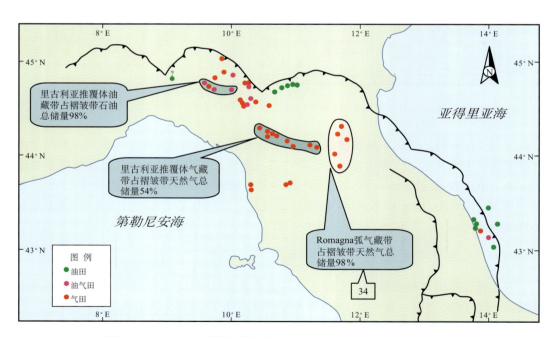

图 2.4.33　北亚平宁褶皱带油气发现分布图（据 IHS，2007 修改）

（五）南亚平宁盆地

亚平宁台地推覆体下白垩统（阿尔必—赛诺曼阶地表露头）薄层白云岩 TOC 含量

为 0.4%～3.2%，沥青质页岩 TOC 可达 45%，氢指数（HI）达 600～800 mg HC/g TOC，平均生烃潜力 22kg/t。拉贡尼格罗推覆体白垩系（阿尔必-赛诺曼阶地表露头）厚层燧石页岩 TOC 可达 7%，生烃潜力 31kg/t。

油气集中分布在拉贡尼格罗推覆体的内阿普利亚构造油气藏带中，共计有 19 个油气发现。下中新统—上白垩统灰岩裂缝及白云岩储层的构造油气藏，石油储量约 1×10^8m³（几乎囊括了褶皱带的全部石油储量），天然气储量为 216×10^8m³（占总储量的 50%）。南亚平宁南端的 Calabride 推覆体，在上新统砂岩中共发现 10 个气田，天然气含量为 207×10^8m³（占天然气总储量 47%），为生物气和热成熟气的混合气（图 2.4.34）。

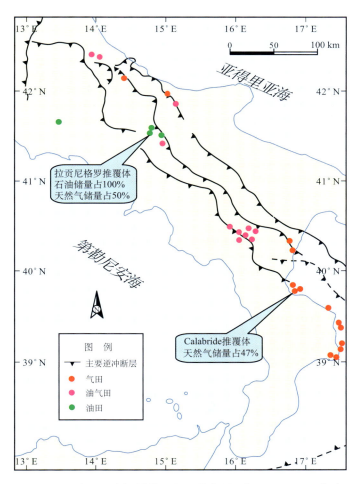

图 2.4.34　南亚平宁褶皱带油发现分布图（据 IHS，2007 修改）

（六）伊奥尼亚

迪纳拉褶皱带很少有油气发现，仅在褶皱带的东南缘阿尔巴尼亚境内发现 9 个小型油气田，共发现石油储量约 $3\,500\times10^4\,m^3$，天然气储量 $151\times10^8\,m^3$。该褶皱带自下三叠统—中三叠统为一套蒸发岩，常构成冲断带的滑脱面。上三叠统—始新统为数千米的碳酸盐岩，其上覆盖渐新统和中新统复理石。

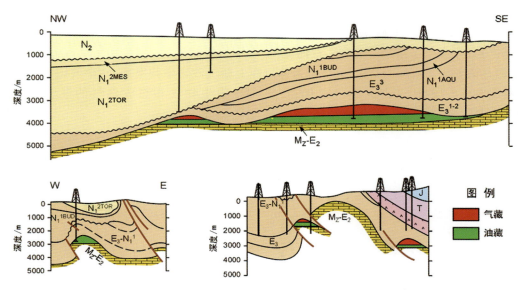

图 2.4.35　伊奥尼亚褶皱带油气藏类型图（Sestini，1994；Sejdini，1990）

其主要源岩是中生代。中生代伊奥尼亚盆地以及整个特提斯洋是一个统一的静水缺氧环境。在阿尔巴尼亚地面露头，三叠统灰岩中夹有 15 m 沥青质页岩，TOC 达到 5%（R_o＝0.7%～0.85%）；下侏罗统图阿尔阶 TOC 最高 5%（R_o＝0.55%）。阿尔巴尼亚油田的油源主要来自上三叠统及下侏罗统。在希腊 Ioannina 1 井中三叠统蒸发岩中的页岩 TOC 可达 11.15%；下侏罗统图阿尔阶—中侏罗统巴柔阶页岩 TOC 值为 0.1%～2.0%，氢指数达到 650 mg HC/g TOC，中侏罗统卡洛夫阶—上侏罗统提唐阶的页岩 TOC 为 0.5%～8.6% 干酪根类型为 II 型。

主要储层为渐新统—中新统大套复理石页岩盖层之下的始新统—上白垩统灰岩。圈闭类型主要为构造型，油气藏类型属灰岩裂缝块状底水油气藏（图 2.4.35）。

阿尔卑斯域各类含油气盆地石油地质特征小结：

1）阿尔卑斯古地中海多岛洋的闭合，不同地块在时间和空间上拼合方式的差异，造成了不同褶皱带含油气盆地形成条件各异。

2）碰撞的阿尔卑斯褶皱带沉积盆地不发育，只在阿尔卑斯山北侧发育有磨拉石盆地。阿尔卑斯褶皱带磨拉石盆地与其他褶皱带磨拉石盆地最大的不同，在于其磨拉石次盆发育较早，由晚始新世开始发育直至新近纪。磨拉石盆地主要源岩为渐新统底部海相鱼页岩，主要储层为始新统和渐新统海相砂岩，油气储量（油当量）约 $8\,400\times10^4\,m^3$，列诸褶皱带第三位。

3）推覆的喀尔巴阡褶皱带发育有 5 个盆地，潘诺地块上发育有潘诺和特兰西瓦尼亚盆地山间盆地，地块东北缘喀尔巴阡褶皱带发育了维也纳拉分盆地和南、北喀尔巴阡前渊盆地。中中新世是主要成盆期，南、北喀尔巴阡盆地的前渊和特兰西瓦尼亚盆地都以盛产生物气为主。北喀尔巴阡盆地的复理石带以产油为主，主要源岩为渐新统 Menilite 深海页岩，始新统和渐新统浊积砂岩石为主要储层。阿尔卑斯褶皱带与喀尔巴阡褶皱带之间的维也纳拉分盆地，主要成盆期也在中中新统，主要源岩是原地上侏罗统 Mikulov 组泥灰岩。5 个盆地共发现油气储量 $20.76 \times 10^8 m_{oe}^3$，为阿尔卑斯域最富油气的褶皱带。

4）对冲的迪那拉-亚平宁褶皱带，前渊盆地主要发育于上新世。前渊盆地占据了该带石油总储量的 58%、天然气总储量的 89%；主要源岩为上新统深海泥岩，天然气主要为生物成因气。整个褶皱带 6 个盆地共发现油气储量 $11.084\,6 \times 10^8 m_{oe}^3$，列阿尔卑斯域中的第二位。

第五节　克拉通盆地

欧洲的克拉通盆地有两类：一类发育于前寒武系基底之上的克拉通盆地，如东欧地台（或俄罗斯地台）上的波罗的海盆地和默西亚盆地，是东欧地台的边缘部分有比较完整的下古生界沉积盆地；另一类发育于加里东褶皱基底之上的年轻克拉通盆地，如西巴伦支海台地（图 2.0.1），巴伦支海地区下古生界已经褶皱变质。

表 2.5.1　克拉通盆地储量发现表（据 IHS，2007 统计）

盆地名称	国　家	可采储量/$10^8 m_{oe}^3$	油气田数
西巴伦支海台地	俄国、挪威	2.80	5
默西亚台地	罗马尼亚、保加利亚	1.790	90
波罗的海拗陷	瑞典、拉脱维亚、立陶宛等	0.90	106
合　计		5.49	201

这三个克拉通型盆地共有 201 个油气发现，油气储量为 $5.5 \times 10^8 m_{oe}^3$，50% 的油气储量分布在西巴伦支海台地（表 2.5.1）。下面对这三个克拉通盆地作简单介绍。

一、波罗的海盆地

波罗的海盆地位于波罗的海海域，盆地东南部包括了拉脱维亚、立陶宛和波兰的陆地部分。当地称波罗的海盆地为波罗的海拗陷（Depression），盆地面积约 $30 \times 10^4 km^2$，已经采集地震资料 $6 \times 10^4 km$，钻预探井 605 口（其他探井 564 口）。共计有 106 个油气发现，发现石油储量 $8\,000 \times 10^4 m^3$、天然气储量 $100 \times 10^8 m^3$，折合油当量约 $0.9 \times 10^8 m^3$，是三个克拉通盆地中储量发现最少的一个。

构造单元划分　盆地划分为三个负向构造单元、三个正向单元，两个斜坡、两个阶地（图 2.5.1、图 2.5.2），油气主要分布于三个负向构造单元（图 2.5.3）。

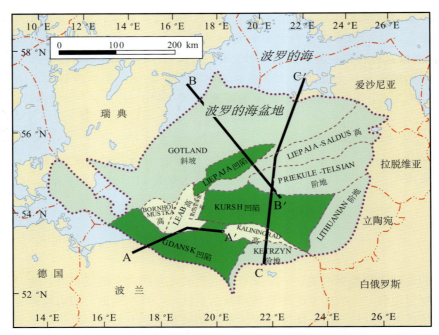

图 2.5.1　波罗的海盆地构造区划图（IHS，2007）

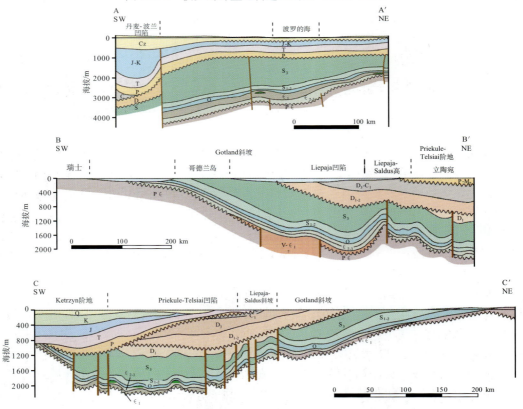

图 2.5.2　波罗的海盆地区域构造横剖面图（Ulmishek，1990；Volkolakov et al.，1977）

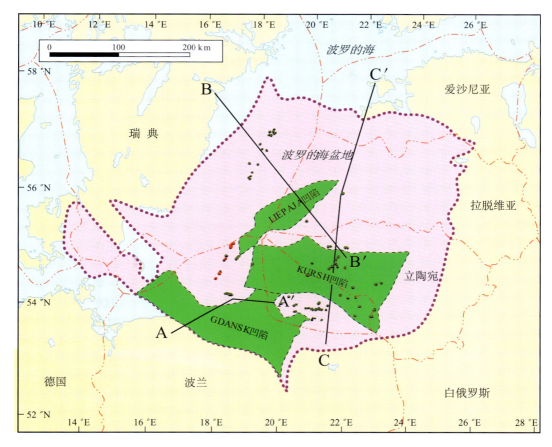

图 2.5.3 波罗的海盆地油气田分布图 (IHS, 2007)

盆地构造沉积发育 寒武纪开始劳伦古陆和波罗的海古陆间的拉皮特斯-通库斯洋 (Lapetus-Tornquist) 张裂,东欧地台沉降产生海侵过程。寒武纪盆地沉积了海陆交互相砂泥,盆地西部泥质岩较为发育,最大厚度达到 500 m。奥陶纪—志留纪基本为浅海碳酸盐岩沉积,志留系厚度可达 3 000 m。加里东运动造成早—中泥盆世海退,沉积了一套砂岩,晚泥盆世发育了碳酸盐岩及石膏的沉积。早石炭世海退,此后海西运动造成晚石炭统—早二叠统的缺失。三叠纪为蒸发盆地,侏罗纪及其以后自陆相发育为浅海 (表 2.5.2)

源岩 主要为寒武系—志留系页岩。中—上寒武统 Alum 页岩在波兰西北部为浅海缺氧环境的沉积,是证实的源岩。Alum 页岩 TOC 含量一般 0.1‰～1‰(最高 2.2‰),门限深度 2 000～2 100 m,3 000 m 进入气窗,在波兰主要生烃期在晚寒武世—白垩纪(图 2.5.4)。上寒武统 Alum 页岩中夹有 20 m 灰黑色页岩,TOC 一般在 10% 左右,I 型干酪根,具有高伽马特征。上奥陶统大套灰岩中夹有 5～10 m 厚(最厚 40 m)的黑色有机质页岩,TOC 含量 2%～3%(最高 13%),向盆地西南方向变差。下志留统暗色笔石泥质灰岩 TOC 达到 16%,厚度达 300～450 m。生油门限深度

表 2.5.2　波罗的海盆地综合地层表（IHS，2007）

地质时代		年龄/Ma	厚度/m	岩性、生储盖 W　　　　　　E	沉积环境	
第三纪		— 50	0～200	砂岩、泥岩	陆 相	
白垩纪		— 100	0～600	砂岩、页岩、白垩	浅海、三角洲	
侏罗纪		— 150 — 200	0～600	砂岩、页岩	陆相、三角洲	
三叠纪			0～600	灰岩、页岩、蒸发岩	浅海、蒸发盆地	
二叠纪		— 250	0～500	砂岩、页岩	陆 相	海西运动
石炭纪		— 300 — 350		缺 失		
			0～140	砂岩、页岩	海 退	
泥盆纪	上		0～280	灰岩、白云岩、石膏	浅海、海进	加里东运动
	中		0～320	砂岩、页岩		
	下	— 400		砂岩为主	浅海、海退	
志留纪	上		120～3 300	礁灰岩，次要储层	浅海、台地	
	下			暗色笔石泥质灰岩，主要源岩	浅海、局限海	
奥陶纪	上	— 450	200	礁灰岩，次要储层	浅海、台地	
	中			灰 岩		
	下	— 500	20	泥岩，区域性盖层	浅 海	弧陆碰撞
寒武纪	上		0～500	ALUM页岩,主要源岩	浅 海	
	中		180～300	石英砂岩，主要储层	海陆交互	
	下	— 550				
				砂 岩	陆 相	
前寒武纪				变质岩		

为 1 750～1 800 m，在波兰近海志留系源岩都已达到生烃高峰。现今盆地中部地温梯度为 28.6～35.7℃/km。盆地中寒武系储层（Kaliningrad Oblast）原油重度一般为 30.5°API～53.5°API，含蜡量占 10%，含硫 0.19%，焦质-沥青质含量占 11%。

储层　主要储层为寒武系砂岩，约占盆地总油气储量的 95% 以上（表 2.5.3）。中寒武统 Deimena 砂岩是最重要的储层，为石英砂岩，向盆地西部页岩含量增加，深部石英砂岩变为石英岩。砂岩厚度在盆地北部（拉脱维亚）厚 50～90 m，南部（波兰）厚 100 m。储层埋藏深度 2 000 m，孔隙度平均 2%～8%；立陶宛西部和波兰东北部埋藏深度变浅，孔隙度可增加到 15%～25%。波兰西北部渗透率一般为 2～24 mD；立陶宛西部只有 1 mD，东部可达 1 000 mD。

上奥陶统有两种碳酸盐岩储层，一种是灰岩裂缝，一种是孔隙性灰岩（鲕粒灰岩或生物礁）。盆地西北部哥德兰岛有大量埋深 300～500 m 的碳酸盐岩岩性油藏，不过储量很小，总储量不到盆地石油储量的 5%。这些生物碎屑灰岩孔隙度为 2%～12%，渗透率 2～50 mD。

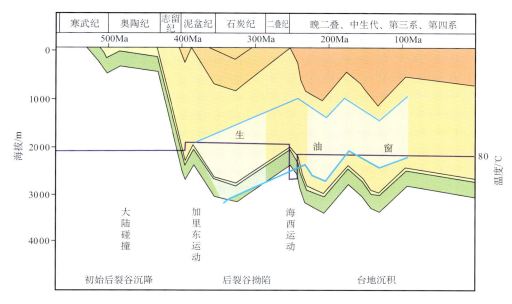

图 2.5.4 波罗的海盆地埋藏史及热演化图（Burzewski，1998）

油窗是白垩纪时的

圈闭 波罗的海盆地油气圈闭类型以构造型圈闭为主。背斜圈闭天然气藏占天然气总储量的 84%。石油储量 82% 分布在构造和岩性-构造型圈闭中（表 2.5.3）。

表 2.5.3 波罗的海盆地油气储量的圈闭类型分布表（据 IHS，2007 统计）

成藏组合 （油气田数）	油		凝析油		气		备注
	储量 /$10^8 m^3$	比例 /%	储量 /$10^8 m^3$	比例 /%	储量 /$10^8 m^3$	比例 /%	
寒武系砂岩地层-构造不整合（19）	0.091 3	11	0		2.9	3	陆架西部中寒武统浅海砂岩储层，寒武系披覆在基岩之上的断背斜不整合圈闭
寒武系岩性-构造（31）	0.369 9	46	0.4	2	12.8	13	断背斜，砂岩侧向尖灭
寒武系构造（25）	0.287 3	36	24.1	98	82.7	84	披覆背斜
奥陶系岩性-构造（2）	0.038 2	5	0		0		基底高上的断背斜，储层为灰岩
合计	0.786 7	98	24.5	100	98.4	100	

含油气系统　波罗的海盆地基本为一套下古生界自生自储含油气系统。寒武系、奥陶系和志留系的暗色页岩都有生烃能力，现在还没有可靠的油—岩有机地球化学资料用于进一步判别三个时代源岩和油气的对应关系。至少可以肯定成熟源岩范围只限于盆地的西南部（图 2.5.5）。虽然目前油气主要发现于 Kursh 凹陷，但勘探已经证明哥德兰岛含油，说明该盆地含油气系统至少涉及了 40 000 km² 范围。

波罗的海盆地油气富集程度较低，其根本原因在于源岩条件不够理想，奥陶系—志留系源岩厚度都不过数十米，寒武系 Alum 页岩虽然最后可达 500 m，但分布非常局限，真正好的（可称做热页岩的）源岩厚度不过 20 m，并且成熟源岩范围仅限于盆地南部的 Gdansk 凹陷和 Kursh 凹陷。

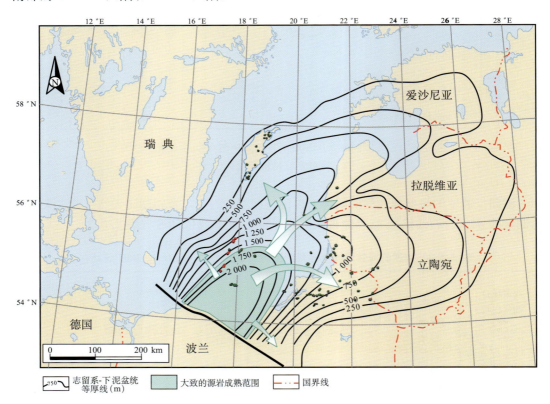

图 2.5.5　波罗的海盆地含油气系统平面图（Ulmishek，1990）

二、默西亚盆地

默西亚盆地位于喀尔巴阡褶皱带东南罗马尼亚、保加利亚境内多瑙河两岸，当地称为默西亚台地（Moesian Platform），盆地面积约 7×10^4 km²（图 2.5.6）。截至 2007 年盆地中已经采集地震资料近 2×10^4 km，钻预探井 570 口（其他探井 206 口），油气发现共计 89 个，可采石油储量约 1.5×10^8 m³，天然气储量 175×10^8 m³，合计油气储量近

$1.8×10^8 m^3_{oe}$。盆地油气储量排名位于欧洲（除苏联外）第18位。

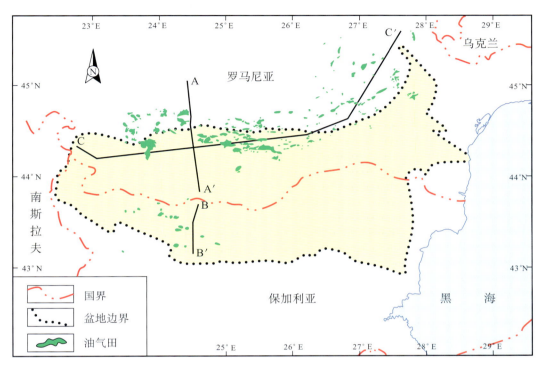

图 2.5.6　默西亚盆地位置图（据 IHS，2007 修改）

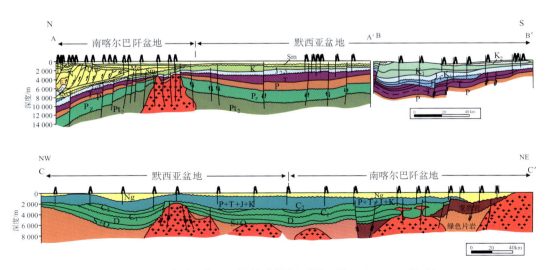

图 2.5.7　默西亚盆地区域构造横剖面图（据 IHS，2007 修改）

　　默西亚盆地北与南喀尔巴阡盆地相邻，实际属于东欧地台的边部（图 2.5.7）。地台上覆盖有古生界、中生界和很薄的新生界地层，沉积岩厚度近 10 000 m。默西亚台地自奥陶纪—中泥盆世接受浅海—深海碎屑沉积。晚泥盆世—石炭纪主要为海相碳酸盐岩沉积，晚期有三角洲、潟湖和陆相沉积发育。二叠纪以陆相碎屑岩沉积为主。三叠纪—侏罗纪为陆相碎屑岩和海相碳酸盐岩的交互沉积。这种沉积特征一直持续至新生界（图 2.5.8）。

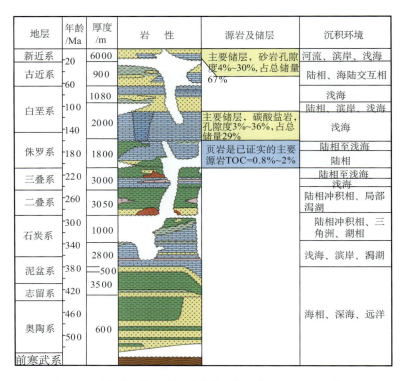

图 2.5.8　默西亚盆地地层综合柱状图（据 IHS，2007 修改）

源岩　已经证实的主要源岩为中侏罗统—下侏罗统（图阿尔阶—卡洛夫阶）页岩，为滨-浅海—半深海（卡洛夫阶）环境沉积，保加利亚的下侏罗统埃唐日阶—西涅缪尔阶和罗马尼亚中侏罗统巴柔阶都夹有煤层。Dolni Dubnik、Dolni Lukovit 和 Tjulenovo 油田的原油与源岩有机地化对比研究表明，二者有密切的亲缘关系（Georgiev，2000）。在罗马尼亚巴柔阶、巴通阶和下卡洛夫阶在盆地中部-西北部为褐色页岩，TOC 含量为 0.15%～3.62%，干酪根类型为 II 型和 II-III 型。

储层　由储层时代来说，可以分两套：一套是新生界砂岩储层；另一套是中生界砂岩和灰岩储层。

新生界的中—上中新统是盆地中最重要的储层，占据了盆地石油总储量的 67%、天然气总储量的 68%（表 2.5.4）。保加利亚的渐新统和盆地北缘的上新统中都见有小型天然气藏，不过储量很少。中—上中新统萨尔马特（Sarmatian）和麦欧提（Meotian）砂岩是盆地中最重要的储层，主要分布在盆地北部罗马尼亚境内（图 2.5.6），为陆相或浅海相砂岩，孔隙度为 4%～30%，渗透率为 10～3 500 mD。

表 2.5.4 油气储量的岩性和层位分布统计表（据 IHS，2007 统计）

储　层		油		凝析油		气		备注
		储量/10^8 m³	比例/%	储量/10^8 m³	比例/%	储量/10^8 m³	比例/%	
中生界	砂岩	0.13	7	0.003 7	77	40	23	下白垩统和中下侏罗统
	碳酸盐岩	0.35	22	0.000 9	18	10	4	三叠系和上侏罗—下白垩统
	合计	0.48	29	0.004 6	95	50	27	罗马尼亚和阿尔巴尼亚西部
中新统合计		1.09	67			116	68	主要分布于罗马尼亚
盆地总计		1.57	96	0.004 6	95	167	95	

中生界砂岩和灰岩储层，占据了盆地石油总储量的 29%、天然气总储量的 27% 和凝析油总储量 95%，是盆地中第二位的储层。中三叠统碳酸盐岩储层厚 50 m，孔隙度为 15%，渗透率为 56 mD。上侏罗—下白垩统浅海相灰岩、白云岩和生物礁储层孔隙度为 1%~25%，渗透率为 0~3 500 mD。中下侏罗统砂岩为陆相—浅海相河流—三角洲砂岩，孔隙度平均 7.3%，渗透率平均 60 mD。

上侏罗统—下白垩统陆架灰岩和白云岩（包括生物礁）是中生界中的主要储层之一，约占盆地石油储量的 22%，平均孔隙度为 1%~25%，渗透率为 0~3 500 mD。

圈闭 据 93 个含油气圈闭不完全统计，盆地中含油气圈闭全部属于构造型圈闭，其中岩性-构造和构造型圈闭占绝对优势，只有少数属于岩性-构造不整合圈闭（表 2.5.5）。

表 2.5.5 默西亚盆地油气储量的圈闭类型分布（据 IHS，2007 统计）

圈闭类型	油		凝析油		气		油气田数
	储量/10^8 m³	比例/%	储量/10^8 m³	比例/%	储量/10^8 m³	比例/%	
岩性-构造	1.10	68	0.000 5	10	128	74	45
岩性-构造不整合	0.09	5	0.004 1	85	21	12	6
构造	0.38	23	0.000 1		18	9	42
总计	1.57	96	0.004 7	95	167	95	93

含油气系统 证实的含油气系统只有一个，以中下侏罗统为源岩，以中生界和中新统为主要储层。油气分布区也就是中下侏罗统有效源岩分布区，区内中下侏罗统地层厚度为 700~1 000 m，顶面埋藏深度为 650~3 700 m，镜质体反射率一般为 0.41%~0.89%，最高达 2.3%。

总之，默西亚盆地石油地质条件和自然地理条件都比较简单，由此形成了一个有鲜明特色的油气勘探特点——油气储量的早期发现。自 1954 年开始大量投入钻探，1965 年仅用了 10 年时间结束了储量发现高峰阶段。1965~1990 年虽然每年仍有 10 口井左右的探井工作量但一直没有重要发现。1990 年以后年探井工作量基本不足 5 口，储量发现微乎其微（图 2.5.9）。1992 年以后油气生产一直维持在低水平，7 个油气田日产油 95 m³/do、日产气 0.51 ×10⁸ m³/dg。石油可采储量由 1.63×10⁸ m³ 降低至 0.51×10⁸ m³（剩余储量），天然气可采储量由 175×10⁸ m³ 降低至 46×10⁸ m³（剩余储量）。默西亚盆地油气勘探开发工作已经进入尾声。

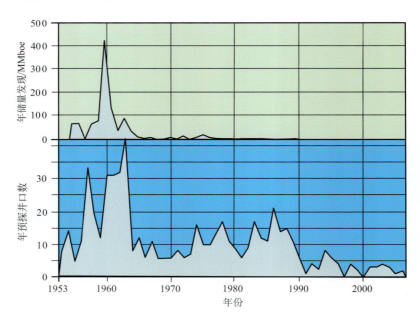

图 2.5.9　默西亚盆地预探井工作量与油气储量发现关系曲线

三、西巴伦支海台地

西巴伦支海台地位于挪威北部巴伦支海西部，盆地面积约 $60×10^4 km^2$，属于挪威和俄罗斯的共同海域（图 2.5.10）。截至 2007 年盆地中已经采集地震资料约 15×10⁴ km，钻预探井 49 口（其他探井 11 口），油气发现共计 17 个，可采石油储量不足 $0.8×10^8 m^3$，天然气储量约 $2 000×10^8 m$，合计油气储量不足 $3×10^8 m^3_{oe}$。盆地油气储量排名位于欧洲（除苏联外）第 15 位。由于经济原因，该盆地至今尚未投入开发。

构造单元划分　西巴伦支海台地，西邻西巴伦支陆架脊，东与俄罗斯的东巴伦支海盆地接壤，是一个以加里东褶皱为基底的上古生界—新生界的沉积盆地，沉积岩最大厚度达 8 km。石炭系在台地南部早期裂谷中最大沉积厚度可达 3 000 m，一般只有 1 000多米。二叠系厚度一般不足 1 000 m。三叠纪是快速沉降时期，最大厚度达 2 700 m。侏罗系最大厚度 580 m，一般为 100～200 m。白垩系沉积后台地遭受剥蚀，上白垩统很少保存，下白垩统在凹陷中保存有 1 000 多米的厚度。总的看盆地构造起伏不大，广大范围是平缓的台地，主要依据白垩系的起伏划分为若干高与凹陷（图 2.5.11～图

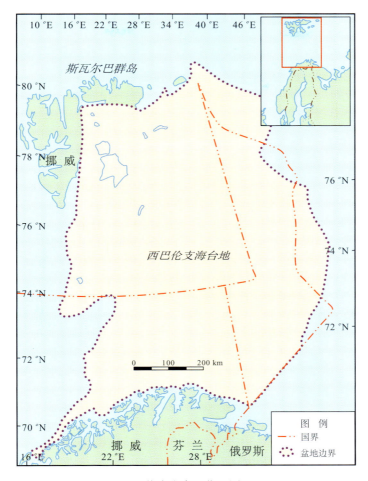

图 2.5.10　西巴伦支海台地位置图（IHS，2007）

2.5.13）。有一点值得注意的是三叠系底面在盆地北部普遍埋藏较浅（＜2 000 ms），白垩系和侏罗系大范围遭受剥蚀（图 2.5.14）；盆地南缘侏罗系底面最大埋深可达 3 000 m 以下（图 2.5.15）。

　　地层与沉积　　晚泥盆世裂谷呈北西-南东向分布，为一套冲积平原-三角洲平原砂砾岩沉积，晚期发生海侵，有薄层碳酸盐岩、灰色粉砂质页岩沉积（图 2.5.16）。中石炭世裂谷为棕红色色砾岩和粗砂岩充填。晚石炭世开始为海侵砂岩沉积，之后演变为碳酸盐岩台地，一直延续到早二叠世，盆地南部 Nordkapp 凹陷发育为盐盆。经过短暂的沉积间断，晚二叠世开始又一次海侵，下部沉积深海页岩、燧石-苔藓虫灰岩，中上部由砂岩变为砂泥岩互层，向东成为富含有机质的页岩。中生代是海相碎屑岩沉积时期。三叠纪是一个稳定沉降期，沉积了上千米的边缘海至开阔海砂泥岩。侏罗纪沉积是一个由边缘海砂泥（中下侏罗统）—静海泥质沉积（上侏罗统）的正旋回组。上侏罗统—下白垩统底部发育了基默里奇热页岩。由于晚期剥蚀侏罗系厚度变化很大，盆地西北部 Ed-

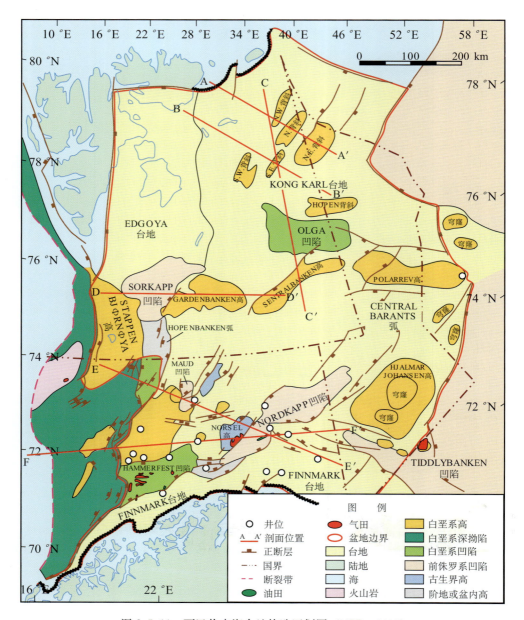

图 2.5.11　西巴伦支海台地构造区划图（NPD，2006）

goya 台地和 Sorkapp 凹陷侏罗系几乎完全被剥蚀。白垩系在凹陷中保存有上千米的灰色泥岩。古近系只在台地北部和西南边缘局部有所保存。

　　源岩　下三叠统在相邻的俄罗斯巴伦支海盆地是主要气源岩，为暗灰色页岩，干酪根类型为 III-IV 型，TOC 含量为 2% ～ 8%，氢指数 200 ～ 500 mg HC/g 岩。在西巴伦支海台地下三叠统 Kobbe 层 TOC 含量为 1% ～ 5%，氢指数 105 ～ 256 mg HC/g 岩。Kobbe 层最大厚度 1 148m。

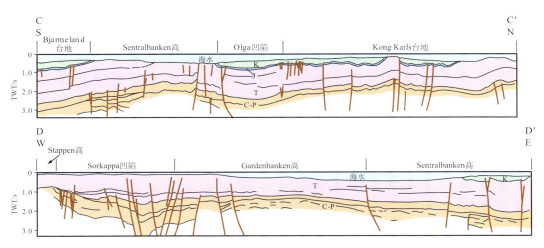

图 2.5.12 西巴伦支海台地构造横剖面图（剖面位置见图 2.5.11）（Grogen et al.，1999）

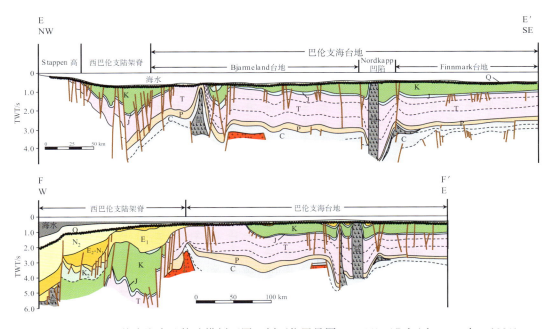

图 2.5.13 西巴伦支海台地构造横剖面图（剖面位置见图 2.5.11）（Gabrielsen et al.，1990）

西巴伦支海台地最有潜力的源岩是中侏罗统晚牛津阶—下白垩统梁赞阶深灰色高伽马页岩（称为 Hekkingen 页岩），TOC 含量随伽马值升高而增加，一般为 2%～12%，最大可达 24%～25%，氢指数为 100～475 mgHC/g 岩，热页岩干酪根类型为 II 型。Hekkingen 页岩在南部最厚可达 359 m，北部大部分地区遭受剥蚀。

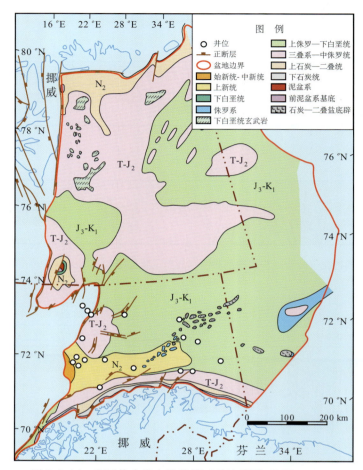

图 2.5.14　西巴伦支海台地前第四系地质图（IHS，2007）

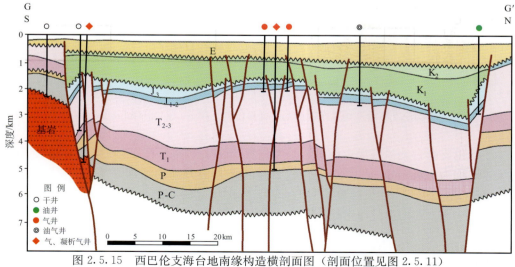

图 2.5.15　西巴伦支海台地南缘构造横剖面图（剖面位置见图 2.5.11）

（Jensen，Sorensen，1922；Stewert et al.，1995；NPD，2006）

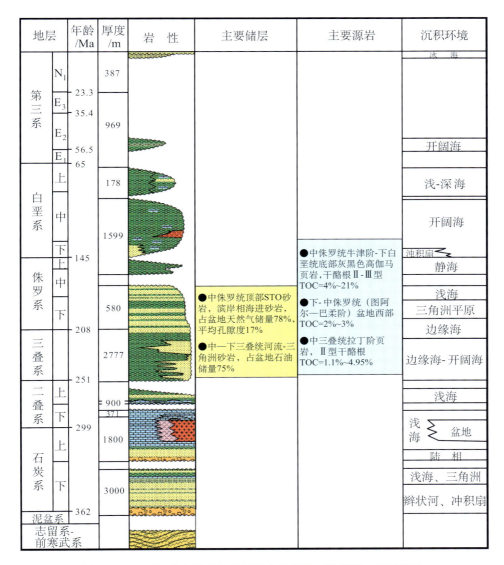

图 2.5.16　西巴伦支海台地地层综合柱状图（据 IHS，2007 修改）

　　Snφhvit 油田 33.8API° 原油，含蜡量为 5％，可能是上侏罗统热页岩与下侏罗统高蜡油的混合。盆地西南角 Hammerfest 凹陷中的几个气田，全部为干气，可能源自深部三叠系源岩。

　　Larsen 等（1992）和 Theis 等（1993）认为巴伦支海台地东北部上侏罗统未进入生烃门限，西部 Hammerfest 凹陷已经进入了生油窗，7120/12-2 井 R_o＝0.53％。Nordkapp 凹陷上侏罗统 R_o＝0.25％～0.32％。模拟研究认为，东北部的 Kong Karl 台地中三叠统已经进入生油窗。

　　储层　西巴伦支海台地有两套主要储层：一套为中侏罗统顶部 STO 砂岩，为滨岸相海进砂岩，占盆地天然气储量 78%；另一套为中—下三叠统河流-三角洲砂岩，占盆地石油储量为 75%。STO 组为滨海相砂岩、页岩和粉砂岩互层，河流相和滨海相砂岩为细-粗粒，平均孔隙度为 17%，渗透率为 150~500 mD。南部 Hammerfest 凹陷砂岩厚度 23~174 m，Nordkapp 凹陷厚 10~24 m。中下三叠统 Ingoydjupet 层为河流-三角洲-滨海相沉积，南缘 Finnmark 台地更接近沉积中心，页岩发育。台地东北部 Ingoyd-jupet 层上部 Snadd 组河流-三角洲-滨海相砂岩发育。Hammerfest 凹陷砂岩孔隙度一般为 10%~23%。主要含油气井的储层分布详见图 2.5.17。

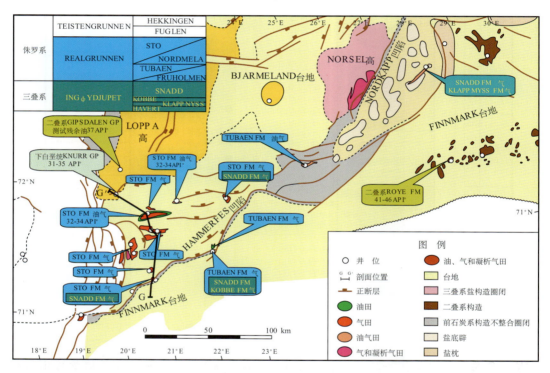

图 2.5.17　Hammerfest 和 Nordkapp 凹陷主要油气发现的储层分布图
(Jensen, Soren, 1992; Stewet et al., 1995; NPD, 2006)

圈闭　西巴伦支海台地含油气圈闭的主要类型为构造型圈闭，约占台地油气总储量的 72%（表 2.5.6）。这些含油气圈闭主要分布在盆地南部 Sloppa 高、Hammerfest 凹陷和 Nordkapp 凹陷中。

不难看出，西巴伦支台地还处于勘探早期阶段，对有效源岩的分布尚不完全清楚：若将上侏罗统作为 Hammerfest 凹陷的主要源岩，则与凹陷中主要含气的勘探结果大相径庭；如果认为三叠系是主要源岩，盆地有效勘探范围会大大扩展，盆地北部实际钻探结果又很难支持这一想法。盆地北部存在大量尚未钻探的构造圈闭，弄清有效源岩的分布将对今后进一步扩展盆地勘探有重要意义。

表 2.5.6 西巴伦支海台地含油气圈闭一览表（据 IHS, 2007 统计）

圈闭类型	油		凝析油		气		备注
	储量 /$10^8 m^3$	比例 /%	储量 /$10^8 m^3$	比例 /%	储量 /$10^8 m^3$	比例 /%	
下—中侏罗统构造	0		0.18	80	1 519	72	Hammerfest 凹陷中-西部 7 个气田，中侏罗 STO 砂岩，断块气藏
下—中侏罗统构造-不整合	0.13	23	<0.01	1	117	6	Hammerfest 凹陷中-西部 3 个气田，中侏罗 STO 砂岩与白垩系或上侏罗统页岩不整合
三叠系岩性-盐底辟	0.02	3	0		14	<1	Nordkapp 凹陷一个油气田，三叠系砂岩上倾方向被盐刺穿
三叠系构造	0.39	72	0.04	18	459	22	Hammerfest 凹陷中，3 个油田，下—中三叠统河流相砂岩
二叠系岩性	0.01	2	0		1	<1	Loppa 高二叠纪深水盆地边缘 1 个油气田，生物礁孔隙度为 20%～25%
合 计	0.55	100	0.22	99	2 110	100	

克拉通盆地石油地质特征小结：

1) 波罗的海盆地虽然有 $30×10^4 km^2$，但中—上寒武统 Alum 页岩和下志留统暗色笔石泥质灰岩，有效生烃范围仅限于波兰沿海 Gdansk 凹陷不到 $1×10^4 km^2$ 的范围内。加之盆地内构造圈闭规模普遍较小，致使最大的油田储量只有 $0.11×10^8 m_o^3$，最大的气田储量仅 $27×10^8 m_g^3$。

2) 默西亚盆地是一个成熟的勘探盆地，证实的源岩为中下侏罗统海相页岩，志留-泥盆系（Tandarei shale）被认为是潜在的源岩。侏罗系和三叠系储层的油气储量仅占盆地油气总储量的 27%～29%；中新统储层的油气储量仅占盆地油气总储量的 67%～68%，并紧邻南喀尔巴阡前渊分布，其油气来源很可能与南喀尔巴阡前渊有关。

3) 西巴伦支海台地盆地面积约 $60×10^4 km^2$，最有潜力的源岩是中侏罗统晚牛津阶—下白垩统梁赞阶深灰色高伽马页岩，其有效分布范围仅限于 Hammerfest 凹陷（面积<$1×10^4 km^2$），而目前的油气发现也仅限于这一凹陷及其附近。

北部北海盆地 第三章

摘　要

◇　北部北海盆地是欧洲油气发现最多的盆地，也是世界著名的大陆裂谷盆地。

◇　北海北部盆地已经有 611 个油气发现，探明油气储量为 $135 \times 10^8 \mathrm{m_o^3}$。石油总探明储量为 $91 \times 10^8 \mathrm{m_o^3}$，天然气总探明储量为 $47\,000 \times 10^8 \mathrm{m_g^3}$。油气主要集中在维京地堑、中央地堑、马里-福斯地堑以及霍达台地 4 个一级构造单元中。

◇　中晚三叠世的地幔柱隆升作用致使北海北部形成三叉裂谷。整个裂谷发育分为早期裂谷发育阶段（中三叠世—早侏罗世）和晚期裂谷发育阶段（晚侏罗世—新生代）。其中，晚期裂谷发育阶段对盆地含油气性起至关重要的作用。

◇　油气紧密围绕基默里奇源岩凹陷分布是北部北海裂谷盆地的显著特征。早侏罗世末基梅里热隆起为上侏罗世海侵提供了局限海环境，沉积了富含有机质的基默里奇阶页岩，成为盆地主要的烃源岩。盆地的油气储量主要围绕成熟源岩区分布：维京地堑（占43.2%）、中央地堑（占29.4%）和霍达台地（占17.7%）、马里-福斯地堑（占8.5%）共占盆地油气总储量的98.8%。侏罗系占盆地油气总储量的62%，白垩纪占18%，古近系占15%。

◇　基梅里热隆起造成了盆地大范围的不整合，由此形成的构造-不整合圈闭构成了盆地的主要圈闭类型，其储量占盆地总储量的37%，构造圈闭占了46%，其余部分为岩性—构造圈闭以及纯岩性圈闭。

第一节　盆地概况

北海地区位于北纬 $52° \sim 62°$ 和西经 $40° \sim$ 东经 $60°$ 之间的海域，欧洲大陆和大不列颠岛之间，大体为平行四边形，南北长约 $1\,280$ km，东西宽约 640 km，面积约 57.5×10^4 km²。北海周围的国家有英国、挪威、丹麦、德国、比利时、法国。北海地区的所属权中英国占 46%，挪威占 27%，荷兰为 10%，丹麦占 9%，德国 7%，剩下归比利时和法国所有。北海海域的 88% 位于西欧大陆架上，平均水深 72 m，最大深度为 725 m，属典型浅海。北部北海盆地（图 3.1.1）北临挪威海，西北以设得兰群岛为界；南至多佛尔海峡；东西两侧被正地形所夹持，西面是不列颠群岛，东面为斯堪的纳维亚半岛（包括丹麦半岛），盆地面积 24×10^4 km²。北部北海盆地共发现石油储量约 91×10^8 m³，天然气 $47\,000 \times 10^8$ m³，折合为油当量共计 135×10^8 m³。

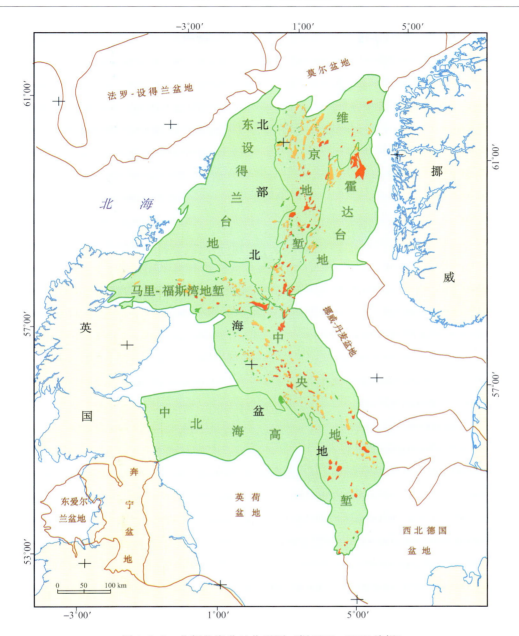

图 3.1.1 北部北海盆地位置图（据 IHS，2007 编辑）

作为欧洲最大的含油气盆地，北部北海盆地 20 世纪 60 年代开始受到世界的瞩目。整个勘探可以划分为以下七个阶段：

1959～1963 年阶段 1959 年，发现格罗宁根大气田（Groningen），至 1963 年人们意识到其巨大的可采储量，大大刺激了北海地区的勘探活动。1962～1964 年，一些国际性大石油公司纷纷展开了海上勘探，重点主要集中在北海南部的近岸地区。

1964～1970 年阶段 北部北海盆地中的维京地堑、中央地堑、霍达台地以及马里-福斯次级构造单元都是在这个时期开始勘探的。60 年代，除了东设得兰台地，其他单元都已进行地震勘探。1969 年 11 月，飞利浦公司在挪威水域区块 2/4 中的白垩系丹麦阶发现巨型油气田——埃科菲斯克油田，这是北海勘探历史中一个重要的里程碑。

1971～1976 年阶段　70 年代，北海北部盆地油气勘探达到了前所未有的繁荣景象。整个盆地的油气产量有了大幅度的提高。Brent、Frigg、Ninian、Forties、Eldfisk、Piper 等油气田相继被发现。地震技术方面有显著进展，能够很容易识别侏罗系油藏，勘探目标开始转向上侏罗统。

1977～1985 年阶段　70 年代末开始运用 3D 地震勘探技术。巨型气田 Troll 在 1979 年发现。同时，霍达台地中侏罗统断层发育区也发现具有非常好的产油潜力。英国石油产量在 1985 年达到了高峰，年产量超过 1.27×10^8 t。

1986～1992 年阶段　受到 1986 年全球油价的下跌，以及 1987 年全球股票市场倒塌的影响，北海地区的产量逐步下降，1991 年极速下降到 1985 年的 2/3。

1993～1999 年阶段　地震技术已经相当成熟，发展到了 3D 可视化，此时 3D 地震已经占据了主导地位。在油气发现上，除了霍达台地以及设得兰台地的勘探成果较为显著外，其他地区的地震测量工作开始减少，钻探规模开始变小，油田的发现规模也从大油气田转变为中小型油田。

2000 年至今　从 2000 年开始到现在北部北海盆地的油气发现不超过百个，探井的钻探在近十年来一直呈现下降趋势（图 3.1.2）。北海地区的勘探开始向挪威海的伏令盆地发展。

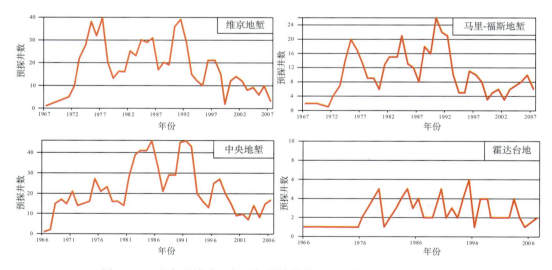

图 3.1.2　北部北海盆地年预探井钻井数量图（据 IHS，2007 修改）

近年来天然气储量一直保持增长态势。北海独特的地理位置决定了天然气可以输送至欧洲主要国家市场，因此很多欧洲能源公司都与北海天然气主要出口国挪威和荷兰签订了大宗的、长期的天然气供应合同。2004 年，北海油气勘探活动从 2003 年的超低水平开始恢复。2004 年，北海地区在已有油气田区共钻探了 102 口探井和评价井。3D 技术不断提高和完善，从而提高了勘探效率，在一定程度上影响了油气勘探井的数量。

第二节　基础地质特征

北海盆地是一个典型的中—新生代大陆裂谷盆地。虽然裂前阶段也有泥盆系—二叠系的沉积，但对盆地的含油气来说没有多大贡献。所以在基础地质介绍中我们以中—新生代裂谷盆地为主，对裂前阶段只作简要介绍。

一、盆地区域构造背景

北部北海盆地大地构造位置属于西欧地台。盆地的结晶基底年龄为 440～410 Ma，属于加里东褶皱带。盆地的东北部是斯堪的纳维亚地盾，为前寒武纪基底；盆地东部与挪威—丹麦裂谷盆地相邻；南部与西北德国盆地、东北德国盆地（华力西前陆盆地）接壤；北部是被动大陆边缘的法罗设得兰盆地和莫尔盆地；西部为苏格兰加里东褶皱带（图 3.2.1）。该盆地属于多期叠加盆地，北部北海盆地的主体为中生代—新生代裂谷，盆地南部叠加有晚古生代前陆盆地（图 3.2.2）。

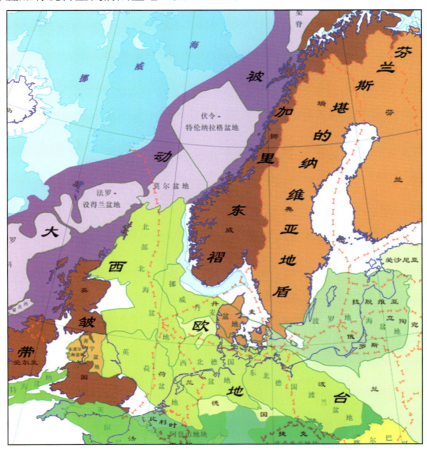

图 3.2.1　北部北海盆地区域构造位置图

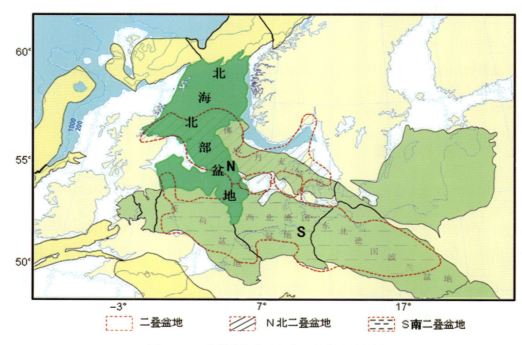

图 3.2.2　北部北海盆地与古二叠盆地叠加图

　　北部北海盆地以加里东褶皱带为基底，是发育于晚加里东期后年轻地台（西欧地台）之上的裂谷盆地。盆地经历的最重要的事件包括：加里东造山运动、华力西造山运动以及中生代地幔柱隆升。

　　北部北海盆地曾经历了五个主要构造事件：

　　1）加里东旋回。

　　晚寒武世—晚志留世末期，Athollian 和加里东联合造山作用（图 3.2.3（c））使得劳伦古陆与斯堪的纳维亚古陆碰撞，拉匹特斯洋褶皱。在这些事件之前，北海地区由广泛分离的大陆碎块组成，它们在古生代 Lapetus 洋和 Tornquist 海的内部（图 3.2.3（a）（b））；

　　2）海西旋回。

　　海西旋回从泥盆纪一直持续到二叠纪时期。泥盆纪—石炭纪的裂谷作用可能是早期分离的劳伦和斯堪的纳维亚克拉通之间沿其分离边缘调节的结果。晚石炭世华力西造山运动标志着原始特提斯（或 Rheic）洋的闭合和超大陆联合古陆的形成（图 3.2.3（e）），北部北海盆地处于石炭纪华力西前陆盆地的北缘。

　　从二叠纪到现在，不列颠群岛和北海主要处在一个板内的背景下。

　　3）二叠纪热沉降形成南、北二叠盆地。

　　与联合古陆形成的同时，软流圈热体系也开始了重组过程，在华力西和加里东的接合部发生了北和南二叠盆地的沉降（图 3.2.3）。

　　4）北海中—新生代裂谷。

　　中生代是欧洲的加里东褶皱带和华力西褶皱带进入裂谷发育的阶段。北部北海盆地地幔柱隆升，形成三叉裂谷（图 3.2.3（f）），这在第二章中已经做过介绍。北海裂谷经历了两个由裂陷到热沉降的发育过程，两者之间以早侏罗世末期基梅里不整合为界。

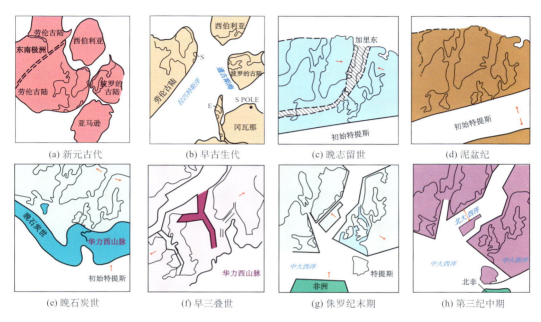

图 3.2.3　北部北海盆地区域构造演化简图（Glennie，1998）

第一裂陷期为三叠纪—早侏罗世　三叠纪维京地堑、中央地堑和马里-福斯地堑开始形成，在维京地堑中可以看到典型的箕状断陷（图 3.2.4）。下侏罗世北海地区下侏罗统等厚图中可以清楚地看到，其沉积厚度受第一裂陷期的三叉裂谷控制已不明显，在完好保存有中侏罗统的马里-福斯地区，中侏罗统几乎等厚（图 3.2.5）。

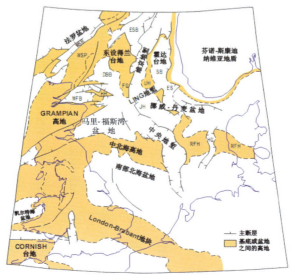

(a) 北部北海盆地三叠纪断陷分布图

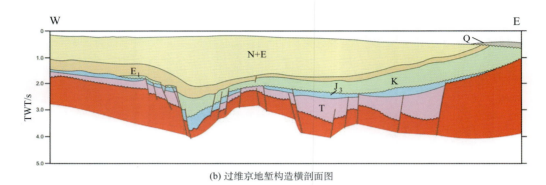

(b) 过维京地堑构造横剖面图

图 3.2.4　维京地堑三叠系断陷特征图（据 Zanel la，2003 修改）

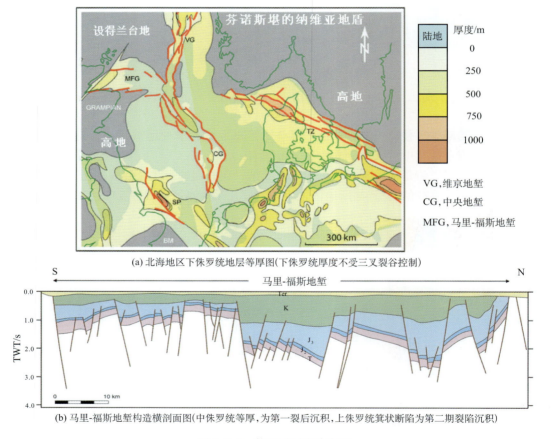

(a) 北海地区下侏罗统地层等厚图(下侏罗统厚度不受三叉裂谷控制)

(b) 马里-福斯地堑构造横剖面图(中侏罗统等厚,为第一裂后沉积,上侏罗统箕状断陷为第二期裂陷沉积)

图 3.2.5　侏罗系厚度分布图

　　早侏罗世末发生热隆起　在剥掉上侏罗统的地下露头分布图上可以看到，早侏罗世末北部北海第一期三叉裂谷核部受地幔活动影响，发生穹窿状隆升，经剥蚀后穹窿顶部出露了泥盆系，下侏罗统各阶地层成同心圆状依次向外变新（图 3.2.6）。

　　第二裂陷期为中—晚侏罗世　中—晚侏罗世裂陷在维京地堑、霍达台地和马里-福斯地堑表现都很清楚，此期裂陷仍然继承了早期三叠纪的三叉裂谷，裂谷中箕状断陷中—上侏罗统最大地层厚度可达 2 000 m（图 2.1.15、图 2.1.17）。

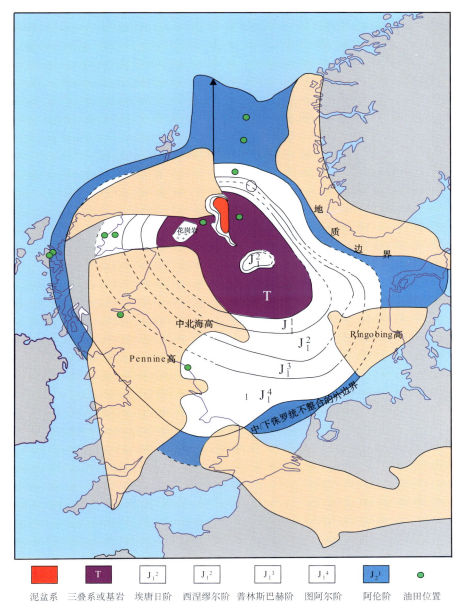

图 3.2.6　北部北海盆地剥去中—上侏罗统的地层分布图（Glennie，1998）

　　裂后期为白垩纪—新生代　裂后期开始，梁赞期（Ryazanian）早期还继承了晚侏罗世断陷的某些特征，此后开始了热沉降的碟状超覆沉积，盆地沉积范围不断扩大，下白垩统和上白垩统最大厚度都超过了 1 000 m（图 2.1.26）。进入新生代盆地成为统一的沉积整体，古近纪沉降中心发育于盆地北部厚达 1 000 m，新近纪沉降中心南移，中央地堑厚度超过 2 000 m，盆地最大沉积厚度达 3 000 m（图 3.2.7、图 3.2.8）。

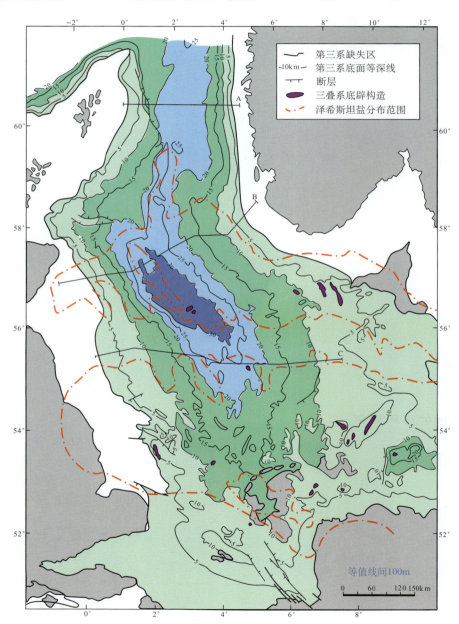

图 3.2.7　北部北海盆地新生界底面构造等值线图（Ziegler，1978）

　　早侏罗世北部北海盆地一改早期断陷沉积面貌，裂陷幅度减小。早侏罗世在北海裂谷范围内沉积厚度区域向东增厚（0～500 m），外围伸展的地垒都可达 750～1 000 m 厚度（图 3.2.5）。

　　下侏罗统包括了 J_{00}、J_{10}、J_{20} 3 个二级层序，13 个三级层序。一般每个层序都是细—粗—细的完整沉积旋回（图 3.2.21、图 3.2.22）。

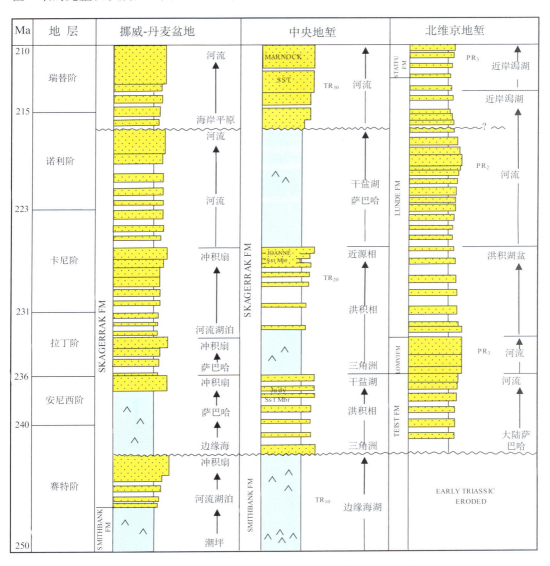

图 3.2.19　中央地垒、维京地垒三叠系岩性柱状对比图

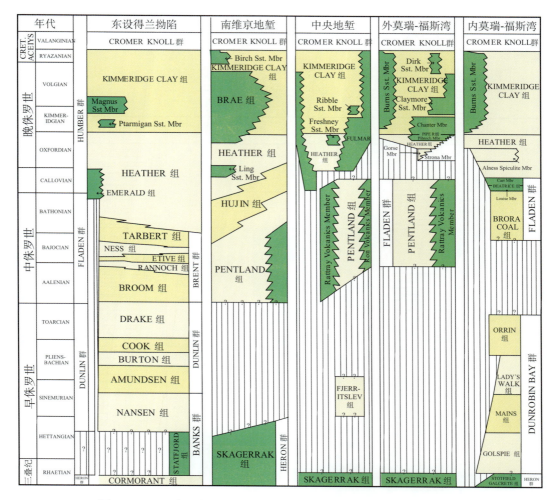

图 3.2.20　北海北部盆地侏罗岩性地层单元对照表（Richards，1993）

　　下侏罗统（里阿斯组）海相地层沉积均一，广布于北部北海盆地除基梅里热隆起顶部以外的区域（图 3.2.6、图 3.2.20），只有在北维京地堑和内马里-福斯湾地堑、中央地堑以及东设得兰台地地层层序比较完整。

　　下侏罗统（里阿斯）主要为冲积平原相、三角洲相和滨-浅海相沉积组成。下侏罗统地层含有重要储层，主要分布在维京地堑北部（Gullfaks 油田、Statfjord 油田、Brent 油田），霍达台地的 Brage 油田和东设得兰台地的 Alwynn 油田也有下侏罗统储层分布。盆地东北部边缘岩性单元关系如图 3.2.25 所示，中侏罗统顶部（土伦期）Drake 段为浅海相泥岩，在盆地东北部稳定分布；普林斯巴赫阶中上部叫做 Cook 砂岩段，属于下细上粗的海退型滨海砂岩；普林斯巴赫阶下部—西涅缪尔阶上部是一个海进期，沉积了海相页岩段，包括 Burton 页岩和 Amundson 页岩。西涅缪尔阶下部—埃唐日阶是 Statfjord 砂岩段，主要为河流相砂岩（图 3.2.25）

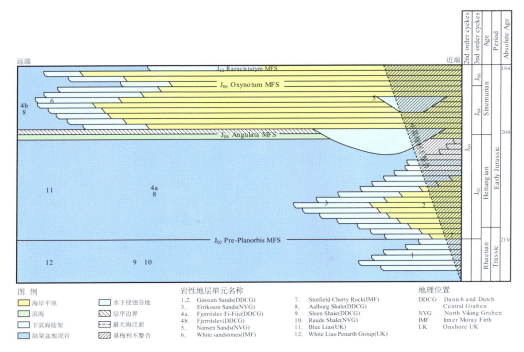

图 3.2.21　北部北海盆地下侏罗统层序地层学格架（Partington et al.，1993a）

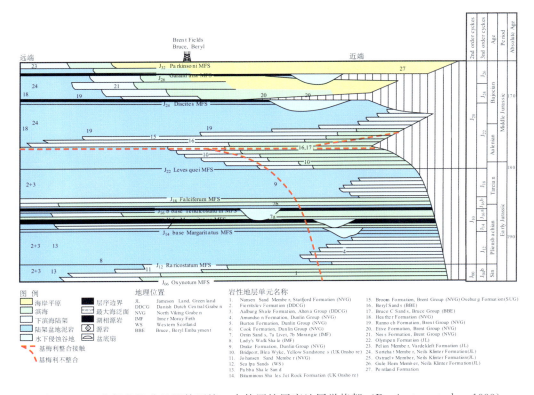

图 3.2.22　北部北海盆地下侏罗统—中侏罗统层序地层学格架（Partington et al.，1993）

2. 中侏罗世-晚侏罗世（第二裂陷期）

在早侏罗世末期基梅里热隆起上已经发生了新的三叉裂谷，二期三叉裂谷基本继承了一期三叉裂谷的外貌，中-晚侏罗统地层沿裂谷自边部向顶部逐层超覆（图 2.1.22）。

（1）中侏罗世

北部北海盆地中侏罗统是一个自基梅里热隆起外围，沿三叉裂谷向隆起顶部的超覆沉积序列（图 3.2.6、图 2.1.15），隆起顶部（中央地堑）几乎完全缺失了中侏罗统，其分布范围仅限于维京地堑北部、霍达台地和内马里-福斯地堑。中侏罗统包括了 J_{20}、J_{30} 和 J_{40} 早期二级层序，进一步分为 11 个三级层序。巴柔阶末期（J_{24}-J_{26}）是强制海退期，海岸平原广布（图 3.2.22、图 3.2.23），发育了著名的 Brent 组 Ness 砂岩。

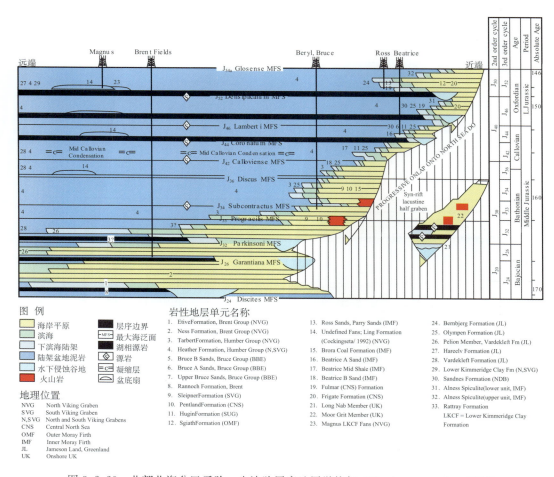

图 3.2.23　北部北海盆巴柔阶—牛津阶层序地层学格架（Partington et al.，1993）

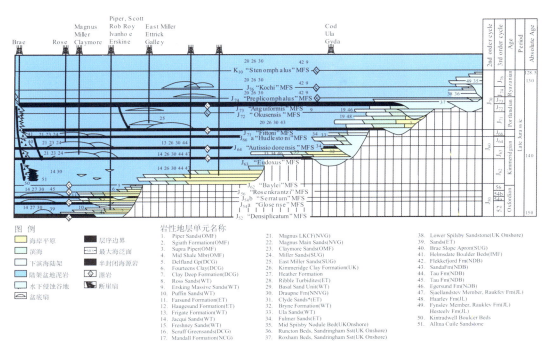

图 3.2.24　北部北海盆牛津阶—里亚赞阶层序地层学格架（Partington et al.，1993）

岩性地层单元名称

图例

海岸平原	层序边界
滨海	最大海泛面
下滨海陆架	半封闭海源岩
陆架盆地泥岩	源岩
水下侵蚀谷地	断层扇
盆底扇	

1. Piper Sands(OMF)
2. Sgiath Formation(OMF)
3. Supra Piper(OMF)
4. Mid Shale Mbr(OMF)
5. Delfland Gp(DCG)
6. Fourteens Clay(DCG)
7. Clay Deep Formation(DCG)
8. Ross Sands(WT)
9. Ersking Massive Sands(WT)
10. Puffin Sands(WT)
11. Farsund Formation(ET)
12. Haugesund Formation(ET)
13. Frigate Formation(WT)
14. Jacqui Sands(WT)
15. Freshney Sands(WT)
16. Scruff Greensands(DCG)
17. Mandall Formation(NCG)

21. Magnus LKCF(NVG)
22. Magnus Main Sands(NVG)
23. Claymore Sands(OMF)
24. Miller Sands(SUG)
25. East Miller Sands(SUG)
26. Kimmeridge Clay Formation(UK)
27. Heather Formation
28. Ribble Turbidites(ET)
29. Basal Sand Unit(WT)
30. Draupne Fm(NNVG)
31. Clyde Sands*(ET)
32. Bryne Formation(WT)
33. Ula Sands(WT)
34. Fulmer Sands(ET)
35. Mid Spilsby Nodule Bed(UKOnshore)
36. Runcton Beds, Sandringham Sst(UK Onshore)
37. Roxham Beds, Sandringham Sst(UK Onshore)

38. Lower Spilsby Sandstone(UK Onshore)
39. Sands(ET)
40. Brae Slope Apron(SUG)
41. Helmsdate Boulder Beds(IMF)
42. Flekkefjord Fm(NDB)
43. SandaFm(NDB)
44. Tau Fm(NDB)
45. Tau Fm(NDB)
46. Egersund Fm(NOB)
47. Sjaellandstev Member, Raukfev Fm(JL)
48. Haarlev Fm(JL)
49. Fynslev Member, Rauklev Fm(JL)
50. Kintradwell Boulcer Beds
51. Allina Cuile Sandstone

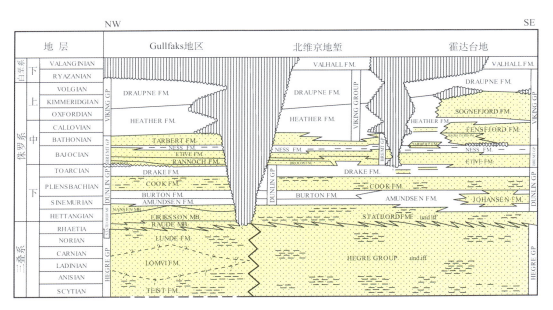

图 3.2.25　盆地东北缘北维京地堑-Gullfaks 地区-霍达台地岩石地层单元对比图
（Vollsett，Dore，1984）

　　中侏罗统砂岩是北部北海盆地油气储量最为丰富的储集层，主要分布在维京地堑北部和霍达台地（图 3.2.25），包括了著名的布伦特（Brent）、尼尼安（Ninian）、斯坦福约得（Statfjord）和淘尔（Toll）等大型油气田。

　　维京地堑中侏罗统地层仅保留于基梅里穹窿以北地区，Brent 组 Ness 三角洲沉积方向大致自西南而东北，砂岩从东设得兰台地沿着北东向向东设得兰凹陷进积，东设得兰凹陷处于三角洲环境，维京地堑的北端是浅海环境（图 3.2.26）。到晚巴柔阶，布伦特砂岩的分布可以向北延伸至北纬 62°。Helland-Hansen 等（1992）用层序地层学方法解释了 Ness 组三角洲砂体的岩性地层单元之间的关系（图 3.2.27）。图 3.3.28 中可以清楚地看到，维京地堑的北部自南而北的岩性岩相变化，南部 Dunbar 油田和 Ninian 油田布伦特组以三角洲相沉积为主；向北到 Brent 油田和 Statfjord 油田，则以三角洲前缘和下海岸平原潟湖相沉积为主；最北部的 Dunlin 油田以滨海相和受潮汐改造的海侵三角洲为主。

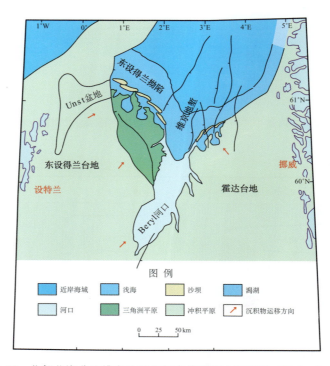

图 3.2.26　北部北海盆地维京地堑北部中侏罗统古地理图（Richards，1988）

　　Dunlin 油田西侧的 Cormorant 油田处于间湾部位 Ness 三角洲全被中-深潟湖相所代替（图 3.2.28、图 3.2.29）。

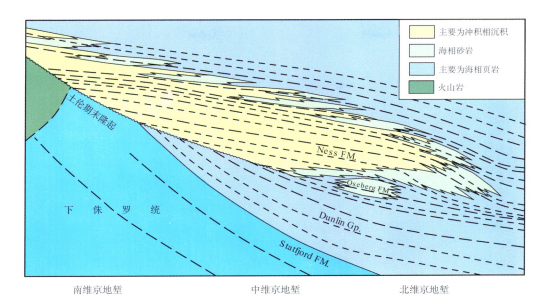

图 3.2.27　北部北海盆地维京地堑北部中侏罗统 Ness 三角洲的层序地层关系图
（Helland-Hansen et al.，1992）

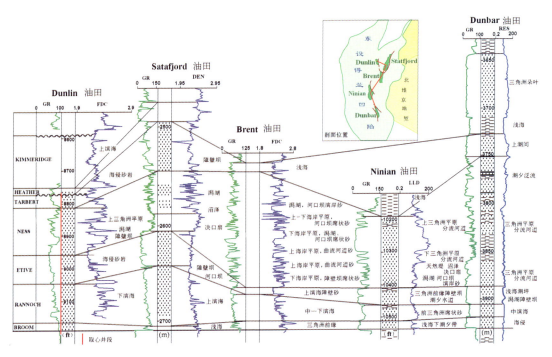

图 3.2.28　北部北海盆地维京地堑北部中侏罗统岩性地层对比图

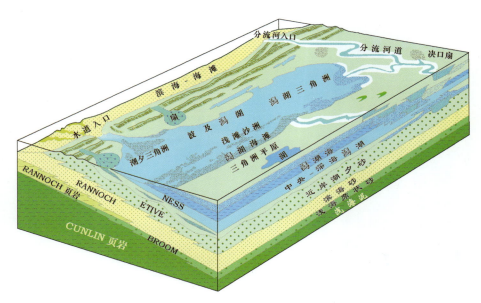

图 3.2.29 北部北海盆地维京地堑北部 Cormorant 油田中侏罗统沉积环境示意图
(Budding，Inglin，1981)

在莫瑞-福斯湾地堑，巴通阶—牛津阶，砂岩自西而东逐层向东超覆，沉积厚度均匀。中央地堑局部接受中侏罗统沉积可以达到 1 000 m。不过在这两个地区没有中侏罗统的重要油气发现。

（2）晚侏罗世

晚侏罗世是一个海平面上升时期（图 3.2.30），其沉积范围不但充填了中央地堑，而且超出了早期三叉裂谷范围扩展到了周围的隆起区（图 2.1.15），维京地堑南部大致厚 450～700 m，中央地堑最厚达 1 000 m 以上。虽然晚侏罗世沉积范围大大扩展，但凹陷的差异沉降较中侏罗世更加显著（图 2.1.16）。

晚侏罗世主要的沉积岩类型是海相黑色—褐色的富含有机质泥岩（基默里奇页岩），晚侏罗世—早白垩世基默里奇阶黏土岩及其横向同期地层为盆地区域性烃源岩。在局部地区发育了边缘海相砂岩，下面对南维京地堑、中央地堑储层比较发育的地区逐一介绍。

1）南维京地堑。

是一个西断东超的半地堑，由于快速沉降地堑中形成欠补偿的深海盆，早基默里奇期西侧边界断层下降盘发育断崖扇，晚基默里奇期随着物源区后退演化为盆底扇（图 3.2.30、图 3.2.31），这些发育于基默里奇页岩中的断崖扇形成了一系列的油田，成为维京地堑中的重要油气藏类型。

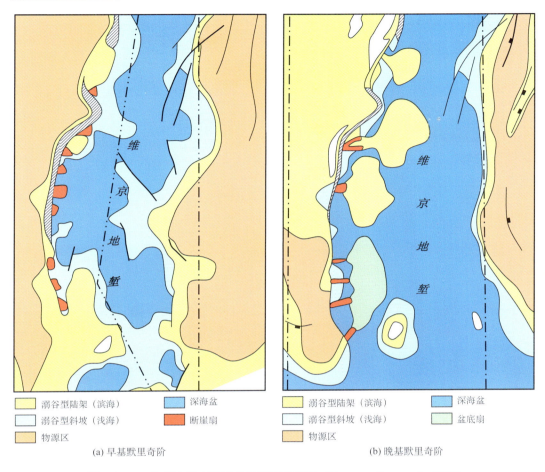

<table>
<tr><td>□ 溺谷型陆架（滨海）</td><td>■ 深海盆</td></tr>
<tr><td>□ 溺谷型斜坡（浅海）</td><td>■ 断崖扇</td></tr>
<tr><td>□ 物源区</td><td></td></tr>
</table>

(a) 早基默里奇阶

<table>
<tr><td>□ 溺谷型陆架（滨海）</td><td>■ 深海盆</td></tr>
<tr><td>□ 溺谷型斜坡（浅海）</td><td>■ 盆底扇</td></tr>
<tr><td>□ 物源区</td><td></td></tr>
</table>

(b) 晚基默里奇阶

图 3.2.30　维京地堑南部晚侏罗世沉积相图（Rattey，Hayward，1993）

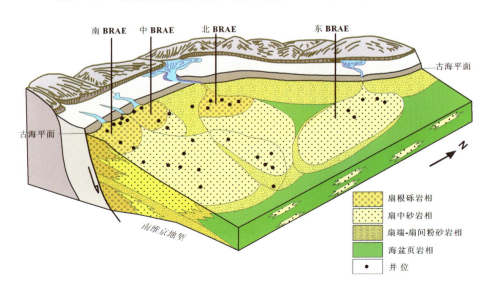

扇根砾岩相

扇中砂岩相

扇端-扇间粉砂岩相

海盆页岩相

井　位

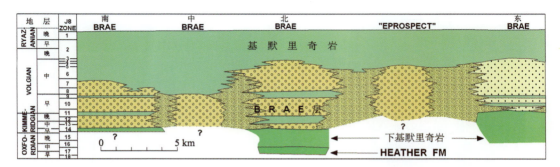

图 3.2.31　维京地堑南部晚侏罗世沉积模式图（Phillips，1991；Turner，Connell，1991）

2）中央地堑。

总体来看中央地堑中为浅海海盆—深海海盆泥质沉积，基默里奇页岩厚度可＞1 000 m，滨-浅海砂岩相带发育于凹陷周缘（图 3.2.32）。中央地堑上侏罗统的储层发育明显地受泽希斯坦盐底辟的控制，Gowland（1996）给出了一个中央地堑上侏罗统砂岩储层的沉积模型（图 3.2.33），说明了盐底辟的发育对底辟周围上侏罗统局部洼陷和沉积的控制。Fulmer 油田是这种沉积的典型，Fulmer 油层组最大毛厚度达 200 m（图 3.2.34）。

3. 白垩纪—第三纪（裂后期）

（1）白垩纪

在盆地边部白垩系和侏罗系以破裂不整合面（Broken Uconformity）为界，不管是地震资料或钻井资料都易于区分，在盆地中部不整合不发育常以岩石地层单元作为依据，如 Humber 群、Kimmeridge 黏土组的顶界（英国），Mandal 或 Draupne 组顶（挪威），实际上都包括了部分下白垩统梁赞（Ryazanian）阶地层。

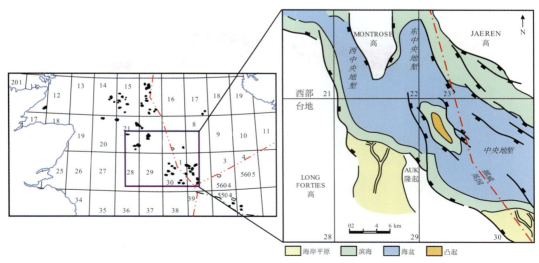

图 3.2.32　中央地堑南部上侏罗统沉积相图（Spaak，1999）

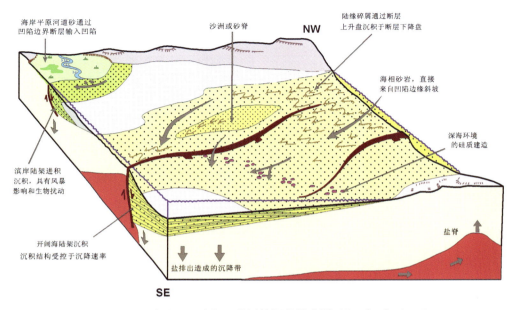

图 3.2.33　中央地堑南部上侏罗统沉积模式图（Gowland，1996）

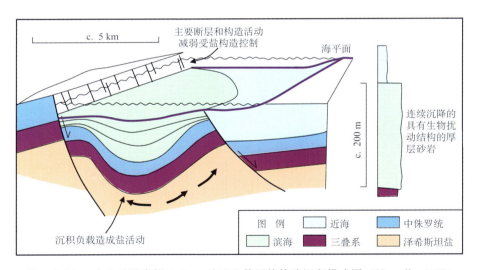

图 3.2.34　中央地堑南部 Fulmer 油田上侏罗统构造沉积模式图（Howell，1996）

　　北海地区大部分的白垩系都可以分成两个主要的层序：下白垩统 Cromer Knoll 群和上白垩统白垩群。Cromer Knoll 群主要是硅质碎屑岩层序，年龄范围从底部的里梁赞阶到大约阿尔必阶（Albian）顶界（图 3.2.35）。

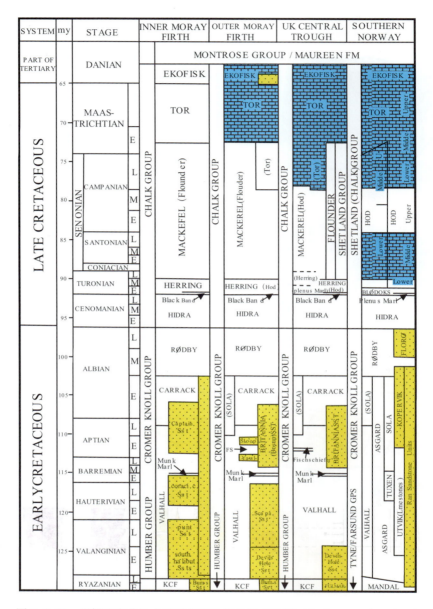

图 3.2.35　北部北海盆地白垩系岩石地层单元对比图（Andews et al.，1990）

　　下白垩统在维京地堑、中央地堑和马里-福斯地堑为深海泥岩、泥灰岩和浊积岩沉积，其外围为浅海页岩，周边发育有三角洲和滨海相砂岩（图 2.1.19）。上白垩统以广泛分布浅海碳酸盐岩和白垩岩为特征，自盆地南部向北碳酸盐岩发育层位逐渐变新（图 3.2.35）。下白垩统在维京地堑和马里-福斯地堑最大厚度达到 1 000 m，上白垩统在维京地堑和中央地堑最大厚度也达到了 1 000 m（图 2.1.17）。

在白垩纪古地理演化上，受"全球"因素控制。首先，板块迁移的结果使气候带从白垩纪开始的北亚热带到丹麦阶为止逐步转变为温带。其次，从西西伯利亚到美国中西部，颗石鞭毛类钙质藻类的繁殖在一个广阔的地方产生了温带碳酸盐岩。最后，全球海平面升高，晚里亚赞阶、早凡兰吟阶主要的低水位体系域上升到土伦阶高水位体系，通过两个小的高水位（巴列姆阶和晚阿尔必阶），并在剩下的白垩纪时期保持高水位（图3.2.36）。

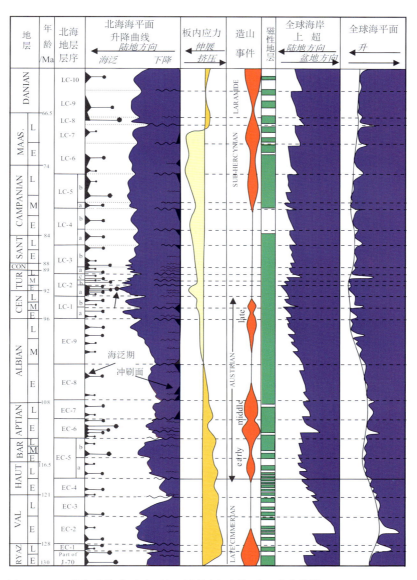

图3.2.36 北部北海盆地白垩纪地层层序和海平面升降曲线（Ziegler，1990）

作为北半球高水位的直接结果，分布非常广泛的缺氧（盆地的）或贫氧（相当于陆架的）事件可以在北海几乎所有的白垩纪次盆地内追踪，甚至遍及了大西洋边缘的大部分地区。这包括三个主要事件——早巴列姆阶 Munk 泥灰岩或 Blatterton 泥灰岩，早阿普特阶 Fischschiefer 泥灰岩和森诺曼阶/土伦阶的 Plenus 泥灰岩。

（2）第三纪

北部北海盆地新生界最大沉积厚度在中央地堑北部达 3 500 m（图 3.2.7、图 3.2.8）。北部北海盆地第三纪与北大西洋和挪威海相连，古新世—渐新世自北而南为深海-浅海沉积，沉积中心在盆地北部；中新世沉积中心向南移动至中央地堑一带；上新世沉降速率降低，全为浅海沉积（图 1.2.20、图 1.2.27、图 1.2.31、图 1.2.32）。盆地中部主要为泥质沉积，边部发育有三角洲或滨岸砂岩。

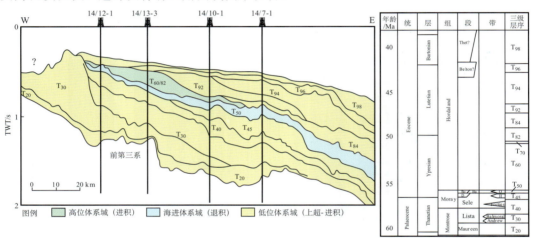

图 3.2.37　北部北海盆地中央地堑西侧古新统—渐新统三级层序横剖面图（Jones，Milton，1994）

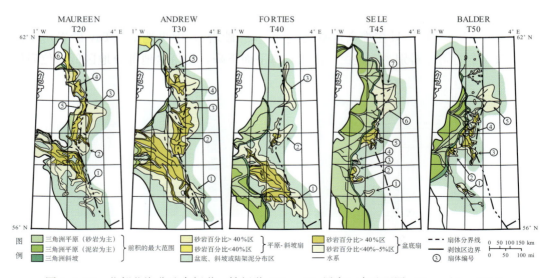

图 3.2.38　北部北海盆地古新世—始新世（T$_{20}$～T$_{50}$ 层序）古地理图（Reynolds，1994）

古新统和始新统是盆地中主要储层之一，油气主要分布于盆地西侧，下面作为重点介绍。盆地内古新统—始新统可分为 13 个三级层序（图 3.2.37），$T_{20} \sim T_{45}$ 为低位域，T_{50} 为海进体系域，$T_{60} \sim T_{82}$ 为高位体系域，T_{84} 以上为又一个低位域发育阶段。

1）古新统（$T_{20} \sim T_{50}$）。

包括两组地层：下部叫 Montros 组（$T_{20} \sim T_{30}$ 层序），上部叫 Moray 组（$T_{40} \sim T_{50}$）。

Montros 组下部 Maureen 段为海底扇砂、泥岩夹灰岩（T_{20}），标志着粗粒碎屑物质最初流入白垩纪白垩海（Chalk Seas）；中上部 Lista 段（T_{30}），下部 Andrew 带是在中央地堑广泛分布的海底扇砂岩，自下而上逐渐变细（图 3.2.37、图 3.2.38）。

Moray 组中-下部是 Forties 砂岩（T_{40}，Forties 油田的主要储层），属于扇-三角洲沉积，中央地堑北部和大西洋边缘的物源输入大量减小，维京地堑扇体很小、非常局部化并且表现为叶状；在 T_{40} 末期伴随着北大西洋的张开海平面上升，Moray 组上部（T_{45}）泥岩增多，并伴随着海岸超覆，由此形成了厚而广泛的海浸型含煤单元（Domoch Coal）沉积，它在测井曲线上形成了一个关键的可对比标准层。Balder 组（T_{50} 层序）持续时间很短，是一个泥质沉积单元，T_{50} 沉积以一系列小规模陆坡沉积为特征，为泛滥三角洲平原之上前积沉积和小型浊积扇沉积，T_{50} 沉积的结束以广泛的陆架泛滥为标志，并形成了明显的厚层海侵含煤单元（Beauly Coal），为又一个重要的标志层（图 3.2.37、图 3.2.38）。

2）始新统（$T_{60} \sim T_{98}$）。

从早始新世开始，整个北海中北部和大西洋边缘地区都是重新沉降的大西洋被动边缘的一部分。与古新世相比沉积速率显著降低，泥岩沉积在盆地大部分地区长期占据主导地位。

T_{60} 层序开始了一个新的海进期。$T_{60} \sim T_{84}$ 为陆坡泥质沉积，在地震上很难进行层序的详细划分，只在北海北部 T_{70} 识别出低水位扇体（Frigg 扇体）沉积体系。

T_{70} "Frigg 层序" 只在维京地堑北部（Frigg 砂岩）、中央地堑（Tay 砂岩）Gannet 油气田附近可以辨别。它是由一次相对海平面下降，使得盆地部分地区低水位扇体系统重新开始沉积。Frigg 扇是分布最广的扇体系统，由最厚超过 200 m 的砂岩堆积而成（图 3.2.39（a））。

$T_{92} \sim T_{98}$ 层序大致相当于 Mudge 和 Bujak（1994）的 Alba 和 Grid 层序。沉积上总体表现为进积特征，沿维京地堑南部和 Witch Ground 地堑的一系列沉积中心分布（图 3.2.39（b））。

$T_{92} \sim T_{96}$ 沉积末期为一区域性海泛事件，有效中止了盆地的主要砂岩沉积，在这个界线以上很少有油气发现。

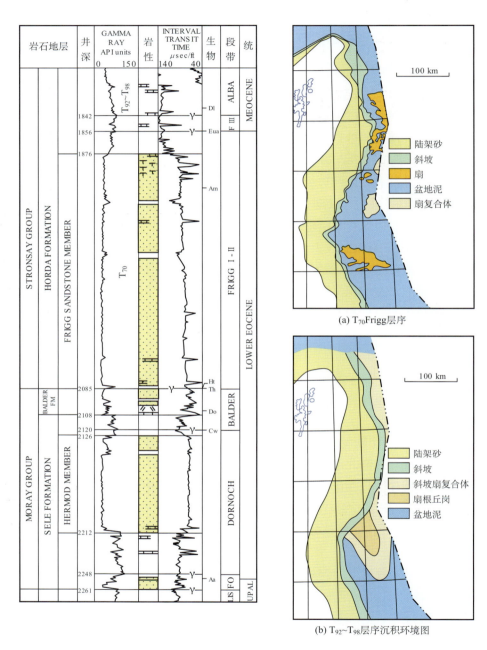

图 3.2.39　维京地堑东北侧始新统 Frigg 砂岩段沉积特征图（den Hartog Jager，1993）

三、盆地一级构造单元

北部北海盆地可以分为 6 个一级构造单元：维京地堑、中央地堑、马里-福斯湾地堑，3 个负向单元；东设得兰台地、霍达台地、中北海高地，3 个正向单元（图 3.1.1 和表 3.2.2）。维京地堑、中央地堑和霍达台地是面积最大的构造单元，也是油气储量最大的构造单元。无论石油或天然气，维京地堑的储量都列第一位，中央地堑列石油储量第二，霍达台地列天然气储量第二（表 3.2.2）。

表 3.2.2　北海北部盆地油气储量百分比统计表（据 IHS，2007 统计）

盆地名称	单元面积	占全盆地可采储量/%				
		油气	油		气/$10^8 m^3 g$	
		油当量	最终	剩余	最终	剩余
维京地堑	17.3%	43.2%	45.2%	37.4%	39.2%	14 476.1
中央地堑	6.0%	29.4%	31.6%	36.2%	24.8%	13 746.4
霍达台地	9.9%	17.7%	11.1%	10.5%	31.3%	36 598.4
马里—福斯湾凹陷	10.25%	8.5%	10.3%	13.3%	4.6%	4 203.1
东设得兰台地	19.9%	0.8%	1.1%	2.4%	0.1%	90.5
中北海高	16.6%	0.4%	0.6%	0.2%	0.05%	26.9
北部北海盆地	240 861 km²	$135.2×10^8 m_{oe}^3$	$90.889×10^8 m_o^3$	$25.0×10^8 m_o^3$	$47 318×10^8 m_g^3$	19 578

维京地堑、中央地堑和马里-福斯地堑是勘探工作量最大的构造单元，地震测线密度达 0.1 km²/km，预探井数分别达 890～408 口（表 3.2.3）。

表 3.2.3　北海北部盆地勘探工作量百分比统计表（据 IHS，2007 统计）

盆地名称	地震勘探		探井		
	测线	密度/(km²/km)	预探井	其他探井	最大探井深度/m
维京地堑	40.6%	0.1	30.6%	42.9%	9 500
霍达台地	3.7%	0.4	3.8%	5.4%	6 678
中央地堑	35.2%	0.1	38.4%	28.6%	6 870
幕瑞-福斯地堑	11.9%	0.1	17.5%	18.7%	4 953
东设得兰台地	4.6%	0.6	5.1%	2.9%	4 411
中北海高	3.8%	0.6	2.7%	1.6%	3 825
北部北海盆地	$1.69×10^4$ km		2 275 口	1 800 口	9 500

维京地堑、霍达台地和中央地堑是勘探成效最高的构造单元，探井成功率达36.8%～26.1%，构造单元的油气储量丰度为 $14\sim6.3\times10^4\,m^3/km^2$，平均每口探井发现油气储量为 $2\,600\times10^4\sim400\times10^4\,m_{oe}^3$（表 3.2.4）

表 3.2.4　北海北部盆地勘探成效统计表（据 IHS，2007 统计）

盆地名称	探井成功率/%		勘探成效		
	2008 年以前	1998～2007 年	盆地油气储量丰度/(m_{oe}^3/km^2)	一口初探井找到储量	
				油/$(10^4 m^3/口)$	气/$(10^4 m_{oe}^3/口)$
维京地堑	33.0	35.2	140 289	580	5 245
霍达台地	36.0	36.8	99 981	1 135	1 553
中央地堑	26.4	26.1	63 426	323	124
马里-福斯地堑	20.6	24.2	46 565	231	49
东设得兰台地	16.2	18.2	2 131	84	3
中北海高	11.3	0.0	1 428	89	3

各一级构造单元油气储量的巨大差别直接决定于各构造单元的基本石油地质条件，各负向构造单元的共性是都具有良好的基默里奇页岩作为主要源岩，圈闭和储层发育的差异决定了各单元油气成藏类型的个性。下面逐一介绍各一级构造单元的石油地质基本特征，以期使读者能够概略地了解各单元发现了多少油气，这些油气是如何分布的，决定油气分布的主要地质条件是什么。

第三节　维京地堑石油地质特征

维京地堑位于北部北海盆地的北部，走向南北，分为英国和挪威两个部分。地堑长500 km，南部只有宽约 20～30 km 的半地堑（Nigel，1996），北部的宽度达到 180 km。西部为东设得兰台地，北部为莫尔（More）盆地，东临霍达台地，南部与中央地堑相接。共包括 13 个次级单元，分别为北维京地堑、中维京地堑、南维京地堑、东设得兰凹陷、Heimdal 阶地、Grudrun 阶地、Tamper 脊、Marflo 脊、Svije 地垒、Mylop 斜坡、Uer 阶地、Lomere 阶地、Sogn 地堑（图 3.3.1）。维京地堑发育巨厚中生界—新生界地层，地堑中最大沉积岩厚度可＞10 km（图 3.3.2）。

中维京地堑以北侏罗系—三叠系基本是整合关系，中维京地堑南部是下侏罗统的剥蚀区，南维京地堑是下侏罗统的缺失区，中侏罗统直接与三叠系接触。中侏罗统自北而南逐层超覆，南维京地堑缺失中侏罗统阿伦阶乃至巴柔阶（图 3.3.3）。

三叠系为以冲积相-河流相砂岩为主，厚 0～1 700 m。

下侏罗统下部以平原河流至滨-浅海砂岩沉积为主，上部以浅海-陆架泥质沉积为主，厚 0～700 m（南维京地堑本统遭受剥蚀）。

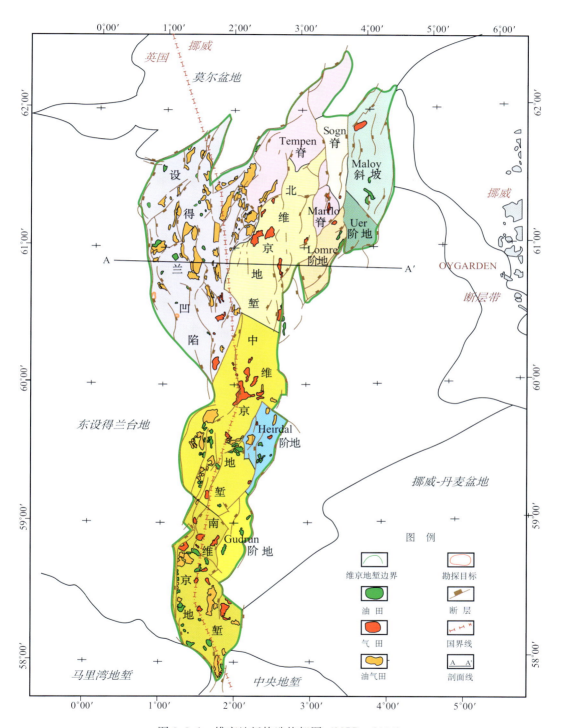

图 3.3.1 维京地堑构造格架图（NOD，2004）

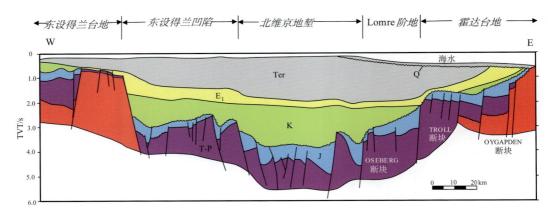

图 3.3.2　维京地堑构造横剖面图（Zanella，Coward，2003）

(a) 中侏罗统—上侏罗统各阶地层超覆线分布图

(b) 上侏罗统沉积范围图(其中砂点代表以砂岩沉积为主，
泥岩符号代表泥质沉积为主，阿拉伯数字为厚度m)

图 3.3.3　维京地堑中—上侏罗统地层分布图
(Underhill，1993，1994)

　　中侏罗统阿伦阶—巴通阶以三角洲-滨浅海砂泥沉积为主，是维京地堑的主要储层之一，厚 0～144 m。

　　中侏罗统—下白垩统 Humber 群，包括了 Heather 页岩组（巴通阶—卡洛夫阶）和基默里奇（Kimmeridge）页岩组（基默里奇阶—梁赞阶），为大套海相页岩，其中牛津阶、基默里奇阶、伏尔加阶和梁赞阶中在不同断陷不同层位都可发育半封闭海相富含有机质的热页岩（有时统称热页岩为基默里奇页岩），是维京地堑的主要源岩，厚 0～3 000 m。

　　白垩系为巨厚的开阔海相泥岩，只在南维京地堑部分地区发育有上白垩统的碳酸盐岩台地，最大厚度为 2 800 m。

　　第三系为外陆架-深海盆的泥质沉积，在中维京地堑西侧古新统—始新统发育有浊积扇，最大厚度为 2 700～2 900 m（图 3.3.4）。

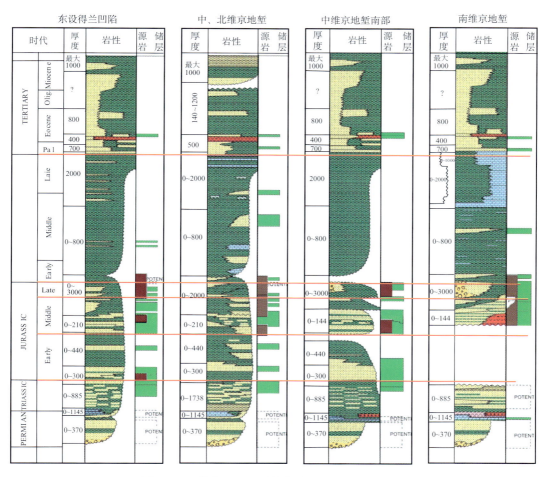

图 3.3.4　维京地堑地层柱状对比图（IHS，2007）

一、源岩

对于北部北海盆地的源岩，我们在第二章中曾经做过详细介绍，这里不再重复，只对本地区的主要源岩特征作简单介绍。

（一）中—上侏罗统 Heather 页岩组

Heather 页岩组在东设得兰台地厚 350 m，在南维京地堑厚 700 m，局部凹陷中最厚可达 1 000 m。TOC 一般为 2%～2.5%，氢指数（HI）较低，有机质以陆源镜质体为主。据东设得兰北部地区、Statfjord 地区和北维京地堑层序地层研究，在不同时间（巴通期—牛津期）、不同凹陷，由于海水的封闭条件不同而形成有机质丰度不同的"暖页岩"（Warm）或"热页岩"（Hot）。Cornford（1990）研究认为，基默里奇页岩伽马值的高低可以直接反映源岩的有机质含量，暖页岩 TOC 值一般为 4%＋，热页岩则可达 6%～9%。早巴通—早卡洛夫期（J_{32}～J_{36} 层序），东设得兰凹陷北部地区 TOC 值一般为 3.3%～3.4%、HI 为 265～330，Statfjord 地区 TOC 值一般为 3.15%～3.44%、HI 为 243～249；Eider 暖页岩厚 187 m，Ninian 热页岩厚 10m，说明该地区以生气和凝析油为主。

东设得兰凹陷北部地区中卡洛夫—晚卡洛夫阶（J_{42}～J_{45} 层序），TOC 一般为 3.4%～5.7%、HI 为 215～260（Hay，2000），Statfjord 地区 TOC 为 6.6%、HI 为 265（Johannesen，2002）。

Heather 页岩组上部牛津阶—早基默里奇阶（J_{56} 层序），是倾向于生油的层段，TOC 为 4.6%、HI 为 455，Statfjord 油田 TOC 为 7.9%、HI 为 420。东设得兰凹陷最北部的 Magnus 油田区中牛津—上牛津阶暖页岩厚度达 44～122 m；发育于 J_{56} 层序热页岩，在 Penguin 油田厚 6.7 m，Eider 油田厚 13 m，Ninian 油田厚 21 m。

Heather 页岩组下部的"冷页岩"是超压的，也具有一定的生气能力，其中埋深 4907m 的浊积砂岩孔隙度为 18%，日产干气约 $100×10^4 m^3/d$，说明源岩已经进入了干气的演化阶段。

（二）上侏罗统基默里奇页岩组（或 Draupne 组）

基默里奇页岩是维京地堑的主要源岩，东设得兰凹陷最大厚度达 500 m，一般厚 50～250 m。

Thomas 等（1985）用维京地堑由半封闭的深海盆至盆地边缘的几口井的岩心进行有机地化研究，结论认为深海盆相基默里奇页岩干酪根以菌藻类腐泥型为主，干酪根类型为 I-II 型，TOC 为 5%～12%，HI 为 500～700；过渡相干酪根类型为 II 型；边部阶地区干酪根为 II-III 型，TOC 为 2%～5%，HI 为 200～400。

Kubala 等（2003）对东设得兰凹陷几口井基默里奇页岩进行了有机地化研究。他将基默里奇页岩分为两个层段：下部层段包括早基默里奇和早伏尔加阶（J_{56}～J_{64} 层序）-冷页岩段；上部层段包括早伏尔加阶—梁赞阶（J_{65}～J_{74} 层序）-热页岩段。两个层段有机碳含量同样都是高的，但上部层段 HI 一般为 300～570，下部层段 HI 一般为 155～280。上部层段为海相页岩，倾向于生油，具有奇数碳优势，低姥/植，并且具有 28、30 双降霍烷，表明了一种海相缺氧环境。下部层段陆源有机质含量增加，具偶数碳优势，姥/植高，不存在 28、30 双降霍烷，为富氧环境沉积，倾向于生气和凝析油。对 Statfjord 地区的研究也有同样结论：下 Draupne 组 TOC 平均值为 6.06%，HI 平均值为 377；上 Draupne 组 TOC 平均值为 629%，HI 平均值为 504。

南维京地堑西侧主要为 III 型和 II-III 型干酪根，倾向于生气，地堑东侧（挪威一侧）更倾向于生油。

总的来看北维京地堑 J_{63}～J_{66} 层序热页岩比较发育，北维京地堑和东设得兰凹陷 J_{64}～J_{65} 层序是热页岩的发育段，冷页岩仅发育于盆地西部边缘。

（三）源岩的热演化特征

北维京地堑地温梯度一般为 3℃/100 m，地堑边部可达 3.5℃/100 m。应用地温梯度计算地堑边部生烃门限为 3 000 m，生烃高峰为 3 600 m。断陷的深部位生烃门限为 3 500 m，生烃高峰为 4 200 m（Cornford，1983）。根据实际资料统计，东设得兰凹陷生烃门限为 3 500 m，生烃高峰为 3 800 m（Kubala，2003）。南维京地堑统计结果，生烃门限为 3 400 m（$Ro=0.62\%$），生烃高峰为 4 400 m（$Ro=0.88\%$）。Draupne 组页岩气窗门限 Ro 为 1.3%，Ro 为 1.7%进入生气高峰，石油裂解为干气阶段的 Ro 为 2.0%~2.4%。

利用白垩系底面（大致相当于基默里奇页岩顶）的埋藏深度，大致可以看出维京地堑主要源岩的热演化程度的平面分布：东设得兰凹陷绝大部分都进入了生烃门限，北维京地堑基本达到了生烃高峰（局部达到气窗）；中维京地堑中部进入生烃高峰，边部也都进入生烃门限；南维京地堑热演化程度最低，地堑范围都已进入生烃门限，只在断陷中部部分达到生烃高峰（图 3.3.5）。

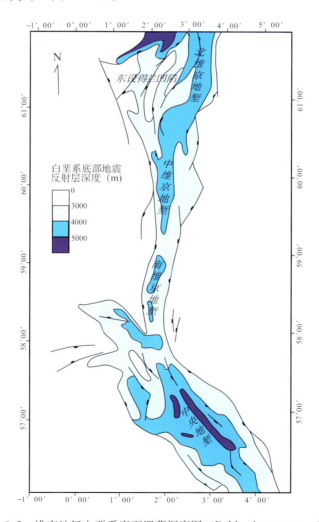

图 3.3.5　维京地堑白垩系底面埋藏深度图（Dahl，Augustson，1991）

二、储层

从油气的地层分布统计结果我们可以看到：维京地堑中侏罗统是最重要的储层，其油气储量占维京地堑油气总储量的 55.5%；其次是下侏罗统和上侏罗统，分别占油气总储量的 13.0% 和 12.8%；古近系占油气总储量的 11.3%；三叠系占 5.5%；白垩系和新近系共占总储量的 1.9%（表 3.3.1 和图 3.3.6）。下面重点介绍侏罗系、古近系和三叠系的储层特征。

表 3.3.1　维京地堑油气储量的地层分布表（折合为油当量）（据 IHS，2007 统计）

储量	新近系	古近系	白垩系	上侏罗统	中侏罗统	下侏罗统	三叠系	合计
油气储量/$10^8 m^3$	0.20	6.34	0.86	7.23	31.20	7.31	3.12	56.26
占总储量/%	0.4	11.3	1.5	12.8	55.5	13.0	5.5	100

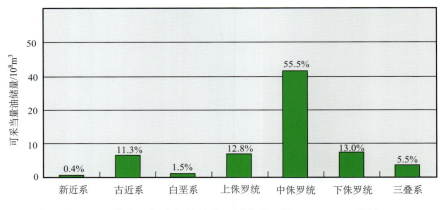

图 3.3.6　维京地堑油气储量的地层分布（据 IHS，2007 统计）

（一）三叠系储层

维京地堑共有 21 个油田含有三叠系砂岩储层，储量合计为 $3.12 \times 10^8 m^3_{oe}$（图 3.3.7）。维京地堑三叠系基本是广泛的平原河流相沉积。Snorre 油田位于东设得兰凹陷东缘，是三叠系储层中储量最大的油田（$1.42 \times 10^8 m^3_{oe}$），占三叠系总储量 45%，其储层特征具有一定的代表性。Snorre 油田三叠系总体上属于平原河流沉积体系，自下而上砂岩比例降低反映了冲积平原由低弯河流向高弯河流的发育过程（图 3.3.8）。三叠系储层埋藏深度的顶部叫 Statfjord 层（晚三叠统—早侏罗统；图 3.2.22）平均厚 230 ft，砂岩平均孔隙度为 25%，平均渗透率为 1.3～2 D，生产指数为 30～76 bal/(psi·d)；中—下部称为 Lunde 层，占有油田储量的 70%，平均厚 1 870 ft，砂岩平均孔隙度为 24%，平均渗透率为 330～535 mD，生产指数为 13～39 bal/(psi·d)。

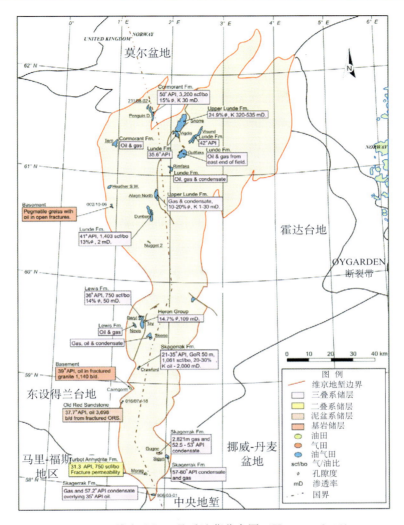

图 3.3.7 维京地堑三叠系油藏分布图（Husmo，2003）

Statfjord 层和 Lunde 层的物性受沉积条件的控制，总的来看砂岩渗透率随孔隙度增高而增高、随泥质含量增高而降低、随粒度变粗而增高。Lunde 层碳酸盐胶结物含量不高，对渗透率不起控制作用；Statfjord 层受成岩次生溶蚀影响，随碳酸盐胶结物含量增高渗透率相应增高（图 3.3.9）。

（二）下侏罗系储层

维京地堑至少有 16 个油田含有下侏罗统储层（图 3.3.10），储量合计约 $7.31 \times 10^8 \text{m}^3_{oe}$。

在前面沉积发育一节中已经对下侏罗系沉积特征作了一般性描述，其储层主要由平原河流相和滨—浅海相砂岩。下侏罗统储量最大的油田是 Gullfaks 油田，Cook 组原油储量为 $0.286\ 2 \times 10^8 \text{m}^3_{oe}$、Statfjord 组原油储量为 $0.349\ 8 \times 10^8 \text{m}^3_{oe}$，合计下侏罗统占油田原油总储量 25%。

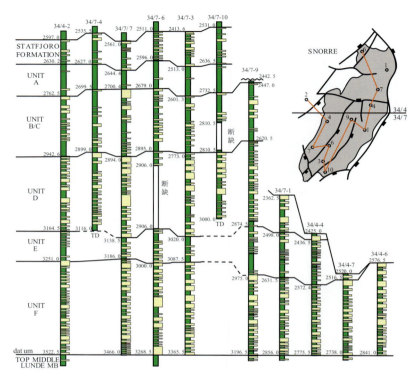

图 3.3.8　Snorre 油田探井及评价井上 Lunde 层和 Statfjord 层砂层对比图（Nysturn，1987）
表示上 Lunde 层砂岩自下而上减少

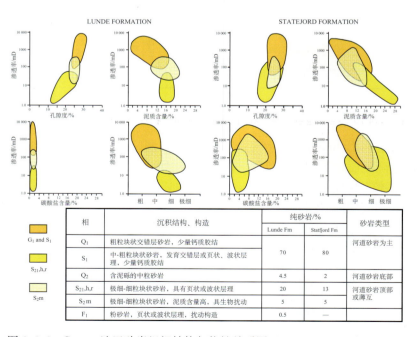

图 3.3.9　Snorre 油田砂岩组织结构与物性关系图（Lien，Nysetvold，1998）

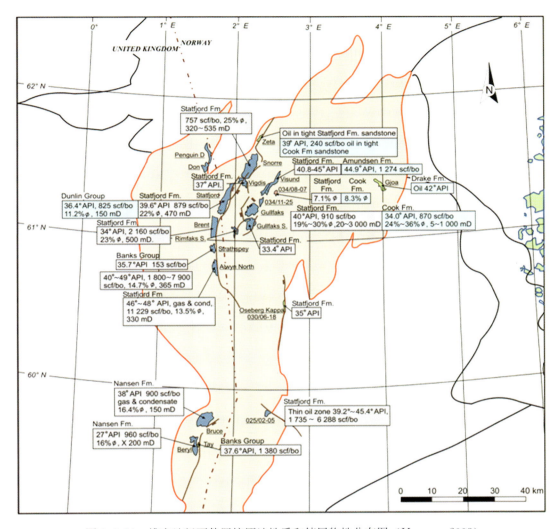

图 3.3.10　维京地堑下侏罗统原油性质和储层物性分布图（Husmo，2003）

1. Cook 组

　　Cook 组占油田 13% 的石油储量。Cook 组分为三段：Cook1 段由泥岩和较薄的砂岩组成；Cook2 段由细砂岩和少量粉砂岩组成，储层质量中等；Cook3 段为细砂岩和泥岩的互层，储层质量中等—好。Cook2~3 段在油田南部厚度约 100 m，北部减薄至 70 m（图 3.3.11、图 3.2.32）。Cook1~2 段属高位体系域为进积和加积的滨—浅海沉积。Cook2 和 Cook3 之间是一个层序界面，油田北部缺少 Cook3 底部沉积。Cook3 段下部为低位域河流相超覆层级，上部是海进体系域潮汐三角洲沉积。Cook1~2 段砂岩横向连续性较好，泥岩隔层也比较稳定。Cook3 段砂岩的连续性较 Cook1~2 段为差，但潮汐水道砂和三角洲前缘砂体联通性好（图 3.3.12），净毛比（N/G）可达 0.7。Cook3

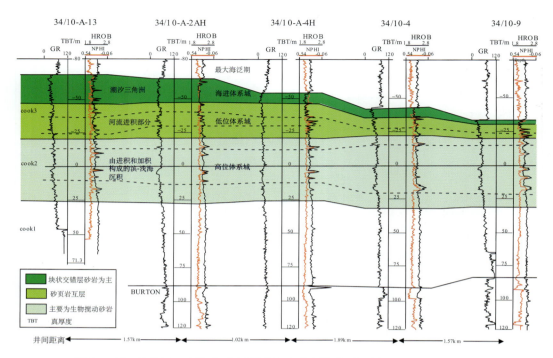

图 3.3.11　Gullfaks 油田 Cook 油层段沉积特征柱状对比图（Olaussen，1992）

段渗透率一般可达 500～1 000 mD；潮汐水道砂储层物性最好，渗透率最高达 4 000 mD（图 3.3.13）。

2. Statfjord 组

Statfjord 组占有全油田石油储量的 12%，可分为三个油层段（Raude、Eiriksson 和 Nansen），地层总厚度 550～690 ft。下部 Raude 油层段，厚层—块状砂岩，与厚层泥岩互层，东部厚 340 ft，西部厚 260 ft；中部 Eiriksson 油层段，厚层粗砂岩与薄层泥岩间互，厚 200～250 ft；上部 Nansen 油层段，厚 50～80 ft，主要为中粒砂岩，均质性强，顶部泥岩夹层增多。

Statfjord 组为晚三叠世—早侏罗由冲积平原-浅海相的过渡沉积（图 3.2.32），机械压实是控制储层物性的主要因素。Raude 油层段开始为半干旱气候下的泥质沉积，向上变为北西向的河流相砂岩，净毛比较低（N/G＝0.1），高岭石胶结细砂岩，孔隙度一般小于 25 %，渗透率在 100 mD 左右。Eiriksson 油层段和 Nansen 油层段属于低弯河流相沉积（Ryseth，Ramm，1996）。Eiriksson 油层段主要为河道砂岩夹有河漫相与决口扇相，净毛比为 0.6，孔隙度一般 25%～30%，渗透率在 100～1 000 mD。Nansen 油层段的沉积环境为河口坝-上临滨相，是物性最好的层段，孔隙度一般在 30% 左右，渗透率最高达几达西（图 3.3.12、图 3.3.13）。

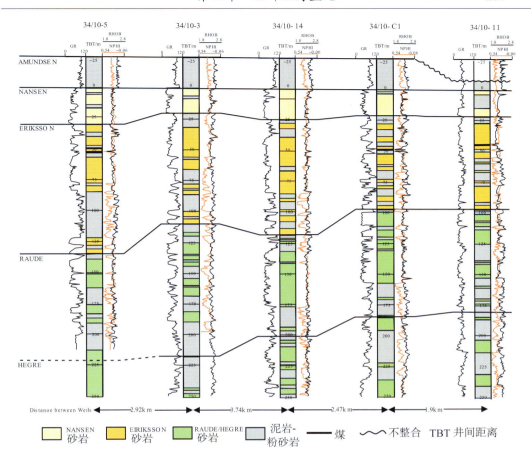

图 3.3.12　Gullfaks 油田 Statfjord 油层段沉积特征柱状对比图（Olaussen，1992）

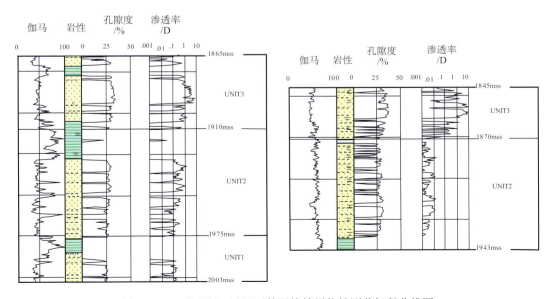

图 3.3.13　Gullfaks 油田下侏罗统储层物性测井解释曲线图

（三）中侏罗统储层

中侏罗统是维京地堑中最重要的储层，至少有 46 个油气田具有中侏罗统储层（图 3.3.14），油气储量合计可达 $31.3 \times 10^8 m^3$，占地堑油气总储量 55%。布伦特（Brent）油田是地堑中第二号油气田，油气总储量约 $5.3 \times 10^8 m^3$，其中中侏罗统布伦特组占 64%（原油 $2.3 \times 10^8 m^3$，天然气 $1\,139 \times 10^8 m^3$）。下面就以布伦特油田为例，介绍中侏罗统的储层特征。

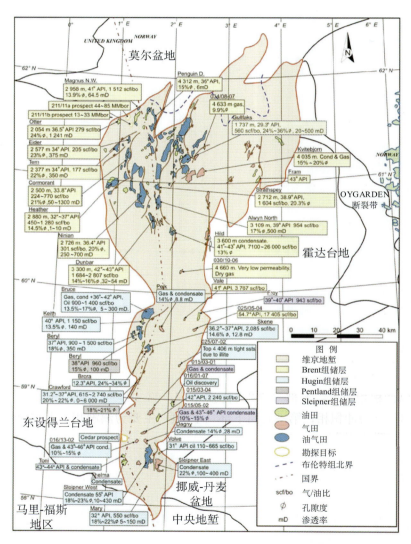

图 3.3.14　维京地堑含油中侏罗统储层的油气田及储层参数分布图（Husmo，2003）

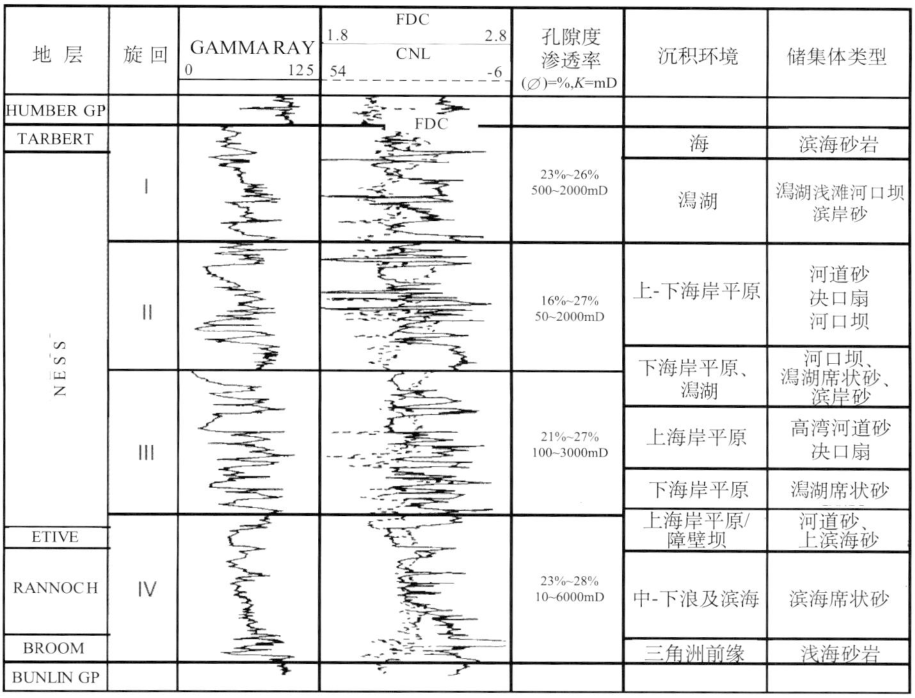

地层	旋回	GAMMA RAY 0　　　　125	FDC 1.8　　　　2.8 CNL 54　　　　-6	孔隙度 渗透率 ($\varnothing$)=%,K=mD	沉积环境	储集体类型
HUMBER GP			FDC			
TARBERT					海	滨海砂岩
N E S S 	I			23%~26% 500~2000mD	潟湖	潟湖浅滩河口坝 滨岸砂
	II			16%~27% 50~2000mD	上-下海岸平原	河道砂 决口扇 河口坝
					下海岸平原、 潟湖	河口坝、 潟湖席状砂、 滨岸砂
	III			21%~27% 100~3000mD	上海岸平原	高湾河道砂 决口扇
					下海岸平原	潟湖席状砂
ETIVE					上海岸平原/ 障壁坝	河道砂、 上滨海砂
RANNOCH	IV			23%~28% 10~6000mD	中-下浪及滨海	滨海席状砂
BROOM					三角洲前缘	浅海砂岩
BUNLIN GP						

图 3.3.15　布伦特油田布伦特组储层沉积特征及电性特征图（Struijk，Green，1991）

维京地堑中侏罗世基本为海岸平原至滨-浅海相带，作为中侏罗统主要生产区的东设得兰凹陷其主要储层以各类河流相砂岩和潟湖滨海砂岩为主（图 3.3.15、图 3.3.16）。主力储层 Ness 砂岩组沉积时物源方向自南而北：油田南部主要为洪积平原；油田北部为潟湖相与分流河道的间互（图 3.3.16）。在布伦特组 Ness 段砂体类型横剖面图上（图 3.3.17）可以看到：Ness 砂岩组第三旋回下部（III 3）以潟湖相为主，中部（III 2）以冲积相为主，上部（III 2）为滨岸相；第二旋回下部（II 4-5）互相发育，上部（II 1-3）全为冲积相；第一旋回下部（I 3-4）主要为潟湖相，上部厚层滨海相砂岩稳定分布，顶面不同程度遭受剥蚀。

中侏罗统砂岩物性与沉积相关系密切。Ness 段河道砂岩物性最好（孔隙度中值为 26.5%，渗透率中值 1 053 mD），其次是潟湖三角洲砂岩（孔隙度中值为 25.6%，渗透率中值为 247 mD）和潟湖沙滩、沙洲砂岩（孔隙度中值 22.4%，渗透率中值 41 mD）。Rannoch 段为中—下滨海相砂岩，物性较差（孔隙度中值 19.4%~22.3%，渗透率中值 9.2~74.7 mD）。Etive 段上滨海砂岩和障壁坝砂岩、沙丘顶部砂岩物性可与 Ness 段河道砂岩比美（孔隙度中值为 27.1%~27.6%，渗透率中值为 1 047~2 255 mD）（图 3.3.18）。

（四）上侏罗统储层

维京地堑上侏罗统有 30 多个油气藏，主要分布在南维京地堑（图 3.3.19），总储量为 $7.23 \times 10^8 m^3$，占地堑总储量的 12.8%。南维京地堑上侏罗统储层主要为海底扇砂体（图 3.3.20），也可称作海底断崖扇，盆地西部边界断层上升盘丘陵地貌提供了高能冲积物，冲积物在断崖下形成水下浊积扇群，扇根部位为砾岩，扇中部位主要为砂岩。

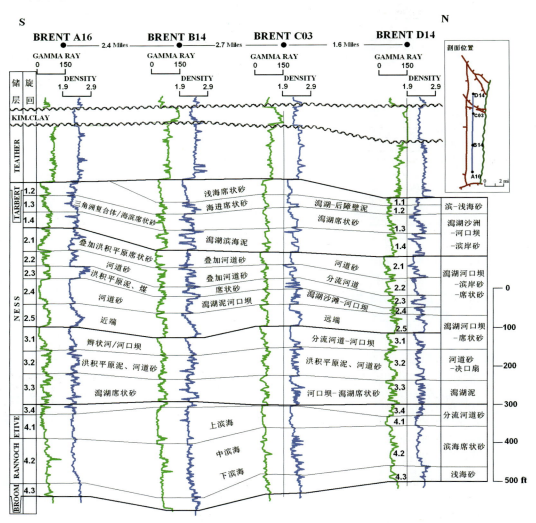

图 3.3.16　布伦特油田布伦特组储层井间沉积环境对比图（Struijk，Green，1991）

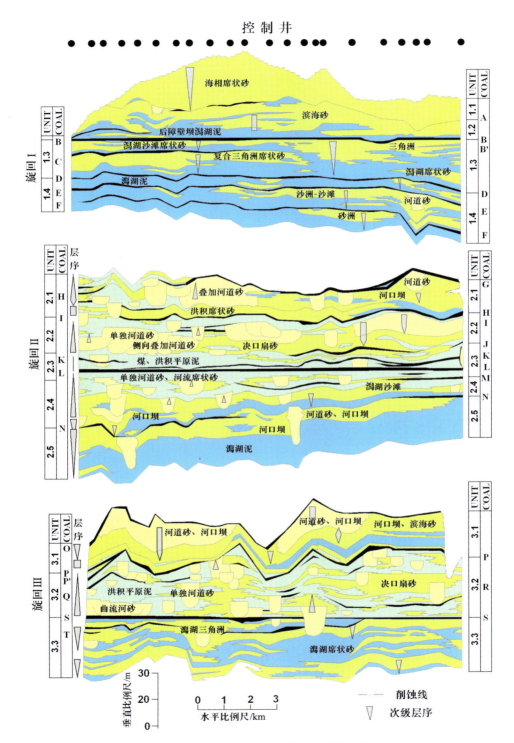

图 3.3.17 布伦特油田布伦特组 Ness 段砂体类型横剖面图（Livera，1989）

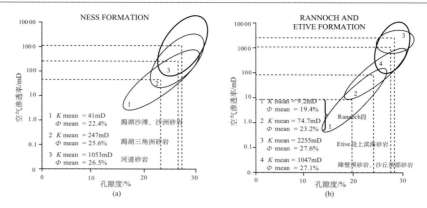

图 3.3.18　布伦特油田布伦特组砂岩类型的物性分布（Livera，Gdula，1990）

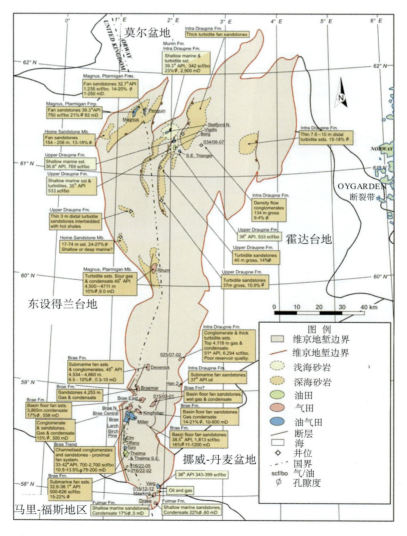

图 3.3.19　维京地堑上侏罗统油气藏及储层参数分布图（Husmo，2003）

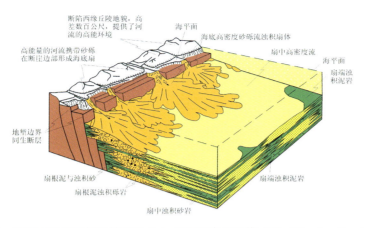

图 3.3.20　南维京地堑西侧晚侏罗世 Brae 组海底扇沉积模式图（Harris，Fowler，1987）

北 Brae 气田以扇根部位砾岩为主要储层（图 3.3.21），自上基默里奇至中伏尔加一下伏尔加阶 Brae 组砾岩段厚度超过 3 000 m。Brae 地区沿维京地堑西侧边界断层下降盘，形成了南北向长达 40 km 的水下断崖扇群（图 3.3.22、图 3.3.23），中—小型油气田将近 20 个。一般来说扇根部位砾岩物性较差，孔隙度平均 7%～10%，渗透率 10～100；扇中部位砂岩孔隙度平均 12%～30%，渗透率 200～2 000 mD（表 3.3.2）。

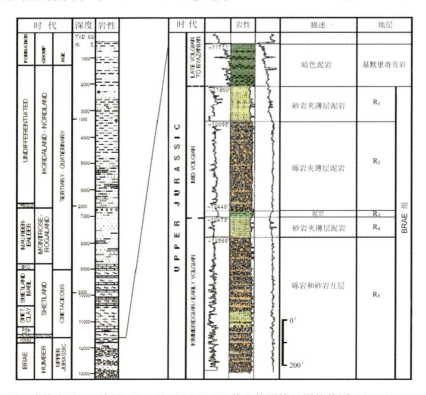

图 3.3.21　南维京地堑西侧北 Brae 地区 16/7a-14 井上侏罗统地层柱状图（Stephenson，1991）

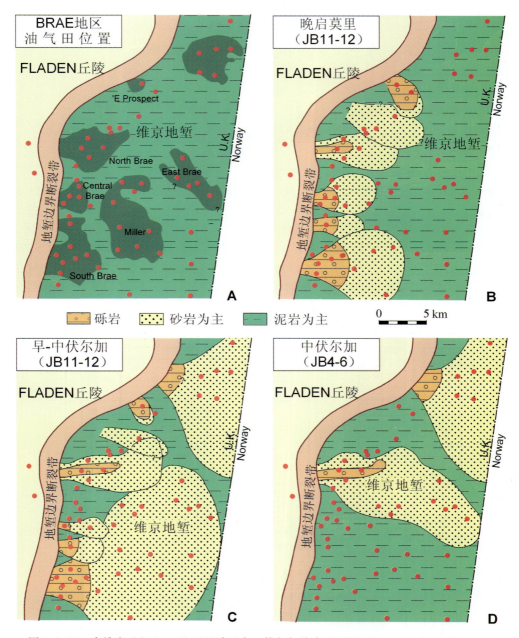

图 3.3.22　南维京地堑 Brae 地区基默里奇—伏尔加阶古地理图（Turner，Connell，1991）

A，油气田位置

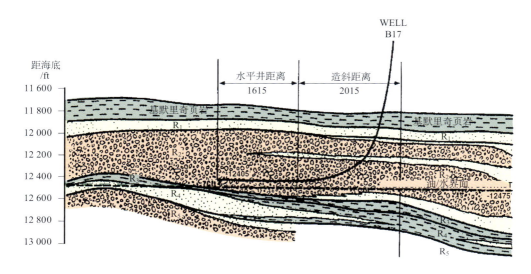

图 3.3.23　北 Brae 气田油藏横剖面图（O'Byrne，1991）

表 3.3.2　北 Brae 气田组各储层单元岩性和物性表（据 C&C，2007 资料整理）

岩性单元		主要岩性	形态	平均厚度 /ft	平均孔隙度 /%	平均渗透率 /mD
上部	下部					
R₁ 砂岩	R₄	扇，中粒浊积砂	板状、页状	100	15～30	200～2 000
R₁ 砾岩		砾岩	发散河道	单个达 30		
R₂ 砂岩	R₅ 砂岩	砂岩	达面积漫滩	150	12～18	600
R₁ 砾岩	R₅ 砾岩	砾岩	不对称河道	200～240	7～10	10～100
R₃		泥岩和薄砂岩	板状、页状	200		

北 Brae 气田天然气最终可采储量约 $370 \times 10^8 \mathrm{m}^3$。其中，凝析油近 $0.3 \times 10^8 \mathrm{m}^3$，干气 $220 \times 10^8 \mathrm{m}^3$。

南维京地堑 17 个水下扇油气藏，共计油气储量 $3 \times 10^8 \mathrm{m}^3_{oe}$，占维京地堑上侏罗统油气总储量的 44%。

（五）古近系储层

维京地堑古近系大致有 50 个油气发现，油气储量共计 $6.34 \times 10^8 \mathrm{m}^3_{oe}$，占整个维京地堑油气储量的 11%，主要储层分布在地堑中部和南部的古新统和始新统地层中。古新世和始新世东设得兰台地是地堑的主要物源区，当时的陆架坡折线大致在地堑西侧边界断层带附近，盆地中发育了浊积砂体（图 3.3.24、图 3.3.25）。古新统的浊积砂体叫

Heimdal 组（Heimdal 油田的主要储层），始新统的浊积砂体称为 Balder 组和 Frigg 组（图 3.3.25）。图 3.3.25 大致勾绘出了始新统各类砂体的分布。Frigg 气田是维京地堑中最大的气田，最终可采储量约 $1\,140 \times 10^8\,m_g^3$，主要储层为上 Frigg 组，其储层特征具有一定代表性。上 Frigg 组解释为海底扇，海底扇的主体在西南部 Frigg 气田，向东北方向（远端）还发育有 4 个朵叶体，分别为 4 个小型气藏（图 3.3.26、图 3.3.27）。气藏发育在上 Frigg 组，气柱最大高度 160 m，其下 5m 油环（图 3.3.28、图 3.3.29）。储层埋藏深度小于 2 000 m，处于成岩作用早期，是尚未固结的疏松砂岩，孔隙度为 25%～30%，渗透率为 0.9～3Dc，泥质胶结物含量很低．油藏顶部净/毛为 0.95，向翼部降低。

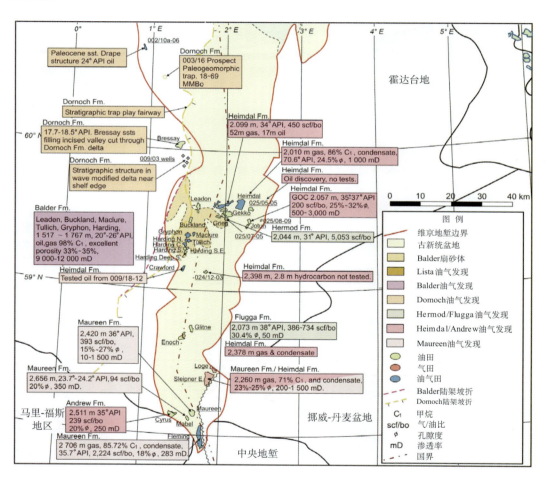

图 3.3.24　维京地堑古新统油气藏及储层参数分布图（Ahmadi，2003）

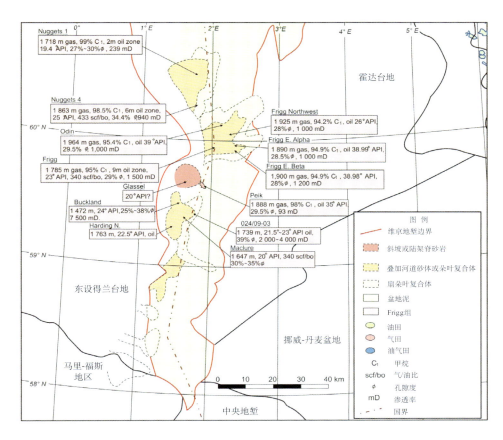

图 3.3.25　维京地堑始新统油气藏及储层参数分布图（Jones，2003）

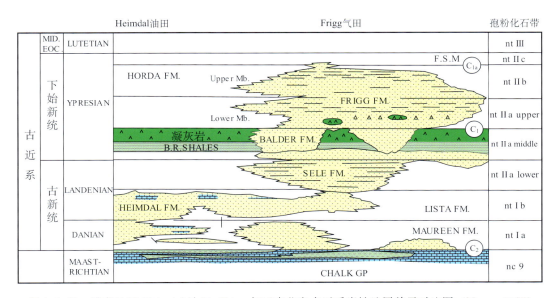

图 3.3.26　维京地堑 Heimdal 油田- Frigg 气田南北向古近系岩性地层单元对比图（Nure，1987）

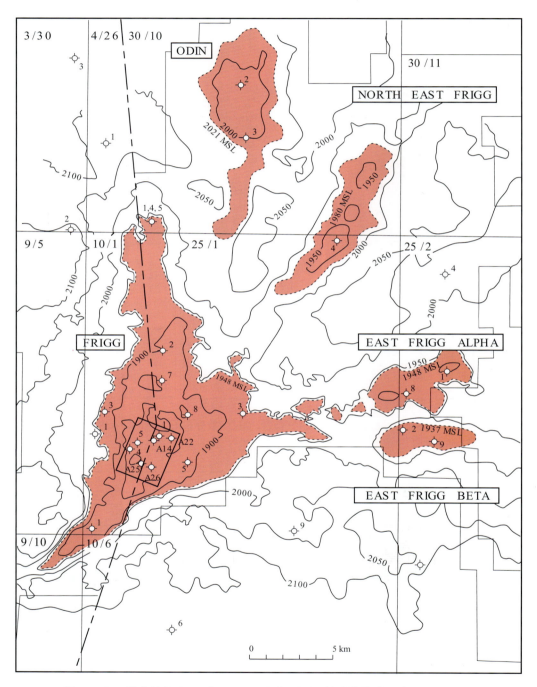

图 3.3.27　维京地堑 Frigg 气田 Frigg 组气层顶面构造等值线图（Nure，1987）

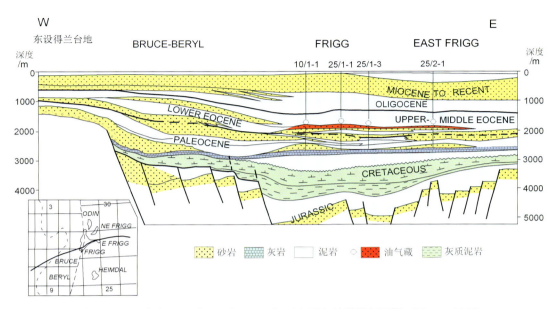

图 3.3.28　通过 Frigg 气田-东 Frigg 气田东西向地质横剖面图（Nure，1987）

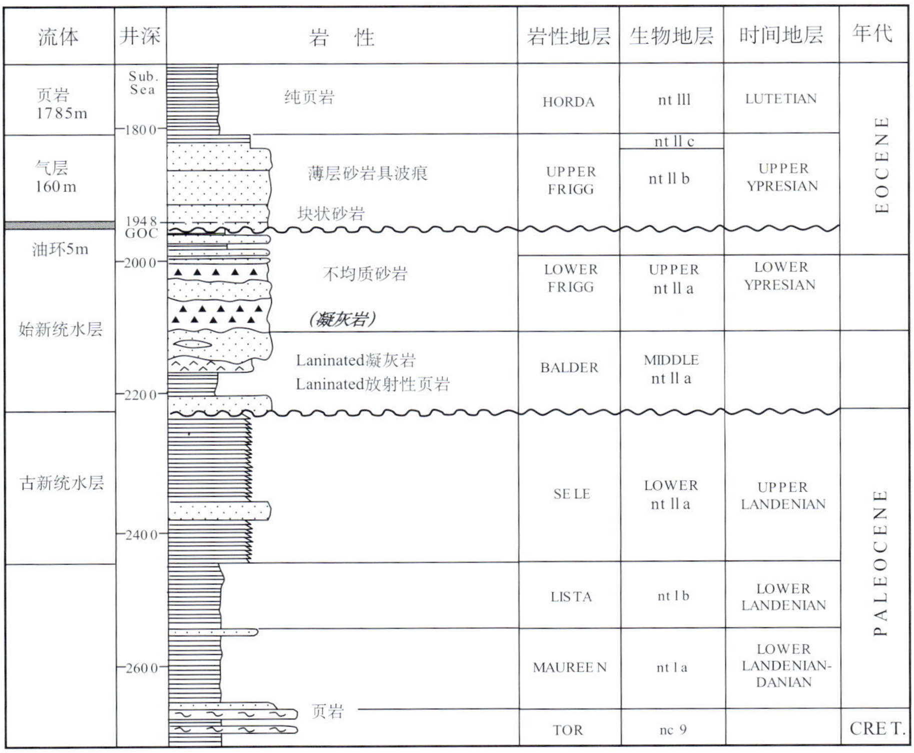

流体	井深	岩　　性	岩性地层	生物地层	时间地层	年代
页岩 1785m	Sub. Sea	纯页岩	HORDA	nt lll	LUTETIAN	E O C E N E
	1800			nt ll c		
气层 160 m		薄层砂岩具波痕	UPPER FRIGG	nt ll b	UPPER YPRESIAN	
	1948 GOC	块状砂岩				
油环5m	2000	不均质砂岩	LOWER FRIGG	UPPER nt ll a	LOWER YPRESIAN	
始新统水层		(凝灰岩)				
		Laninated凝灰岩 Laninated放射性页岩	BALDER	MIDDLE nt ll a		
	2200					
古新统水层			SE LE	LOWER nt ll a	UPPER LANDENIAN	P A L E O C E N E
	2400					
			LISTA	nt l b	LOWER LANDENIAN	
	2600		MAUREE N	nt l a	LOWER LANDENIAN-DANIAN	
		页岩	TOR	nc 9	CRET.	

图 3.3.29　Frigg 气田古近系地层和气层分布柱状图（Brewster，1991）

三、盖层

维京地堑有两个区域性盖层,一个是白垩系海相泥岩,一个是第三系始新统以上的大套海相泥岩。白垩系海相泥岩是破裂不整合面以下三叠系和侏罗系的区域性盖层,形成了大量构造不整合圈闭(下面将详细介绍)。在中始新统之上 $T_{92} \sim T_{96}$ 最大海泛期之上,维京地堑很少再有重要油气藏发现。

四、油气圈闭类型

据维京地堑 286 个油气田圈闭类型统计:构造-不整合圈闭是维京地堑的主要油气圈闭形式,占油气总储量 65%;其次是构造型圈闭,占油气总储量 19%;岩性构造型油气藏的油气储量占总储量的 15%;非构造型(岩性)圈闭只占油气总储量的 1%(表 3.3.3)。

表 3.3.3　维京地堑油气圈闭类型统计表 (据 IHS, 2007 统计)

地质时代	合计储量 $/10^8 \mathrm{m}^3_{oe}$	岩性-构造	构造-不整合	构造	岩性
		储量/$10^8 \mathrm{m}^3_{oe}$	储量/$10^8 \mathrm{m}^3_{oe}$	储量/$10^8 \mathrm{m}^3_{oe}$	储量/$10^8 \mathrm{m}^3_{oe}$
新近系	0.1986	0.1986	0	0	0
古近系	6.3381	4.2729	0	1.3919	0.6732
白垩系	0.8562	0.5844	0	0.2718	0
上侏罗统	7.2275	3.2404	2.4735	1.5135	0
中侏罗统	31.1998	0.1173	24.3556	6.7269	0
下侏罗统	7.3102	0	6.9502	0.3600	0
三叠系	3.1172	0	2.7867	0.3306	0
合计	56.2476	8.4136	36.5660	10.5947	0.6732
占总的比例储量		15.0%	65.0%	18.8%	1.2%

(一) 构造-不整合圈闭

构造-不整合圈闭油气田在维京地堑共有 88 个,油气储量约 $36 \times 10^8 \mathrm{m}^3_{oe}$,占维京地堑油气总储量的 65%,是主要的圈闭类型。

维京地堑构造-不整合圈闭的形成具有得天独厚的条件,首先侏罗系与白垩系之间的破裂不整合为构造-不整合圈闭提供了构造条件,不整合面构成了背斜圈闭;白垩系区域盖层为圈闭提供了良好的盖层条件;不整合面之下,侏罗系—三叠系各类储层又为圈闭提供了普遍的储集条件；上侏罗统基默里奇页岩是这类圈闭的主要源岩。这类圈闭几乎发育于整个维京地堑，尤其是东设得兰凹陷是这类圈闭集中发育的地区。

Beryl 是这类圈闭的典型，油田面积为 54 km²，最大闭合高度为 600 m，储层顶面井深为 3 000 m。油田总储量 1.5×10^8 m³（图 3.3.30、图 3.3.31），在白垩系不整合面以下上侏罗统—三叠系层层含油（图 3.3.32）。在图 3.3.31C 剖面上我们可以看到此类圈闭具有良好的油源条件，基默里奇页岩通过掀斜断块可与各储层直接接触，这就是白垩系区域盖层以下各中生界储层普遍含油的主要原因。通过断裂、不整合面基默里奇页岩与储层接触，是构造不整合圈闭成藏的关键条件。

（二）构造圈闭

维京地堑共有构造型油气田 135 个，合计油气储量 10.59×10^8 m³$_{oe}$，其中以中—上侏罗统储量最多（约占总储量的 78%，表 3.3.3），古近系构造型油气田居第二位，占总储量的 13%。

构造圈闭包括了背斜圈闭、断背斜圈闭以及断块圈闭等多种类型。

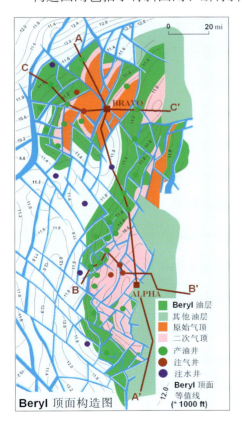

图 3.3.30　Beryl 油田构造图（Knutson，Munro，1991；O'Donnell，1993）

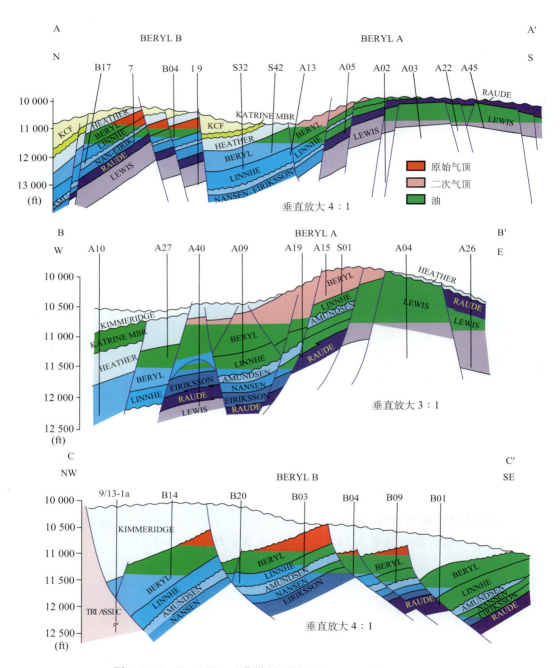

图 3.3.31　Beryl 油田油藏横剖面图 (Knutson，Munro，1991)

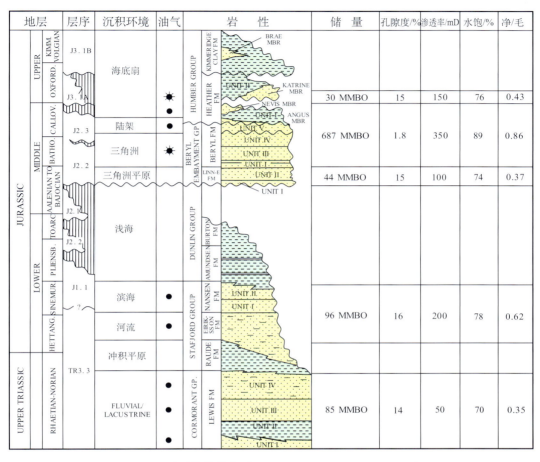

图 3.3.32　Beryl 油田油层柱状综合图（Knutson，Munro，1991；Roberston，1993）

1. 断背斜圈闭及断块圈闭

这是以上侏罗统为盖层的圈闭，主要发育于中—上侏罗统地层中。属于中侏罗统油气田有 77 个，合计油气储量 $6.73 \times 10^8 \mathrm{m}^3_{oe}$；上侏罗统油气田有 17 个，合计油气储量 $1.513 \times 10^8 \mathrm{m}^3_{oe}$。中侏罗统和上侏罗统含油气丰富程度主要取决于储层的发育，上侏罗统是盆地海侵范围最大的时期，只在断陷边缘部位发育有储集相带，盆地内部全为盆地泥岩；中侏罗统则普遍发育滨-浅海储层。

东设得兰凹陷的 Cormoran 油气田是这类圈闭的典型，油气田面积约 $48 \mathrm{km}^2$，原始油气藏高度 300m，储层为布伦特砂岩，石油储量约 $1 \times 10^8 \mathrm{m}^3 o$，天然气储量为 $65 \times 10^8 \mathrm{m}^3 g$。油气田的构造类型属断层上升盘的掀斜断块，基默里奇页岩是油田的源岩也是盖层（图 3.3.33、图 3.3.34），由此可见其成藏条件的优越。

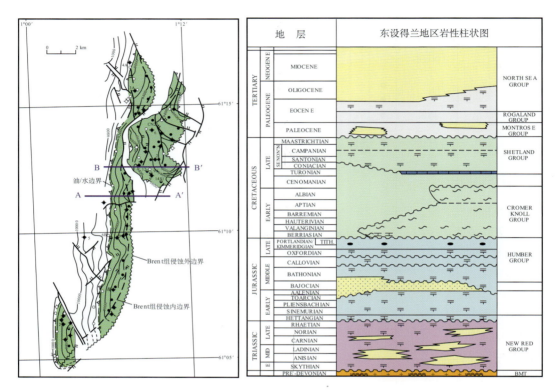

图 3.3.33　Cormoran 油气田布伦特组顶面构造图及低层柱状图（Taylor，Dietvorst，1991）

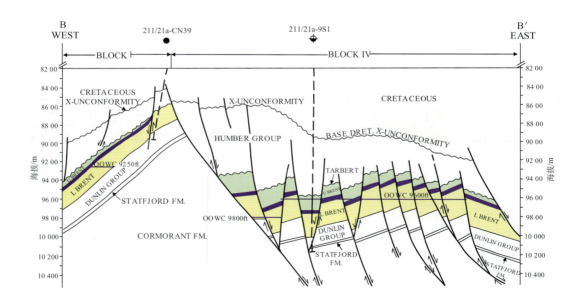

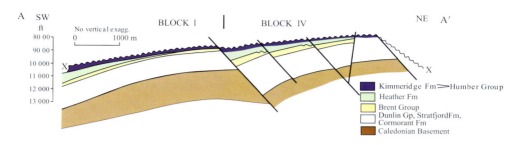

图 3.3.34　Cormoran 油气田油藏横剖面图（Taylor，Dietvorst，1996）

2. 背斜圈闭

维京地堑的背斜型圈闭绝大部分发育在地堑南部上侏罗统和古近系地层中，多数是与浊积扇相关的沉积背斜，如上侏罗统 Brae 断崖扇群和始新统 Frigg 浊积扇群，这里不再重复。

Sleipner 气田，天然气储量为 $670 \times 10^8 \mathrm{m}^3$。储层为古近系底部 TY 组砂岩。背斜圈闭，面积为 59 km^2（图 3.3.35）。

Sleipner 气田是发育于南维京地堑东缘一个高基岩地垒上的披覆背斜，气源来自地垒西侧南维京地堑基默里奇源岩，直接通过上覆白垩系的白垩运移到古近系的底砂岩（图 3.3.36）。

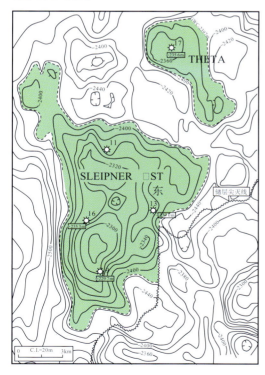

TER	EOCENE		
		BALDER FORMATION	
		SELE FORMATION	
PALEOGENE	PALEOCENE	LISTA FORMATION	
		TY FORMATION	
CRETACEOUS	MAASTRICHTIAN-TURONIAN	CHALK GROUP	
	TURONIAN-HAUTER.	CROMER KNOLL GROUP	
JURASSIC	KIMMERIDGIA-NOXFORDIAN	DRAUPNE FM.	
		HEATHER FM.	
	CALLOVIAN	HUGIN FM.	
	CARNIAN-NORIAN	SKAGERAK FORMATION	
TRIASSIC	SCYTHIAN-CARNIAN	SMITH BANK FORMATION	
PERMIAN	UPPER	ZECHSTEIN GROUP	
	LOWER	ROTLIEGENDES GROUP	

图例：砂岩　粉砂岩　页岩　白垩　泥灰岩　蒸发岩　火山岩　白云岩　气

图 3.3.35　Seipner 气田古近系 TY 底砂岩顶面深度构造图（Østvedt et al.，1990）

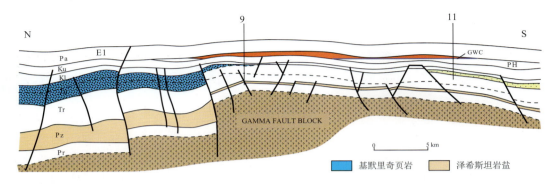

图 3.3.36　Sleipner 气田南北向构造横剖面图 (Pegrum，Ljones，1984)

Pa，Paleocene；　　PH，Paleocene (Heimdal fm)；

Ku，Upper Cretaceous；　　KI，Lower Cretaceous；　　Ku，Triassic；

KI，Perm (Zechstein)；　　Pr，Perm (Rotliegendes)；　　Ju，Jurassic

（三）岩性-构造圈闭

维京地堑岩性——构造圈闭共有 53 个，合计油气储量 $8.41 \times 10^8 \, m_{oe}^3$，主要分布在古近系和上侏罗统。这类圈闭是一种概念比较模糊的圈闭类型，在实际操作中很难准确划定与其他圈闭类型的界限，只不过是具有一定岩性圈闭因素的构造——不整合圈闭、构造圈闭以及岩性圈闭。

中 Brae 油田可以算作此类圈闭的典型之一。中 Brae 油田为一背斜构造，油田面积约 7 km²，背斜的闭合幅度 76 m，原始油柱高度 510.8 m，储层为基默里奇页岩中的砾岩扇（图 3.3.37）。这个油田油柱高度大于背斜闭合幅度。

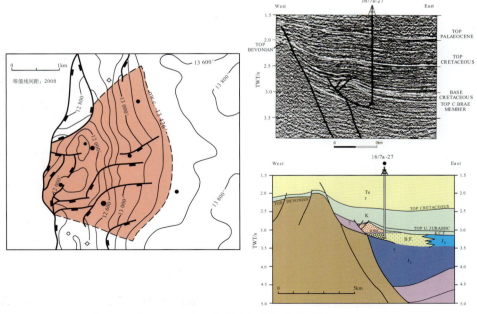

图 3.3.37　中 Brae 油田 Brae 顶面构造图和油藏横剖面图 (Turner，Allen，1991)

（四）岩性圈闭

此类圈闭共有 10 个，全部发育在古近系地层中，合计油气储量 $0.67×10^8 m^3$。维京地堑古近系的岩性圈闭包括了斜坡扇、浊积扇的上倾尖灭以及孤立的水道充填砂体。这些油田主要位于中维京地堑，如 Buckland、Harding 和 Gryphon 油田都属于 Balder 组浊积扇。

下面以 Harding 油田为例。中 Harding 油田面积约 7 km×3 km，储层为始新统底部 Balder 浊积砂岩。储层顶部埋深 1 600 m，石油储量 $0.3×10^8 m^3$，凝析油储量 $56×10^8 m^3$（1996）。Balder 浊积砂岩沉积期处于低位域，浊积砂岩以下是 Balder 凝灰岩（图 3.3.38）。Balder 组厚 247 m，砂岩最大厚约 185 m。Balder 浊积砂岩是陆坡滑塌水道远端浊积扇（图 3.3.39），孔隙度平局 32%～37%，渗透率为 10～2 Dc。

五、含油气系统

维京地堑的含油气系统除维京地堑本身外，还涉及了霍达台地及东设得兰台地，在这里只介绍维京地堑部分。

维京地堑只有一个证实的源岩——上侏罗统基默里奇页岩，区域盖层是白垩系与第三系泥岩，储层在三叠系—新近系都有分布。其油气分布具有如下特点。

（一）天然气田主要分布于基默里奇页岩的气窗区

维京地堑中的气田明显受基默里奇页岩气窗区控制，气田主要分布于北、南、中维京地堑中部，这些地区白垩系底面埋深超过 4 300 m（图 3.3.40）。天然气田主要在白垩系和古近系地层中，天然气源自超压的基默里奇页岩通过裂缝垂向运移至白垩系和古近系中，在地震剖面上可以看到明显的气烟囱。

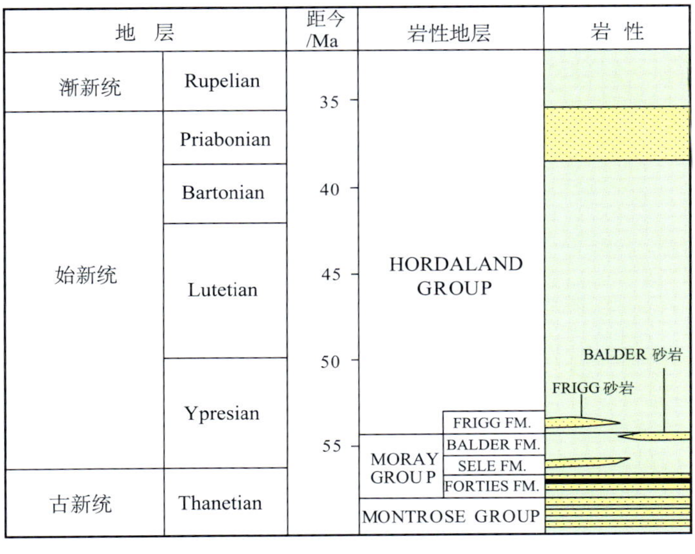

地　层		距今/Ma	岩性地层	岩　性
渐新统	Rupelian	35		
始新统	Priabonian	40	HORDALAND GROUP	
	Bartonian			
	Lutetian	45		BALDER 砂岩
	Ypresian	50 55		FRIGG 砂岩
			FRIGG FM. BALDER FM. SELE FM. FORTIES FM. MORAY GROUP	
古新统	Thanetian		MONTROSE GROUP	

图 3.3.38　Harding 油田地层柱状图（Alexander et al.，1993）

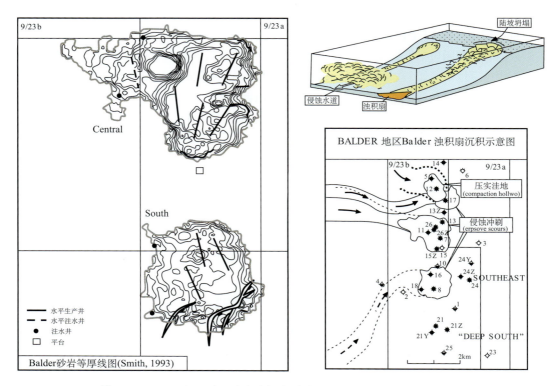

图 3.3.39　Harding 油田浊积扇沉积示意图（Alexander et al.，1993）

在地堑中心部位天然气为干气。中维京地堑北部的 Frigg 气田位于地堑中部，始新统 Frigg 组砂岩储层埋深 1 784～1 964 m，天然气为干气，甲烷含量 95％；具有薄油环，原油 38.98°API（相对密度约 0.830 0）属正常原油。Nuggets 气田储层埋深 1 718 m，甲烷含量 99％，有 2 m 油环，原油 19.4°API（相对密度约 0.937 2）属重质原油。

南维京地堑天然气田的形成与含大量陆源有机质的基默里奇页岩相关。在前面源岩的描述中我们已经提到，南维京地堑基默里奇页岩干酪根类型属Ⅱ-Ⅲ型，倾向于生气与凝析油。

（二）东设得兰凹陷基默里奇页岩油窗区是主要油气田分布区

东设得兰凹陷共有 48 个主要油气田，合计油气储量 30.59×10⁸m³，占全地堑总储量（58.45 × 10⁸m³）的 52.3％，在地堑 13 个构造单元中是含油气最为丰富的构造单元。

这一构造单元基默里奇源岩全部位于生油窗，这就是东设得兰凹陷构成维京地堑主要含油区的根本原因（图 3.3.40）。

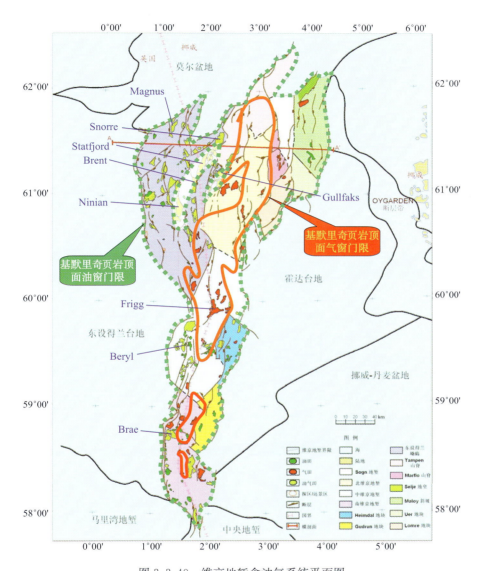

图 3.3.40 维京地堑含油气系统平面图

（三）东设得兰凹陷的 Statfjord 和 Gullfaks 凸起是大油气田集中分布带

维京地堑大于 $1.5 \times 10^8 \mathrm{m}^3_{油}$ 的油气田共有 9 个（表 3.3.4、图 3.3.40、图 3.3.41），其中 6 个分布于东设得兰凹陷，其油气储量占大油气田总储量的 81%。东设得兰凹陷中的 6 个大油气田中的 5 个全部分布在凹陷东侧的 Statfjord 和 Gullfaks 凸起上（基默里奇页岩未进入生烃门限；图 3.3.10、图 3.3.41、图 3.3.42）。

表 3.3.4　维京地堑大油气田统计表

构造单元	油气田	油气类型	油气田储量 /$10^8 m^3_{oe}$	构造单元储量	
				$10^8 m^3_{oe}$	比例/%
东设得兰凹陷	Statfjord	石油/天然气/凝析油	8.37	23.00	81.3
	Brent	石油/天然气/凝析油	5.30		
	Gullfaks	石油/天然气/凝析油	2.86		
	Snorre	石油/天然气	2.58		
	Ninian	石油/天然气/凝析油	2.15		
	Magnus	石油/天然气/凝析油	1.74		
中维京地堑	Frigg	天然气/凝析油	1.80	3.66	12.9
	Beryl	石油/天然气	1.86		
南维京地堑	Brae	石油/天然气/凝析油	1.63	1.63	5.8
合计			28.29	28.29	100

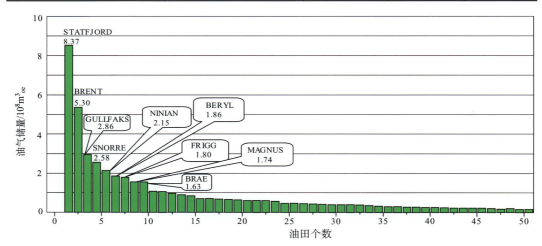

图 3.3.41　维京地堑油气田规模分布图（IHS，2007）

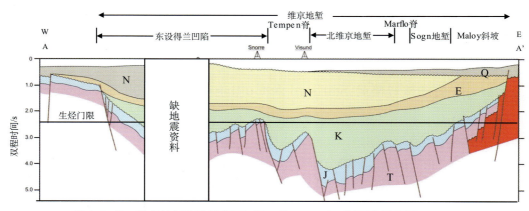

图 3.3.42　维京地堑构造横剖面（Zanella，2003）（剖面位置见图 3.3.40）

维京地堑是近源成藏的含油气系统，基默里奇页岩是主要源岩，白垩系和第三系泥岩是区性域盖层，储层自三叠系至始新统都有发育。对三叠系和侏罗系来说，油气的主要运移方式是以横向运移为主，通过掀斜断层使得下降盘的基默里奇页岩与上升盘的中生界各储层相接。对白垩系和古近系储层而言，油气以垂向运移为主，在地堑内部主要是通过源岩超压产生的垂向裂隙穿越白垩系的大套泥岩，在地堑边部主要是通过边缘相带向侧上方运移（图 3.3.43）。含油气系统的生烃高峰起始于晚白垩世，此时中生界的构造基本定型，晚白垩世区域性盖层也已形成，是中生界成藏的关键时刻。对古近系而言，渐新统区域盖层形成是其关键时期（图 3.3.44）。

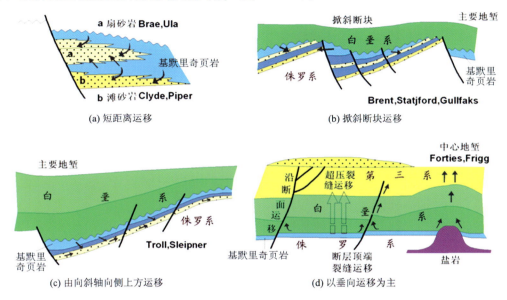

图 3.3.43　维京地堑油气的主要运移方式（Cornford，1986）

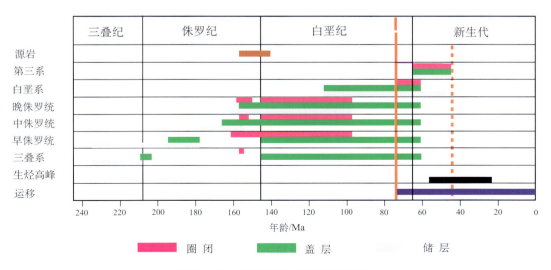

图 3.3.44　维京地堑含油气系统图表

第四节　中央地堑石油地质特征

中央地堑位于北部北海盆地南部海上，分别属于英国（39.5%）、挪威（24.7%）、荷兰（18.5%）、（丹麦 11.1%）和德国（6.1%），其中英国、挪威和丹麦是主要产油国。中央地堑以断层为边界，北西-南东向长约 520 km，北部宽约 180 km，西部为中北海高，东部与挪威-丹麦盆地相邻，北部与维京地堑和马里-福斯地堑接壤，面积 63 000 km²。中央地堑共钻预探井近 900 口，发现石油储量近 29×10⁸ m³，天然气储量近 12 000×10⁸ m³，油气储量合计将近 40×10⁸ m³ₒₑ。

整个地堑划分为 7 个负向次级构造单元：北部有东 Forties 地堑和西 Forties 地堑（或东、西中央地堑）；中部有 Sogne 地堑、Tail end 地堑、Feda 地堑和 Grensen 鼻状构造带；南部为荷兰中央地堑（图 3.4.1）。地堑北部自二叠系至新生界最大沉积岩厚度可达 6 000～7 000m。

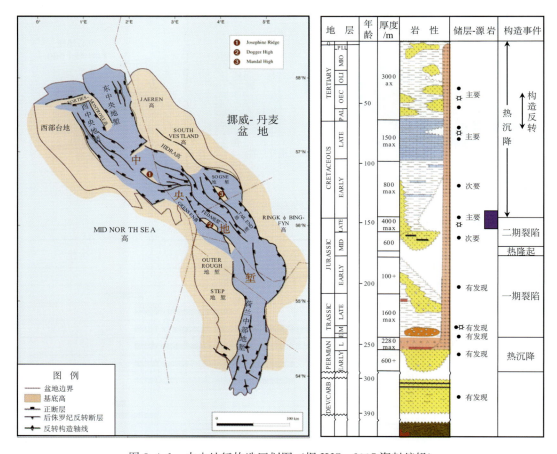

图 3.4.1　中央地堑构造区划图（据 IHS，2007 资料编辑）

二叠纪的热沉降期北二叠盆地沉积了巨厚的蒸发岩。早三叠世至早侏罗世（第一期裂陷）开始海侵，沉积海相碎屑岩。早侏罗世热隆起使得中央地堑早侏罗统遭受剥蚀，中-上侏罗统直接超覆于三叠系地层之上。中侏罗世只在部分地堑中沉积河流三角洲相碎屑岩。晚侏罗世至早白垩世（裂陷二期）盐构造伴随掀斜断块开始发育，浅海相砂岩沉积于掀斜断块高部位，地堑内部沉积富含有机质的海相泥岩（基默里奇页岩、Farsund 组和 Mandal 组）。热沉降期，晚白垩世发育厚层白垩；古近纪沉积盆地泥岩，边部有海底扇发育。地堑北部盐构造一直影响白垩纪至第三纪沉积。地堑南部在白垩纪至第三纪构造和沉积受构造反转控制（图 3.4.2）。

在构造发育上，中央地堑与北部的维京地堑有三点不同：第一，二叠纪发育了热沉降盆地（北二叠盆地）；第二，地堑北部盐底辟活动强烈，形成众多的底辟构造，对油气藏的形成起到控制作用；第三地堑南部白垩纪构造反转，在 Sogne 地堑和 Tail end 地堑对油气成藏起到主要作用，在南荷兰地堑使得侏罗系地层大量遭受剥蚀。

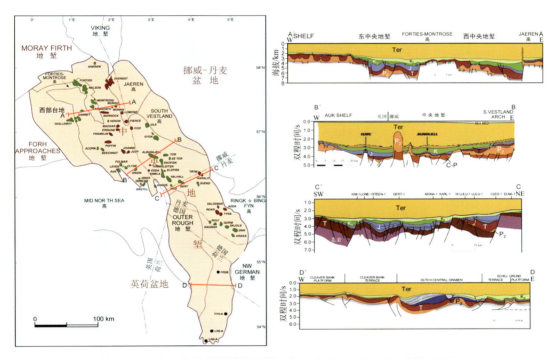

图 3.4.2　中央地堑构造横剖面图（Campbell，1987；Gatcliff，1994）

一、源岩

有机地球化学研究表明，深海缺氧环境下富含有机质的基默里奇页岩是中央地堑的主要源岩，在英国成为早 Berriasian 基默里奇页岩，在挪威、丹麦叫做 Farsund-Mandal组。中央地堑的油气几乎全部来源于基默里奇页岩。三叠系到下侏罗统的海相页岩（特别是中央地堑的荷兰部分）、中侏罗统的海陆交互相的煤和页岩、牛津阶和白垩系的深海页岩，以及石炭系的煤层，在不同地区都是可能的源岩。

　　基默里奇页岩和 Farsund-Manda 组页岩，TOC 含量一般在 0.5%～15%（平均 3.5%）。其干酪根中 80% 为菌藻类，20% 为受生物降解的陆源有机质；在地堑内部干酪根类型一般属于Ⅱ型，地堑边部陆源有机质增多可出现倾向于生气的Ⅱ-Ⅲ型干酪根。基默里奇页岩 Ro 值一般在 0.57%～1.3%，主要处于油窗和凝析气的烃源岩热演化阶段，地堑中部可以进入干气阶段。白垩系底面埋藏深度大致可以反映基默里奇页岩的热演化程度，3 000 m 大致为油窗门限，4 000 m 可视为气窗门限（图 3.4.3）。维京地堑的生油高峰大致在晚始新世到中中新世，地堑中部生气高峰出现于晚中新世以后。

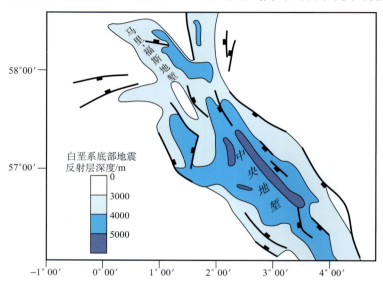

图 3.4.3　中央地堑白垩系底面等深度图（Dahl，Augustson，1991）

二、储层

　　中央地堑共发现油气储量 $39.566\ 7\times10^8\ m^3_{oe}$，上白垩统占 48.87%；其次是古近系和上侏罗统，分别占地堑油气总储量的 25.09% 和 18.51%；其他层共占 7.5%（表 3.4.1、图 3.4.4）。

表 3.4.1　中央地堑油气储量的地层分布表（折合为油当量；据 IHS，2007 统计）

储层时代	油气储量/$10^8\ m^3$	占总储量/%	储层时代	油气储量/$10^8\ m^3$	占总储量/%
新近系	0.004 0	0.01	下侏罗统	0.009 9	0.02
古近系	9.927 0	25.09	三叠系	1.940 7	4.91
上白垩统	19.335 7	48.87	二叠系	0.330 2	0.83
下白垩统	0.194 2	0.49	石炭系	0.080 4	0.20
上侏罗统	7.321 9	18.51	泥盆系	0.080 4	0.20
中侏罗统	0.342 3	0.87	合计	39.566 6	100

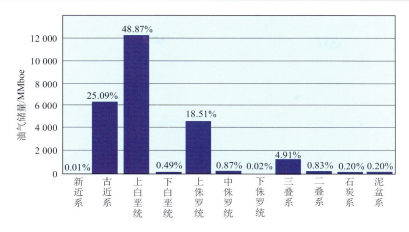

图 3.4.4　中央地堑油气储量的地层分布

下面重点描述上白垩系、古近系和上侏罗统储层。

（一）上白垩统白垩储层

中央地堑内共有上白垩统油气田 53 个，总储量 $19.335\ 7 \times 10^8 \mathrm{m}^3_{oe}$，占白垩系总储量 99%。地堑内共有 5 个储量大于 $1.5 \times 10^8 \mathrm{m}^3_{oe}$ 的油气田其中 4 个是上白垩统储层。

中央地堑的上白垩统的白垩储层，是南挪威部分和整个丹麦部分的主要储层。在挪威部分，探明原油可采储量超过 $6.10 \times 10^8 \mathrm{m}^3$，探明天然气可采储量 $3\ 250 \times 10^8 \mathrm{m}^3$。丹麦部分探明石油可采储量 $1.25 \times 10^8 \mathrm{m}^3$，探明天然气可采储量 $1\ 080 \times 10^8 \mathrm{m}^3$。

上白垩统储层主要由白垩构成，下面我们首先介绍白垩的沉积学特点。

1. 白垩的沉积学特征

（1）白垩是一种源自海洋浮游生物的碳酸盐岩（泥）

几乎完全由微晶灰岩组成（粒度 $<4\mu\mathrm{m}$）。大部分碳酸盐岩物质都仅仅是由三组浮游生物提供的，它们在晚白垩世的亚热带和温带海洋中大量繁殖，它们是颗石鞭毛藻（coccolithophorids）、浮游有孔虫（planktonic foraminifera）和钙结球（calcispheres）。颗石鞭毛藻是优势组，它由两个部分组成——球形部分（颗石球），由重叠的圆形板组成（球石），附着在由菱形方解石晶体组成的伸长体之上；颗石由有机组织结合在一起，它们很容易分解成球石，随后变成合成的小板（图 3.4.5）。

这些主要的白垩母体，在晚白垩世海洋中浮游生物形成了碎屑颗粒，在海底沉积为灰泥岩，在一些较深的盆地部分常常可以看到季节性的纹泥，这些纹层是由大型有孔虫和钙球石堆积而成。

白垩泥中的早期孔隙压力也非常高，主要是由于自由水的存在，很少有束缚水。因此白垩泥和碎屑泥相比可以保持三个主要的特性——高渗透性、更自由的水和因此产生的高孔隙压力（在更大的深度）。白垩泥在 300 m（1 000 ft）埋深下，碎屑泥岩的垂直渗透率还可以达到 $10 \sim 100\ \mathrm{mD}$。

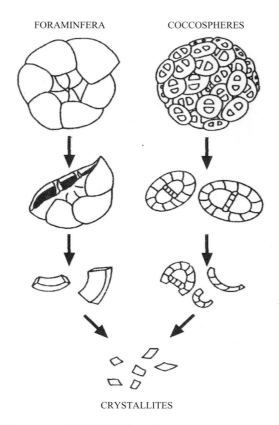

图 3.4.5　白垩沉积要素（Schatzinger et al.，1985）

　　这种类型的碳酸盐岩沉积的"纯净"性质使得它们具有成为储集岩的潜质。从储层地质学的观点来看，这些都被称为"半远洋纯净白垩"。在海平面高水位时期，或在较深的次盆地中，浮游碳酸盐岩的生产和/或深海生物扰动减少，会产生黏土质白垩（2%～10%非碳酸盐岩）、泥灰岩（10%～50%非碳酸盐岩）和钙质黏土岩（50%～90%非碳酸盐岩），它们都不是储层。

　　（2）白垩的再沉积是形成良好储层的重要条件

　　再沉积白垩的原始孔隙一般要比均一软泥的大，大约是 80%而不是 70%。它们具有更大和更刚性的支撑骨架来抵抗早期的压缩堆积。隙间喉道一般要大几乎一个数量级。再沉积白垩具有 100 mD 到 1 D 渗透率，并包括了更高的孔隙压力。因此再沉积白垩更易形成良好的储层。

　　大多数再沉积作用都是通过水动力作用形成的，可能包括风暴产生的陆架滑塌作用、浅的潮下河道堤岸滑塌、潮下砂坝的侧面滑塌等。北海地区的再沉积白垩更普遍是由外来断层的构造挠曲或上升的盐构造等构造原因造成（图 3.4.6）。在中央地堑较厚的没有生物扰动的单元内，观察到的杂乱重力流和浊积结构。

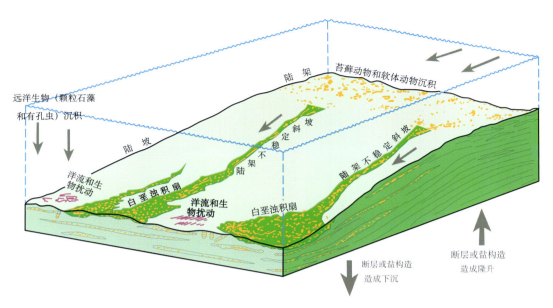

图 3.4.6　中央地堑白垩沉积环境示意图（Glennie，1998）

　　再沉积白垩单元的测井特征为非常低的自然伽马、高中子空隙度、低密度和低速度。用测井资料可以很容易地辨别再沉积白垩、远洋纯净白垩和黏土白垩（图 3.4.7）。

　　白垩储层质量与碳酸盐颗粒粗细关系密切，颗粒越粗储层物性越好。饱和海水的白垩在坡度达到 1° 时就可以产生滑塌，因此在深水古隆起翼部很容易产生碎屑流或浊流。中央地堑（挪威）Lindesnes 隆起地区的白垩储层分布横剖面，可以典型地说明这一白垩储层形成的地质背景（图 3.4.8）。

　　Longman（1980）认为压溶作用在动力学过程上与成岩作用紧密相关，随着埋藏深度的增加白垩逐渐进入超压阶段，压力突变引起碳酸钙的溶解。压溶作用可以在很浅的深度开始溶解碳酸钙，白云石和硅质的溶解可能出现在超过 2 000 m 的深度。单单通过压实作用和后期压溶作用的影响，纯净半远洋白垩的潜在储层性质在具有 2 000 m 的负载情况下一般都被破坏了，碎屑流和浊流白垩中的大约在 3 000～3 500 m（图 3.4.9）。

2. 白垩海底扇与油气田的分布

　　在晚白垩世中央地堑有两个主要的以白垩为储层的分布区，一个位于挪威 Ekofisk 油气田区，另一个位于丹麦油气田区（图 3.4.10）。中央地堑共有 26 个以白垩为储层的油气田，总储量 $19.34 \times 10^8 \mathrm{m}_{oe}^3$。据不完全统计，挪威 Ekofisk 油气区 14 个油气田储量为 $15.02 \times 10^8 \mathrm{m}_{oe}^3$，占总储量的 78%；丹麦的 Dan 油气田区 9 个油气田储量为 $4.12 \times 10^8 \mathrm{m}_{oe}^3$，占总储量的 21%（图 3.4.10 和表 3.4.2）。挪威 Ekofisk 油气田区，正是中央地堑以白垩扇为主要储层的油气田分布区。由浊积扇的形态看，其物源方向可能来自东部挪威-丹麦盆地（图 3.4.11）。

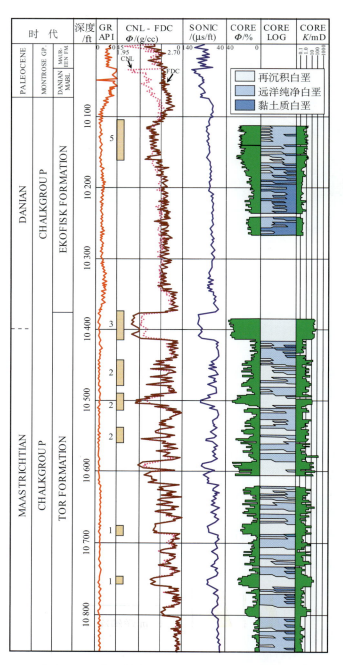

图 3.4.7　中央地堑上白垩统白垩储层测井资料特征图（Glennie，1998）

1CC＝1cm³

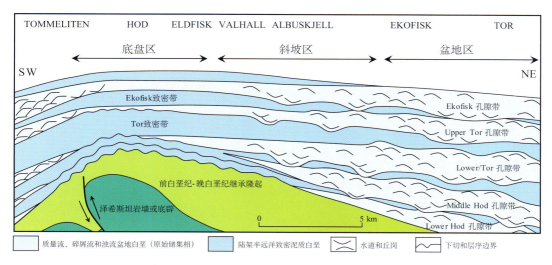

图 3.4.8　中央地堑（挪威）Lindesnes 隆起地区白垩储层分布横剖面图
（据 D'Heur，1987a 修改）

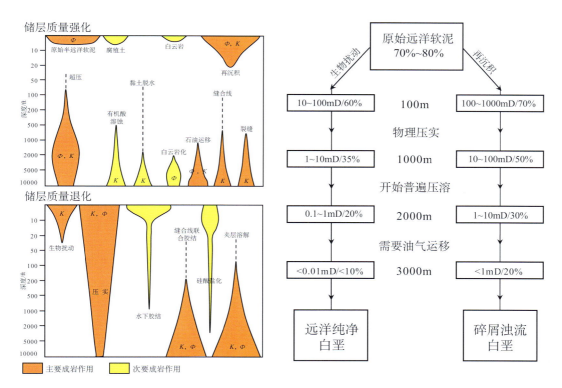

图 3.4.9　白垩成岩作用和气对孔渗性影响模式图（据 Longman，1980 修改）

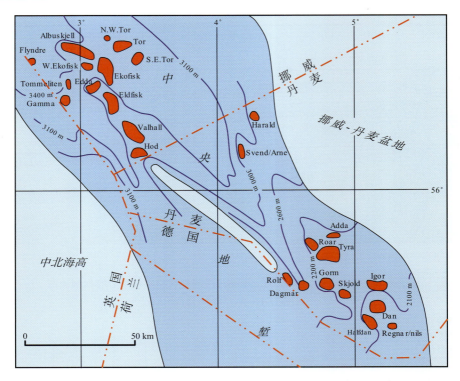

图 3.4.10　中央地堑白垩油气田的位置图（据 Megson，1992 修改）

等值线为白垩组顶面等深线（m）

表 3.4.2　中央地堑上白垩统以白垩为储层的主要油气田一览表（据 IHS，2007 统计）

挪威 Ekofisk 油气田地区				丹麦 Dan 油气田地区			
油气田	储量/10^8 m³	储层	序号	油气田	储量/10^8 m³	储层	序号
Ekofisk	7.125 3	STL	1	Dan	1.728 1	白垩群	1
Harald	3.061 9	白垩群	2	Tyra	0.861 6	白垩群	2
Valhall	1.672 4	STL	3	Gorm	0.754 9	白垩群	3
Eldfisk	1.646 4	STL	4	Skjold	0.498 8	白垩群	4
W. Ekofisk	0.414 6	E. T	5	Rolf	0.189 3	白垩群	5
Tor	0.357 3	T. E	6	Roar	0.044 2	白垩群	6
Albuskjell	0.254 9	T. E	7	Dagmar	0.015 7	丹麦组	7
Tommeliten	0.141 5	STL	8	Regnar/Nils	0.010 8	丹麦组	8
Gamma			9	Adda	0.013 7	白垩群	9
Hod	0.119 8	STL	10	合计	4.117 1		
Svend/Arne	0.075 4	白垩群	11				
Edda	0.071 1	T. E.	10	共计	19.136 4（占白垩总储量 99%）		
Flyndre	0.040 0	E	13	STL-Shetland 段，T-Tor 段，E-Ekofisk 段			
S. E. Tor	0.038 7	T. E	14				
合计	15.019 3						

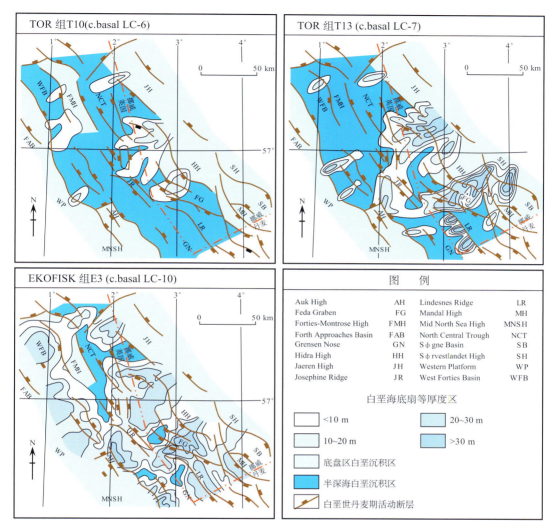

图 3.4.11　中央地堑上白垩统 TOR 组和 EKORFISK 组沉积相图（Hatton，1986）

（二）古近系砂岩储层

中央地堑在古近系共 73 个油气发现，共计油气储量 $9.93 \times 10^8 \mathrm{m}^3_{oe}$，占地堑总储量的 25%，是地堑中第二位的储层。

1. Forties 组是古近系的主要砂岩储层

古近系沉积的物源区主要来自东设得兰台地，对中央地堑来说物源主要来自西北方向，砂岩的分布范围只限于地堑的北部；在 Gannet 油田的西侧还有一小型扇体注入，不过仅限于 Gannet 油田周围（图 3.4.12）。

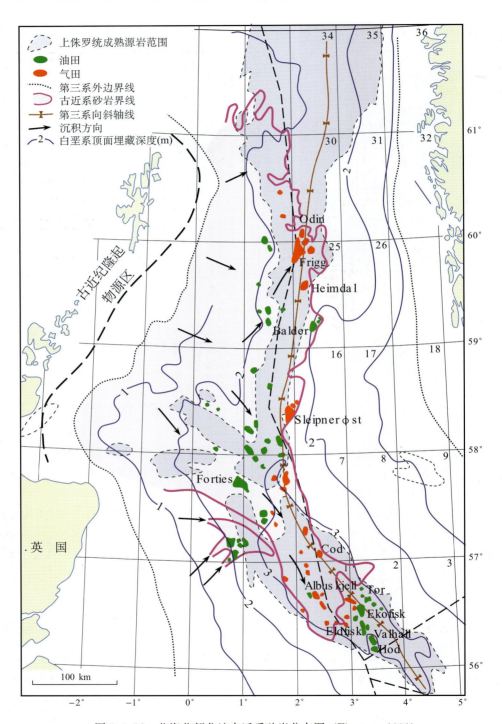

图 3.4.12　北海北部盆地古近系砂岩分布图（Fjaeran，1991）

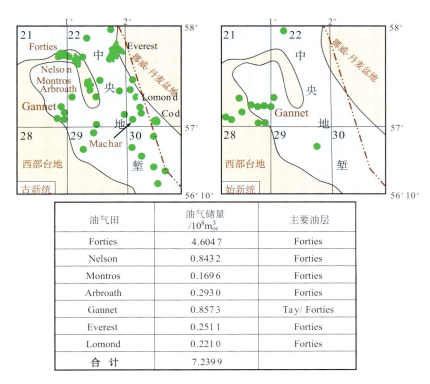

油气田	油气储量 /$10^8\mathrm{m}^3_{oe}$	主要油层
Forties	4.604 7	Forties
Nelson	0.843 2	Forties
Montros	0.169 6	Forties
Arbroath	0.293 0	Forties
Gannet	0.857 3	Tay/ Forties
Everest	0.251 1	Forties
Lomond	0.221 0	Forties
合　计	7.239 9	

图 3.4.13　中央地堑古近系主要油气田分布图（IHS，2007）

据地堑内 7 个储量大于 $0.15\times10^8\,\mathrm{m}^3_{oe}$ 的油气田统计，古近系储层以 Forties 组砂岩为主。这 7 个以 Forties 组砂岩为主要储层的油气田储量已经占到整个地堑古近系油气总储量的 73%（图 3.4.13）。

来自东设得兰台地物源的碎屑物，以海底扇形式沿地堑的轴向自西北而东南输入 Forties 地区。Forties 海底扇东西宽 70 km，南北长 180 km，包括了除 Gannet 油田群以外的几乎全部古近系重要油气田（图 3.4.14）。Forties 组砂岩主要由浊积岩组成，总体看是一个上下细中间粗的浊积岩组，顶部和底部为深海-半深海泥岩，中部为浊积砂岩（图 3.4.15）。

2. Forties 组储层物性

Forties 油田 Forties 组砂岩储层埋藏深度一般大于 2 000 m，净/毛 0.65，储层净厚度达 230 m。孔隙度一般在 10%～36%（平均 27%），渗透率一般在 30～4 000 mD（平均 700 mD）（图 3.4.16）。

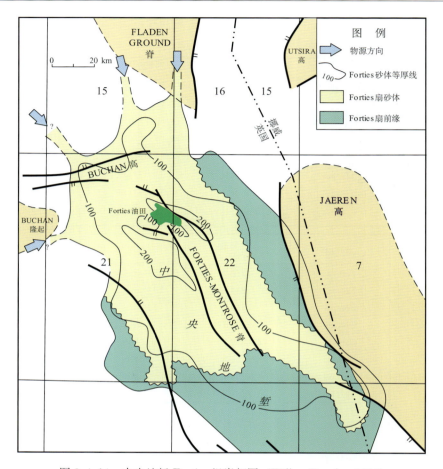

图 3.4.14　中央地堑 Forties 组岩相图 (Wills，Peattle，1990)

岩相序列	岩性	粒度 粉|细|中|粗	岩性描述	相号
碎屑流和滑坡			泥岩和历史的混杂堆积	F
高密度浊流			砾状砂岩	A
高密度浊流			块状砂岩	B
			浊积碎屑岩	C
低密度浊流			砂-泥岩互层	D-E
深海-半深海稀释浊流			页岩具有滑塌构造	G-GN

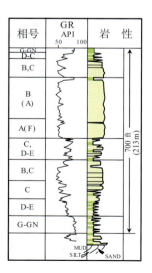

图 3.4.15　Forties 组岩性—岩相柱状图 (Wills，Peattie，1990)

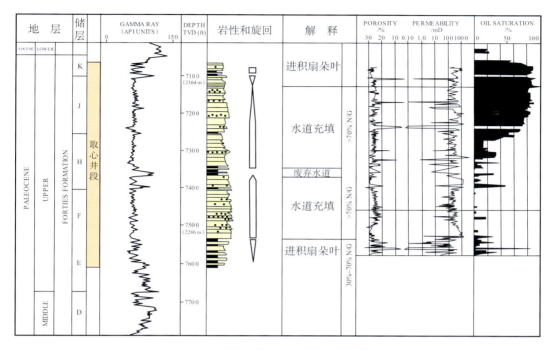

图 3.4.16 Forties 油田 22/6a-2 井 Forties 组综合测井图（Kupecz，1990）

（三）上侏罗统砂岩储层

中央地堑上侏罗统共发现油气储量 $7.3 \times 10^8 m^3$，占地堑总储量的 18.5%，不过都是一些中小油气田，其中最大的 Fulmer 油田也只有石油储量 $0.7 \times 10^8 m^3$，天然气 $75 \times 10^8 m^3$。这一含油特点是和上侏罗统储层发育特征密切相关的。上侏罗世中央地堑周围地形平缓，只有短源的物源供给，一般只在地堑周边形成了环带状的小规模砂体（图 3.2.32）。Fulmer 油田受盐底辟影响形成较大规模的水下扇，一般都属于滨海相砂体。

三、盖层

中央地堑不乏区域性盖层，虽然该区盐构造活动强烈，但是油气还是大量富集在区域性盖层之下。

下白垩统（Cromer Knoll Group）泥岩是侏罗系及其以下地层的区域性盖层。

上白垩统（Chalk Group）白垩、泥岩和灰岩也可作为侏罗系及其以下地层的区域性盖层。

古新统和下始新统（Rogaland（挪威），Montrose 和 Moray（英国） groups）泥岩和粉砂岩是古近系浊积砂岩和白垩储层的区域性盖层（图 3.4.1）。

四、油气圈闭和含油气区带

据 267 个油气田（不完全）统计，中央地堑构造型气藏储量占地堑总油气储量的78％，其次为岩性-构造油气藏和构造-不整合油气藏，分别占地堑总油气储量的 11％和7％（表 3.4.3）。岩性-构造油气藏与构造油气藏基本相似，只不过具有一定的岩性圈闭因素；构造不整合油气藏在中央地堑不具典型意义；下面重点介绍中央地堑构造型油气藏。

表 3.4.3　中央地堑油气储量的圈闭类型分布（据 IHS，2007 统计）

时代	油气田数	岩性-构造	构造-不整合	构造	岩性	合计	比例/%
古近系	73	$1.15 \times 10^8 \, m^3_{oe}$	0	$8.55 \times 10^8 \, m^3_{oe}$	$0.29 \times 10^8 \, m^3_{oe}$	$9.99 \times 10^8 \, m^3_{oe}$	25.3
上白垩统	53	$2.45 \times 10^8 \, m^3_{oe}$	0	$15.61 \times 10^8 \, m^3_{oe}$	$1.18 \times 10^8 \, m^3_{oe}$	$19.24 \times 10^8 \, m^3_{oe}$	48.8
下白垩统	6	$0.03 \times 10^8 \, m^3_{oe}$	0	$0.223\,2 \times 10^8 \, m^3_{oe}$	$0.01 \times 10^8 \, m^3_{oe}$	$0.26 \times 10^8 \, m^3_{oe}$	0.7
侏罗系	101	$0.86 \times 10^8 \, m^3_{oe}$	$1.785\,1 \times 10^8 \, m^3_{oe}$	$5.23 \times 10^8 \, m^3_{oe}$	0	$7.87 \times 10^8 \, m^3_{oe}$	20.0
三叠系	27	0	$0.837\,6 \times 10^8 \, m^3_{oe}$	$1.073\,8 \times 10^8 \, m^3_{oe}$	0	$1.91 \times 10^8 \, m^3_{oe}$	4.8
上二叠统	4	0	0	$0.07 \times 10^8 \, m^3_{oe}$	0	$0.07 \times 10^8 \, m^3_{oe}$	0.2
下二叠统	2	0	0	$0.02 \times 10^8 \, m^3_{oe}$	0	$0.02 \times 10^8 \, m^3_{oe}$	0.1
泥盆系	1	0	$0.0471 \times 10^8 \, m^3_{oe}$	0	0	$0.05 \times 10^8 \, m^3_{oe}$	0.1
合计	267	$4.49 \times 10^8 \, m^3_{oe}$	$2.669\,8 \times 10^8 \, m^3_{oe}$	$30.77 \times 10^8 \, m^3_{oe}$	$1.48 \times 10^8 \, m^3_{oe}$	$39.42 \times 10^8 \, m^3_{oe}$	100
		11.4%	6.8%	78.1%	3.7%	100%	

中央地堑储量列前 11 位的油气田全部为构造型油气田，占全地堑油气总储量的 57％（表 3.4.4 和图 3.4.17）。并且这 11 个背斜型构造都与二叠系泽希斯坦统的盐构造有关。

表 3.4.4　中央地堑储量排前 12 位构造型圈闭一览表（据 IHS，2007 统计）

油气田	储量/$10^8 \, m^3_{oe}$	储层	地区
Ekofisk	7.125 3	Chalk	挪威
Forties	4.604 7	Forties	英国
Dan	1.728 1	Chalk	丹麦
Valhall	1.672 4	Chalk	挪威
Eldfisk	1.646 4	Chalk	挪威
Halfdan	1.176 2	Chalk	丹麦
Fulmar	1.079 0	Fulmar（J）	英国
Ula	0.866 2	Ula（J）	挪威
Tyra	0.861 6	Chalk	丹麦
Nelson	0.843 2	Forties	英国
Gorm	0.754 9	Chalk	丹麦
合　计	22.358 0		

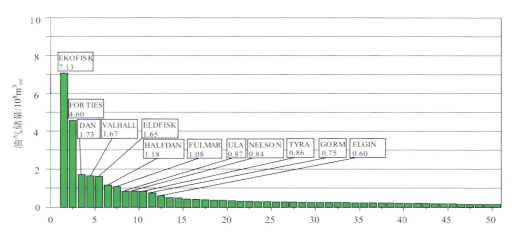

图 3.4.17　中央地堑油气田规模序列图（表示前 12 位油气田都属于构造型圈闭）

（一）挪威晚白垩系背斜圈闭油气区

挪威地区晚白垩系顶面构造图显示为一个在中央地堑中向西北倾末的大型鼻状构造带（图 3.4.18）。这个鼻状构造带是晚白垩世的反转构造带，也是泽希斯坦盐岩活动的构造带：Valhall 油气田显然与反转构造关系密切，Eldfisk 油气田的构造则受盐断层活动的岩墙控制（图 3.4.19）。隆起上的大多数油田（Hod，Valhall，Eldfisk，Edda），都在近端碳酸盐岩扇背景下而不是在高储层质量的扇中朵叶处。北部的 Tor 油田区处于扇端部位，在距离非常近的井之间储层质量和层连续性也具有相当大的差异。Ekofisk 油气田是北海地区少数大油气田之一，可采储量石油超过 $7 \times 10^8 \mathrm{m}^3$，天然气接近 $1\,000 \times 10^8 \mathrm{m}^3$。它是一个典型的底辟构造，盐的构造活动开始于晚侏罗世，底辟侵位作用直到完全进入第三纪时才发生。这个地区在晚白垩世时是一个盆地，接收了来自 Lindesnes 隆起和 Sorvestlandet 高物源区的巨厚扇中白垩沉积，储层质量是诸多油气田中最好的一个。总体看来，扇体中部 Ekofisk 油气田和 Eldfisk 油气田是该地区储层质量最好的地区，孔隙度普遍大于 35%（图 3.4.20）。

（二）丹麦晚白垩系背斜圈闭油气区

丹麦油气区位于挪威油气区东南上倾方向，也处于一个大鼻状构造背景上，白垩系顶面大致比挪威鼻状构造带高 1 000m（图 3.4.21）。丹麦鼻状构造带是一个晚白垩世的反转构造带，在 Tyra-Adda 油气田的构造横剖面上可以看到，Adda 油气田北侧早期控制沉积的同生正断层在晚白垩世反转成为逆断层（图 3.4.22）。这一构造带也普遍受到泽希斯坦盐构造的影响，Skjold 构造已经发育为岩墙。

丹麦地区的油气田的储层集中分布于丹麦组顶部第 6-5 储层单元，只有 Rolf、Skjold 和 Nils 油气田的主要储层为第 4 储层单元（图 3.4.23）。

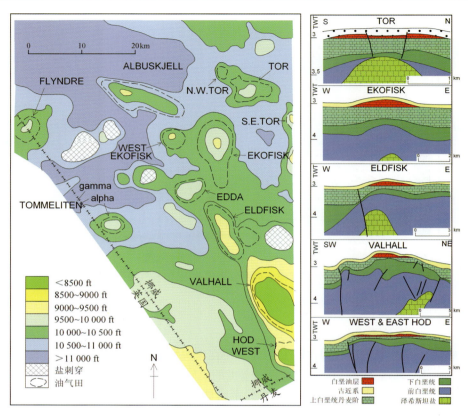

图 3.4.18　中央地堑挪威海域白垩顶部深度图和主要油气田油藏横剖面图
（D'Heur，1987b）

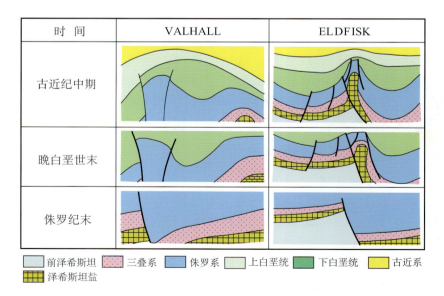

图 3.4.19　Valhall 和 Eldfisk 油气田构造发育横剖面图（Leonard，Munns，1987）

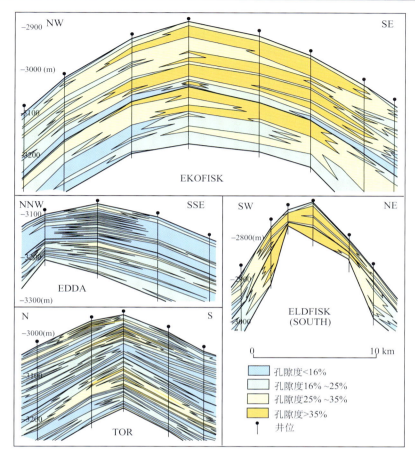

图 3.4.20 中央地堑挪威地区主要白垩油气田储层物性对比图
（D'Heur，1987a）

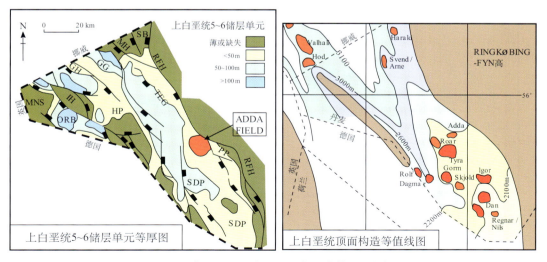

图 3.4.21 中央地堑丹麦地区上白垩统等厚图与构造图
（Damtoft et al.，1992）

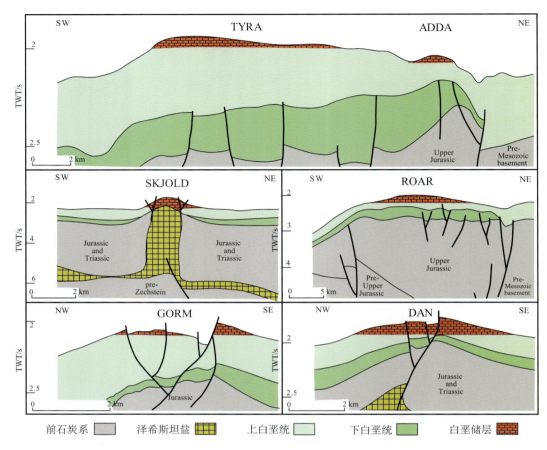

图 3.4.22　中央地堑丹麦地区典型油气田构造横剖面（Megson，1992）

系	统		层	组	岩性	油气田
第三系	下	Eocene	The Cenozoic Group	Cen 3-Unit/Hordaland Group Equivalent		
		Paleocene (Danian)		Cen 2-Unit/Sele Fm Equivalent		Dagmar,Kraka, Nils,Roar,Dan, Gorm, Rolf,Skjold, Tyra
				Cen 1-Unit/Lista Fm Equivalent		
				Chalk 6-Unit/Ekofisk Fm Equivalent		
白垩系	上	Maastrichtian	The Chalk Group	Chalk 5-Unit/Tor Fm Equivalent		Rolf, Skjold,Nils
		Campanian		Chalk 4-Unit/Hod Fm Equivalent		
		Santonian		Chalk 3-Unit/Hod Fm Equivalent		
		Coniacian		Chalk 2-Unit/Hod Fm Equivalent		Adda
		Turonian		Turonian Shale/Plenus Marl		
		Cenomanian		Chalk 2-Unit/Hidra Fm Equivalent		
	下	Albian	The Cromer Knoll Group	Valhall Fm　　　Redby Fm		

图 3.4.23　丹麦白垩油气田储层分布柱状图（Megson，1992）

几乎丹麦地区所有的油气藏储层物性都很好。不同于挪威地区,丹麦地区的白垩都属于远洋沉积,不具有再沉积的特征。由于远洋纯净的白垩储层普遍埋藏深度在 200 m 左右,胶结作用和压溶作用较小,保存了较高的孔隙度和渗透率,孔隙度一般为 20%~50%,渗透率为 0.3~25 mD。

(三) 英国古近系和侏罗系背斜圈闭油气区

中央地堑的英国部分是以古近系和侏罗系背斜圈闭为主的油气区。这一地区油气分布与古近系和上侏罗统储层分布密切相关,北部为古近系油气分布区,上侏罗统油气主要分布在地堑东、西两侧(图 3.4.24)。

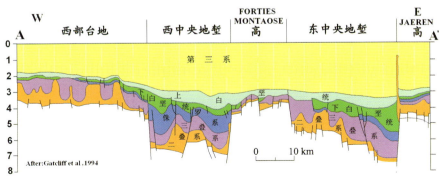

图 3.4.24　中央地堑英国地区古近系和上侏罗统主要油气田分布图

1. 古近系油气区

中央地堑古近系的油气集中分布于 13 个储量大于 $0.15 \times 10^8 \mathrm{m_{oe}^3}$ 的大-中型油气田中，占古近系油气总储量的 83%（表 3.4.5）。

表 3.4.5　中央地堑古近系大－中型油气田一览表（据 IHS，2007 统计）

油气田	储层	油气	圈闭类型	储量/$10^8 \mathrm{m_{oe}^3}$
FORTIES	Forties	油、气、凝析油	背斜	4.6047
NELSON	Forties Sandstone	油、气、凝析油	背斜	0.8432
MUNGO	Ter-Montrose	油、气、凝析油	盐底辟	0.3579
ANDREW	Ter-Mey Sandstone	油、气、凝析油	背斜	0.3275
ARBROATH	Forties	油、气、凝析油	背斜	0.2930
GANNET C	Forties	油、气、凝析油	背斜	0.2729
PIERCE	Forties Sandstone	油、气	盐穹窿	0.2650
GANNET A	Ter-Tay Sandstone	油、气、凝析油	背斜	0.2570
LOMOND	Forties Sandstone	气、凝析油	盐背斜	0.2210
BITTERN	Forties	油、气、凝析油	盐背斜	0.2197
MONTROSE	Forties Sandstone	油、气、凝析油	背斜	0.1696
COD	Rogaland	气、凝析油	盐穹窿	0.1155
EVEREST	Forties	气、凝析油	上倾尖灭	0.2511
合计	占中央地堑古近系总储量 $9.9271 \times 10^8 \mathrm{m_{oe}^3}$ 的 82.6%			8.1981

古近系的油气主要分布在两个古新统和始新统的水下扇中，并且以古新统为主（图3.4.25）。古近系有两个水下扇：一个自西北方注入中央地堑的大型水下扇系统称为Forties 扇，Forties 和 Nelson 两个大油气田分别位于其扇根和扇中部位，这两个油气田占到古近系油气总储量的 55%；另一个水系扇叫 Gannet 扇系统，是一个小型水下扇，位于地堑西侧，Gannet 油气田群主要分布于扇中部位。

（1）Forties 扇系统

圈闭几乎全为背斜型构造圈闭，有两种成因类型：Forties-Montrose 凸起（High）上的油气田一般都是披覆型构造，包括 Forties、Nelson、Andrew、Arbroath 和 Montrose 等油气田；东中央地堑和 Jaeren 凸起边部的油气田其圈闭多与泽希斯坦的盐底辟活动有关（图 3.4.24 和表 3.4.5）。东中央地堑东北处于 Forties 扇系统边缘，发育了Everest 上倾超覆尖灭油气藏。

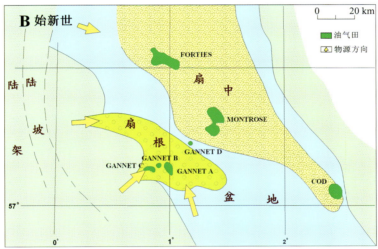

图 3.4.25　中央地堑古近系水下扇分布图（Armstrong et al.，1987）

Forties 油田是中央地堑第二位的大油田，油气储量约 $4.6 \times 10^8 \, m_{oe}^3$，油田面积为 93 km^2，储层为古新统 Forties 砂岩（图 3.4.15、图 3.4.16）。Forties 油田 Forties-Montrose 凸起上缺失上侏罗统，两侧的东、西中央地堑基默里奇页岩是主要油源。始新统及其以上的大套泥岩是区域性盖层（图 3.4.26）。

Everest 气田储量虽然只有 $0.25 \times 10^8 \, m_{oe}^3$，但是可以作为岩性圈闭类型的代表。Everest 气田由三个上倾尖灭的砂岩油气藏组成，古新统 Forties 砂岩气藏分作南、北两块，储量近 $0.2 \times 10^8 \, m_{oe}^3$；Andrew 砂岩油气藏有上、下两层，上 Andrew 砂岩为气藏，下 Andrew 砂岩带有油环。Everest 气田横跨于东中央地堑和 Jearen 凸起两侧，成为 Forties 扇系统的上倾尖灭带。地堑中普遍发育的盐底辟为基默里奇源岩生成的油气提供了垂向运移通道。古新统的鼻状构造背景则为油气富集创造了必要的构造条件（图 3.4.27）。

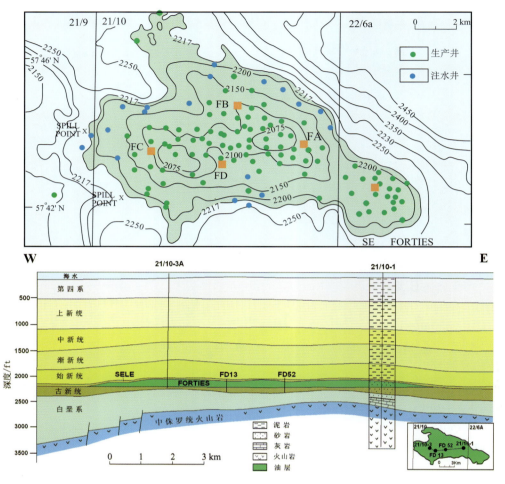

图 3.4.26　Forties 油田 Forties 砂岩顶面构造图和油藏横剖面图（Wills，1990，1991）

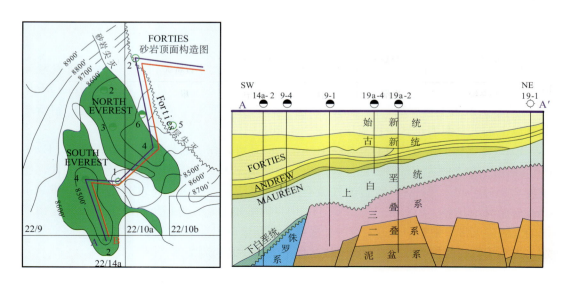

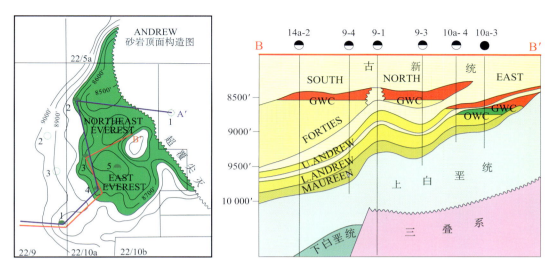

图 3.4.27　Everest 气田构造图和油藏横剖面图（据 Thompson，1991 修改）

（2）Gannet 扇系统

是一个小型水下扇，东西长 30km，南北宽 10～20 km。其上共分布有 6 个油田，合计油气储量近 $0.9 \times 10^8 m^3_{oe}$（表 3.4.6）。Gannet 油田群的储层为上古新统—下始新统的 Forties 砂岩和 Tay 砂岩。在 Gannet 油田群西侧还有 Guillemota A 和西 Guillemota 油田。Guillemota A 油田储层为上侏罗统和三叠系，油气储量不足 $600 \times 10^4 m^3_{oe}$。西 Guillemota 油田储层为 Tay 砂岩，油气储量将近 $0.1 \times 10^8 m^3_{oe}$。上侏罗统基默里奇页岩是该地区的源岩（图 3.4.28）。

表 3.4.6　中央地堑 Gannet 油气田群储层特征一览表（据 C&C，2007 统计）

油田	Gannet A	Gannet B	Gannet C	Gannet D	Gannet E	Gannet F
产层	Tay	Tay/Forties	Forties	Tay/Andrew	Forties	Tay/Forties
时代	下始新统	下始新统 上古新统	上古新统	下始新统 上古新统	上古新统	下始新统 上古新统
沉积系统	扇端	扇	扇中	扇	扇中	扇
储层沉积类型	水道	朵叶	朵叶	水道	朵叶，席状砂	水道
毛厚度/ft			600		200	F：619
净/毛比	0.5～0.7		0.7～0.8		0.83	F：0.89
原油可采储量/$10^4 m^3$	970	32	66	41	57	21
天然气可采储量/$10^8 m^3$	116	31	37	11		
折合油当量/$10^4 m^3$	2570	1286	2729	1139	664	322

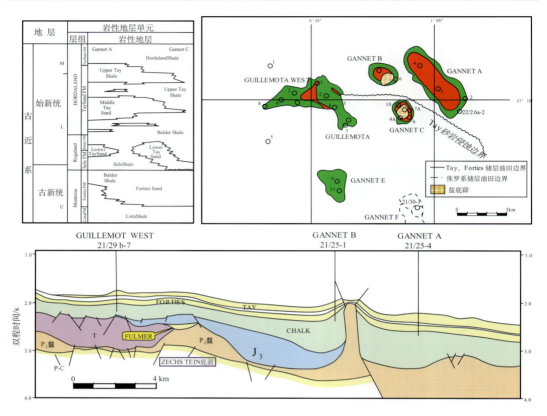

图 3.4.28　Gannet 油气田群构造横剖面图

(Oppermann，1994；Banner et al.，1992；Armstrong，1987)

　　这些油气田的构造都属于与泽希斯坦盐构造有关的背斜圈闭。Gannet 油气区的盐构造主要形成于白垩纪—古近纪，岩盐的活动明显地控制了背斜和古近系的沉积厚度。在不同的构造上岩盐的活动强度不同：其中 Gannet C 活动最强，刺穿了古近系底部Forties 砂岩储层；Gannet B 造成了构造顶部 Tay 砂岩的缺失；Gannet A 和 Gannet E古近系沉积基本没有受到影响（图 3.4.29）。

　　仔细分析 Gannet 油田群的储层，实际上是 Forties 扇系统和 Gannet 扇系统相互叠加的复合体。Forties 砂岩和上、下 Tay 砂岩来自 Gannet 扇系统；中 Tay 砂岩来自Forties 扇系统（图 3.4.30）。

2. 上侏罗统油气区

　　中央地堑上侏罗统以中-小型油气田为主，大于 $0.15\times10^8\,m^3_{oe}$ 的油气田共有 11 个，合计储量为 $4.83\times10^8\,m^3_{oe}$，占地堑油气总储量的 66%（表 3.4.7）。这些油气田沿地堑东、西两侧滨海储集相带分布（图 3.2.32、图 3.4.24），其圈闭主要是与泽希斯坦盐底辟活动有关的构造型圈闭。下面列举位于地堑西南和东北两侧的 Fulmarh 和 Ula 油气田，可以代表上侏罗统的一般情况。

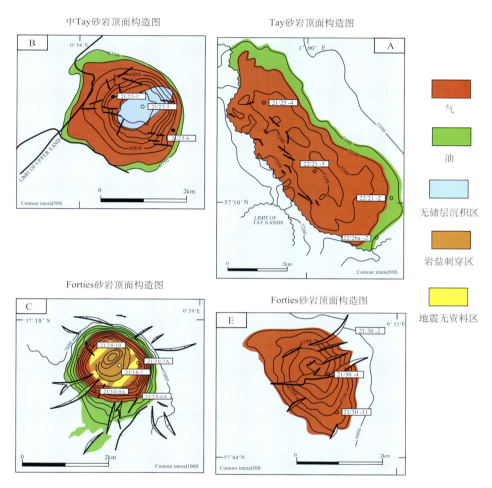

图 3.4.29 Gannet A、Gannet B、Gannet C、Gannet E
油气田储层顶面构造等值线图（Armstrong，1987）

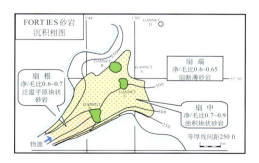

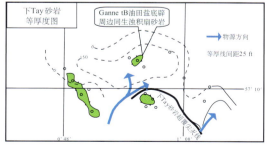

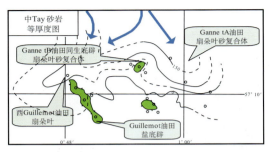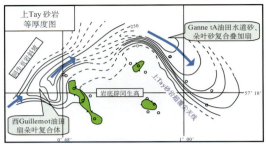

图 3.4.30　Gannet 地区 Forties 砂岩和 Tay 砂岩等厚图（Armstrong，1987；Armstrong，1987）

表 3.4.7　中央地堑上侏罗统大—中型油气田一览表（据 IHS，2007 统计）

油气田	储层	油气	圈闭类型	储量/$10^8 m^3_{oe}$
FULMAR	Fulmar	油、气、凝析油	盐断块	1.08
ULA	J3-Ula Formation	油、气	背斜	0.87
ELGIN	Fulmar	气、凝析油	断背斜	0.60
FRANKLIN	T-J-Fulmar	气、凝析油	断块	0.49
GYDA	J3-Ula Formation	油、气	滚动背斜	0.41
SHEARWATER	Fulmar Formation	气、凝析油	断块	0.36
HARALD	J-Bryne Formation	气、凝析油	断背斜	0.31
F/03-FB	J- Upper Grabe	气、凝析油	盐墙	0.21
029/02A-02	Fulmar	气、凝析油	断鼻	0.18
GLENELG	Fulmar Formation	气、凝析油	断块	0.16
CURLEW	Fulmar	油、气、凝析油	断块	0.16
合计	占上侏罗统总储量 $7.32×10^8 m^3_{oe}$ 的 66%			4.83

（1）Fulmar 油气田

位于中央地堑西南侧的英国海域。油田面积为 11.4 km²，石油储量约 $0.7×10^8 m^3$，天然气储量 $75×10^8 m^3$（干气）。原始油/水界面海拔为 3 300 m，气/油界面位于 3 100 m（图 3.4.31）。储层为基默里奇阶的 Dulmer 砂岩，90% 属于浅海席状砂岩，平均孔隙度为 23%（15%～30%），平均渗透率为 800 mD（10～3 000 mD），净砂岩厚度为 1 128 ft，净油层厚 450～950 ft。构造类型属于盐底辟型的背斜构造（图 3.4.31），底辟构造主要形成时期为白垩纪—古近纪。基默里奇页岩直接覆盖在 Dulmer 砂岩之上，显然是一个自生自储的油气藏（图 3.4.32）。

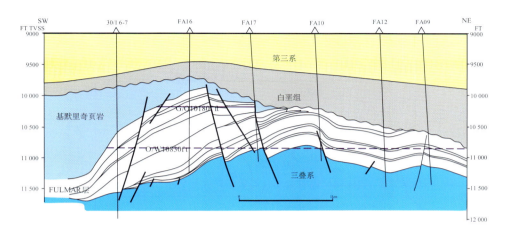

图 3.4.31 Fulmar 油气田油藏横剖面图 (Stockbridge and Gray, 1991)

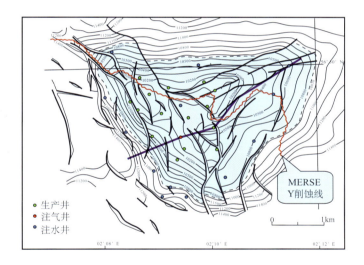

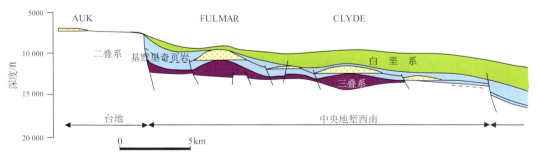

图 3.4.32 Fulmar 油气田 Fulmar 顶面深度构造图和区域构造横剖面图
(Stockbridge, 1991; Johnson, 1986)

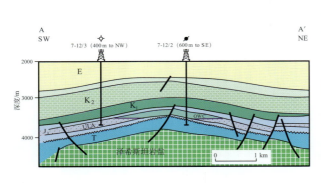
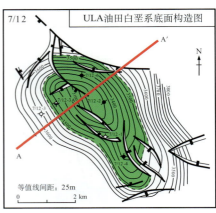

图 3.4.33　Ula 油田构造图和油藏横剖面图（Home，1987）

（2）Ula 油气田

位于中央地堑的挪威海域北部，油田面积为 20 km²，石油储量不足 $800×10^4 m^3$，天然气储量不到 $50×10^4 m^3$（干气）。原始油/水界面海拔 3 510 m（图 3.4.33）。储层为基默里奇阶的 Ula 砂岩，属于加积陆架砂岩，孔隙度一般为 10%～20%，平均渗透率为 300 mD（0.2～2 800 mD），砂岩毛厚度为 80～170 m，净油层厚 115 m，净/毛平均为 0.93。

Ula 油气田和 Gyda 油气田同处中央地堑东北缘，与南 Vestland 隆起的接壤部位，叫 Ula-Gyda 断裂带。整个断裂带由一系列小型箕状断陷组成，断陷中上侏罗统最大厚度都可达 2000m。上侏罗统 Volgian 阶 Mandal 热页岩 TOC 可达 4%～9%，Ⅱ型干酪根，为优质源岩。在地堑边部 Mandal 热页岩横向变为 Ula 砂岩，成为良好储层。Ula 砂岩之上是 250m 厚的下白垩统 Tyne 组区域盖层，构成良好的生储盖组合。泽希斯坦盐岩活动时期大致在新近纪，一般不控制中生界沉积。沿中生界断裂活动的岩墙一般不刺穿三叠系地层，为油气聚集提供了广泛的构造圈闭条件（图 3.4.34）。

五、含油气系统

中央地堑是一个以上侏罗统基默里奇页岩为主要源岩，以上白垩统和古近系古新统—始新统为主要储层，以白垩系和第三系泥岩为区域盖层的含油气系统。该含油气系统主要特征如下。

（一）下生上储

中央地堑的烃源岩很少有不同意见，基默里奇热页岩是唯一证实的源岩。上白垩统的白垩储层和古新统—始新统砂岩储层占地堑油气总储量的 74%，上侏罗统砂岩自生自储油气储量占 18.5%（合计 92.5%）。造成这一含油特点的主要原因，是由于地堑中普遍发育的泽希斯坦的盐构造活动，为油气运移提供了良好的垂向运移通道（图 3.4.35～图 3.4.37）。

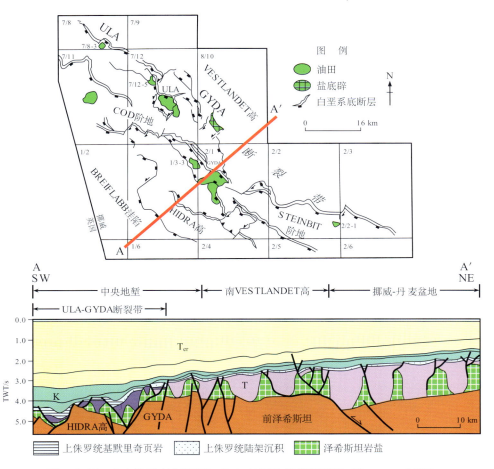

图 3.4.34　中央地堑东北部 Ula-Gyda 地区构造横剖面图（Stewart，1993）

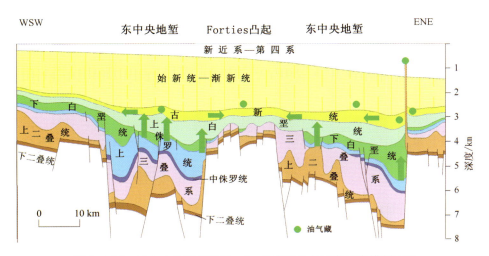

图 3.4.35　过中央地堑北部 Forties 凸起的油气成藏示意横剖面图

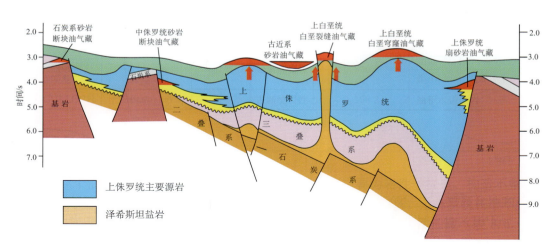

图 3.4.36　过中央地堑南部丹麦凹陷的油气成藏示意横剖面图（据 Domtoft，1992 修改）

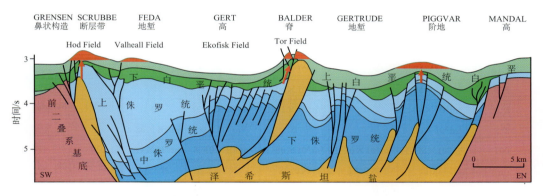

图 3.4.37　过中央地堑中部挪威凹陷的油气成藏示意横剖面图

（二）地堑中以含油为主，天然气储量主要集中于源岩的深拗陷

中央地堑共有石油储量近 $29\times10^8\,m^3$，天然气储量 $11\,200\times10^8\,m^3$（折合油当量 $10.8\times10^8\,m^3$）。石油储量以 Forties-Montros 凸起最为丰富，古近系 Forties 扇系统是主要储层。天然气储量主要集中分布于基默里奇源岩的深拗陷部位，中央地堑中部是主要含气区，其次是丹麦凹陷，其基默里奇源岩顶面埋深普遍大于 $5\,000\,m$（图 3.4.38）。

（三）主要储盖形成期、构造圈闭形成期与主要排烃期同步

中央地堑油气的主要排烃期在晚白垩世至今，晚白垩世—始新世正是主要储盖条件形成期，也是盐底辟的主要活动期，生—储—盖—圈形成同步，有利于提高油气成藏的效率（图 3.4.39）。

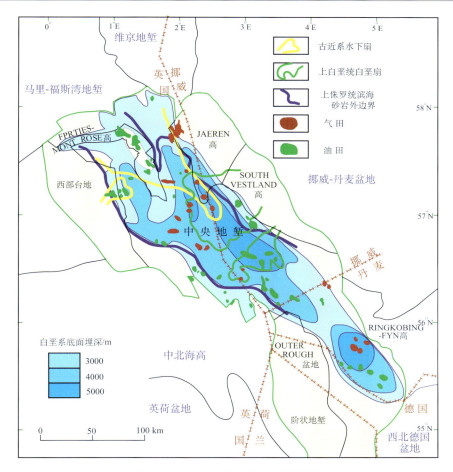

图 3.4.38 中央地堑含油气系统图

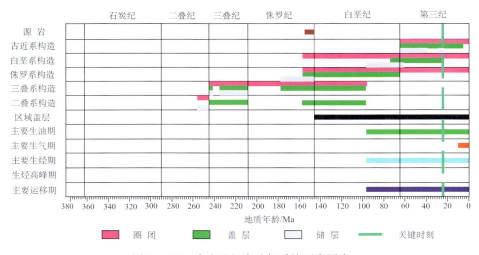

图 3.4.39 中央地堑含油气系统要素图表

基默里奇热页岩一般发育于上侏罗统顶部，厚度只有 100～200 m，我们可以近似地以白垩系底界深度来判断主要源岩的热演化程度。中央地堑基默里奇页岩油窗顶界大约为 3 000～3 200 m，气窗顶界为 4 300～4 500 m，5 500 m 进入干气阶段。从图 3.4.38 可以看到，中央地堑的油气分布与现今基默里奇页岩的热演化程度非常吻合，在白垩系底面埋深 3 000～4 000 m 的区域是油田的主要分布区，大于 5 000 m 的地区是气田的主要分布区。

第五节　马里-福斯地堑石油地质特征

马里-福斯地堑位于英国马里湾以东海域，东西长 310 km，南北宽 130 km，面积为 2.4×10⁴ km²；属于北海三叉裂谷的西北分支；北侧为东设得兰台地，东端与维京地堑和中央地堑相接，南侧与 Forth Approaches 盆地以一隆起相隔。地堑中钻有预探井 444 口，油气发现 84 处，共发现石油储量约 9.4×10⁸ m³，天然气储量 2 000×10⁸ m³，合计折合油当量 11×10⁸ m³（图 3.5.1）。

马里-福斯地堑北部叫作 Witch Ground 地堑，南部为 Buchan 地堑，其间以一条东西向的凸起带（Smith 地垒、Renee Ridge 地垒、Hallbut 地垒）相隔（图 3.5.2、图 3.5.3）。其沉积岩厚度比其他两个地堑浅了许多，最大厚度在 10 000 m 左右。基底为加里东期的 Dalradian 变质岩，加里东晚期由花岗岩侵入。基底之上直接沉积泥盆系老红砂岩。石炭系陆相砂岩与泥盆系整合沉积，许多地方很难准确区分。二叠系赤底统和泽希斯坦统是陆相干旱湖泊和风成沉积。三叠系在地堑中沉积了滨海相砂岩。中—下侏罗统为浅海、潟湖-沼泽和海岸平原含煤沉积。上侏罗统以半封闭的海相泥岩为主，盆地边部发育有滨海相砂岩，成为本地区的主要源岩和储层。下白垩统为海底扇与开阔海泥岩是第二位的含油层段；上白垩统以深海碳酸盐岩为主。古新世发育三角洲沉积，此后马里—福斯地堑与北部北海盆地一起进入陆架泥沉积阶段（图 3.5.3）。

图 3.5.1　马里-福斯地堑位置图

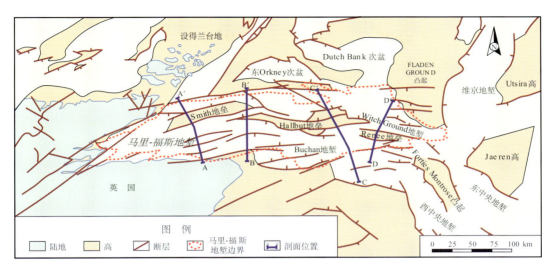

图 3.5.2　马里-福斯地堑构造格架图（British Geological Survey. North Sheet. 1991）

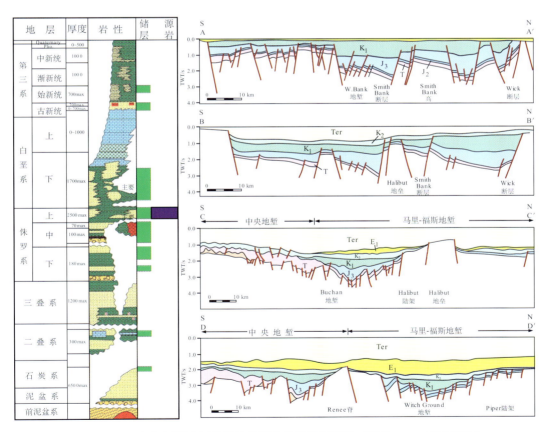

图 3.5.3　马里-福斯地堑地层柱状图和构造横剖面图（据 Erratt，1999 修改）

一、源岩

晚侏罗世基默里奇页岩和 Humber 组页岩是马里-福斯地堑的主要源岩。中泥盆统暗色粉砂岩和中侏罗统煤系地层是次要源岩。

基默里奇页岩在外马里-福斯地堑，总有机碳含量一般在 2%～10%，属于好烃源岩。地堑西端的内马里-福斯地堑源岩埋藏较浅，尚未进入生烃门限。随着基默里奇页岩自西而东埋藏深度增加，其镜质体反射率由 0.3% 增至 0.54%。马里-福斯的原油平均重度为 37°API，只在局部见到生物降解的重油。如在中部 Halibut 地垒上的 Captain 油田，原油比重达到 0.927～0.939（19°～2137°API），原油肯定源于相邻成熟的生油凹陷，生物降解和油气运移过程中的水洗作用是原油降解的主要原因（Evans，2003）。

中泥盆统湖相源岩 TOC 为 1%。湖相源岩分布于内马里-福斯，晚侏罗世进入生烃门限。根据有机地化和碳同位素资料研究，Beatrice 油田（储量 $66 \times 10^4 m^3$）中侏罗统的原油来自中泥盆统的湖相源岩。

中侏罗统 Brora 煤系地层仅分布于内马里-福斯边缘，页岩和潟湖相藻煤 TOC 为 3.4%，地堑边部处于早期成熟阶段 R_o 值为 0.53%。生烃门限约为 3 000 m。

与维京地堑和中央地堑相比，马里-福斯地堑源岩热演化程度最低，原油所占油气总储量的比例也最高（表 3.5.1）

表 3.5.1　北部北海盆地三个一级负向构造单元油气储量比较表（据 IHS，2007 统计）

构造单元	油气储量				油气发现数
	石油储量 /$10^8 m^3$	天然气储量 /$10^8 m^3$	合计油气当量 /$10^8 m^3$	石油占构造单元 油气总储量/%	
维京地堑	41.087 0	18 559	58.453 2	70.3	234
中央地堑	28.759 2	11 745	39.749 9	72.4	235
马里—福斯地堑	9.400 9	2 168	11.429 6	82.3	93

二、储层

马里-福斯地堑上侏罗统是主要储层，占地堑油气总储量的 61.2%；其次为白垩系和古近系，分别占地堑油气总储量的 24.8% 和 11.1%（表 3.5.2）。

（一）上侏罗统储层

马里-福斯地堑以上侏罗统为储层，储量大于 $0.15 \times 10^8 m^3_{oe}$ 的油气田共有 9 个。这 9 个油气田共计储量 $5.66 \times 10^8 m^3_{oe}$，占马里-福斯地堑上侏罗统油气总储量 $6.74 \times 10^8 m^3_{oe}$ 的 84%（表 3.5.3）。储量大于 $0.15 \times 10^8 m^3_{oe}$ 的油气田主要分布在 Witch Ground 凹陷，只有 Buzzard 油气田位于 Buchan 凹陷。可以说，Witch Ground 凹陷上侏罗统储层特征，在马里-福斯地堑具有一定的代表性（图 3.5.3）。

表 3.5.2　马里-福斯地堑油气储量的地层和圈闭类型分布表（据 IHS，2007 统计）

地层	油气储量/$10^8 \mathrm{m}^3$						
	油气田数	岩性-构造	构造-不整合	构造	岩性	合计	比例
古近系	15	0	0	0.130 0	1.094 1	1.224 1	11.1%
白垩系	21	2.157 8	0.345 2	0.162 3	0.063 1	2.728 3	24.8%
上侏罗统	51	1.063 9	3.113 6	2.517 5	0.048 5	6.743 5	61.2%
中侏罗统	4	0	0	0.035 7	0	0.035 7	0.3%
二叠系	2	0	0.026 7	0.006 5	0	0.033 2	0.3%
泥盆系	1	0.254 2	0	0	0	0.254 2	2.3%
合计	94	3.475 9	3.485 5	2.852 0	1.205 7	11.019 0	100%
比例		31.6%	31.6%	25.9%	10.9%	100%	

表 3.5.3　马里-福斯地堑上侏罗统主要油气田储量一览表（据 IHS，2007 统计）

构造单元	油气田	储层	烃类	圈闭类型	储量/$10^8 \mathrm{m}^3$
Witch Ground	PIPER	Piper Formation	Oil/gas/cnd	上侏罗统构造-不整合	1.82
	CLAYMORE	Claymore 砂岩	Oil/gas/cnd	上侏罗统构造-不整合	1.08
	SCOTT	Piper Formation	Oil/gas/cnd	上侏罗统构造	0.84
	TARTAN	Piper Formation	Oil/gas/cnd	上侏罗统构造-不整合	0.23
	TELFORD	Piper Formation	Oil/gas	上侏罗统构造	0.22
	SALTIRE	Claymore & Piper	Oil/gas/cnd	上侏罗统构造	0.20
	IVANHOE ROB ROY	Piper & Scott 砂岩	Oil/gas	上侏罗统构造（半背斜）	0.20
Buchan	BUZZARD	Buzzard 砂岩	Oil/gas	上侏罗统浊积岩岩性-构造	0.88
合计	占马里-福斯地堑上侏罗统油气总储量 $6.74 \times 10^8 \mathrm{m}^3$ 的 84%				5.47

Witch Ground 凹陷是一个小型上侏罗统凹陷，面积约 2 000 km²。晚侏罗世是自西而东的超覆沉积过程，牛津阶为滨海相砂泥岩沉积，至基默里奇—伏尔加阶成为局限海盆（图 3.5.6）。在纵向上发育有三套储层：下部为牛津阶的 Scott 砂岩组，只在凹陷的南部发现有 Ivanhoe 和 Bob Roy 等小型油田；中部（基默里奇阶下部）为 Piper 砂岩组，为主要含油层，是 Piper、Scott 和 Tartan 等油田主力储层；伏尔加阶只在凹陷西缘 Claymore 油田区发育有浊积砂岩（图 3.5.4）。

1. Piper 砂岩

马里-福斯地堑上侏罗统 Piper 层（基默里奇阶），一般为受波浪改造的三角洲前缘砂岩或滨海障壁坝砂岩。Boote and Gustav（1987）认为 Piper 砂岩是前滨-上滨侧向加积砂岩，经滨海流冲刷改造的砂体（图 3.5.5）。Piper 层在 Witch Ground 凹陷东北部为海岸平原，凹陷的主体部位为上滨海相，储量比较大、物性比较好的 Piper 油田和 Tartan 油田都位于这一储集相带（图 3.5.6）。

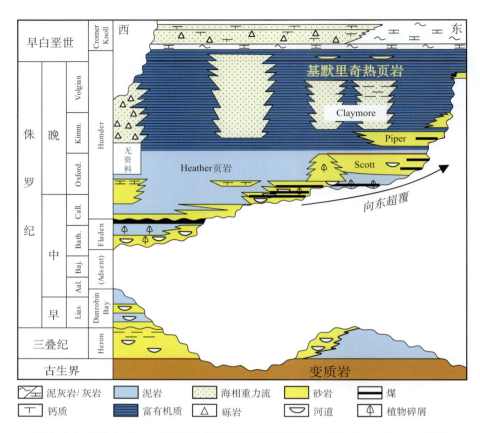

图 3.5.4　Witch Ground 凹陷晚侏罗世岩性地层柱状图（Harker，Rieuf，1996）

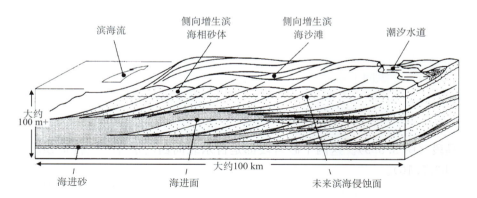

图 3.5.5　Witch Ground 凹陷晚侏罗世 Piper 砂岩组沉积模式图（Boote，1987）

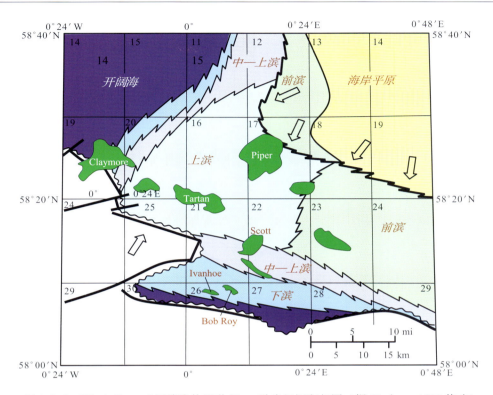

图 3.5.6　Witch Ground 凹陷晚侏罗世 Piper 砂岩组沉积相图（据 Harker，1993 修改）

Piper 砂岩储层净厚度近 100 m，储层厚度自北而南减薄，在改造高部位后期遭受了剥蚀（图 3.5.7）。由于沉积环境为受波浪改造的滨海沙洲，Piper 砂岩颗粒以中—粗粒为主、分选中等，砂岩的孔隙以原始粒间孔占优势，次生孔隙主要是粒间方解石溶蚀孔（Burley，1986），储层质量好。Piper 油层埋藏深度为 2 109～2 594 m，平均孔隙度为 24%（18%～30%），渗透率平均为 4D（500 mD 至 10 D），净/毛比 0.7～0.9（图 3.5.8）。原油重度为 37°API，硫含量 1%，原始油/气为 430ft^3/bal。

2. Claymore 砂岩

Claymore 油田是马里-福斯地堑中第二位的大油田，储量约 $1 \times 10^8 \text{m}_{oe}^3$。Claymore 砂岩是发育于上侏罗世末 Volgean 阶底部的浊积砂岩，下部叫做低伽马砂岩段，上部称为高伽马段（图 3.5.9）。这两个砂岩段都是自东北向西南增厚，在构造顶部后期遭受剥蚀（图 3.5.10）。

上侏罗世是北海北部盆地第二裂陷期，基默里奇和 Volgean 期是地堑的快速沉降阶段，地堑中普遍为缺氧的深水环境。Claymore 砂岩被解释为叠加的水道浊积砂体。Claymore 地区的 Claymore 砂岩可能为自西北至东南（沿地堑轴向）的浊流沉积，是经过再搬运的细砂岩；断层上升盘可能也有物源输入（图 3.5.11）。

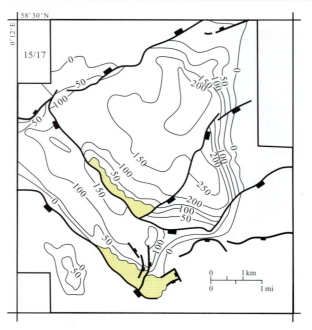

图 3.5.7　Piper 油田 Piper 砂岩净储层等厚图（Maher et al.，1992）

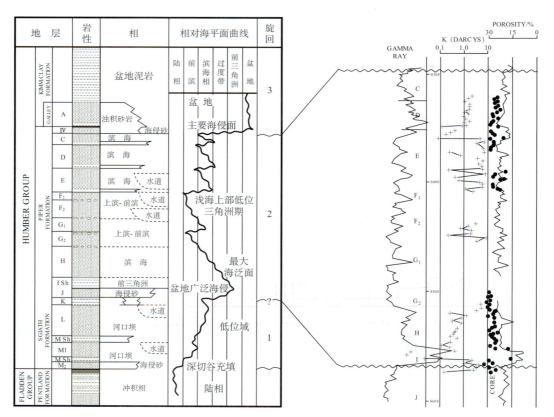

图 3.5.8　Piper 油田 Piper 砂岩沉积与储层物性柱状图（Little et al.，1993）

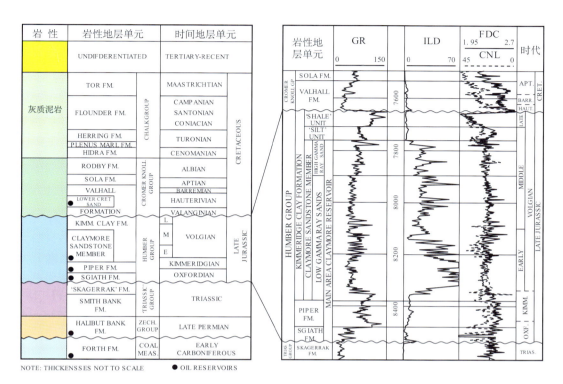

图 3.5.9 Claymore 油田地层柱状图和 Claymore 砂岩测井曲线
（Harker et al.，1991；Harker，Maher，1988）

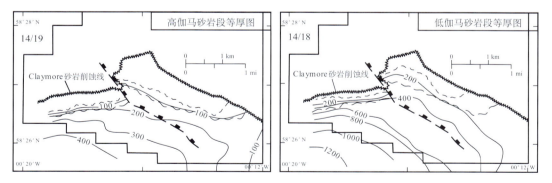

图 3.5.10 Claymore 油田 Claymore 砂岩等厚图 （单位：ft）（Harker，Maher，1988）

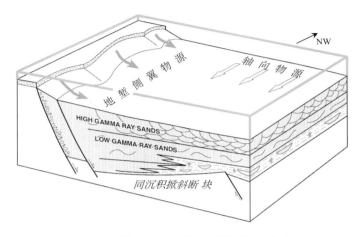

图 3.5.11 Claymore 油田 Claymore 砂岩沉积模式图（Harker，Maher，1988）

Claymore 砂岩为细−极细粒长石石英砂岩，岩屑和黏土含量很低，含有大量有机质，钾长石具有强放射性。高伽马砂岩为薄层状粉砂岩，单层厚平均不到 20 cm。低伽马砂岩单层厚平均近 30 cm，具交错层。Claymore 砂岩为透镜状砂岩的叠加体，单个砂体<1～4 km²，净毛比可以达到 0.9，但砂体间连通性差。平均孔隙度为 20%～21%。高伽马砂岩渗透率为 10～400 mD，低伽马砂岩渗透率为 20～1 300 mD（图 3.5.12）。

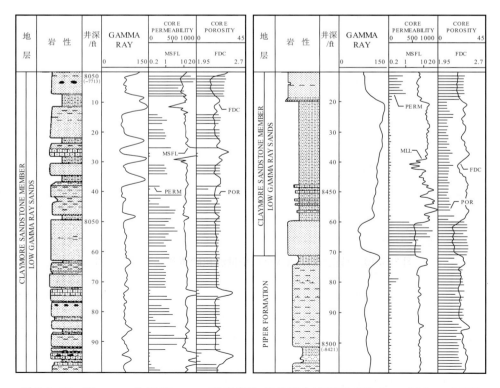

图 3.5.12 Claymore 油田 Claymore 砂岩岩性−物性综合柱状图（Harker，Maher，1988）

（二）下白垩系统储层

马里-福斯地堑下白垩统共有 21 个油气发现，合计油气储量 $2.73×10^8 m^3_{oe}$。其中储量大于 $0.10×10^8 m^3_{oe}$ 的油气田有 7 个，占地堑白垩系油气总储量的 90%。油气储量主要集中于储量排前 3 位的 Britannia、Captain 和 Claymore 油气田，储量合计为 $1.84×10^8 m^3_{oe}$，占地堑白垩系油气总储量的 67%（表 3.5.4）。

表 3.5.4　马里-福斯地堑白垩系主要油气田一览表

油气田	岩性地层	烃类性质	圈闭类型	可采储量/$10^8 m^3_{oe}$
BRITANNIA	Britannia sst.	Gas/cnd	白垩系浊积岩性-构造	1.00
CAPTAIN	Captain sst.	Oil/gas	白垩系浊积岩性-构造	0.50
CLAYMORE	Scapa sst.	Oil/gas/cnd	白垩系浊积岩性-不整合	0.34
GOLDENEYE	Captain sst.	Gas/cnd/oi	白垩系浊积岩性-构造	0.22
SCAPA	Scapa sst.	Oil/gas/cnd	白垩系浊积岩性-构造	0.20
BLAKE	Captain sst.	Oil/gas	白垩系浊积岩性-构造	0.11
BRODGAR	Britannia sst.	Gas/cnd	白垩系浊积构造	0.09
合计	占马里-福斯地堑白垩系油气总储量 $2.73×10^8 m^3$ 的 90%			2.46

这 21 个油气发现主要分布在白垩系底部浊积岩发育带上（图 3.5.13）。7 个储量大于 $800×10^8 m^3_{oe}$ 的主要油气田中 Claymor 白垩系气藏、Scapa 油气田和 Britannia 气田位于 Witch Ground 凹陷，其他油气田分布在 Buchan 凹陷（图 3.5.13）。

图 3.5.13　马里-福斯地堑早白垩世浊积砂体和油气田分布图

Captain 浊积砂体位于马里-福斯地堑西北部边缘，是 Captain 油田的主要油层，其时代属于早白垩世阿普特—巴列姆阶。晚侏罗世 Volgian 阶快速沉降的基默里奇页岩沉积后，盆地边缘开始了频繁的升降活动，经过贝利亚斯—凡兰吟（Berriasian-Vlanginian）阶的沉积间断，自欧特里（Hauterivian）阶开始接受沉积，至阿尔必（Albian）阶在 Captain 油田以北地区共发育了 4 期海底扇：欧特里阶的叫下 Wick 砂岩，巴列姆阶的叫底部巴列姆砂岩，阿普特阶发育了下 Captain 砂岩和上 Captain 砂岩（图 3.5.14），并统称为 "Valhall and Wick Sandstone Formation"。这 4 期砂岩被描述为高密度流，认为是东设得兰台地浅海低位三角洲砂岩的再沉积产物，在 Wich 断裂带下降盘最大地层厚度达到 1000m（图 3.5.15）。

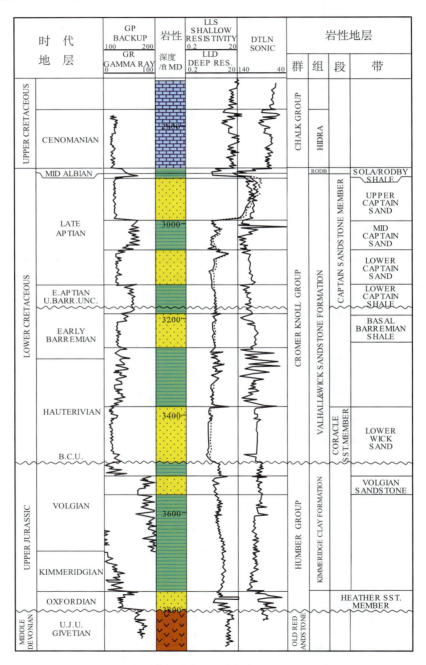

图 3.5.14　Captain 油田早白垩世地层柱状图（Pinnock，Clitheroe，1997）

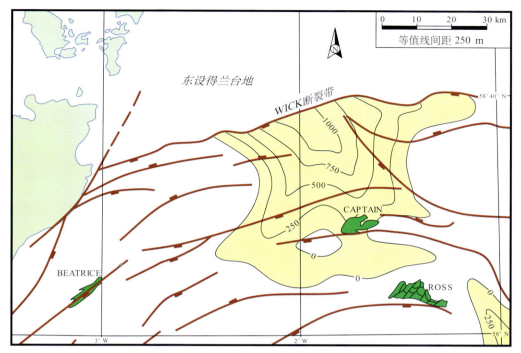

图 3.5.15　Valhall and Wick Sandstone 等厚图（Pinnock，Clitheroe，1997）

　　Captain 油田的产层为上、下 Captain 砂岩（图 3.5.16），下 Captain 砂岩最厚部位在 2 井与 1 井之间（油田的高点），达到 67 m，向油田边部很快减薄。上 Captain 砂岩在构造高部位完全遭受剥蚀，翼部最大厚度达到 52 m。

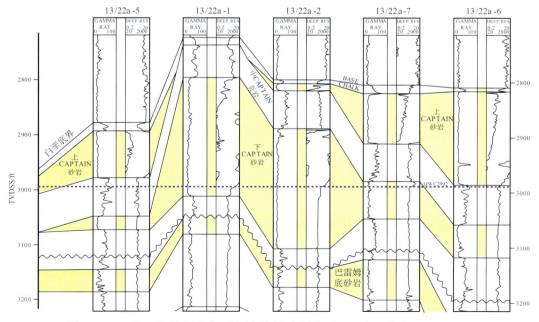

图 3.5.16　Captain 油田北东-南西向油层对比图（Pinnock，Clitheroe，1997）

　　Captain 砂岩为细-中粒长石石英砂岩，以石英含量为主，长石含量占 8%，岩屑和黏土占 10%（Pinnock and Clitheroe，1997）。油层埋藏深度 823～909 m，处于早期成岩阶段，只有少量白云石、方解石等自生矿物。平均孔隙度为 31%（28%～34%），平均渗透率为 7D（1～12D）。

　　Britannia 气田的 Britannia 砂岩是沉积在 Renee 地垒北侧断陷（Witch Ground 凹陷）中的一个浊积扇砂体，又称 Kopervik 砂岩，时代为阿普特阶（图 3.5.16）。

　　全球海平面上升开始与早白垩世晚礼赞期，Witch Ground 凹陷由晚侏罗世基默里奇页岩的缺氧环境转变为氧化环境。晚礼赞期—早阿普特期的 Valhall 层沉积了灰质泥岩和泥灰岩。Fladen Ground 凸起在晚阿普特—早阿尔必期（乃至晚礼赞期—早阿普特期）可能沉积了浅海相砂岩，Britannia 砂岩（Kopervik 砂岩）就是源于 Fladen Ground 凸起，沉积在 Witch Ground 凹陷的高密度流或重力流浊积砂岩（Crittenden，1998；Hill et al.，1998；Condon et al.，1998）（图 3.5.17）。这一浊积砂体东西长 80km，南北宽 20 km，临近 Fladen Ground 凸起其厚度可达 244 m，南部以 Renee 脊的边界断层为界，向西北减薄乃至尖灭（图 3.5.18）。

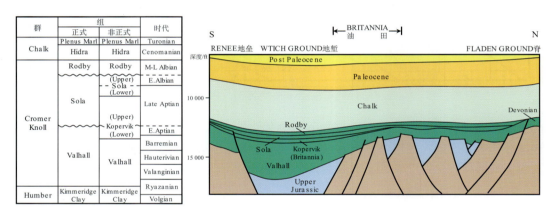

图 3.5.17　过 Witch Ground 凹陷东端南北向构造横剖面图（Guy，1992；Bisewski，1990）

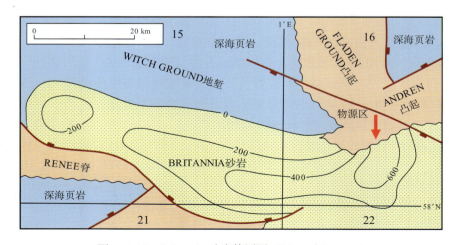

图 3.5.18　Britannia 砂岩等厚图（Bisewski，1990）

　　Britannia 气田的 Britannia 砂岩可分为 5 种不同的相带，其中以高密度浊流水道砂储油物性最好，气层顶部埋深为 3 627 m，孔隙度平均为 15%，渗透率平均为 40 mD（图 3.5.19 和表 3.5.5）。

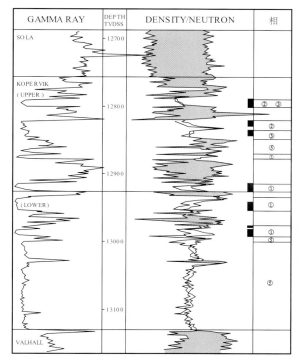

岩 相	岩 性	结构构造	备 注
①高密度浊流	细砂岩，下部黏土	厚层叠加，脱水构造	水道砂，好储层
②层状砂岩	砂岩，含泥质	水平层理，脱水构造	高密度流（牵引流）
③前缘砂岩	砂-页岩互层	厘米级成层粗砂岩	浊积水道
④下高密度浊流	细-很细砂岩，方解石胶结	中层状砂泥岩，水平层理	非储层，Britannia砂岩顶部
⑤流化砂岩	泥质细砂岩（黏土15%）	块状，脱水构造	搅动构造
⑥泥石流	砾岩，泥砾	顶、底无冲刷	渗透性差

图 3.5.19　Britannia 砂岩岩相柱状图（Guy，1992）

表 3.5.5　Britannia 气田不同相带的储层物性表（C&C，2007）

储层类型	粒度	孔隙度/%	渗透率/mD	备注
高密度浊流	细-中粒	15	40	块状砂岩
层状砂岩	细粒，含泥质	14	10～15	
前缘砂岩		13～14	10	薄层砂岩
流化砂岩	高泥质含量	13～14	<1 mD	非储层

（三）古近系储层

　　马里-福斯地堑共有 15 个古近系油气发现，合计储量 $1.22 \times 10^8 \mathrm{m}^3_{oe}$，占地堑油气总储量的 11%。Alba 和 Macculloch 油田合计储量 $1.06 \times 10^8 \mathrm{m}^3_{oe}$，占地堑油气总储量的 87%（表 3.5.6）。

表 3.5.6　马里-福斯地堑古近系主要油田一览表

油气田	岩性地层	烃类性质	圈闭类型	可采储量/$10^8 m^3$	备注
ALBA	Nauchlan 砂岩	油/气	始新统岩性	0.860 9	北西-南东向浊积砂岩，长 12 km，宽 1.5 km
MACCULLOCH	上 Balmoral 砂岩	油/气	古新统岩性	0.198 2	浊积水道砂岩

三、圈闭类型及油气成藏条件

据 94 个油气田统计，马里-福斯地堑油气圈闭类型主要为岩性—构造、构造不整合、构造油藏为主，分别占地堑油气总储量的 31.6%、31.6%、25.9%。上侏罗统构造不整合与构造油气占优势，白垩系以岩性构造油气为主，古近系主要是岩性油藏（表 3.5.7）。

表 3.5.7　马里-福斯地堑油气圈闭类型的储量分布表

时代	油气田数	油气储量					
		岩性-构造	构造-不整合	构造	岩性	合计	比例%
古近系	15	0	0	$0.13×10^8 m^3$	$1.09×10^8 m^3$	$1.22×10^8 m^3$	11.1
下白垩统	21	$2.16×10^8 m^3$	$0.35×10^8 m^3$	$0.16×10^8 m^3$	$0.06×10^8 m^3$	$2.73×10^8 m^3$	24.8
上侏罗统	51	$1.06×10^8 m^3$	$3.11×10^8 m^3$	$2.52×10^8 m^3$	$0.05×10^8 m^3$	$6.74×10^8 m^3$	61.2
中侏罗统	4	0	0	$0.04×10^8 m^3$	0	$0.04×10^8 m^3$	0.4
二叠系	3	0	$0.03×10^8 m^3$	$0.01×10^8 m^3$	0	$0.04×10^8 m^3$	0.3
泥盆系	1	$0.25×10^8 m^3$	$0×10^8 m^3$	0	0	$0.25×10^8 m^3$	2.2
合计	95	$3.47×10^8 m^3$	$3.49×10^8 m^3$	$2.86×10^8 m^3$	$1.20×10^8 m^3$	$11.02×10^8 m^3$	100
比例		31.5%	31.7%	26.0%	10.9%	100	

（一）构造-不整合油气藏

构造-不整合油气藏是马里-福斯地堑中储量最多的油气藏类型，数量虽然不多（8 个），但储量规模一般较大，储量列第一和第二位的 Piper 油田、Claymore 油田都是这种类型。

1. Piper 油田

位于 Witch Ground 地堑北部，油田面积 29 km²，闭合幅度 385 m，油层顶部埋深 2 210 m，最低圈闭等值线（油/水界面）为 2 594 m，石油可采储量约 $1.6×10^8 m^3$。Piper 构造是侏罗系末形成向西北倾斜的掀斜断块，主断块（Ⅰ块）是一个向西北倾没的断鼻，构造顶部基默里奇页岩遭受剥蚀，白垩系泥岩直接覆盖在 Piper 砂岩之上，形成构造-不整合圈闭（图 3.5.20、图 3.5.21）。

这类油藏属于自生自储型油藏，上侏罗统基默里奇页岩直接覆盖在 Piper 砂岩之上，具有良好的油源条件。作为油气圈闭本身而言尚未进入生烃门限，不过圈闭底界埋深已接近 2 600 m，实际上是被成熟源岩包围的近期成藏的圈闭。

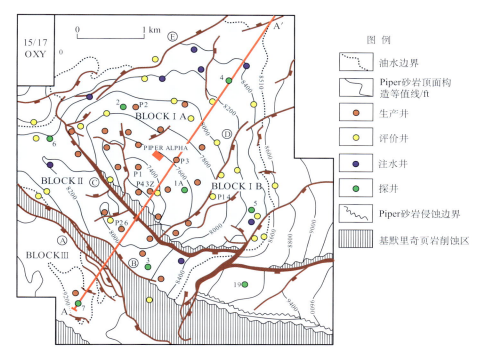

图 3.5.20　Piper 油田 Piper 砂岩顶面构造图（Schmitt，Gordon，1991）

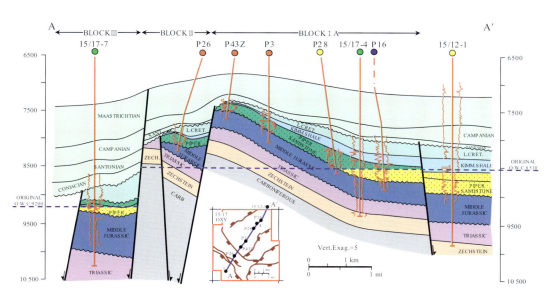

图 3.5.21　Piper 油田油藏横剖面图（Schmitt，Gordon，1991）

2. Claymore 油田

位于 Witch Ground 地堑西北部，最大圈闭面积 33 km²，油田面积 14 km²，主断块闭合幅度为 305 m，油层顶部埋深 2 286 m，最低圈闭等值线（油/水界面）为 2 638 m，石油储量 5 366×10⁴ m³。Claymore 构造是侏罗系末形成的向东南倾斜的掀斜断块，其构造的形成、形态，以及油气的成藏模式与 Piper 油田如出一辙，只不过主体是向西南倾斜的断鼻，北侧下降盘式白垩系的油藏（图 3.5.22、图 3.5.23）。

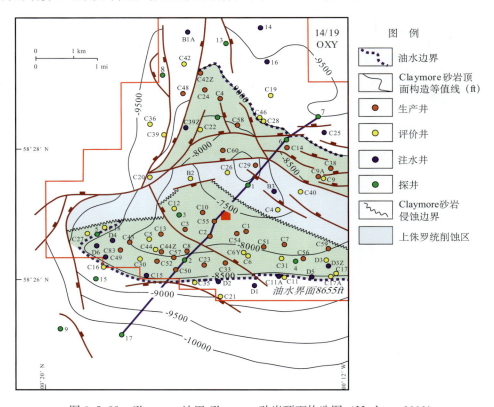

图 3.5.22　Claymore 油田 Claymore 砂岩顶面构造图（Harker，1991）

（二）岩性-构造油气藏

马里-福斯地堑的岩性-构造油气藏共有 16 个，其中 12 个分布在下白垩统中（表 3.5.7）。其中最典型的是位于 Witch Ground 地堑西部的 Scapa 油田。

Scapa 油田面积为 2×4 km²，西北侧上倾方向靠断层封闭，东北和西南两侧储层尖灭。总体来看油田分布在向斜中，油水界面为 2 685 m（8 812 ft），油藏高点深度为 2 408 m（7900 ft）（图 3.5.24、图 3.5.25）。储层为凡兰吟—欧特里阶的浊积砂岩。砂岩厚 640（西南）~250 ft（东北），净储层厚度平均 100 ft。砂岩为细粒，孔隙度平均为 18.2%~22.6%，渗透率平均为 111~390 mD。可采储量为 1 685×10⁴ m³。

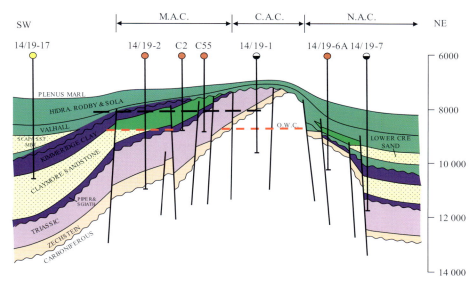

图 3.5.23　Claymore 油田油藏横剖面图（Chen，1989）

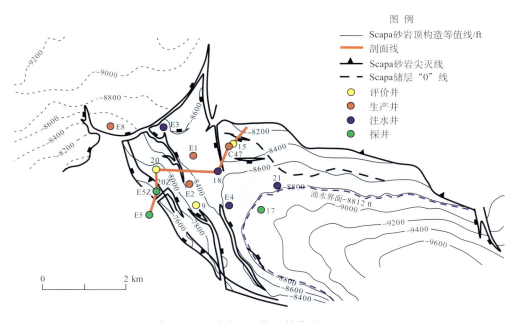

图 3.5.24　Scapa 油田 Scapa 砂岩顶面构造等值线图（McGann et al.，1991）

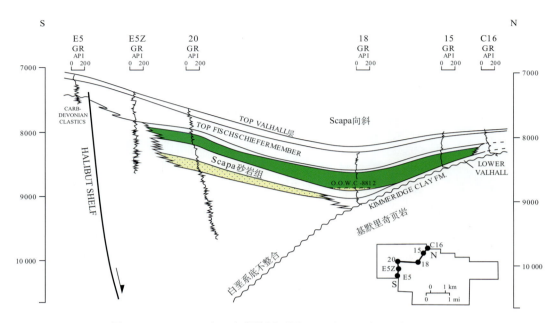

图 3.5.25　Scapa 油田油藏横剖面图（Harker，Chermak，1992）

下白垩统之所以有如此多的岩性-构造油藏，主要由于它直接覆盖在上侏罗统基默里奇源岩之上，有良好的油源条件，下白垩统底部正是低位浊积砂岩发育期，生-储条件的搭配相得益彰。

（三）构造油气藏

马里-福斯地堑构造型油气藏共计有 62 个，占油气田总数的 65％，但合计油气储量只有 $2.85 \times 10^8 m^3$，基本上都是一些小型油气藏。这些油气藏的构造形式以半背斜和断块为主，很少有完整的背斜构造。下面以 Ivanhoe、Rob Roy 和 Hamish 油田群为例，来介绍其主要地质特征。

这个油田群储层为上侏罗统，上部产层时代为基默里奇阶 Piper 层砂岩，下部产层为牛津阶 Scott 砂岩。合计油田面积 1585 acres，可采储量 109Mmbo（表 3.5.8）。

表 3.5.8　Ivanhoe、Rob Roy 和 Hamish 油田群油气储量表（C&C，2007）

油田	油田面积 /acre	储层厚度 /ft	原始油水界面/ft	ⅡP 地质储量/$10^8 m^3$		可采储量/$10^8 m^3$	
				上产层	下产层	上产层	下产层
Ivanhoe	2.47	下产层 150～190；上产层 40～65	2 454	0.063 6	0.093 8	0.023 8	0.055 6
Rob Roy	3.58		2 437	0.063 6	0.111 3	0.027 0	0.062 0
Hamish	0.36	Scott Mb	2 427	0	0.011 1	0	0.004 8
合计	6.41			0.127 2	0.216 2	0.050 8	0.122 4

注：1 acre＝0.404 856 hm²

　　这个地区是小型掀斜断块发育带，圈闭为向西南倾斜的半背斜，东北侧依靠断层下降盘下白垩统泥岩封堵（图 3.5.26、图 3.5.27）。其成藏模式非常简单，基默里奇页岩为烃源岩，与其下的 Piper 砂岩和 Scott 砂岩构成自生自储组合，圈闭形成期为早白垩世，油气主要运移期为中新世至今。

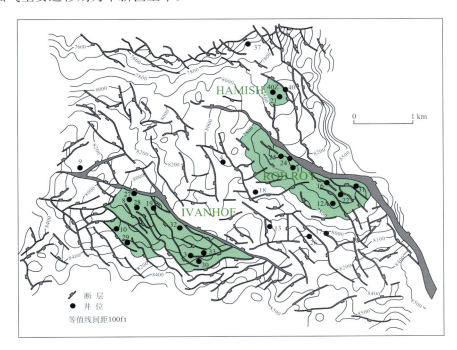

图 3.5.26　Ivanhoe、Rob Roy 和 Hamish 油田群 Piper 层顶面构造图（Currie，1996）

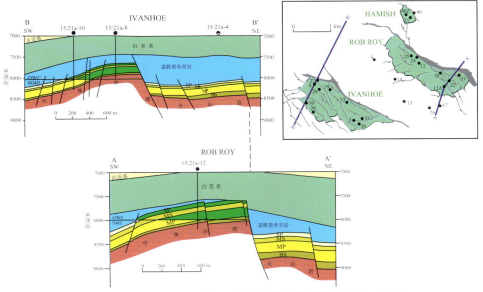

图 3.5.27　Ivanhoe、Rob Roy 油田油藏横剖面图（Boldy，1990）

四、含油气系统

马里-福斯地堑的油气主要为基默里奇页岩（Humber/Cromer Knoll）含油气系统，源岩是基默里奇—伏尔加阶的基默里奇页岩，储层包括古生界、侏罗系、白垩系和三叠系，盖层为上侏罗统、白垩系和三叠系泥岩与白垩。内马里-福斯地堑还有一个中侏罗统-中泥盆统的含油气系统，中侏罗统的煤系地层和中泥盆统湖相泥岩为源岩，储层为中侏罗统、二叠系和泥盆系砂岩；这一含油气系统仅占马里-福斯地堑油气总储量的3%，Buchan 地堑边部的中侏罗统 Buzzad 油田储量达到 $0.88 \times 10^8 m_{oe}^3$。

基默里奇页岩含油气系统是个晚期成藏的含油气系统，晚白垩世开始生烃，生烃高峰期为中新世（图 3.5.28）。

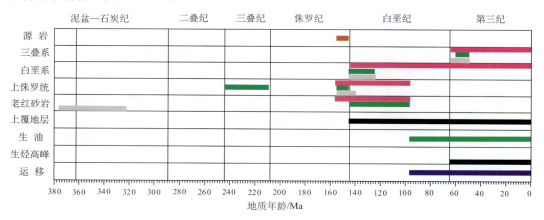

图 3.5.28　马里-福斯地堑基默里奇页岩含油气系统主要事件图

第六节　三个正向一级构造单元的石油地质特征

北部北海盆地是一个富含油气的盆地，不仅三个负向一级构造单元富含油气，正向构造单元也不同程度地有油气发现。正向构造单元油气发现最多的是霍达台地（$24 \times 10^8 m_{oe}^3$），其次是东设得兰台地（$1 \times 10^8 m_{oe}^3$），中北海高只有 $0.6 \times 10^8 m_{oe}^3$（表3.2.2）。

造成正向构造单元如此巨大差别的主要原因，不过是中外在构造单元命名上的习惯差别。国外"高"（High）这个名称，我们可以理解为中国的"隆起"或"凸起"。"台地"（Platform）这个名词则是一个含混的构造名称，可能翻译"隆起"或"凸起"，也可以翻译为"阶地"。比较霍达台地和东设得兰台地就很典型：按中国习惯东设得兰台地没有裂谷期沉积，肯定翻译为"隆起"；霍达台地普遍具有裂谷期沉积，应该翻译为"阶地"，归入负向构造单元。由于霍达台上侏罗统完全没有进入生烃门限，也可能是将其划为正向单元的重要原因。在大量翻译文献中一般都直译为"台地"，我们还是遵守了"习惯"的原则，称之为"台地"，归入正向构造单元描述。

一、霍达台地

霍达台地位于北海北部维京地堑以东的挪威海域，水深 $100 \sim 200$ m，它与维京地堑之间以一系列北—北东向断层相隔。霍达台地总面积近 24×10^4 km²，已钻各类探井186 口，发现石油储量 10×10^8 m³$_o$，天然气储量 1.5×10^{12} m³g，合计油当量 24×10^8 m³$_{oe}$，其油气储量列为北部北海盆地中第三位的一级含油气构造单元。

霍达台地可划分为 3 个二级构造单元：霍达台地、Utsira 高和 Stord 凹陷（图 3.6.1）。

霍达台地（二级单元）　即霍达台地北部，其西部是中维京地堑。霍达台地（二级单元）的北部为中维京地堑东部的二台阶，侏罗系底面埋藏深度最大不超过 2 500 m；是整个霍达台地主要油气分布区，Troll 等 4 个大-中型油气田合计储量达 21.6×10^8 m³$_{oe}$，占霍达台地油气总储量的 90.3%（表 3.6.1）。霍达台地二级单元的南部是一个大斜坡，侏罗系底面埋藏深度在西侧可达 5 000 m，东侧小于 200 m，由于缺乏有效圈闭，没有油气发现。

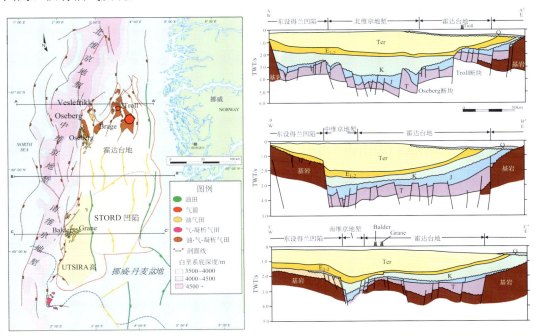

图 3.6.1　霍达台地构造区划和构造横剖面图（Zanella，2003）

Utsira 高　位于南维京地堑东侧，是一个地垒。其上有一些中小油气田，合计储量只有 2.4×10^8 m³$_{oe}$，其中最大的 Brage 油田和 Balder 油田，占霍达台地油气总储量 6.1%（表 3.6.1）。

Stord 凹陷　位于 Utsira 高的东侧，侏罗系底面埋藏深度不超过 3 000 m，尚未进入生烃门限，至今无任何油气发现。

表 3.6.1　霍达台地主要油气田储量表（据 C&C，2007 资料统计）

油气田	储层	油气	圈闭类型	储量/$10^8 m_{oe}^3$	构造单元占总储量的比例
TROLL	Sognefjord Group	Gas/cnd/oil	上侏罗统构造	15.29	霍达台地 90.3%
OSEBERG	Brent Group	Oil/gas/cnd	中侏罗统构造-不整合	5.11	
BRAGE	Fensfjord Formation	Oil/gas	中-下侏罗统构造	0.55	
VESLEFRIK	Brent Group	Oil/gas/cnd	中侏罗统构造-不整合	0.68	
GRANE	Heimdal Formation	Oil/gas	古近系岩性-构造	1.13	Utsira 高 6.1%
BALDER	Rogaland Group	Oil/gas	古近系岩性	0.30	
合计	占霍达台地油气总储量 $24×10^8 m_{oe}^3$ 的 96%			23.06	

（一）源岩

在霍达台地侏罗系地层都没有进入生烃门限，其源岩主要依靠相邻的维京地堑。维京地堑的源岩，前面已经作过介绍，在这里只择其要点。

维京地堑基默里奇热页岩（霍达台地称 Draupne 层）是优质源岩，TOC 平均 5%～12%，HI 为 500～700。干酪根类型属 Ⅱ 型，由菌藻类组成的无定型（Thomas et al.，1985）。对霍达台地来说也是主要源岩。

Heather 页岩（巴柔—基默里奇阶）TOC 平均 2%～2.3%，HI 平均为 253，生烃潜力为 7.49mg/g 干酪根。干酪根类型为 Ⅱ-Ⅲ 型，倾向于生气。Heather 页岩在维京地堑不但厚度达，而且超压，是好的气源岩。中侏罗统巴通—巴柔阶，霍达台地称 Sleipner 层，维京地堑叫做 Nees 层和 Drake 层，是含煤层系，也是好的气源岩。

Oseberg 油田群的原油无疑来自中维京地堑。Troll 气田的天然气应该主要来自北维京地堑。Utsira 高的 Balder 和 Grane 油田的低油气比、比重大于 0.9 的原油肯定与南维京地堑油源相关（表 3.6.2）。

表 3.6.2　霍达台地主要油气田油气性质表（据 C&C，2007 资料统计）

	储层	原油（API）	GOR（ft³/bbl）	凝析油（API）	甲烷含量 /%	构造单元
Oseberg	中侏罗统 Brent	29.5°～32°	449～612			霍达台地
Veslefrikk	下侏罗统 Statfjord	38°～41°	629			
	中侏罗统 Brent	36.7°	679			
Troll	上侏罗统 Sognefjord	24°～28.9°（含蜡）	360	40°～44.9°	93	
Balder	古近系 Rogaland	21°～24°	297			Utsira 高
Grane	古近系 Heimdal	19°	79			

（二）储层

霍达台地的储层几乎都是砂岩储层。一个以滨海相砂岩为主要储层的 Troll 气田，囊括了霍达台地上侏罗统的全部储量（$15.23×10^8 m_{oe}^3$），占到了霍达台地油气总储量的65%。中侏罗统共计发现油气储量 $5.78×10^8 m_{oe}^3$，占霍达台地油气总储量的 25%，是第二位的储层。Oseberg 油气田为中侏罗统 Brent 组扇三角洲砂岩储层，储量 $5.1×10^8 m_{oe}^3$，占中侏罗统油气总储量的 88%。古近系浊积砂岩共发现油气储量 $1.77×10^8 m_{oe}^3$，Grane 油田和 Balder 油占到了油气总储量的 81%（表 3.6.3）。可见 Troll 气田、Oseberg 油气田和 Balder 油田的储层在霍达台地具有相当的代表性。

表 3.6.3 霍达台地油气储量的地层分布和圈闭类型分布表（据 IHS，2007 资料统计）

时代	油气田数	岩性-构造	构造-不整合	构造	岩性	合计	比例
古近系	8	$1.14 \times 10^8 \, m_{oe}^3$	0	0	$0.63 \times 10^8 \, m_{oe}^3$	$1.77 \times 10^8 \, m_{oe}^3$	7.6%
上白垩统	1	0	0	0	$0.19 \times 10^8 \, m_{oe}^3$	$0.19 \times 10^8 \, m_{oe}^3$	0.8%
上侏罗统	6	0	0	$15.23 \times 10^8 \, m_{oe}^3$	0	$15.23 \times 10^8 \, m_{oe}^3$	65.5%
中侏罗统	16	0	$5.38 \times 10^8 \, m_{oe}^3$	$0.40 \times 10^8 \, m_{oe}^3$	0	$5.78 \times 10^8 \, m_{oe}^3$	24.9%
下侏罗统	6	0	$0.05 \times 10^8 \, m_{oe}^3$	$0.23 \times 10^8 \, m_{oe}^3$	0	$0.28 \times 10^8 \, m_{oe}^3$	1.2%
合计	37	$1.14 \times 10^8 \, m^3$	$5.43 \times 10^8 \, m_{oe}^3$	$15.86 \times 10^8 \, m_{oe}^3$	$0.82 \times 10^8 \, m_{oe}^3$	$23.25 \, 10^8 \, m_{oe}^3$	100%
比例		4.9%	23.4%	68.2%	3.5%	100%	

1. Troll 气田的上侏罗统储层

Troll 气田位于挪威海域霍达台地北部，主要储层为上侏罗统 Sognefjord 砂岩段，油气储量约 $15 \times 10^8 \, m^3$（天然气 $13\,321 \times 10^8 \, m^3$，原油 $2.5 \times 10^8 \, m^3$），气田面积为 $770 \, km^2$。

霍达台地中侏罗世—晚侏罗世—早白垩世早期为一套滨海相砂泥互层沉积，当地称为 Viking 组（图 3.6.2）。Viking 组分为 6 个岩性地层单元：Heather A FM、Krossfjord FM、Fensfjord FM、Heather B FM、Sognefjord FM 和 Draupne FM.。主要储层位于 Sognefjord 砂岩段和 Heather A 砂岩段，占有全气田储量的 90%，储层统一编号自上而下为 "L_a" ~ "L_f"。在测井曲线上很容易区分出 3 种不同的砂岩：粗粒近滨风暴簸选滞留高能砂岩，中-粗粒近滨波浪再造的高能砂岩和细-粉粒近滨低能砂岩（图 3.6.3）。

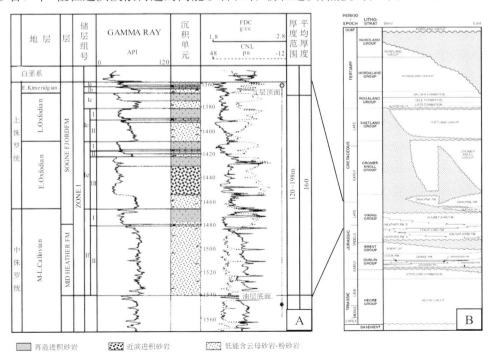

图 3.6.2 西 Troll 气田主要油层段柱状图（A；Gary，1987）和
区域时代—岩性地层单元表（B；Hellem，1986）

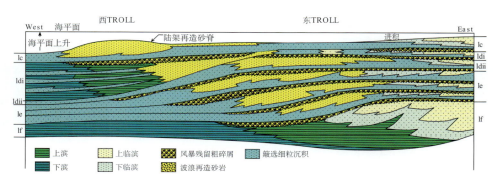

图 3.6.3　Troll 气田 Sognefjord 砂岩段岩相横剖面图（Gray，1987）

Troll 气田 Sognefjord 砂岩段（牛津阶 I_c～I_d 气层组）岩相发育见图 3.6.4。

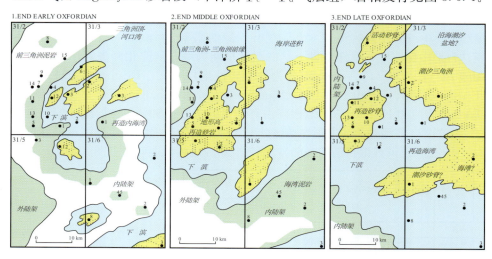

图 3.6.4　Troll 气田 Sognefjord 砂岩段（牛津阶 I_c～I_d 气层组）
岩相发育图（Hellem，1986）

　　通过 Troll 气田东西向的岩相横剖面，可以很清楚地看到 Sognefjord 砂岩段和 Heather A 砂岩段主要砂体自东而西的进积。由于进积作用，东 Troll 气田主要储层为 I_d～I_e 气层组，西 Troll 气田主要储层为 Sognefjord 砂岩段 I_c～I_d 气层组（图 3.6.2）。

　　在平面上，Troll 气田基本处于潮汐三角洲前缘–前三角洲部位，主要储层相带为受波浪改造的砂脊，直到牛津阶末期潮汐三角洲才自东而西推进到东 Troll 气田（图 3.6.3）。

　　Sognefjord 砂岩段的储层物性与砂岩沉积环境密切相关，粗粒的风暴砂物性最好，其次是前三角洲再造的以中粒为主的砂脊，物性相对较差的是近滨的细–粉砂岩（图 3.6.5）。

　　图 3.6.6 描述了前三角洲再造砂脊的砂岩厚度和物性分布，一般能量最高的部位也正是中粒砂岩最厚的部位、渗透率最好的部位。

　　整个 Troll 气田临滨相砂岩占气田总储量的 40%，前三角洲再造砂坝占 30%，潮汐滩砂占 20%。

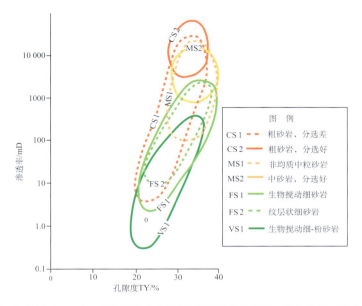

图 3.6.5　Troll 气田 Sognefjord 砂岩段 I 气层组不同类型砂岩孔-渗分布图 (Osborne, 1987)

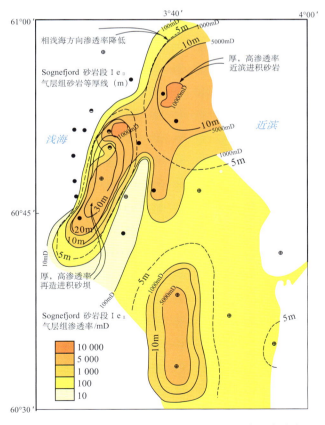

图 3.6.6　Troll 气田 Sognefjord 砂岩段 I 气层组净砂岩厚度及渗透率分布图 (Osborne, 1987)

2. Oseberg 油气田的中侏罗统储层

Oseberg 油气田位于挪威海域霍达台地的东北角，紧邻中维京地堑。油气田以中侏罗统 Brent 层砂岩为主要储层。整个 Brent 层砂岩分为 11 个砂层组，自下而上称为：Oseberg 块状砂岩组（1~5）、Rannoch-Etive 层状砂岩组（6~7）、Nees 砂岩组（8~9）、Terbert 砂岩组（10~11）。Oseberg 组以河流相砂岩为主，Rannoch-Etive 组为退积三角洲前缘，Nees 组为进积三角洲平原，Terbert 组属于海退型三角洲（图 3.6.7）。总体来看 Oseberg 组、Rannoch-Etive 组和 Terbert 组属于浅海相沉积范畴，Nees 组为冲积平原含煤地层（图 3.6.8）。Oseberg 组为扇三角洲前缘砂，砂岩厚度为 65~20 m，可以分作南、北两个朵叶，其储量约占全油气田的 65%（图 3.6.9）。Nees 组主要是带状河道砂岩储层，河道呈北东-南西向延伸，在东西向横剖面上表现为透镜状，其储量约占全油气田的 10%（图 3.6.10）。Nees 组砂岩为中-粗粒，毛厚度一般为 46~187 m，净/毛平均为 0.7（0.5~0.83）；Oseberg 组砂岩毛厚度一般为 17~65 m，净/毛比平均为 0.98，孔隙度平均为 23.7%（20%~27%），渗透率平均为 2D（1~3.5D）。

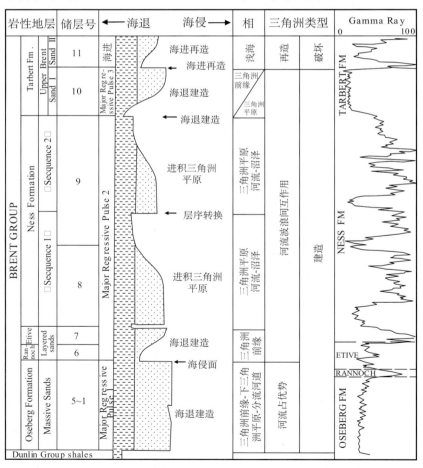

图 3.6.7　Oseberg 油气田 Brent 组岩性岩相柱状图（Hagen，1992）

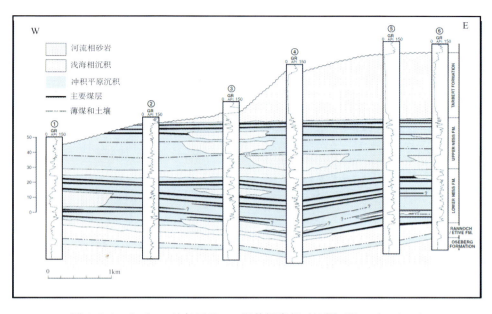

图 3.6.8　Oseberg 油气田 Brent 组井间岩相对比图（Ryseth，1995）

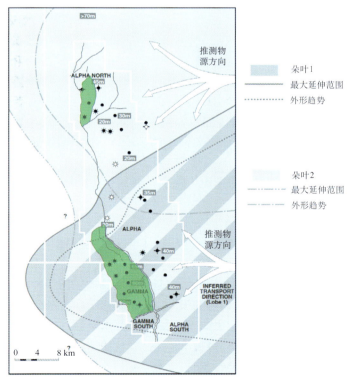

图 3.6.9　Oseberg 油气田 Oseberg 组砂岩沉积示意图（Hagen，1992）

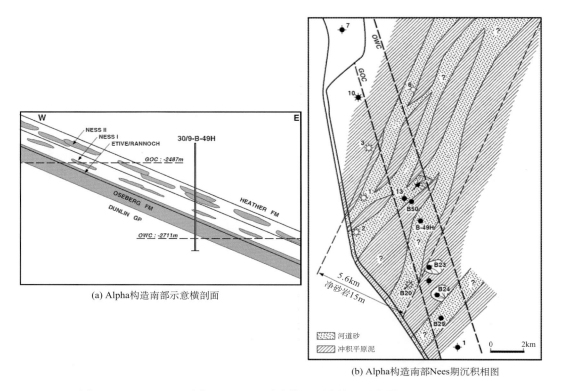

(a) Alpha构造南部示意横剖面

(b) Alpha构造南部Nees期沉积相图

图 3.6.10　Oseberg 油气田 Nees 组砂岩储层形态特征示意图（Pollen，1988）

（三）油气圈闭类型

按圈闭类型分配霍达台地的油气储量，构造型圈闭居第一位，可占油气总储量的 68％。其次是构造不整合圈闭，占油气总储量的 23％。岩性圈闭和岩性-构造圈闭都不足 5％（表 3.6.3）。

下面以 Troll 气田、Osebere 油气田为代表，介绍构造圈闭和构造-不整合圈闭。

1. 构造圈闭

Troll 气田是霍达台地构造型圈闭中最大的一个，其油气储量约 $24 \times 10^8 \, m_{oe}^3$，占各类圈闭油气总储量的 86％。

Troll 气田总面积 770 km^2，是一个被断层复杂化的断背斜气田。构造顶部储层埋深 1 340（W）～1 315 m（E）。Troll 气田西部气/油界面深度为 1 540～1 546.0 m，油/水界面深度为 1 566.5～1 569.0 m；Troll 气田东部气/油界面深度为 1 547～1 548.5m，油/水界面深度为 1 551～1 553.5 m。最大气柱高度 230 m。天然气储量 $1.25 \times 10^8 \, m^3$，凝析油储量 $0.44 \times 10^8 \, m^3$，原油储量 $2 \times 10^8 \, m^3$ 左右（图 3.6.11、图 3.6.12）。

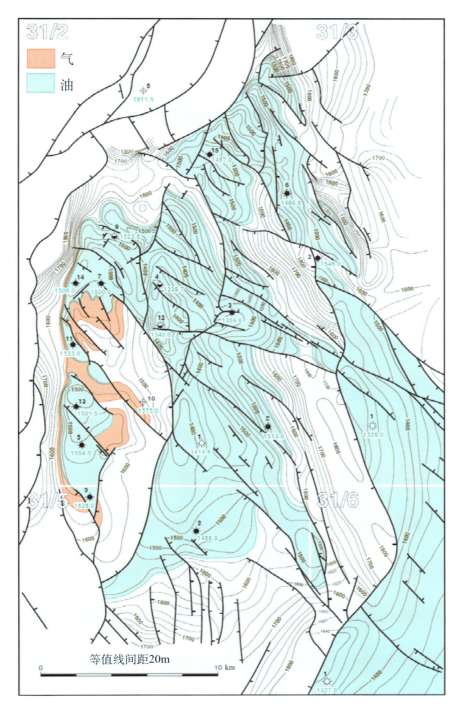

图 3.6.11　Troll 气田储层顶面深度构造图（Birtles，1986）

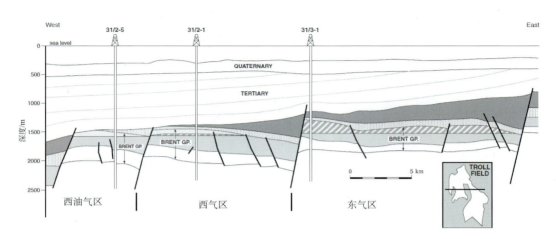

图 3.6.12　Troll 气田气藏横剖面图（Evensen，1993）

总体看 Troll 气田是白垩纪晚期发育的一个被断层复杂化的背斜构造带，上侏罗统—下白垩统 Drnupne 组页岩是该气藏的主要盖层，其气源应为北维京地堑的中侏罗统煤系地层（图 3.6.1）。圈闭的形成期主要在白垩纪末，第三纪末经历区域西倾最终定型。气藏的主要形成期为第三纪，第三纪末期的区域西倾对古气藏起到一定的破坏作用，气底部油环自西而东减薄就是证明。

2. 构造-不整合圈闭

霍达台地 43 个构造-不整合型圈闭油气总储量近 $5.5 \times 10^8 \mathrm{m}_{oe}^3$，Oseberg 油气田储量 $5.1 \times 10^8 \mathrm{m}_{oe}^3$，占了总储量的 94%。

Oseberg 油气田发育于一系列东倾西断的掀斜断块的最高部位，油气田西侧同裂陷期地层阶梯式向西降落，东侧呈东倾单斜，白垩系地层自东西两侧向 Oseberg 构造脊顶部超覆（图 3.6.13）。Oseberg 构造脊实际是一个侏罗纪末期的古地形（构造）高带。

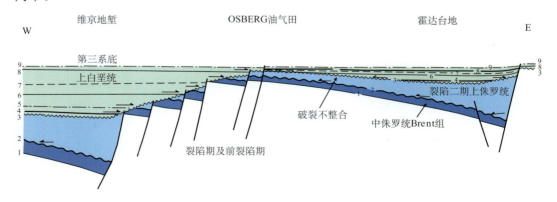

图 3.6.13　Oseberg 油气田区域构造横剖面图（Badley，1984）

Oseberg 油气田面积 115 km²，构造顶部 Brent 储层埋深 2 120 m，油柱高度 210 m。Alpha 区气柱高度 380 m，Gamma 区 150 m。原始气/油界面 2 497 m，油/水界面 2 695～2 719 m。石油储量 $2.316 \times 10^8 \, \text{m}^3$，天然气储量 $480 \times 10^8 \, \text{m}^3$（图 3.6.14）。

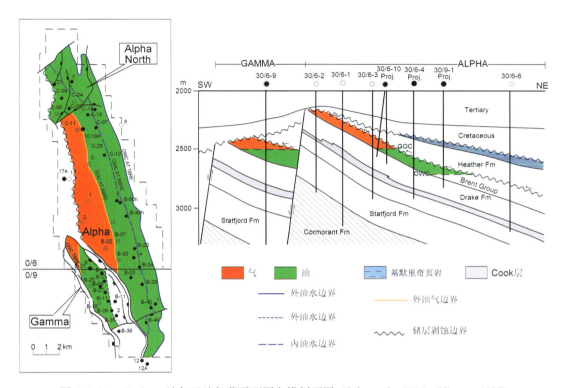

图 3.6.14　Oseberg 油气田油气藏平面图和横剖面图（Johnstad，1995；Nipen，1987）

Oseberg 油气田构造的主要形成期是侏罗纪末期，在白垩纪和古近纪进一步强化，定型于新近纪。主要油气成藏期为白垩纪晚期至今。其油气来源主要为相邻的中维京地堑基默里奇页岩。

二、东设得兰台地和中北海高

东设得兰台地和中北海高位于北部北海盆地西侧，是盆地中两个正向一级构造单元，相当于我们习惯所说的"隆起"。两个隆起不同之处在于，东设得兰台地大面积出露前中生界地层，中北海高有较薄的中生界—新生界的沉积。两个隆起相同之处在于，都没有拗陷中那套成熟的基默里奇源岩。

（一）东设得兰台地的石油地质特征

东设得兰台地位于北部北海盆地西北角，面积 $4.8 \times 10^4 \, \text{km}^2$，已钻预探井 117 口，其他探井 52 口，共计有油气发现 19 个，发现石油储量近 $1 \times 10^8 m^3$，天然气储量 $42 \times 10^8 m^3$。

东设得兰台地基底由早古生代变质岩组成，其上大面积分布上古生界（以泥盆系为主）。中生界在局部分布。第三系自东而西超覆于台地东侧，最大埋深 2 000 m 左右（图 3.6.15）。

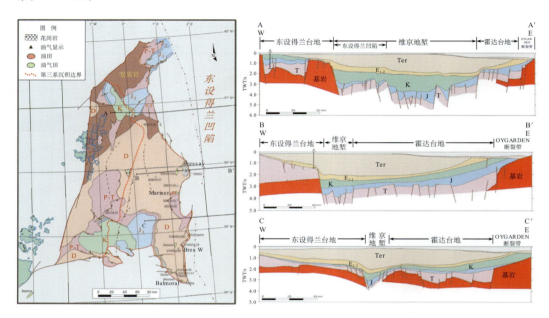

图 3.6.15　东设得兰台地构造格架和构造横剖面图
(Richards，1993；Ahmady，2003；Marshall，2003；Zanella，2003)

1. 源岩

东设得兰台地基默里奇页岩只在台地东缘有所分布，厚达 297～325 m，TOC 可达 6%～10%，但是埋藏较浅，普遍未进入生烃门限，R_o 值只有 0.35%～0.38%。

中泥盆统湖相沉积尤其是 Orcadia 层暗色粉砂岩的 TOC 平均为 0.65%（最大达 3.42%），20% 的样品 HI 值超过 500mg/g（Marshall，2003）。Duncan 和 Buxton (1995) 报道东设得兰台地东侧 9/16-3 区块，中泥盆统湖相层厚 227 m，其中最好的源岩为Ⅰ型干酪根，R_o 值为 0.6%。

东设得兰台地东侧古新统原油一般都是重质油（10.8°～18.8°API）。Bressay 油田原油重度为 11.7°～18.5°API，气/油为 153ft³/bal①。Mariner 油田原油重度为 10.7°～14.6° API，气/油 56～90ft³/bal。只有南部埋藏较深的 Balmoral 油气田油质稍轻（表 3.6.5）

---

①　1立方英尺气/桶油=1scf_g/bbl。=0.1781 $m^3 g/m_o^3$

2. 油气储量的储层分布

据东设得兰台地 39 个已有油气发现统计，其主要储层为古新统砂岩。15 个古新统油气发现合计储量 $1\times10^8\,m^3$，占整个台地油气总储量的 97%。侏罗系、泥盆系和基岩储层都是一些小油气田，单个油气发现的储量普遍不足 $160\times10^4\,m^3$（表 3.6.4）。

表 3.6.4 东设得兰台地油气储量发现的地层分布表（据 IHS，2007 资料统计）

时代	油气田数	岩性-构造	构造-不整合	构造	岩性	合计	比例/%
古新统	15	$0.530\,2\times10^8\,m^3$	0	$0.280\,0\times10^8\,m^3$	$0.195\,4\times10^8\,m^3$	$1.005\,6\times10^8\,m^3$	96.7
侏罗系	1	0	$0.013\,2\times10^8\,m^3$	0	0	$0.013\,2\times10^8\,m^3$	1.3
泥盆系	2	0	0	$0.015\,7\times10^8\,m^3$	0	$0.015\,8\times10^8\,m^3$	1.5
基岩	1	0	$0.005\,6\times10^8\,m^3$	0	0	$0.005\,6\times10^8\,m^3$	0.5
合计	19	$0.530\,2\times10^8\,m^3$	$0.018\,8\times10^8\,m^3$	$0.295\,7\times10^8\,m^3$	$0.195\,4\times10^8\,m^3$	$1.040\,2\times10^8\,m^3$	100
比例		51.0%	1.8%	28.4%	18.8%	100%	

3. 油气储量的圈闭分布

东设得兰台地的油气圈闭类型分布，实际上决定于古新统的圈闭类型。岩性-构造型圈闭油气藏占台地油气总储量的 51%，其次是构造型圈闭占 28%，岩性圈闭占 19%（表 3.6.5）。侏罗系和基岩油气藏的圈闭类型为构造-不整合圈闭。

表 3.6.5 东设得兰台地主要油气田油气储量及与原油性质表（据 IHS，2007 资料统计）

油气田	储层	油气	圈闭类型	储量/$10^8\,m^3$	原油性质 °API	scf/bbl
BRESSAY	Dornoch	油	古新统岩性-构造	0.190 8	11.7~18.5	153
MARINER	Heimdal	古新统	古新统岩性-构造	0.213 2	10.7~14.6	56~90
BALMORAL	Mey	油、气、凝析油	古新统构造	0.201 9	35.9~39.9	366
BRAE WEST	Flugga	油、气	古新统岩性	0.154 3		
合计	占东设得兰台地油气总储量 $1.039\,7\times10^8\,m^3$ 的 73%			0.760 2		

东设得兰台地油气来源主要依靠维京地堑。油气可以沿维京地堑边部断裂，直接进入古近系地层，然后在向台地高部位运移（图 3.6.16）。东设得兰台地发现沿台地东缘主要分布于古近系地层中，这就是油气运聚模型的直接证据。

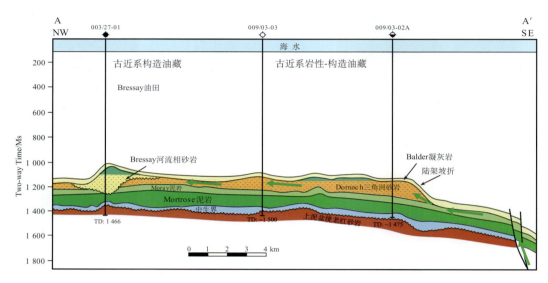

图 3.6.16　东设得兰台地油气运移-聚集模式图（Underill，2001）

4. 油气储量的规模分布

东设得兰台地 39 个油气发现中只有 4 个储量规模在 100TBOE 左右，其他单个油气发现储量一般不到 $200 \times 10^4 m^3$（表 3.6.5）。

（二）中北海高的石油地质特征

中北海高位于北部北海盆地西南侧，面积 $4 \times 10^4 km^2$，已钻预探井 62 口，共有 7 个油气发现。共计发现原油储量 $0.55 \times 10^8 m^3$，天然气 $24 \times 10^8 m^3$，折合油气当量 $0.57 \times 10^8 m^3_{boe}$。

中北海高总体看是一个东倾单斜。结晶基岩之上直接覆盖着泥盆纪老红砂岩，中上石炭统在隆起西部有所分布，广大面积上二叠统泽希斯坦直接沉积在老红砂岩之上。三叠系以页岩为主，最大残余厚度小于 500 m。中上侏罗统沉积厚度不超过 200 m。白垩系和第三系分别自东而西超覆，东部白垩系最大厚度 700 m，第三系最大厚度 200 m（图 3.6.24、图 3.6.25）。

整个隆起上没有成熟的源岩，隆起东部边缘见到的油气全部来源于中央地堑。

中北海高的油气 31% 发现于中生界（以上侏罗统为主）；上古生界占有油气总储量的 69%，下二叠赤底统砂岩和泽希斯坦碳酸盐岩储层占 41%，泥盆系老红砂岩占 23%（表 3.6.6）。

油气主要圈闭形式为构造-不整合圈闭，占油气总储量的 92%（表 3.6.6）。

表 3.6.6　中北海高油气储量的地层分布和圈闭类型分布表（据 IHS，2007 资料统计）

时代	油气田数	岩性-构造	构造-不整合	构造	岩性	合计	比例/%
上白垩统	1	$0.014\ 7\times10^8\text{m}^3$	0	0	0	$0.014\ 7\times10^8\text{m}^3$	2.6
上侏罗统	5	0	$0.133\ 6\times10^8\text{m}^3$	$0.028\ 4\times10^8\text{m}^3$	0	$0.162\ 0\times10^8\text{m}^3$	28.3
下二叠统	1	0	$0.236\ 9\times10^8\text{m}^3$	$0\times10^8\text{m}^3$	0	$0.236\ 9\times10^8\text{m}^3$	41.4
上石炭统	1	0	$0.026\ 0\times10^8\text{m}^3$	$0\times10^8\text{m}^3$	0	$0.026\ 0\times10^8\text{m}^3$	4.5
上泥盆系	1	0	$0.132\ 5\times10^8\text{m}^3$	$0\times10^8\text{m}^3$	0	$0.132\ 5\times10^8\text{m}^3$	23.2
合计	9	$0.014\ 7\times10^8\text{m}^3$	$0.529\ 0\times10^8\text{m}^3$	$0.028\ 4\times10^8\text{m}^3$	0	$0.572\ 1\times10^8\text{m}^3$	
比例		2.6%	92.5%	4.9%	0		

　　油气田规模以小油气田为主，最大的 AUK 油田储量仅 $0.23\times10^8\text{m}^3$。储量在前三位的油田合计储量为 $0.47\times10^8\text{m}^3$，占隆起全部油气储量的 82%（表 3.6.7）。

表 3.6.7　中北海高储量排前三位的油气田一览表（据 IHS，2007 资料统计）

油气田	储层	油气	圈闭类型	储量 $/10^8\text{m}^3$	原油性质 °API	原油性质 气/油（scf/bbl）
AUK	下二叠统—上白垩统	油、气	古生界—中生界构造-不整合	0.2369	38	190
ARDMORE	上泥盆统—上侏罗统	油、气	古生界—中生界构造-不整合	0.1325	37	
FIFE	上侏罗统	油、气	上侏罗统构造-不整合	0.1007	36.4	96
合计	占中北海高油气总储量 $0.572\ 3\times10^8\text{m}^3_e$的 82%			0.470 1		0.470 093

　　中北海高的原油一般为正常原油，与东设得兰台地相比其含油层位较老，运移距离也比较短，原油重度一般为 $36°\sim38°\text{API}$，$100\sim200\text{cf/bbl}$。

小　　结

　　1）具有三叉裂谷。北部北海盆地是发育在西欧地台上的一个典型大陆裂谷盆地，三叉裂谷经历了两期裂陷。裂后沉降受到北大西洋拉开的影响，盆地北部裂后沉降幅度加大。

　　2）发育有热隆起。两期裂陷之间发生基梅里热隆起，是盆地中的关键地质事件，为基默里奇热页岩的沉积提供了必要的半封闭浅海环境。

　　3）含油气丰度差别大。维京地堑、中央地堑和马里-福斯地堑，这一三叉裂谷系含油气丰度差别很大，维京地堑最高（$14.03\text{m}^3/\text{km}^2$），中央地堑次之（$6.34\ \text{m}^3/\text{km}^2$），马里-福斯地堑最低（$4.66\ \text{m}^3/\text{km}^2$）。其油气丰富程度完全取决于基默里奇热页岩的有效体积。

4）短距离运移为主。地堑内部运移距离一般不超过 10 km；霍达台地运移距离最大，自北维京地堑至 Troll 气田可达 50 km。其油气丰富程度超过了作为负向构造单元的马里-福斯地堑。

5）油气圈闭类型各异。维京地堑构造-不整合油气藏占地堑总储量的 65%；中央地堑背斜型构造油气藏占该地堑油气总储量的 78%；马里-福斯地堑油气储量的圈闭类型分布较为均衡。由油气储量的地层分布来看，维京地堑以中侏罗统为主（占 55%），次为下侏罗统和上侏罗统；中央地堑上白垩统占 49%，其次为古近系和上侏罗统；马里-福斯地堑上侏罗统占 61%，白垩系和古近系列第二、三位。主要源岩都是基默里奇热页岩，油气的地层分布与构造发育特征密切相关。

英荷盆地 第四章

摘　要

◇　英荷盆地是石炭纪华力西前陆盆地、二叠系热沉降盆地与中—新生界裂谷盆地的三期叠加盆地。

◇　与三期盆地叠加相关，形成5大构造层：加里东褶皱基底构造层、石炭系—二叠系构造层、三叠纪—侏罗纪裂陷构造层、白垩纪—古近纪裂后+构造反转构造层、新近纪拗陷构造层。

◇　英荷盆地是一个气盆，折算为油气当量，盆地中92%为天然气。二叠系赤底统砂岩是盆地的天然气主要储层，占盆地天然气总储量79%。侏罗系—白垩系是盆地石油的主要储层，占盆地石油总储量80%。

◇　石炭系威斯特法阶煤层和页岩是盆地主要气源岩，下侏罗统图阿尔阶页岩是盆地的主要油源岩。

◇　二叠系泽希斯坦统岩盐是盆地的区域性盖层，石炭系、三叠系和侏罗系都有地区性页岩盖层。

◇　风成沙丘相带是风成砂岩储层中储油物性最好的相带。

◇　侏罗纪末—古近纪盆地构造反转是盆地中构造圈闭的主要形成期，也是天然气的主要成藏期。石炭系源岩区与赤底统风成砂岩相带、泽希斯坦岩盐盖层叠加区，是盆地中天然气的富集区。

第一节　盆地概况

英荷盆地位于欧洲西部，属于南二叠盆地的次盆。盆地跨越英国、荷兰、德国和比利时等国，长约610 km，宽310 km，向东南变窄，面积约 $15 \times 10^4 km^2$，77%位于海上（图4.1.1）。英荷盆地的北端以上古生界前二叠系的北界为界，西部边缘以奔宁隆起为界，南端是伦敦-布拉班特地块，东部边缘为北部北海盆地的中央地堑南端和西北德国盆地为界。

英荷盆地的油气勘探始于1923年陆上部分，1939年陆上首次发现 Eakring-Duke's Wood 小型油田。20世纪60年代运用2D地震手段，海上油气勘探获得重要突破。1962年海上首次发现 Q/13-FA 小型油气田，1966年发现盆地内最大的气田——Leman 气田，储量达 $3400 \times 10^8 m_g^3$。3D地震技术在80年代开始运用，储量增长获得新的突破（表4.1.1）。

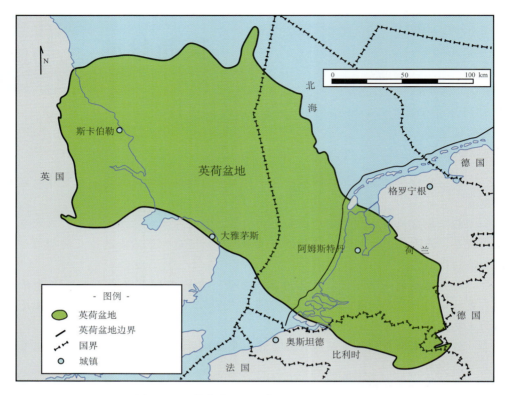

图 4.1.1　英荷盆地地理位置图 （IHS，2007）

表 4.1.1　英荷盆地油气勘探基础数据表 （据 IHS，2007 资料统计）

盆地概况	盆地位置	西欧地台	
	盆地面积	$153\ 049\ km^2$	
	盆地性质	华力西前陆盆地之上的叠合盆地	
	所属国家	英国，荷兰，德国	
油气储量	可采储量	油	气
	探明总储量	$2.058\ 9\times10^8\ m_o^3$	$25\ 722\times10^8\ m_g^3$
	累计总产量	$1.017\ 8\times10^8\ m_o^3$	$17\ 167\times10^8\ m_g^3$
	剩余总储量	$1.040\ 6\times10^8\ m_o^3$	$8\ 555\times10^8\ m_g^3$
工作量	地震	地震测线长度/km	556 000
		地震测线密度/（ km^2 /km)	0.3
	钻井	预探井总数/口	1 611
		预探井密度/（ km^2 /口)	95
		最深探井/m	陆上 5 390，海上 5 867

盆地内迄今已完成 55.6×10^4 km 的地震勘探，地震测线密度平均约 0.3 km²/km。

全盆地陆上预探井总数 435 口，其中英国 250 口，荷兰 176 口，德国 9 口。海上部分预探井总数为 768 口，荷兰探井数为 356 口，英国探井数为 412 口（图 4.1.2、图 4.1.3）。

英荷盆地已有油气发现 527 个，其中海上为 406 个，陆上为 121 个，累积发现石油总储量 $2.058\ 9 \times 10^8\,\mathrm{m_o^3}$，天然气总储量 $25\ 722 \times 10^8\,\mathrm{m_g^3}$。油气总储量为 $26.13 \times 10^8\,\mathrm{m_{oe}^3}$，其中 93% 分布于海上。

英荷盆地 2005～2006 年是油气产量明显下降的时期。2005 年有 130 个油田生产，日产油 3 052 m³/d，160 个气田日产气 1.148×10^8 m³。2006 年有 24 个油田生产，日产油 6.5×10^4 m³/d；26 个气田日产气 $0.136\ 6 \times 10^8$ m³。至 2006 年油气的采出程度都达到了 1/2 左右。

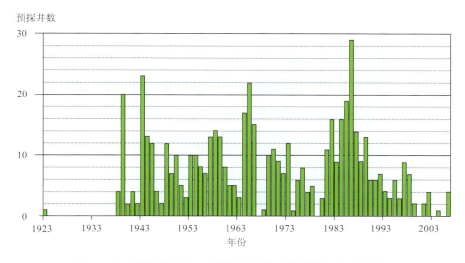

图 4.1.2　英荷盆地陆上年预探井数图（据 IHS，2007 修改）

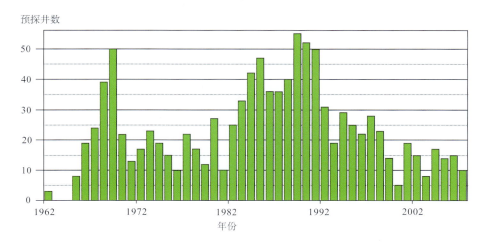

图 4.1.3　英荷盆地海上预探井数（据 IHS，2007 修改）

第二节　盆地基础地质特征

英荷盆地具有双重基底结构，深层基底由前寒武系结晶地块组成，结晶基底之上为古生代加里东褶皱基底。石炭纪该盆地处在华力西前陆盆地西端；二叠纪属于古南二叠盆地西段（向东可与西北德国盆地、东北德国-波兰盆地相连）。中生代以来整个西欧地台共同处于板内断陷构造背景。

一、构造区划

英荷盆地位于北海南部，大部分面积在海上。现今的上层构造格架主要受到侏罗纪的裂谷作用和白垩纪及新近纪构造反转作用的改造。盆地由一系列南北向至北西—南东向的断块和坳陷组成，包括了三个正向构造单元、三个负向构造单元和两个反转构造带。主要正向构造单元有东米德兰地台（East Midland Shelf）、Cleaver Bank 高和 Market Weighton 地区（Block）；负向构造单元为西荷兰次盆、中荷兰次盆和 Cleveland 次盆；反转构造带有布拉德十四（Broad Fourteen）反转带、Sole Pit 反转带（图 4.2.1）。

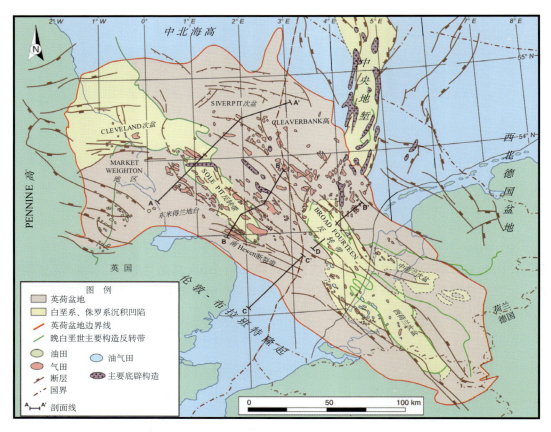

图 4.2.1　英荷盆地构造格架图（Cameron，1997；Van Wijhe，1986）

受新生界沉积厚度和中生界残余厚度控制，盆地短轴方向地层倾向北东，长轴方向地层倾向南东（图4.2.2）。英荷盆地的构造单元是依中界构造形态进行划分的，而其主要烃源岩为石炭系，主要储层为二叠系，所以构造单元与主要石油地质条件并没有直接关系。即使是中生界，也因后期构造反转使得现今构造高低也不与沉积一一对应。

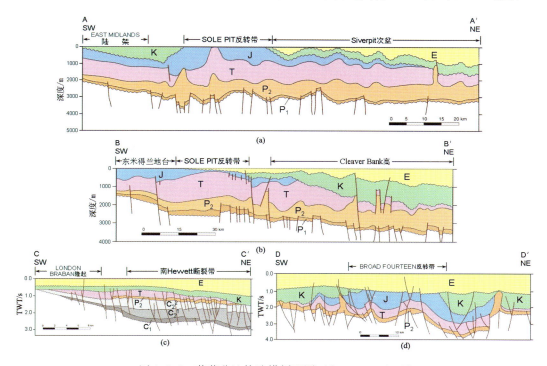

图4.2.2 英荷盆地构造横剖面图（Cameron，1997）

三个负向构造单元中西荷兰次盆和中荷兰次盆是侏罗系断陷，也是盆地侏罗系主要含油区。Cleveland次盆实际是侏罗系的次盆，白垩纪末期经受了构造反转，为Sole Pit反转带的西北延伸部位，次盆南部陆上泽希斯坦阶含气。

三个正向造单元：Market Weighton地区位于盆地西北部英国陆地部分，中生界厚度不大，是一个石炭系维斯特法阶含油气区；东米得兰台地在Sole Pit反转带西南侧，是一个向北东方向下倾的斜坡，赤底统含气；Cleaver Bank高是盆地东北部侏罗纪末期的反转区，侏罗系和三叠系剥蚀厚度达1 000～2 000 m（图4.2.2（b）），仅在南部发现赤底统气田。

Broad Fourteen反转带、Sole Pit反转带是侏罗纪的凹陷带，白垩纪末期反转。反转带顶部侏罗系普遍遭受剥蚀（图4.2.2（a）、（c）），虽然侏罗系厚度较大却全未进入生烃门限。构造反转赤底统创造了良好的圈闭条件，是这两个构造带成为盆地中主要天然气聚集带。

英荷盆地基底由下古生界变质岩、火山碎屑岩和花岗岩类组成（推断为上志留统到下泥盆统），泥盆系冲积相沉积不整合于其上（图4.2.1）。

二、构造与沉积演化

英荷盆地是一个多旋回衰亡的裂谷盆地体系，可分为 2 个活跃裂谷期、1 个前陆沉积期、2 个反转期及其之后的热沉降期。

英荷盆地的地质演化可以分为 4 个阶段：前寒武纪事件、加里东造山旋回、华力西前陆盆地旋回和与中生代裂谷期及阿尔卑斯挤压有关的构造事件。主要构造事件可以分为六个，其中两个主要与原始构造机制或主要的板块边缘作用有关，如大洋的形成和俯冲-增生作用；剩下的四个与板内变形有关。

（一）前寒武—加里东造山旋回

前寒武纪欧洲地区构造格局是被 Laptus 洋所分割的零散陆块。早古生代，英荷盆地乃至整个北海盆地属加里东拼合基底，其构造演化-沉积充填都受古老刚性克拉通地块和其间的软弱线所控制，构造线方向北部为 NE-SW 向，南部为 NW-SE。

（二）华力西前陆盆地旋回

泥盆纪—石炭纪　劳伦和斯堪的纳维亚克拉通之间沿其汇聚边缘，北部北海形成新的克拉通稳定区，南部北海则为加里东褶皱边缘的华力西前陆盆地地区（图 1.2.9）。

石炭纪早期（维宪期），冈瓦纳大陆和劳伦-俄罗斯大陆的碰撞，华力西造山运动开始，形成大量北西-南东向雁列背斜和掀斜断块，同沉积的断层主要方向为 NW-SE，南北向拉伸作用形成近东-西向地堑和隆起相间的构造格局（图 4.2.3）。早石炭世，半地堑裂谷盆地，充填深海的前三角洲泥岩。中到晚那慕尔阶，盆地处于区域热沉降阶段，Millstone Grit 组为前积三角洲沉积，上覆煤层分布范围更广。威斯特法阶层序在邻近晚威斯特法阶反转的 Sole Pit 轴附近，最大厚度达到约 1 200 m。在晚石炭世威斯特法阶，华力西造山运动持续发展，致使南侧原特提斯洋闭合和联合古陆的形成。

威斯特法阶（Westphalian）在石炭纪末发育为滨海沼泽环境。造就了英荷盆地的气源岩。

威斯特法阶的底部厚 100m，包括以砂岩为主的层序，与那慕尔阶最上部可对比，所以被归为 Millstone Grit 组。威斯特法阶的剩余部分被称做 Conybeare 群，横向分为两个岩性单元：

1）Caister 煤层组：富砂岩，含煤层层序，包含南部北海的北部地区主要为威斯特法阶 A 和威斯特法阶 B。

2）Westoe 煤层组：包括威斯特法阶 B 以及威斯特法阶 A 的大部分，砂岩含量低，分布在北海南部绝大部分地区。

在威斯特法阶 A 的早期，沉积物源来自北部地区，砂岩含量向南减少（图 4.2.4）。在横向上 Caister 煤层组与 Westoe 煤层组成相变关系，Westoe 煤层组相对贫砂，表明北海南部沉积物搬运方向为自西北至东南向（图 4.2.4）。

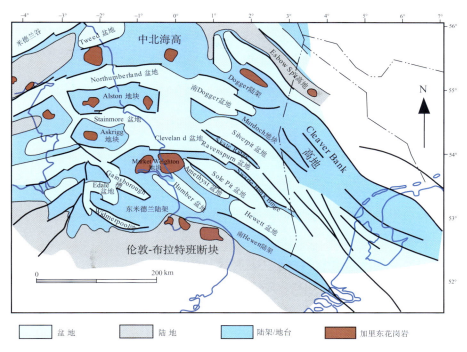

图 4.2.3 英荷盆地下石炭统地堑和半地堑发育构造格架图。高地主要分布在泥盆纪花岗杂岩体之上
英国地区主要参照 Corfield 等（1996），荷兰陆上地区主要参照 Ziegler（1990a），
在荷兰海上区域的构造趋势参照 Quirk（1993）

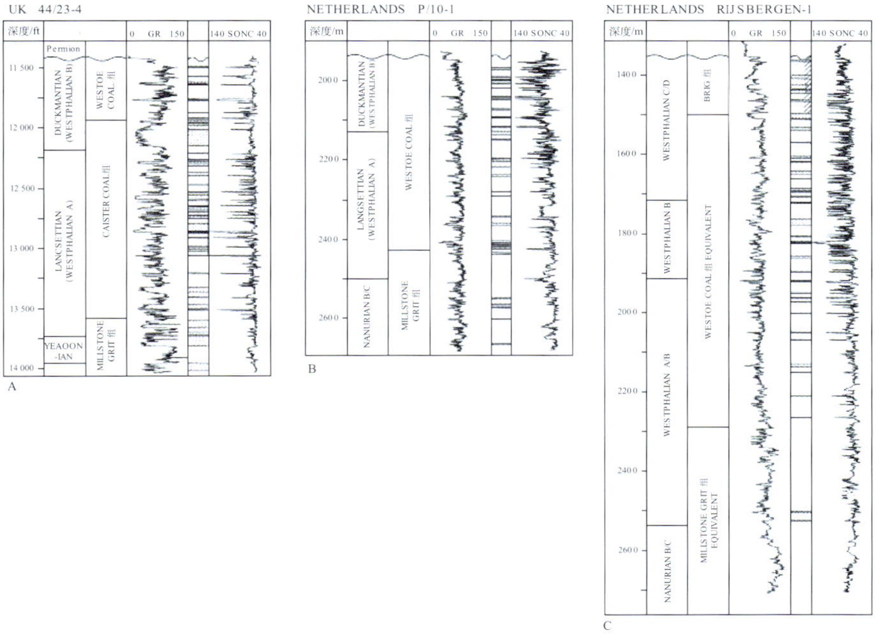

图 4.2.4 南部北海盆地威斯特法阶 A-B 的测井曲线，表示从北
（A）到南（B）砂岩逐渐减少（Glennie，1998）

（三）二叠纪热沉降事件

华力西造山带的形成于晚威斯特法阶末至二叠纪初。在华力西前陆区被强烈剥蚀后，于二叠纪初期开始，沉积面积扩大至北海全区，成为统一的稳定沉积区。

南二叠盆地沉积大约在 267Ma 时开始（刚好在 Illawarra 磁反转之前），直到二叠纪末（约 251Ma），16Ma 的时间间隔内，2 km 厚的赤底统沙漠-湖泊粉砂岩和盐岩沉积之后又沉积了大约相同厚度的泽希斯坦统蒸发岩，沉积速率每百万年大约 250 m。热沉降不可能是这种高速沉降的唯一原因。南北二叠盆地被中北海-林克宾芬高地分开。

华力西造山运动之后，欧洲北部的大部分地区都是一个干旱的沙漠。由于降水很少和强烈的风蚀作用，在整个晚二叠世南北二叠盆地的沉降速率超过了它的沉积速率。到晚二叠世泽希斯坦海侵为止，盆地的最深部分都是被沙漠湖泊所占据，它们的沉积大约在海平面以下 200～300 m 进行。

1. 赤底统

上赤底统系列从南到北、从下到上大致依次发育下列沉积相：①干谷和风成混合相；②主要为风成相；③盐沼相；④沙漠湖泊相（图 4.2.5）。干谷和风成砂岩为盆地的主要储层。

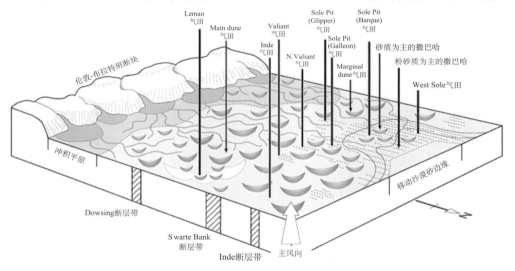

图 4.2.5　英荷盆地赤底世古地理图（Hillier，1990）

2. 泽希斯坦统

晚二叠世泽希斯坦层序包括五个主要的沉积旋回，每一个旋回都是以一个相对低盐度的正常海水供给开始，最后以几乎干燥的蒸发作用结束。化石证据显示，水体大部分可能来自挪威和格陵兰之间的开阔海（图 4.2.6）。供给量的变化不是由于构造作用，而是由于全球海平面的变化，随冈瓦纳冰盖末端的变大和减小而上下浮动。泽希斯坦蒸发岩在英荷盆地最大厚度达 2 km（图 4.2.7）成为盆地良好的区域性盖层，与石炭纪的源岩和赤底统储层形成理想的生-储-盖组合，导致英荷盆地成为富含天然气的盆地。

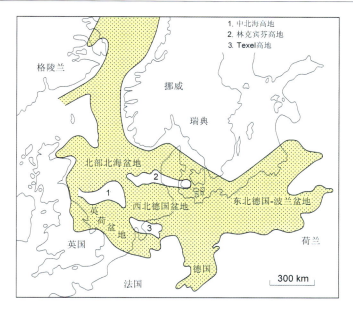

图 4.2.6　西欧上二叠统泽希斯坦盆地（Tucker，1991）

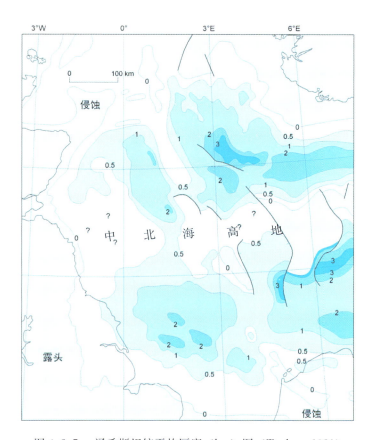

图 4.2.7　泽希斯坦统平均厚度（km）图（Taylor，1981）

（四）三叠纪—早中侏罗世同生裂谷事件

三叠纪　北海南部的英荷盆为裂陷沉积（图 4.2.8）。地堑快速的充填作用贯穿于整个三叠纪，大约 2 000 m 厚的沉积物堆积在中央地堑的南部。在盆地的内部，Sole Pit、Off Holland Low 和 Broad Fourteens 次级盆地是主要的被三叠系沉积中心控制的构造单元。

三叠系沉积物主要是红色岩层，细粒的碎屑物质和蒸发岩，包括典型的冲积扇、河成相、风成相、潮上滩、湖成相和浅海相。岩层中含铁镁矿物的后期氧化，形成赤铁矿的颜色。黏土质是三叠系细粒硅质碎屑沉积物的主要成分。

英荷盆地和西北德国盆地早三叠世以粗碎屑沉积为主（构成英荷盆地重要储层），中北海高以北则以湖湘泥岩为主，不同地区有着不同岩石地层单元名称（图 4.2.9）。北海南部中三叠世为蒸发岩沉积区，蒸发岩厚度自西而东增厚（图 4.2.10）。

中晚三叠世热地幔柱的隆起，导致北部北海三联点地区发育三叉裂谷。位于北海南部的英荷盆地，已经处于这一与地幔隆升相关裂谷系的外围，侏罗纪的裂谷沉积在更大程度上受控于北西向的华力西构造系（图 4.2.11）。

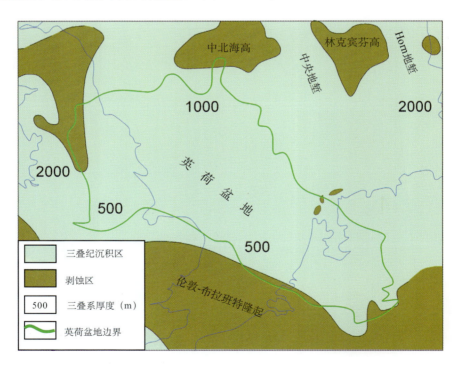

图 4.2.8　三叠纪英荷盆地位置图

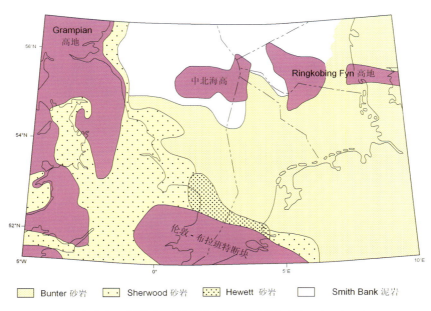

图 4.2.9　北海南部地区下三叠系岩相图（Glennie，1998）

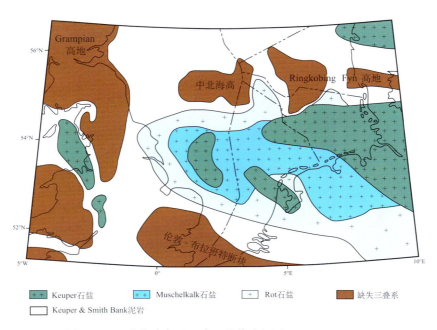

图 4.2.10　北海南部地区中三叠统岩相图（Glennie，1998）

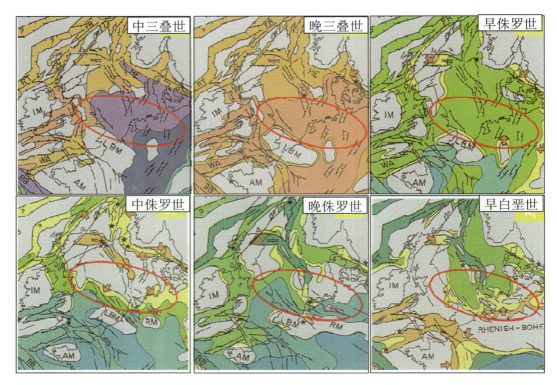

图 4.2.11　中生代西欧岩相古地理系列图（据 Ziegler，1988 修改）

IM，爱尔兰地块；LBM，伦敦-布拉班特地块；AM，阿摩里卡地块

RM，莱茵地块；HE，霍达—艾格松海槽

　　Sole Pit、Broad Fourteen 和 West Netherlands 次盆（包括 Roer Valley Graben），在侏罗纪经历了普遍的伸展，断陷最大沉积厚度可达 2 000 m（一般 200～300 m）。早侏罗世 West Sole 组由海相至半咸水三角洲砂岩、泥岩和具有鲕粒和生物碎屑的灰岩组成，是英荷盆地的主要油源岩。中侏罗是 Humber 组为海相钙质泥岩、含沥青泥岩和砂岩，加薄层鲕状灰岩沉积，在荷兰有河流相砂岩和煤层。晚侏罗世沉积了浅海相页岩。

（五）晚侏罗世—古新世构造反转事件

　　晚侏罗世到早白垩世发生同裂谷的反转运动，盆地边部侏罗系地层普遍遭受剥蚀。Cleaverlend Bank 高和 Broad Fourteens 反转带西南侧都可看到白垩系直接覆盖在三叠系地层之上（图 4.2.2（b）、（c））。这次活动可能与阿尔卑斯前锋构造带的挤压和北大西洋张开有关。

　　晚白垩世时，岩石圈伸展和局部裂谷作用结束，被热沉降和轻微区域地壳下拗所替代。全盆沉积白垩质灰岩。到晚白垩世末，Cleveland、Sole Pit、中西荷兰和 Broad Fourteens 等次盆反转，反转带轴部沉积物受剥蚀。由于英国陆架的区域上隆，形成区域性的不整合，也即 Chalk 群和古近系之间的不整合（图 4.2.12）。

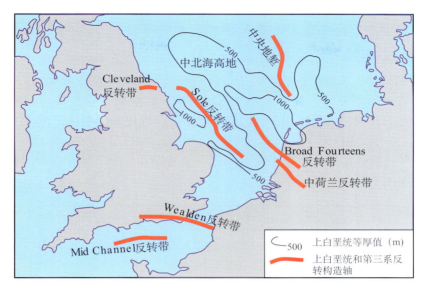

图 4.2.12 英荷盆地上白垩统等厚图及构造反转带的分布

白垩纪到第三纪初期，受阿尔卑斯褶皱带和大西洋张开的组合影响，将西北欧置于一个挤压或压扭的应力体制之下，这种应力体制导致了华力西北缘盆地普遍发生构造反转。原来沉降的 Cleveland、Sole Pit、Broad Fourteens 和中西荷兰等次盆，受到挤压作用再次反转，并在反转过程中甚至可借助早期正断层面形成逆冲断层（图 4.2.13）。

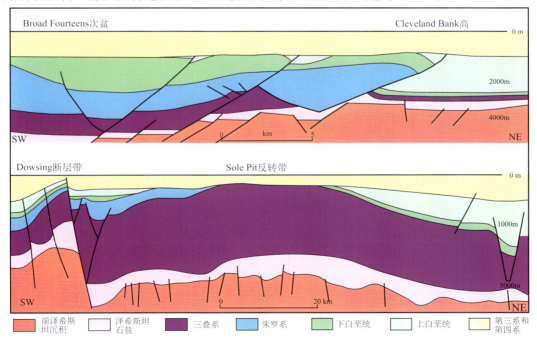

图 4.2.13 早白垩世英荷盆地地震地质剖面（下部剖面来自 Hancock，1990；上部剖面来自 Hooper et al.，1995）

（六）阿尔卑斯造山运动和盆地的构造反转事件

在渐新世和中新世 Sole Pit 和 Cleveland 反转带继续抬升并剥蚀，整个盆地新生界厚度自西而东减薄。古近纪构造反转在 Sole Pit 反转带和 Broad Fourteens 反转带表现最为明显，在反转带轴部白垩系地层全部被削蚀，甚至第三系直接与三叠系地层接触（图 4.2.13）。右旋走滑作用下，许多基底断层再活化，也形成了主要的盐体活动阶段。

我们简单地将盆地的 6 大构造-沉积事件归纳为图 4.2.14，图中反应各构造事件与沉积发育之间的关系。

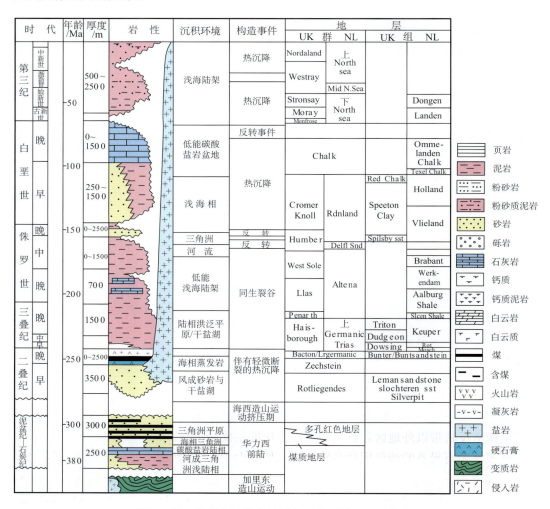

图 4.2.14　英荷盆地综合地层表（据 IHS，2007 修改）

第三节　盆地石油地质条件

英荷盆地是晚古生代前陆与中生代裂谷叠加盆地。具有两套含油气系统：一套是石炭系—三叠系含气系统，另一套是侏罗系—第四系含油系统。古生界含气系统占盆地油气总储量 96％，中—新生界含油系统占 4％。石炭系—二叠系含气系统当然是盆地石油地质条件研究的重点。

一、烃源岩

英荷盆地有两套烃源岩：石炭系威斯特法阶煤系地层及那慕尔/威斯特法阶海相泥岩和下侏罗统图阿尔阶（Toarcian）—中侏罗统巴柔阶（Bajocian）Altena 群 Posidonian 页岩和 Werkendam 页岩。威斯特法阶煤系地层是盆地的主要气源岩。

（一）石炭系威斯特法阶气源岩

上石炭统威斯特法阶煤系地层和伴生的碳质泥岩，为热带赤道气候下的三角洲平原环沉积。厚度 1 000～3 000 m，在英荷盆地中广泛分布，煤层约占地层厚度的 5％～8％。Ⅲ型干酪根，H/C 比为 0.5～1.0，O/C 比为 0.02～0.4。威斯特法 A 单个煤层厚 0.5～5 m，约占地层厚度的 5％；威斯特法 B 和 C 约占地层厚度的 8％（Bailey et al.，1993）。煤层的总有机碳含量可达 70％，泥岩有机质含量较低。煤可分为两类：高木质含量的煤是好的气源岩；混有菌藻类的煤是最好的气和凝析气源岩。那慕尔阶和威斯特法海相泥岩有机质含量较低，TOC 为 2％～5％，分散有机质的类脂组，壳质组达 17％，有一定生油能力。生气窗位于 4 000～6 000 m，但是各个凹陷的成熟时间不同。在英荷盆地，一般气的生成发生于晚白垩世的反转之前，并在古近纪重新进入生气窗。

在华力西期末盆地反转之前，深部厚的石炭系地层开始成熟。在这个阶段，许多生成的烃在华力西期末构造反转变形和剥蚀的时候流失。石炭系烃源岩的成熟史与中生代的埋藏史有关。在石炭系地下露头可以看到许多地区截然不同的成熟度。在大陆架边缘地区，最上方的石炭系地层至今未成熟，或者在边缘附近已经达到了生油的成熟度（镜质体反射率（VR）＝0.5～0.8）。在盆地中部的大部分地区，成熟度较高（Ro 1.0％）。在 Sole Pit 和 Cleveland 高地以及经历过中生代或者第三纪构造沉降的区域成熟度更高。在发生构造反转带以外地区，石炭系地层更深部主要是生气。

许多源于石炭系的油气田所在的地区，如 Sole Pit 和 Broad Fourteen 反转带，具有较高的地热梯度。沿 Broad Fourteens 反转前的盆地轴方向的镜质体反射率值高达 2.4％Ro。在经历华力西造山运动之后仍保存相对完好的气体生成潜力（即镜质体反射率值小于 2％Ro），被认为在后期的埋藏作用中能产生更多的天然气。

根据 Glennie 和 Boegner（1981）的计算，在 Sole Pit Trough 地区，威斯特法煤层分布面积为 1112 km²，在成熟度峰值时生气潜力（标准温压条件下）页岩为 $30 \times 10^8 m^3$ 天然气/m·km³（页岩 TOC 含量＝1％），煤层为 $1600 \times 10^8 m^3/m \cdot km^3$。如果整个

Sole Pit Trough 地区都成熟，那么不到 1.5m 的层间煤或 82m 的 1% 总有机碳含量页岩足以产生 $250 \times 10^{12} m^3$ 地下天然气。

石炭系地层所生天然气主要为干气（表 4.3.1）。

表 4.3.1　英荷盆地天然气成分表

气田或试井	甲烷/%	乙烷/%	N_2/%	CO_2/%	$\delta^{13}C_1$
英国平均值	91.2	5.2	3.6	0.27	
英国范围值	83.2~95.0	3.7~8.2	1.0~8.4	0.1~0.5	
Groningen（荷兰）	81.6	2.7	14.8	0.9	−36.6
Waddenzee（荷兰）	77.1~88.7	2.87~6.4	3.1~19.7	<1.26	−31.1
Broad Fourteens（K13）	85.3	6.7	<7.1	<1.7	
Amethyst	91.95	3.63	2.22	0.64	
Barque	94.59	3.65	1.36	0.35	
Caister（B，C）	84.0，84.5	1.4，7.0	14.5，6.0	0.1，2.5	
Camelot	90.7	6.8	2.4	0.1	
Cleeton	91.55	6.67	1.33	0.45	
Clipper	95.76	3.05	0.71	0.47	
Esmond			>8	<1	
Gordon			14		
Indefatigable	92	3.4	2.7	0.5	
Leman	94.94	3.74	1.26	0.04	
Markham	83				
Ravenspurn			~2.5	>1.0	
Ravenspurn South	93.15	3.71	1.78	0.96	
Rough	91	6	2.4	0.6	
Sean	91.06	4.54	3.19	1.21	
Thames，Yare，Bure	92			0.4	
West Sole	94	4.4	1	0.8	

（二）下侏罗统图阿尔阶油源岩

下侏罗统图阿尔阶 Posidonian 页岩为深灰色—黑色沥青质页岩，是良好的偏生油的烃源岩，干酪根类型为 II 型，TOC 值为 5%，具有高 γ 值特征。Posidonian 页岩平均厚度为 30 m，顶部深度为 2 200 m 左右，在发育 Posidonian 页岩的绝大多数地方都进入生油窗。该烃源岩仅分布在 Broad Fourteen、西荷兰和中荷兰盆地等地，已发现有 44 个与该烃源岩有关的油田，储层主要为上侏罗统到下白垩统。在源岩区附近也可以通过断层运移到三叠系本特阶砂岩中，例如 Ijsselmonde-Ridderkerk 油田。在西荷兰盆地中，该油源岩的可采总储量超过了 $1 \times 10^8 m_o^3$。原油的 API 值为 15°~34.8°。而在英国海域部分，Posidonian 页岩埋深不够，未达到成熟。下侏罗统图阿尔阶（J_1）—巴柔阶（J_2）Werkendam 页岩组，为海相富有机页岩，TOC 为 2%~12%，生烃门限为 2 500~3 000 m，主要产石蜡油。

在早白垩世末期到晚白垩世，下侏罗统烃源岩在南部较深地区达到生油窗，而在其后的构造反转事件中成熟度变低。据推测，在反转后古近纪快速沉降期可能有二次生成天然气的可能。

英荷盆地从石炭系—白垩系发育多套可生烃源岩。例如，上二叠统中特特里安阶（Tatarian）Kupferschiefer 组页岩、下侏罗统里阿斯阶（Lias）页岩，均为可生烃的次要源岩。

（三）天然气的运移

英荷盆地的地温梯度范围值为 $2.6\sim6.3$℃/100 m，平均值为 3.6℃/100 m，热流值范围为 $54\sim91$ mW/m²，平均值为 61.86 mW/m²。

英荷盆地主要气源岩是上石炭统的煤系地层，较深的拗陷生气高峰在晚白垩世，而较浅的拗陷中煤还未达到生气高峰的成熟度，烃类运移开始于晚三叠世—中白垩世。运移可能通过断层进行，并沿倾斜地层向上进入石炭系至三叠系砂岩储层。烃类运移似乎是短距离的，生气灶到圈闭的平均距离为 5 km，最大为 12 km。由于区域抬升 1 000 m 左右，有盐层覆盖的地方，由于盐的塑性流动而形成岩盐天窗，与断层一起也可作为烃类向上运移的通道。

Sole Pit Trough 地区天然气初次运移时间，为伊利石化的主要时期，距今 158 ± 18.6Ma（来自于 11 个油井的 39 个样品），大致相当于中侏罗世。Lee 等（1985）利用成岩伊利石的钾/氩（K/Ar）测年技术，得出了天然气进入 Broad Fourteen 反转带以西的时间，约为 140Ma 之前（早白垩世）。

二、储层

英荷盆地自石炭系到古近系都有储层发育，主要的天然气储层有如下三套：

下二叠统赤底统风成与河流相砂岩：Leman 组砂岩和 Slochteren 组砂岩，大致占据了盆地天然气总储量的 81%，是盆地最总要的储层；

三叠系河流相砂岩：Bunter 组砂岩（英国）、Main Bundsandstein 组砂岩和 Rot 组砂岩（荷兰），占盆地天然气总储量 11%，石油总储量 8%，是第二位的储层；

上石炭统河流相砂岩：那慕尔阶、威斯特法阶 A 和 B 段砂岩和 Barren 红层，占盆地天然气总储量 7%，石油总储量 9%（表 4.3.2 和图 4.3.1）。

表 4.3.2　英荷盆地油气储量的地层分布表（IHS，2007）

时代	油		凝析		气		油气田个数
	储量/10^8m³	比例/%	储量/10^8m³	比例/%	储量/10^8m³	比例/%	
侏罗系—白垩系	0.977 9	80	0.001 6	<1	98.39	<1	38
三叠系	0.103 2	8	0.117 0	14	2 814.20	11	69
二叠系	0.008 7	<1	0.671 0	79	20 683.02	81	333
石炭系	0.116 4	9	0.027 5	5	1 801.26	7	114

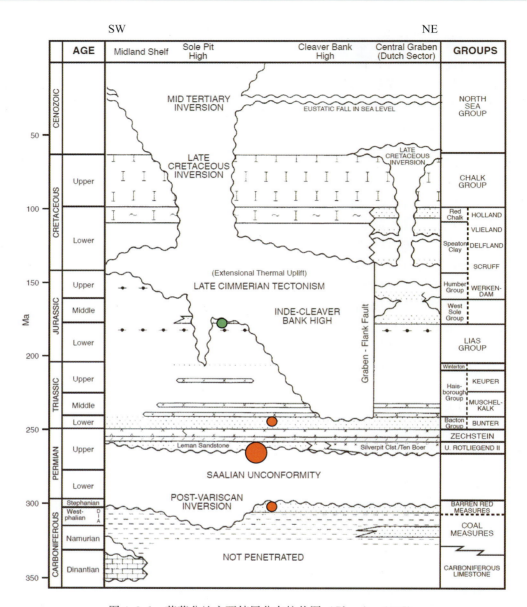

图 4.3.1　英荷盆地主要储层分布柱状图（Glennie，1997）

　　上述三套主要储集层中发现的油气储量约占盆地总储量的 95%。次要储集层还有上二叠统泽希斯坦统海相碳酸盐岩等。二叠系地层中含有盆地天然气总储量的 81%，是首要的储层。

　　侏罗系和白垩系 Altena、Delfand 和 Rijnland 海相和边缘海相砂岩是主要的石油储层，石油储量占盆地石油总储量的 80%。

（一）赤底统储层

英荷盆地赤底统属于干旱气候下的河流相-风成相-沙漠湖相沉积体系，总体看盆地北部为沙漠湖相区，南部为河流相-风成相区（图4.3.2）。沙漠湖相岩石地层名称为Silverpit（页岩）组，河流相-风成相岩石地层名称为Leman（砂岩）组（图4.3.1）。

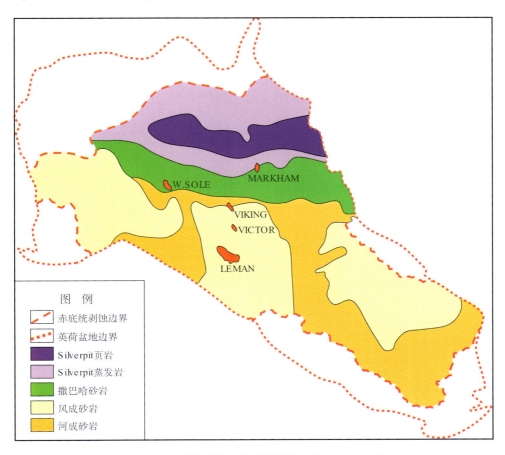

图例

- 赤底统剥蚀边界
- 英荷盆地边界
- Silverpit页岩
- Silverpit蒸发岩
- 撒巴哈砂岩
- 风成砂岩
- 河成砂岩

图4.3.2 英荷盆地赤底统岩相图（Jeorge，1997）

Leman气田-Victor气田-Viking气田-Markham气田位于盆地中部，横切风成相-河流相-萨巴哈相直至沙漠湖相边缘，为我们提供了系统描述英荷盆地赤底统储层特征提供了方便。Leman气田和Victor气田Leman组以风成砂岩为主。北至Viking气田开始出现萨巴哈相。在最北面的Markham气田Leman组上部出现大套沙漠湖相泥岩（图4.3.3）。

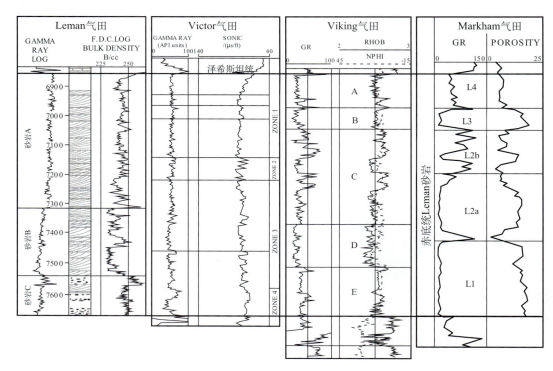

图 4.3.3 英荷盆地 4 气田赤底统 Leman 砂岩对比图
(Hillier，1991)

1. Leman 气田

二叠系赤底统 Leman 砂岩是在 Leman 气田北命名的。Leman 砂岩段厚 168～274 m，自上而下分为 A \ B \ C 三段。据 49/26-1 井统计，Leman 组风成沙丘相大致占地层厚度的 65％，受海侵改造的风成砂岩约占 15％，沙丘间相和河流相个占 15％（图 4.3.4）。

C 段分选较差，含砾石，夹泥岩，厚 8～106 m，物源来自西南方向的 London-Brabant 隆起。C 段大部分气水界面以下，对气田来说没有经济意义（图 4.3.3）。

A 段和 B 段是大套细到中粒风成交错层砂岩。B 段厚 7～122 m，是气田上储层质量最好的砂岩段。A 段厚 30～198 m，占有 80％的 GIIP 天然气储量。A 段顶部 9～30 m 为经过后期海侵水流改造的风成砂

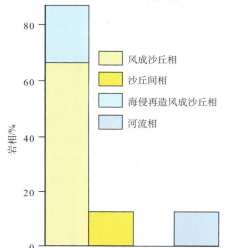

图 4.3.4 Leman 气田 49/26-1 井 Leman 组岩相统计图表（Martin，Evans，1988）

岩，储层质量差。A 段和 B 段的主体由风成沙丘组成，季风方向自东而西。沙丘的风成交错层倾角为 25°，水平的底积层分选较差。

整个 Leman 砂岩没有稳定的隔层，风成沙丘底积层的渗透性比斜层部分要低两个数量级。沙丘的斜层部分渗透率也有各向异性，沿斜层方向要比垂向好得多。沙丘一般长 914～1 219 km，宽 457 ft，最大厚 4.5～6 m。Leman 气田构造顶部井距大致为 300 m，所以单个沙丘至少可以在两口井中见到。断层一般是北西-南东向延伸的走滑断层，多为非渗透边界，尤其是在气田的南部和东南部。

B 段储层质量最好，49/26j 区块平均渗透率 6.03 mD，49/27 区块 15.6mD。A 段 49/26 区块平均渗透率 1.02 mD，49/27 区块 2.45 mD。气田平均孔隙度为 12.9%，B 段上部孔隙度最高（图 4.3.5）。A 段储层质量不如 B 段的主要原因是由于黏土和钾长石含量相对较高，钾长石在成岩过程中形成了伊利石。伊利石的形成时间大致在中侏罗世，此时天然气尚未进入储层。在孔—渗关系图中可以看到 C 段物性明显低于 A-B 段（图 4.3.6）。

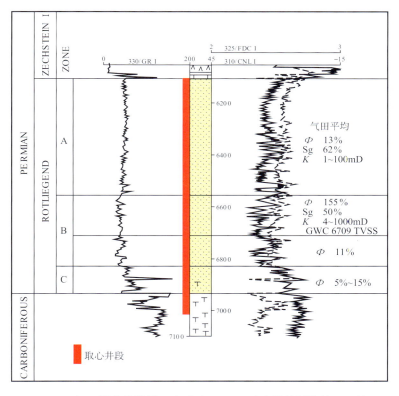

图 4.3.5 Leman 气田测井曲线图，表示 A、B、C 砂岩段储层物性（Hillier，1991）

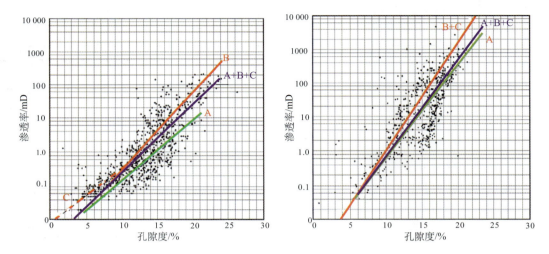

图 4.3.6　Leman 气田 A-49/26-26 井，B-D05 井
A、B、C 砂岩段孔-渗回归线图表（Hillier，1991）

2. Victor 气田

Victor 气田 Leman 砂岩段厚 91～137 m（平均 114 m），向西南方向变薄，自下而上分为 4 段（图 4.3.3）：

Leman 4 段不整合于石炭系之上，自东南向西北增厚，由中-细粒砂岩、膏泥岩、粉砂岩和页岩夹层组成，解释为短暂的河流相沉积；

Leman 3 段为分选良好的风成砂岩和部分沙丘间沉积（Conway，1986）；

Leman 2 段一般厚度＜18 m，为具有波状层理的粉砂岩（＜3 m）与沙丘砂岩互层；Leman 2 段沉积时期为高水位期，气田东北部为沙漠湖。

Leman 1 段又回到低水位期，主要为沙丘沉积，间有少量的沙丘间沉积。顶部为经海侵改造的风成砂岩。

Victor 气田 Leman 砂岩平均孔隙度为 16％，平均渗透率为 52 mD，以渗透率 0.5 mD 为界限，其净毛比为 0.95（Lambert，1991）。储层质量主要受沉积相控制；沙丘砂岩物性最好，渗透率一般 200～500 mD（图 4.3.7）；河流相砂岩分选差，胶结物含量较高，渗透率一般＜1.0 mD。具有波状层理的砂岩和席状砂岩黏土含量高，储层质量也很差。

Leman 砂岩总的来说均质性较好，河流相砂岩中夹有薄层页岩。河流相比较发育的 2、4 砂岩段储层质量差，1、3 砂岩段在气田边部渗透率也变差。

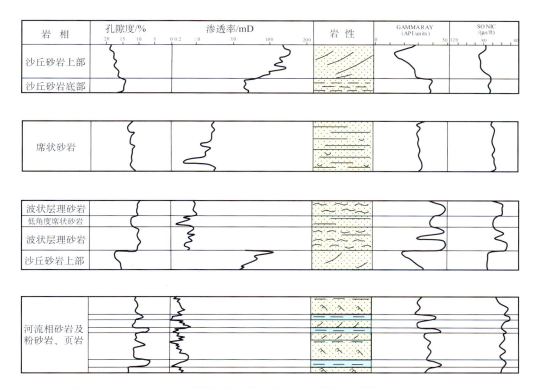

图 4.3.7　Victor 气田不同沉积相带砂岩电性和物性特征图（Conway，1986）

3. Viking 气田

Viking 气田赤底统厚 152～244 m，Leman 砂岩在北 Viking 厚 131 m，南 Viking 厚 220 m，平均厚度大约 152 m。Leman 砂岩分作 5 个砂岩段（A～E），包括风成砂岩相、河流砂岩相、盐沼萨巴哈-沙漠湖相和水流再造风成砂岩相等 4 种相带（图 4.3.8）。

沙丘相　70％～80％的 Leman 砂岩属于风成沙丘和沙丘间相，单层厚 0.15～3 m，细-中粒；风成沙丘与薄层、分选中等的细粒沙丘间相间互。

河流相　占 Leman 砂岩总厚的 5％～20％，单层厚 0.3～4 m，块状，具低角度的交错层，细—中粒，局部含砾石，夹河漫滩相沉积。

盐沼萨巴哈和沙漠湖　这种相带只在北 Viking 占 Leman 砂岩总厚的＜20％（图 4.3.9），为薄层粉-极细粒砂，具波状层理、水平层理、龟裂构造，夹有少量薄层蒸发岩。

水流再造的风成砂　占 Leman 砂岩总厚 5％以下，单层厚 1.5～6m，直接覆盖在泽希斯坦阶以下，块状砂岩，具扭曲层理，是经泽希斯坦海侵改造的赤底统风成砂岩。

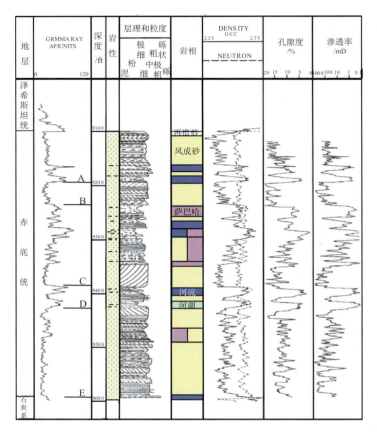

图 4.3.8 Viking 气田 49/12-3 井综合测井曲线，
表示不同相带砂岩电性和物性特征（George，1993）

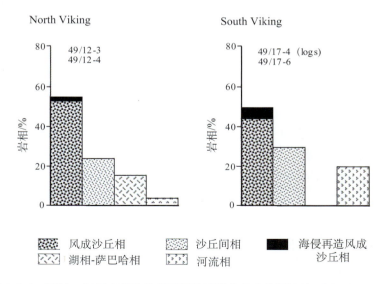

图 4.3.9 Viking 气田南部和北部不同类型相带分布特征比较（Martin，1988）

Viking 气田位于 Sole Pit 风成沙丘东北，与 SilverPit 沙漠湖之间（George，Berry，1993），具有盐沼萨巴哈标志相带，距离沙漠湖不远（图 4.3.10）。

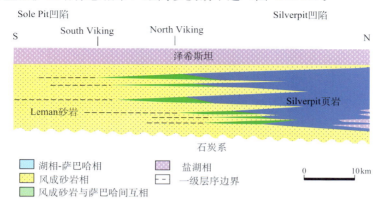

图 4.3.10　Viking 气田南北向岩相横剖面，表示 Leman 砂岩 xiang 与 silverpit 说明湖相间的横向变化（Martin，1988）

Leman 沙丘砂岩孔隙度变化于 7%～25% 之间，渗透率 0.1～1 000 mD（Gray，1975）。沙丘间砂岩孔隙度变化于 5%～15%，渗透率可达 0.1～100 mD（图 4.3.11）。盐沼-萨巴哈相为非储层。早期成岩作用主要是石膏、岩盐和白云石胶结，后期为高岭石、伊利石、海绿石的充填。河流相和沙丘间相的胶结作用较沙丘相强烈。经海侵再造的风成砂，其顶部更为致密。

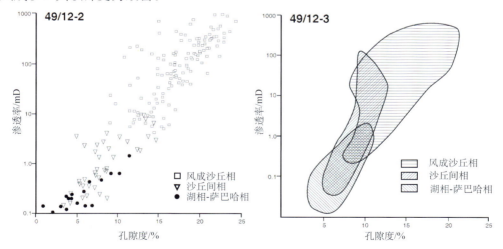

图 4.3.11　Viking 气田不同相带砂岩孔-渗关系图表（Martin，1988）

4. Markham 气田

Markham 气田位于 Cleaver Bank 高之上，正当 Cleaver 沙漠湖与 Leman 风成砂的过渡带（图 4.3.12）。Markham 气田以南是 Leman 组砂岩向 Cleaver Bank 高的超覆带，以北 Leman 组砂岩横向相变为 Cleaver 页岩。

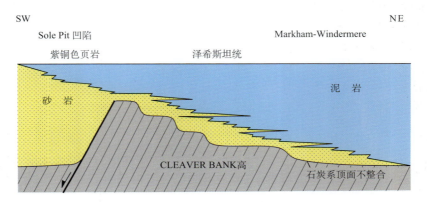

图 4.3.12　通过 Cleaver Bank 高南西—北东向赤底统岩相横剖面示意图

（据 C & C，2000，源于 Baylley，2001）

　　Markham 气田赤底统上部为 Silverpit 组，下部为 Leman 砂岩，总体为风成沙丘和富砂萨巴哈与富泥萨巴哈与沙漠湖泥质沉积。Silverpit 组主要为沙漠湖泥质沉积，底部为泥质萨巴哈相为主。Leman 砂岩底部（L1 段）以风成砂岩为主；L2 段为风成沙丘与沙丘间相间互层；L3 段厚度不大，砂岩与页岩间互的萨巴哈沉积；L4 段为层状页岩，解释为干盐湖相（图 4.3.13）。

　　气田东南部 L1 至 L4 段有大套风成沙丘发育，向气田西北部萨巴哈夹层逐渐增多。气田西北的 49/5-4 井则以干盐湖相沉积为主（图 4.3.13）。

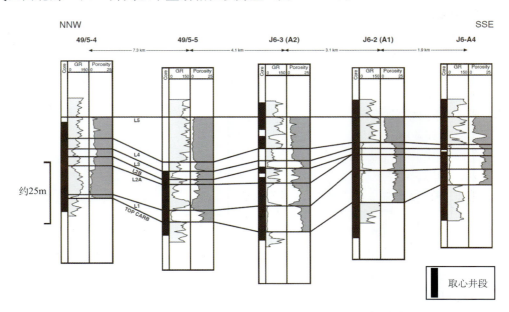

图 4.3.13　Markham 气田近南北向 Leman 砂岩储层物性连井对比图

（据 C & C，2000，源于 Myres，1995）

Markham 气田气层毛厚度 21~48 m，净毛比 0.84。气田的主要储量存在于 L1~L3 段，主要生产井分布与气田东南部（占气田总储量 2/3）。储层的平均孔隙度为14%，平均渗透率 0.1~1 000 mD。储层的质量受控于砂岩的沉积条件和成岩作用。粗粒的风成砂岩物性最好，孔隙度可达 15%~20%，渗透率 10~1 000 mD。次生孔隙主要是长石溶孔，石英的次生加大和次生高岭石都会使得物性变差。萨巴哈砂岩孔隙度一般只有 8%~10%，渗透率 0.1~10 mD（图 4.3.13）。

（二）三叠系储层

英荷盆地主要的发现在二叠系储层中，但在 Hewett、Dotty、F15-A、K13、P6、PI5、PI8、Caister B、Esmond、Forbes 和 Gordon 等油气田也有三叠系储层。

三叠系储层主要为冲积扇和河流相砂岩，广泛分布于全盆地，并显示出良好的孔隙度，其天然气储量可占盆地总储量的 11%。西荷兰凹陷是三叠系的主要含气区。

三叠系储层主要有两段（图 4.3.14）：下部的储层是海威特（Hewett）砂岩段，为细-粗粒河流相砂岩，产层总厚度 60 m，孔隙度 21.4%，渗透率 1 310 mD；上部储层本特（Bunter）砂岩段为红色-橘红色的中-粗粒河流相砂岩，产层总厚度 98 m，孔隙度 25.7%，渗透率 474 mD。这两个储层的物源都是来自伦—布拉班特高地，包括不同的矿物成分，本特砂岩是主要储层，其中的天然气有较高的硫化氢含量和含氮量。本特砂岩之上的道斯英（Dowsing）组蒸发岩是良好盖层。例如，本特组砂岩储集层在英荷盆地艾斯蒙德气田，纯产油层为 80 m，储集层总厚度为 104 m。储层物性良好，冲积平原辫状河砂岩孔隙度一般为 15%~30%，渗透率最高达100 mD。

（三）侏罗系—白垩系储层

侏罗系和白垩系储层是盆地的主要含油层，

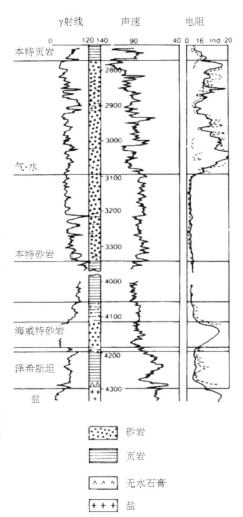

图 4.3.14 Hewett 油田的测井曲线

主要是海陆过渡—浅海相砂岩，其中发育有多套储/盖组合段，所含石油储量占盆地石油总储量的 80%。中侏罗世—上侏罗世河道砂以及下白垩浅海海侵砂岩出现在 Broad Fourteen、西荷兰和中荷兰盆地。下侏罗统—下白垩统弗里兰德（Vlieland）砂岩与中白垩统阿普特-阿尔必阶艾瑟尔蒙德组（IJsselmonde）砂岩是主要储层，弗里兰德砂岩是自牛津期至丹兰吟期穿时的海进沙洲、沙坝砂岩，砂岩净厚度 10～50 m，平均孔隙度 20%～28%，渗透率 500 mD。艾瑟尔蒙德组是陆相或海陆交互相灰色和杂色黏土岩、黏土质砂岩偶尔夹有煤层。不同的构造沉降区还有辫状河沉积，其上湖相页岩和煤层。在 Broad Fourteen 盆地中为细至中粒砂岩与粉砂岩、黏土岩互层，在西荷兰盆地是平原河流相中—粗粒砂岩，孔隙度 10%～27%，渗透率 100～3 000 mD，净砂岩厚度可达 300 m。

三、盖层

英荷盆地共计有 9 套盖层：

1）上石炭统泥岩是上石炭统储集层内的局部盖层；

2）二叠系 Silverpit 组蒸发盐是 Silverpit 拗陷上石炭统的区域性盖层；

3）二叠系蒸发盐和碳酸盐岩是赤底群的区域性盖层；

4）三叠系泥岩是三叠系储集层的半区域性盖层；

5）中侏罗统泥岩是中侏罗统砂岩储集层的局部盖层和三叠系砂岩储集层的局部盖层；

6）上侏罗统—下白垩统泥岩是上侏罗统和下白垩统储层的局部盖层；

7）下白垩统泥岩和泥灰岩是三叠系储集层的局部盖层（K/13-1）；

8）上白垩统的白垩、泥岩和石灰岩是上白垩统储集层的局部盖层；

9）古近系泥岩是古近系储集层的局部盖层。

对英荷盆地主力储层赤底统砂岩而言，二叠纪泽希斯坦统蒸发岩是极好的区域盖层，而在英荷盆地北部赤底统尖灭北缘，Silverpit 组页岩封盖着风成砂岩和萨巴哈砂岩。

除此之外的重要盖层还包括：与晚石炭世威斯特法期和晚石炭世那慕尔期砂泥岩互层的页岩和煤层，以及封盖晚石炭世威斯特法 C 和 D 红层砂岩储层的 Silver pit 组页岩。

四、油气圈闭

英荷盆地主要圈闭为构造型圈闭，形成年代主要是二叠纪。95% 的油气储量储存于构造型圈闭中，构造-不整合油气藏和岩性-构造油气藏分别占盆地油气总储量的 3.2% 和 1.5%（表 4.3.3）。

表 4.3.3　英荷盆地油气储量的圈闭类型分布表（IHS，2007）

地层	油气田数	油气储量					比例/%
		岩性-构造	构造-不整合	构造	岩性	合计	
古近系	1	0	0	$<0.01\times10^8\,m^3$	0	$<0.01\times10^8\,m^3$	<1
侏罗系—白垩系	43	0	0	$1.08\times10^8\,m^3$	0	$1.08\times10^8\,m^3$	4.1
三叠系	73	0	0	$3.02\times10^8\,m^3$	0	$3.01\times10^8\,m^3$	11.5
泽希斯坦统	41	$0.03\times10^8\,m^3$	0	$0.40\times10^8\,m^3$	$0.0004\times10^8\,m^3$	$0.44\times10^8\,m^3$	1.7
赤底统	295	$0.27\times10^8\,m^3$	0	$19.36\times10^8\,m^3$	0	$19.63\times10^8\,m^3$	75.2
石炭系	119	$0.11\times10^8\,m^3$	$0.83\times10^8\,m^3$	$1.02\times10^8\,m^3$	0	$1.95\times10^8\,m^3$	7.5
合计	572	$0.41\times10^8\,m^3$	$0.83\times10^8\,m^3$	$24.89\times10^8\,m^3$	$0.0004\times10^8\,m^3$	$26.12\times10^8\,m^3$	100
比例		1.5%	3.2%	95.3%	<1%		

　　侏罗系/白垩系构造圈闭是盆地石油的主要圈闭类型，占石油储量的 80％。圈闭为不对称断背斜，储层为凡兰吟海相砂岩，盖层为夹层黏土岩。

　　赤底统构造圈闭广泛分布于盆地 295 个油气田中（如 Leman、Indefatigable 等大气田）。79％的天然气和凝析油储量分布于赤底统（表 4.3.4）。圈闭包括断块、背斜和倾斜断块，形成时间从二叠纪到中新世。在诸多圈闭类型中，断背斜圈闭占绝对优势。现在就将前面提到的 4 个赤底统气田的圈闭逐一介绍，可见盆地中最重要的圈闭特征之概貌。

表 4.3.4　英荷盆地油、气、凝析油的圈闭类型分布表（IHS，2007）

时代	油气	岩性-构造		构造-不整合		构造		岩性		合计	比例/%
		储量	比例/%	储量	比例/%	储量	比例/%	储量	比例/%		
古近系	油					$0.003\,1\times10^8\,m_o^3$	<1			$0.003\,1\times10^8\,m_o^3$	<1
	凝析油/$10^8\,m^3$										
	气/$10^8\,m_g^3$										
侏罗-白垩	油					$0.977\,9\times10^8\,m^3$	80			$0.977\,9\times10^8\,m^3$	80
	凝析油					$0.001\,6\times10^8\,m^3$	<1			$0.001\,6\times10^8\,m_o^3$	<1
	气					$98\times10^8\,m_g^3$	<1			$98\times10^8\,m_g^3$	<1
三叠系	油					$0.103\,2\times10^8\,m^3$	8			$0.103\,2\times10^8\,m^3$	8
	凝析油					$0.117\,0\times10^8\,m^3$	14			$0.117\,0\times10^8\,m^3$	14
	气					$2\,814\times10^8\,m_g^3$	11			$2\,814\times10^8\,m_g^3$	11
泽希斯坦	油					$0.008\,7\times10^8\,m^3$	<1			$0.00\,87\times10^8\,m_o^3$	<1
	凝析油					$0.002\,8\times10^8\,m^3$	<1			$0.002\,8\times10^8\,m^3$	<1
	气					$419\times10^8\,m^3$	2	$0.07\times10^8\,m_g^3$	<1	$419\times10^8\,m_g^3$	2

续表

时代	油气	岩性-构造		构造-不整合		构造		岩性		合计	比例/%
		储量	比例/%	储量	比例/%	储量	比例/%	储量	比例/%		
赤底统	油/ $10^8 m_o^3$										
	凝析油	0.0014 $\times 10^8 m_o^3$	<1			$0.6667 \times$ $10^8 m_o^3$	79			$0.6667 \times$ $10^8 m_o^3$	79
	气	$283 \times$ $10^8 m_g^3$	1			$19\,980 \times$ $10^8 m_g^3$	78			$20\,263 \times$ $10^8 m_g^3$	79
石炭系	油	0.0055 $\times 10^8 m_o^3$	<1	0.0011 $\times 10^8 m_o^3$	<1	$0.1154 \times$ $10^8 m_o^3$	9			0.1220 $\times 10^8 m_o^3$	9
	凝析油			0.0224 $\times 10^8 m_o^3$	3	$0.0210 \times$ $10^8 m_o^3$	2			$0.0434 \times$ $10^8 m_o^3$	5
	气	$96 \times$ $10^8 m_g^3$	<1	$861 \times$ $10^8 m_g^3$	3	$940 \times$ $10^8 m_g^3$	4			$1897 \times$ $10^8 m_g^3$	7

（一）Leman 气田

Leman 气田是一个四周下倾的北西向长轴断背斜，面积 281.1 km²。Leman 砂岩顶面埋深 1798m，构造闭合幅度 305 m，原始气柱高度 243 m，原始气水界面海拔 2 047 m，属于块状底水气藏（图 4.3.15、图 4.3.16）。可采储量 3 263×10⁸ m_g³（1991）。

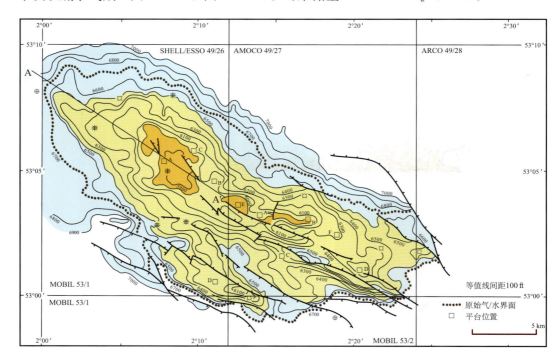

图 4.3.15　Leman 气田赤底统顶面构造等值线图（van Veen，1975）

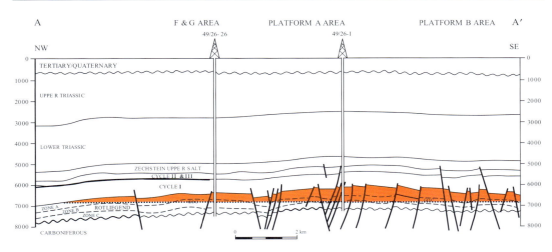

图 4.3.16　Leman 气田北西-南东向油藏横剖面图（Hillier，1990）

　　Leman 气田位于 Sole Pit 反转带东南部。Sole Pit 反转带在阿尔卑斯期发生构造反转，剥蚀厚度大于 1500m。Leman 背斜形成于基梅里至阿尔卑斯期，并伴有密集的断层（图 4.3.17）。断层可分为三组：北北西向，南西西向和北西西向。构造四方下倾，泽希斯坦统蒸发岩为良好盖层。

　　至 1995 年气田已累计生产天然气 2 798×10^8m³。天然气为干气，C1：94.94％；C2：2.86％；C3：0.49％；N2：1.26％；C02：0.04％。天然气比重为 0.585，气层温度 125 °F，原始储层压力 3022 psi（1981m）。

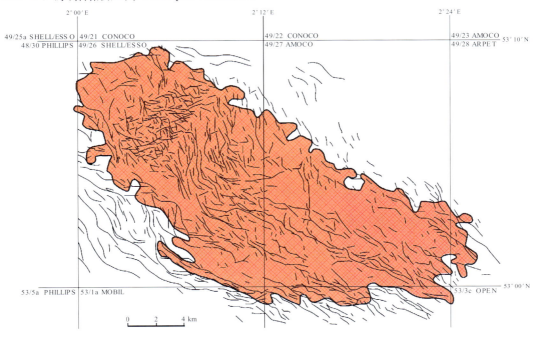

图 4.3.17　Leman 气田赤底统断裂平面分布图（Hillier，1990）

（二）Victor 气田

Victor 气田是一个北西-南东向延伸的地垒型断块，最大断距 91～213 m（Lambert，1991）。断块向西北倾斜，东南倾的断块面积很小（图 4.3.18）。气/水界面海拔 2675 m，为块状底水气藏（图 4.3.19）。在晚白垩世至古近纪石炭系的煤和页岩生成的天然气运移到赤底统储层。

Victor 气田面积 22.3 km²，闭合幅度 152 m，赤底统储层构造顶都海拔 2 530 m，原始气柱高 146 m。气田天然气储量 260×10^8 m³，凝析油 $0.002\ 9 \times 10^8$ m³（1991）。

气田 1989 年 2 累计产气约 70×10^8 m³，天然气比重 0.612，凝析油重度 60°API，油气比 1.8 BBL/MMscf。气层温度 192°F。原始气层压力 4 047 psi。采收率 86.63%。产气指数 17～100 $Mcf_g/(psi \cdot d)$。

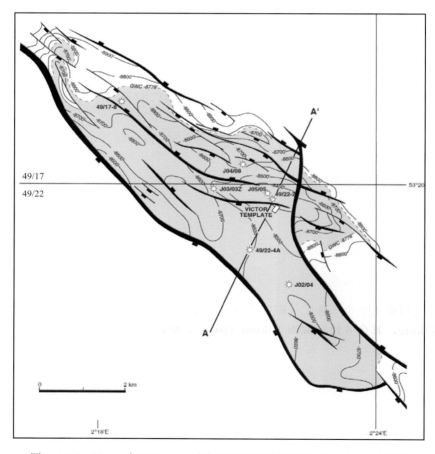

图 4.3.18　Victor 气田 Leman 砂岩顶面构造等值线图（Lambert，1991）

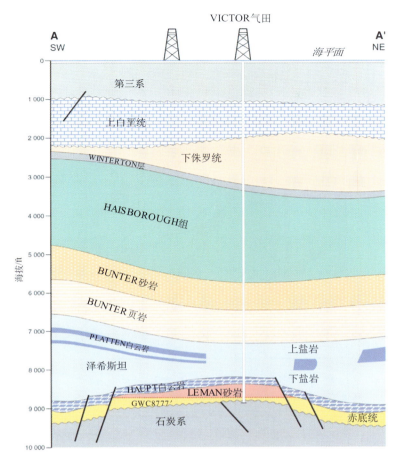

图 4.3.19　Victor 气田气藏横剖面图（Lambert，1991）

（三）Viking 气田群

Viking 气田群由 9 个单独的气藏组成（A，B，C，D，E，F，G，Gn 和 H），A-F-H 块称为北 Viking，其余 6 块统称南 Viking（图 4.3.20）。

北 Viking 气田是一个断背斜，长轴 16 km，短轴 3 km。纵贯构造北西向断层断面西南倾，断距最大 304 m，分割了西南部的 F 块和东北部的 A 块和 H 块（图 4.3.21、图 4.3.22）。A-H 块是向东北倾末的半背斜，其间被一个北东向断层分割。气/水界面海拔 968 0ft。

Viking 气田总面积 30.5 km²，赤底统储层顶部埋深 2 438～2 743 m，最低圈闭等值线（气水界面）2 743～3 108 m。北 Viking 气田储层顶面埋深 2 576 m，原始气柱高度 375 m，气水界面 2 950 m。

北 Viging 气田油气储量（折合为油当量）0.884 2×10⁸ m³₀，南 Viging 气田 6 块合计油气储量为 0.569 6×10⁸ m³₀。天然气成分：C_1 为 91.2%，N_2 为 2.51%，CO_2 为 0.97%，CO_2 为 0.38%，H_2S 为 0.0%。比重为 0.615，油气比 4～5BBL/MMscf。生产指数 4～110Mcf_g/（psi·d）。

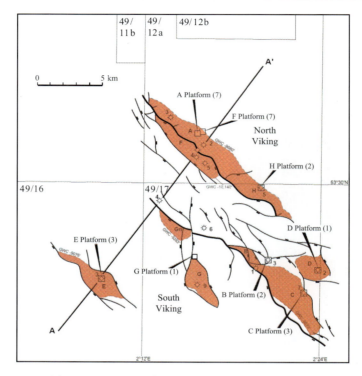

图 4.3.20　Viking 气田群位置图（Morgan，1991）

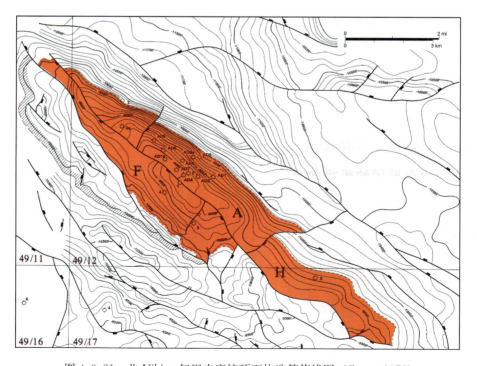

图 4.3.21　北 Viking 气田赤底统顶面构造等值线图（Gray，1975）

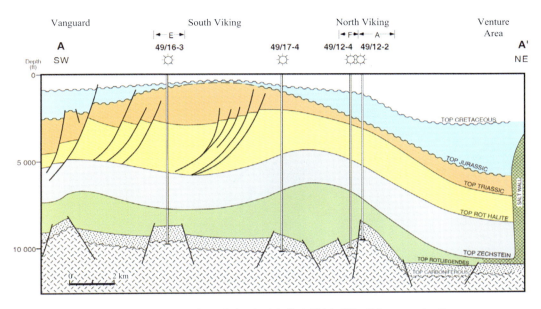

图 4.3.22　Viking 气田北东-南西向构造横剖面图 (Morgan，1991)

（四） Markham 气田

Markham 气田是一个北西-南东向复合构造圈闭，部分为背斜，部分为垒块圈闭。气田面积 53.8 km²，储层顶部埋深 3 360 m，气水界面 3 497 m（图 4.3.23），最大气柱高 137 m 。构造分为东、西两个部分（图 4.3.24）：东部为垒块，西南侧断层的断距约 100 m，西北和东南两侧为地层下倾圈闭；西部为大型被断层复杂化背斜圈闭，西侧靠断层封闭，沿背斜轴部发育有小型地堑。

Markham 气田天然气可采储量 $198 \times 10^8 m^3 g$ (1995)，天然气中甲烷含量占 83%，油气比 9 BC/MMcf$_g$，原始气层压力 5711 psi（3 640 m），采收率 75%。

（五） 油气圈闭的规模分布

英荷盆地共有油气发现 572 个，油气总储量为 $26 \times 10^8 m^3_{oe}$。最大的气田是 Leman 气田，储量为 $3.2 \times 10^8 m^3_{oe}$。大于 $0.3 \times 10^8 m^3_{oe}$ 的气田共有 10 个，合计储量 $9.47 \times 10^8 m^3_{oe}$，占盆地油气总储量的 36.3%。$0.16 \sim 0.3 \times 10^8 m^3_{oe}$ 的油气田共有 18 个，合计储量 $3.82 \times 10^8 m^3_{oe}$，占盆地油气总储量的 14.6%（表 4.4.5 和图 4.3.25、图 4.3.26）。可见英荷盆地以中-小型油气田为主。造成这一油气田规模特点的主要原因是盆地中以小型断块型圈闭为主，缺少大规模背斜圈闭。

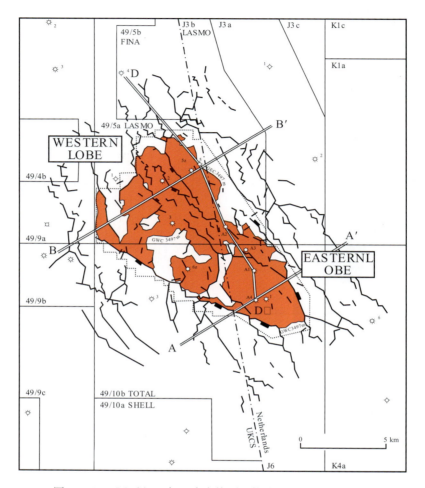

图 4.3.23　Markham 气田赤底统顶面构造图（Myres，1995）

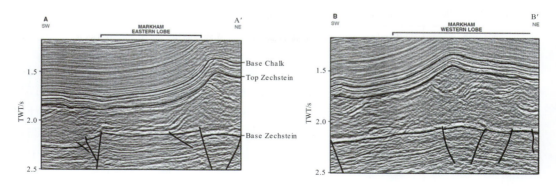

图 4.3.24　Markham 气田北东—南西向地震剖面（Myres et al.，1995）

表 4.4.5 英荷盆地大于 1 500×10⁴ m³ₒₑ 油气田储量规模序列表（据 C&C，2000 资料统计）

油气田	储层	烃类	圈闭类型	油气储量/10⁸ m³ₒₑ	序号
LEMAN	Leman	气/凝析油	赤底统背斜	3.200 5	1
INDEFATIGABLE	Leman	气/凝析油	赤底统背斜、断块	1.243 1	2
HEWETT	Bunter, Hewett	气/凝析油	三叠系背斜	1.176 1	3
N. VIKING	Leman	气/凝析油	赤底统断背斜	0.884 2	4
K/08-FA	Slochteren	气/凝析油	赤底统断块	0.757 8	5
S. VIKING	Leman	气/凝析油	赤底统断块	0.569 6	6
L/10	Slochteren	气/凝析油	赤底统断块	0.493 2	7
GALLEON	Leman	气/凝析油	赤底统断背斜	0.463 0	8
BARQUE	Leman	气/凝析油	赤底统背斜	0.359 7	9
K/15-FB	Slochteren	气/凝析油	赤底统断块	0.318 9	10
0.3×10⁸ m³ 合计	占盆地总油气储量（26.1×10⁸ m³ₒₑ）的 36.3%			9.466 1	
HYDE	Leman	气/凝析油	赤底统背斜	0.288 4	11
VICTOR	Leman	气/凝析油	赤底统背斜、断块	0.270 6	12
N. RAVENSPURN	Leman	气/凝析油	赤底统断块	0.266 5	13
L/07-B	Slochteren	气/凝析油	赤底统断块	0.265 0	14
SEAN	Leman	气/凝析油	赤底统断背斜	0.234 9	15
P/18-A	Bunter	气/凝析油	三叠系断块	0.227 4	16
L/04-A	Slochteren	气	赤底统断块	0.225 2	17
AMETHYST	Leman	气/凝析油	赤底统背斜	0.207 5	18
MARKHAM	Slochteren	气/凝析油	赤底统垒块	0.198 1	19
AUDREY	Leman	气/凝析油	赤底统断背斜	0.192 0	20
BERGERMEER	Slochteren	气/凝析油	赤底统断块	0.192 2	21
K/12-A	Slochteren	气/凝析油	赤底统断块	0.186 6	22
K/12-B	Slochteren	气/凝析油	赤底统断块	0.185 5	23
CLIPPER	Leman	气/凝析油	赤底统断背斜	0.185 2	24
VULCAN	Leman	气/凝析油	赤底统断块	0.183 8	25
JSSELMONDE-RIDDERKERK	J/K/E	油/气	J/K 背斜	0.174 3	26
K/14-FA	Slochteren	气/凝析油	赤底统断块	0.172 2	27
SCHOONER	Schooner	气/凝析油	石炭系构造—不整合	0.159 1	28
(0.16~0.3)×10⁸ m³ 合计	占盆地总油气储量（26.1×10⁸ m³ₒₑ）的 14.6%			3.814 5	

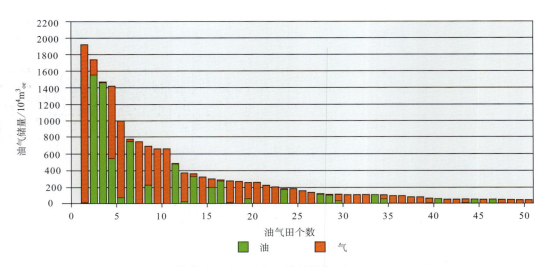

图 4.3.25　英荷盆地陆上油气田储量模序列图（IHS，2007）

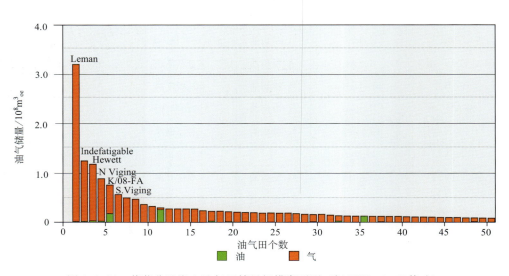

图 4.3.26　英荷盆地海上油气田储量规模序列图（据 IHS，2007 修改）

五、含油气系统

　　盆地中有两个含油气系统：一个是石炭系—三叠系含气系统，另一个是侏罗系—第三系含油系统（图 4.3.27）。侏罗系—第三系含油系统发现油气储量 $1.08×10^8 m^3$，占盆地油气储量的 4.1％，43 个油气发现仅分布于荷兰海域的中荷兰凹陷、南荷兰凹陷和 Broad Fourteens 反转带一域，同时能找到的资料非常有限，在这里仅对石炭系—三叠系含气系统进行介绍。

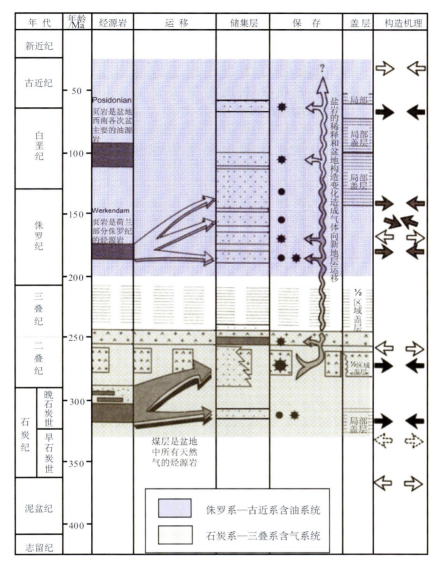

图 4.3.27 英荷盆地含油气系统示意图

石炭系—三叠系含气系统覆盖除北部和西部少部分区域之外的全盆地范围。烃源岩为威斯特法煤层，具有两种成分。主要的煤层为木质成分，是优秀的气源岩。另有少量煤层为木质和藻类混合成分，倾向于生成油及凝析油。储层和输导层为石炭系、二叠系和三叠系砂岩。盖层为石炭系、三叠系的页岩和泥岩，二叠系与蒸发岩。油气生成始于三叠系并延续至今，生烃高峰出现在晚白垩世，初次和二次运移从侏罗纪开始至中新世。一些石炭系的圈闭可能在早二叠世已经形成。但许多圈闭形成于中生代，并在随后晚白垩世、古近纪的反转运动中被改造。

　　该油气系统中已有 528 个油气发现，占该盆地发现油气可采储量的 96%。

　　三叠系的油气是借助于断层或者相邻区域盐活动，自石炭系源岩进入三叠系 Bunter 砂岩的。三叠系的油气发现仅限于西荷兰凹陷（图 4.3.28），该区缺失泽希斯坦岩盐盖层，油气得以通过断层进入三叠系储层。由于含油气规模较小，仅有 73 个油气发现，储量 $3.01 \times 10^8 \mathrm{m}^3_{oe}$，很少见有详细报道。

　　泽希斯坦的油气发现仅限于岩盐盖层以下的 Z1 和 Z2 段碳酸盐岩中，有 41 个天然气发现，储量 275MMBOE。泽希斯坦的天然气藏全部发育在泽希斯坦盐湖南缘，Z1 和 Z2 段碳酸盐岩紧邻赤底统砂岩储层之上，天然气可由赤底统砂岩直接运移到上覆泽希斯坦碳酸盐岩储层。泽希斯坦岩盐盖层是控制天然气分布的又一主要因素，岩盐盖层以南则很少有泽希斯坦的天然气发现（图 4.3.28）。

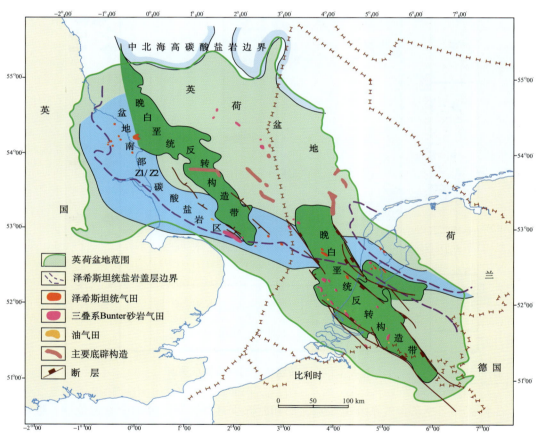

图 4.3.28　英荷盆地二叠系泽希斯坦统和三叠系 Bunter 统油气发现分布图
（Taylor，1998；Van Adrichemboogaert，1983）

　　赤底统 Leman 砂岩是盆地的主要储层，占有盆地油气总储量的 75%，和天然气总储量的 79%。石炭系威斯特法煤系地层的气源岩-二叠系赤底统的风成砂岩-泽希斯坦区域性岩盐盖层的绝佳搭配，为气区的形成提供了必要的石油地质条件。英荷盆地赤底统天然气田分布范围正是这三项条件叠合部位（图 4.3.29）。

　　石炭系—三叠系含气系统，上石炭统威斯特法阶是主要气源岩；泽希斯坦统是区域性盖层，石炭系和三叠系都具有地区性盖层；晚侏罗世至三第三纪构造反转是构造圈闭形成的主要时期；生烃高峰期是晚白垩世至古近纪，也是天然气藏形成的关键时期（图 4.3.30、图 4.3.31）。

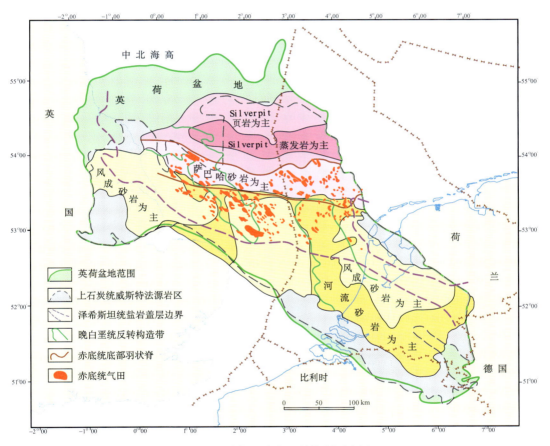

图 4.3.29　英荷盆地赤底统气田分布及其控制因素图（George，1997）

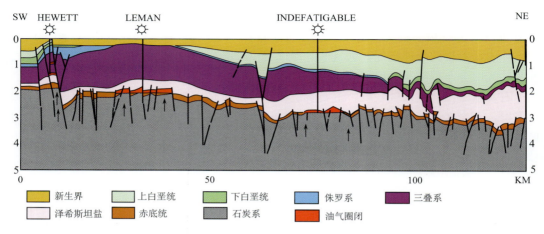

图 4.3.30　英荷盆地石炭系—三叠系含油气系统二叠系和三叠系天然气成藏横剖面图
（Ziegler，1990）

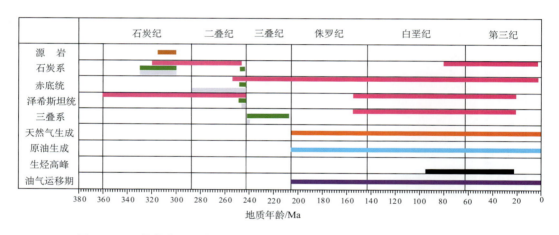

图 4.3.31　英荷盆地石炭系—三叠系含油气系统时间图（据 IHS，2007 修改）

小　结

1）华力西前陆盆地是欧洲的主要气区，英荷盆地是前陆盆地中的典型，其油气储量列欧洲 48 个含油气盆地中的第三位，仅次于北海北部盆地和西北德国盆地。虽然西北德国盆地具有世界级的格罗宁根大气田，但是由于资料的欠缺难于作为典型盆地描述。

2）晚石炭世华力西前陆为巨厚的石炭统威斯特法煤系气源岩的形成提供了区域构造背景。二叠纪联合古陆的形成，为二叠系赤底统风成砂岩储层和泽希斯坦蒸发岩盖层的发育创造了必要的古气候条件。

3）含煤层系的气源岩-风成砂岩储层-蒸发岩盖层-白垩纪的构造反转的绝佳配置，是英荷盆地富含天然气的最具特色的石油地质条件。

阿基坦盆地 第五章

摘 要

◇ 阿基坦盆地属于裂谷型盆地，裂陷活动始于早三叠世，并于早白垩世阿尔必末期北大西洋洋壳形成之前终止。裂谷发育可分为裂陷期、裂后期及张扭拗陷期，并相应沉积了蒸发岩、灰岩、泥灰岩、页岩为主的沉积层序。晚白垩世，伊比利亚地块与阿摩里卡地块发生挤压变形，比利牛斯山逆冲褶皱，致使阿基坦盆地由裂谷性质进入前陆盆地发育阶段。

◇ 阿基坦盆地有两个主要凹陷：Parentis 凹陷、南阿基坦凹陷。油气紧密围凹陷中有效烃源岩分布。

◇ 盆地主要烃源岩为基默里奇阶—上巴列姆石灰岩（盆地南部为 Lons 灰岩，盆地北部为 Lituolidae 灰岩）。主要储集层为上侏罗统—下白垩统的石灰岩、碎屑岩，其石油储量可占盆地石油总储量的 62%，天然气储量占 97%，折合当量油则占盆地油气总储量的 90.2%。

◇ 盆地中包含两个含油气系统，一个是南阿基坦凹陷含油气系统，另一个是 Parentis 凹陷含油气系统。南阿基坦凹陷含油气系统主要含气，占盆地油气总储量 84.8%。Parentis 凹陷含油气系统主要含油，占盆地油气总储量 15.2%。

◇ 目前阿基坦盆地探明油气储量分别为 $0.99 \times 10^8 m_o^3$ 和 $3251 \times 10^8 m_g^3$。油气储量集中分布是盆地石油地质的一大特色，84.8% 的油气储量集中于南阿基坦凹陷，其中一个 Lacq 气田占据了盆地总油气储量的 74.5%。

第一节 盆地概况

阿基坦盆地南部以比利牛斯山为界，东北侧是阿摩里卡和中央地块，西北部延伸至大西洋比斯开湾。盆地呈菱形，面积约 $13 \times 10^4 km^2$（图 5.1.1）。

阿基坦盆地是法国的主要含油气盆地，西班牙只占盆地海上部分的西南部，迄今尚无油气发现。截至 2007 年，盆地已实施地震勘探近 $5 \times 10^4 km$，钻预探井 556 口，最深探井达 6725m（表 5.1.1）。勘探工作量主要集中与盆地的陆上部分，海上只钻了 27 口预探井，仅有一个油气发现（原油储量 $381 \times 10^4 m_{oe}^3$）。盆地共有 44 个油气发现，探明油气储量分别为：原油近 $1 \times 10^8 m_o^3$，天然气 $3251 \times 10^8 m_g^3$，合计油当量约为 $4 \times 10^8 m_{oe}^3$，其中储量最大的油气田为 Lacq 气田，最大的油田为 Parentis 油田。

该盆地油气勘探开始于 20 世纪 20 年代。其勘探大体分为如下阶段：

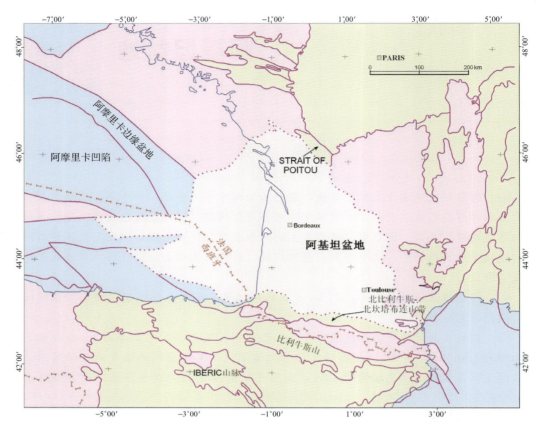

图 5.1.1 阿基坦盆地地理位置图（据 IHS，2007 改绘）

表 5.1.1 阿基坦盆地基础数据表

	盆地位置	华力西褶皱带	
盆地概况	次盆情况	Parentis 凹陷、南阿基坦凹陷	
	盆地面积	133 908 km²	
	盆地性质	华力西基底之上的裂谷盆地	
	所属国家	法国，西班牙	
		油（$10^8 m_o^3$）	气（$10^8 m_g^3$）
储量情况	探明可采储量	0.985 7	3 251
	累计总产量	0.871 4	3 198
	剩余总储量	0.114 1	53
地震情况	地震测线长度 （line- km）	45 000	
	地震测线密度 （km²/line - km）	2.9	

续表

钻井情况	预探井总数（口）	556
	预探井密度（km²/口）	241
	最深探井（m）	陆上 6 725
		海上 4 867

1）初期勘探阶段（1920～1940）。早期只是在盆地南部在油苗附近钻探浅井。CRPM 公司，在白垩系角砾岩和侏罗系白云岩发现小气田。二次世界大战期间勘探活动停止。

2）勘探早期（1940～1960 年）。40 年代后期开始进行重力和地震勘探，并于 1949 年在南阿基坦凹陷发现 Lacq 大油气田。1949～1960 年为盆地的油气储量发现的高峰期也是钻井高峰期（图 5.1.2，图 5.1.3）。1954 年在 Parentis 凹陷发现盆地中最大的 Parentis 油田，储量不到 $0.4 \times 10^8 \mathrm{m}_3^3$。

3）勘探高峰期（1960～1991 年）。1960 年开始进行海上二维地震勘探，1973 年陆上实施三维地震作业；1991 年在海上进行三维地震。这一阶段是大量中-小油气田的发现阶段。

4）后期。1991 年后勘探减少，也很少有油气发现。

大油气田的早期发现是阿基坦盆地的一大特色，1940 年开始钻探，1949 年在还没有大量投入地震勘探工作之前就发现了盆地中最大的 Lacq 气田。也就是说，盆地中74.5％ 的油气储量是在盆地勘探早期发现的。此后大量先进的勘探工作量投入，只找到了盆地总储量的 25％。

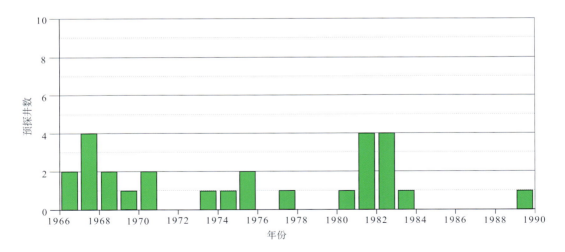

图 5.1.2　阿基坦盆地海上预探井年钻探井数图（据 IHS，2007 改绘）

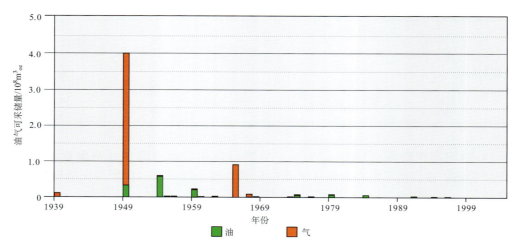

图 5.1.3　阿基坦盆地陆上油气年储量发现史图（据 IHS，2007 改绘）

第二节　盆地基础地质特征

一、构造区划

从北向南，阿基坦盆地含 5 个二级构造单元：北阿基坦台地、Parentis 凹陷、Landes 凸起、南阿基坦凹陷和比利牛斯褶皱逆冲带。

两个凹陷如图 5.2.1 所示：Parentis 凹陷、南阿基坦凹陷。南阿基坦凹陷分为 Arzacq-Adore 次凹、Tarbes 次凹、Comminges 次凹、Mirande 次凹和 Maubourguet 凸起。其中主要含油区为 Parentis 凹陷，环绕 Arzacq 和 Tarbes 次凹的盐脊区是主要含气区（图 5.2.2）。

构造单元特征如下。

（一）北阿基坦台地

位于 Gironde 隆起南部，这个区域是晚白垩世陆架区，不整合于三叠系和下侏罗统之上，缺失下白垩统和上侏罗统沉积，基底为古生界变质岩（图 5.2.2）。

（二）Parentis 凹陷

为不对称沉降凹陷。盆地从三叠纪至今沉积厚达 5000 m，中心发育较厚的巴列姆—阿尔必阶沉积地层。南部边界构造运动强烈，北部构造运动微弱（图 5.2.1、图 5.2.2）。盆地边界处还沉积了硬石膏相的 Lias-Trias 盐。

（三）Landes 凸起

分离了 Parentis 凹陷和南阿基坦凹陷，凸起主要活动期为早白垩世，强烈的底辟构

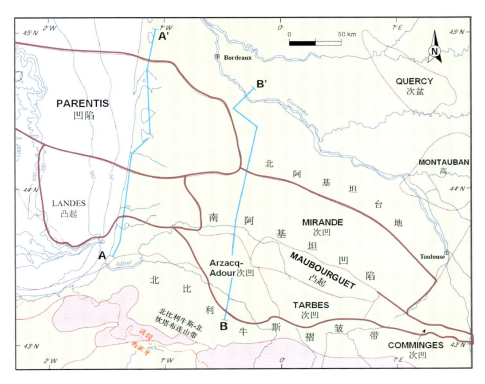

图 5.2.1 阿基坦盆地构造单元划分（据 IHS，2007 改绘）

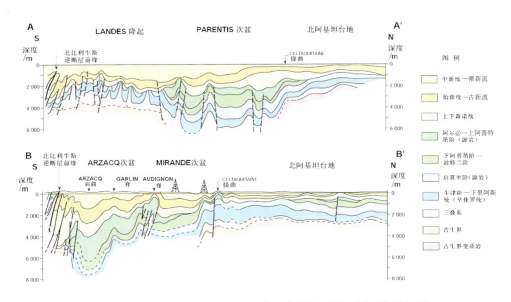

图 5.2.2 过南阿基坦凹陷和 Parentis 凹陷构造横剖面图（剖面位置见图 5.2.1）

（Espitalie，Drouet，1992）

造活动使得缺失下白垩统沉积，Cenomanian 沉积直接覆盖于侏罗系之上（图 5.2.1、图 5.2.2）。

（四）南阿基坦凹陷

南阿基坦凹陷包括四个次凹和一个凸起，依次为：Arzacq-Adour 次凹，Tarbes 次凹、Comminges 次凹、Mirande 次凹、Maubourguet 凸起（图 5.2.3、图 5.2.4）。Arzacq 次凹北部为 Audignon 隆起；凹陷南部山前 Arzacq 向斜中，巴列姆—阿尔必阶沉积厚度超过

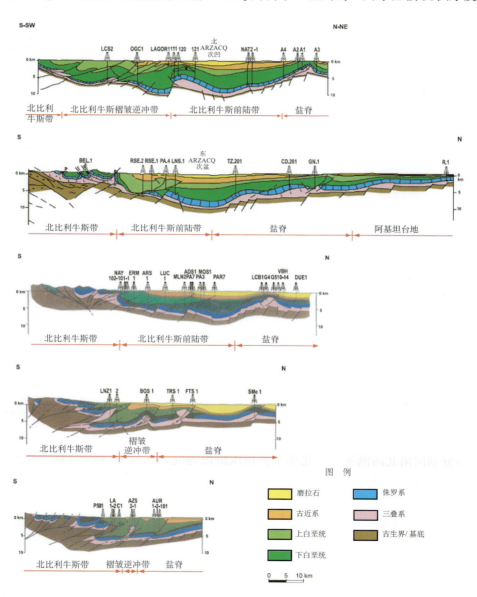

图 5.2.3　阿基坦盆地比利牛斯前陆带剖面图（剖面位置见图 5.2.4）（Biteau，2006）

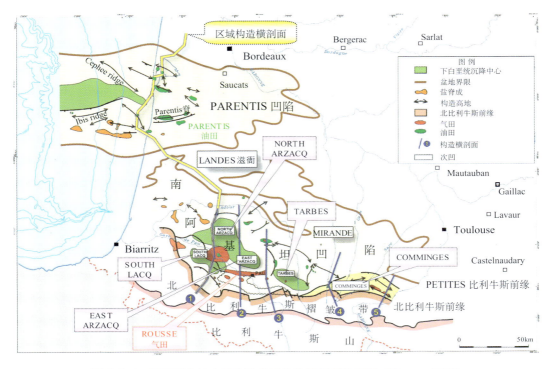

图 5.2.4 阿基坦盆地主要构造单元构造横剖面位置图（Biteau，2006）

5000 m。比利牛斯褶皱逆冲带东部，于晚阿普特—阿尔必及晚白垩世沉积了复理石建造。

Biteau（2006）详细描述了南阿基坦凹陷，他将南阿基坦凹陷分为三个带：北比利牛斯褶皱带、北比利牛斯前陆带和盐脊带（图 5.2.3、图 5.2.4）。

（五）比利牛斯褶皱逆冲带

沿着东西轴向延伸 400 km，从大西洋（比斯开湾）至地中海（Catalogna）。内核由逆冲断层和出露的结晶质和变质基底地块组成，南侧（西班牙）和北侧（法国）发育中生代和第三系沉积，古近系沉积覆盖于三叠纪/早侏罗世蒸发岩之上。比利牛斯山自中央带分别向南北两侧逆冲，北部主要挤压阶段为晚白垩世 Senonian 期。北比利牛斯断层将内核与北逆冲带分开，此逆冲带称作北比利牛斯前陆带。

二、构造与沉积演化

（一）构造演化

阿基坦盆地位于华力西褶皱带东南部，中央地块-阿摩里卡地块南缘，与伊比利亚地块之间为比利牛斯褶皱带（图 5.2.5）。在泛大陆形成后，三叠系华力西域开始了裂

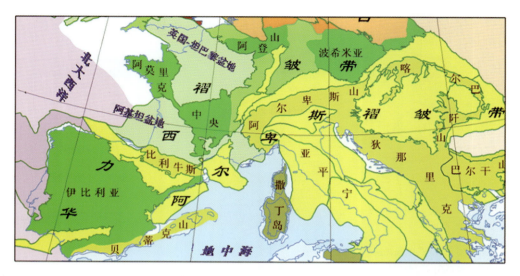

图 5.2.5　阿基坦盆地构造位置图

谷发育阶段，当时的华力西褶皱带处于特提斯西北部陆架部位。三叠纪至侏罗系阿基坦盆地沿比斯开湾断裂带裂陷，一直为浅海沉积（图 5.2.6）。中晚侏罗世大西洋拉开，大洋中脊向北延伸至比斯开湾，晚白垩世受伊比利亚地块向北推挤的影响，比利牛斯褶皱带开始形成，阿基坦盆地成为前陆盆地。始新世比利牛斯山强烈隆起，并形成前陆盆地的表皮褶皱变形。进而在比利牛斯山北部的前缘部分形成逆掩褶皱带（图 5.2.7）。

　　总之阿基坦盆地在泛大陆形成之后经历五个主要构造演化阶段：

　　1）三叠纪至赫塘期（Hettangian，早侏罗世早期）为裂谷期，内克拉通裂谷活动激活了先前存在于基底的断裂。

　　2）中里阿斯（Liassic）至提塘期（Tithonian）为裂后期，东西向正断层形成较小拉张变形。

　　3）尼欧可达（Neocomian）至上阿尔必（Albian）为张扭拗陷期，这是主要拉张阶段，此阶段激活了海西期断裂，形成了重要的断陷盆地。

　　4）晚阿尔必至坎潘（Campanian）为挤压开始阶段，此时发育大量逆冲断层和南东东向褶皱逆冲带。

　　5）白垩世晚期至今为主要挤压阶段，形成此区域目前的构造格局。

（二）沉积演化

　　根据 70 多个钻孔资料，阿基坦盆地的"基底"由中央地块前寒武纪到晚古生代的地层组成。沉积盖层包括了三叠系至新近系地层，盆地沉积岩最大厚度超过 8 000 m（图 5.2.8）。

　　三叠系　下部为白云岩和灰岩组成，上部为岩盐，凹陷内部形成大量盐构造，变形后的厚度可达 100 m。

　　侏罗系和白垩系主要由碳酸盐岩组成：

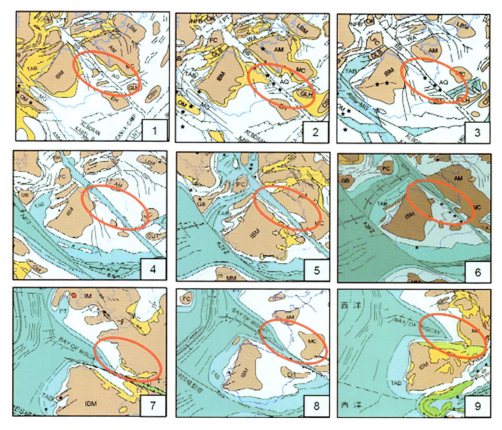

图 5.2.6　阿基坦盆地区域构造演化史图（据 Ziegler，1988，编辑）

AQ，阿基坦盆地；AM，阿摩里卡地块；BB，比斯开湾裂谷；BM，波西米亚隆起；IM，爱尔兰地块；MC，中央地块；IBM，莱茵地块；1. 中三叠世（安尼期—拉丁期）；2. 晚三叠世卡尼期—诺利期；3. 早侏罗世西涅缪尔期—托尔期；4. 晚侏罗世牛津期—提塘斯；5. 早白垩世贝利亚斯期—巴列姆期；6. 早白垩世阿普特阶—阿尔必阶；7. 晚白垩世土伦期—康藩期；8. 古近纪古新世；9. 新近纪中中新世

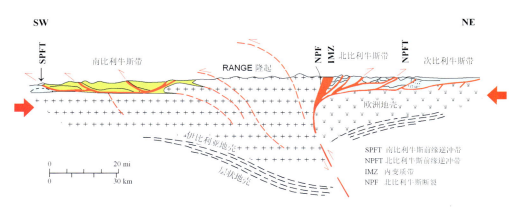

图 5.2.7　比利牛斯区域构造横剖面图（Canerot. J，2005）

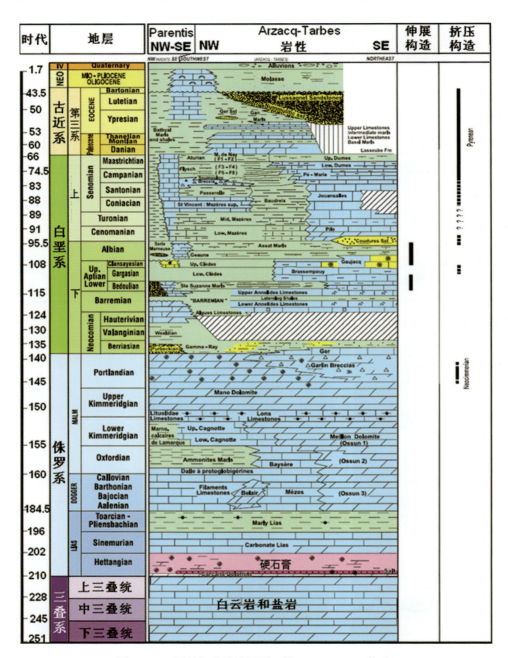

图 5.2.8　阿基坦盆地地层图（据 Biteau，2006 修改）

下侏罗统　三分，自下而上为膏盐-碳酸盐岩-页岩，总厚 840 m；

中侏罗统　全为碳酸盐岩，厚 100 m；

上侏罗统　主要为碳酸盐岩，厚 700 m，其中基默里奇阶泥灰岩是盆地的主要源岩，Portlandian 阶是主要储层；

下白垩统　主要为灰岩，南阿基坦凹陷深拗部位发育有灰质泥岩和泥岩，最大厚度达 3 000 m，为盆地主要储层之一；

上白垩统　Parentis 凹陷全为灰岩，南阿基坦凹陷靠近山前为泥质岩沉积，最厚 1 000～3 000 m；

古近系　靠近山前以泥质岩为主，凹陷北部以碳酸盐岩为主，厚 1 000 m；

新近系　为磨拉石沉积，最大厚度达 1 500m。

盆地沉积演化可分为 5 期。

1. 三叠纪——埃唐日期（早侏罗世早期）：裂谷期

三叠纪　开始了内克拉通裂谷活动，激活了先前存在于基底的断裂。整个区域为半封闭环境，沉积了大范围盐岩和白云岩（图 5.2.9）。

晚三叠纪至早里阿斯时期　快速沉积厚的蒸发岩（硬石膏和盐），随后沉积了少量的碳酸盐岩和红色页岩（Muschelkalk 层相当）、蒸发岩（Keuper 层相当）。玄武岩质火山岩也常发现于三叠纪期间。

三叠纪沉积遍布整个区域，沉积厚度在不同区域差异较小。盆地北部除蒸发岩外，还发育少量碎屑岩。

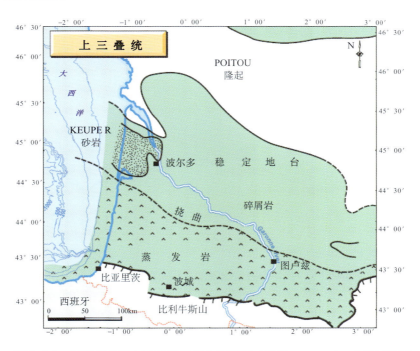

图 5.2.9　阿基坦盆地上三叠统岩相古地理图（据 Biteau. et al.，2006 修改）

2. 早侏罗世中里阿斯—晚侏罗世：裂后期，东西向正断层形成较小拉张变形

侏罗纪是盆地的缓慢拉张及热沉降期。早侏罗世在盆地范围及邻近隆起区形成一些

次级凹陷。中到晚侏罗世大西洋张开，发育开阔海沉积，整个盆地布满了碳酸盐岩和蒸发岩。晚侏罗世时期发生全盆地海退和侵蚀，伴随着主要盐构造移动，此阶段石灰岩广泛分布于整个盆地。基默里奇（和牛津）时期发育良好烃源岩。上基默里奇至巴列姆期间的陆架碳酸盐（石灰岩和白云岩）为主要的储层。

（1）早侏罗世—中侏罗世

盆地受北西西-南东东向伸展作用影响，沿着先前存在于基底的断裂形成了正断层，并且局部发生岩盐构造运动。期间阿基坦盆地处于海退环境，沉积了大范围陆架碳酸盐岩。这个台地岩性主要为：里阿斯时期的石灰岩和页岩，图阿尔阶泥灰岩、道格统石灰岩和白云岩。此层系中富含有机质，并且是盆地中次要的烃源岩（图 5.2.10）。

图 5.2.10　阿基坦盆地上里阿斯统岩相古地理图（据 Biteau et al.，2006 修改）

（2）牛津阶至基默里奇早期

伴随着拉张作用的不断加强，陆架区产生了不同沉积区——东南部的内陆架和西北部的开阔大洋。内陆架发育白云岩，西北部外陆架区在牛津期于 Parentis 凹陷中发育 Ammonites 泥灰岩，基默里奇期发育 Lamarque 泥灰岩和灰岩。在基默里奇早期全盆地发育 Cagnotte 石灰岩（图 5.2.11）。

Parentis 凹陷和 Arzacq 次凹北部的沉积更多受到大西洋的影响，而盆地南部区域受特提斯洋的影响。Arzacq 次凹发育的 Meillon 白云岩提供了储层。

（3）中到晚基默里奇期

盆地处于相对稳定的沉积环境，普遍沉积白云岩，仅在北阿基坦台地发育有蒸发岩。底部在 Azacq-Adour 次凹为 Lons 灰岩，在 Parentis 凹陷为 Lituolidae 灰岩，它可

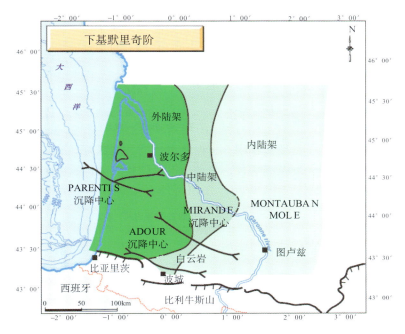

图 5.2.11　阿基坦盆地基默里奇早期岩相古地理图（据 Biteau，2006 修改）

划分成四到五个全盆地可对比的层段。其中第二层段 Lons/Lituolidae 是区域性主要烃源岩（图 5.2.12）。

图 5.2.12　阿基坦盆地基默里奇晚期岩相古地理图（据 Biteau，2006 修改）

（4）波特兰期

晚侏罗世末期盆地发生全盆地海退和侵蚀，广泛沉积白云岩。晚波特兰期，南阿基坦凹陷 Tarbes 次凹遭受剥蚀和喀斯特熔岩作用，发育 Garlin 裂缝角砾岩。位于东北部的 Mirande 次凹在基默里奇-波特兰显示为狭窄的内浅海区域，沉积了厚层的硬石膏和白云岩（图 5.2.12）。

3. 早白垩世：张扭拗陷期

白垩纪早期与先前阶段有很大不同。早白垩世比斯开湾张开，裂谷活动终止。此阶段为海退—海进过渡时期，发育不整合。盆地南部受伊比利亚向欧洲板块的俯冲和东部特提斯和西部比斯开湾之间的相互作用，张扭活动开始，Parentis、Mirande、Arzacq-Tarbes 次凹分开。

（1）尼欧可木期：发育两个沉积体系

贝里亚斯阶发育低位域层序，三个岩性地层单元，这三个地层单元仅发育于 Arzacq-Tarbes 和 Parentis 沉积中心，在 Landes 凸起和局部盐脊古隆起区域缺失。南阿基坦凹陷东部在底部发育 Ger 湖相灰岩，其上覆盖 Gamma Ray 组页岩。西部发育 Gamma Ray 组页岩，并且砂岩自东向西增多（图 5.2.8）。北阿基坦凹陷 Purbeckian 时期发育河流潮汐相沉积序列。随后开始发育海进体系域层序（Purbeckian-Wealden 阶段），海进可从 Parentis 盆地观察到。之前自贝利亚斯至 Valanginian 期的沉积物，被沉积于海岸冲积平原的 Wealden 页岩所覆盖。

（2）Hauterivian—巴列姆期—早阿普特期

在外陆架沉积以页岩为主，而内陆架以浅海灰岩为主，且不同盆地沉积厚度相差悬殊，Parentis 凹陷最大沉积厚度为 1 500 m，Arzacq 凹陷厚度为 600 m。

巴列姆时期发育全球性广泛的浅海海进，海平面变化较小，盆地内岩性较稳定。

由于伊比利亚和欧洲板块在比斯开湾碰撞，菱形的阿基坦盆地即北部 Parentis 凹陷、南部 Mirande 和 Adour-Arzacq-Tarbes 次凹也已形成（图 5.2.13、图 5.2.14）。

早阿普特时期盆地强烈沉降，进入全面拉张期。北 Arzacq、南 Lacq 和 Parentis 沉降中心继承了巴列姆的海侵。Parentis 区域层序与巴列姆时期相同。随后进一步的海侵，沉积细粒富有机质泥页岩。盆地东部和南部边界以碳酸盐沉积为主。

晚阿普特依然为海进期，在比斯开湾沉积环境与巴列姆相近。外陆架沉积泥质岩，内陆架发育灰岩。盆地高部位发育礁灰岩。

巴列姆期—阿普特期 Parentis 凹陷和南阿基坦凹陷分割成两个独立的海盆，烃源岩仅限于阿基坦盆地南部，发育富含有机质的泥岩、泥灰岩，提供了良好烃源岩。

4. 阿尔必—坎潘：挤压开始阶段

由于比利牛斯褶皱推覆，南阿基坦凹陷成为比利牛斯山的前陆盆地，山前为泥质碎屑沉积，凹陷北部为碳酸盐岩台地。Parentis 凹陷发育为深海盆。

（1）晚阿尔必

盆地的古地形发生明显变化，开始被来自比利牛斯向北方向的挤压力所支配，这种格

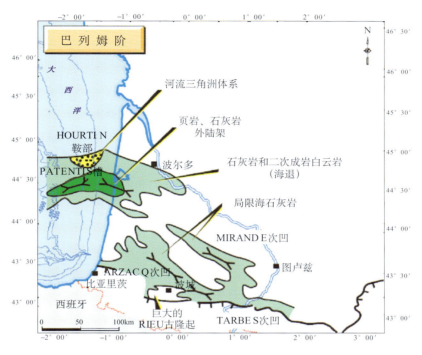

图 5.2.13　阿基坦盆地巴列姆阶岩相古地理图（据 Biteau，2006 修改）

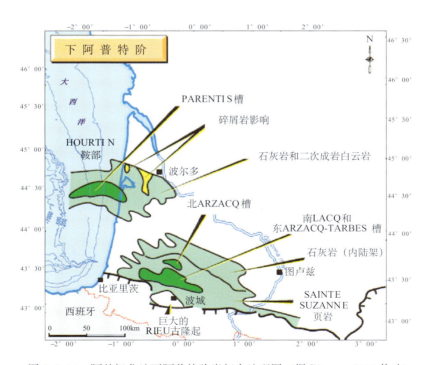

图 5.2.14　阿基坦盆地下阿普特阶岩相古地理图（据 Biteau，2006 修改）

局一直持续到第三纪大部分时间。南阿基坦凹陷和 Paretis 凹陷和大西洋相通，充填上千米的碎屑浊积，其物源主要来自邻近基岩隆起（中央地块抬升和比利牛斯裸露的华力西褶皱带），以及凹陷内盐岩活动引起的局部隆起。同时北部 Parentis 凹陷和南阿基坦凹陷发育大规模碳酸盐岩台地。南部 Comminges 次凹出现复理石相沉积（图 5.2.15）。

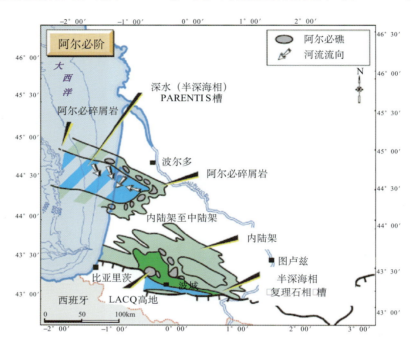

图 5.2.15　阿基坦盆地阿尔必期岩相古地理图（据 Biteau et al.，2006 修改）

晚阿尔必之后，阿基坦整个盆地受比利牛斯挤压应力控制。伴随挤压活动，凹陷越来越深。

（2）上森诺阶（坎潘-Maastrichtian）

晚白垩世盆地仍为持续海进期，除先前碎屑岩沉积中心外，浅海陆架灰岩覆盖了大部分区域。

5. 晚白垩世晚期至今：主要挤压阶段，形成此区域目前的构造格局

进入第三纪，盆地受挤压应力，比利牛斯褶皱推覆，北部盐脊反转。

中古新世—早始新世时期沉积石灰岩和页岩；Lutetian 时期（晚始新世）沉积海陆交互相碎屑岩。阿基坦盆地南部发育陆相页岩和远源磨拉石沉积，一直持续到中新世。

（1）古新世至始新世　划分为两个阶段：

1）从 Danian 期至下 Ypresian 期，比利牛斯前陆带沉积陆架灰岩和半深海浊积岩（图 5.2.16）。

2）中 Ypresian 期至 Lutetian 期，主要为三角洲沉积体系（图 5.2.17）。

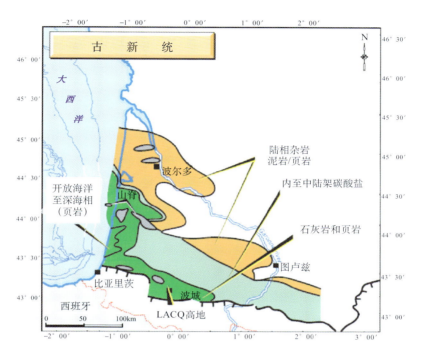

图 5.2.16　阿基坦盆地古新统岩相古地理图（据 Biteau et al.，2006 修改）

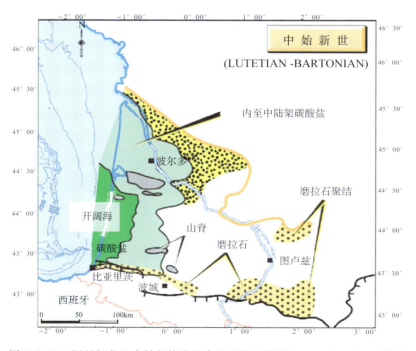

图 5.2.17　阿基坦盆地中始新统岩相古地理图（据 Biteau et al.，2006 修改）

Ypresian 期—Thanetian 期（E_{1-2}）褶皱逆冲带和盐脊反转褶皱形成。大西洋从西向东影响盆地，沉积以三角洲体系为特征。由东向西依次为近岸砾岩、砂泥相，内陆架灰岩相及外陆架半浅海-深海泥灰岩及浊积岩相（图 5.2.17）。

（2）晚始新世—中新世

Bartanian（E_2）-Priahonian（E_2）比利牛斯山链形成，陆相磨拉石沉积分布在分隔的凹陷中。

渐新世主要沉积中心向北迁移到 parentis 凹陷，发育自东向西进积陆架灰岩。

中新世至今盆地南部沉积了大范围的磨拉石地层。

第三节　盆地石油地质条件

一、烃源岩

阿基坦盆地的主要烃源岩有两套：基默里奇阶-上巴列姆烃源岩，其中上基默里奇石灰岩广泛分布于整个阿基坦盆地，而海相巴列姆时期仅限于盆地南部；阿普特阶—阿尔必阶烃源岩，在 Parentis 凹陷和南阿基坦凹陷都有分布。里阿斯、古生界（志留纪和二叠纪）为潜在烃源岩。

（一）烃源岩特征

基默里奇期海相烃源岩广泛分布于整个阿基坦盆地，是盆地的主要烃源岩。南阿基坦凹陷 Lons 泥灰岩和 Parentis 凹陷 Lituolidae 页状泥灰岩，平均厚度 250 m，最大厚度可大于 500 m。有机质类型属Ⅱ型干酪根，主要为腐泥质，含有陆源腐殖质。TOC 值范围为 0.5%～1.0%，一般不超过 1%，最高可达 3.6%（Castor 101 井）（图 5.3.1（a））。生烃潜力（S_2）达到 13.6kg/t 岩。原始生烃能力（IGC）南阿基坦凹陷为 $0.7 \times 10^6 t/km^2$，Parentis 凹陷为 $2.3 \times 10^6 t/km^2$。

上巴列姆期烃源岩为钙质页岩，仅分布于南阿基坦凹陷，为 Lacq 气田、Pecorade 和 Vic Bilh 油田提供了油源。干酪根类型为Ⅱ型，原始生烃能力（IGC）平均值为 $0.2 \times 10^6 t/km^2$。

阿普特阶—阿尔必阶烃源岩为Ⅱ-Ⅲ型干酪根，TOC＜2%（图 5.3.1b），HI 值可达 160～450 mgHC/gTOC。在 Parentis 凹陷内尚未达到成熟，但是在 Arzacq 次凹和 Mirande 次凹达到早期成熟阶段。

里阿斯泥灰岩Ⅱ/Ⅱ-Ⅲ型干酪根，原始生烃能力（IGC）平均值约为 $0.3 \times 10^6 t/km^2$。

（二）烃源岩成熟度

阿基坦盆地平均地温梯度在 Arzacq 次凹为 28 ℃/km，Parentis 凹陷为 29 ℃/km。热流值范围从 45 mWm^{-2} 到 65 mWm^{-2}（1-1.5HFU）。

(a) 基默里奇阶

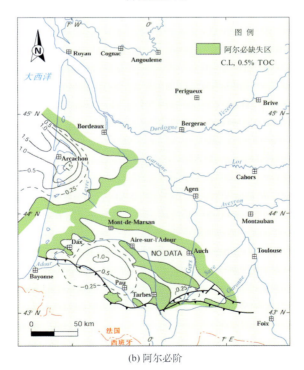

(b) 阿尔必阶

图 5.3.1 烃源岩 TOC 等值线图（Espitalie，1992）

　　在 Arzacq 次凹、Tarbes 次凹、南 Lacq 沉降中心、Comminges 复理石槽、Parentis 凹陷海上区域，上基默里奇阶-巴列姆阶烃源岩于阿尔必期至上白垩世达到过成熟（VRo 3%）。而在有盐脊分布的北 Lacq 次凹、Tarbes 次凹和 Parentis 凹陷陆上部分、北部和南部沿海区域，它们在古新世才达到生油窗并且保持成熟度至今。

　　在 Parentis 凹陷，生油窗顶部约 3 000 m，生气窗顶部约 5 000 m。在 Arzacq 次凹和 Mirande 次凹，因为地温梯度的不同，边缘地区生油门限约 2 600 m，向斜区域约 4 000 m。在凹陷内生气窗门限约 5 300 m（图 5.3.2）。

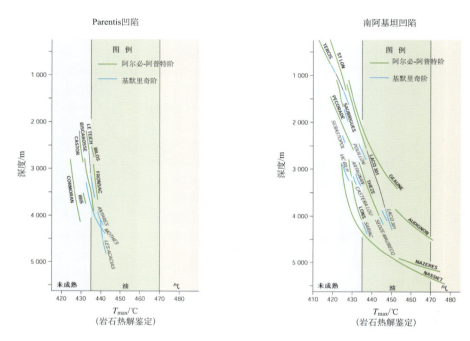

图 5.3.2　阿基坦盆地源岩最大热解温度图（Espitalie，1992）

　　我们可以用白垩系底面 3000 m 的构造等值线代表侏罗系—白垩系有效烃源岩的大致边界，Parentis 凹陷和南阿基坦凹陷成熟源岩的北界约在 Celtaquitaine 挠曲附近（图 5.2.2）。由图 5.3.3 可以看到，北部 Parentis 凹陷的成熟源岩仅限于沿海部分，与油气田的分布关系非常密切；南阿基坦凹陷成熟源岩分布范围几乎包括了整个凹陷。应该注意的是 Mirande 次凹，虽然下白垩统下阿普特阶已经进入了生烃门限，推测其下也应该存在上侏罗统源岩，但是这个凹陷中没有任何有价值的油气发现。

　　Mirande 次凹中的基默里奇阶是否还存在好的源岩是值得怀疑的。

二、储层

（一）储层分布

　　据盆地 55 个油气藏统计，主要储层为上侏罗统—下白垩统陆架碳酸盐岩，其石油

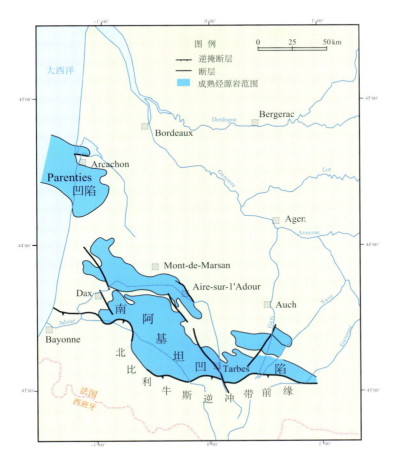

图 5.3.3　阿基坦盆地成熟烃源岩分布图（Espitalie, 1992）

储量可占盆地石油总储量的 62%，天然气储量占 97%，折合油当量则占盆地油气总储量的 90.2%（表 5.3.1 和图 5.3.7、图 5.3.8）。造成盆地油气储量集中分布于上侏罗统—下白垩统的主要原因有二：第一，临近上侏罗统基默里奇阶和下白垩统巴列姆阶主要源岩；第二，上侏罗统—下白垩统是盆地中最大的油田和气田的主要储层，Lacq 气田油气储量约 $3 \times 10^8 \mathrm{m}_{oe}^3$，Parenti 油田油气储量为 $0.376\ 6 \times 10^8 \mathrm{m}_{oe}^3$，合计 $3.379 \times 10^8 \mathrm{m}_{oe}^3$，占盆地油气总储量 $4.028\ 7 \times 10^8 \mathrm{m}_{oe}^3$ 的 83.8%（表 5.3.1）。

　　第二位的储层是下侏罗统巴列姆—阿尔必阶的碎屑岩储层，以含油为主，可占盆地石油总储量的 25%。南阿基坦盆地该层油气储量不足盆地总油气储量的 1%。油气储量主要集中 Parentis 凹陷下白垩统巴列姆阶 Purbeckian-Wealden 砂岩和阿普特阶—阿尔必阶的砂岩中，这两个储层分别占盆地石油总储量的 14% 和 11%（表 5.3.2）。

　　第三位的储层是上白垩统碳酸盐岩，其储量占盆地油气总储量的 2.2%。储量集中在 Lacq 气田浅部有两个油藏中储量为 $0.09 \times 10^8 \mathrm{m}_{oe}^3$，占盆地石油总储量的 11%。

表 5.3.1　阿基坦盆地主要储层的油气储量分布表（IHS，2007）

储层时代	圈闭类型/个	油气储量							
		油		气		凝析油		油气合计	
		$10^8 \, m_o^3$	比例/%	$10^8 \, m_g^3$	比例/%	$10^8 \, m_o^3$	比例/%	$10^8 \, m_{oe}^3$	比例/%
K_2-E_2 复理石	构造、岩性、岩性-构造（6）	0.02	<1	1.0	<1	0	0	0.02	<1
K_2 碳酸盐岩	构造（4）	0.09	11	0	0	0	0	0.09	2.2
K_1 巴列姆	构造、岩性-构造-岩性（17）	0.21	25	4.5	<1	0	0	0.22	5.4
上侏罗—下白垩碳酸盐岩	构造、构造-不整合（25）	0.51	62	3 172.0	97	0.11	100	3.64	90.2
J_3 牛津(Malm)灰岩-K_2 赛诺曼角砾岩	构造（2）	<0.01	<1	72.8	2	0	0	0.07	1.7
上三叠白云岩	构造（1）	<0.01	<1	0		0	0	0.00	<1
总计	（55）	0.85	98	3 250.3	99	0.11	100	4.04	100

表 5.3.2　阿基坦盆地主要储层的油气储量分布详表（据 IHS，2007 资料统计）

储层时代		圈闭类型/个	油气储量						备注
			油		气		凝析油		
			$10^8 \, m_o^3$	比例/%	$10^8 \, m_g^3$	比例/%	$10^8 \, m_o^3$	比例/%	
K_2-E_2 复理石		岩性（3）	0.0088	<1	0	0	0	0	南阿基坦凹陷和 Parentis 凹陷浊积岩储层
		岩性-构造（1）	0.00003	<1	0.34	<1	0	0	
		构造（2）	0.0089	<1	0.65	<1	0	0	
		合计（6）	0.0177	<1	0.99	<1	0	0	
K_2 碳酸盐岩		构造（2）	0.0088	<1	0		0	0	Parentis 凹陷
		构造（2）	0.00003	11	0		0	0	Lacq field 浅层
		合计（4）	0.0088	11	0		0	0	
K_1 巴列姆—阿尔必	K_1 阿普特—阿尔必碎屑岩	岩性-构造（2）	0.0906	11	1.27	<1	0	0	Parentis 凹陷
		岩性（2）	0.0003	<1	0.16	<1	0	0	南阿基坦凹陷
		岩性-构造（4）	0.0062	<1	0.06	<1	0	0	
	K_1 巴列姆碎屑岩 (Purbeckian -Wealden)	岩性-构造（2）	0.0199	2	0		0	0	Parentis 凹陷
		构造（7）	0.0965	12	2.97	<1	0	0	
	K_1 巴列姆—阿尔必	合计（17）	0.2135	25	4.46	<1	0	0	

储层时代	圈闭类型/个	油气储量						备注
		油		气		凝析油		
		$10^8\,m_o^3$	比例/%	$10^8\,m_g^3$	比例/%	$10^8\,m_o^3$	比例/%	
上侏罗—下白垩碳酸盐岩	构造（21）	0.4579	56	2550.07	78	0.1671	100	包括了南阿基坦凹陷 Lacq field 和 Parenits 凹陷 Parentis field
	构造-不整合（4）	0.0478	6	621.84	19	0	0	
	合计（25）	0.5057	62	3171.91	97	0.1671	100	
J_3 牛津（Malm）灰岩-K_2 赛诺曼角砾岩	构造（2）	0.0006	<1	72.75	2	0	0	比利牛斯前渊和 Parents 凹陷
上三叠白云岩	构造（1）	0.0001	<1	0	0	0	0	南阿基坦凹陷
总计	（55）	0.7464	98	3250.11	99	0.1671	100	

表 5.3.3　Lacq Inférieur Field 基默里奇—下巴列姆储层单元划分（据 C&C，2004 修改）

沉积环境	层位	岩性	时代
盐沼相	Annelids 层下部	石灰岩	巴列姆阶
浅海	Algae 层		
湖泊相	Gamma Ray 层		尼欧可木阶
潟湖相	Gamma Ray 层	白云岩	
盐沼相	Mano 层		波特兰阶—上基默里奇阶

（二）储层特征

1. 碳酸盐岩储层

以 Lacq 油气田为例，阿基坦盆地储层主要为晚侏罗世—早白垩世石灰岩和裂缝性白云岩（表 5.3.3），石灰岩覆盖于裂缝性白云岩之上。裂缝在构造顶部最为发育，向侧翼逐渐变弱。然而，裂缝密度最大的地方，生产能力不一定最好。大部分的产量来自于 Mano 层的裂缝型白云岩。

白云岩基质孔隙度平均值为 2%，局部地区达到 8%～10%。基质渗透率平均值小于 1 mD（Paux，Zhou，1997）。下巴列姆-Neocomian 石灰岩，孔隙度非常低（0.1%），但是顶部孔隙度达到 5%～6%。渗透率也非常低，平均值为 0.1 mD。上侏罗统白云岩 Mano 层物性更好一些，孔隙度均值达到 5%～6%，底部下降至 1%。基质渗透率非常低，0.1～<10 mD，很少达到 12 mD；Lacq 储层的裂缝渗透率从构造高处的 400 mD 降至侧翼为 5～50 mD，到油田周围已下降到不足 0.5 mD。

测井曲线可以准确确定致密碳酸盐，而密度曲线和声波曲线配合应用可以有效地解释裂缝白云，局部的高声波时差表明为较好的储层（图 5.3.4）。

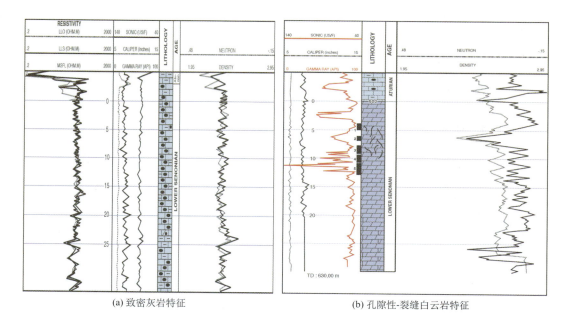

(a) 致密灰岩特征　　　　　　　　　　　(b) 孔隙性-裂缝白云岩特征

图 5.3.4　Lacq 气田碳酸盐岩测井曲线特征（据 C&C，2004 修改）

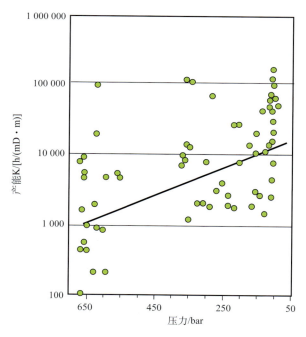

图 5.3.5　Lacq Inférieur Field 产能系数与储层压力关系图

（Paux，Zhou，1997）

一般而言，Mano 地层的裂缝性白云岩是比上覆的裂缝性石灰岩更好的储层。主要的产油带为上 Mano 层和下 "Gamma Ray" 层的裂缝性白云岩，平均厚度为 11～25 m。在裂缝性石灰岩中，储层厚度较薄，为 5～17 m。尽管 "Algae" 层中的储层由裂缝性石灰岩组成，平均厚度仅为 7 m，它在大部分井中都有产出。原始含水饱和度为 15%。

随着储层压力的增大，LACQ 油气层产能系数越大（图 5.3.5）。

2. 碎屑岩储层

除了石灰岩和白云岩储层，Parentis 凹陷和南阿基坦凹陷中还发育碎屑岩储层。Parentis 凹陷阿尔必碎屑岩由巴列姆和中-上阿尔必浊积砂岩、砾岩组成，厚度达300～500 m，储层物性良好，孔隙度范围 18%～26%，渗透率 300～1 000 mD，在局部区域可达到 3 000 mD（表 5.3.4），随着孔隙度的增大，水平渗透率随之增大，并具有很好的线性关系（图 5.3.6）。

表 5.3.4　阿基坦盆地北部碎屑岩储层特征

储层	孔隙度/%		渗透率/mD	
	平均	最大	平均	最大
砂砾岩	20	26	800	3 000
砂岩	18	26	300	1 000

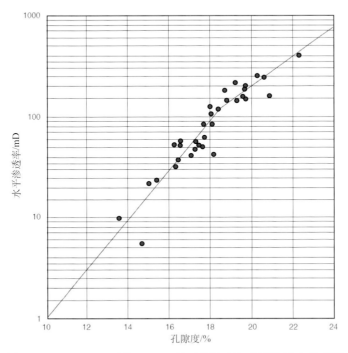

图 5.3.6　Parentis 凹陷 Cazaux 油田孔隙度与水平渗透率关系图
（Bessaguet，Martin，1977）

三、盖层及圈闭

盖层主要为巴列姆阶页岩、阿普特-阿尔必时期的页岩和泥岩（图 5.3.7、图 5.3.8）。另外，所有的烃源岩和蒸发岩都可以当做盖层。

阿基坦盆地的油气圈闭以构造型圈闭为主，其他圈闭所占储量极少。构造圈闭油气储量占圈盆地油气储量的 81.2%，其中天然气达到 80.8%，石油储量达 16.9%，凝析

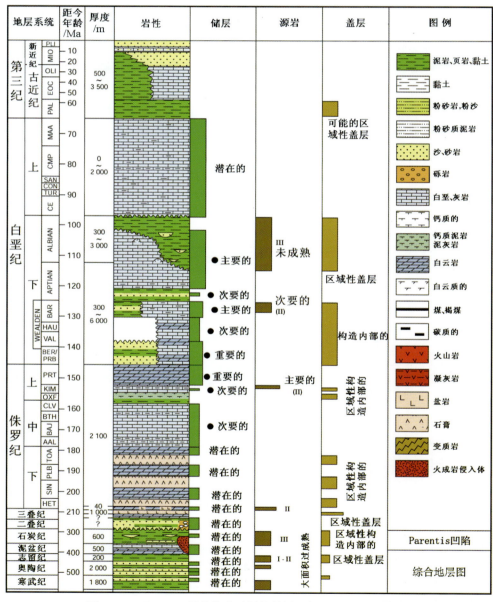

图 5.3.7 Parentis 凹陷综合地层柱状图（据 IHS，2007 修改）

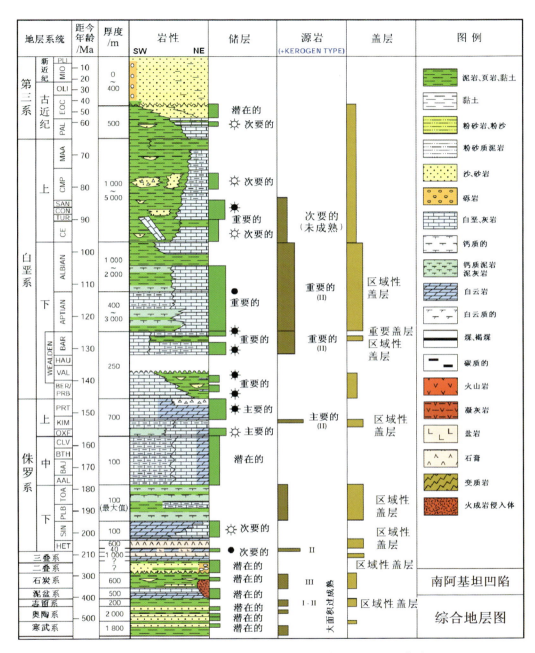

图 5.3.8 南阿基坦亚凹陷综合地层柱状图（据 IHS，2007 修改）

油达到 100%（表 5.3.5）。构造型圈闭分布的层位也很广泛，由三叠系直至始新统几乎各层位都有分布，盆地中最大的 Lacq 气田和 Parentis 油田都是构造油田。构造型圈闭主要形成于早白垩世挤压阶段。虽然它们在比利牛斯和阿尔卑斯造山运动中恢复活动，但是完整的圈闭已经大部分保存下来。

　　第二位的圈闭类型是构造-不整合圈闭，构造-不整合油气藏共有 4 个，主要发育于上侏罗—下白垩碳酸盐岩中，其油气储量占盆地总储量的 15.6%。例如，在 Lacq 气田南边的 Meillon-Saint Faust 和 Vic Bilh 油气田，其成藏条件与 Lacq 气田近似，只是由于三叠系岩盐底辟构造发生于早白垩世末期，使得上白垩统复理石不整合于其上，形成不整合封闭。

　　岩性-构造圈闭，这类圈闭实际上还是属于构造型圈闭，只不过部分油气藏存在岩性圈闭因素。岩性-构造圈闭油气藏虽然数量不少（9 个），但油气储量只占盆地储量的 2.9%。

　　纯岩性油气藏数量更少（5 个），油气储量不足盆地储量的 1%（表 5.3.5）。

表 5.3.5　阿基坦盆地储量与圈闭类型分布表（据 IHS，2007 资料统计）

圈闭类型	圈闭时代/个	油气储量							
		油		气		凝析油		油当量	
		$10^8 m_o^3$	比例/%	$10^8 m_g^3$	比例/%	$10^8 m_o^3$	比例/%	$10^8 m_{oe}^3$	比例/%
构造	K_2-E_2 复理石（2）	0.0089	<1	0.65	<1	0	0	0.0095	<1
	K_2 碳酸盐岩（2）	0.0013	<1	0		0	0	0.0013	<1
	K_2 碳酸盐岩（2）	0.0882	11	0		0		0.0882	2.2
	K_1 巴列姆—阿尔必（7）	0.0965	12	2.97	<1	0	0	0.0993	2.4
	上侏罗—下白垩碳酸盐岩（21）	0.4579	56	2550.07	78	0.1671	100	3.0118	74.6
	J_3 牛津（Malm）灰岩-K_2 赛诺曼角砾岩（2）	0.0006	<1	72.75	2	0	0	0.0687	1.7
	上三叠白云岩（1）	0.0001	<1	0		0	0	0.0001	<1
	合计	0.6535	79	2626.44	80.8	0.1671	100	3.2789	81.2
岩性-构造	K_2-E_2 复理石（1）	0.00003	<1	0.34	<1	0	0	0.0004	<1
	K_1 阿普特—阿尔必碎屑岩（2）	0.0906	11	1.27	<1	0	0	0.0918	2.3
	K_1 阿普特—阿尔必碎屑岩（4）	0.0062	<1	0.06	<1	0	0	0.0062	<1
	K_1 巴列姆碎屑岩（2）	0.0199	2	0		0	0	0.0199	<1
	合计	0.1167	13	1.67		0	0	0.1183	2.9
构造-不整合	上侏罗—下白垩碳酸盐岩（4）	0.0477	6	621.84	19	0	0	0.6297	15.6
岩性	K_2-E_2 复理石（3）	0.0088	<1	0	0	0	0	0.0088	<1
	K_1 巴列姆—阿尔必（2）	0.0003	<1	0.16	<1	0	0	0.0005	<1
	合计	0.0092	6	0.16		0		0.0093	<1
总计	55	0.8271	98	3250.11	99.8	0.1671	100	4.0362	100

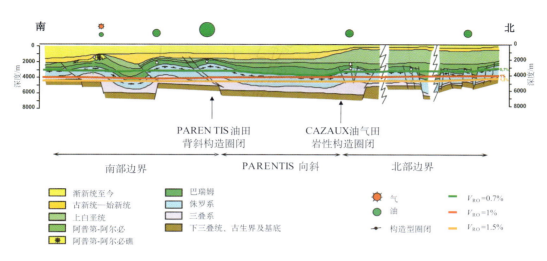

图 5.3.9　Parentis 凹陷陆上部分主要油气田和油气圈闭类型（Biteau，2006）

四、油气生成和运移分析

　　阿基坦盆地基本上是一个自生自储式的成藏盆地，油气主要运移方式为垂向运移，含油气范围基本上为成熟烃源岩范围（图 5.3.9、图 5.3.10）。由纵向油气分布来看，也反映出油气近源运移的特点：主要源岩段——上侏罗统—下白垩统，占有石油储量的 77%、天然气储量的 97%（表 5.3.1、表 5.3.2）；向上，上白垩统碳酸盐岩占有石油

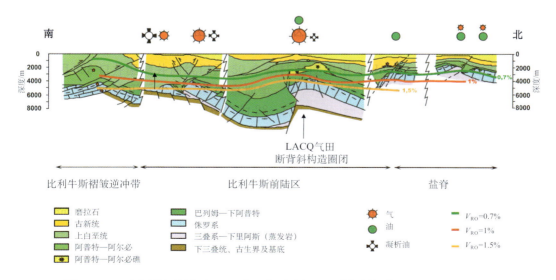

图 5.3.10　南阿基坦凹陷 Arzacq 次凹主要油气田和油气圈闭类型（Biteau，2006）

储量的 11%，上白垩统—始新统复理石占有油气储量不足 1%；向下，牛津阶（J₃-Malm 组）灰岩-赛诺曼角砾岩（K₂），以及三叠系白云岩油气储量也都不到盆地油气总储量的 1%。

$$\text{储量的 } 11\%$$

在平面上，油气基本是围绕有效烃源岩分布，水平运移距离最大不过几千米。

五、含油气系统分析

阿基坦盆地主要发育两个含油气系统：一个是南阿基坦凹陷含油气系统，另一个是 Parentis 凹陷含油气系统。这两个含油气系统都是以基默里奇—阿尔必阶为主要源岩，

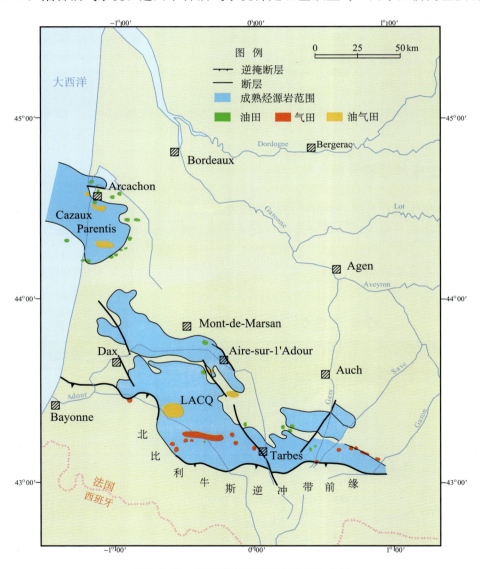

图 5.3.11　油田分布和烃源岩范围叠合图

上侏罗统—下白垩统碳酸盐岩是主要储层，晚白垩世—始新世复理石是区域盖层。含油气系统空间范围，在纵向下至三叠系、上至古近系，在平面上油气仅围绕凹陷中部有效源岩分布（图 5.3.9～图 5.3.11）。源岩的生烃时间：南阿基坦系统始于白垩纪早期，并延续至今；Parentis 系统始于晚白垩世，并持续至今。圈闭的主要形成时间主要有两期：第一期是阿尔必-坎潘挤压阶段，比利牛斯褶皱推覆，形成盐底辟和上、下白垩系之间的不整合。晚白垩世晚期至今是比利牛斯主要推覆褶皱阶段，各类圈闭最终形成。油气藏的形成是伴随烃类形成和圈闭发育的一个持续过程，至今最终定型(图 5.3.12)。

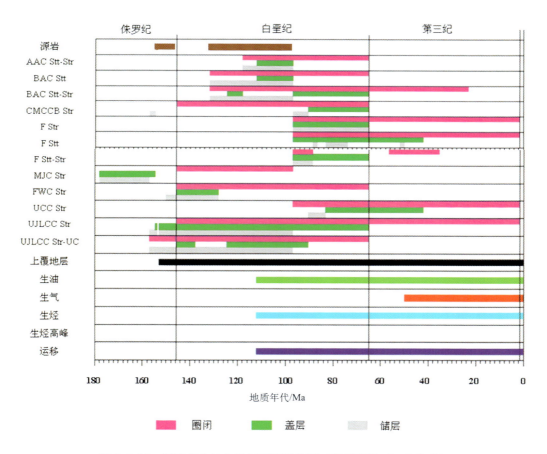

图 5.3.12　阿基坦盆地含油气系统事件图（据 USGS，2007 修改）

AAC Stt-Str，阿普特-阿尔必阶地层构造型圈闭；BAC Stt，巴列姆—阿尔必阶地层型圈闭；BAC Stt-Str，巴列姆—阿尔必阶地层构造型圈闭；CMCCB Str，Malm 统构造型圈闭；F Str，复理石构造型圈闭；F Stt，复理石地层型圈闭；F Str-Str，复理石地层-构造型圈闭；MJC Str，中侏罗统构造型圈闭；FWC Str，波倍克阶-威尔德阶构造型圈闭；UCC Str，上白垩统构造型圈闭；UJLCC Str，上侏罗统—下白垩统构造型圈闭；UJLCC Str-UC，上侏罗统—下白垩统构造不整合圈闭

六、Lacq 油气田简介

阿基坦盆地油气田总储量为 $4.03 \times 10^8 \, \text{m}_{oe}^3$，储量达 $0.14 \times 10^8 \, \text{m}_{oe}^3$ 有 4 个，它们分别为 Lacq（$2.48 \times 10^8 \, \text{m}_{oe}^3$）、Meillon-saintfaust（$0.57 \times 10^8 \, \text{m}_{oe}^3$）、Parentis（$0.38 \times 10^8 \, \text{m}_{oe}^3$）、Cazaux（$0.15 \times 10^8 \, \text{m}_{oe}^3$），储量合计 $3.58 \times 10^8 \, \text{m}_{oe}^3$，共占盆地油气田总储量的 89%。其中，Lacq 油气田储量占盆地总储量 62%，可见该油气田在阿基坦盆地中占有显著位置。

（一）油气田概况

Lacq 油气田位于法国西南部，阿基坦盆地南部（图 5.3.13）。这个油气田可分为两个碳酸盐岩储层组：上 Lacq 油层和下 Lacq 气层。

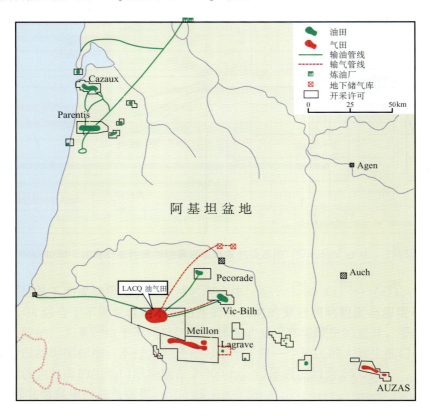

图 5.3.13　Lacq 油气田位置图（Elf-Aquitaine et al.，1991）

上 Lacq 储层发现于 1949 年，探明石油储量达到 $0.23 \times 10^8 \, \text{m}^3$，截至 1998 年末已采出 $437 \times 10^4 \, \text{m}^3$（19%）。储层为 Senonian 裂缝性石灰岩和白云岩。储层基质渗透率较小，<10 mD，但是裂缝处渗透率达到 5～10 D。

下 Lacq 气层发现于 1951 年，1991 年估计 GIIP 为 $2\,619 \times 10^8 \, \text{m}_g^3$，截止 2002 年已

产出天然气 2 492×10⁸ m³g（95％）。天然气主要产自基默里奇—巴列姆储层，岩性包括
浅海相页岩、湖泊相碳酸盐岩、碎屑岩和大量的白云岩。高度裂缝性白云岩为主要储
层。储层基质渗透率很小，＜1 mD，但是在构造顶部裂缝发育处渗透率达到 400 mD。
油气田主要勘探开采阶段为 1960～1980 年。

（二）圈闭

　　Lacq 上部油藏为四面倾伏的背斜圈闭，并且被数条北东—南西向断层切割。
Jouansalles 层（Senonian 阶）圈闭面积 6 km²，油层顶面海拔约 500 m，油柱高 120 m
（图 5.3.14～图 5.3.16）。

　　下 Lacq 圈闭（下巴列姆-基默里奇储层）长 16 km，宽 10 km，面积 100 km²，储层顶
部海拔约 3 200 m，气柱高度达 120 m。Argiles du Laterolog 层页岩厚达 30～50 m，为气田
的主要盖层。

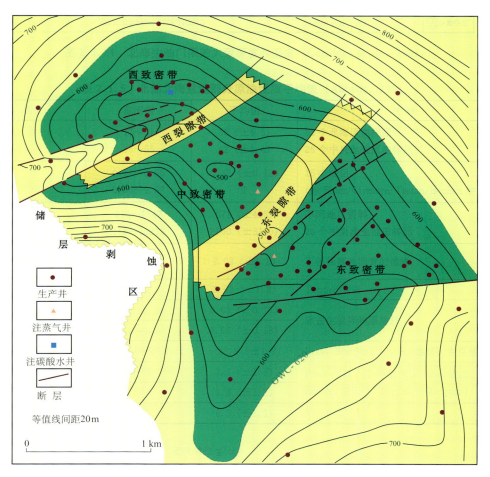

图 5.3.14　Lacu 气田上部油藏（上白垩统下森诺阶）Jouansalles 层顶面构造图

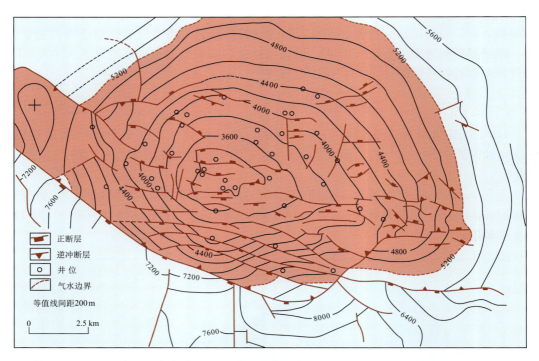

图 5.3.15　Lacu 气田下部气藏（下巴列姆-基默里奇层）顶面构造图（Roland et al.，1997）

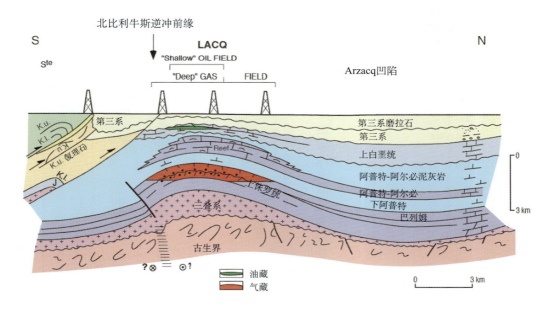

图 5.3.16　Lacq 气田油气藏横剖面图（Bourrouilh et al.，1995）

（三）烃源岩

Lacq 油气田大部分烃类来源于 Arzacq 次凹和 Mirande 次凹的基默里奇海相泥灰岩、页岩和阿尔必灰岩（图 5.3.17）。基默里奇页岩 TOC 值在多数区域不到 1%，但是在 Arzacq 次凹和 Mirande 次凹的局部区域达到了 5 %。这些页岩主要为Ⅱ型干酪根，S2 为 14～20kg HC/t 岩；阿尔必阶烃源岩为Ⅱ型干酪根，TOC<1%，HI 可达160～450 mgHC/gTOC。在 Arzacq 次凹和 Mirande 次凹烃源岩达到高成熟阶段，边缘地区生油窗约 2 600 m，向斜区域约 4 000 m，在凹陷内生气窗约 5 300 m。

（四）储层

上 Lacq 储层为 Turonian-Santonian 灰岩和白云岩。碳酸盐岩覆盖于裂缝性白云岩之上。两条北东-南西向线型裂缝带将上 Lacq 储层分割为三部分：顶部、北西侧和南东侧（图 5.3.15）。

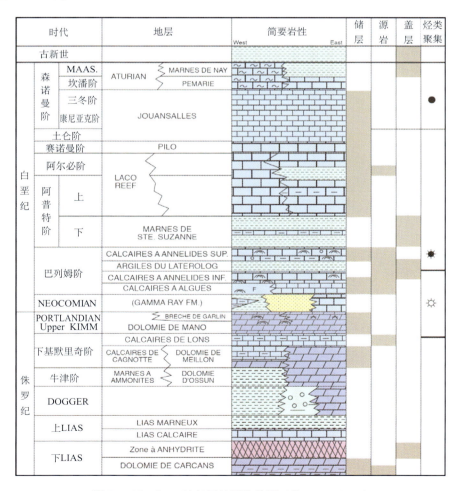

图 5.3.17　Lacq 油气田地层柱状图（Connan，1993）

上 Lacq 油田灰岩储层孔隙度约 $15\%\sim20\%$，渗透率 $1\sim10$ mD；裂缝性白云岩相基质孔隙度 10%，基质渗透率小于 1 mD，而裂缝处渗透率 $5\,000\sim10\,000$ mD。裂缝性白云岩产率较高，产率指数达 $1\,800$ m³/(bar·d)。

下 Lacq 储层也主要为上侏罗统—下白垩统裂缝性白云岩，构造顶部裂缝最为发育，向侧翼逐渐变弱。上侏罗统 Mano 白云岩物性较好，孔隙度均值达到 $5\%\sim6\%$，底部约 1%。基质渗透率非常低，$0.1\sim10$ mD，裂缝渗透率从构造高处的 400 mD 降至侧翼的 $5\sim50$ mD。

而下巴列姆—Neocomian 石灰岩除了顶部区域孔隙度达到 $5\%\sim6\%$，多数区域孔隙度非常低（0.1%），渗透率也非常低，平均值为 0.1 mD。

深埋的碳酸盐岩孔隙度和渗透率都较低或一般，而多次复杂的断裂作用和白云岩化过程增强了其孔隙度和渗透率。

（五）生产概况

Lacq 气田 1955 年投产，1962 年进入产量高峰，产量高峰一直延续了 22 年，1967 年最高日产量将近 0.23×10^8 m³/d。1984 年产量急剧下降，至 1996 年日产量已不足 0.1×10^8 m³/d。

Lacq 气田 H_2S 和 CO_2 的含量较高，CH_4 含量一般为 69%、H_2S 15%、CO_2 10%，凝析油含量为 4.5 BC/MMcf$_g$。

小　　结

1）阿基坦盆地是早期（三叠纪—侏罗纪）裂谷与晚期（白垩纪—新生代）前陆复合叠加盆地。

2）盆地的主要源岩为上侏罗统基默里奇海相页状泥灰岩和下白垩统钙质页岩，平均 TOC 含量一般小于 1%，是特提斯域海相源岩含油气最丰富盆地。

3）盆地有两个含油气系统：南阿基坦凹陷含油气系统和 Parentis 凹陷含油气系统。南阿基坦凹陷含油气系统产气为主，占盆地油气总储量的 84.8%；Parentis 凹陷含油气系统产油为主，占盆地油气总储量的 15.2%。凹陷中的油气发现紧密围绕成熟烃源岩分布。

4）南阿基坦凹陷 LACQ 气田油气储量为 2.48×10^8 m³$_{oe}$（占盆地油气总储量 62%），储层主要为裂缝性白云岩、灰岩和孔隙性碎屑岩，基质孔隙性很差，是欧洲裂缝型储层最发育的气田。

潘 诺 盆 地 第六章

摘 要

◇ 潘诺盆地是欧洲山间盆地的代表，其油气储量规模列欧洲 48 个含油气盆地的第 8 位，探明石油储量 $4.21 \times 10^8 \, m_o^3$，天然气储量 $4\,457 \times 10^8 \, m_g^3$。

◇ 潘诺盆地位于喀尔巴阡褶皱带与迪纳拉-亚平宁褶皱带间，帕拉索（Pelso）地体-蒂萨（Tiszá）地体之上的新近纪沉积盆地。山间地块部位，也正是地幔隆起部位。

◇ 潘诺盆地的形成可分为三个阶段：晚白垩世—古近纪，特提斯海的闭合欧洲板块与向北推进的非洲板块碰撞，发育了匈牙利古近纪次盆地和在地块边缘的复理石盆地；晚渐新世—早中新世，现今潘诺地块的伸展导致局部裂陷的发育；晚中新世潘诺岩石圈的拉张和减薄，导致了软流圈的上涌和后期热沉降。

◇ 盆地内主要的烃源岩为新近系（中新统—上新统）浅海相-湖相-三角洲相泥页岩，源岩厚度达 $1\,000 \sim 4\,000 \, m$。

◇ 主要储层为中新统—上新统河流-湖泊三角洲砂岩及灰岩，其储量占总探明储量的 90%；其次为古生代基岩风化壳储层。

◇ 在纵向上构成了自生自储和上生下储成藏组合，但以自生自储组合为主，具有明显的近源运聚成藏特点。主要圈闭类型为披覆背斜、滚动背斜和反转背斜。在有效源岩区内次级凹陷间的凸起是主要油气富集带。

第一节 盆地概况

潘诺盆地（东经 $16° \sim 23°$，北纬 $44° \sim 49°$）位于东欧中部，是阿尔卑斯褶皱带内一个带有裂谷性质的山间盆地，东西长 $600 \, km$，南北宽 $500 \, km$，面积 $20.6 \times 10^4 \, km^2$。在构造位置上，它被弧形的喀尔巴阡山脉包围，北部和东部为喀尔巴阡山、南部为狄那里德和南喀尔巴阡山、西部为南阿尔卑斯山和东阿尔卑斯山。整个潘诺盆地全部在陆上分布，大部分区域位于匈牙利、克罗地亚、罗马尼亚和萨尔维亚-黑山（前南斯拉夫）国家境内，另有小部分位于奥地利、斯洛伐克、乌克兰、波黑、斯洛文尼亚和波兰国家境内（图 6.1.1），盆地内油气田的分布与中晚中新世的沉积凹陷相关（USGS，2006）。

潘诺盆地是欧洲中部重要的含油气盆地之一，也是一个典型的山间盆地。其勘探历史可以追溯到 18 世纪 80 年代，第一口钻井位于克罗地亚境内。匈牙利境内的勘探自 20 世纪 50 年代才大规模开展，在 20 世纪 80 年代达到高峰，每年完成钻井进尺 $10 \times 10^4 \, m$ 以上（图 6.1.2）。重要的油气勘探高峰是在第二次世界大战后，发现的油气田包括：1951 年匈牙利境内的 Nagylengyel（0.238 5×10⁸ m³ₒₑ）油田，1965 年 Algyö 油气田（1.271 9×10⁸ m³ₒₑ），以及 1969 年克罗地亚境内发现的 Benicanci（0.195 6×10⁸ m³ₒₑ），到了 1981 年后，每年几乎再没有大于 0.16×10⁸ m³ₒₑ 的油气发现（图 6.1.3 和表 6.1.1）。

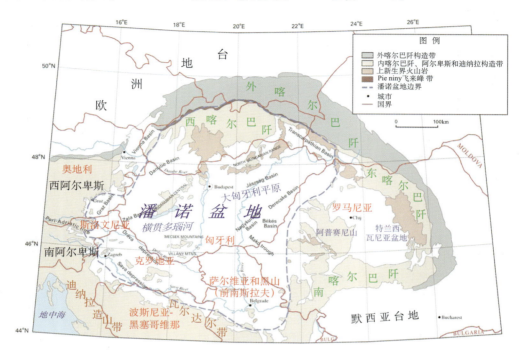

图 6.1.1　潘诺盆地位置图（USGS，2006）

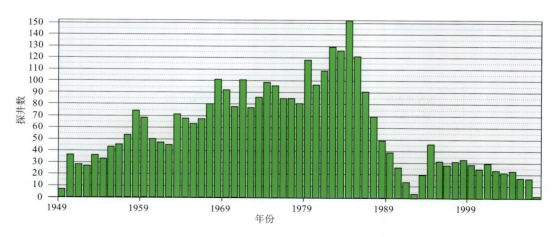

图 6.1.2　潘诺盆地预探井钻探历史（IHS，2007）

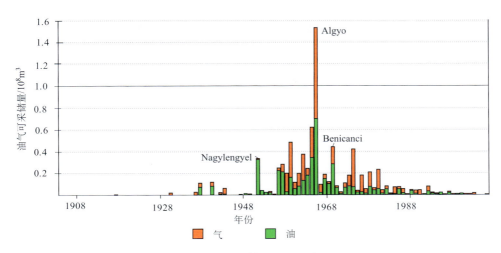

图 6.1.3 潘诺盆地年油气储量发现历史（IHS，2007）

表 6.1.1 潘诺盆地基础数据表

盆地概况	盆地位置	东欧中部阿尔卑斯褶皱带内	
	盆地面积/km²	205 988	
	盆地性质	山间盆地	
	所属国家	匈牙利、克罗地亚、罗马尼亚、萨尔维亚-黑山	
储量情况		油	气
	探明储量	$4.21×10^8$ m_o^3	$4457×10^8$ m_g^3
	剩余储量	$1.07×10^8$ m_o^3	$1764×10^8$ m_g^3
地震情况	二维地震 测线长	$6.8×10^4$ km	
	测线密度	3.0 km/km²	
	三维地震		
钻井情况	预探井数	2579 口	
	预探井密度	80 km²/口	
	最深探井	5 692 m	

　　潘诺盆地勘探历史悠久，勘探程度较高，主要勘探层位为新近纪沉积层序。迄今为止，共发现油田 587 个，已钻探井 2 579 口，最深探井达 5 692 m，二维地震长度为 68.4 km，探明石油储量 $4.21×10^8$ m_o^3，天然气 $4457×10^8$ m_g^3，剩余石油储量为 $1.07×10^8$ m_o^3，剩余天然气储量为 $1764×10^8$ m_g^3。其中，油气产量较大的次级盆地有两个，分别为匈牙利境内的大匈牙利平原（Great Hungarian Plain）次级盆地和匈牙利西南部临近克罗地亚、斯洛文尼亚国家的佐洛-德拉瓦-萨瓦次级盆地（Zala-Drava-Sava Subbasin）。潘诺盆地内主要的产油国为匈牙利，其次为克罗地亚、罗马尼亚。除第二次世界大战以前，西方石油公司取得过少量勘探权之外，在整个过程中，该盆地的勘探和生产

均被各个国有石油公司垄断。现在潘诺盆地内最大的国家石油公司为匈牙利和斯洛文尼亚石油公司。

第二节　盆地基础地质特征

一、构造区划

潘诺盆地新近纪沉积物覆盖在高度变形的阿尔卑斯-喀尔巴阡褶皱带古生代—中生代推覆体以及古近纪沉积物之上，是一个由多个新近纪次级盆地组成的复合盆地（USGS，2006）。

综合盆地的构造和沉积充填特征、盆地内的生储盖组合以及油气的分布等多方面因素，将潘诺盆地划分为四个新近纪沉积单元和两个古近纪沉积单元（图 6.2.1），其中四个新近纪沉积单元分别为：大匈牙利平原、佐洛-德拉瓦-萨瓦次级盆地、多瑙河次级盆地（Danube Subbasin）、横贯喀尔巴阡次级盆地（Transcarpathian Subbasin）；两个古近纪沉积单元为匈牙利古近纪次级盆地（Hungarian Paleogene Subbasin）和中喀尔巴阡次级盆地（Central Carpathian Paleogene Subbasin）（图 6.2.1、图 6.2.2）。

图 6.2.1　潘诺盆地负向构造单元分布图（USGS，2006）

四个新近系次盆的沉积厚度最大都可以达到 4 km 以上。其中，厚度＞4 km 的分布范围以大匈牙利平原次盆为最大（图 6.2.3）。

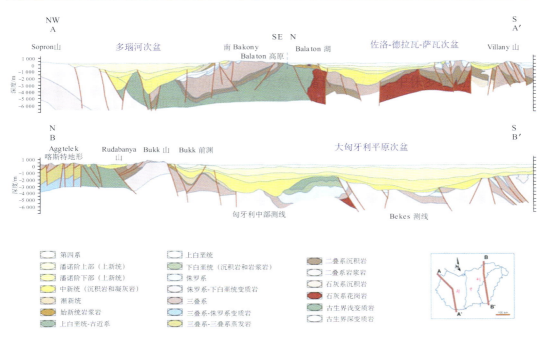

图 6.2.2　潘诺盆地地质剖面图（Hass，1989）

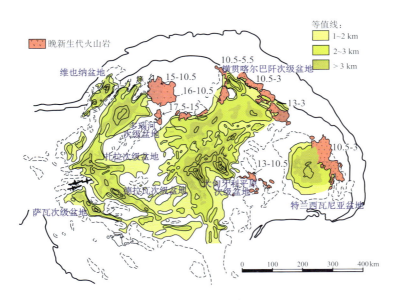

图 6.2.3　潘诺盆地新近纪沉积厚度图（USGS，2006）

　　这四个新近系次盆在布格重力异常图、地壳厚度等深度图上，分别表现为重力低和地壳厚度减薄区，与二维重力反演结果完全相符（图 6.2.3～图 6.2.5）。
　　从重力资料可以看到，潘诺盆地周围的褶皱带石重力低区是地壳厚度增加的地区（图 6.2.4、图 6.2.5）。

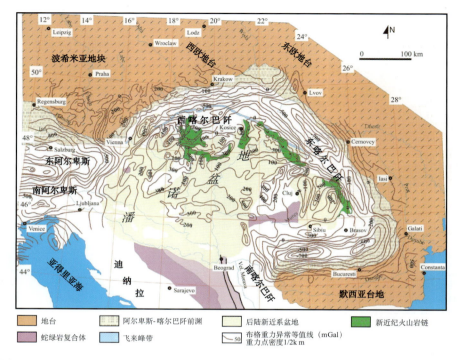

图 6.2.4　潘诺盆地及阿尔卑斯-喀尔巴阡褶皱带布格重力异常图（Krus，Sutora，1986）

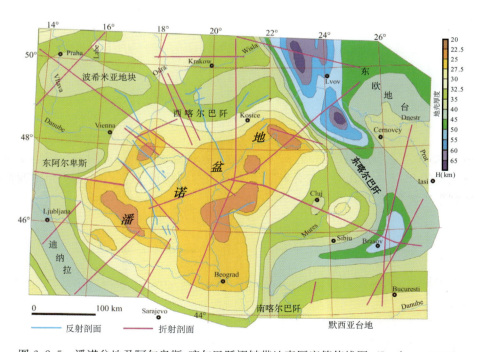

图 6.2.5　潘诺盆地及阿尔卑斯-喀尔巴阡褶皱带地壳厚度等值线图（Lenkey，1999）

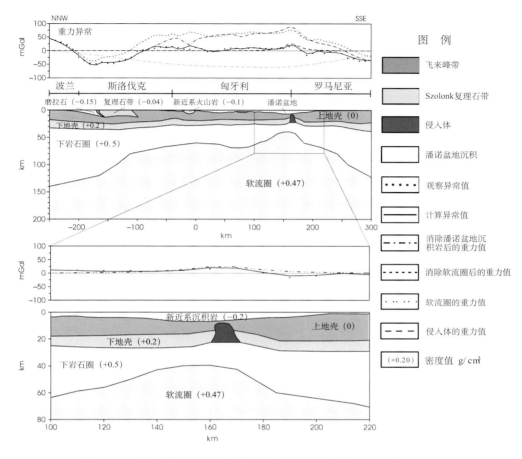

图 6.2.6　通过潘诺盆地的二维重力反演剖面（Adam，Bielik，1998）

1 Gal＝1 cm/s²

　　由于大匈牙利平原次盆地和佐洛-德拉瓦-萨瓦次盆地油气的储量发现占据了全盆地油气总储量的 98.6%，其中大匈牙利平原次盆地占到将近 71%，下面的介绍我们将以大匈牙利平原次盆地为主。

二、构造与沉积演化

　　潘诺盆地位于喀尔巴阡山和迪那拉造山带（Dinarides）之间，由中新世伸展作用，形成裂谷型山间盆地，晚期又受到区域构造挤压作用的影响。渐新世—早中新世北喀尔巴阡和狄那里德造山带褶皱后，潘诺地块隆起，大量钙碱性火山物质喷发。中中新世时期（喀尔巴阡期至萨尔马特期，17.5～10.5 Ma），伸展作用引起盆地大规模沉降，同时外喀尔巴阡山向欧洲前陆进一步逆冲，潘诺盆地在此期形成。总体而言，潘诺盆地的形成受到三个构造作用的控制，分别为：先期欧洲板块和非洲板块碰撞会聚为潘诺地块形成；潘诺地块向喀尔巴阡弧的仰冲，造成地块早期的伸展；后期潘诺岩石圈的拉张和减薄，导致了晚中新世和早渐新世软流圈的上涌和后期热沉降作用的发生（图 6.2.7）。

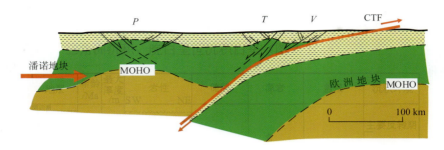

图 6.2.7　潘诺地块与欧洲地块壳-幔结构示意图（Royden，2000）

V=维也纳盆地；T=泛喀尔巴阡盆地；P=大匈牙利平原；CTF=喀尔巴阡褶皱带前缘伸
展作用和走滑断层主要受到潘诺地块的限制，所以伸展作用穿透的深度随着与褶皱带距离的
增加而增加。黄色部分为地壳岩石，伸展区域主要受正断层控制

（一）基底发育特征

如前所述，潘诺盆地区域上以发育北东—南西向的断裂为特征，其中最主要的断裂包括：巴拉顿-大诺（Balaton-Darno）断裂线和扎格博-赞泊雷（Zagrab-Zemplén）断裂线，这两条重要的断裂线将潘诺盆地分为两个基底地体，包括：巴拉顿-大诺断裂线北部的帕拉索地体（北匈牙利-阿尔卑斯）和扎格博-赞泊雷断裂线南部的蒂萨地体

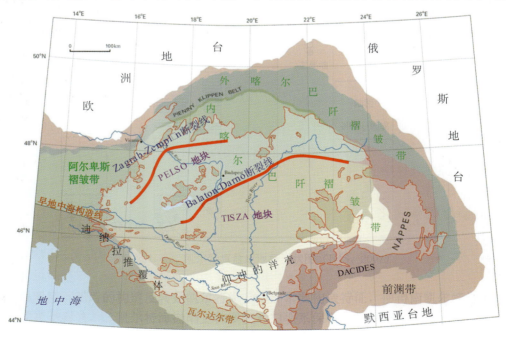

图 6.2.8　潘诺盆地古生代—中生代基底单元图（USGS，2006）

（图 6.2.8）。帕拉索地体具有中生代沉积层序的钙质阿尔卑斯相，其内发育三叠纪白云岩、灰岩、早二叠纪沉积岩和古生代变质岩-火山岩复合体；蒂萨地体由前寒武纪和古生代变质岩、火山岩、上古生界和中生界沉积岩、侏罗纪—白垩纪沉积岩组成。蒂萨和帕拉索地体拼合后，组成了潘诺盆地的统一基底，致使潘诺盆地基底岩性表现出严重的不均质性。新近纪的次级盆地不整合在这两个基底地体以及古近纪盆地（匈牙利古近纪盆地和在地块边缘的复理石盆地）之上。这就是新近纪各次盆发育差异型的深部原因。

（二）沉积层构造演化

虽然关于古生代构造事件我们知之甚少，然而可以确定的是，中晚石炭纪海西期（华力西期）造山运动中，冈瓦纳大陆和劳亚古陆碰撞，导致了古特提斯洋的闭合，构造缝合线沿着欧洲板块边缘（现今潘诺盆地西部）迅速形成，并且导致了区域古生代岩石变质作用的发生以及泛大陆的形成。

晚二叠世海西期造山运动之后，特提斯海重新张开，裂谷作用开始发生，陆缘地块开始形成，包括阿普利亚、南欧和蒂萨地块。裂谷盆地在海西期构造基底之上初步形成。

三叠纪时期特提斯海的持续张开，在特提斯西北陆架上沉积陆源碎屑岩、碳酸盐岩和蒸发岩。盆地和台地的岩相古地理特征直到侏罗纪都未发生改变。非洲和欧洲板块的大规模运动开始于晚侏罗世，持续到早白垩世，但在此期间阿普利亚地块发生了逆时针旋转，并且含有复理石沉积物的俯冲带在其边缘发育，其间伴随着钙碱性火山活动。

在晚白垩纪到古近纪，特提斯海重新闭合，其间欧洲板块、地块与向北推进的非洲板块碰撞，即特提斯洋中的阿普利亚地块、蒂萨地块、帕拉索地块与欧洲板块碰撞（图 6.2.9）。事实上，由于碰撞变形的地块表现为刚性陆块，整个内喀尔巴阡地区到晚白垩纪就已经达到了现今的结构和形态。到了始新世—早渐新世，汇聚作用推动阿普利亚、蒂萨和帕拉索地块更加远离非洲板块，并且伴随着转换挤压作用和旋转，导致潘诺地块上的陆缘盆地发育，这些陆缘盆地主要是匈牙利古近纪次盆地和在地块边缘的复理石盆地，这些盆地的存在一直持续到早中新世，匈牙利古近纪盆地在中渐新世经历了构造反转，随后经历了区域隆起和剥蚀（Royden，2000）。

晚渐新世—早中新世，地块的聚合伴随着大规模旋转作用，特别是蒂萨地块的旋转作用最为明显，在阿普利亚地块和欧洲板块碰撞带中充当枢纽作用。持续的压缩作用以及旋转和剪切，在边缘地带致使喀尔巴阡弧全面形成。外喀尔巴阡弧的逆冲断层和强烈的褶皱开始于早中新世，并持续向北和东部推进，致使潘诺地块南部边缘的迪纳拉-阿尔卑斯造山带发生了强烈的挤压变形。该时期阿普利亚地块和欧洲板块持续的会聚作用受到向东北侵位的潘诺地块的调节，引起了外喀尔巴阡复理石带在早中新世向北和东部逆冲，这一过程导致了潘诺地块从阿普利亚地块和欧洲板块碰撞带向容易俯冲的薄地壳区域逃逸。早中新世的阿尔卑斯-喀尔巴阡地区的构造主要由三部分组成：欧洲板块、阿普利亚地块和潘诺地块（Royden，2000）（图 6.2.10）。

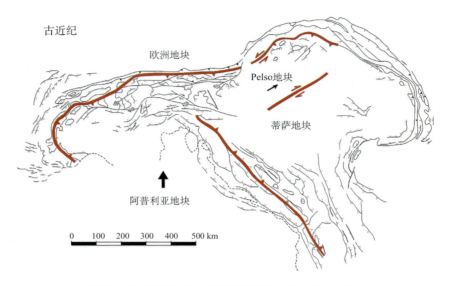

图 6.2.9　潘诺盆地古近纪构造演化（Royden，2000）

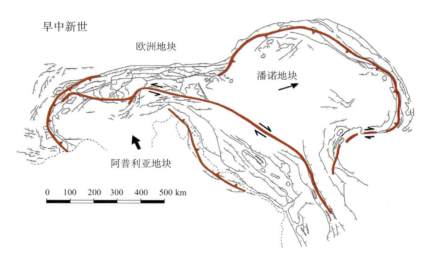

图 6.2.10　潘诺盆地早中新世构造演化（Royden，2000）

　　中—晚中新世，随着潘诺地块抬升并逐渐高过欧洲板块，地壳减薄、拉张作用和破碎作用开始，张扭断裂系发育，并且在喀尔巴阡弧内部发育伸展盆地。该时期潘诺盆地内主要受到东西向的拉张作用（图 6.2.11）。该时期，这些裂谷盆地的形成时间基本与外喀尔巴阡复理石推覆体东西向的压缩变形同时代发生。潘诺盆地中的伸展作用是穿时的，最初在最外部次级盆地发生，时间为早中新世（Ottnagian-Karpatian），随后逐渐向盆地内部转移。裂谷作用的裂陷阶段发育局部隆起、深地堑和同裂谷沉积，随后发育广泛的、快速的裂后沉积（Royden，2000）。

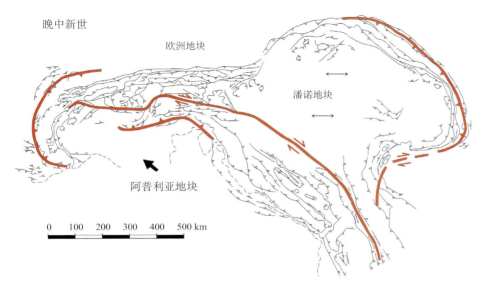

图 6.2.11　潘诺盆地晚中新世构造演化（Royden，2000）

伴随着伸展，火山作用在中中新世达到顶峰，这是在褶皱冲断带之下欧洲陆块俯冲作用的结果。流纹质凝灰岩火山在同裂谷期活动最为强烈，多个喷发旋回产生了厚的凝灰质地层，特别是在潘诺盆地的北部地区厚度最大。在晚中新世，沿着剪切带，逆冲断层在多个次级盆地中开始活动，特别是在潘诺盆地南部边缘的萨瓦盆地（Sava Basin）内活动最为强烈。中—晚中新世，逆冲作用和俯冲作用沿着喀尔巴阡褶皱带自西向东减弱，主要的伸展作用到晚中新世停止，微弱的伸展作用沿着走滑断层和正断层持续到上新世，致使潘诺盆地边缘形成隆起，在东喀尔巴阡地区同时发生挤压作用。

在第四纪，潘诺盆地边缘表现为广泛隆起，在中部表现为持续的沉降，海洋和半咸水沉积物消失，在上新世初始，形成了现今河流-湖泊相沉积格局，至今潘诺盆地仍然持续着地震活动和沉降运动。潘诺盆地次级盆地中一般沉积物总厚度超过了 4 km，最深的地堑处达到 7 km。

综上所述，潘诺盆地主要的构造演化（图 6.2.12）可以概括为：古近纪特提斯海的闭合，欧洲板块与向北推进的非洲板块（以阿普利亚地块为主）碰撞，形成潘诺地块；晚渐新世—早中新世，阿普利亚地块和欧洲地块持续的会聚作用引起外喀尔巴阡复理石带向北东部仰冲，潘诺地块从阿普利亚地块和欧洲地块碰撞带向容易仰冲的方向逃逸，导致喀尔巴阡褶皱冲断带的发育；中—晚中新世，潘诺盆地受到东西向的拉张作用，在陆壳逃逸后形成的褶皱冲断带内部即潘诺地块内发育大规模北东—南西向的走滑正断层，主要的伸展作用到晚中新世停止，微弱的伸展作用持续到上新世。

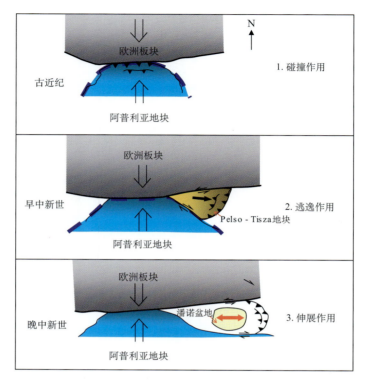

图 6.2.12　潘诺盆地构造演化示意图

（三）区域沉降特征

潘诺盆地的沉降与早中新世晚期地壳的伸展，以及晚中新世到更新世下地壳减薄有关。部分幔源岩浆底垫发育于壳-幔边界，并且引起莫霍不连续面的上升，这一过程引起了地壳的强烈减薄，并使得潘诺盆地中部快速沉降。与扭动相关的地壳伸展触发了初始的钙碱性火山作用，并且引起了地壳下热涌，这也与区域性盆地的快速沉降有密切关系。

潘诺盆地是围绕在由阿尔卑斯褶皱带组成的重力低带之中的重力高（图 6.2.4），也是阿尔卑斯褶皱带中地壳厚度最薄的地区（图 6.2.5、图 6.2.6）。无疑，这些特征都是地幔隆起的反应，也是潘诺盆地属于山间裂谷盆地的直接证据。

整体而言，潘诺盆地的沉降可划分为同裂谷期和后裂谷期两个阶段，同裂谷期为早—中中新世（22～12 Ma），发生大规模陆内拉张和快速的构造沉降，沉积环境为海相，主要形成相对较小的、断层控制的地堑和次级盆地；后裂谷期为中晚中新世—第四纪（12～0 Ma），在盆地内广泛发育，可分为两期：其中，中晚中新世—上新世（12～5 Ma），岩石圈区域性下拗预示着热沉降作用的发生，沉积环境为陆相，并与新特提斯海分离，沉积物主要为湖泊和河流-湖泊环境（图 6.2.13）；上新世—第四纪（5～0 Ma），为盆地演化的挤压阶段，以发育构造反转为特征。晚期构造的重新活动和间歇的反转事件，表明潘诺盆地内的构造应力不仅包括拉张作用，还包括后期构造反转中的挤压作用（Csato，Moore，2007）。

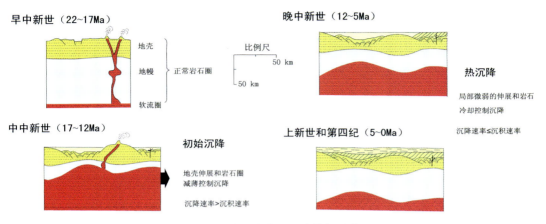

图 6.2.13 潘诺盆地岩石圈的构造演化和沉降特征示意图（Prelogovic，1998）

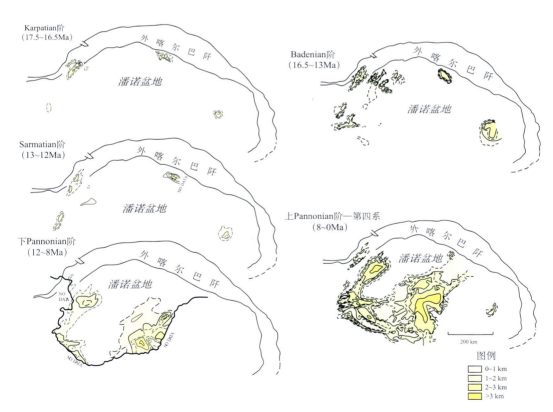

图 6.2.14 潘诺盆地新近纪 Karpatian 阶、Badenian 阶、Sarmatian 阶、Pannonian 阶、第四系厚度图（Lucic，2001）

　　潘诺盆地裂谷发育的最大特点是"局限的同裂谷沉降"和"巨厚的裂后热沉降"。由图 6.2.14 可以明确看到，同裂谷期早中新世 Karpatian 阶，和中新世 Badenian 阶、Sarmatian 阶沉积范围非常有限，为零星分布的数十平方千米的小凹陷，各期沉积厚度一般<2000 m；潘诺阶次级盆地沉积范围可上千平方千米，最大沉积厚度达 4000 m 以上。可见，潘诺盆地不是简单的地幔柱引起的裂谷盆地，很可能属于地幔底辟类型。

　　各阶段的沉降特征表现为：同裂谷期，潘诺盆地地壳伸展和岩石圈减薄控制沉降，区域沉降产生的可容空间大于沉积物供给速率，盆地处于饥饿状态；后裂谷期热沉降阶段在浅海地区（部分深水区）堆积了大量碎屑岩，伸展作用减弱，岩石圈开始冷却，沉降受局部微弱的伸展作用控制，沉降速率小于沉积物的供给速率；后裂谷期挤压阶段，伸展作用和火山活动基本停止，随着碎屑物增加和沉降速率减小，区域开始大范围覆盖沉积物（Prelogovic，1998）。

　　图 6.2.15 为潘诺盆地五个典型次级盆地内拟合点的沉降曲线。由图可知，同裂谷期到后裂谷期，不同的次级盆地具有不同的沉降量，扎斯次级盆地（Jaszsag Subbasin），位于新近纪大匈牙利平原构造单元内，表现为较低的沉降量，是地壳减薄量相对低的结果；位于新近纪大匈牙利平原构造单元内的代赖奇凯、毛科次级盆地（Derecske Subbasin、Mako Subbasin），和多瑙河次级盆地均表现为相似的沉降量；佐洛次级盆地

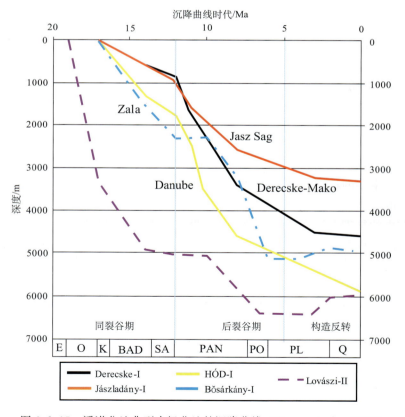

图 6.2.15　潘诺盆地典型次级盆地的沉降曲线（Corver et al.，2009）

(Zala Subbasin) 在同裂谷期末发育有破裂不整合，潘诺阶中-晚期又一次快速沉降。

Corver (2009) 认为，盆地沉降模式与区域沉积环境密切相关，并直接影响其油气圈闭的形成样式。

（四）沉积演化

1. 中生代沉积

潘诺盆地内中生代地层包括三叠系、侏罗系、白垩系岩石。三叠系 Kössen 层泥灰岩为次要的烃源岩，仅在 Pelso 地块中发育，上白垩统碳酸盐岩层序为海相，是匈牙利西部 Zala 次级盆地的重要烃源岩之一。此外，三叠系的白云岩和灰岩以及白垩系的碳酸岩也是潘诺盆地重要的储层。

2. 新生代沉积

匈牙利古近纪盆地为一个陆缘盆地，在盆地边缘和槽谷内为复理石沉积。新近纪，潘诺地进入裂谷沉积阶段。新近纪时期的沉积作用受到构造和海平面变化的控制，沉积层序一般以不整合为边界。

同裂谷期沉积物主要为陆源沉积物，包括泥灰岩、藻类灰岩、蒸发岩、非海相碎屑岩和煤层，但凝灰岩和火山碎屑岩也大量发育，如在中中新世，流纹质凝灰岩广泛覆盖在潘诺盆地北部地区。后裂谷期沉积物主要为热沉降和区域下挠作用的产物，为潘诺盆地与特提斯海最终隔离的标志，其经历了由湖泊衰减为河控三角洲进积作用的过程，后裂谷期层序以发育大规模的湖泊、三角洲和碎屑沉积相为特征（Corver et al.，2009）。

不同地区的地层命名有所不同，需要特别说明的是大匈牙利平原次盆，当地由生产出发将阿尔卑斯-喀尔巴阡地区的 Pannonian 阶、Pontian 阶、Dacian 阶和部分 Romanian 阶，统称为 Pannonian 阶，并分为上、下 Pannonian 阶（图 6.2.16）。下面涉及大匈牙利平原时，许多都用的是当地地层命名。

（1）古近纪沉积

在此期，主要的构造运动控制着沉积样式。潘诺盆地基底地块（Pelso and Tiszá）最初在临近的喀尔巴阡前渊带发生沉积作用，主要发育包括深海粉砂岩、泥灰质黏土和浊积砂岩在内的复理石沉积。始新世—渐新世，复理石带继续发育，并被后期新近纪潘诺地块的压缩变形作用改造。在帕拉索地块（Pelso block）内部，始新世—渐新世岩石在陆缘盆地背景中沉积，匈牙利古近纪盆地中为海相和非海相沉积，其中中始新世以发育 Szöc 灰岩层和包括近海煤层的潟湖沉积为特征（Tari，1998），其上晚始新世海相沉积，包括半深海页岩和浅海相砂岩；晚始新世匈牙利古近纪盆地的构造反转作用致使发生隆起，东部晚始新世—早渐新世层序主要由灰岩、层状黏土和粉砂质黏土组成（Buda 灰岩、Tard 黏土和 Kiscell 黏土层），之上为 Szécsény 地层的半深海粉砂岩、泥灰质黏土和粉砂质砂岩以及 Eger 砂岩地层；在晚渐新世—早中新世，Szécsény 地层在盆地深部为半深海粉砂岩和页岩沉积，陆缘沉积黏土、粉砂岩和砾石，此套沉积持续到早中新世，因区域不整合而终止。

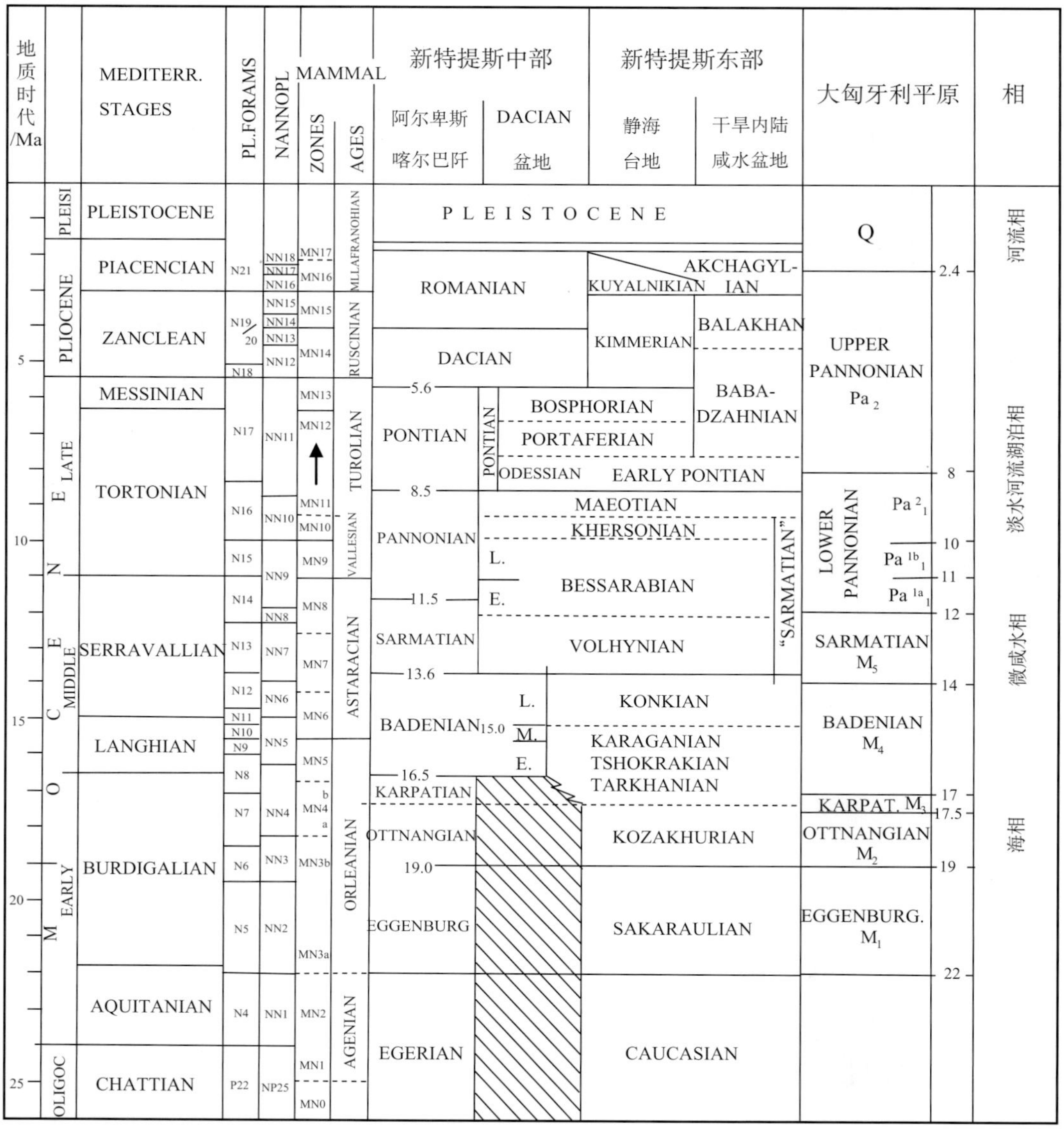

地质时代/Ma	MEDITERR. STAGES	PL.FORAMS	NANNOPL	MAMMAL ZONES	AGES	新特提斯中部 阿尔卑斯喀尔巴阡	DACIAN 盆地	新特提斯东部 静海台地	干旱内陆咸水盆地	大匈牙利平原	相
PLEI PLEISTOCENE	PLEISTOCENE	N21	NN18 NN17 NN16	MN17	MILLAFRANOHAN	PLEISTOCENE				Q	河流相
PLIOCENE	PIACENCIAN	NN17 NN16	MN16	RUSCINIAN	ROMANIAN	AKCHAGYL-KUYALNIKIAN IAN 2.4					
5	ZANCLEAN	N19/20 NN15 NN14 NN13 NN12 N18	MN15 MN14			DACIAN	KIMMERIAN	BALAKHAN	UPPER PANNONIAN Pa$_2$		
	MESSINIAN	N17 NN11	MN13 MN12	TUROLIAN	5.6 PONTIAN	PONTIAN BOSPHORIAN PORTAFERIAN	BABA-DZAHNIAN			淡水河流湖泊相	
E LATE	TORTONIAN	N16 NN10	MN11 MN10		8.5	ODESSIAN	EARLY PONTIAN		LOWER PANNONIAN Pa$^2_1$ Pa$^{1b}_1$ Pa$^{1a}_1$	8 10 11 12	
10 N		N15	NN9	MN9	VALLESIAN	PANNONIAN	MAEOTIAN KHERSONIAN L. BESSARABIAN E.	"SARMATIAN"			
E	SERRAVALLIAN	N14 NN8 N13	NN8 NN7	MN8 MN7	ASTARACIAN	11.5 SARMATIAN 13.6	VOLHYNIAN		SARMATIAN M$_5$	14	微咸水相
15 C MIDDLE		N12 N11 N10 N9	NN6 NN5	MN6		BADENIAN 15.0	L. KONKIAN M. KARAGANIAN E. TSHOKRAKIAN TARKHANIAN		BADENIAN M$_4$		
O	LANGHIAN	N8	NN5	MN5	ORLEANIAN	16.5 KARPATIAN			KARPAT. M$_3$ 17 17.5		海相
M EARLY	BURDIGALIAN	N7 NN4 N6	NN4 NN3	MN4 b a MN3b		OTTNANGIAN 19.0 EGGENBURG	KOZAKHURIAN SAKARAULIAN		OTTNANGIAN M$_2$ 19 EGGENBURG. M$_1$ 22		
20	AQUITANIAN	N5 N4	NN2 NN1	MN3a MN2	AGENIAN	EGERIAN	CAUCASIAN				
25 OLIGOC	CHATTIAN	P22	NP25	MN1 MN0							

图 6.2.16　潘诺盆地地层柱状图（Leigh，1988）

（2）新近纪沉积

新近纪沉积在潘诺盆地主要发育同裂谷期早中新世 Eggenburgian 阶、Ottnangian 阶、Karpatian 阶，中中新世 Badenian 阶、Sarmatian 阶；后裂谷期中中新世晚期 Sarmatian 阶、晚中新世—上新世早期 Pannonian 阶，部分地区发育有 Pontian 阶。潘诺地区大多数次级盆地形成于 Karpatian 阶— Badenian 阶（图 6.2.17）。各地层的接触关系如图 6.2.18 所示。

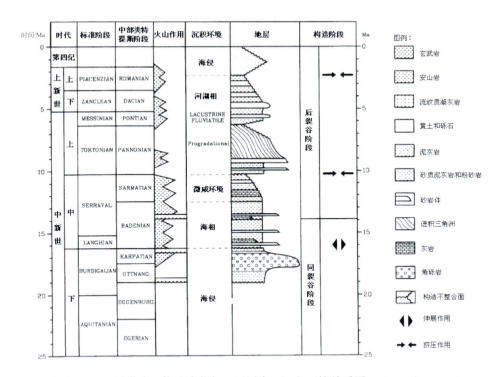

图 6.2.17 潘诺盆地构造演化与地层层序、沉积环境关系图（Horvath，1995）

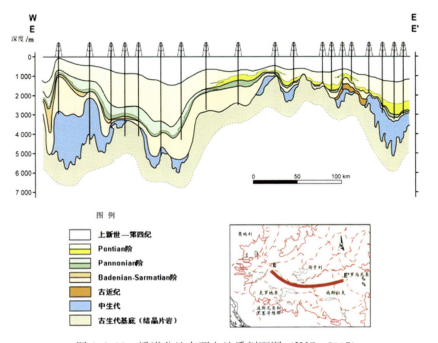

图 6.2.18 潘诺盆地东西向地质剖面图（IHS，2007）

　　潘诺盆地初始沉积主要由早—中中新世同裂谷阶段沉积物组成，在该阶段潘诺盆地主要的次级盆地已经成形。中—晚中新世后裂谷阶段热沉降，广泛分布厚层海相沉积，该阶段沉积覆盖了盆地的大部分区域（Prelogovic，1998）。

　　1）早中新世 Ottnangian-Badenian 阶。潘诺盆地整体处于拉张构造背景下，Ottnangian 阶发育大规模火山碎屑物，沉积岩通常由杂色泥岩和页岩组成，厚度不超过 300 m；Karpathian 阶主要由厚层粗粒碎屑岩组成，部分地区厚度达 3 000 m，Eggenburgian 阶—Karpatian 阶，潘诺盆地快速沉降，沉积物大量聚集，海平面变化较平缓，处于开阔海环境（图 6.2.19）。

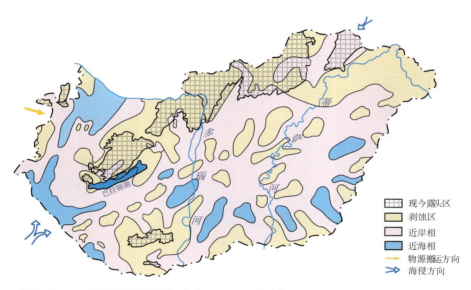

图 6.2.19　大匈牙利平原次级盆地 Badenian 阶岩相古地理图（Berczi et al.，2005）

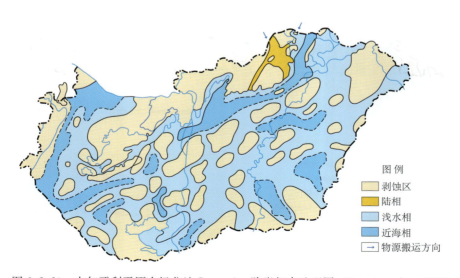

图 6.2.20　大匈牙利平原次级盆地 Sarmatian 阶岩相古地理图（Berczi et al.，2005）

　　该沉积环境在 Badenian 阶时期发生变化，由开阔海环境变为海相环境。此期发生大规模海侵，海相沉积物快速堆积，近海区域沉积碎屑灰岩，远海区域沉积灰岩和浊积岩，Badenian 地层也较厚，最厚处达 3 000 m（Horvath，1995）。

　　2）Sarmatian 阶 。沉积环境由海相转变为微咸环境。这主要是由于 Badenian 阶之后，在潘诺盆地内开始大量出现微咸动物群。该期是唯一一次整个内喀尔巴阡地区处于海平面以上的时期，潘诺盆地成为潘诺湖。在此期间，隆起的喀尔巴阡弧为潘诺盆地提供了碎屑物物源，通过较大的河流搬运盆地中（Berczi et al.，2006）（图 6.2.20）。

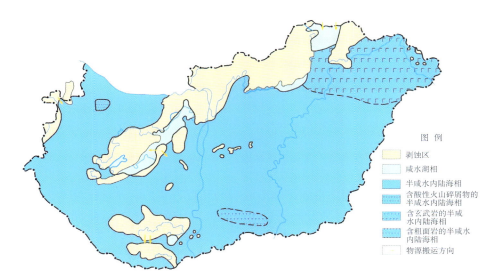

图 6.2.21　大匈牙利平原次级盆地下 Pannonian 阶岩相古地理图（Berczi et al.，2005）

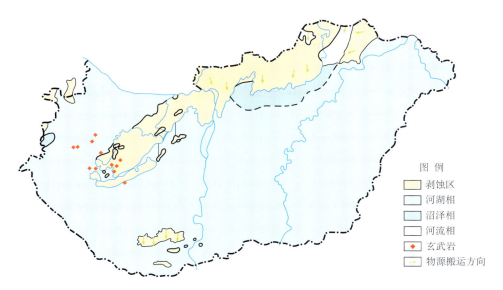

图 6.2.22　大匈牙利平原次级盆地上 Pannonian 阶岩相古地理平面图（Berczi et al.，2005）

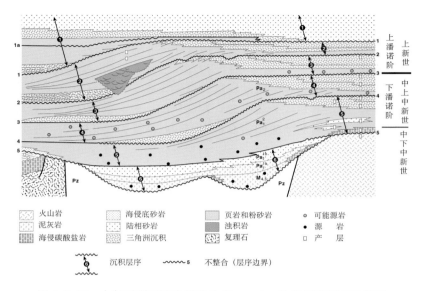

图 6.2.23　大匈牙利平原次级盆地 Pannonian 阶岩相横剖面示意图

3）潘诺阶。热沉降作用使得潘诺湖形成后的几百万年内，该地区基本未发生大规模构造运动，仅局部发生缓慢隆升，沉积环境由微咸环境转变为河流-湖泊环境。该期沉积和沉降速率保持平衡，主要发育浅湖沉积物（图 6.2.21～图 6.2.23）。

上新世，盆地发生最后的大规模挤压运动，并持续至今，该运动造成区域隆起部位形成了大量挤压构造，如多瑙河次级盆地（Danubia Subbasin）西部的布达法（Budafa）背斜，沉积环境仍为河流、浅湖相。该期的挤压运动，加速了东西两翼的隆升，大匈牙利平原第四纪沉积了巨厚的黄土和砾石。

综上所述，潘诺地区的岩相古地理变化可以概括为：早—中中新世，由于强烈拉张作用引起区域快速沉降，此时为海相沉积环境；中—晚中新世拉张作用基本停止，进入热沉降阶段，沉降速率变慢，大量碎屑沉积物快速注入，加之区域隆升作用，沉积相由海转变为陆相，主要为河-湖相环境，一直持续到上新世—第四纪（Windhoffer，2005）。

第三节　盆地石油地质条件

一、烃源岩

潘诺盆地内已证实的烃源岩有两套，分别发育于中生代和新生代，埋藏深度范围为2 000～4 520 m。中生代烃源岩主要为三叠纪的库赞（Kössen）泥灰岩，仅在局部发育（图 6.3.1）；新生代烃源岩主要由两部分组成（图 6.3.2），分别为古近纪渐新世浅海相的Tard-Kiscell 黏土夹层和新近纪中新世—上新世河湖相的页岩、灰岩、泥灰岩。中中新世—上新世烃源岩是潘诺盆地油气生成最重要的烃源岩（图 6.3.3）。推测三叠纪Veszprém 灰岩和 Mecsek 煤层，以及侏罗系也具有一定生烃能力。各烃源岩的特征如下：

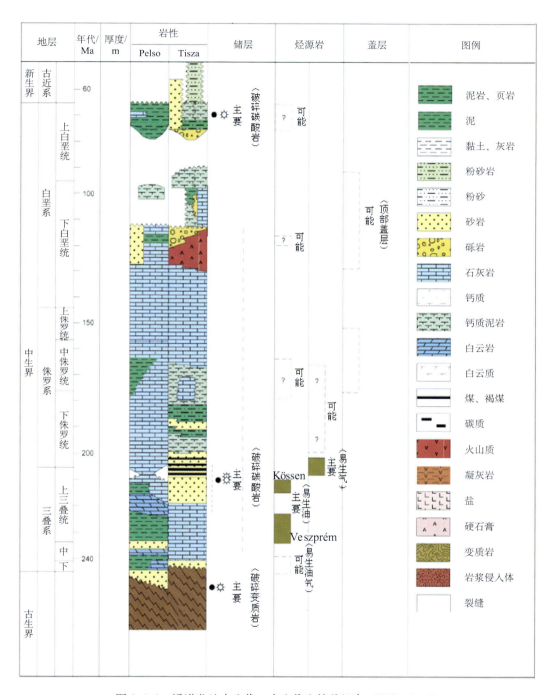

图 6.3.1 潘诺盆地古生代—中生代生储盖组合（IHS，2007）

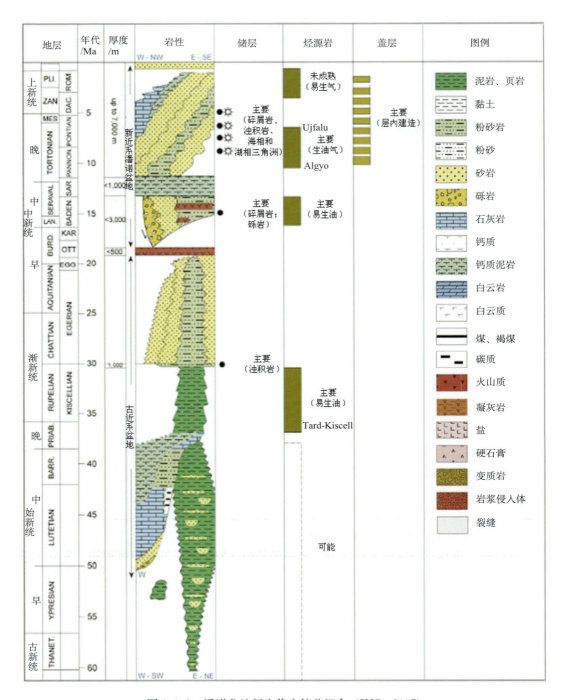

图 6.3.2　潘诺盆地新生代生储盖组合（IHS，2007）

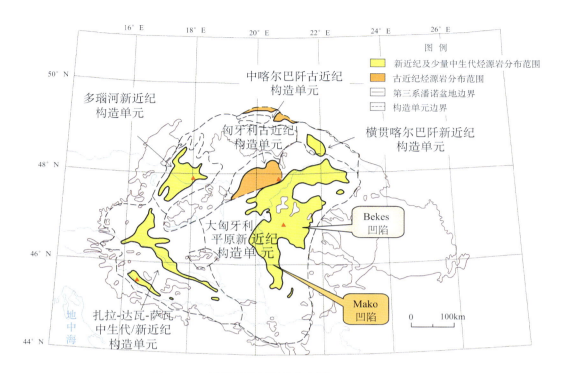

图 6.3.3　潘诺盆地烃源岩分布图（USGS，2006）

三叠纪雷蒂亚（Rhaetian） 阶库赞（Kössen）层和卡尼（Carnian）阶维斯普雷姆（Veszprém）层富有机质的泥灰岩，是潘诺盆地内最古老的烃源岩，主要发育在帕拉索地块上，处于浅海-深海沉积环境中，维斯普雷姆泥灰岩总有机碳含量（TOC）为 3%~5%，库赞泥灰岩有机碳含量较高，为 3%~20%，二者均发育 Ⅰ 和 Ⅱ 型干酪根，以 Ⅱ 型干酪根为主。库赞泥灰岩是佐洛次级盆地（Zala Subbasin）主要的油源岩，该次级盆地内至少五个油田的石油来自该烃源岩，其中包括 Nagylengyel 油田（储量 0.25×10^8 m³），油气的生成和排出开始于中新世。

侏罗系 也具有一定的生烃潜力，主要是早中侏罗纪细粒的深海沉积物，发育于潘诺盆地中部，生烃潜力最大的岩石平均有机碳含量（TOC）为 8%，发育于蒂萨（Tiszá）基底之上的早侏罗纪含煤地层被认为是该期主要的气源岩（Nemcok et al.，1998）。

古近系 主要发育两个次级盆地，分别为匈牙利古近系盆地和中喀尔巴阡古近系盆地。匈牙利古近系盆地古近系烃源岩主要为渐新世浅海相的 Tard-Kiscell 泥岩。在盆地的北部，Tard-Kiscell 黏土平均有机碳含量（TOC）为 0.5%~1.0%，局部高达 0.8%~1.8%，最高达 4.5%，干酪根类型主要为 Ⅰ 和 Ⅱ 型，Ⅲ 型干酪根位于层序上部的生油窗内（Hasenhutt et al.，2001）；盆地南部，渐新世层序全部位于生烃窗内，其中南部烃源岩进入了生气窗，部烃源岩达到了油窗。该层序具有一定的油气储量。成熟作用可能发生在晚中新世或上新世（6~2Ma）最大热流值时期。在中喀尔巴阡古近

纪盆地中，主要发育两套富有机质的烃源岩：第一套有机碳含量（TOC）为 0.1%～
1.5%，第二套为 1.1%～10.3%。干酪根主要为Ⅲ型，由于构造和埋藏历史的巨大差
异，成熟度变化明显，局部烃源岩可以达到了生油和生成湿气的程度（Kuhlemann，
2007）。中喀尔巴阡古近纪盆地有两个小油田（Mezökeresztes and Demjén fields）已经
被证实其原油来自 Tard-Kiscell 源岩。

中新统　　新近系中新统内包含有三套源岩，时代为中中新世 Badenian 阶、Sarma-
tian 阶源岩、中—晚中新世下潘诺阶源岩和上新世源岩。

中中新世 Badenian 阶—Sarmatian 阶页岩和泥灰岩，有机碳含量一般 0.5%～
0.89%，一般只发育于凹陷的深拗部位（图 6.3.4）。

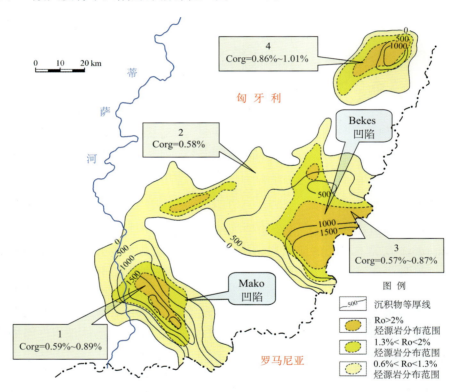

图 6.3.4　潘诺盆地东南部 Badenian 阶、Sarmatian 阶（$M_{4,5}$）、下潘诺阶下部
（Pa_1^1）沉积厚度和成熟度分布平面图（Sachsenhofer，2001）

中中新世—晚中新世下潘诺阶源岩厚度较大，为深海泥岩和泥灰岩沉积，是较好的
烃源岩（Clayton，1994），于大匈牙利平原次盆潘诺阶 Algyö 和 Ujfalu 组，总有机碳
含量平均 0.5%～0.86%，最高为 2%，干酪根类型为Ⅲ型（图 6.3.5）。

上新世烃源岩，尚未进入生烃门限，主要为干气，可能为生物成因（Lucic et al.，
2001）。

潘诺盆地是一个高热流区，盆地热流值一般为 90～100 mW/cm² （图 6.3.6）。生
油门限 R_0 值为 0.6%，深度为 2 500～2 800 m。

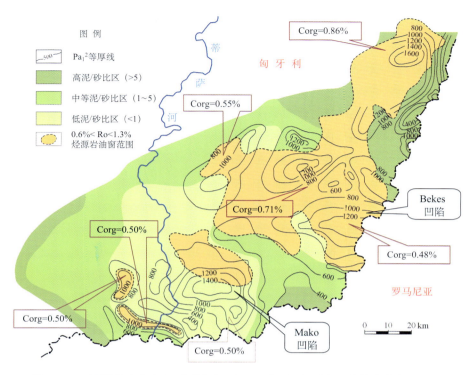

图 6.3.5　潘诺盆地东南部下潘诺阶上部（Pa_1^2）沉积厚度和成熟度分布平面图
（Sachsenhofer，2001）

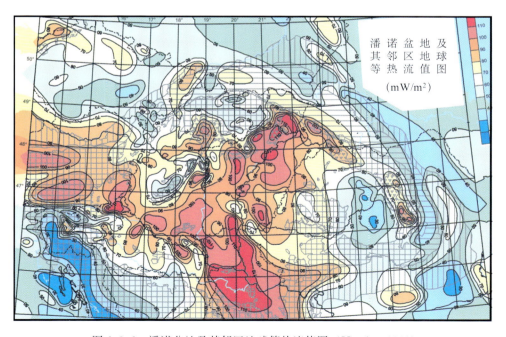

图 6.3.6　潘诺盆地及其邻区地球等热流值图（Hurtig，1991）

二、储层

　　潘诺盆地内的探明油气储量主要集中于新近系地层中，约占盆地油气总储量的90%，6%的油气位于古生代风化壳储层中，中生代白垩系灰岩风化壳（Nagylengyel油田，$0.23 \times 10^8 m_{oe}^3$）和其余时代地层中储量很少。新近系储层储量主要分布于中新统和上新统地层中，其中前者储量为 $4.55 \times 10^8 m_{oe}^3$，占总储量的 70%；后者储量较少为 $1.2 \times 10^8 m^3$，占总储量的 19%。中新世储量的 65.7% 位于晚中新世；此外，关于油气产量的统计数据显示，潘诺盆地 62% 的石油产量和 70% 的天然气产量位于新生代砂岩储层中，24% 的石油产量位于中生代的碳酸盐储层中（图 6.3.7 和表 6.3.1）。

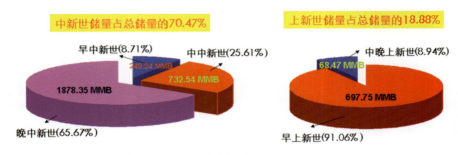

图 6.3.7　潘诺盆地新近纪储层储量统计图

表 6.3.1　潘诺盆地各时代储层储量占总储量的比例统计表（据 IHS，2007 资料统计）

地层		油气储量/$10^8 m_{oe}^3$	占总储量比例/%
古生界		0.36	5.59
二叠系		0.03	0.40
三叠系		0.04	0.61
侏罗系		<0.01	0.04
白垩系		0.24	3.65
古近系	始新统	<0.01	0.37
	渐新统	0.02	
新近系	中新统	4.55	70.47
	上新统	1.22	18.88
合计		6.46	100

　　遭受风化作用的古生代基底火山岩和变质岩，是潘诺盆地最古老的储层，其储量占总储量的 6%，它们常常与新生代砂岩一同出现，或者二者成为复合储层，这在大匈牙利平原构造单元表现最为明显：例如，匈牙利最大的油气田 Algyö 油田，其产量部分来自基岩风化壳；Sarka deresztur 油田 Battonya 油田，中新统砂岩和基岩风化壳都合并为一个储层。古生代结晶基底储层孔隙度为 1%～20%，通常平均小于 11%。

中生代沉积岩是佐洛和德拉瓦（Dráva）次级盆地中重要的储层。在佐洛次级盆地的 Nagylengyel 油田中，油气主要分布于由白垩系灰岩（Ugod 灰岩）和上三叠统白云岩（Haup 白云岩）组成的储层中，此外，同时代的泥灰岩和轻变质的白云岩也含有部分储量；在塞尔维亚境内的德拉瓦次级盆地中，下侏罗统、中三叠统的白云岩和粗粒碎屑岩是具有生产能力的储层，孔隙度分别 12％、8％和 3％。此外，三叠统灰岩也是匈牙利古近纪次级盆地重要的储层。总体而言，潘诺盆地内中生代储层孔隙度范围为 2％～25％，平均为 14％，裂缝的发育对储层的储集能力影响较大（Editorial，2001）。

始新世 Szöc 灰岩和渐新世 Kiscell 组砂岩构成匈牙利古近纪次级盆地的主要储层。Szolnok 复理石次级盆地以及同时期中部喀尔巴阡地区的储层主要由古近纪砾岩、砂岩、粉砂岩、泥灰岩、页岩和灰岩组成，该时期主要为粗粒的砂岩储层，平均孔隙度为 8％～10％，此外，基质孔隙和裂缝对储层的发育非常重要。

新近系砂岩是潘诺盆地内最主要的储层，整个盆地约 90％的油气聚集在中新统中，其余为上新统。巴登阶（Badenian）、萨尔马特阶（Sarmatian）和下潘诺阶（lower Pannonian）时期的储层是最主要的储层，主要由河流相、湖相的砂岩和砾岩组成，还包括少量浊积岩、泥灰岩、藻类灰岩和淡水灰岩。上新统储层中的油气的产量较小，主要聚集生物成因的天然气。第四系在部分地区也具有较小的生产能力。藻灰岩储层主要受巴登阶（Badenian）时期的沉积控制。新近系还有少量的火山岩碎屑物储层，主要分布在东部和东南部匈牙利次级盆地中，主要由盆内和前三角洲浊积岩（40％）、三角洲斜坡浊积岩（30％）组成。新近系砂岩储层的孔隙度范围为 5％～30％，大部分砂岩孔隙度为 16％ 左右；后裂谷期储层孔隙度较高，范围为 8％ ～ 40％，平均为 22％（图 6.3.8）。

三、盖层及圈闭

潘诺盆地内新近系盖层主要为细粒沉积物，主要由前三角洲建造的泥岩和三角洲前缘的泥岩组成，例如，萨尔马特阶和早潘诺阶的泥岩、泥灰岩，它们通常为超压岩石，构成区域内最主要的盖层。在大多数油田中，储层上部的泥质夹层通常构成局部盖层，同时又充当其下部储层的烃源岩。新近系地层被认为是潘诺盆地内所有时代较老储层的区域盖层（Corver et al.，2009）。

潘诺盆地内具有生产价值的圈闭埋藏深度一般为 80～5 000 m，大部分石油聚集在 800～3 000 m，天然气聚集的深度比石油深。由于该区构造、地层变化复杂，因此大量发育复合圈闭（图 6.3.9）。

在新生代盆地充填中，具有经济价值的圈闭通常为构造圈闭，沿着走滑断层发育，主要包括位于基底之上的披覆背斜、挤压背斜和与生长断层相关的滚动背斜，同时部分地区发育反转构造。例如，佐洛次级盆地（Zala Basin）中的布达法（Budafa）背斜。在大多数构造控制的油气藏中，岩性因素发挥的作用不明显。岩性-构造圈闭主要发育在第三系中，主要为由河流、浅水沉积物和浊积砂岩、砾岩组成的上倾尖灭，在同裂谷和后裂谷间不整合界面上表现最为明显。基底杂岩中的圈闭包括古隆起、推覆体中的褶皱和断层、由不整合面削截组成的构造圈闭等。

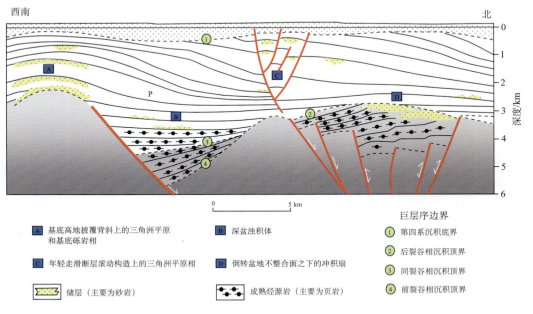

图 6.3.8　潘诺盆地大匈牙利平原烃源岩和储盖组合（Horvath，Tari，1999）

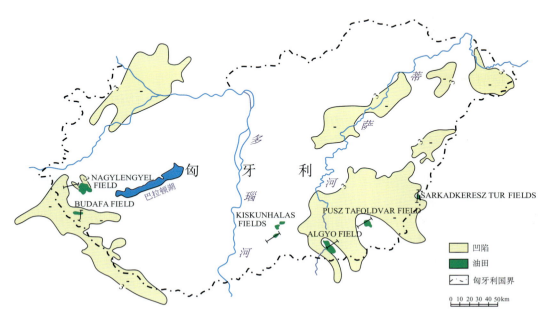

图 6.3.9　潘诺盆地匈牙利境内主要油气田分布图（Dank，2000）

据盆地中 539 个油气藏统计：基岩披覆型背斜圈闭是盆地的主要圈闭类型，476 个披覆-岩性-构造油气藏油气储量占盆地油气总储量的 87.5%；基岩构造不整合圈闭居第二位，32 个基岩-不整合油气藏油气储量占盆地油气总储量的 6.2%；反转背斜岩性-构造油气藏列第三位，14 个油气藏油气储量占盆地油气总储量的 5.6%；纯粹的披覆构造油气藏（17 个）只占盆地油气总储量的 0.7%（表 6.3.2）。

表 6.3.2 潘诺盆地油气储量的圈闭类型分布

圈闭类型油气田	储层	油气储量			合计 /$10^8 m_{oe}^3$	比例/%
		油 /$10^8 m_o^3$	凝析油 /$10^8 m_o^3$	气 /$10^8 m_{oe}$		
基岩构造-不整合（32）	基岩	0.14	0.02	0.3336	0.50	6.2
披覆-岩性-构造（476）	裂后期	3.32	0.26	3.4205	6.99	87.5
披覆构造（17）	裂后期	<0.01	0	0.0527	0.05	0.7
反转-岩性-构造（14）	裂后期	0.34	0.01	0.1012	0.45	5.6
合 计（539）		3.80	0.29	3.9080	7.99	100

下面列举几个典型油气藏的圈闭类型，以示一斑。

挤压型背斜岩性-构造圈闭 Budadf 油气田发现于 1919 年，是一个晚中新统的不对称的背斜圈闭，轴向近东—西向，南翼倾角 3°、北翼倾角 10°。下潘诺阶砂岩储层埋深 900～1 300 m，储量 $0.10×10^8 m^3$。二次世界大战时已经枯竭。20 世纪 90 年代进行二次采油，其产量还可以占匈牙利总产量的 1%（图 6.3.10）。

披覆型背斜岩性-构造圈闭 Pusztafoldvar 油田和 Algyö 油田是这类圈闭的典型。Algyö 油田将在后面作为典型油气田介绍，这里简单对 Pusztafoldvar 油田的圈闭进行描述。Pusztafoldvar 油田发现于 1985 年，是匈牙利地震与地质结合勘探的典型。背斜发育在大匈牙利次盆的 Mako 凹陷和 Bekes 凹陷之间的一个基底隆起上，是一个典型的披覆背斜，油田面积 75 km²。储层主要为古生界基岩上的下潘诺阶底砾岩与下潘诺上部、上潘诺下部三角洲砂岩，储层总厚达 100 m，油气储量将近 $0.16×10^8 m_{oe}^3$。20 世纪 90 年代可占匈牙利总产量的 2.5%（图 6.3.11）。

基岩潜山圈闭 Nagylengyel 油田发现于 1951 年，是潘诺盆地中最大的基岩潜山圈闭，圈闭面积 75 km²，油气储量 $0.25×10^8 m_{oe}^3$。主要储层是白垩系灰岩，单个断块油层厚度 7～90 m，不整合面上还有下潘诺阶砂-砾岩超覆圈闭。有机地化资料认为油藏的形成与中生界源岩有关。20 世纪 90 年代油田已接近枯竭（图 6.3.12）。

四、油气生成和运移分析

潘诺盆地内平均地温梯度为 3.6 ℃/100 m，部分地区超过 5.8 ℃/100 m（图 6.3.13），虽然不同区域生油窗的深度不同，但根据时间-温度指数和镜质体反射率研究认为生油窗为 2 500～5 000 m，5 000 m 以下为生气窗。

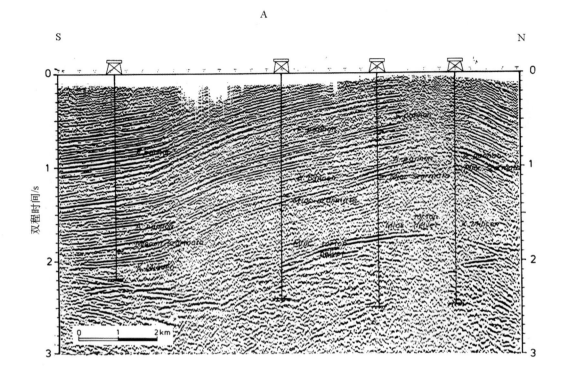

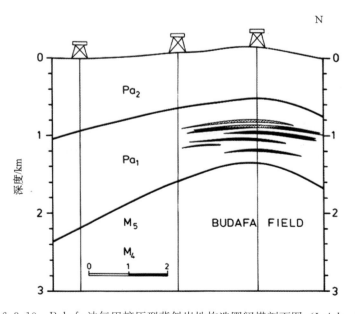

图 6.3.10　Bubafa 油气田挤压型背斜岩性构造圈闭横剖面图（Leigh，1988）

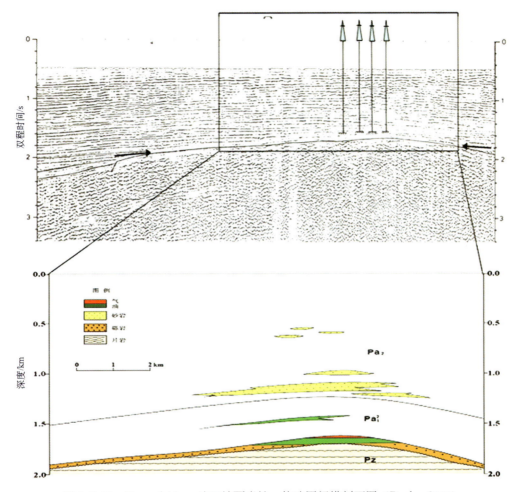

图 6.3.11 Pusztafoldvar 油田披覆岩性—构造圈闭横剖面图 （Dank，2000）

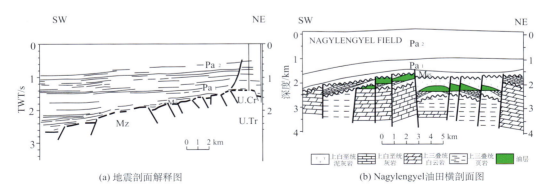

(a) 地震剖面解释图 (b) Nagylengyel油田横剖面图

图 6.3.12 Nagylengyel 油田基岩潜山圈闭剖面图 （Dank，2000）

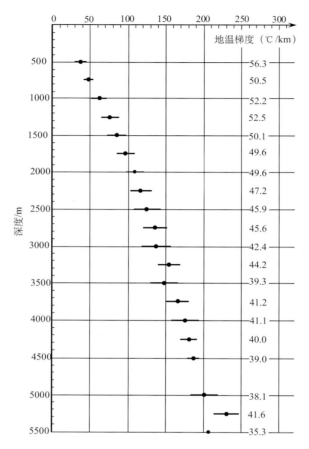

图 6.3.13　潘诺盆地平均地温梯度分布图
(Sachsenhofer，2001)

　　新近纪沉积物中，深度在 2～2.5 km 的沉积物还未达到成熟。因此，上潘诺阶富含有机质的沉积物因为埋藏深度不足而未开始成烃。在部分地区，年轻沉积物中会释放生物成因形成的甲烷气。

　　油气藏通常位于基底的构造高部位。一般油田位于产气区的周围，表明后期生成的天然气在凹陷中部可能取代了早期油藏的石油。油气地球化学和同位素分析认为，该区发生了重要的垂向和侧向运移，特别是天然气。早—中中新世源岩通常是超压岩石（图 6.3.14）。

　　潘诺盆地内，由于高的地温梯度、欠压实作用，致使下潘诺阶存在显著的超压。HOD-1 井的热沉降研究和超压模拟研究说明：下潘诺阶下部现今全部进入超压范围，R_{0} 值在 $0.6\%\sim1.3\%$ 生油窗内，油气生成后可向上运移到潘诺阶储层中，也可向下运移到古生代破碎的风化壳储层中（图 6.3.15；Horvath et al.，2000）。

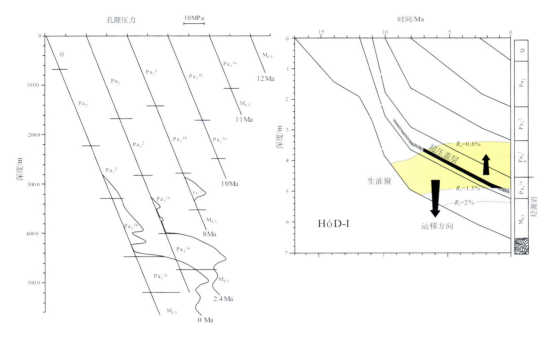

图 6.3.14 潘诺盆地 HOD-1 井超压曲线和沉降-热演化史曲线图
（Horvath et al.，2000）用以说明油气超压运移模式

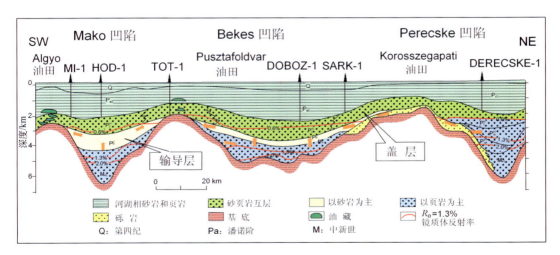

图 6.3.15 潘诺盆地油气生成和运移模式剖面图（Szalay，1991）

在大匈牙利平原下诺阶中部（Pa_1^{1b}）是成熟源岩中的一个砂岩发育段，是该次盆的重要油气输导层，Algyö 等大油气田的形成都与油气的疏导条件密切相关（图 6.3.15）。

潘诺盆地的储层中的天然气通常含有大量的二氧化碳，二氧化碳含量的变化范围为 $0.5\%\sim99.5\%$，平均为 28%。特别是在多瑙河盆地，高的二氧化碳含量使很多天然气失去了利用价值。

五、含油气系统分析

潘诺盆地内的含油气系统，烃源岩一般是复合型的，来自从中生代到新近纪之间不同时代的富含有机质岩层，油气常常表现为垂向运移。根据地质特征、发育历史，并综合区域地理位置因素，认为潘诺盆地内主要发育六套含油气系统（表 6.3.3），其中三套为新近系，两套为古近系，一套为中生界—新近系复合系统，分别为：大匈牙利平原新近系含油气系统（Great Hungarian Plain Neogene）、多瑙河新近系含油气系统（Danube Neogene）、横穿喀尔巴阡新近系含油气系统（Transcarpathian Neogene）、匈牙利古近系含油气系统（Hungarian Paleogene）、中喀尔巴古近系含油气系统（Central Carpathian Paleogene）和佐洛-德拉瓦-萨瓦中生界/新近系复合含油气系统（Zala-Darva-Save Mesozoic/Neogene）。每个含油气系统对应不同的油气构造单元。含油气系统的事件表总结了烃源岩、盖层、储层的形成时间，以及每个含油气系统中圈闭发育时间、油气的生成、运移时间。

表 6.3.3　潘诺盆地含油气系统表（IHS，2007）

含油气系统（TPS）	构造单元（AU）	烃源岩时代	油气储量 /$10^8 m^3_{oe}$	占总储量 比例/%
大匈牙利新近系	大匈牙利平原次级盆地	新近系	5.93	70.8
多瑙河新近系	多瑙河次级盆地		0.01	0.1
横穿喀尔巴阡新近系	横穿喀尔巴阡次级盆地		0.11	1.3
佐洛-德拉瓦-萨瓦中生界/新近系	佐洛-德拉瓦-萨瓦次级盆地	新近系—中生界	2.33	27.8
匈牙利古近系	匈牙利古近纪次级盆地	古近系		
中喀尔巴阡古近系	中喀尔巴阡古近纪次级盆地			
潘诺盆地总计			8.38	100

由油气储量的含油气系统分布来看，大匈牙利新近系是 6 个含油气系统中最重要的系统，其油气储量占盆地油气总储量的 70.8%。佐洛-德拉瓦-萨瓦中生界/新近系含油气系统占 27.8%，列居第二。多瑙河新近系含油气系统和横穿喀尔巴阡新近系含油气系统只占盆地总油气储量的 1.4%（表 6.3.3 和图 6.3.16）。

这 6 个含油气系统中两个古近系含油气系统几乎没有经济性的油气发现，下面主要介绍其他四个含油气系统。

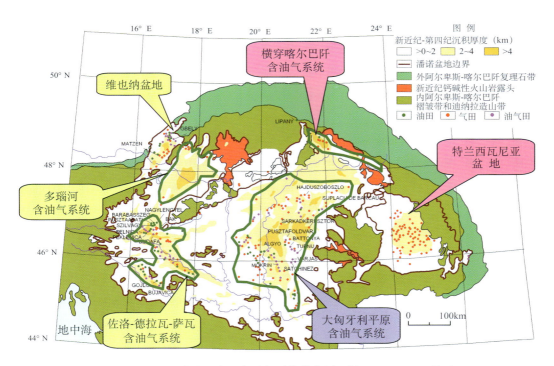

图 6.3.16　潘诺盆地主要含油气系统分布图（据 USGS，2006 修改）

（一）新近纪含油气系统

潘诺盆地新近系含油气系统，包括大匈牙利平原新近系含油气系统、多瑙河新近系含油气系统、横穿喀尔巴阡新近系含油气系统。这些含油气系统表现为油气在新近系烃源岩中生成，运移到下覆基底潜山和新近系储层中，运移方式以垂向运移为主，侧向运移距离只有数千米。该类型的含油气系统在潘诺盆地内发育最为广泛，分布在热条件适宜的、有利生成油气的深盆地区，圈闭包括新近系、中生界、古生界和前寒武基底风化壳的构造圈闭、地层圈闭等类型。烃源岩以中新统为主，深盆地区有利形成天然气，油田分布在生气区周围（图 6.3.16、图 6.3.17）。

以大匈牙利平原新近纪含油气系统为例（图 6.3.15、图 6.3.18），该含油气系统中中新统至上中新统烃源岩生油窗大致在 2 500～3 500 m，盆地中的源岩主要处于气窗，凹陷的最深部位，中中新统和上新统底部可进入气窗。油气以吹响运移为主，向上可运移到新近系储层中，然后部分运移到下覆基岩潜山储层中。该油气系统内有六个沉积中心，烃源岩由凹陷边部生油相过渡到凹陷中心生气相。圈闭以岩性-构造复合圈闭为主，包括一系列挤压和同沉积背斜。

（二）佐洛-德拉瓦-萨瓦中生代—新近系复合含油气系统

该系统中，一小部分油气来自上三叠统库赞泥灰岩，垂向运移到基底杂岩和上覆古近

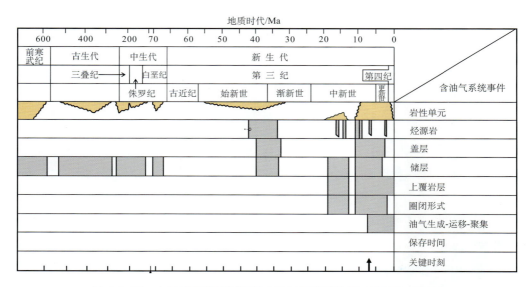

图 6.3.17　大匈牙利平原新近纪含油气系统事件图（USGS，2006）

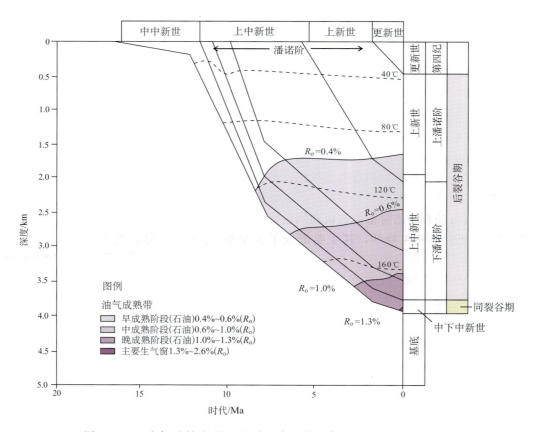

图 6.3.18　大匈牙利平原新近纪含油气系统埋藏史图（USGS，2006）

系、新近系储层中；大部分油气在新近系烃源岩中产生，运移到新近系储层中。圈闭由构造圈闭和地层圈闭组成，构造圈闭主要为挤压背斜，地层圈闭包括古隆起、超覆等。例如，在佐洛盆地（Zala Basin）中，至少五个油田的石油来自上三叠统库赞泥灰岩烃源岩，其中包括 Nagylengyel 大油田。在中生代地层缺失的地区，油气主要来自新生代烃源岩，例如，在德拉瓦和萨瓦凹陷中，油气仅来自新近纪烃源岩(图 6.2.3、图 6.3.19)。

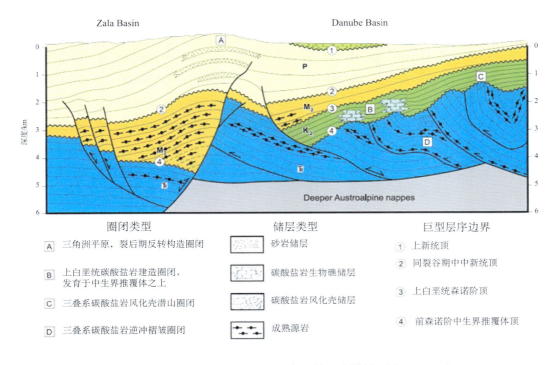

图 6.3.19　佐洛凹陷新近系和中生界含油气系统示意横剖面图（Horvath，1999）

烃源岩　该含油气系统的烃源岩包括两套，分别为晚三叠纪 Kössen 灰岩和新近纪中新世 Badenian 阶和潘诺阶富含有机质的岩石。佐洛盆地含有上述两套烃源岩，但晚三叠纪 Kössen 灰岩是最主要的，其主要形成了五个中–小油田，分别为 Bak、Barabásszeg、Nagylengyel、Pusztaapáti 和 Szilvágy 油田。南部德拉瓦和萨瓦凹陷（Drava and Sava depressions）中成熟的烃源岩仅限于中新世 Badenian 阶至潘诺阶下部。

成熟度　德拉瓦和萨瓦凹陷中新世烃源岩在中中新世—晚中新世进入生烃门限（图 6.3.20、图 6.3.21）；佐洛次级盆地三叠纪和中新世烃源岩中的油气在晚中新世生成和排出。一些学者通过研究发现在镜质体反射剖面中存在一个显著间断，预示着新近纪早期热事件的发生。在该含油气系统中，生油门限为 2 000 m 左右。

运移　该含油气系统中的油气主要在成熟烃源岩分布区聚集，运移方式以垂向运移为主，少量侧向运移。在佐洛盆地中，油气在快速沉降的晚中新世生成和排出。德拉瓦和萨瓦凹陷中，油气在晚中新世和上新世生成和排出（图 6.3.20、图 6.3.21）。

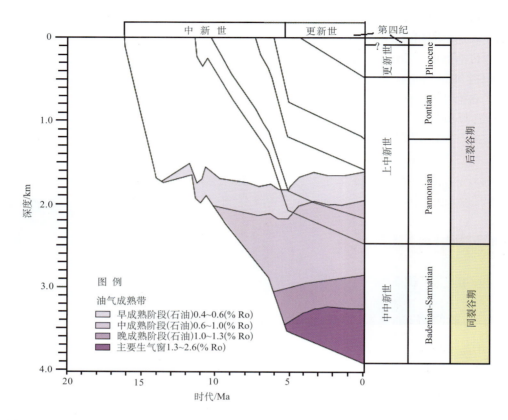

图 6.3.20　佐洛-德拉瓦-萨瓦中生代/新近纪复合含油气系统埋藏及热演化史图（USGS，2006）

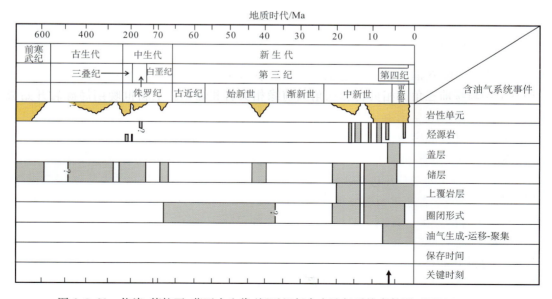

图 6.3.21　佐洛-德拉瓦-萨瓦中生代/新近纪复合含油气系统事件图（USGS，2006）

储层　该含油气系统储层主要包括两套：新近纪和基底推覆体之上的古生代-中生代岩石。新近纪储层主要由砂岩组成，分布在中新世 Badenian 阶、萨尔马特阶、下潘诺阶和庞蒂阶（Pontian），还包括少量灰岩和生物礁。

基底储层由白云岩、灰岩和砂岩组成，包括白垩纪砂岩和上三叠统白云岩（特别是哈普特白云岩 Hauptdolomit）、泥岩和轻微变质的灰岩。在佐洛盆地中，该时代储层为白垩纪 Ugod 灰岩和砂岩；在德拉瓦凹陷（Drava depression）中，为早侏罗纪和中三叠纪白云岩、早三叠纪石英岩和泥盆纪片岩；在萨瓦凹陷（Sava depression）中，为古生代风化结晶岩石。总体而言，断裂作用对基底储层的发育非常重要。

圈闭/盖层　该含油气系统的圈闭包括构造、挤压、地层和同沉积等类型，主要以构造圈闭为主，通常与沿走滑断层发育的基底隆起有关。隐蔽圈闭与地层尖灭和不整合面有关，特别是中中新世（同裂谷期）和晚中新世潘诺阶（后裂谷期）之间的区域不整合面。盖层主要为泥质岩石。

六、典型油气田——Algyö 油气田

（一）油田概况

Algyö 油田位于潘诺盆地中部，是匈牙利境内最大的油田（图 6.3.9），发现于 1965 年，面积 80 km²，储层厚度范围 5～70 m，石油的最终可采储量为 $0.62 \times 10^8 \mathrm{m_o^3}$，天然气为 $860 \times 10^8 \mathrm{m_g^3}$。其产量占匈牙利油气产量的 52%。该油田圈闭类型为基岩披覆背斜构造圈闭，由 76 个独立的油气藏组成，油气集中分布于上潘诺阶湖泊三角洲平原相中，少量聚集在湖泊浊积扇相中。储油层通常较薄，顶部具有大的气顶。匈牙利东南部厚的中新世—上新世沉积层序对油气的生成非常有利。破碎的基底隆起也是潜在的储油层。

（二）生、储、盖组合

源岩　Algyö 油气田在构造上位于古生代和前寒武结晶基岩隆起之上。烃源岩为中—上中新统前三角洲相页岩和三角洲前缘相页岩和煤系。上新世晚期烃源岩开始成熟，并且一直持续至今。

储层　油气分布在三套层系中：中新统底砾岩（Deszk）、中新统和上新统相互分割的砂岩。与油气相关的地层层序为 Sarmatian 阶（$M_{4,5}$），上 Pannonian 阶（Pa^1），下 Pannonian 阶。与油气相关的地层单元包括：Sarmatian 阶 Deszk 砾岩，下 Pannonian 阶的 Szolonk 地层、Algyö 地层和上 Pannonian 阶 Tortel 地层（图 6.3.22）。Sarmatian 阶底部为 Deszk 砾岩，厚 50 m，天然气储量 $180 \times 10^8 \mathrm{m}^3$，是匈牙利最大的单个气藏。Deszk 砾岩之上为中中新统-上新统 Pannonian 层序，厚度为 1 800 m。上新统底部的角度不整合将 Pannonian 阶分为上/下两部分，下 Pannonian 阶为湖相砂、泥岩互层，厚度 400 m，其中含油气层有 Szolonk 组和 Algyö 组。这两个地层组包括 48 个薄层、且横向不连通的油气层，其中 10 层为油层，38 层为气层，储量分别占油田总储量的 4%

和 14%；上 Pannonian 阶厚 1 400 m，Algyö 油田储量主要分布在此层序的 Tortel 组中，岩性为河流-三角洲平原相砂岩、泥岩及煤系，一般埋深 1 500～2 600 m，包括 28 个油层，厚 10～50 m，其中 12 个气层，12 个带气顶的油层和 4 个未饱和的油藏。其石油储量占油田总储量的 96%；天然气占 66%。

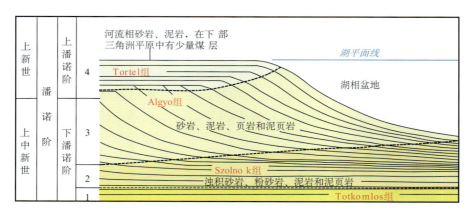

图 6.3.22　Algyö 油田主要层、组沉积剖面图（Clayton et al.，1994）

盖层　该油田的盖层为湖相-三角洲前缘相泥/页岩，下 Pannonian 阶湖相页岩可做为区域性盖层。上 Pannonian 三角洲泥岩一般为局部性盖层。

（三）圈闭及油气藏

Algyö 油田构造上位于古生界及前寒武系结晶基底高地上的披覆背斜。该背斜呈北西-南东走向，并向北西方向倾伏。单个油藏顶部通常被层间泥页岩封盖，而且圈闭类型主要为四面倾伏背斜构造。在下潘诺层系发育有上倾尖灭/削蚀不整合油藏。储层主要为湖相三角洲砂岩，披覆在结晶基地上（图 6.3.23、图 6.3.24）。

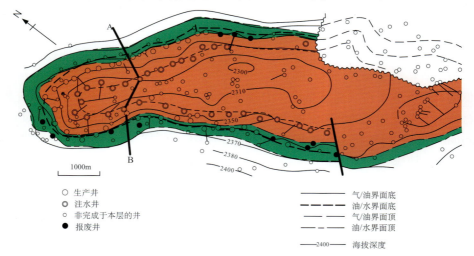

图 6.3.23　潘诺盆地 Algyö 油田下潘诺阶 13B 储层顶面构造等值线图（Werovszky，1994）

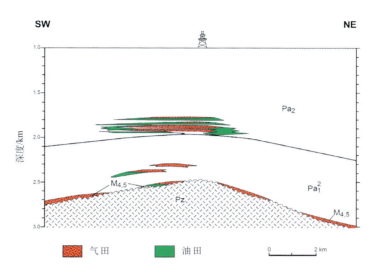

图 6.3.24　潘诺盆地 Algyö 油田油藏横剖面图（Dank，1988）

（四）油田基本参数

潘诺盆地 Algyö 油田参数见表 6.3.4。

表 6.3.4　潘诺盆地 Algyö 油田参数

概况	油田名称	Algyö 油田
	所属国家	匈牙利
	油田位置	潘诺盆地
	油气类型	天然气、轻质油
	发现年份（井）	1964 年
	开采年份	1965 年
	生产状态	产量下降
圈闭	圈闭类型	披覆背斜
	闭合机制	四向倾伏、沉积尖灭、不整合披覆、古地貌圈闭
储层	含油面积	80 km²
	层位	上潘诺阶（上新统）含有 96％石油储量，66％天然气储量
	沉积环境	湖相三角洲平原
	储层单元	76
	储层分布厚度	1 800m
	储层岩性	细粒-粗粒岩屑砂岩
	孔隙度	25％
	渗透率	500mD

续表

烃源岩	层位	潘诺阶（上中新统—上新统）
	岩性	页岩、泥灰岩、煤层
	沉积环境	前三角洲浊积体和三角洲平原
	TOC	0.5%～2%，平均1.0%
	干酪根类型	Ⅱ和Ⅲ型
	排烃时期	上新世—今
盖层	层位	潘诺阶（上中新统—上新统）
	岩性	页岩
	沉积环境	盆地湖相和湖相三角洲
生产情况	最终可采储量	$0.62 \times 10^8 \text{ m}_o^3$ 和 $860 \times 10^8 \text{ m}_g^3$
	现今产量	$3228 \text{ m}_{oe}^3/\text{d}$

第四节　油气分布与油气聚集的主要控制因素

一、油气分布特征

潘诺盆地的油气分布可简单地归纳为"四个不均衡性"：

第一，平面分布不均衡　潘诺盆地中有6个次级盆地，唯富大匈牙利平原次级盆地，占全盆地油气总储量的70%（表6.3.3）。

第二，纵向分布不均衡　潘诺盆地中有一界（古生界）、四系（二叠系、三叠系、侏罗系、白垩系）、四统（始新统、渐新统、中新统、始新统）含油，唯富中新统，占全盆地油气总储量的70%（表6.3.1）。

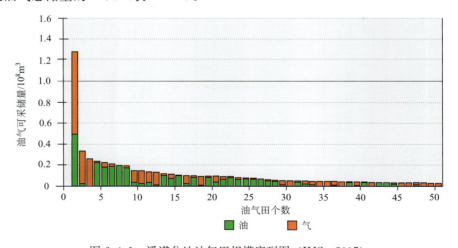

图 6.4.1　潘诺盆地油气田规模序列图（IHS，2007）

第三，油田规模分布不均衡　潘诺盆地内共有油气发现 587 个，最大的为 Algyö 油田，油气储量为 $1.32 \times 10^8 \mathrm{m}^3_{oe}$，第二位的 Molve 气田油气储量只有 $0.3466 \times 10^8 \mathrm{m}^3_{oe}$，$0.15 \sim 0.30 \times 10^8 \mathrm{m}^3_{oe}$ 的油气田有 6 个，其他都小于 $0.15 \times 10^8 \mathrm{m}^3_{oe}$。油田规模序列图上出现明显的跳跃，一多半油气储量来自 579 个小油气田（图 6.4.1）。

第四，油气的圈闭类型分布不均衡　披覆岩性-构造圈闭占各类圈闭油气储量的 87%（表 6.3.2）。

二、油气聚集的主要控制因素

1）新近系中新统—上新统 Badenian—Sarmatian—Pannoian 阶湖泊-三角洲相泥灰岩、页岩为潘诺盆地主要的烃源岩。源岩干酪根类型为 II 和 III 型，，有机碳含量一般 <1%，属于中等烃源岩。有效烃源岩体积决定凹陷油气富集程度。

2）油气成藏模式为自生自储和上生下储。中新统—上新统 Badenian 阶、Sarmatian 阶、Pannoian 阶三角洲前缘和前三角洲是主要源岩相带，三角洲前缘是主要储集相带，自生自储的中新统占据了全盆地油气总储量的 89%。中新统生烃，沿基岩顶面运移至基岩古潜山风化壳，形成潜山油气藏，这种上生下储潜山油气藏占据了全盆地油气总储量的 11%（图 6.2.23）。

3）由于裂后期盆地构造活动微弱，垂直的热沉降强化了早期裂陷的隆、凹格局，使得基底凸起、凹陷幅度增大，为披覆构造的形成创造了普遍的条件。凸起带上的基岩披覆构造成为盆地的主要油气圈闭类型（表 6.3.2 和图 6.3.8、图 6.3.15）。

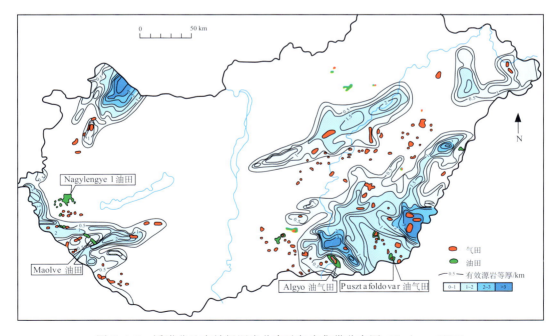

图 6.4.2　潘诺盆地有效烃源岩分布油气富集带分布图（Szalay，1991）

4）生烃凹陷间的凸起是油气的主要富集带（图 6.4.2）。盆地中油气储量规模超过 $0.15 \times 10^8 \, m_{oe}^3$ 的油气田全部位于凸起上，这是由于基岩不整合面是油气运移的重要通道（图 6.3.15）。基岩之上的底砾岩或底砂岩是穿时的，对各主要源岩来说是主要的油气输导体，凸起上具备了良好的油气汇聚条件。Algyö 油气田油气之所以富集，主要由于位于盆地中沉降最深的 Mako 凹陷的西坡，在主要储层（上潘诺阶）下面为成熟的中下诺阶源岩，其中部（Pa_1^{1b}）三角洲砂体成为凹陷中良好的油气输导体，为 Algyö 油气田提供了丰富的油源。

小　结

1）潘诺盆地是山间盆地面积最大的盆地，储量仅次于相邻的特兰西瓦尼亚盆地，居 5 个山间盆地的第二位，是阿尔卑斯山间含油气盆地的典型代表。

2）潘诺盆地是具有裂谷性质的山间盆地，新近纪—第四系可以划分为同裂谷-后裂谷两个沉积阶段。盆地的发育与深部地幔活动密切相关，在山间地块盆地中有典型意义。

3）潘诺盆地成藏组合以自生自储为主，并具有明显的近源运聚成藏特点。裂后层序（新近纪中新世—上新世）为潘诺盆地油气分布的主要层段，占已发现油气储量的 90%。

4）生烃凹陷间的凸起是油气的主要富集带，凸起带上的基岩披覆构造为盆地的主要油气圈闭类型。

北喀尔巴阡盆地 第七章

摘　要

◇　中侏罗世欧亚板块的中欧部分，向南分离出了内喀尔巴阡地体，形成 Pieniny 洋。白垩纪，受非洲板块的推挤，Pieniny 洋关闭，开始了内喀尔巴阡地体向欧洲大陆仰冲的历史，形成北喀尔巴阡盆地。

◇　北喀尔巴阡盆地分为内带和外带两个一级构造单元。内带又叫外复理石带，由一系列中生界和古近系地层的复杂推覆体。外带又称为前渊带，由原地中新统磨拉石组成。

◇　复理石次盆的主要源岩是渐新统 Menilite 深海复理石沉积，富含有机质深海页岩 TOC 含量平均 3.1%～4.6%，倾向于生油。复理石次盆以含油为主，Menilite 发育的推覆体就是含油的推覆体。渐新统—始新统—上白垩统复理石浊积岩储层占有盆地油气总储量的 54%（油当量）。

◇　磨拉石次盆的主要源岩为中新统 Badenian 阶和下 Sarmatian 阶的三角洲浅水泥岩，平均 TOC 含量 0.5%～0.9%。除内前渊带外，次盆中源岩都未进入生烃门限。磨拉石次盆以含气为主，气碳同位素资料证明天然气主要为生物气。中中新统-上中新统天然气储量占盆地油气总储量近 35%（油当量）。

◇　油气圈闭类型以岩性-构造圈闭为主，其油气储量占盆地各类圈闭油气总储量 90%。

北喀尔巴阡盆地位于西喀尔巴阡山和东喀尔巴阡山北侧，长 800 km，宽 50～180 km，面积 8.3×10^4 km^2 呈弧形展布。隶属于捷克、波兰、斯洛伐克、乌克兰，少部分延伸到奥地利和罗马尼亚（图 7.0.1）。

北喀尔巴阡盆地是一个勘探较成熟的含油气盆地，已经有上百年勘探历史。截止到 2007 为止，地震勘探测线长 2.2×10^4 km，测网密度为 3.8 km/km^2。二维地震和三维地震勘探时间主要集中在 20 世纪 90 年代至今。盆地已钻探井 4808 口，最深探井为 7 230 m。

盆地最早于 1850 年发现 Mikova 油田，1939 年发现最大气田 Przemysl 气田，储量近 700×10^8 m^{3}g，1950 年发现了最大油田 Dolynske 油气田，储量为 1.30×10^8 m$^3_{oe}$。到 2007 年为止盆地共发现 378 个油气田，石油储量 3.1×10^8 m^3，凝析油 0.01×10^8 m^3_o，天然气 $5\,677\times10^8$ m^3_g，总石油当量 8.4×10^8 m$^3_{oe}$。

盆地中的油田主要分布在盆地的内带-复理石带，渐新统深海泥岩是主要油源岩，渐新统和始新统浊积砂岩是主要储层，占盆地石油总储量的 80%（图 7.0.2）；气田主

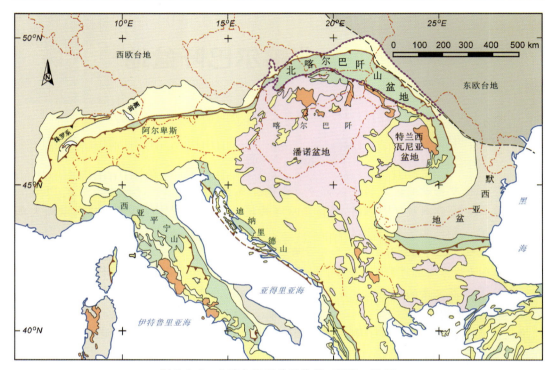

图 7.0.1　北喀尔巴阡盆地位置（IHS，2007）

要分布在磨拉石带（外带），中新统 Badenian 阶和下 Sarmatian 阶为三角洲浅水泥岩岩相石主要气源岩，内、外前渊带约占盆地天然气总储量的 67%，以产生物气为主。

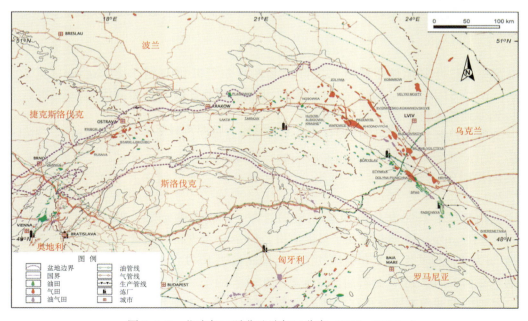

图 7.0.2　北喀尔巴阡盆地油气田分布（IHS，2007）

第一节　盆地基础地质特征

一、构造单元划分

北喀尔巴阡盆地位于阿尔卑斯和外西喀尔巴阡褶皱带中，盆地西北和北面为西欧地台，东面为东欧地台（图 7.1.1）。盆地南部以 Pieniny 飞来峰带南部的 Peri-pieniny 断层为界（它是内喀尔巴阡和外喀尔巴阡的分界线），东南部以 Transcarpathian 断层，Maramures 飞来峰带和 Maramures 结晶基底为界（图 7.1.1、图 7.1.2）。

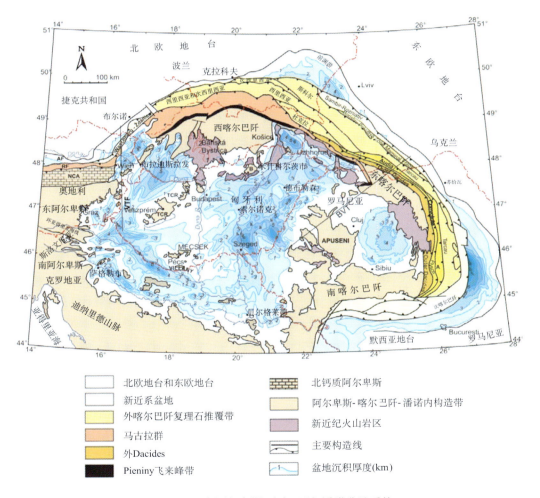

图 7.1.1　东阿尔卑斯-喀尔巴阡-潘诺盆地系统

TCR，Trans-Danubian 山；B，Bukk 山；NCA，北部钙质阿尔卑斯；RF，Rheno-Danubian 复理石；
AF，阿尔卑斯前渊；VTF，维也纳转换断层；BVT，Bohdan Vada 转换断层

北喀尔巴阡山内带由基底卷入的逆冲席组成，外带为白垩纪和古近纪复理石外来推

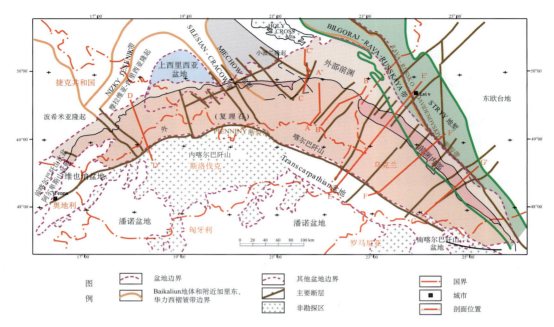

图 7.1.2　北喀尔巴阡盆地构造格架图（IHS，2007）

覆体。北喀尔巴阡盆地由其中的外喀尔巴阡白垩纪—古近纪复理石带和北喀尔巴阡前渊磨拉石带组成（图 7.1.1），其中复理石带包括八个推覆体，两个飞来峰；前渊带又分内前渊带和外前渊带（图 7.1.2、图 7.1.3）。

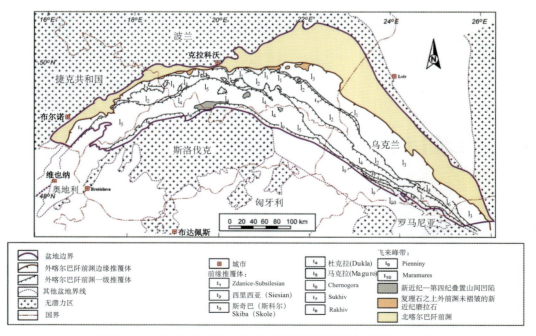

图 7.1.3　北喀尔巴阡盆地复理石带构造单元划分（IHS，2007）

（一）复理石带

复理石喀尔巴阡次盆地 700 km 长，15～100 km 宽，面积为 4.9×10^4 km^2。可以分成 8 个区域推覆体。其中，Zdanice-Subsilesian、西里西亚（Silesian）（Krosno）、Skiba（Skole，Tarcau）和 Chernogora（Shipot，Audiu）是前缘逆冲席；Dukla（Grybow）、Magura、Sukhiv（Porkulec，Teleajen）和 Rakhiv（Ceahleau）为内逆冲席（图7.1.3）。复理石带受到强烈的褶皱、逆冲和断层作用，每个逆冲席内部还由许多次级逆冲席组成，这些逆冲席一般由不对称的背斜和断块组成（图7.1.4、图7.1.5）。复理石的叠加厚度达 10～15 km。

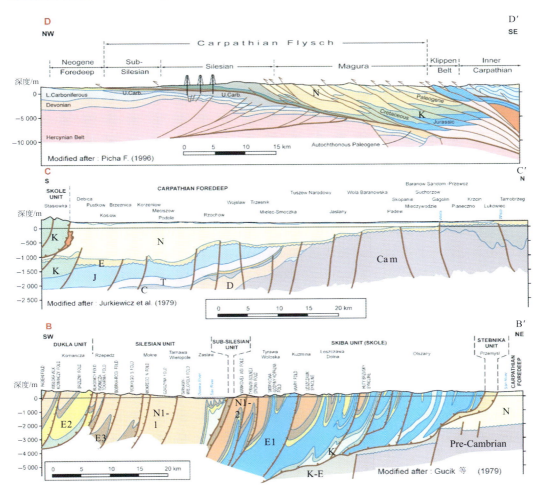

图 7.1.4　北喀尔巴阡盆地西北部构造横剖面图（剖面位置见图 7.1.2）

（Picha，1996；Jurkiewicz，1997；Gucik，1979）

复理石盆地的最南部为 Pieniny 和 Maramures 飞来峰带，主要由中生代碳酸盐岩和燧石组成，它们中的一些是来自于内喀尔巴阡，但是大多数都来源于现在已消失的地

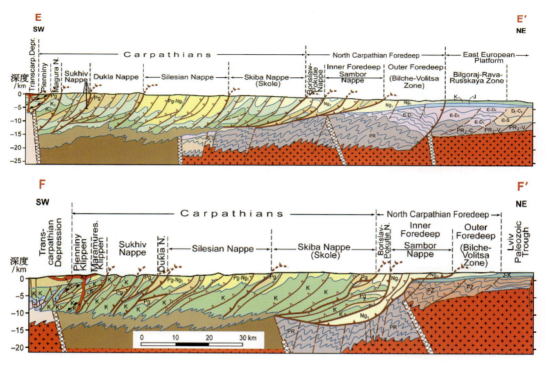

图 7.1.5　北喀尔巴阡盆地东南部构造横剖面图（剖面位置见图 7.1.2）（IHS，2007）

块。飞来峰带在白垩纪时期还没有明显移动，和内喀尔巴阡一样，重要的侵位发生在拉腊米造山运动期，尤其在 Savic 造山运动期（渐新世/中新世边界）。飞来峰带受到强烈的压缩作用，部分位于潘诺（Apulian）微陆块之下。这些狭窄带被解释为侏罗纪古海洋基底残余的缝合带。

（二）前渊带

前渊带和复理石带之间的界限是外喀尔巴阡推覆体前锋下的原地中新统尖灭线。前渊带东西走向约 800 km，宽 20～90 km，面积 3.4×10⁴ km²，可进一步分成内（褶皱）前渊和外（地台）前渊两部分。内前渊带在乌克兰为 Borislav-Pokuttya 和 Sambir 逆冲席（图 7.1.6、图 7.1.7），在波兰为 Stebnik 逆冲席（图 7.1.7）。内前渊带全部（捷克和波兰的大部分地区）或部分（乌克兰），逆掩在外复理石喀尔巴阡边缘推覆体之下。Borislav-Pokuttya 推覆体包括下白垩统到中新统单元。构造上表现为线性的褶皱以及大量的次级逆冲断层、反转断层和走滑断层。中新统盐岩增加了这一地区构造的复杂性。

外前渊带原地中新统磨拉石覆盖在地台基底和狭窄的华力西和加里东褶皱带之上（图 7.1.4C）。外前渊带又可以分为 5 个次级磨拉石单元，从西到东分别为南摩拉维亚（South Moravian）、北摩拉维亚（North Moravian）、Tarnow-Bochnian、Lejaisk-Krukenichi 和 Lubaczow-Kosiv-Ugersko（在乌克兰被称为 Bilche-Volitsa）（图 7.1.8）。

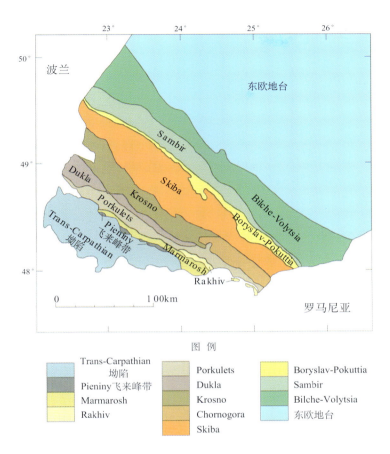

图 7.1.6　乌克兰地区构造单元划分（Koltun，1998）

南摩拉维亚次带，对应于波希米亚地块和 Niszky Jesenik 海西褶皱带；北摩拉维亚-西里西亚次带，对应于摩拉维亚-西里西亚板块和西里西亚-Cracow 海西褶皱带。Tarnow-Bochnian 次带为 Maloposka 地块在丹麦-波兰地槽的东南延伸处的边缘凹陷，而 Lejaisk-Krukenichi 次带是这个地块的抬升部分，大部分古生代和整个中生代缺失。Lubaczow-Kosiv-Ugersko 次带位于 Malopolska 地块的东部、东欧地台的边缘（图 7.1.8）。

二、构造演化与沉积古地理

（一）三叠纪

石炭纪末—早二叠世基梅里板块从冈瓦纳大陆上裂开，并向北漂移。三叠纪蒂萨地块自欧洲大陆分离，在现今 Pieniny 飞来峰和 Magura 单元部位，新特提斯洋（Meliata）开始形成，发育三叠纪远洋沉积（图 7.1.9、图 7.1.10）。

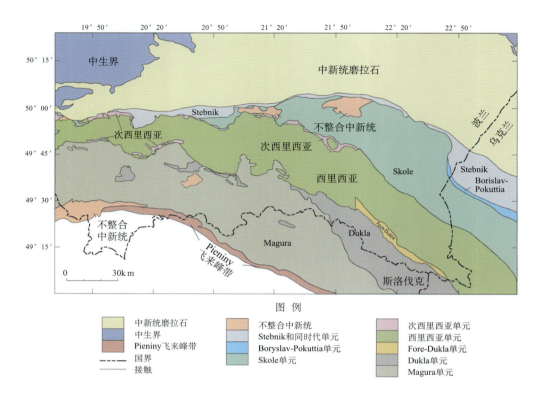

图 7.1.7　波兰部分喀尔巴阡盆地构造单元划分（USGS，2000）

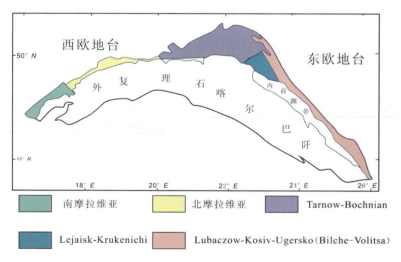

图 7.1.8　前渊外带构造单元划分

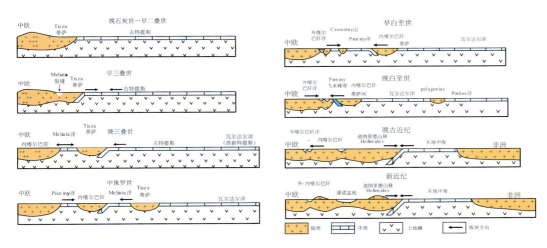

图 7.1.9　中欧-喀尔巴阡-希腊板块构造剖面示意图（Golonka et al.，2000）

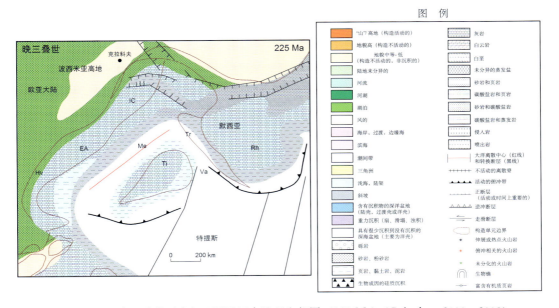

图 7.1.10　晚三叠世环喀尔巴阡地区古地理和相图（225 Ma）（Golonka，2000，2003）
EA=东阿尔卑斯；IC=内喀尔巴阡；Hv=凯尔特陆架；Me=Meliata-Halstatt 洋；Rh=罗多比山脉；
Ti=蒂萨地块；Va=Proto-Vardar 洋；Tr=特兰西瓦尼亚洋

（二）侏罗纪

新特提斯洋海底扩张，Pieniny 和 Magura 盆地沉积浅海相泥灰岩和灰岩（图 7.1.11～图 7.1.13）。早侏罗世以黑色泥灰岩相为代表，之后为巴柔阶—蒂托阶海百合石灰岩和结核石灰岩（Ammonitico rosso 型）和白垩、杂色泥灰岩（Scaglia Rossa 相）。

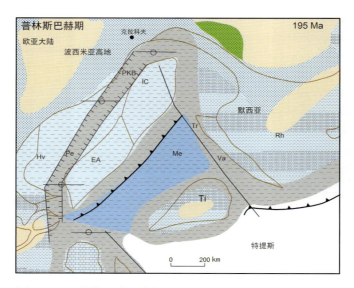

图 7.1.11　早侏罗世环喀尔巴阡地区古地理和岩相（195 Ma）

（Golonka，2000，2003）

EA＝东阿尔卑斯；IC＝内喀尔巴阡；Hv＝凯尔特陆架；Me＝Meliata-Halstatt 洋；Rh＝
多彼山脉；Ti＝蒂萨板块；Va＝Vardar 洋；Tr＝特兰西瓦尼亚洋；PKB＝Pieniny 飞来峰
盆地；Pe＝Penninic 洋

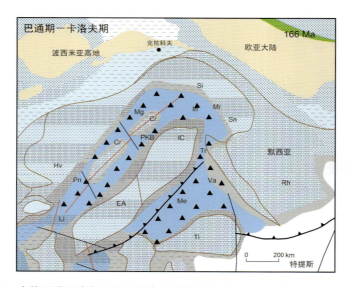

图 7.1.12　中侏罗世环喀尔巴阡地区古地理和岩相（166 Ma）（Golonka，2000，2003）

Cr＝Czorsztyn 山；EA＝东阿尔卑斯；Ic＝内喀尔巴阡；Hv＝凯尔特陆架；Me＝Meliata-Halstatt 洋；
Rh＝罗多彼山脉；Ti＝蒂萨板块；Va＝proto-Vardar 洋；Tr＝特兰西瓦尼亚洋；In＝Inacovce-Kricevo
带；Li＝利古里亚洋；Mg＝Magura 盆地；Mr＝Marmarosh 地体；PKB＝Pieniny 飞来峰盆地；Pn＝
Penninic 洋；Si＝未来西里西亚盆地位置；Sn＝未来 Sinaia 盆地位置

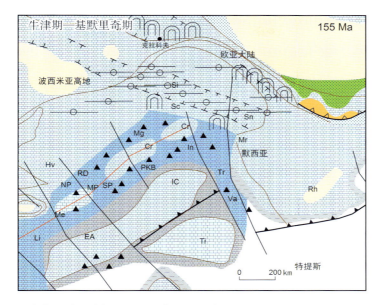

图 7.1.13　晚侏罗世环喀尔巴阡地区古地理和岩相（155 Ma）（Golonka，2000，2003）

Cr＝Czorsztyn 山；EA＝东阿尔卑斯；IC＝内喀尔巴阡；Hv＝凯尔特陆架；Me＝Meliata-Halstatt 洋；

Rh＝罗多波山脉；Ti＝蒂萨板块；Va＝proto-Vardar 洋；Tr＝特兰西瓦尼亚洋；In＝Inacovce-Kricevo 带；

Li＝利古里亚洋；Mg＝Magura 盆地；Mr＝Marmarosh 地体；PKB＝Pieniny 飞来峰盆地；Si＝西里西亚盆

地；Sn＝Sinaia 盆地。MP＝中 Penninic 山；RD＝莱茵多瑙河；SC＝西里西亚山；SP＝Penninic 洋

（三）晚侏罗世末期—早白垩世初

喀尔巴阡地区处于特提斯洋北部碳酸盐岩陆架部位，由内喀尔巴阡、东阿尔卑斯和蒂萨地块组成的达西蒂斯地块开始向北仰冲。在仰冲带的前部形成了皮埃尼内（Pieniny）、马古拉（Magura）等深海盆地，沉积了深海灰岩和硅质岩。西里西亚（Silesian）地堑中接受来自西里西亚脊和相邻高地的物源，沉积了碎屑岩（图 7.1.14）。

（四）早白垩世

Ligurian 洋进入压缩阶段，皮埃尼内飞来峰盆地的南部边缘俯冲活动加强。阿尔卑斯-喀尔巴阡地区部分在减薄陆壳上的外喀尔巴阡地槽开始张开，开始了复理石沉积阶段（图 7.1.15）。

（五）晚白垩世

森诺曼阶-坎潘阶内喀尔巴阡的压缩变形导致推覆体的发育，Pieniny 飞来峰洋明显变窄，而外喀尔巴阡盆地依然宽阔并和欧洲陆架盆地相连，靠近欧洲地台广泛沉积了碳酸盐岩和白垩（图 7.1.16）。

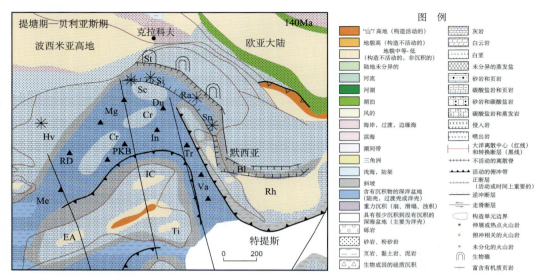

图 7.1.14　侏罗纪末—白垩纪初（140 Ma）（提唐期—贝利亚斯期）喀尔巴阡地区古构造-岩相图

BI＝巴尔干裂谷；Cr＝Czorsztyn 脊；Du＝杜克拉盆地；EA＝东阿尔卑斯；Hv＝瑞士陆架；IC＝内喀尔巴阡；In＝Inacovce-Kricevo 带；Kr＝Kruhel 飞来峰；Li＝利古里亚洋；Mg＝马古拉盆地；Mr＝Marmarosh 地体；PKB＝Pieniny 飞来峰；Ra＝Rakhiv 盆地；RD＝Rheno-danubian；Rh＝罗多彼山脉；SC＝西里西亚脊（山）；Sn＝Sinaia 盆地；St＝Stramberk 飞来峰；Ti＝蒂萨板块；Va＝瓦达洋；Tr＝特兰西瓦尼亚洋（Golonka，2000，2003）

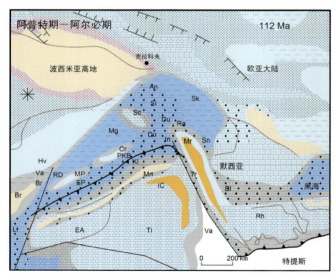

图 7.1.15　早白垩世晚期（112 Ma）（阿普特期—阿尔必期）喀尔巴阡地区古构造-岩相图
（Golonka，2000，2003）

An＝Andrychow 飞来峰；BI＝巴尔干盆地；Br＝brianconna 脊；Cr＝Czorsztyn 脊；Du＝杜克拉盆地；EA＝东阿尔卑斯；Hv＝瑞士陆架；IC＝内喀尔巴阡；In＝Inacovce-KRICEVO 带；KI＝Klappe 增生棱柱；Li＝利古里亚洋；Mg＝马古拉盆地；Mr＝Marmarosh 地体；Mn＝Maninending；MP＝中 Penninic 脊；PKB＝Pieniny 飞来峰盆地；Ra＝Rakhiv 盆地；RD＝Rheno-danubian；Rh＝罗多彼山脉；SC＝西里西亚脊（山）；Si＝西里西亚盆地；Sn＝Sinaia 盆地；SP＝南 Penninic 洋；Ti＝蒂萨板块；Va＝瓦达洋；Tr＝特兰西瓦尼亚洋

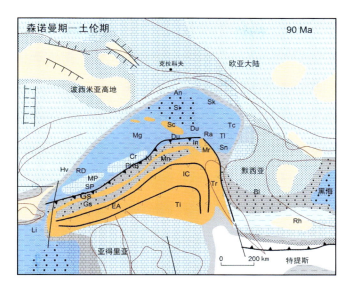

图 7.1.16　晚白垩世早期（90 Ma）（赛诺曼期—土伦期）喀尔巴阡地区古构造-岩相图
（Golonka，2000，2003）

An＝Andrychow 飞来峰；Bl＝巴尔干盆地；Br＝brianconnais 脊；Cr＝Czorsztyn 脊；Du＝杜克拉盆地；EA＝东阿尔卑斯；Hv＝瑞士陆架；IC＝内喀尔巴阡；In＝Inacovce-Kricevo 带；Kl＝Klappe 增生棱柱；Li＝利古里亚洋；Mg＝马古拉盆地；Mr＝Marmarosh 地体；Mn＝Maninending；MP＝中 Penninic 脊；PKB＝Pieniny 飞来峰盆地；Ra＝Rakhiv 盆地；RD＝Rheno-danubian；Rh＝罗多彼山脉；SC＝西里西亚脊（山）；Si＝西里西亚盆地；Sn＝Sinaia 盆地；SP＝南 Penninic 洋；Ti＝蒂萨板块；Va＝瓦达洋；Tr＝特兰西瓦尼亚洋

（六）古新世—始新世

由于早阿尔卑斯运动，新特提斯洋继续关闭。亚得里亚（Adrian）、东阿尔卑斯（奥地利阿尔卑斯）和内喀尔巴阡地块持续向北移动，在阿尔卑斯地区，在大约 47 Ma 时期（始新世中期）与欧洲板块碰撞，同时这三个地块焊接为一体。

飞来峰带继续北迁，始新世沉积速率增加，沉积中心北移，南部发育复理石建造，北部发育远洋沉积（图 7.1.17）。

（七）渐新世

渐新世是盆地主要烃源岩 Menilitic 页岩发育期。

渐新世阿普利亚以及阿尔卑斯-喀尔巴阡地体与欧洲板块的持续碰撞作用。外喀尔巴阡的俯冲作用消耗了部分 Magura 盆地。晚渐新世之后，Magura 推覆体向北逆冲，并覆盖到残余西里西亚脊之上，在喀尔巴阡盆地更外的部分（Dukla，西里西亚-次西里西亚，Skole-Tarcau），复理石沉积在渐新世时期持续发育。最初褶皱作用发生在西里西亚盆地的一部分。并形成了发育富含有机质的 Menilitic 页岩的局限盆地（图 7.1.18）。

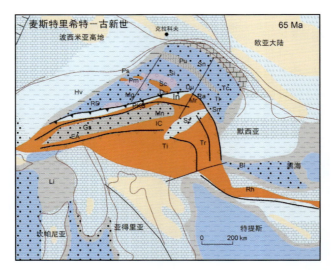

图 7.1.17　始新世（卢台特期—巴尔顿期）喀尔巴阡地区古构造-岩相图

(Golonka, 2000)

Bl＝巴尔干盆地和褶皱带；Du＝杜克拉盆地；EA＝东阿尔卑斯；Hv＝瑞士陆架；IC＝内喀尔巴阡；In＝Inacovce-Kricevo 带；Mg＝马古拉盆地；Mr＝Marmarosh 地体；PH＝内喀尔巴阡（Podhale）盆地；PKB＝Pieniny 飞来峰盆地；Pm＝前马古拉盆地；Ps＝次西里西亚山和斜坡带；Ra＝Rakhiv 盆地；RD＝Rheno-danubian；SC＝西里西亚脊（山）；Si＝西里西亚盆地；Sk＝斯科列盆地；Sn＝Sinaia 盆地；Tc＝Tarcau 盆地；Ti＝蒂萨板块；Tl＝Teleajen 盆地；Tr＝特兰西瓦尼亚褶皱带

图 7.1.18　始新世（卢台特期—巴尔顿期）喀尔巴阡地区古构造-岩相图

(Golonka, 2000)

Bl＝巴尔干盆地和褶皱带；Du＝杜克拉盆地；EA＝东阿尔卑斯；Hv＝瑞士陆架；IC＝内喀尔巴阡；In＝Inacovce-Kricevo 带；Mg＝马古拉盆地；Mr＝Marmarosh 地体；PH＝内喀尔巴阡（Podhale）盆地；PKB＝Pieniny 飞来峰盆地；Pm＝前马古拉盆地；Ps＝次西里西亚山和斜坡带；Ra＝Rakhiv 盆地；RD＝Rheno-danubian；SC＝西里西亚脊（山）；Si＝西里西亚盆地；Sk＝斯科列盆地；Sn＝Sinaia 盆地；Tc＝Tarcau 盆地；Ti＝蒂萨板块；Tl＝Teleajen 盆地；Tr＝特兰西瓦尼亚褶皱带

（八）中新世（晚 Karpatian-早 Badenian）

喀尔巴阡-潘诺地块继续向东北方向逃逸，至此环形的喀尔巴阡地体开始形成。

由于与波希米亚地体的碰撞，喀尔巴阡-阿尔卑斯造山带的阿尔卑斯部分向北运动在这一时期停止（图 7.1.19）。同时挤出的喀尔巴阡-潘诺单元被推到开阔海湾，那里地壳薄弱，发育外喀尔巴阡复理石沉积。喀尔巴阡-潘诺部分从阿尔卑斯部分分离，以及它向北的迁移与南北向右旋走滑断层有关。

图 7.1.19 中中新世（Burdigalian-serravallian）环喀尔巴阡地区古地理和岩相（14 Ma）
（Golonka，2000）

Ap=Apuseni；Bl=巴尔干裂谷；CF=喀尔巴阡前渊；Di=迪纳里德山脉；EA=东阿尔卑斯；IC=内喀尔巴阡；MB=磨拉石盆地；Mr=Marmarosh 地体；PB=潘诺盆地；Ti=蒂萨板块；Tl=Teleajen 盆地；Tr=特兰西瓦尼亚褶皱带；VB=维也纳盆地

（九）中中新世（Badenian）——全新世

中中新世喀尔巴阡前陆盆地持续发育，海水退出，陆相碎屑沉积取而代之。直到上新世构造应力停止，包括 Pieniny 飞来峰带构造的喀尔巴阡环已经形成。

喀尔巴阡前陆盆地持续发展，在逆冲前缘部分，主要为陆相碎屑岩。这些地层与阿尔卑斯前陆盆地的磨拉石层系可以对比。在塞拉瓦勒（Serravalian）期，海侵覆盖了前陆盆地和附近的地台沉积了浅海碎屑岩。

上新世其沉积主要为湖相沉积。至此，本地区的俯冲、碰撞作用业已停止，包括 Pieniny 飞来峰环形构造带形成。取而代之的是近南北向（NNW-SSE）的压缩造山作用，而且这种作用一直持续到全新世。

三、新生界地层分布

北喀尔巴阡盆地 78% 的油气储量分布在新生界地层中，为节约篇幅，这里只简单介绍新生界地层。

古新统　除 Sukhiv（Teleajen）和 Rakhiv（Ceahleu）次带（图 7.1.5F），外喀尔巴阡的其他所有构造带都发育古新世沉积。西里西亚山继续向西里西亚盆地提供大量碎屑物（上 Istebna 组）。在古新世，这些砂体覆盖了盆地的大部分地区，向上变成杂色页岩。在乌克兰，古新世沉积为 Yamno 组砂岩。次西里西亚为碳酸盐岩，气南北两侧发育深水泥质沉积（图 7.1.20）。

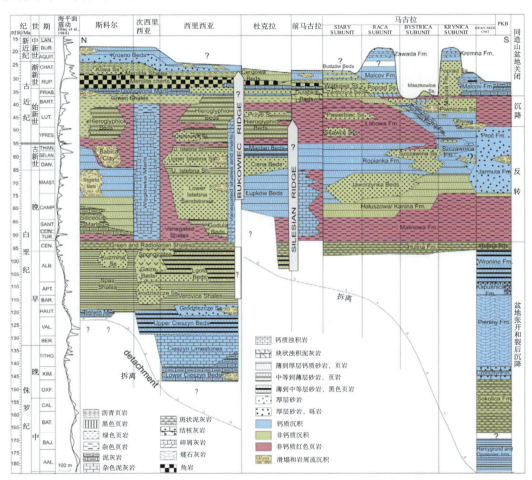

图 7.1.20　波兰外喀尔巴阡岩性地层（Oszczypko，2006）

LAN，Langhian；BUR，Burdigalian；AQUIT，Aquitanian；CHAT，Chattian；RUP，Rupelian；PRIAB，Priabonian；BART，Bartonian；LUT，Lutetian；YPRES，Ypresian；THAN，Thansetan；SELAN，Selandian；DAN，Danian；MAAST，Maastrichtian；CAMP，Campanian；SANT，Santonian；CON，Coniacian；TUR，Turonian；CEN，Cenomanian；ALB，Albian；APT，Aptian；BAR，Barremian；Callovian；BAT，Bathonian；BAJ，Bajocian；AAL，Aalenian；chronostratigraphic scale after Berggren et al.（1995）

始新统　早始新世，Dukla 盆地沉积了 Hieroglyphic 层复理石，在次西里西亚碳酸盐岩台地持续发育。中始新世，由于构造活动趋于平静，外喀尔巴阡的沉积作用变得更加均一，马古拉推覆体 1 000～2 500 m 厚的始新世沉积主要为砂岩（马古拉组）。大部分推覆体的上始新统由绿色页岩，上覆泥灰岩和燧石组成。波兰为杂色砂岩组，捷克为 Zlin 层，乌克兰为 Bystrisa 组。始新世复理石总厚度为 1 500～3 000 m。

渐新世以外喀尔巴阡的全面沉降为特征。这个转换以薄层 Globigerina 泥灰岩为标志。这层泥灰岩沉积在外喀尔巴阡非常广阔的地区。

渐新统　渐新世初为大的海进期，Menilite（Menilite-Krosno）组广泛沉积（除马古拉单元外）。下 Menilites（或 Menilite 页岩）为黑色、含沥青页岩，沉积在远洋和半远洋缺氧环境中。砂岩发育局限，（西里西亚盆地的 Grudec 和 Magdalena 砂岩；Skole 盆地的 Kliwa 砂岩；Dukla 推覆体 Cergowa 砂岩）。下 Menilite 组厚度超过 1 000 m（图7.1.20）。

中新统　地台边缘新近纪磨拉石沉积开始发育。Badenian 和 Sarmatian 期造山作用的加强导致磨拉石沉积范围的扩大。并且前渊轴向北转移到欧洲地台边缘。此时沉积了磨拉石的最上部。早 Sarmatian 期，沉积环境为临滨到浅海湖泊和冲积相。在波兰，Sarmatian 由 2 400 m 厚的砂岩和泥岩（Krakowiec 群）组成。在乌克兰，Sarmatian 沉积（Dashava 组）厚度在 Sambor 推覆体的 150 m 到 Lejaisk-Krukenichi 次带 Krukenichi 地块的 3 500～4 000 m 之间。（图 7.1.20）。

第二节　盆地石油地质特征

北喀尔巴阡盆地两个含油气系统，石油地质特征非常鲜明。复理石次盆为中生界—古近系组成的逆冲褶皱带，以渐新统 Menilite 深海页岩为源岩，白垩系—始新统浊积岩为主要储层，主要圈闭形式为与逆冲断裂褶皱相关的岩性-构造圈闭，主要含油。磨拉石次盆是一个复合含油气系统，不但具有中中新统的生物气源岩，内磨拉石带还具有渐新统 Menilite 油源岩；外磨拉石带以中中新统扇三角洲砂岩储层为主，内磨拉石带以始新统—中中新统浊积砂岩为主；外磨拉石带主要含气，外磨拉石带油气并举。

一、烃源岩

北喀尔巴阡盆地主要源岩有两套：复理石带和内前渊带渐新统海相 Menilite 黑色页岩，以生油为主；外前渊带中新统 Badenian 阶和 Sarmatian 阶浅海相页岩为生物气源岩。下白垩统页岩为次要源岩。

（一）外喀尔巴阡复理石带

渐新统 Menilite 源岩在复理石次盆各构造单元都有分布，源岩厚度总体自南而北增厚，西里西亚单元的南侧 Dukla 带 140 m，北侧 Skole 单元的 550 m（图 7.1.7、图 7.2.1）。

有机碳平均含量也随地层厚度增大而增高，Skole 单元 TOC 值为 0.01%～17.21%（平均 4.64%），西里西亚单元为 0.18%～17.25%（平均 4.48%），Dukla 单元为 0.36%～5.65%（平均 3.09%）。

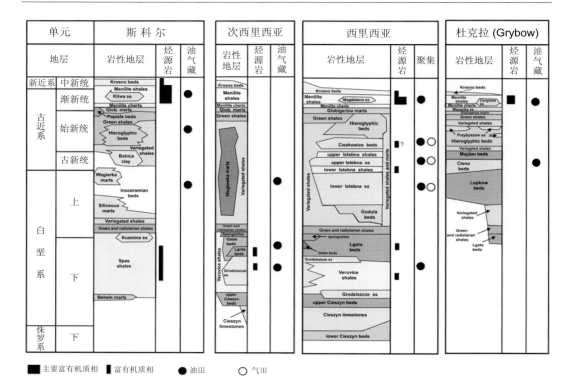

图 7.2.1　波兰喀尔巴阡复理石层系富有机质相及地层柱状图（Kotarba，2006）

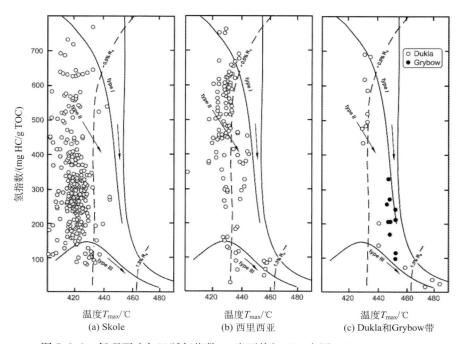

图 7.2.2　复理石喀尔巴阡氢指数 vs 岩石热解 T_{max} 点图（Kotarba，2006）

　　Skole、西里西亚、Dukla 和 Grybow 单元的岩石热解表明烃源岩主要为易于生油的 II 型干酪根，局部为 II-III 和 III-II 混合型，I 型和 III 型比较稀少（图 7.2.2）。在 Skole 单元 Menilite 页岩的上部主要为易于生油的 II 型干酪根，而在下部混合的 II-III 和 III-II 型干酪根丰富。在西里西亚单元，整个 Menilite 页岩都主要为 II 型干酪根。

　　Skole 和西里西亚单元 Menilite 页岩的热解参数是深度的函数（图 7.2.3），有机质到约 5 000 m 深时才进入生烃门限。复理石带不同推覆体热演化历史有所不同：在西里西亚单元有机质在约 1 200 m 就进入了生烃门限；在 Dukla 单元，未成熟的有机质可能仅存在在一些露头样品中，井下岩心样品有机质一般都是成熟的（T_{max} 为 435～460℃），在 3 500 m 深度以下达到过成熟。有些推覆体露头的岩石样品也是成熟的。

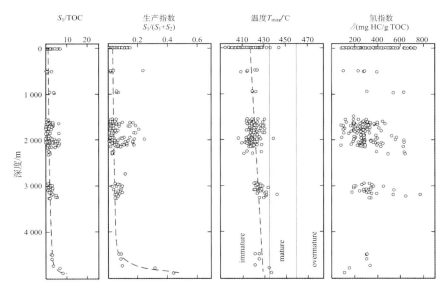

图 7.2.3　波兰复理石喀尔巴阡西里西亚单元 Menilite 页岩岩石热解评价参数图
(Kotarba et al.，2006)

　　不难看出，本区最主要烃源岩为 Menilite 海相页岩，由于构造复杂，同一烃源岩在不同单元，生烃潜力相差悬殊。

（二）喀尔巴阡前渊

　　喀尔巴阡前渊中新统 Badenian 阶和下 Sarmatian 阶为三角洲浅水碎屑岩相。中、下 Badenian 阶厚 0～1 700 m，TOC 含量在 0.30%～3.33%，平均 0.80%，下 Sarmatian 阶厚 0～2 900 m，TOC 含量为 0.02%～3.33%，平均 0.69%。

　　中新统样品的岩石 T_{max} 温度为 415～435℃。仅仅在 Badenian 地层的一个样品中（Jo-4 井，深 3 336 m）观察到 438℃。波兰喀尔巴阡前渊原地中新统岩石热解参数-深度图（图 7.2.4），显示有机质大约在 3 500 m 深尚未成熟，镜质体反射率（R_o）为 0.29%～0.55%，所以该地层基本上只产生生物甲烷。

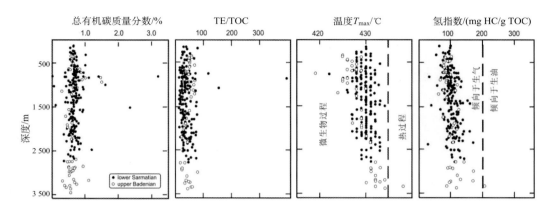

图 7.2.4　波兰喀尔巴阡前渊原地中新统岩石热解参数-深度关系图（Kotarba，2006）

T_{max} 温度与氢指数关系图（图 7.2.5）表明其有机质为以生气为主的陆源有机质，藻类有机质很少。

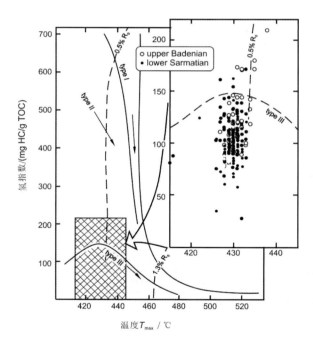

图 7.2.5　波兰喀尔巴阡前渊原地中新统氢指数与 T_{max} 关系图（Kotarba，2006）

天然气的碳同位素特征也证实喀尔巴阡前渊的天然气主要为生物甲烷气。Tarnow 气田（储量 325×10^4 m_{oe}^3）、Dabrowa Tarnowska（储量 1.6×10^4 m_{oe}^3）和 Smegorzow（储量 2.5×10^4 m_{oe}^3）气田甲烷碳同位素值在空间上的分布特征得以证实（图 7.2.6）。从中可见，原地中新统乃至中生界上侏罗统灰岩中的天然气均来自中新统未成熟的生物甲烷气，$\delta^{13}CH_4$ 值为 $-61‰ \sim -57‰$。

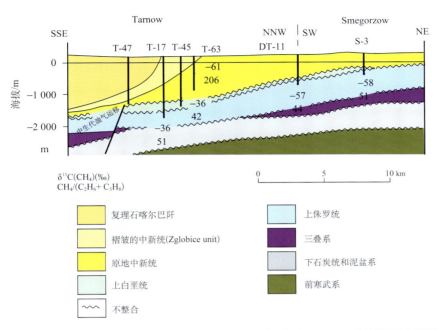

图 7.2.6　波兰喀尔巴阡前渊 Tarnow，Dabrowa Tarnowska 和 Smegrozow 气田天然气碳同位素值在剖面上分布特征图（Kotarba et al.，2006）

二、储层

北喀尔巴阡盆地主要储层为前渊带第三系砂岩储层，约占盆地油气总储量 78％。其次为复理石带中生界，约占盆地油气总储量 16％。（表 7.2.1 和图 7.2.7）。

表 7.2.1　北喀尔巴阡盆地油气储量的地层分布表（据 IHS，2007 统计）

储层	石油储量 /10^8 m_o^3	凝析油储量 /10^8 m_o^3	天然气储量 /10^8 m_g^3	折合油当量 /10^8 m_{oe}^3	百分比 /％	备注
中新统磨拉石	0.17	0.01	2909	2.90	34.49	外前渊带
渐新—下中新统复理石	1.39	0.05	920	2.30	27.32	内前渊带为主
始新统复理石	1.07	0.03	296	1.37	16.35	复理石带为主
上白垩统复理石	0.04	<0.01	879	0.87	10.30	
侏罗系碳酸盐岩	0.08	<0.01	368	0.42	5.10	
侏罗系碎屑岩	0.03		25	0.06	0.7	
元古界基底	0.03	0	40	0.07	0.8	外前渊带
其他	0.19	0.01	239	0.42	5.0	包括古生界等
合计	3.00	0.10	5676	8.41		

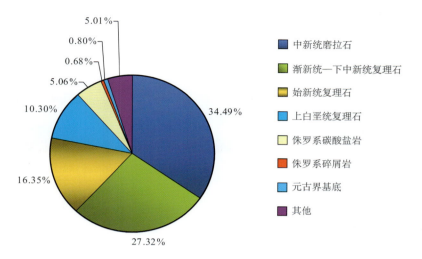

图 7.2.7 北喀尔巴阡盆地储量分布饼图（IHS，2007）

（一）中新统磨拉石

中新统磨拉石油气储量占盆地总储量的近 35%，包括三部分，即 Sarmatian 阶、Badenian 阶和 Karpatian 阶，其中 Sarmatian 阶是最重要的储层，占盆地内 30%± 的油气储量，主要为生物甲烷气。早 Sarmatian 阶期的 Dashava 组（乌克兰）和 Kracowiec 组（波兰）是天然气的主要储层。

1. 乌克兰中中新统 Dashava 组砂岩特征

中中新统（Sarmatian）Dashava 组砂岩是乌克兰喀尔巴阡前渊重要的天然气储层，分布在外磨拉石（Bliche-volytsa）带（图 7.2.8）。天然气主要聚集在浊积砂岩和粉砂

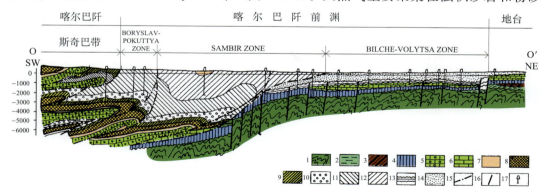

图 7.2.8 穿乌克兰喀尔巴阡和附近前渊横剖面（Kurovets，2004）

1. 错断的古生界；2. 志留系；3. 泥盆系；4. 侏罗系；5. 喀尔巴阡白垩系；6. 台地白垩系；7. 古新统；8. 始新统；9. 渐新统；10. Aquitanian；11. Burdigalian；12. 喀尔巴阡阶；13. Badenian；14. Sarmatian 阶；15. 逆掩断层；16. 断层；17. 深钻孔

岩中。Dashava 组下部发育两种沉积体系，即盆地浊积体系和混合沉积体系。盆地浊积体系发育在乌克兰西部，并延伸到波兰部分，由盆地远端的细粒碎屑岩组成。而混合沉积系统发育在喀尔巴阡前渊的大部分地区。

　　图 7.2.9 描述了研究区两个主要层的古地理特征。在这两层中，靠近逆冲带前缘发育三角洲或扇三角洲—河口坝砂体，远端有浊积砂体。

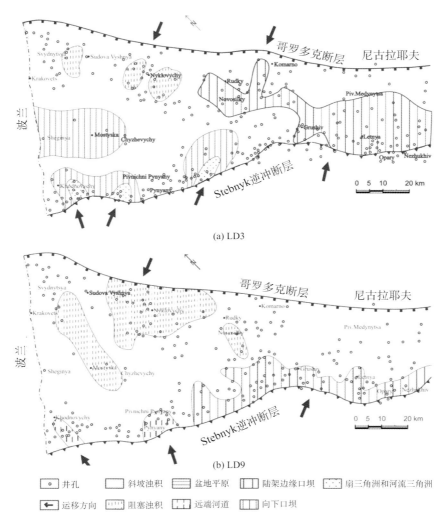

图 7.2.9　Bilche-Volytsa 带 Dashava 组下部单元古地理图（Kurovets，2004）

2. 乌克兰 Badenian 阶储层

　　乌克兰地区 Kosic（Kosovskaya）组（相当于波兰的 Spirialis 组）是区域产层。它由侧向高度不连续透镜状砂岩组成。砂岩透镜体大小从几百米到几千米。强烈的相变导致储层性质的可变性，孔隙度为 2%～22%，渗透率从几十到 338 mD。Bilche-Volitsa 带上 Badenian 阶储层比例从东南向西北，从西南向东北降低。

3. 波兰中新统储层

（1）下 Badenian 海绿石砂岩（Baranow 层）

Baranow 层发育于早 Badenian 期海侵环境，此时海平面缓慢抬升，碎屑物质的输送量少。此杂岩厚度为几十厘米到最大 72 m 不等。但是一般厚度都是 3～10 m。岩性为细粒、含海绿石、固结轻的绿色砂岩，其孔隙度范围为 5%～25%。该层中的气藏，由于储层物性好，一般产量较高。例如，Kurylowka 和 Sarzyna 气田（图 7.2.10（a））初产 600 000 m³/d。

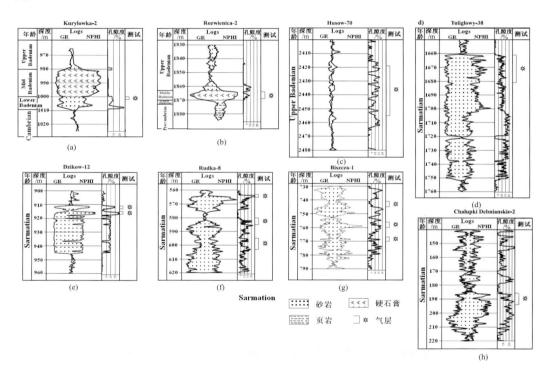

图 7.2.10　喀尔巴阡前渊中新统沉积主要储层的测井曲线特征（Mysliwiec，2006）

（a）Kurylowka 气田：气层在下 Badenian 阶砂岩中；（b）Rozwienica 气田：气层在中 Badenian 阶硬石膏中；（c）Husow-albigowa 气田：气层在上 Badenian 阶扇体中；（d）Tuliglowy 气田：气层中在 Badenian 阶扇体砂岩中；（e）Dzikow 气田：气层在 Dzikow blocky 砂岩中（Sarmatian 阶）；（f）Rudka 气田：气层在 Sarmation 阶三角洲前缘和分流河道固结的砂岩中；（g）Biszeza 气田：气层在 Sarmation 阶三角洲河坝未固结的砂岩中；（h）Chalupki 气田：气层在 Sarmation 阶浅三角洲台地及碎屑岩中

（2）中 Badenian 阶蒸发岩

喀尔巴阡前渊东部，中 Badenian 阶为蒸发岩层系，主要由硬石膏、石膏、盐岩、页岩组成，偶尔夹灰岩层。在区域上该层为极好的标志层和地震反射界面。但原始孔隙度仅

为 2%～3%，渗透率为 0.01～1.05 mD，一般不能作为好的储层，仅发现了一个商业气藏
(Rozwienica)（图 7.2.10（b））。这个气藏的形成与硬石膏和烃之间化学反应导致孔隙度和
渗透率增加密切相关，其次生孔隙为 4.31%～16.07%，最初每天气产率超过 $16 \times 10^4 \, m_g^3$。
硬石膏中天然气的化学成分也与上中新统天然气不同。除甲烷外，含少量硫化氢气体。

（3）上 Badenian-下 Sarmatian 阶外浊积扇和远端盆地平原浊积岩

这套浊积岩一般出现在喀尔巴阡前渊南部中新统层序的下部，深度超过 2 200 m，
位于喀尔巴阡逆掩断层之下。岩性为细粒到中粒砂岩，平均厚度一般不超过 5.0 m，平
均孔隙度是 10%，渗透率为 0.1～100 mD（图 7.2.10（c））。初期日产量从几千到超过
$20 \times 10^4 \, m_g^3$。天然气 96%～99% 都是甲烷。

（4）上 Badenian-下 Sarmatian 阶中-内浊积扇

沉积在中和内扇的砂岩广泛分布在喀尔巴阡逆冲断层前锋之下，它们与喀尔巴阡前
缘的运动有关。部分沉积在前渊盆地和喀尔巴阡斜坡处。砂岩复合体厚达 100 m，出现
在 100～3 500 m 深度处（图 7.2.11）。厚层水下扇砂岩是 Przemysl、Jodlowka 和
Husow Albigowa-Krasne 地区的主要天然气储层（图 7.2.10（d）、图 7.2.12）。砂岩孔
隙度到 27%，平均为 14%，渗透率从几到 500 mD，最初每日产气超过 $750 \times 10^4 \, m_g^3$。

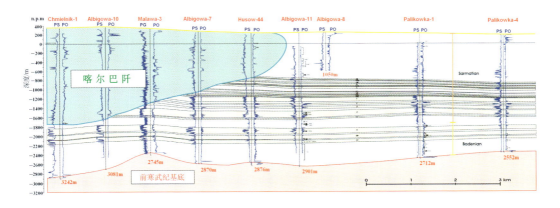

图 7.2.11　喀尔巴阡前陆南部 SW-NE 连井剖面（Husow 气田）（Mysliwiec，2006）

（5）上 Badenian-下 Sarmatian 阶三角洲前缘

Sarmatian 期，喀尔巴阡前渊中部发育大型三角洲沉积体系。三角洲前缘岩性为砂
岩，粉砂岩及页岩互层，砂岩厚 12～20 m，固结差，物性好，在前渊区气藏出现在
500～800 m 深。如 Rodka 气田，深 500～800 m（图 7.2.10（f）），孔隙度 5.0%～
32.0%，渗透率 500 mD，初产量达 700 000 m³/d，又如位于前渊东部的 Ryszkowa
Wola 地垒上的 Biszca（图 7.2.10（g））、Wola Obszanska、Lukowa 和 Dzikow 气田等，
气藏深 400～800 m，孔隙度 15%～32%，渗透率达 900 mD，初产 360 000 m³/d。

（6）下 Sarmatian 陡坡块状砂岩

下 Sarmatian 阶陡坡块状砂岩被称为 Dzikow 块状砂岩，是喀尔巴阡前渊特殊的储层。

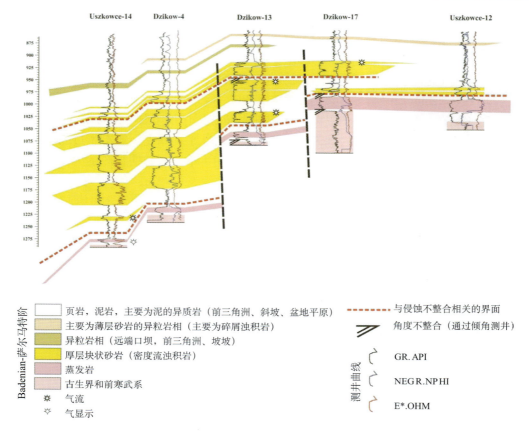

图 7.2.12　Dzikow 气田连井剖面图，展示中新统块状砂岩圈闭机制和复杂的岩性构造圈闭
(Mysliwiec et al.，2006)

它们出现在 850～1 000 m 深度，仅仅出现在 Dzikow 地区的一些井中（图 7.2.10（e）、图 7.2.12）。从岩相学看，它们是石英岩屑砂岩（60％的石英颗粒），混有生物碎屑（20％～30％）和海绿石（10％）。好的分选磨圆和钙质胶结反映出浅海陆架环境。块状砂岩沿 Uszkowce-Lubaczow 地区断层带发育，被认为是重力流沉积。块状砂岩厚 20～50 m，是非常好的储层，孔隙度 15％～35％，渗透率为 200 mD。最初日产气量很高（Dzikow气田 72×10^4 m^3～100×10^4 m^3/d）。气体成分甲烷含量非常高（98％～99％）。

（7）下 Sarmatian 阶浅水三角洲台地沉积、河口砂坝和海湾充填沉积

这些沉积主要由分选差、常见生物扰动细粒砂岩组成，一般物性较差。近年来在 200～500 m 深中新统沉积的最浅部发现了几个小和中等规模的气田。例如，Chalupki-Debnianskie 气田（图 7.2.10（h））。

（二）渐新统—下中新统复理石

渐新统 Menilite 组砂岩是盆地的主要产油气层之一，储量为 1.73×10^8 m$^3_{oe}$，占盆地总油气储量的 20.5％，其中石油储量近 1×10^8 m^3_o，占盆地总石油储量的 30.8％。Menilite

沉积体系主要分布在乌克兰 Borislav-Pokuttya 及波兰 Silesian、Skole（Skiba）推覆体区。

1. 乌克兰地区

渐新统 Menilite 组 Kliwa 砂岩是乌克兰 Borislav-Pokuttya 推覆体的主要储层，产出该国 75% 的油气。乌克兰地区 Menilite 组含有四个扇：Taniava 扇（厚 20～40 m）、Rosilna 扇（20～120 m）、Bytkiv 扇（20～100 m）和 Petrovets 扇（20～100 m）（图 7.2.13）。储层积相主要有两种：一为盆地扇相，二为河道相。

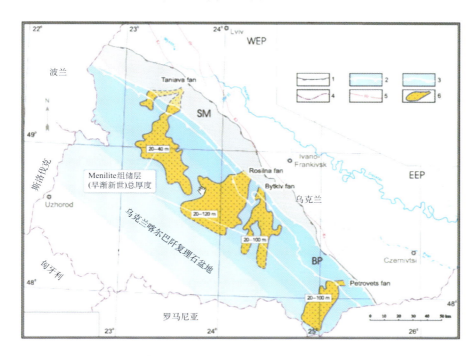

图 7.2.13　乌克兰 Menilite 组储层分布图（Popadyuk，2006）

1～3 现今推覆体：1. Sambir；2. Borislav-Pokuttya；3. Skiba。4. 国界；5. 区域正断层（Hr＝Horodok，K1＝Kalusz，Ks＝Kosiw，Kr＝Krakowec）；6. 古恢复深水扇

2. 波兰地区

波兰 Menilite 组 Kliwa 砂岩分布在 Skiba 推覆体和 Skole 推覆体南部 Lodyna-Wankowa-Witrylow 和 Wara 地区，岩性为厚层粗粒浊积砂岩，厚 300～400 m，而在东南部和东部地区厚度为 400～500 m，局部超过 500 m，孔隙度为 16%～20%。岩心样品显示储层孔隙度在 3%～25%，渗透率为 0.1～10 mD。

Skole 单元，这一层系岩性差别巨大。该层系底部为角砾岩，向上变为燧石岩和黑色、棕色页岩，及 Kliwa 砂岩。这些砂岩是 Skole 推覆体的主要储层。例如，推覆体南部的 Lodyna-Wankowa-Witrylow 和 Wara 地区的油气田其储层均为 Kliwa 砂岩，厚度 300～400 m。孔隙度 3.0%～25.0%，一般 16%～20%。

　　Silesian 推覆体内 Gorlice 地区，Menilite 组 Magdalena 砂岩（相当于 Kliwa）为石英砂岩和石英-海绿石砂岩，中到粗粒，厚 20～70 m，南厚北薄，平均孔隙度为 13%，渗透率为 40 mD，最高孔隙度为 25%，渗透率为 500 mD（图 7.2.14）。沉积环境为风暴浪底之上基本浪击面以下的陆架环境。

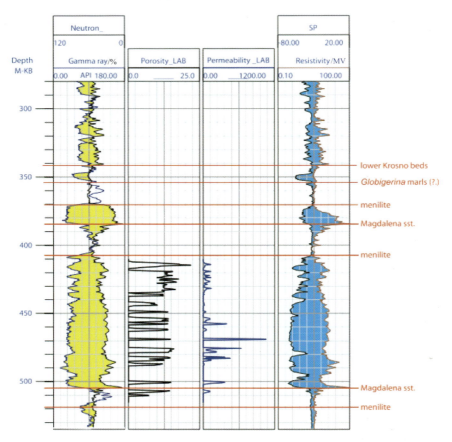

图 7.2.14　Magdalena 砂岩典型测井曲线特征和孔隙度-渗透率（Magdalena Geo-3 井）

（Dziadzio et al.，2006）

　　Dukla 单元渐新统 Cergowa 砂岩为细粒到中粒浊积岩、钙质砂岩，中间被 Menilite 页岩或灰色钙质页岩分割。岩石成分为，石英（23%～43%），长石（达 10%），泥状方解石颗粒（12%～40%），结晶岩碎块（达 5%），其他岩块（28%）。

　　砂岩最大厚度位于 Dukla 单元的中部（约 350 m），分别向东和西尖灭。储层好的区域被认为是在 100～700 m 深度。孔隙度为 9%～24%（Folusz-Pielgrzymka 油田），渗透率为 40～650 mD（Mrukowa 油田），但是一些井中测量的孔隙度却很低（图 7.2.15）。

（三）始新统复理石

　　前渊内带的 Borislav-Pokuttya 推覆体（图 7.1.7），外喀尔巴阡的 Skole（Skiba）、

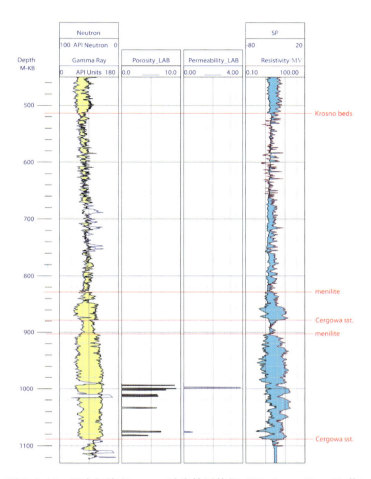

图 7.2.15 下中新统 Cergowa 砂岩储层特征（Mrukowa Katy 31 井）

（Dziadzio et al., 2006）

次西里西亚、西里西亚、Magura 和 Dukla 推覆体发育始新统碎屑岩储层。下始新统储层（乌克兰 Manyava 组，波兰的 Cieszkowice 组，捷克和斯洛伐克的 Beloveza 组）由粗粒砂岩、粉砂岩和砾岩组成，孔隙度为 7%～22%，渗透率为 10～500 mD。乌克兰 Manyava 组砂岩主要为盆地扇沉积，发育 5 个扇体，分别为 Taniava 扇（20～40 m）、Bytklk 扇（20～80 m）、Bytkdv 扇（20～120 m）、Petrovets 扇（20～100 m）和 Rungury 扇（图 7.2.16）。

中始新统砂岩储层（乌克兰的 Whyhoda 组，波兰的 Hieroglyphic 组或捷克和斯洛伐克的 Magura 组）孔隙度为 5%～15%（最大 20.6%），渗透率为几十到 66 mD。乌克兰 Whyhoda 组储层分为 5 个扇体，即 Taniava 扇（20～120 m），Rosilna 扇（20～40 m），Bytkiv 扇（20～120 m），Rungury 扇（20～40 m），Petrovets 扇（20～60 m）（图 7.2.17）。

上始新统砂岩（乌克兰的 Bystrisa 组，波兰的 Variegated 组和捷克的 Zlin 组）储层性质较好，孔隙度值可达 26.3%，渗透率达 250 mD，在强烈破碎带甚至可以达到 360 mD。

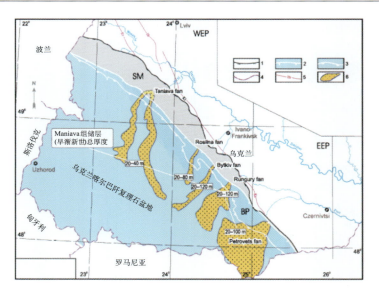

图 7.2.16　乌克兰早始新统 Manyava 组储层分布 （Golonka，2006）

1～3 现今推覆体：1. Sambir；2. Borislav-Pokuttya；3. Skiba；4. 国界；

5. 区域正断层 （Hr＝Horodok，K1＝Kalusz，Ks＝Kosiw，Kr＝Krakowec）；6. 古深水扇

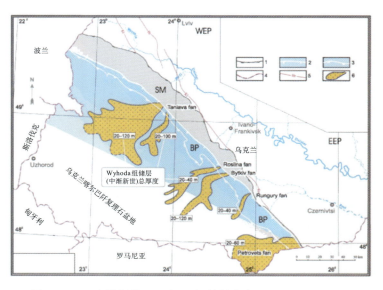

图 7.2.17　中始新统 Whyhoda 组储层分布 （Golonka，2006）

1～3 现今推覆体：1. Sambir；2. Borislav-Pokuttya；3. Skiba。4. 国界；5. 区域正断层 （Hr＝Horodok，

K1＝Kalusz，Ks＝Kosiw，Kr＝Krakowec）；6. 古恢复深水扇

（四）上白垩统复理石

上白垩统碎屑储层发育在喀尔巴阡内前渊的 Borislav-Pokuttya 推覆体和外喀尔巴阡带

的西里西亚、斯奇巴（Skiba）、次西里西亚、马古拉（Magura）和杜克拉（Dukla）推覆体内。波兰地区这些储层出现在 Czarnorzeki、Istebna 和 Inoceramus 砂岩，粉砂岩和砾岩中。孔隙度为 3%～25%，渗透率为 0.1～1 000 mD（平均 132 mD）（图 7.2.18、图 7.2.19）。乌克兰相同层位的是 Stryy 组，为砂岩和粉砂岩，低孔隙度（<5%）和渗透率（<0.1 mD），极少数分别达 20% 和 115 mD。

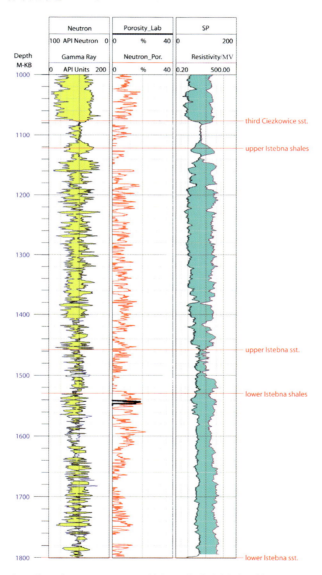

图 7.2.18　上白垩统—古近系 Istebna 层特征测井曲线样式和储层特征（Osobnica 140）

（Dziadzio et al.，2006）

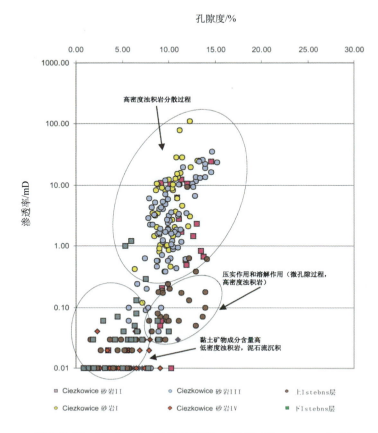

图 7.2.19　Ciezkowice 砂岩孔隙度 vs 渗透（Draganowa 1 井）

（Dziadzio et al.，2006）

三、盖层和圈闭

（一）盖层

Zdanice-Subsilesia 前锋，Silesian 和 Skiba 推覆体底部的外来下白垩统到渐新统页岩是逆冲断层之下原地储层的半区域性盖层。Silesian 和 Skiba 推覆体中白垩世—古近纪复理石碎屑岩储层的半区域性盖层是 Menilite 和 Krosno 组页岩。外来 Polyanitsa 和 Vorotyshche 组（Eggenburgian-Ottnagian 阶）泥岩和盐岩是 Borislav-Pokuttya 推覆体白垩纪—古近纪储层的半区域性盖层。新近系磨拉石层系，包括 Karpatian 组，Badenian 及 Sarmatian 组中的泥/页岩，尤其是中 Badenian 组蒸发岩系（硬石膏、石膏、盐岩、页岩），在前渊带广泛分布。因此构成元古界、古生界、中生界及古近系的区域盖层。同时也是磨拉石层系内部储层的层间盖层（图 7.2.20）。

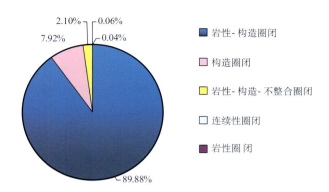

图 7.2.20　油气储量的圈闭类型分布饼图（IHS，2007）

（二）圈闭

北喀尔巴阡盆地圈闭类型有岩性圈闭、岩性-构造圈闭、岩性-构造-不整合圈闭、构造圈闭，其中最重要的是岩性构造圈闭，占总储量的近 90%。其次为构造圈闭，占总储量的 7.92%。其他圈闭类捕获油气资源很少，不到 3%。（表 7.2.2 和图 7.2.20）。

表 7.2.2　不同圈闭类型储量统计（IHS，2007）

	石油 /10^8 m$_o^3$	凝析油 /10^8 m$_o^3$	天然气 /10^8 m$_g^3$	折合油当量 /10^8 m$_{oe}^3$	百分比/%
岩性-构造圈闭	2.6116	0.0743	5213.07	7.5641	89.88
构造圈闭	0.3489	0.0199	318.17	0.6665	7.92
岩性-构造-不整合圈闭	0.0487	0.0008	135.83	0.1766	2.10
连续性圈闭	0	0	5.34	0.0050	0.06
岩性圈闭	0	0	4.04	0.0038	0.04
总计	3.0092	0.0950	5676.45	8.4160	100.00

1. 乌克兰前渊带

乌克兰前渊带圈闭类型，如果按发育部位来说，可分为四种类型：第一类是发育于基底不整合面上下的地层岩性圈闭，第二类是发育于中新统内部的披覆型圈闭，第三类是与浊积岩有关的岩性圈闭，第四类是发育于内前渊带与逆冲断裂相关的圈闭（图 7.2.21）。

下面展示几种主要圈闭类型的实例。

1）不整合之下地层圈闭：该圈闭的形成与古新统—中新统侵蚀作用相关，储层为中下侏罗统和古生界层系，盖层为中新统蒸发岩，如 Rudky 气田侏罗系碳酸盐岩储量达 283×10^8 m$_g^3$（图 7.2.22）。

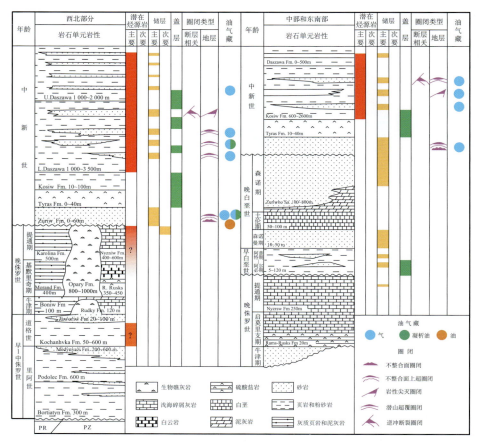

图 7.2.21　乌克兰前渊含油气系统基本要素（Popadyuk，2006）

表示圈闭类型在不同地层单元的分布

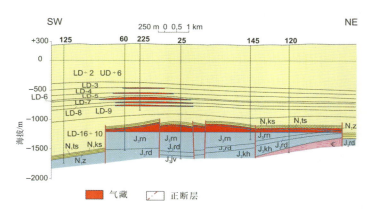

图 7.2.22　Rudky 气田横剖面（Popadyuk，2006）

Є＝寒武系。侏罗系：J₂kh＝Kochaniwka 组（道格统），J₃rd＝Rudky 组（牛津阶）。J₃rn＝Rawa-Ruska 和

Nyzniw 组（基默里奇阶—提通阶）。新近系：N₁z＝Zuriv 组（Badenian），N1tr＝Tyras 组（Badenian），

N1ks＝Kosiw 组，LD＝下 Daszawa，UD＝上 Daszawa 组（Sarmatian 阶）

　　2）不整合之上的岩性圈闭：该圈闭由 Kosiw 和 Daszawa 组上超于侵蚀高地之上形成，侵蚀表面的几何特征控制着后期沉积的储层和盖层的分布范围，如 Bilche-Volytsia 气田上白垩统复理石天然气储量达 361×10^8 m_g^3（图 7.2.23）。

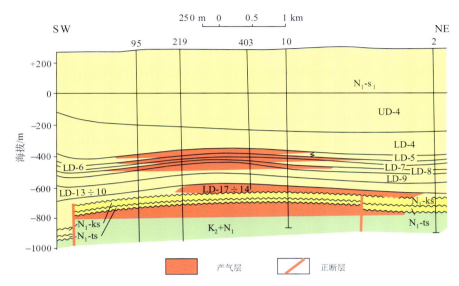

图 7.2.23　Bilche-Volytsia 气田横剖面（Popadyuk，2006）

K2＋N2＝Badenian 下储层；新近系：N1tr＝Tryassian 组（Badenian），N1ks＝Kosiw 组，

LD＝下 Daszawa，UD＝上 Daszawa（Sarmatian 阶）

　　3）逆冲断层相关圈闭：该圈闭沿前缘 Sambir 逆冲断层带分布，储层为 Daszawa 组，盖层为 Sambir 外来页质岩石，如 Pyniany 气田 Sarmatian 阶天然气储量 64×10^8 m_g^3（图 7.2.24）。

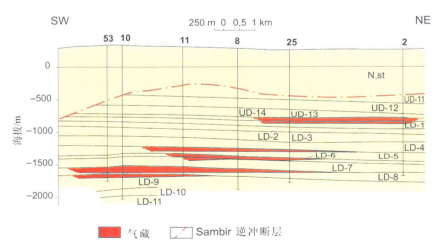

图 7.2.24　Pyniany 气田横剖面（Popadyuk，2006）

N1st＝Stebnyk 组；UD＝上 Daszawa（Sarmatian 阶）；LD＝下 Daszawa

4）正断层相关圈闭：此类圈闭与区域 Krakovets 断层相关，该断层断距达 3 km，一般上倾方向是以正断层为封堵条件。例如，Lopushna 油田侏罗系—白垩系油气储量达 680×10^4 m_{oe}^3（图 7.2.25）。

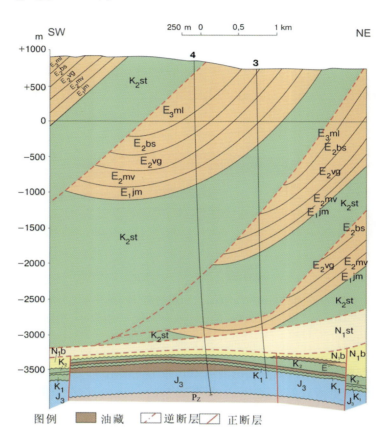

图 7.2.25　Lopushna 油田剖面（Popadyuk，2006）

原地的：P_Z＝古生界，J_3＝上侏罗统，K_1＝阿尔必阶，K_2＝森诺曼阶—科尼亚斯阶，E＝古近系，$N_1 b$＝Badenian。
外来的：$N_1 ks$＝Kosiw 组（中新统），$K_2 st$＝Stryj 组（上白垩统），$E_1 jm$＝Jamna 组（古新统），$E_2 mn$＝Maniawa 组（始新统），$E_2 vg$＝Wyhoda 组（始新统），$E_2 bs$＝Bystrycia 组（始新统），$E_3 ml$＝Menilite 组（渐新统）

2. 波兰前渊

（1）前渊基底

波兰喀尔巴阡前渊基底商业油气藏圈闭主要为构造圈闭和岩性圈闭，油气的聚集受中新统之下不整合控制。基底储层顶部空间样式主要受两种作用控制：①侵蚀作用，圈闭主要为古潜山构造；②断裂作用，块状或层状储层被正断层或走滑断层切割时形成断块圈闭，少量圈闭是由储层尖灭形成的。不整合是圈闭封闭的主要机制。盖层一般由中新统页岩和白垩纪泥灰岩构成（图 7.2.26）。Grobla 油田主要储层为侏罗系牛津阶灰岩缝洞，上倾方向渗透性尖灭，油气储量 220×10^4 m_{oe}^3。

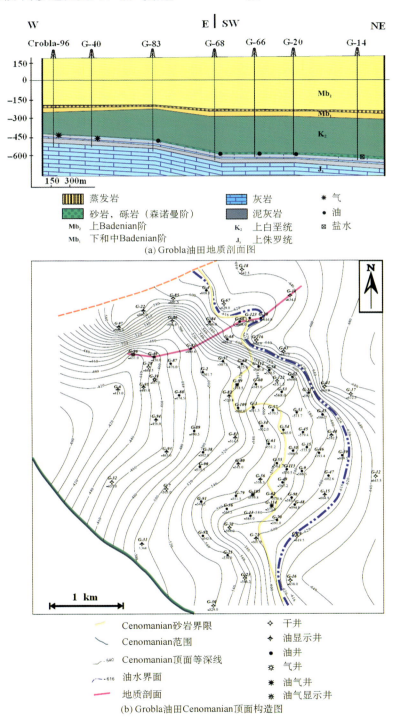

(a) Grobla油田地质剖面图

(b) Grobla油田Cenomanian顶面构造图

图 7.2.26　Grobla 油田油藏平面图和剖面图（Golonka，2006）

Tarnow 气田为侏罗系潜山风化壳圈闭，天然气储量为 $35 \times 10^8\ m_g^3$（图 7.2.27）。

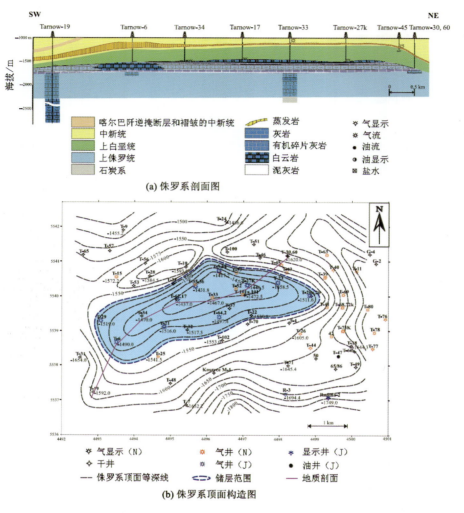

图 7.2.27　Tarnow 气田（Golonka，2006）

（2）前渊中新统磨拉石

前渊中新统磨拉石圈闭类型有构造圈闭和地层圈闭两种。其中构造圈闭又包括披覆背斜、与基底冲断层相关的圈闭和与中新统断层相关的圈闭。披覆背斜圈闭是喀尔巴阡前渊最常见的圈闭类型，它们发育在前寒武系、古生界或中生界基底之上，如 Rudka 气田 Daszawa 层 LD 气藏组（储量仅 $1 \times 10^4\ m_g^3$）（图 7.2.28）。

与基底冲断层相关的圈闭是天然气藏的重要圈闭类型，它们都发育在喀尔巴阡逆掩断层的前缘（内前渊带），逆掩断层带是喀尔巴阡前渊主要的区域盖层，如（Przemysl）气田群、Husow-Albigowa-Krasne 气田群和 Skole 气田（图 7.2.29）。

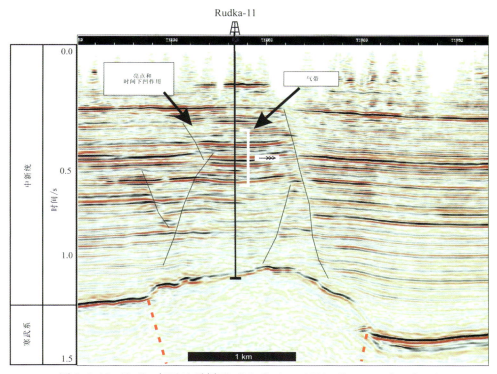

图 7.2.28　Rudka 气田地震剖面（Mysliwiec，1999；Borys et al.，2000）

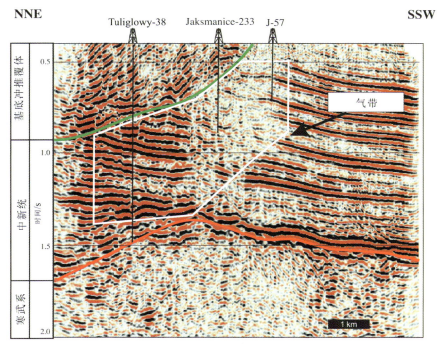

图 7.2.29　喀尔巴阡 Skole 推覆体之下中新统的抬升内磨拉石含气带

（Mysliwiec，1999；Borys et al.，2000）

　　由于中新统层序中断层识别困难，因此与中新统断层相关圈闭了解较少，但是也发现了几例该类圈闭。该类圈闭受断层和前中新统基底构造带控制，纵向上断层和微裂缝带是油气运移的通道，横向上断层是油气运移的封堵条件。Dzikow 气田的天然气储量为 $20 \times 10^8 \ m_g^3$（图 7.2.30）。

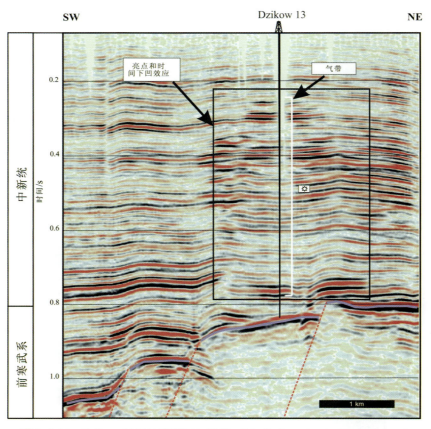

图 7.2.30　Dzikow 气田地震剖面与异常（Mysliwiec，1999；Boryt，2000）

3. 复理石带

（1）Magura 推覆体

　　最南部 Magura 推覆体，大部分油气藏都分布在 Inoceramian 层（晚白垩—古近纪），其中的砂岩疏松，物性较好，盖层为 Inoceramian 页岩及杂色页岩。圈闭类型为与多条逆冲断层相关的叠瓦状复杂背斜（图 7.2.31）。

（2）Dukla 推覆体

　　Dukla 推覆体圈闭与不协调褶皱和断褶皱中的倒转层有关。主要储层为 Menilite Cergowa 砂岩。石油聚集在倒转褶皱的上支和下支，而储层层段只有几个，盖层为 Menilite 页岩和逆冲破裂带。典型油田为 Folusz-Pielgrzymka 油田，油气储量仅 $26 \times 10^4 \ m_{oe}^3$（图 7.2.32）。

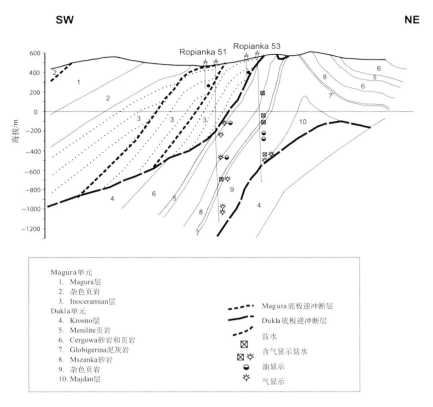

图 7.2.31　Ropianka 油田剖面图 （Golonka，2006）

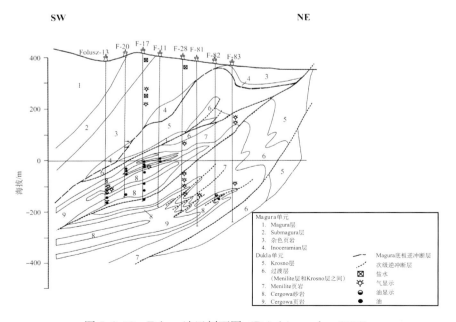

图 7.2.32　Folusz 油田剖面图 （Dziadzio et al.，2006）

（3）西里西亚单元

西里西亚单元是波兰外喀尔巴阡最大的构造单元，波兰大部分油气田都发现在这个构造带。该带从早白垩纪到渐新世沉积地层中都有油气发现，而最大的油气田发育在 Istebna 和 Ciezkowice 砂岩中（上白垩统和中始新统）。圈闭类型既有构造也有岩性圈闭，并多为与逆冲断层相关的叠瓦状背斜。盖层为 Istebna 和 Ciezkowice 层中的杂色页岩。典型油气田有 Strachocina 气田（图 7.2.33）和 Osobnica 气田。

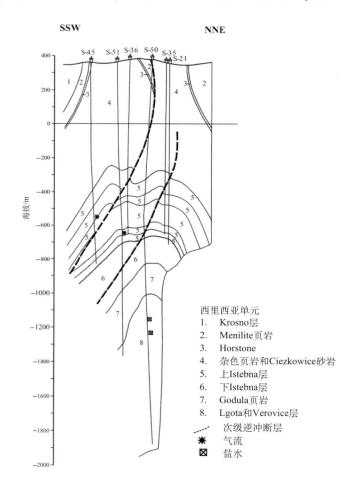

图 7.2.33　Strachocina 气田地质剖面图（Golonka，2006）

除上述外，本构造单元尚发育沥青封闭的油气藏，其圈闭机理为油层顶部经生物降解氧化成沥青，进而形成对油气层的封闭。典型油气田为 Magdalena 油田和 Wetlina 气田，Magdalena 油田为始新统复理石储层，油气储量为 28×10^4 m^3_{oe}（图 7.2.34）。

次西里西亚单元最大油气田为 Weglowka 油气田，储层为下白垩统复理石，油气储量为 1076×10^4 m^3_{oe}。

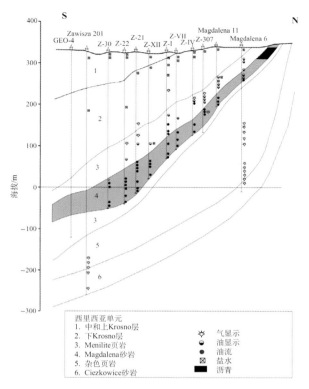

图 7.2.34　Magdalena 油田地质剖面（Golonka，2006）

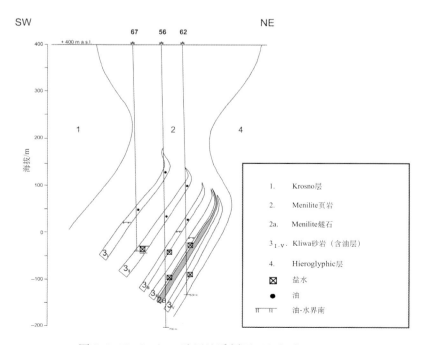

图 7.2.35　Lodyna 油田地质剖面（Golonka，2006）

（4）Skole 单元

Skole 单元最重要的储层是 Inoceramian 层和 Kliwa 砂岩。圈闭为与冲断层相关的背斜或叠瓦状岩性圈闭。例如，Wankowa-Lodyna-Brzegi Dolne 油田和 Loduna 油田。Loduna 油田为以渐新统 Kliwa 砂岩为储层的典型岩性尖灭油藏，油气储量为 44×10^4 m_{oe}^3（图 7.2.35）。

四、含油气系统

盆地内包括两个主要含油气系统：中生界（侏罗系、白垩系）—古近系渐新统（Menilite）含油气系统和中新统含油系统。

（一）侏罗系—白垩系与古近系含油气系统

盆地中大部分油田都分布在该系统中。其主要烃源岩为下白垩统 Spas（Lgota）页

图例

———— 中生界和古近系复合含油气系统界限

———— 北喀尔巴阡盆地边界

－ － － － 国界

● 气田中心点

● 油田

图 7.2.36　中生界和古近系复合含油气系统分布图（USGS，2000）

岩和渐新统 Menilite 页岩；油气主要产自古新统、始新统和渐新统砂岩，其次为白垩系砂岩及上侏罗统灰岩、礁灰岩；圈闭以构造-岩性圈闭为主。区域性盖层有两套：一是原地中新统磨拉石层系，二是喀尔巴阡逆冲推覆体。

在乌克兰，此系统的主要油气田位于内前渊带（Borislav-Pokuttya）带和喀尔巴阡复理石带（主要是 Skole 推覆体）。该系统烃类生成时间主要在早中新世至今。

在波兰，油田主要位于古近系复理石、白垩系复理石中。油气聚在狭窄、陡峭的叠瓦状背斜顶部（图 7.2.36、图 7.2.37）。

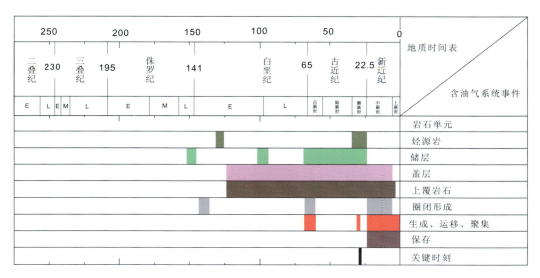

图 7.2.37　中生界和古近系复合含油气系统事件表（USGS，2000）

（二）中新统含油气系统

中新统含油气系统分布在波兰、乌克兰前渊，整个中新统地层中（图 7.2.38），主要产气层组是上 Badenian 阶和下 Sarmatian 阶三角洲砂岩，这套地层厚 200～3 000 m。上 Badenian 阶和下 Sarmatian 阶地层中的泥/页岩即为本系统中的未成熟的生物气源岩。因此本系统是典型的自生自储成藏组合，一般天然气中 CH_4 占 98%，δCH_4 为 $-70‰\sim-55‰$。

高的沉积速率促进了喀尔巴阡前渊外（北）部天然气的聚集，天然气被捕获在地层和构造圈闭内。随着中新统压实作用的加大，初次运移规模也变大（图 7.2.39）。

中新统气藏的盖层主要为粗碎屑沉积之上的页岩和黏土岩及蒸发岩层系，而层间泥/页岩夹层可作为局部性盖层（图 7.2.40）。在靠近推覆体地区，原地中新统发育大量的构造圈闭，在喀尔巴阡逆掩边缘也存在由储层尖灭或相变形成的地层圈闭。

图 7.2.38　中新统含油气系统分布（USGS，2000）

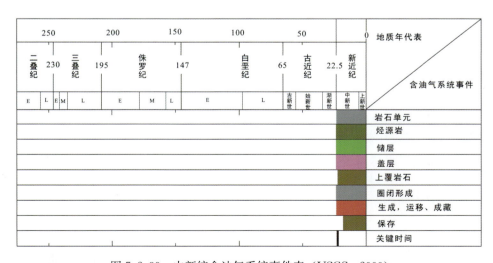

图 7.2.39　中新统含油气系统事件表（USGS，2000）

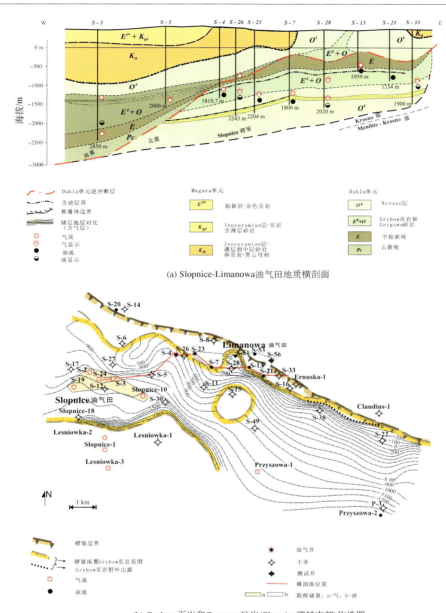

(a) Slopnice-Limanowa油气田地质横剖面

(b) Grybow页岩和Gergowa砂岩(Slopnice褶皱南部)构造图

图 7.2.40　Limanowa-Slopnice 油气田油藏平面图和剖面图（Dziadzio，2006）

五、典型油气田简介

（一）Limanowa-Slopnice 油气田

Limanowa-Slopnice 油气田位于波兰外喀尔巴阡杜克拉带 Limanowa 西部，发现于

20 世纪 70 年代中期。油气分布在平卧的 Slopnice 褶皱带上。

褶皱北翼倒转，由 Krosno 层、Grybow 层系（页岩、泥灰质页岩和含 Cergowa 砂岩的 Menilitic 页岩）和始新世地层组成。褶皱南翼从南部逆冲到北翼之上，顶部为白垩纪到 Krosno 层组成。北翼较陡，大于 $40°\sim45°$，而中部和南部几乎水平。

油和气都聚集在 Cergowa 砂岩和 Krosno 砂岩中，油气层埋深 $1\,500\sim2\,500$ m±。它们大部分为细粒砂岩，非常致密，为钙质、黏土质胶结，具有较低的孔隙度，Krosno 层位，孔隙度为 $0.1\%\sim8.28\%$（平均 2.03%），Grybow 层系为 $0.23\%\sim10.43\%$（平均 1.96%）。油气的生产可能主要靠微裂隙渗透。储集杂岩被 Grybow 页岩所封堵。储层边界为岩相转换带，砂岩主体侧向变为泥岩。

在北翼，Grybow 层系总厚度达 500 m，含油砂岩层从几米到几十米。较深的 Krosno 层含有 85 m 厚的油浸砂岩层。

在 Slopnice 褶皱南翼，Grybow 层系达 450 m 厚，3 个大约 100 m 厚的砂岩层含气。上覆的 Krosno 层被马古拉单元地层削截，因此小于 300 m，没有砂岩层，气藏出现在砂质页岩中。

到 2001 年末，油藏已经产出 1.6×10^4 t。石油和 430×10^4 m³ 天然气；气藏产出 0.4×10^8 m_g^3，天然气和 500t 凝析油。

（二）Rudky 气田

该气田位于 L'viv 西南 35 km 的 Rudky 区，气田发现于 1953 年。Rudky 气田圈闭是坐落在一个巨大侏罗系古潜山上的披覆背斜上。潜山闭合度 200 m，面积 180 km²。Rudky 气田发育两套气层组：一是上侏罗统灰岩风化壳，二是中新统 Zuriw 组砂岩（$0\sim60$ m）和 sub-Badenian 阶 Zuriw 气层组。1993 年累计产量占气田总产量的 90%，约为 262×10^8 m³。至今整个气田已经生产了 388×10^8 m³ 的天然气，占估算的总储量的 95.2%（图 7.2.21）。

（三）Przemysl 气田群

Przemysl 气田群由 Przemysl 镇附近的几个气田组成，包括 Przemysl-Jaksmanice-Ujkowice 气田（小部分位于喀尔巴阡前渊的乌克兰部分）、Tuliglowy 气田、Wapowce 气田和 Mackowice 气田。Przemysl 气田群是波兰最大的气田，可采储量超过 700×10^8 m³，甲烷含量高达 99.2%。甲烷碳同位素（$-70.8‰\sim-62.8‰$）是典型生物成因气田。

Przemysl 地区前寒武纪基底深度为 $2\,155\sim2\,575$ m，由于古近系到早中新世的侵蚀作用，古地貌变化很大。前寒武系之上不整合覆盖着中新世碎屑层序，其最大厚度为 $2\,600$ m。Badenian 和 Sarmatian 阶基本上是水平的，倾角为 $3°\sim15°$。局部地区中新统地层在抬升基底之上发育披覆背斜构造。这些背斜是 Przemysl 地区主要圈闭类型，也是整个喀尔巴阡前渊的主要圈闭类型。

Przemysl 气田群大部位于复杂的复理石逆掩带之下。这些复理石沿 Skole 逆冲断层推覆到内磨拉石次盆 Stebnyk 单元的中新统之上（图 7.1.7、图 7.2.8）。Stebnyk 单元

本身也逆冲到原地中新统沉积之上，这些原地中新统不整合沉积在前寒武纪地层之上
（图 7.2.41）。

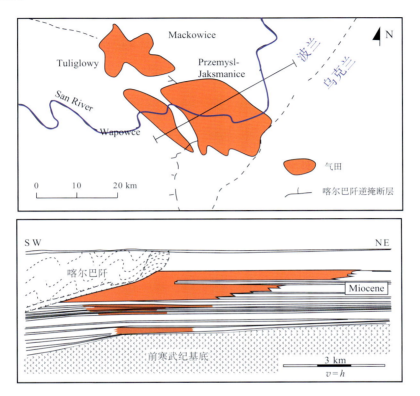

图 7.2.41　Przemysl 气田位置和气藏横剖面简图（Karnkowski，1999）

　　Przemysl 气田群的天然气聚集在下 Sarmatian 阶和上 Badenian 阶碎屑中。

　　Przemysl 气田发现在 1958 年，早期气田发现在磨拉石带的披覆背斜圈闭中，之后
相继在复理石逆冲带之下的类似圈闭中发现多个气田，如 Jodlowka、Rzeszow、
Zalesie、Kielanowka、Nosowka、Sedziszow 和 Lakta。内磨拉石带是整个喀尔巴阡前
渊最重要的含气带。

　　Przemysl 气田群的天然气藏属于多层型，储集在薄层砂岩中。不同地区气层深度
不同：Jaksmanice 气田 600～900 m，Mackowice 气田 900～1 200 m，Przemysl 气田
1 400～1 950 和 2 000～2 600 m。盖层为 Sarmatian 阶的泥/页岩，南部为 Stebnyk 和复
理石逆掩断层带。每个气层都有单独的气水界面。

　　气层总数超过 30 个。含气层的有效厚度在 28 m（Mackowice 气田）和 580 m
（Jaksmanice 气田）之间。钻井取芯砂岩储层平均孔隙度为 9%～21%。渗透率为几到
600 mD。最大孔隙度（32%）出现在上部地层中，最大渗透率 916 mD。

　　该气田群主要烃源岩为中中新统海相泥岩（TOC 0.5%～0.8%），天然气具有非常
高的甲烷含量（超过 99.2%），不含有害成分（H_2S 和 CO_2），Przemysl 气田群累计产

气产量为 540×10^8 m_g^3，剩余储量约 150×10^8 m_g^3。目前日产气 360×10^4 m^3（280 口生产井）。

小　　结

1）北喀尔巴阡盆地是欧洲前渊盆地（阿尔卑斯前陆盆地）的典型代表，其油气储量列欧洲 48 个含油气盆地的第 7 位。

2）油气平面分布明显受构造单元控制：前渊次盆主要含气；复理石次盆主要含油。

3）油气圈闭类型以岩性-构造圈闭为主。

4）前渊次盆主要烃源岩为未成熟的中新统 Badenian 阶和 Sarmatian 阶浅海页岩，且以生生物气为主。复理石次盆主要源岩为渐新统 Menilite 深海页岩，以生油为主。

5）中新统三角洲砂岩和渐新统-始新统浊积砂岩是盆地主要储层。

中新统磨拉石（包括 Sarmatian，Badenian 和 Karpatian 阶）油气储量为 2.9×10^8 m_{oe}^3（以气为主），占盆地油气总储量 35%，其中 Sarmatian 阶 Dashava 组砂岩（乌克兰）和 Kracowiec 砂岩（波兰）是最重要的储层，其储量占盆地油气总储量的 30%（生物气）。

渐新统-始新统复理石油气储量 3.7×10^8 m_{oe}^3，占盆地储量的 43%。主要分布在乌克兰的 Borislav-Pokuttya 及波兰的西里西亚（Silesian）、斯科列（Skole（Skiba））复理石推覆体单元。

6）复理石次盆北部，具有较厚的渐新统 Menilite 深海页岩的推覆体是主要含油部位。

7）前渊次盆的深拗部位是天然气的主要富集部位。

维也纳盆地 第八章

摘 要

◇ 维也纳盆地位于阿尔卑斯、喀尔巴阡造山带和潘诺地块的接合部，是欧洲唯一的拉分盆地，储量规模列欧洲 48 个含油气盆地第 16 位，但数于含油气丰度较高的盆地（仅次于北部北海盆地），列欧洲第二位。

◇ 盆地的构造演化经历三个主要阶段：第一阶段为侏罗纪伸展断陷阶段，该阶段主要形成了侏罗系原地沉积物；第二阶段为白垩纪—古近纪逆冲推覆阶段，该阶段主要形成阿尔卑斯-喀尔巴阡中生代外来推覆体和前渊复理石沉积；第三阶段为新近纪挤压和拉分阶段，维也纳盆地在新近纪挤压作用之后的中中新世晚期（Badian-Sarmatian 期，16～8 Ma）走滑拉分作用下形成磨拉石沉积。

◇ 维也纳盆地内烃源岩有两套：最重要的烃源岩位于原地中生代地层中，为发育在侏罗纪晚期的基默里奇阶米库洛夫（Mikulov）组泥灰岩和页岩，是盆地石油和热裂解气的主要来源；次要烃源岩为中下中新统 Eggenburgian 阶—Badenian 阶泥岩，为盆地内生物成因气的主要来源。

◇ 储层包括三套，分别为外来推覆体三叠系白云岩（其储层占总储量的 19%）、白垩系—古近系灰色—黑灰色的粗砂碎屑岩（其储层占总储量的 5%）和新近纪拉分盆地中新统浅水三角洲相砂岩（其储层占总储量的 76%）。

◇ 含油气系统有两个：原地侏罗系—外来中生界—拉分新近系含油气系统（占总储量的 99%）和中新世油气系统。前者分布于整个盆地，产出整个盆地全部的石油和热裂解气，拉分盆地的中新统占盆地油气总储量的 76%；后者分布于主要分布于盆地南部和东北部，产出生物成因气。

第一节 盆 地 概 况

维也纳盆地位于中欧东部（东经 16°～18°，北纬 47.5°～49.5°），是一个发育于东阿尔卑斯与西喀尔巴阡褶皱带之间的走滑拉分盆地。盆地呈菱形，长约 200 km，宽约 60 km，面积约 6 500 km²，大致呈北东-南西向展布。在地理位置上，该盆地 40% 的面积位于奥地利东部，30% 的面积位于捷克共和国东南部，30% 的面积位于斯洛伐克西南部（图 8.1.1）。

盆地勘探开始于 1856 年，截至 2007 年维也纳盆地共采集二维地震测线 20 000 km，三维地震 1 600 km²；钻预探井 414 口，其他探井 709 口。迄今，共有 124 个油气发现，

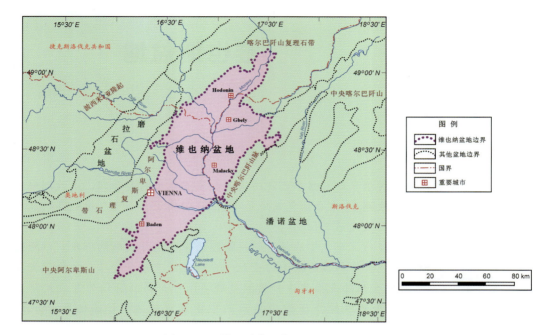

图 8.1.1　维地纳盆地位置图（IHS，2007）

多为中小型油气田，大多数位于奥地利境内，其中油气可采储量超过 $1×10^8$ m_{oe}^3 的油气田只有一个（Matzen 油气田）。盆地探明石油储量 $1.5×10^8$ m_o^3，天然气储量 $1\,300×10^8$ m_g^3，总的油气储量近 $2.8×10^8$ m_{oe}^3（表 8.1.1）。维也纳盆地油气丰富程度为 $4.5×10^4$ m_{oe}^3/km^2，在欧洲仅次于北部北海盆地，列居第二位。截至 2007 年累计产油 $1.3×10^8$ m_{oe}^3，产气 $871×10^8$ m_g^3。

表 8.1.1　维也纳盆地基础数据表（IHS，2007）

	盆地位置	东阿尔卑斯和西喀尔巴阡褶皱带之间	
盆地概况	盆地面积/km²	6 500	
	盆地性质	山间走滑盆地	
	所属国家	奥地利、捷克共和国、斯洛伐克	
储量情况		油	气
	探明储量	$1.5×10^8$ m_o^3	$1\,300×10^8$ m_g^3
	剩余储量	$0.24×10^8$ m_o^3	$432×10^8$ m_g^3
地震情况	二维地震/km	＞20 000	
	三维地震/km²	1 600	
钻井情况	预探井数/口	414	
	预探井密度/(km²/口)	16	
	最深探井/m	7 544	

　　盆地勘探开始于 1856 年，于 1914 年开始钻第一口井并获得产量，到 2000 年，盆地内油气的主要产量来自奥地利 Matzen 油田。油气发现高峰在 1938～1962 年，1949 年发现的 Matzen 油田储量 1.2×10^8 m^3_{oe}，占盆地油气总储量 43%（图 8.1.2）。

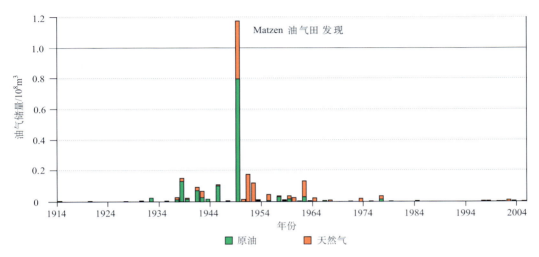

图 8.1.2　维也纳盆地历年油气储量发现史图（IHS，2007）

　　该盆地的勘探目标在纵向上主要集中在三套构造层：下部阿尔卑斯-喀尔巴阡原地沉积层、中部阿尔卑斯-喀尔巴阡外来推覆体和上部新近纪沉积层。早期勘探目标仅集中在上构造层，钻井深度一般小于 3 000 m，最大的 Matzen 油田就位于此构造层，至今该构造层勘探密度最大，已进入成熟阶段。19 世纪 50 年代开始勘探第二构造层，包括新近纪之下的复理石带和钙质阿尔卑斯带，勘探深度为 2 600～6 300 m，在该构造层内，石油主要发现于复理石浊积岩和三叠纪白云岩中，天然气主要在白云岩裂缝储层中。第三构造层目前勘探程度较低，是尚具勘探潜力层位，油气聚集深度为 6 500～10 000 m，现今只有 4 口井钻遇该层位（IHS，2007）。

　　盆地内的地震勘探始于 20 世纪 70 年代，至今采集二维地震测线超过 20 000 km，在 1985～1990 年期间，开始实施了大量三维地震采集，至今数据体布设面积约为 1 600 km²。

　　维也纳盆地是欧洲地区钻探密度最高的盆地之一，迄今已钻井超过 3 000 口，勘探程度较高，其钻探高峰期自 1934 年一直延续到 2004 年，前后达 70 年。盆地内评价探井成功率为 30%。其中，1998～2007 年高达 65.4%。

　　维也纳盆地现今剩余液态烃储量为 0.24×10^8 m^3_o，剩余天然气储量为 432×10^8 m^3_g。液态烃储量的生产高峰为 1955～1956 年，达到 11 000 m³/d，在 20 世纪 80 年代和 90 年代，产量降至近 3 000 m³/d；天然气生产高峰为 1961 年，产量达到 76×10^8 m^3_g/d（IHS，2007）。

第二节　盆地基础地质特征

一、构造区划

（一）盆地纵向构造单元

维也纳盆地在纵向上由三大部分组成，自下而上为：原地中生界沉积、阿尔卑斯-喀尔巴阡异地推覆体和中中新世以后的维也纳拉分盆地（图 8.2.1）。

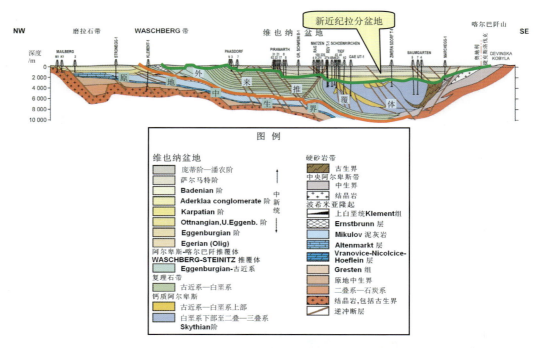

图 8.2.1　维也纳盆地构造横剖面图（Wessely，1998）

原地中生界沉积　在前寒武系结晶基底之上（局部地区残存有石炭系—二叠系地堑），是原地中生界沉积：中—下侏罗统图阿尔阶—巴柔阶（称 Gresten Group）为海陆交互的三角洲碎屑沉积，不同构造单元厚度变化显著；中侏罗统卡洛夫阶为灰岩和白云岩沉积；上侏罗统牛津阶在奥地利叫 Altenmarkt Formation，为台地碳酸盐岩；上侏罗统基默里奇——提唐阶称为 Mikulov Formation（或 Malm 组），主要为泥灰岩，是维也纳盆地的主要烃源岩。

异地阿尔卑斯-喀尔巴阡推覆体　主要由三部分组成：Waschberg-Zdanice 推覆体、复理石带和钙质阿尔卑斯带。Waschberg-Zdanice 推覆体由渐新统至下中新统 Eggenburgian 阶地层组成，包括侏罗系—始新统的飞来峰，大致向西北推覆了 35 km。复理石带由白垩系—始新统复理石组成；钙质阿尔卑斯带包括了二叠系至古近系地层，主要由中生界灰岩组成，可能推覆了上百公里。

维也纳拉分盆地 维也纳盆地是由早中新世 Ottnangian 期至晚中新世 Pannonian 期发育的北-北东向地堑，地堑中充填三角洲-浅海碎屑沉积。

（二）盆地平面构造单元

维也纳盆地具有双重基底：波希米亚基底和古生代—中生代基底。波希米亚基底形成于前寒武纪末期，为结晶基底。古生代基底主要为华力西造山运动中晚石炭世高度变形的厚层变质岩组成。由于盆地在纵向发育上的复杂性，我们不可能简单地用某一层作为代表来认识盆地的平面构造单元。下面分别叙述新近系和前新近系的构造单元分布，然后二者结合起来进行构造特征分析。

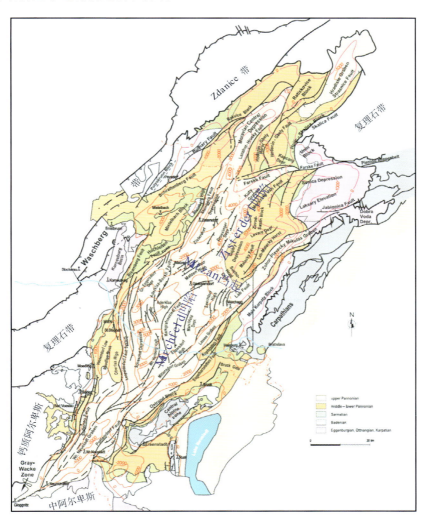

图 8.2.2 维也纳盆地新近系构造构造区划图（Golonka，2006）

图中等值线为新近系等厚线（m）

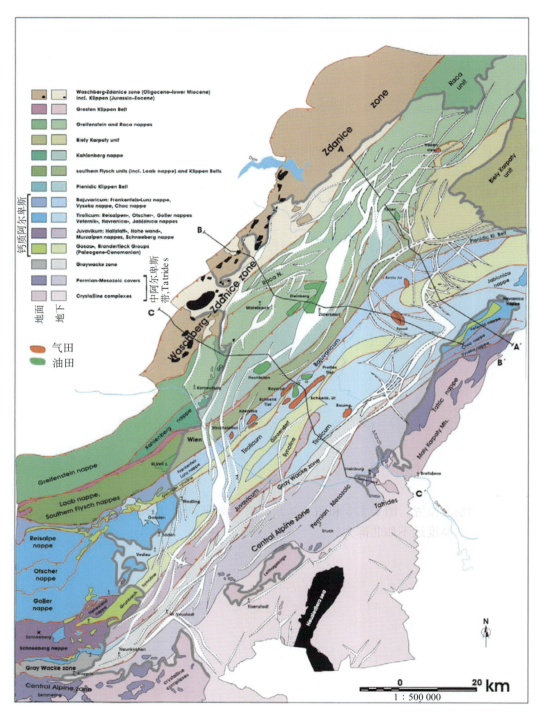

图 8.2.3　维也纳盆地前新近系构造区划图（Golonka，2006）

1. 新近系构造单元特征

维也纳盆地地质图（图 8.2.2）清楚地反映出拉分盆地特征，新近系成菱形轮廓。盆地中部是一系列上 Pannonian 阶充填的北-北西向地堑，外围被中-下 Pannonian 阶地层所环绕，最外圈是断续分布的 Kerpbatian、Badenian、Samatian 地层。盆地新近系有两个凹陷一个凸起：Zisterderf 凹陷是全盆地的沉降中心，新近系地层厚度达到 5 000 m；Marchfeld 凹陷最大厚度 3 000 m，局部 4 000～5 000 m；两个凹陷之间是 Matzen 凸起，脊部地层厚度小于 3 000 m。Matzen 凸起正是盆地中最大的 Matzen 油田之所在。

2. 前新近系构造单元特征

揭开新近系地层则露出了新近系以下一系列推覆体的面貌（图 8.2.3）。可分为三大部分：①盆地西侧外围是由古近系至 Eggenburgian 阶地层组成的 Waschberg-Zdanice 推覆体，包括侏罗系—始新统的飞来峰。Waschberg-Zdanice 推覆体东南是盆地内的白垩系—始新统复理石推覆体，呈北东-南西向贯穿整个盆地，至少有 6 个自东南向西北逆冲的推覆体（图 8.2.3 中绿色部分）。②东南部（图 8.2.3 中的蓝色部分）为钙质阿尔卑斯推覆带，自西北而东南至少可以划分为 Bajuvaricum、Tirolicum、Juvavikum 三个次级推覆带，每一个推覆带又可进一步划分为若干推覆体，推覆体主要由高度形变的中生代灰岩及古近系碳酸盐岩组成。③盆地东南外围是中央阿尔卑斯带（或内喀尔巴阡），西北部是二叠系—中生界推覆带，东南部是结晶基岩复合体。在中央阿尔卑斯带和钙质阿尔卑斯推覆带之间还有一个 Gary Wacke 带，主要由古生界地层组成，有些学者也将它归入钙质阿尔卑斯带。

结合构造横剖面我们可以更直观地建立起各构造单元的空间概念。图 8.2.4 是 Golonka 等（2006）公布的盆地北部构造横剖面图，在这张图中我们可以看到最深的新近系 Zisterderf 凹陷（剖面 B）。剖面 C 通过了 Matzen 凸起，是盆地中新近系沉积较薄的地区，不但可以看到盆地中最大的 Matzen 油田，还可以看到 Schoenkirchen 古近系—三叠系的油藏位置。图 8.2.5 和图 8.2.6 反映了南部 Marchfeld 凹陷情况，显然新近系凹陷面积、厚度远不如北部大。

波希米亚原地沉积在上面两张构造区划图中没能表现，我们也没有发现相关资料，只能由上述横剖面中做一概略了解。

二、盆地构造演化

维也纳盆地位于东阿尔卑斯-西喀尔巴阡褶皱带之间的转换部位，是一个重力低值区，盆地北部布格重力值最低达到 −58mGal，−42mGal 等值线基本可以代表盆地外轮廓（图 8.2.7）。它的西南边界为东阿尔卑斯山，包括了东阿尔卑斯的中央带、钙质阿尔卑斯和复理石带；东南部为潘诺盆地；东北边界为西喀尔巴阡褶皱带，包括了内带和复理石带，西北部为阿尔卑斯-喀尔巴阡前渊（磨拉石盆地）和波希米亚地块，在维也纳盆地与磨拉石盆地间以 Waschberg-Zdanice 推覆体相隔（图 8.2.8）。

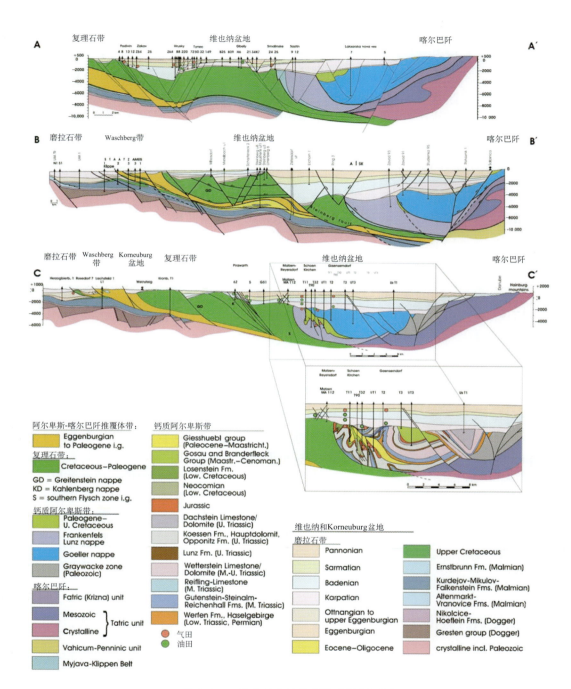

图 8.2.4　维也纳盆地北部构造横剖面图
（Golonka，2006；剖面位置见图 8.2.3）

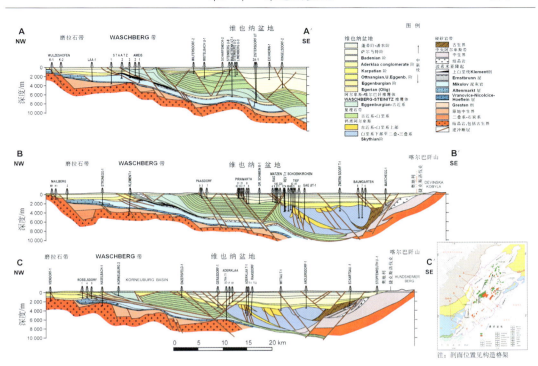

图 8.2.5 维也纳盆地南部构造横剖面图（据 Wessely，1998 修改）

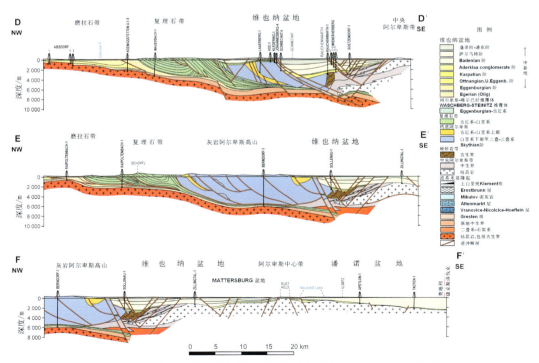

图 8.2.6 维也纳盆地南部构造横剖面图（据 Wessely，1998 修改）

剖面位置见构造格架图

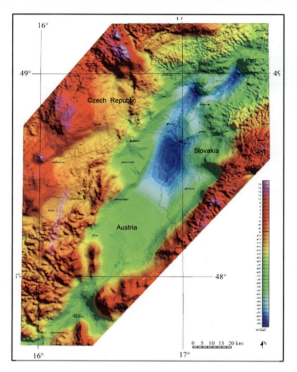

图 8.2.7　维也纳盆地布格重力异常图（Golonka，2006）

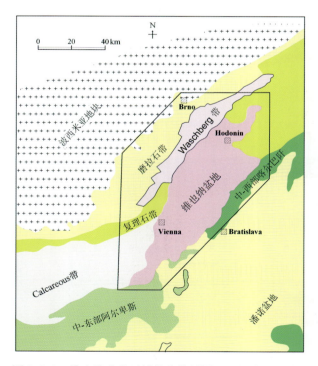

图 8.2.8　维也纳盆地区域构造位置图（Golonka，2006）

　　盆地的构造演化可以划分为三个主要阶段（图8.2.9）：第一阶段为侏罗纪伸展断陷阶段，该阶段主要形成了侏罗系原地沉积物；第二阶段为白垩纪—古近纪逆冲推覆阶段，该阶段主要形成阿尔卑斯-喀尔巴阡中生代外来推覆体；第三阶段为新近纪走滑和拉分阶段。维也纳盆地是在新近纪挤压作用之后的中新世晚期形成的走滑拉分盆地（Badian-Sarmatian期，16～8 Ma）。

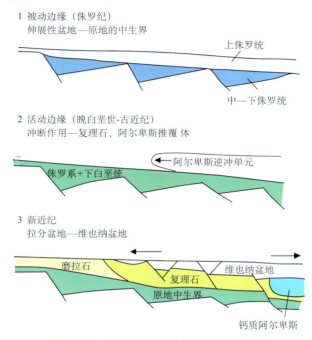

图8.2.9　维也纳盆地构造演示意剖面图

　　第一阶段：侏罗纪伸展断陷阶段　　早侏罗世，伴随着 Penninic 洋的张开，现今维也纳盆地所在区域开始发生断陷作用，其间沉积了侏罗统原地沉积物，原地沉积物包括中-上侏罗统 Malm 泥灰岩、碳酸岩、Dogger 阶白云岩、砂岩和三角洲碎屑岩（以Malm 阶泥灰岩为主）。

　　第二阶段：白垩纪-古近纪逆冲推覆阶段　　早白垩世发生了区域隆升作用，之后下白垩统和侏罗统地层遭受了不同程度的剥蚀。晚白垩世由于欧洲板块和阿普利亚地块的持续碰撞，发生了强烈的区域挤压和逆冲活动，导致阿尔卑斯-喀尔巴阡褶皱带开始发育，即中生界外来推覆体。该推覆体可划分为一系列逆冲单元：Waschberg 单元、复理石带、钙质阿尔卑斯带、Greywacke 单元和中央阿尔卑斯推覆体，各个逆冲单元具有不同的构造和地层发育特征，在此演化阶段，隆起区的剥蚀物为推覆体前缘的复理石构造单元提供了物源。

　　沉降作用一直持续到早始新世，在始新世末钙质阿尔卑斯逆冲推覆到复理石带上，直至晚渐新世-早中新世结束。在此阶段维也纳盆地南缘的阿尔卑斯-喀尔巴阡逆冲带前缘的走向为东—西向。

　　第三阶段：新近纪挤压和拉分阶段　　该阶段为沉积物迅速沉积阶段，新近纪地层的沉积厚度最大达到了 6 km。该阶段断裂和构造活动强烈，盆地主要经历了三个时期的沉降和变形（表 8.2.1）：第一期为早—中中新世挤压构造阶段（18.3～16.1 Ma），为 Ottnangian-Karpatian 期，与阿尔卑斯-喀尔巴阡的褶皱逆冲作用同时代发生，形成挤压楔形盆地（背驮式）；第二期为中中新世晚期拉分盆地形成阶段（16.1～10.5 Ma），为 Badian-Sarmatian 期，沉积物以不整合形式覆盖在褶皱推覆体之上；第三期为晚中新世 Pannonian 期，盆地挤压应力增强，沉积范围缩小。Morley（1996）给出了阿尔卑斯-喀尔巴阡-潘诺盆地构造演化的一个概念模型（图 8.2.10），认为渐新世为阿尔卑斯褶皱活动的高峰，主要运动方向为北—北西；早中新世喀尔巴阡褶皱带的主要运动方向为北—北东向，至中中新世，潘诺盆地的伸展促成了维也纳走滑断裂系的形成。

表 8.2.1　维也纳盆地新近纪构造演化阶段表

时代/Ma	地层	阶段	中特提斯阶段	维也纳盆地 岩性	维也纳盆地 沉积环境	Regional stress field	
7.8	上中新统	Tortonian	上 Pannonian	碎屑岩	三角洲 - 浅海		构造反转
10			中 Pannonian				
10.5			下 Pannonian				挤压阶段
11.6	中中新统	Serravallian	上 Sarmatian (Sarmatian)	碎屑岩	三角洲- 浅海		拉分阶段
12.2			下 Sarmatian				
12.7			Bulimina Rotalia 带 (Badonian)	碎屑岩	三角洲- 浅海		
13.6		Langhian	Spiroplectamina 带				
14.2			上 Lagenidae 带				
14.5			下 Lagenidae 带				
16.1			Ader klaa Conglomerate	砾岩	辫状河		
16.3		Burdigalian	上 Karpatian (Karpatian)	砂岩	曲流河 三角洲		挤压阶段（背驮式）
16.9			下 Karpatian	砂岩 泥岩 砾岩	曲流河		
17.2			Ottnangian	砂岩 泥岩	曲流河		
(17.2) 17.5							
18.3	下中新统	Aquitanian	Eggonburgian				

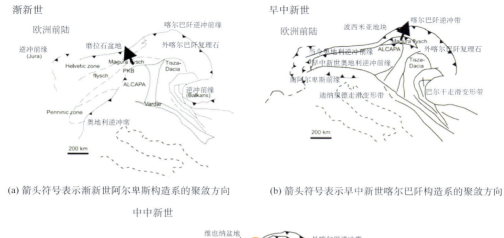

(a) 箭头符号表示渐新世阿尔卑斯构造系的聚敛方向　　　　(b) 箭头符号表示早中新世喀尔巴阡构造系的聚敛方向

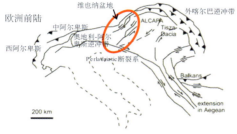

(c) 细圈表示维也纳盆地的走滑断裂系

图 8.2.10　维也纳盆地及其邻区构造应力场的演化图（Morley，1996）

图中的箭头符号表示各时期推覆体的主要运动方向

　　Kovac 等（2004）详细地描述了维也纳盆地走滑-伸展断裂系与盆地沉积充填的关系（图 8.2.11）：Eggenburgian 期走滑-伸展断裂开始发育于维也纳盆地以南地区，也正是当时的沉积中心发育区，物源主要来自西部；Karpatian 期维也纳盆地的走滑-伸展

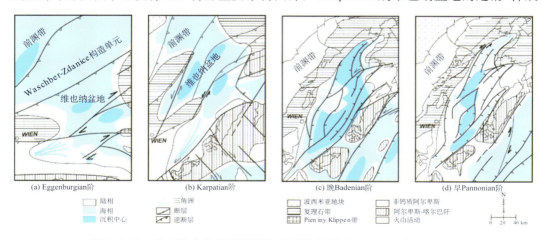

图 8.2.11　维也纳盆地新近纪沉积-构造演化图（Kovac et al.，2004）

断裂开始发育，沉积中心随之北移；Badenian 期真正形成了地堑型断块，沉积物源方向主要来自盆地西北的波希米亚隆起。

　　总之新近纪维也纳盆地为一个菱形的拉分盆地，受同期发展的左行走滑-伸展断裂控制，最北部断层的新生代左行累计滑距约 80 km。这种盆地地幔是不卷入的，也不存在热异常，只是发生于地壳表层的走滑-伸展。Allen（1990）称其为"冷"滑脱盆地，特点：①盆地下无热异常；②没有热沉降（图 8.2.12）。根据地震资料解释盆地内新近系中的断层有三种形式：Ⅰ型为走滑断层，发育于盆地南端；Ⅱ型为负花状断层，发育与盆地南部；Ⅲ型为正断层，实际为Ⅱ型张扭断层的低序次张性断层，这种断层发育在盆地西南部盆地开始变得宽缓的部位（Hinsch，2005）（图 8.2.13）。

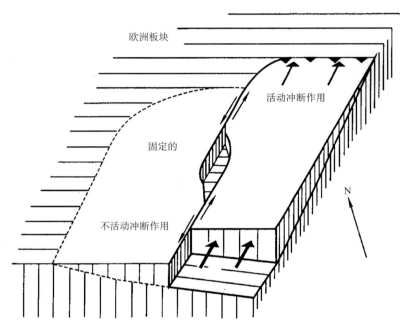

图 8.2.12　维也纳盆地拉分模式（陆克政，2000）

三、盆地的沉积发育

　　波希米亚原地沉积和新近系的拉分盆地中的地层属于本地的沉积，其间的二叠系-古近系喀尔巴阡-阿尔卑斯推覆体系都是外来的岩体。这些外来岩系的古地理再造，我们在前面喀尔巴阡部分已经作了详细介绍。波希米亚原地沉积实际钻井资料仅分布在盆地西北部，对其沉积特征只能作模式化的介绍。这里介绍的重点是新近纪沉积盆地。

　　（一）波希米亚原地中生界沉积

　　侏罗系—白垩系原地沉积层的岩相分为中-下侏罗统三角洲与前三角洲相、上侏罗统碳酸岩台地和盆内泥灰岩相和上白垩统河流、三角洲相（图 8.2.14）。

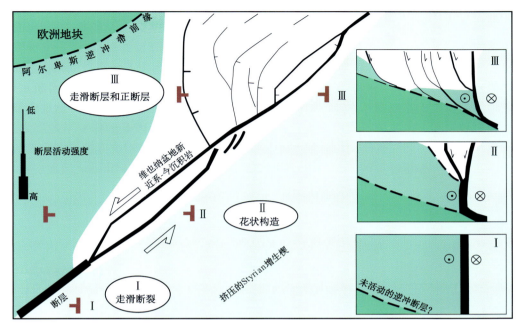

图 8.2.13 维也纳盆地断裂发育样式（Hinsch，2005）

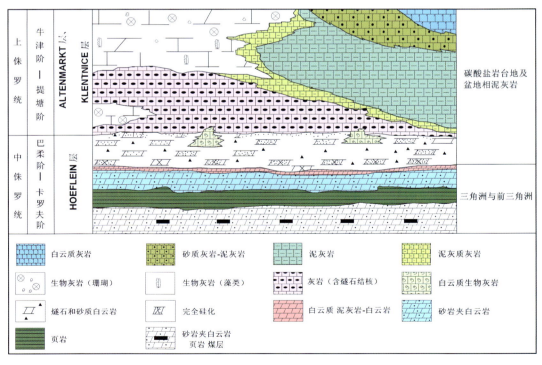

图 8.2.14 维也纳盆地侏罗系原地沉积物岩性及岩相模式图（Adámek，2005）

早侏罗世—中侏罗世，维也纳盆地为同裂谷阶段，随着 Penninic 洋的张开，同裂谷沉积物在欧洲板块的东部边缘开始沉积，并以不整合形式覆盖在卡多姆（Cadomian）和华力西（Variscan）造山运动形成的前中生代基底之上（图 8.2.15）。下—中侏罗统地层为三角洲与前三角洲相，沉积物以砂岩、白云岩、页岩为主，同裂谷沉积物组成被动边缘复合体的一部分，充填在该时期活动的半地堑中。这些半地堑的一般西断东超，增厚地区主要位于盆地西部边缘。中侏罗世晚期—晚侏罗世，热沉降作用开始，卡罗夫阶白云质砂岩和上侏罗统灰岩、泥灰岩、碳酸岩不整合覆盖在较老的侏罗系地层之上。上侏罗统地层分为陆缘碳酸盐相和盆内泥灰岩相两种类型，上侏罗统基默里奇阶泥灰岩的厚度在盆地中心超过 1 500 m，构成维也纳盆地重要的烃源岩（Mikulov 组地层）。

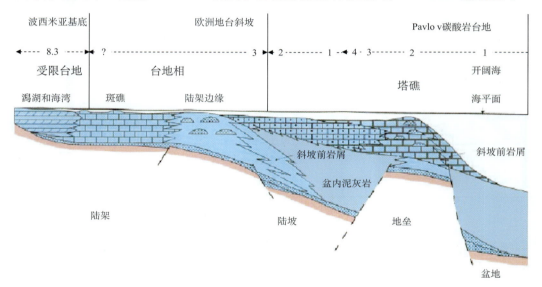

图 8.2.15　维也纳盆地侏罗纪岩相横剖面图（Reineke et al.，2006）

早白垩世—晚白垩世，维也纳盆地发生区域构造隆升，导致下白垩统—上侏罗统地层发生了强烈的褶皱变形，同时期，由海侵作用形成的下白垩统海相海绿石砂岩地层遭受了强烈的侵蚀作用，该作用发生在上覆磨拉石沉积之前，造成下白垩统地层在盆地内大面积缺失；晚白垩世，盆地内沉积大量砂岩、粉砂岩，上白垩统地层为河流、三角洲相。

（二）维也纳新近纪盆地的沉降与沉积发育

盆地沉降特征　新近纪维也纳盆地的沉降过程是盆地范围不断扩大的过程，也是不断海侵的过程。Eggenburgian-Sarmatian 各期的沉积范围和沉积厚度表示在图 8.2.16 中。

新近系地层主要由浅海相组成，其次为河流和三角洲相，浅海相主要发育在盆地中央，河流三角洲相发育在盆地边缘（图 8.2.17）。盆地西南部是主要物源区，在南东—北西向的地层柱状对比图（图 8.2.18）中可以明显看出，岩性向西北方向很快变细，晚 Badenian 期—早 Sarmatian 期是海盆最为广泛的时期。维也纳新近系盆地可划分出 6

个二级层序，三个最大海泛面（图 8.2.19）。

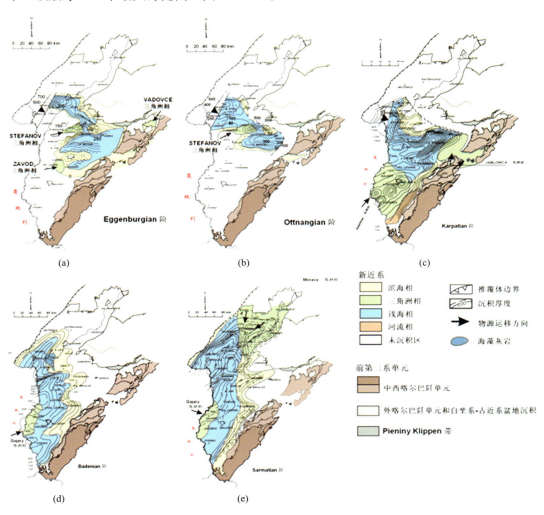

图 8.2.16　维也纳盆地新近系各阶沉积厚度及古地理图（Michal，2004）

早中新世—中中新世早期（Eggenburgian-Karpatian 阶）　　Eggenburgian 阶沉积范围仅限于维也纳盆地中-北部，主要由互层的砂岩、页岩组成，偶尔含有砾岩、硬石膏层，沉积环境最初为微咸海相，后来转变为冲积扇、辫状河、曲流河和河湖相环境。Ottnangian 阶沉积特征与 Eggenburgian 阶相似，只是沉积范围有所减小。Karpatian 阶是一个不很规范的岩石地层单元，有时包括了整个早中新世。在盆地南部为河流-三角洲沉积，北部主要为海侵泥岩，其沉积范围明显扩大（图 8.2.20）。

中中新世中—晚期（Badenian-Sarmatian 阶）　　自 Badenian 期开始盆地进入快速沉降阶段，盆地的主要沉积方向也转变为自西而东（图 8.2.21），东北部和西南部发育有小型三角洲。三角洲具有海进型特点，下部为砾岩向上变为中-粉粒。

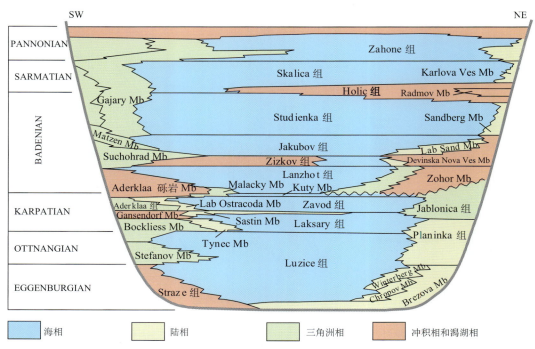

图 8.2.17　维也纳盆地新近纪岩相地层单元模式图（Hinsch，2005）

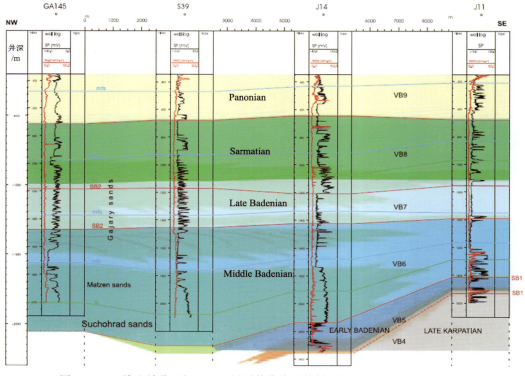

图 8.2.18　维也纳盆地新近纪地层测井曲线连井剖面图（Kováč et al.，2004）

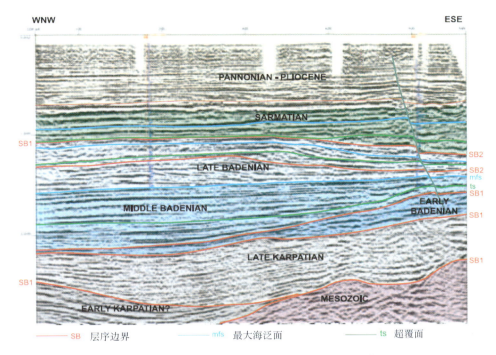

图 8.2.19　维也纳盆地新近系层序地震解释剖面图（Kováč et al.，2004）

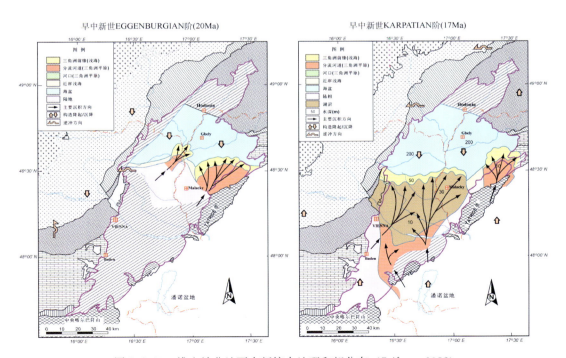

图 8.2.20　维也纳盆地下中新统古地理和相分布（Seifert，1982）

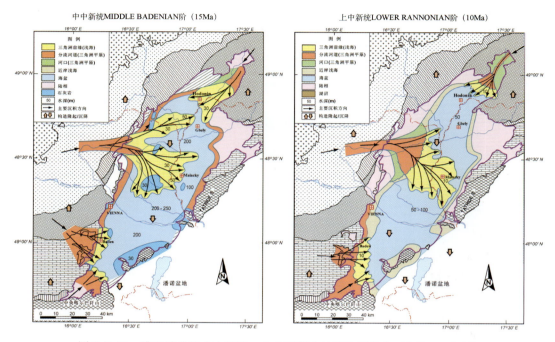

图 8.2.21　维也纳盆地中中新统—上中新统古地理和相分布（Seifert，1982）

　　晚中新世（Panonian 阶）　　潘诺期是盆地沉降速率降低的时期，区域未发生大规模构造运动，仅局部地区发生缓慢隆升，沉积环境由微咸环境转变陆相湖泊、河流-湖泊环境（图 8.2.21）。

第三节　石油地质特征

一、烃源岩

　　维也纳盆地生烃源岩有两套（表 8.3.1）：最重要的烃源岩是晚侏罗世玛姆（Malmain）

表 8.3.1　维也纳盆地烃源岩统计表

统	烃源岩	岩性	备注
侏罗系 Malmain 统	Mikulov 组	泥灰岩、灰质页岩	主要，产油和热成熟气
中新统	Eggenburgian 阶	泥岩	次要，以产生物气为主
	Ottnangian 阶	泥岩	
	Karpatian 阶	泥灰岩	
	Badenian 阶	泥岩	
下白垩统	Koessen 组	灰岩	潜在，阿尔卑斯-喀尔巴阡推覆体
上三叠统	Haupt 组	白云岩	

统基默里奇阶米库洛夫（Mikulov）组泥
灰岩，也是盆地石油和热裂解气的主要
来源；第二套为中下中新统 Eggenburg-
ian-Badenian 阶泥岩，为盆地内上覆地
层生物成因气的主要来源，为次要烃源
岩。此外，有生烃潜力的烃源岩还有下
白垩统 Koessen 组灰岩和上三叠统
Haupt 组白云岩。各地层单元的 TOC 含
量差别较大（图 8.3.1）。

（一）上侏罗统 Mikulov 组烃源岩

上侏罗统（基默里奇阶）Mikulov
组含泥灰岩地层为台地碳酸岩相，在
局限海环境中发育，盆地中心沉积厚
度达到 1 500 m，是维也纳盆地石油和
热裂解气的主要来源（图 8.3.2）。
Mikulov 组泥灰岩 TOC 含量为 0.3%～
5%，平均为 1.5%～2%，干酪根类
型为 II 型或 III 型，镜质体反射率在生
油窗顶部为 0.74%，在底部为 1.42%。

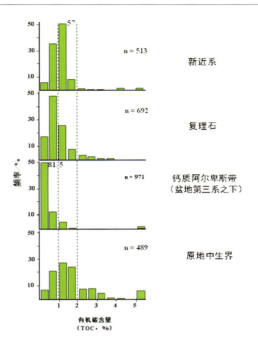

图 8.3.1　维也纳盆地各沉积单元中有机碳
含量（TOC）的分布（n 为样品数）
(Hadwein, 1988)

根据 HC/TOC 的值，可以得出原地中生代
上侏罗统生油窗为 4 000～6 000 m，在 6 000 m 以下，为热裂解气的主要生成深
度，平均镜质体反射率大于 1.6%（图 8.3.3）。盆地内不同成熟阶段抽提物的天
然气色谱显示，Mikulov 组源岩不含高等植物（图 8.3.4）。对维也纳盆地产出的石
油进行地球化学分析表明，虽然经历了强烈的生物降解作用，但均来自上侏罗统高
成熟的泥灰岩。

（二）新近系烃源岩

新近纪烃源岩主要为下—中中新统（Eggenburgian-Sarmatian 阶）陆源沉积物，
是维也纳盆地上中新统—上新统储层中生物成因气的来源，平均 TOC 含量约为 1%，
有机质抽提物（EOM）可以达到 500ppm。氢氧指数的关系显示干酪根类型为 III 型
（图 8.3.5）。饱和烃中的姥鲛烷大于植烷的优势明显，表明沉积环境为偏氧化环境。
天然气色谱中，显示发育高碳正烷烃，预示干酪根内含有高等植物，正烷烃的含量
随着成熟度增加而减少。镜质体反射率显示该时代的烃源岩，即使最深样品，成熟
度也刚达到生烃门限，因此新近系烃源岩仅生成少量的油气，且以生物气为主（图
8.3.6）。

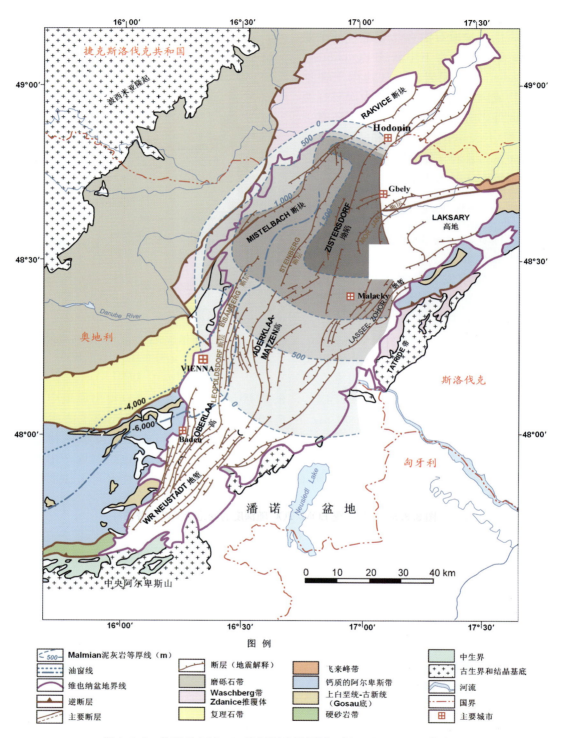

图 8.3.2　侏罗系 Malmain 统烃源岩等厚图（据 Seifert，1996 修改）

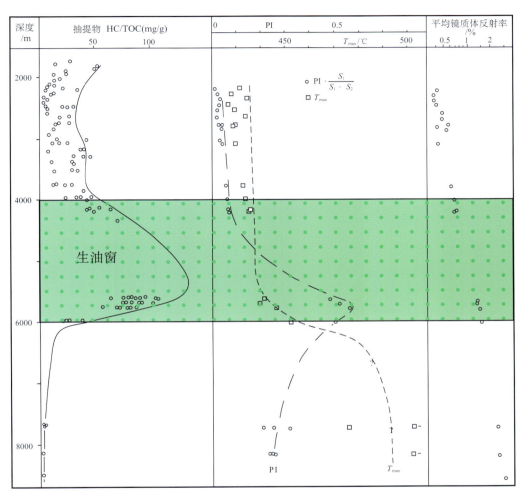

图 8.3.3　上侏罗统 EOM/TOC 随深度的变化情况以及潜在
烃源岩最高温度 T_{max} 和镜质体反射率

生产率 $PI = S_1/(S_1 + S_2)$。其中，$S_1 =$ 移动烃类；$S_2 =$ 最大成熟度时生烃潜力；
生油窗为 4 000～6 000 m（Hadwein，1988）

二、储层

维也纳盆地的重要储层包括三套（表 8.3.2），分别为三叠系白云岩（其储层所含储量占总储量的 19%）、白垩系—古近系灰色-黑灰色的粗砂岩（其储层所含储量占总储量的 5%）和新近系中新统浅水三角洲相砂岩（其储层所含储量占总储量的 76%），储层的空间分布与形成盆地的构造活动有关（图 8.3.7）。

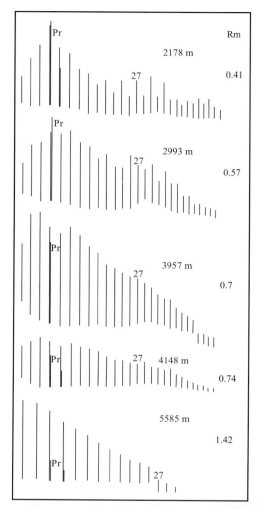

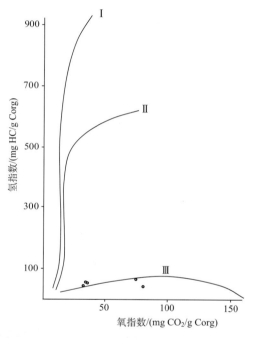

图 8.3.4　上侏罗统抽提物天然气色谱和
相对成熟度（Hadwein，1988）

图 8.3.5　维也纳盆地新近系（Badenian 阶）
岩石样品氢指数与氧指数的关系图

表 8.3.2　维也纳盆地不同时代储层中的油气分布（据 IHS，2007 资料统计）

地层	石油 /10^8 m_o^3	凝析油 /10^8 m_o^3	天然气 /10^8 m_g^3	油气总量 /10^8 m_{oe}^3	占总储量 百分数/%	油气田数
三叠系	0.0839	0.0035	437.08	0.4959	19	11
侏罗系	0.0010	0.0003	0.03	0.0013	<0.1	4
上白垩统—古近系	0.0908	0.00003	55.06	0.14233	5	23
新近系	1.2166	0.0088	925.22	2.0901	76	125
合计	1.3923	0.0126	1417.39	2.7296	100	163

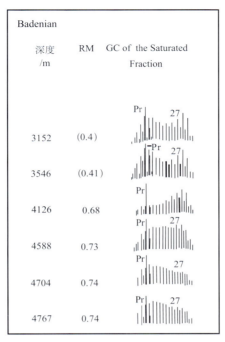

图 8.3.6　维也纳盆地新近系（Badenian 阶）天然气色谱和镜质体反射率
（高碳正构烷烃显示Ⅲ型干酪根，其含量随成熟度增加而减少）

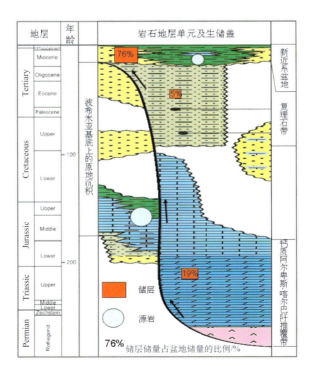

图 8.3.7　维也纳盆地源岩和主要储层的地层单元分布

（一）三叠系储层

该时代的储层为钙质阿尔卑斯的构造单元，包括 Wetterstein、Hauptdolomit 和 Dachstein 地层（表 8.3.2），是维也纳盆地较重要的储层，其油气储量占总储量的 19％。在这些地层中，Hauptdolomit 是主要的储层单元。三叠系储层发育在碳酸盐岩陆棚中，形成于构造相对稳定时期，由泥晶白云岩和亮晶白云岩组成，并含有硅质成分和有机质。储层具有强烈的非均质性，孔隙由微裂缝组成，并含有少量基质孔隙，由于裂缝发育，导致渗透率高达几百毫达西。

（二）侏罗系储层

该时代的储层与地台相碳酸岩有关，为潜在储层，目前在钙质阿尔卑斯的构造单元中已有 4 个油气发现（合计储量小于 $15 \times 10^4 \ m_{oe}^3$），储层主要为灰岩、白云质灰岩、白云岩和含有少量硅质成分的泥灰岩。储层具有强烈的非均质性，孔隙由巨-微裂缝混合组成。

（三）白垩系—古近系储层

该时代的储层是维也纳盆地内重要的储层之一，出现在如复理石带或钙质阿尔卑斯带，其油气储层占总储量的 5％。储层一般为浊积砂岩，构成储层的岩石为灰色-黑灰色的粗粒-中粒-细粒砂岩（通常为粗砂岩）。储层平均孔隙度为 20％～30％，渗透率可以达到几百毫达西。在白垩系-古近系地层中很少有碳酸岩储层。

（四）新近系储层

新近系碎屑物储层主要位于中新统，其形成与中新世构造活动密切相关，阿尔卑斯-喀尔巴阡构造带剪切应力场的变化导致沉积中心的迁移，随后发生三角洲进积作用。大多数中新统储层在浅水（300 m 以上）三角洲环境中沉积。该时代的储层是维也纳盆地最重

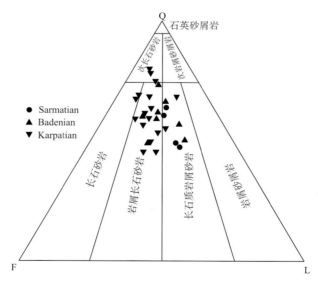

图 8.3.8　维也纳盆地新近系砂岩 QFL 投点图（Susanne et al.，2008）

要的储层，其储量占总储量的 76%。构成储层的岩石为白色-黑灰色的粗粒-细粒砂岩，主要为岩屑长石砂岩-长石质岩屑砂屑岩和亚长石砂岩（图 8.3.8）。储层的孔隙度一般为 20%～30%，渗透率最高可达几千毫达西（Susanne et al.，2008）（图 8.3.9）。

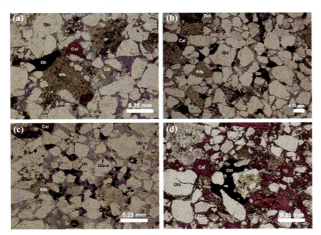

图 8.3.9　维也纳盆地新近系砂岩镜下薄片（蓝色为孔隙空间，红色为方解石）

（Susanne et al.，2008）

（a）为石英和海绿石，钾长石和方解石颗粒部分溶解，可见黏土矿物和石油；（b）为石英、白云石和方解石颗粒，在破碎的钾长石中发育次生孔隙，颗粒周围灰色物质为石油；（c）显示钾长石溶解，石英加大边，新生黏土矿物和石油运移；（d）显示钾长石溶解，石英加大边，新生黏土矿物和由于方解石胶结、石油运移造成孔隙封堵；碎屑物-石英（Qtz）、海绿石（Glt）、钾长石（Kfs）、方解石（Cal）、白云石（Dol）；胶结物-石英加大边（Qtz-o）

中新统碳酸岩储层数量很少，仅在盆地内局部隆起部位发育。在不同油气区内，新近系储层单元变化很大，盆地内大多数油气位于 Badenian 阶储层中。在维也纳盆地北部，中新统和 Badenian 阶地层中仅产石油，Sarmatian 阶和 Pannonian 阶仅产天然气。在盆地南部，Badenian 阶和 Sarmatian 阶主要生产天然气。

三、盖层及圈闭

（一）盖层

中新统页岩是盆地的区域盖层，与中新统储层（Eggenburgian-Pannonian 阶）可构成互层。下中新统页岩为三叠系白云岩和下中新统白云岩碎屑储层的局部盖层。

古新统页岩和胶结的砂岩形成上白垩统白云岩碎屑储层和三叠系白云岩的盖层。

三叠系白云岩主要被上覆的上白垩统或中新统页岩覆盖。海相侏罗系灰岩或被同时代的不渗透的层位覆盖，或被上覆逆冲推覆体覆盖。不渗透的阿尔卑斯-喀尔巴阡推覆体可能成为次级推覆体储层的重要盖层。

（二）圈闭

维也纳盆地的圈闭包括构造圈闭、岩性圈闭和复合圈闭（图 8.3.10、图 8.3.11）。

其中，构造圈闭主要有两大类——背斜构造、与断层相关的圈闭，还有另外一种为古潜山圈闭。岩性圈闭主要存在于新近纪地层中。构造潜山圈闭主要存在于钙质阿尔卑斯带中。背斜构造圈闭和断层圈闭在新近系和其下覆推覆体中都存在。这三种类型的圈闭又可以细分为岩性圈闭、构造圈闭、岩性-构造圈闭、岩性-构造-不整合圈闭、构造-不整合圈闭（表 8.3.3）。

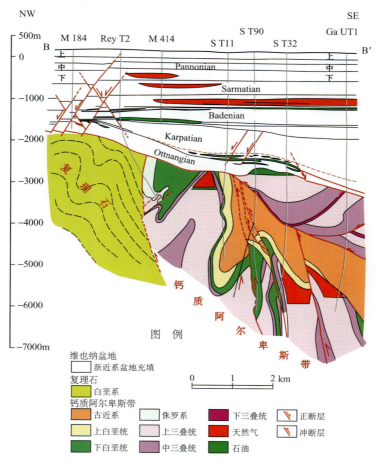

图 8.3.10　维也纳盆地油气圈闭类型剖面图（Ladwein，1988）

　　盆地内的构造圈闭主要为背斜构造和与断层相关的圈闭，在新近系和下覆推覆体中均发育，每一类又可划分为不同的亚类（图 8.3.12）。第一，背斜构造圈闭：与晚中新世的挤压活动有关，储层位于挤压形成的古隆起核部。第二，与断层相关的构造圈闭：维也纳盆地内一个重要的构造单元为 Steinberg 断层系统，走向为北北东向，跨越捷克共和国，长约 5 000 m，盆地内大多数油田沿着这一断层的走向分布，这表明该断层不仅充当油气的运移通道，也是油气聚集的重要场所，因此，该断层附近发育与断层相关的构造圈闭（如 Matzen 油田）。第三，古潜山构造圈闭：该类型圈闭在基底中非常普遍（第一构造层），以钙质阿尔卑斯带最为显著。基底在始新世—早中新世经历了大规

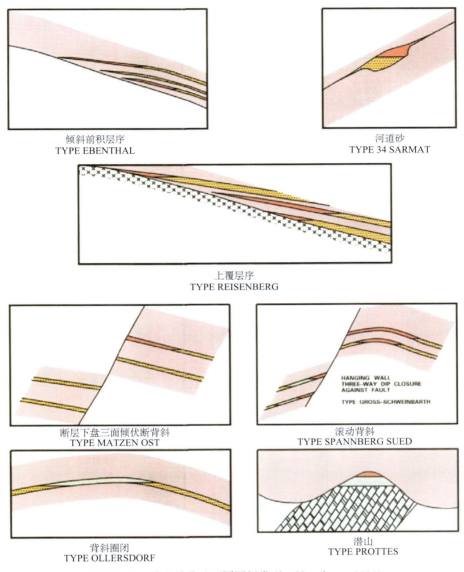

图 8.3.11　维也纳盆地不同圈闭类型（Hamilton，1999）

表 8.3.3　盆地油气储量圈闭类型分布（据 IHS，2007 资料统计）

圈闭类型	石油 /10^8 m$_o^3$	凝析油 /10^8 m^3	天然气 /10^8 m$_g^3$	油气总量 /10^8 m$_{oe}^3$	占总储量 百分数/%	油气田个数
岩性-构造	0.663707	0.0015	541.93	1.2071	46	109
岩性-构造-不整合	0.604612	0.0008	157.18	0.7626	29	5
构造-不整合	0.095042	0.0076	223.24	0.3259	12	19
构造	0.009078	0.0027	257.48	0.2692	10	21
岩性	0.020398	0.0001	45.46	0.0660	3	11
合计	1.392837	0.0127	1225.29	2.6308	100	165

模侵蚀作用，钙质阿尔卑斯带的页岩和砂岩先被剥蚀，留下易碎的白云岩和石灰岩形成隆起，之后，这些隆起被早中新世晚期的页岩和泥灰岩覆盖，油气运移到剥蚀过程中形成的隆起核部，破碎白云岩和石灰岩成为储层，因此形成了古潜山圈闭，维也纳盆地前新近纪大部分油气田形成在该类型的圈闭中（如 Prottes 油田）。

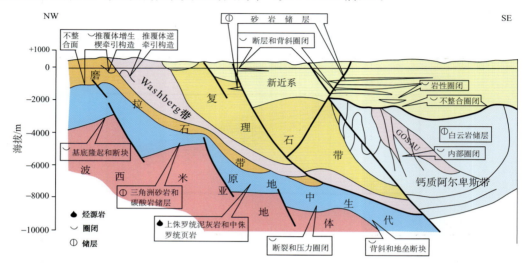

图 8.3.12　维也纳盆地油气成藏模式图（Ladwein，1988）

四、油气生成和运移

油气生成和运移发生在早中新世推覆体侵位过程中和之后，期间原地 Mikulov 源岩被快速埋藏，区域热作用使主要生烃期发生在距今 20 Ma 左右（早中新世晚期），其中生油高峰期在 15 Ma（中中新世），15 Ma 之后进入生气窗（中中新世晚期）。维也纳盆地内大部分油气区位于盆地中心，与断裂位置密切相关，油气主要沿着断层和裂缝垂向运移，运移距离为 2～4 km。中新世烃源岩产生的生物成因气的运移方式为垂向和侧向运移，侧向运移距离为几百米（Ladwein，1988）（图 8.3.12）。

据盆地的埋藏曲线（图 8.3.13）发现，在维也纳盆地内，位于褶皱带之下的原地上侏罗统烃源岩在逆冲过程中达到成熟门限。但是，该时期保存下来的烃源岩在逆冲作用后，新近纪沉降时才开始生烃。在沉积中心，烃源岩快速下沉达到生油窗，并达到生气和凝析油的过成熟带。根据盆地内大多数油气田位置靠近生烃中心，认为烃类生成后，以垂向运移为主，部分烃类可能被圈闭在推覆体之下，因此维也纳盆地还是有深层气勘探潜力的。盆地的埋藏曲线也显示在维也纳盆地之外磨拉石带的原地侏罗系烃源岩因埋深不够而未达到成熟，不能生成具有商业价值的油气。

五、含油气系统分析

维也纳盆地的含油气系统主要有两个：基默里奇阶—中生界—新近系含油气系统和

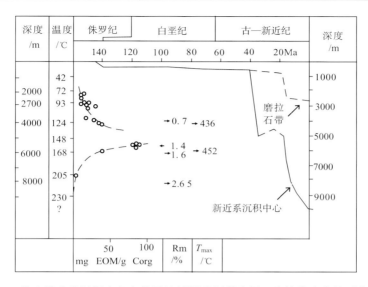

图 8.3.13 维也纳盆地沉积中心上侏罗统烃源岩埋藏史图（虚线代表磨拉石盆地抽提物曲线和成熟参数（R_m 和 T_{max}）显示生油窗位置为 4 000～6 000 m）（Ladwein，1988）

中新统含气系统。前者含有整个盆地 99% 的油气储量，包括全部石油储量和部分天然气储量（图 8.3.14）；后者主要产出生物成因气。

（一）基默里奇阶—中生界—新近系含油气系统

该油气系统位于三叠系—第四系之间的地层中。烃源岩为上侏罗统泥灰岩（基默里奇阶 Mikulov 组地层）；储层包括三叠系白云岩、侏罗系石灰岩和泥灰岩、早白垩统—古近系浊积岩、渐新统砂岩（磨拉石带）、新近系河成三角洲和浅海相砂岩、中中新统碳酸岩（藻礁灰岩）；上覆岩层为阿尔卑斯-喀尔巴阡推覆体和中新统沉积物；圈闭为构造圈闭、地层圈闭、岩性圈闭及复合性圈闭。该含油气系统中的圈闭形成于早中新世—早上新世；区域盖层为上覆互层的新近系页岩（表 8.3.4）。

表 8.3.4 基默里奇阶—中生界—新近系含油气系统事件表（IHS，2007）

含油气系统事件	地质时代	地质年代/Ma
储层	早三叠纪—上新世	253～1.64
盖层	侏罗纪—上新世	208～1.64
烃源岩	基默里奇期—提通期	154.7～145.6
上覆岩层	白垩纪—第四纪	145.6～0
圈闭形成	早中新世—早上新世	23.3～3.4
油气运移	中新世	23.3～5.2
石油生成期	Burdigalian 期—第四纪	21.5～0
生油峰期	Burdigalian 期—Badenian 期	21.5～11.7
烃类生成期	Langhian 期—第四纪	16.3～0

　　该含油气系统的烃类在维也纳盆地中部生成，上侏罗统 Mikulov 烃源岩在早中新世推覆体侵位过程中和其后被快速埋藏，期间的热作用使烃类在大约距今 20 Ma 左右生成，其中生油峰期在距今 15 Ma，之后进入生气窗。

　　区域应力场的变化和不同的埋藏形式导致盆地内不同区域的烃源岩成熟度的不同。在盆地的东部，被快速埋藏的 Mikulov 烃源岩至今已经达到过成熟，而西侧则刚进入生烃门限阶段。区域应力场的变化导致油气运移通道开启和关闭，从东到西烃源岩的成熟时间逐渐变晚。因此，在盆地内不同的构造背景下，石油、凝析油和天然气分别在不同阶段排出，但除凝析油之外，所有的烃类都在 20 Ma 左右生成。

　　维也纳盆地大部分油气田位于盆地中部，油气主要沿着断层和裂缝垂向运移，运移深度为 2～4 km；次级运移与新近纪早期的构造反转作用有关，发生时间早于烃类运移

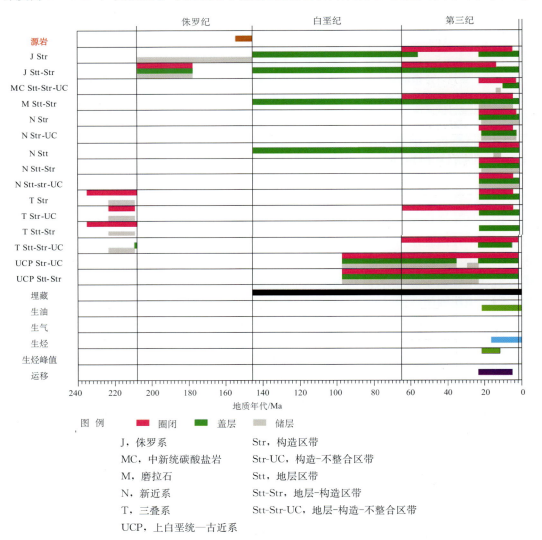

图 8.3.14　基默里奇阶—中生界—新近系含油气系统事件图（IHS，2007）

的主要时期，新近纪晚期的拉张和转换拉张断裂的活动导致一些先前存在的圈闭发生倾斜，并被破坏（图 8.3.14）。

（二）中新统—中新统含油气系统

中新统—中新统油气系统含有维也纳盆地不到 1‰ 的油当量储量（表 8.3.5），其范围局限在维也纳盆地的南部（多瑙河南部）和东南部，垂向上位于中新世—第四纪地层中，主要生产生物气。中新统海相有机质泥/页岩为该油气系统的烃源岩；储层为中新统河流-三角洲相和浅海相砂岩；圈闭类型为新近纪地层-构造圈闭，以构造圈闭为主，圈闭多在早中新世开始形成。盖层为互层的中新世页岩（图 8.3.15）。

表 8.3.5　中新统—中新统含油气系统事件表（IHS，2007）

含油气系统事件	地质时代	地质年代/Ma
储层	中新世—上新世	23.3～1.64
盖层	中新世—上新世	23.3～1.64
烃源岩	Eggenburgian–Badenian 期	18～11.7
上覆岩层	早 Burdigalian 期—第四纪	21.5～0
圈闭形成	早中新世—早上新世	23.3～3.4
运移	Eggenburgian 期—第四纪	22.1～0
天然气生成	早 Burdigalian 期—第四纪	21.5～0
生气峰期	晚中新世—上新世	10.4～1.64

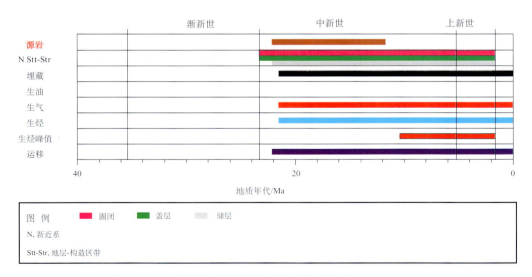

图 8.3.15　中新统—中新统含油气系统事件图（IHS，2007）

生物成因气在中新统三角洲前缘和前三角洲相带产生，主要分布在盆地南部和东北部。气体在烃源岩沉积后短期内就开始生成，垂向和侧向运移距离至多几百米。在该油气系统中，基本未发生二次运移。

六、典型油气田——Matzen 油田

（一）概况

Matzen 油田位于维也纳盆地中部，奥地利境内，距首都维也纳 30 km（图 8.3.16），它是维也纳盆地中最大的油田，约占盆地油气总储量的 43%。Matzen 油田中新统油藏发现于 1949 年，深层阿尔卑斯-喀尔巴阡推覆单元的白垩系砂岩和三叠系白云岩油藏是 1971 年发现的。Matzen 油田面积 100 km²，储层分布在三叠系—新近系 70 多个层位中（主要在中新统），由 400 多个油气藏组成，油层深度 500~3 000 m，石油储量为 0.8315×10^8 m³，天然气储量为 385×10^8 m³（IHS，1949），大部分储量分布在较薄的、垂向叠置的三角洲、河流和浅海相的中中新统 Matzen 砂岩中。

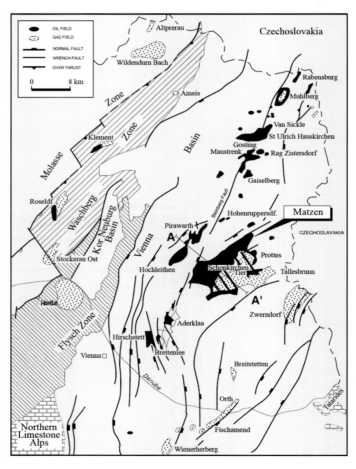

图 8.3.16　Matzen 油气田位置（Seifert，1996）

（二）构造

Matzen 油田位于北部 Zisterderf 凹陷与南部 Marchfeld 凹陷之间的 Matzen 凸起上。中新统主力油层 Matzen 砂岩顶面，为北西-南东向的断背斜构造。构造长轴 10 km、短轴 3 km，含油面积 30 km²。构造高点海拔－1 440 m，油水界面 1 490 m，油气界面 1 455 m，油气藏高度为 50 m（图 8.3.17、图 8.3.18）。

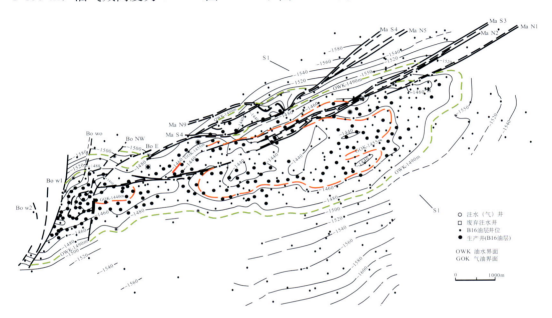

图 8.3.17　Matzen 砂岩顶面（16th Badenian）构造图（Reider，1996）

等值线间距 20 m

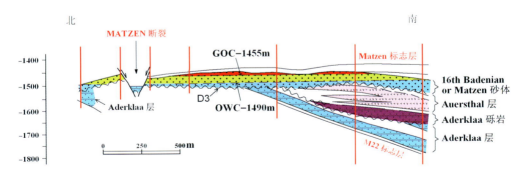

图 8.3.18　Matzen 油田 Matzen 砂岩油藏横剖面图（Kreutzer，1992）

Matzen 油是一个多种类型油藏叠加的复合油田。其中 Matzen 砂岩可采储量 0.864 5×10⁸ m³ₒₑ，占油田油气储量 72.4%（表 8.3.6）；其他圈闭类型包括有上倾超覆尖灭圈闭、断层上升盘和下降盘圈闭，以及不整合圈闭。

表 8.3.6　**Matzen 油田油气储量的地质时代分布（C&C，2007）**

储层时代	烃类	圈闭类型	可采储量 /10^8 m$^3_{oe}$	占总储量 /%
LowerPannonian 3a-5	气	中新统岩性-构造	0.0689	5.8
Sarmatian	油/气	中新统岩性-构造、岩性-构造-不整合	0.0639	5.3
Badenian	油/气	中新统岩性-构造	0.8645	72.4
Karpatian	油/气	中新统岩性-构造-不整合	0.0808	6.8
Ottnangian	油/气/凝析油	中新统岩性-构造-不整合	0.0383	3.2
Hierlatz Limestone	油	侏罗系岩性-构造	0.0003	
Hauptdolomit Formation	油/气/凝析油	三叠系岩性-构造-不整合	0.0772	6.5
合计			1.1939	100

（三）储层

在该油田中，虽然有部分储层位于外来阿尔卑斯-喀尔巴阡推覆体中，但大部分位于中新统层系中。中新统的厚度为 2 000～2 800 m，由四个沉积旋回组成，与特提斯海

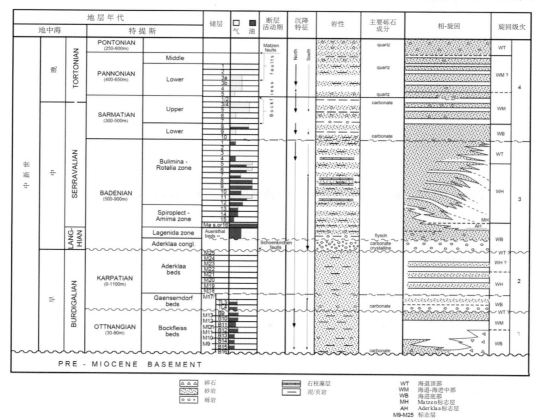

图 8.3.19　Matzen 油田中新世地层（油层组）柱状图（Fred，2008）

的年代地层阶段相对应：Ottnangian 阶（旋回1）、Karpatian 阶（旋回2）、Badenian 阶（旋回3）和 Sarmatian-Pannonian 阶（旋回4）（图8.3.19）。各时代地层的油气储量分布如表8.3.6所示。

旋回 1　Bockfleiss 油层组，厚度为 50～80 m，是一个由在微咸和三角洲前缘环境中沉积的砾岩、砂岩和泥岩组成的层序，并与海侵相的泥岩互层。

旋回 2　Gaenserndor 和 Aderklaa 油层组。Gaenserndor 油层组由向 N-NE 增厚的楔形体，该楔形体主要由分选性差的砾岩、砂岩组成，在近源冲积扇-辫状平原环境中沉积。上覆的 Aderklaa 油层组由互层的砂岩和泥岩组成，大部分为非储层，在冲积平原环境中沉积，在其顶部为远源曲流河沉积（图8.3.20）。

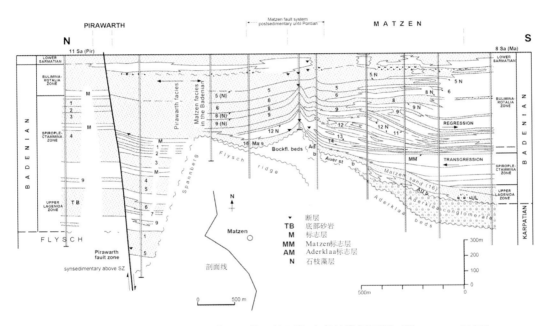

图 8.3.20　Matzen 油田第 2 旋回和第 3 旋回构造岩性横剖面图（Kreutzer，1990）

旋回 3　发育在不整合面上，Aderklaa 砾岩是一个 SW 向增厚（达到 350 m）的楔形体，并且具有多期演化历史，由向上变细的砾岩组成，并含有砂岩夹层，由于辫状河 NE 向流动而沉积。大部分旋回 3（Bulimina-Rotalia zone、Spiroplect-Amima zone、Lagenida zone）由三角洲前缘-前三角洲层序组成，包括砂岩、泥岩。在海侵和海退交互过程中沉积三角洲前缘砂岩形成单个储层，其上被前三角洲海相砂岩覆盖。在 Spiroplec 带中，亚热带条件下碎屑沉积物供给减少，导致藻礁灰岩发育，形成 Matzen 地区的天然气储层（Seifert，1996）（图8.3.21、图8.3.22）。

Matzen 油田中最重要的储层为 Matzen 砂岩（也称作 Badenian 阶第 16 层），为层序加积-退积的砂体组成，在 Aderklaa 砾岩海侵之后沉积。在北部，Matzen 砂岩覆盖在侵蚀不整合面上，在构造低地中沉积，Matzen 砂岩上部为海侵海相泥岩（图8.3.21、图8.3.22）。

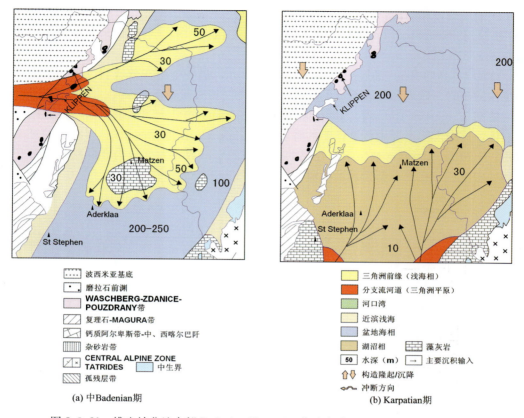

图 8.3.21　维也纳盆地中部 Badenian-Karpatian 期岩相古地理图（Seifert，1996）

旋回 4　Sarmatian 组为三角洲前缘-三角洲斜坡相，向上变为三角洲平原沉积物。Sarmatian 阶上部为 NW-SE 到 N-S 向的砂体组成，主要在分流河道、三角洲平原下部沉积，砂层与区域主要的构造方向斜交，为河口坝相（图 8.3.22）。

整个维也纳盆地中新统储层孔隙度自下而上增加，Badenian 阶平均孔隙度为20%～25%，Sarmatian 阶为 25%～27%，Pannonian 阶为 28%～30%。Badenian 阶至Pannonian 阶平均渗透率为 300 mD。Matzen 砂岩平均孔隙度为 24.6%（最大为 30%），平均渗透率为 1 400 mD，含水饱和度为 21.1%，砂岩类型为细粒-粗粒的亚岩屑砂岩，含有少量腹足类和双壳类碎屑。

Matzen 油田由 400 个油气藏组成，分别分布在 70 多个独立的储层单元中，每个单元平均石油原始地质储量不到 3×10^4 m³。最大的储层单元为 Matzen 砂岩（MS 或 16储层），形成板状砂体，平均有效层厚度为 50 m（图 8.3.22，Ma234/Ma7），可采储量为 0.5×10^8 m³$_{oe}$，占油田油气总储量的 42%。Badenian 阶地 8、10 油层组储量分别为0.14×10^8 m³$_{oe}$ 和 0.06×10^8 m³$_{oe}$，也是油田的主要产层（图 8.3.23）。第二位的储层是中新统底砂岩（Ottnangian 阶 Bockfleiss 油层组，见 Schoe4 井），占有油田总储量的6.8%（表 8.3.6）。仅接 Bockfleiss 油层组之下的上三叠统白云岩储层厚达 60 m，储量占 6.5%。下 Pannonian 阶和 Sarmatian 阶以含气为主（Ma272），储量分别占油田总储

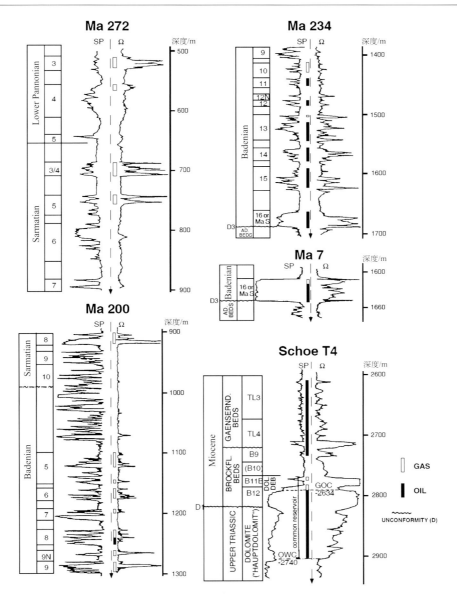

图 8.3.22　Matzen 油田主要储层测井典型特征（Kreutzer，1992）

量的 5.8% 和 5.3%。

（四）油田生产简况

Matzen 油田已经钻了开发井约 1400 口。油田自 1949 年投产，1955 年达生产高峰，最高年产量近 290×10^4 t，1987 年产量已下降至不足 72.9×10^4 t。Matzen 油田的主力产层是 Matzen 砂岩，1955 年以后产量直线下降，1962 年由于下中新统 Bockfleiss 油层组和三叠系白云岩储层的投产，油田产量有所回升，至 1973 年再度下滑（图 8.3.24）。目前油田

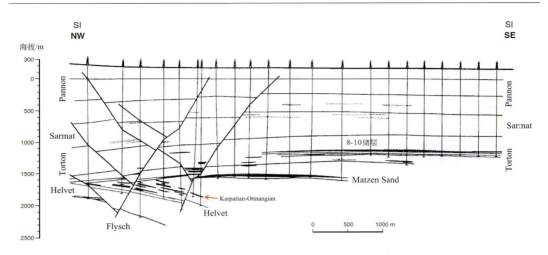

图 8.3.23　Matzen 油田油藏横剖面图 （Friedl，1959）

已经进入蒸汽驱、生物聚合物驱、碱水驱和火烧油层等等多项三次采油实验阶段。1987
年油田已累计产出石油 0.6359×10^8 m_o^3，天然气 230×10^8 m_g^3。

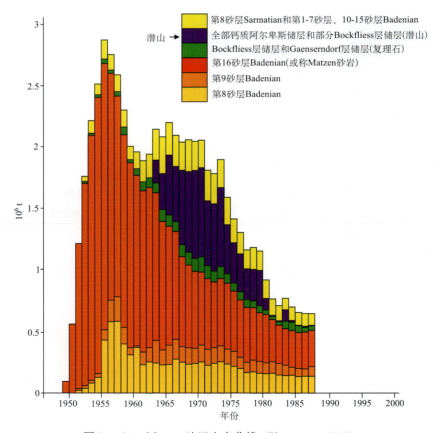

图 8.3.24　Matzen 油田生产曲线 （Kreutzer，1992）

（五）主要油田参数

维也纳盆地 Mztzen 油田参数见表 8.3.7。

表 8.3.7　维也纳盆地 Matzen 油田参数

	油田名称	Matzen 油田
	所属国家	奥地利
	油田位置	维也纳盆地
概况	油气类型	原油和天然气
	发现年份	1949 年 Matzen-3
	开采年份	1949 年
	生产状态	油田晚期（强化采油阶段）
	圈闭类型	断背斜
圈闭	闭合机制	倾斜闭合、断层闭合、沉积尖灭
	含油面积/km²	100
	层位	潘诺阶 $500 \sim 550$ m；Matzen Sand：$1\ 450$ m
	沉积环境	同裂谷河流相、三角洲相和浅海相
储层	储层单元	70
	储层岩性	细粒-粗粒亚岩屑砂岩
	孔隙度	24.6%（最大 30%）
	渗透率/mD	1 400
	层位	上侏罗统 Mikulov 组
	岩性	泥灰岩
烃源岩	沉积环境	缺氧的有限洋盆
	TOC	$1.5\% \sim 2\%$，最大为 5%
	干酪根类型	Ⅱ 和 Ⅲ 型
	排烃时期	逆冲作用后中新世沉降期
	层位	中新世盖层
盖层	岩性	页岩
	沉积环境	海侵
	地质储量	油 2.0668×10^8 m³，气 255×10^8 m³
生产情况	最终可采储量	油 0.8315×10^8 m³，气 385×10^8 m³（IHS，1949）
	现今产量	2300 m³$_{oe}$/d（1997）

小　　结

1）小而肥的盆地。维也纳盆地面积 6 500 km²，探明油气储量 2.75×10^4 m³$_{oe}$，平均

含油气丰度 4.5×10^4 m³/km²，为欧洲盆地第二位。北部北海盆地含油气丰度为 $4.6 \sim 14 \times 10^4$ m³/km²。

2）三大构造层叠加。自下而上第一构造层为原地中生界盆地，第二构造层为中生界-古近系外来推覆体，第三构造层为新近系拉分盆地。

3）以原地海相上侏罗统 Mikulov 泥灰岩为主要源岩。上侏罗统（基默里奇阶）Mikulov 组局限海相泥灰岩，平均 TOC 为 $1.5\% \sim 2\%$，干酪根类型为 II 型或 III 型。

4）下生上储。原地上侏罗统生烃，经断层运移到钙质阿尔卑斯推覆体和新近系拉分盆地中储集，是维也纳盆地在油气成藏模式中的一大特色。

参 考 文 献

陆克政. 2000. 含油气盆地分析. 北京：石油大学出版社. 178~180

Abbotts I L. 1991. United Kingdom Oil and Gas Fields：25 Years Commemorative Volume. London：Geological Society. Memoir，14：573

Adam A，Bielik M. 1998. The crustal and uppermantle geophysical signature of narrow continental rifts in the Pannonian basin. Blackwell International，Geophysical Journal International，134：157~171

Adamia S A，Chkhotua T，Kelelia M et al. 1981. Tectonics of the Caucasus and adjoining regions：Implications for the evolution of the Tethys Ocean. J. Struct. Geol. 3 (4)：437~447

Ager D V. 1956. The geographical of rachiopodes in the Beitish middle lias. Q. J. Geol. Soc. London，112：157~182

Ager D V. 1980. 欧洲地质. 马丽芳，刘训译. 北京：地质出版社

Andrews I J，Long D，Richards P C et al. 1990. The Geology of the Moray Firth. UK Offshore Regional Report，BGS，HMSO，London. 96

Arthaud F，Matte P. 1977. Late Paleozoic strike-slip faulting in southern Europe and northern Africa：Result of a right-1ateral shear zone between the Appalachians and the Urals. Geol. Soc. Am. Bull，88 (9)：1305~1320

Artyushkov E V，Baer M A. 1983. Mechanism of continental crust subsidence in fold belts：The Urals，Appalachians and Scandinavian Caledonides. Tectonophysics，100 (1~3)：5~42

Aubouin J. 1973. Des tectoniques superposees et de leur signification par rapport aux modeles geophysiques：l'exempla des Dinarides：Paleotectonique，Tectonique，Tarditectoni-que. Neo-Tectonique：Bull. Soc. Geol. France：426~460

Babel M. 2005. Event stratigraphy of the Badenian selenite evaporites (Middle Miocene) of the northern Carpathian Foredeep. Acta Geologica Polonica，55 (1)：9~29

Bachmann G H，Muller M，Weggen K. 1987. Late Paleozoic to Early Tertiary Evolution of the Molasse Basin (Germany，Switzerland). Tectonophysics，137：77~92

Bailey N J L，Walko P，Sauer M J. 1987. Geochemistry and source potential of the west of Shetlands. In：Brooks J，Glennie K W. Petroleum Geology of North West Europe. London：Graham and Trotman. 711~721

Barnard P C，Cooper B S. 1981. Oils and source rocks of the North Sea area. In：Illing L V，Hobson G D，eds. Petroleum Geology of the Continental Shelf of North-West Europe：London：Heyden. 169~175

Barton P. 1984. Crustal stretching in the North Sea：implications for thermal history. In：Durand B. (ed.) Thermal Phenomena in Sedimentary Basins. Paris：Editions Technip. 227~234

Batten D J. 1983. Indentification of amorphous sedimentary organic matter by transmitted light microscopy. In：Brooks J，ed. Petroleum Geochemistry and Exploration of Europe. Special

Baudrimont A P，Dubois P. 1977. Un bassin Mesogeen du domaine peri-Alpin：Le sud-est de la France：Bull. Cent. Rech. Explor. Prod. Elf-Aquitaine，1 (1)：261~308

Beach A. 1985. Some comments on sedimentary basin devel-opment in the northern North sea. Scott. J. Geol. 21 (4)：493~512

Berczi，Hamor G，Jambor A et al. 2005. Neogene sedimentation in Hungary. AAPG Memoir，45：57~67

Birkelund T，Clausen C K，Hansen H N et al. 1983. The Hectorocerits kochi Zone Ryazanian in the North Sea Central Graben and remarks on the Late Cimmerian Unconfor-mity. In：Danm. Geol. Unders. Arborg，1982. 53~72

Bissada K K. 1983. Petroleum generation in Mesozoic sediments of the Moray Firth Basin，North Sea area. In：Bjoroy M，Albrecht P，Comford C et al.，eds. Advances in Organic Geochemistry，1981. Chichester：John Wiley 7~15

Biteau J J, Marrec A J, Vot M L et al. 2006. The Aquitaine Basin. Petroleum Geoscience, 12 (3): 247~273

Blundell D J, Hobbs R W, Klemperer S L et al. 1991. Crustal structure of the central and southern North Sea from BIRPS deep seismic reflection profiling. Journal of the Geological Society, 148: 445~457

Borys Z, Mysliwiec M, Trygar H. 2000. New gas discoveries in the Carpathian Foredeep, Poland, as the result of the seismic anomalies interpretation. Oil and Gas News from Poland, 10: 69~80

Bowen J M. 1975. The Brent oil field. *In*: Woodland AW, ed. Petroleum and the Continental Shelf of Northwest Europe (Vol. I) Geology. Barking: Applied Science Publishers. 353~360

Brigaud F, Vasseur G, Caillet G. 1992. Thermal state in the north Viking Graben (North Sea) determined from oil exploration well data. Geophysics, 57 (1): 69~88

Brown S. 1984. Jurassic. *In*: Glennie K W, ed. Introduction to the Petroleum Geology of the North Sea. Oxford: Blackwell Scientific Publications. 219~254

Burnhill T J, Ram say W V. 1981. Mid-Cretaceous palaeontology and stratigraphy, Central North Sea. *In*: Illing L V, Hobson G, eds. Petroleum Geology of the Continental Shelf of North-West Europe. London: Heyden. 245~254

C&C Cazaux oil field, 2000

C&C Lacq gas field, 2004

Canerot J, Hudec M R, Rockenbauch K. 2005. Mesozoic diapirism in the Pyrenean orogen: Salt tectonics on a transform plate boundary. AAPG, 89 (2): 211~229

Carstens H, Finstad K G. 1981. Geothermal gradients of the northern North Sea Basin. 59~62deg N. *In*: Illing L V, Hobson G D, eds. Petroleum Geology of the Continental Shelf of North-West Europe. London: Heyden. 152~161

Christian H E. 1969. Some observations on the initiation of salt structures of the Southern British North Sea. *In*: Hepple P, ed. The Exploration for Petroleum in Europe and North Africa. London: Institute of Petroleum. 231~248

Clift P D, Turner J, ODP LEG 152 Scientific Party. 1995. Dynamic support by the Iceland Plume and its effect on the subsidence of the northern Atlantic margins. J: Geol. Soc. , 152: 935~941

Cornford C. 1990. Source rocks and hydrocarbons of the North Sea. *In*: Glennie K W, ed. Introduction to the Petroleum Geology of the North Sea. JAPEC, Blackwell Scientific Publica-tions: Oxford. 294~361

Cornford C. 1994. Mandal-Ekofisk petroleum system in the Central Graben of the North Sea. *In*: Magoon L B, Dow W G, eds. The Petroleum System from Source to Trap. Memoir 60, AAPG, 537~572

Cornford C, Morrow J A, Turrington A et al. 1983. Some geological controls on oil composition in the U. K. North Sea. *In*: Brooks J, ed. Petroleum Geochemistry and Exploration of Europe. Special Publication No. 12. Oxford: Geological Society, Blackwell Scientific Publications. 175~194

Corver M P, Doust H, Wees J D et al. 2009. Classification of rifted sedimentary basins of the Pannonian Basin System according to the structural genesis, evolutionary history and hydrocarbon maturation zones. Marine and Petroleum Geology, 26 (8): 1452~1464

Croker P F, Shannon P M. 1987. The evolution in hydro-carbon prospcctivity of thc Porcupinc Basin, Offshore Ireland. *In*: Brooks J, Glennie K W, eds. Petroleum Geology of North West Europe. London: Graham and Trotman. 633~642

Csato I, Moore P D. 2007. The Messinian problem in the Pannonian basin, eastern Hungary-Insights from stratigraphic simulations. Sedimentary Geology, 201: 111~140

D'Heur M. 1987a. The Norwegian chalk fields. *In*: Spencer A M, Campbell C J, Hanslien S H et al. , eds. Geology of the Norwegian Oil and Gas Fields. London: Graham and Trotman. 77~89

D'Heur M. 1987b. Tor. *In*: Spencer A M, Campbell C J, Hanslien S H et al. , eds. Geology of the Norwegian Oil and Gas Fields. London: Graham and Trotman. 129~142

Dahl B, Ylikler A. 1991. The role of petroleum geochemistry in basin modelling of the Oseberg area, North Sea. *In*: Merrill

R K, ed. Source and Migration Processes and Evaluation Techniques. Tulsa, OK, USA: AAPG. 65~86

Dallmeyer R D, Gee D G. 1986. ^{40}Ar/^{39}Ar mineral dates from retrogressed eclogites within the Baltoscandian Miogeocline: Implication for a polyphase Caledonian orogenic evolution. Geol. Soc. Am. Bull. , 26~3497

Damtoft K, Nielsen L H, Johannessen P N et al. 1992. Hydrocarbon plays of the Danish Central Trough. In: Spencer A M, ed. Generation, Accumulation, and Production of Europe's Hydrocarbons. Oxford: EAPG, Oxford University Press. 35~58

Dank V. 2000. Petroleum geology of the Pannonian basin, Hungary: an overview. AAPG Memoir, 45: 319~331

Dawes P R, Peel J S. 1981. The northern margin of Greenland from Baffin Bay to the Greenland Sea. In: Nairn A E M, Churkin Jr M, Stehli F G, eds. The Ocean Basins and Margins. Vol. 5. The Arctic Ocean. New York: Plenum Press. 201~264

Debelmas J, Escher A, Trumpy R. 1983. Profiles through the Western Alps. In: Rast N, Delany F M, eds. Profiles of orogenic belts: Am. Geophys. Union, Geol. Soc. Am. , Geodynam. Ser. 10: 83~96

Decker K, Peresson H, Hinsch R et al. 2005. Active tectonics and Quaternary basin formation along the Vienna Basin Transform fault. Quaternary Science Reviews, 24 (3~4): 307~320

Deegan C E, Scull B J. 1977. A Standard Lithostratigraphic Nomenclature for the Central and Northern North Sea. Institute of Geological Science Report No. 77/25, HMSO, 36

Demaison G J, Moore G T. 1980. Anoxic environments and oil source bed genesis. Org. Geochem, 64 (8): 1179~1209

den Hartog Jager D, Giles M R, Griffiths G R. 1993. Evolution of Paleogene submarine fans of the North Sea in space and time. In: Parker J R. Petroleum Geology of Northwest Europe: Proceedings of the 4th Conference. London: Geological Society. 59~ 72

Dercourt J, Zonenshain L P, Ricon L E et al. 1986. Geological evolution of the Tethys belt from Atlantic to Pamir since Liassic. Tectonophysics, 123 (1~4): 241~315

Dore A G, Vollset J, Hamar G P. 1985. Correlation of the offshore sequences referred to the Kimmeridge Clay Formation: Relevance to the Norwegian sector. In: Thomas B M, Dore A G, Eggen S S et al. , eds. Petroleum Geochemistry in Exploration of the Norwegian Shelf. Norwegian Petroleum Society

Durand-Delga M, Fontbote J M. 1980. Le cadre structurale de la Mediterranee occidentale, in Geologie des chaines alpines issues de la Tethys: 26th Internat. Geol. Congr. , Paris, Coll. 05, Mem. B. R. G. . M, 115: 67~85

Dziadzio P S et al. 2006. Hydrocarbon resources of the Polish Outer Carpathians-Reservoir parameters, trap types, and selected hydrocarbon fields: A stratigraphic review. In: Golonka J, Picha F J, eds. The Carpathians and their foreland: Geology and hydrocarbon resources: AAPG Memoir, 84: 259~291

Ebner F, Sachsenhofer R F. 1995. Palaeogeography, subsidence and thermal history of the Neogene Styrian Basin (Pannonian basin system, Austria). Tectonophysics, 242 (1~2): 133~150

Farrimond P, Eglinton G, Brassell S C et al. 1989. Toarcian anoxic event in Europe: an organic geochemical study. Mar. Petr. Geol. 136~147

Finetti L. 1985. Sturcture and evolution of the Central Mediterranean (Pelagian and lonian seas). In: Stanley D J, Wezel F X. Geologicl evolution of the Medierranean Basin. New York/Berlin/Heidelberg/Tokyo: Springer-Verlag: 215~230

Fjaeran T, Spencer A M. 1991. Proven hydrocarbon plays, offshore Norway. In: Spencer A M. Generation, Accumulation, and Production of Europe's Hydrocarbons. Special Publication, EAPG. Oxford: Oxford University Press. 25~48

Floyd P A. 1982. Chemical variation in Hercynian basalts relative to plate tectonics. J. Geol. Soc. London, 139: 505~520

Fodor L. 1995. From transpression to transtension: Oligocene-Miocene structural evolution of the Vienna basin and the East Alpine-Western Carpathian junction. Tectonophysics: 151~182

Frisch W. 1979. Tectonic progradation and plate tectonic evolution of the Alps. Tectonophysics，60（3~4）：121~139

Gabrielsen R H，Kyrkjebe R，Faleide J I. 2001. The Cretaceous post-rift basin configuration of the northern North Sea. Petroleum Geoscience，7（2）：137~154

Gast R E. 1988. Rifting in Rotliegenden Niedersachsens. Geo-wissenschaften，6：115~122

Gatliff R W，Richards P C，Smith K et al. 1994. The Geology of the Central North Sea. BGS UK Offshore Regional Report. London：HMSO

Gaupp R，Matter A，Platt J et al. 1993. Diagenesis and fluid evolution of deeply buried Pennian Rotliegende gas reservoirs. Northwest Gennany. AAPG Bull，77（7）：1111~1128

Gautier D L. 2003. Carboniferous-Rotliegend Total Petroleum System Description and Assessment Results Summary. USGS Bulletin. 2211

Gebhardt U. 1994. Zur Genese der Rotliegend-Salinare in der Norddeutschen Senke Oberrotliegend II. Perm Freiberger Fors-chungsheft C，452：3~22

Gee D G，Sturt B A. 1986. The Caledonide Orogen Scandinavia and related areas，part 1 and 2. New York：John Wiley and Sons. 1266

Gier S，Worden R H，Johns W D et al. 2008. Diagenesis and reservoir quality of Miocene sandstones in the Vienna Basin，Austria. Marine and Petroleum Geology：681~695

Glennie K W. 1972. Permian Rotliegendes of North-West Europe interpreted in light of modern desert sedimentation studies. AAPGBull，56（6）：1048~1071

Glennie K W. 1984a. Early Permian-Rotliegend. In：Glennie K W，ed. Introduction to the Petroleum Geology of the North Sea. Oxford：Blackwell Scient. Publ. 41~60

Glennie K W. 1984b. The structural framework and Pre-Permian historye of the North sea area. In：Glennie K W，ed. Introduction to the Petroleum Geology of the North Sea. Oxford：Blackwell Scient. Publ. 17~39

Glennie K W. 1986. Development of NW Europe's southern Permian gas basin. In：Brooks J，Goff J，van Hoorn B. Habitat of Palaeozoic Gas in NW Europe. Special Publication No. 23. London：Geological Society. 3~22

Glennie K W. 1997. Recent advances i~ understanding the southern North Sea Basin：a summary. In：Petroleum Geology of the Southern North Sea. Special Publication No. 123. London：Geological Society. 17~29

Glennie K W. 1998. Petroleum Geology of the North Sea. 4th ed. London：Blackwell Science. 1~547

Glennie K W，Mudd G C，Nagtegaal P J C. 1978. Depositionai environment and diagenesis of Permian Rotliegendes sandstones in Leman Bank and Sole Pit areas of the U K southern North Sea. Journal of the Geological Society，135：25~34

Goff J C. 1983. Hydrocarbon generation and migration from Jurassic source rocks in the E. Shetland Basin and Viking Graben of the northern North Sea. London：J. Geol. Soc.，140（3）：445~474

Golonka J. 2000. Cambrian-Neogene plate tectonic maps：Krakow，Wydawnictwa Uniwersytetu Jagiellonskiego. 1~125

Golonka J，Ford D. 2000. Pangean（Late Carboniferous-Middle Jurassic）paleoenvironment and lithofacies. Palaeogeography，Palaeoclimatology，Palaeoecology，161：1~34

Golonka J，Marko F，Gahagan L et al. 2006. Plate-tectonic evolution and Paleogeography of the Circum-Carpathian Region. In：Golonka J，Picha F J，eds. The Carpathians and their foreland：Geology and hydrocarbon resources. AAPG Memoir，84：11~46

Golonka J，Slaczka A. 2003. Geodynamic evolution stages and climate changes in the Outer Carpathians. Mineralia Slovaca，35：11~14

Gowland S. 1996. Facies characteristics and depositional models of highly bioturbated shallow marine siliciclastic strata：an example from the Fulmar Formation Late Jurassic，UK Central Graben. In：Hurst A，Johnson H D，Burley S D et al.，eds. Geology of the Number Group：Central Graben and Moray Firth，UKCS. Special Publication No. 114. London：Peological Society. 185~214

Hajnal Z, Reilkoff B, Posgay K et al. 1996. Crustal-scale extension in the central Pannonian basin. Tectonophysics, 264 (1~4): 191~264

Haller J. 1971. Geology of the East Greenland Caledonides. In: de Sitter L V, ed. Regional geology series. London: Interscience Publ. 413

Hamar G P, Fjaeran T, Hesjedal A. 1983. Jurassic stratigraphy and tectonics of the south-southeastern Norwegian off-shore. Geol. Mijnbouw, 62 (1): 103~114

Hamilton W, Johnson N. 1999. The Matzen project-rejuvenation of a mature field. Petroleum Geoscience: 119~125

Hancock J M. 1990. Cretaceous. In: Glennie K W. Intro-duction to the Petroleum Geology of the North Sea. Oxford: Blackwell Scientific Publications. 255~272

Hatton I R. 1986. Geometry of allochthonous Chalk Group members, Central Trough, North Sea. Mar. Petr. Geol., 3: 79~98

Hays J D, Pitman W. C. 1973. Lithsopheric plate motion, sea level changes and climatic and ecological consequences. Nature, 246: 18~22

Helland-Hansen W, Ashton M, Lomo L et al. 1992. Advance and retreat of the Brent delta: recent contributions to the depositional model. In: Morton A C, Haszeldine R S, Giles M R et al., eds. Geology of the Brent Group. London: Special Publication No. 61, Geological Society. 109~127

Hillier A P, Williams B P J. 1991. The Leman Field, Blocks 49/26, 49/27, 49/28 53/I, UK North Sea. In: Abbotts I L, ed. UK North Sea United Kingdom Oil and Gas Fields: 25 Years Commemorative Volume. London: Memoir, 14: Geological Society. 451~458

Hinz K, Schluter H-U. 1978. The geological structure of the western Barents Sea. Mar. Geol., 26 (3~4): 199~230

Hohenegger J, Khatun M, Pervesler P et al. 2009. Cyclostratigraphic dating in the Lower Badenian (Middle Miocene) of the Vienna Basin (Austria): the Baden-Sooss core. Int J Earth Sci (Geol Rundsch), 98: 915~930

Homewood P. 1983. Palaeogeography of Alpine Flysch. Palaeogeogr, Palaeoclim, Palaeoecol., 44 (3~4): 169~184

Horner F, Freeman R. 1983. Palaeomagnetic evidence form pelagic limestones for clockwise rotation of the Ionian zone, western Greece. Tectonophysics, 98 (1~2): 11~27

Horvath F. 1995. Phases of compression during the evolution of the Pannonian Basin and its bearing on hydrocarbon exploration. Marine and Petroleum Geology, 12 (8): 837~844

Horvath F, Cloetinghb S, 1996. Stress-induced late-stage subsidence anomalies in the Pannonian basin. Tectonophysics, 266: 287~300

Horvath F, Dovenyi P, Sazalay A et al. 2000. Subsidence, thermal, and maturation history of the Great Hungarian Plain. AAPG Memoir, 45: 355~367

Horvath F, Royden L. 1981. Mechanism for the formation of the Intra-Carpathian basins: A review. Earth Evol. Sci., (3~4): 307~316

Horvath F, Tari G. 1999. IBS Pannonian basin project: A review of the main results and their bearings on hydrocarbon exploration. In: Durand B, Jolivet L, Horvath F et al., eds. The Mediterranean Basins: Tertiary Extension Within the Alpine Orogene. London: Geological Society, Special Publication, 156: 195~213

Howell J A, Flint S S, Hunt C. 1996. Sedimentological aspects of the Humber Group Upper Jurassic of the South Central Graben, UK North sea. Sedimentology, 43: 89~114

Hughes W B, Holba A G, Miller D E et al., eds. 1985. Geochemistry of greater Ekofisk crude oils. In: Thomas B M, Muller-Pedersen P, Whitaker M F et al. Petroleum Geochemistry in Exploration of the Norwegian Shelf NPS. London: Graham and Trotman. 75~92

Hurtig E, Cermak V, Haenel R et al. 1991. Geothermal atlas of Europe: Hermann Haack VerlagsgesellschaftmbH, Geographisch-Kartographische Anstalt, Gotha, Set of 36 Maps and Explanatory Notes. 156

Jackson M P A, Talbot C J. 1986. External shapes, strain rates, and dynamics of salt structures. AAPG Bull.,

97： 305～323

Jan Golonka， Frank J Picha. 2006. The carpathians and their foreland： geology and hydrocarbon resources. AAPG Memoir， 84. Published by The American Association of Petroleum Geologists Tulsa， Oklahoma， U. S. A. 275， 277， 279， 280， 370， 373， 377， 459～462， 665， 666

Johns W D， Hoefs J. 1985. Maturation of Organic Matter in Neogene Sediments from the Aderklaa oil field， Vienna Basin， Austria. TMPM Tschermaks Min. Petr. Mitt， 34 （2）： 143～158

Jones M， van der Voo R， Bonhommet N. 1979. Late Devonian to Early Carboniferous palaeomagnetic poles from the Armorican Massif， France. Geophys. J. R. Astr. Soc， 58： 287～308

Jones R W， Milton N J. 1994. Sequence development during uplift： Paleogene stratigraphy and relative sea-Ievel history of the outer Moray Firth， UK North Sea. Mar. Petr. Geol. II， 157～163

Kalin O， Trumpy D M. 1977. Sedimentation und Palaoetektonik in den westlichen Sudalpen： Zur triasisch-jurassischen Geschichte des Monte Nudo Beckens. Ecl. Geol. Helv， 70： 295～350

Karnkowski P. 1999. Oil and gas deposits in Poland： Cracow. The Geosynoptics Society "Geos". University of Mining and Metallurgy. 380

Kasprzyk A. 2003. Sedimentological and diagenetic patterns of anhydrite deposits in the Badenian evaporite basin of the Carpathian Foredeep， southern Poland. Sedimentary Geology， 158 （3～4）： 167～194

Keppie J D. 1985. Geology and tectonics of Nova Scotia， in Appalachian geotraverse （Canadian mainland） field excursions. Geol. Assoc. Can. ， Mineral. Assoc. Can. ， University of New Brunswick. 23～108

Klecker R， Bentham P， Koleman P S et al. 2001. A recent petroleum-geologic evaluation of the Central Carpathian Depression， Southeastern Poland. Marine and Petroleum Geology， 18 （1）： 65～85

Koltun Y， Espitalié J， Kotarba M et al. 1998. Petroleum Generation in the Ukrainian External Carpathians and the Adjacent Foreland. Journal of Petroleum Geology， 21 （3）： 265～288

Kotarba M J， Koltun Y V. 2006. The origin and habitat of hydrocarbons of the Polish and Ukrainian parts of the Carpathian Province. *In*： Golonka J， Picha F J. （eds. ） The Carpathians and their foreland： geology and hydrocarbon resources. AAPG Memoir， 84： 395～442

Koukal V， Wagreich M， Salcher B. 2007. Pliocene conglomerates （Rohrbach Formation） in the southern Vienna Basin （Lower Austria）. Geophysical Research Abstracts， 9

Kovác M， Baráth I， Harzhauser M， et al. 2004. Miocene depositional systems and sequence stratigraphy of the Vienna Basin. Cour. Forsch. Inst. Senckenberg， 246： 187～212

Kristoffersen Y. 1977. Late Cretaceous seafloor spreading and the early opening of the North Atlantic. N. P. E Mesozoic Northern North Sea Symp. Oslo 17-18 October 1977， Norw. Petrol. Soc. Publ. MNNSS/5. 1～25

Kruge M A， Mastalerz M， Solecki A， et al. 1996. Organic geochemistry and petrology of oil source rocks， Carpathian Overthrust region， southeastern Poland—implications for petroleum generation. Org. Geochem， 24 （8/9）：897～ 912

Krus S， Sutora A. 1986. Geophysical-geological atlas of the Alpine-Carpathian Mountain system： Rep. ， Archive， Geofyzika Brno， scale 1∶3 000 000， 12 sheets， 25

Kurovets I， Prytulka G， Shpot Y et al. 2004. Middle miocene Dashava formation sandstones， carpathian foredeep， ukraine. Journal of Petroleum Geology， 27 （4）： 373～388

Lallier-Vergès E， Bertrand P， Huc A Y et al. 1993. Control of the preservation of organic matter by productivity and sulphate reduction in Kimmeridgian shales from Dorset. Mar. Petr. Geol. ， 10 （6）： 600～605

Lankreijer A， Kovác M， Cloetingh S et al. 1995. Quantitative subsidence analysis and forward modelling of the Vienna and Danube basins： Thin-skinned versus thick-skinned extension. Tectonophysics， 252 （1～4）： 433～451

Largeau C， Derenne S， Casadevall E et al. 1990. Occurrence and origin of 'ul-tralaminar' structures in 'amorphous' kerogens of various source rocks and oil shales. Org. Geochem. ， 16 （4～6）： 889～895

Laubscher H， Bernoulli D. 1977. Mediterranean and Tethys. *In*： Nairn A E M， Kanes W H， Stehli F G， eds. The ocean basins and margins. The Western Mediterranean. New York： Plenum Press. 1～28

Lenkey L. 1999. Geothermics of the Pannonian Basin andits bearing on the tectonics of the basin evolution: Akademisch Proefschrift. Vrije Universiteitte Amsterdam. 215

Leonard R C, Munns J W. 1987. Valhall. *In*: Spencer A M, Campbell C J, Hanslien S H et al. , eds. Geology of the Norwegian Oil and Gas Fields. London: Graham and Trotman. 153~164

Letouzey J. 1986. Cenozoic paleo-stress pattern in the Alpine Forelend and structural interpretation in a platform basin: Tectonophysics, 132: 215~213

Livermore R A, Smith A G. 1985. Some boundary conditions for the evolution of the Mediterranean region. *In*: Stanley D J, Wezel F C, eds. Geological evolution of the Mediterranean Basin-Raimond Selli commemorative voluem. Berlin, Heidelberg, New York, Tokyo: Springer-Vefiag. 83~100

Longman M W. 1980. Carbonate diagenetic textures from near-shore diagenetic environments. AAPG Bull. , 64: 461~487

Lucic D, Saftic B, Krizmanic K et al. 2001. The Neogene evolution and hydrocarbon potential of the Pannonian Basin in Croatia. Marine and Petroleum Geology, 18: 133~147

Lutz M, Kaasschieter J P H, van Wijhe D H. 1975. Geological factors controlling Rotliegend gas accumulations in the Mid European Basin. Proc. 9th World Petrol. Congr. 22: 93~97

Magyar I, Geary D H, Muller P. 1999. Paleogeographic evolution of the Late Miocene Lake Pannon in Central Europe. Palaeogeography, Palaeoclimatology, Palaeoecology, 147 (3, 4): 151~167

Mann A L, Myers K J. 1990. The effect of climate on the geochemistry of the Kimmeridge Clay formation. In: Biomarkers in Petroleum: Memorial Symposium for Wolfgang K. Seifert. Division of Petroleum Chemistry, 10, ACS, 139~142

Matzen (Matzen Sand) Field, Vienna Basin, Austria. 1998. Reservoir Evaluation Report. Europe. C&C Reservoirs. 1~27

Maynard J R, Gibson J P, 2001. Potential for subtle traps in the Permian Rotliegend of the UK Southern North Sea. Petroleum Geoscience, 7 (3): 301~314

Megson J B. 1992. The North sea Chalk play: Examples from the Danish Central Graben. *In*: Hardman R F P, ed. Exploration Britain: Geological Insights for the Next Decade. London: Special Publication No. 67. Geological Society. 247~282

Meulenkamp J E, Kováč M, Cicha I. 1996. On Late Oligocene to Pliocene depocentre migrations and the evolution of the Carpathian-Pannonian system. Tectonophysics, 266 (1~4): 301~317

Meyer B L, Nederlof M H. 1984. Identification of source rocks on wireline logs by density/resistivity and sonic transit time-resistivity cross plots. AAPG Bull. , 68 (2): 121~129

Miller R G. 1990. A paleoceanographic approach to the Kimmeridge clay formation. *In*: Huc A Y. Deposition of Organic Facies. Studies in Geology No. 30, AAPG, Tulsa, OK. 13~26

Milnes A G, Pfiffner O A. 1980. Tectonic evolution of the Central Alps in the cross section St. Galle-Como: Ecl. Geol Heir. , 73 (2): 619~633

Milton N J, Bertram G T, Vann I R. 1990. Early Paleogene tectonics and sedimentation in the Central North Sea. *In*: Hardman R P F, Brooks J, eds. Tectonic Events Responsible for Britain's Oil and Gas Reserves. Special Publication No. 55: London: Geological Society. 339~351

Muller S. 1982. Deep structure and recent dynamics in the Alps. *In*: Hsu K J, ed. Mountain Building Processes. London, New York: Academic Press. 181~199

Mysliwiec M, Borys Z, Bosak B et al. 2006. Hydrocarbon resources of the Polish Carpathian Foredeep: Reservoirs, traps, and selected hydrocarbon fields. *In*: Golonka J, Picha F J, eds. The Carpathians and their foreland: Geology and hydrocarbon resources. AAPG Memoir, 84: 351~393

Mysliwiec M, Borys Z, Trygar H. 1999. New gas discoveries in the Carpathian Foredeep, Poland, as the result of the seismic anomalies interpretation (abs.). 61st Conference and Technical Exhibition, Helsinki, Extended Abstracts, the Netherlands, European Association

Nachtmann W, Wagner L. 1987. Mesozoic and Early Tertiary evolution of the Alpine foreland in upper Austria and Salzbwg, Austria. Tectonophysics, 137 (1~4): 61~76

Nemcok M, Marko F, Kováč M et al. 1989. Neogene Tectonics and Paleostress Changes in the Czechoslovakian Part of the Vienna Basin. Jahrbuch der Geologischen Bundesanstalt, 132 (2): 443~458

Newman P H. 1982. Marine geophysical study of the Nares Strait. *In*: Dawes P R, Keer J W, eds. Nares Strait and the Drift of Greenland, A Conflict in Plate Tectonics: Meddel. Gronland, Geoscience, 8: 255~260

Olivet J-L, Bonnin J, Beuzart P et al. 1984. Cinematique de l'Atlantique Nord et Central. Publ. Cent. Nat. Expl. Oceans, Rap. Sci. Tech. , 54: 108

Oschmann W. 1988. Kimmeridge Clay sedimentation-a new cyclic model. Palaeogeog. Palaeoclim. Palaeoecol. , 65: 217~251

Oschmann W. 1990. Environmental cycles in the Late Jurassic northwest European epeiric basin: Interaction with atmospheric and hydrospheric circulations. Sed. Geol. , 69 (3, 4): 313~332

Oszczypko N. 2006. Late Jurassic-Miocene evolution of the Outer Carpathian fold-and-thrust belt and its foredeep basin (Western Carpathians, Poland). Geological Quarterly, 50 (1): 169~194

Partington M A, Copestake P, Mitchener B C et al. 1993b. Biostratigraphic calibration of genetic stratigraphic sequences in the Jurassic-Iowermost Cretaceous Hettangian to Ryazanian of the North Sea and adjacent areas. *In*: Parker J R, ed. Petroleum Geology of Northwest Europe: Proceedings of the 4th Conference. London: Geological Society. 371~386

Partington M A, Mitchener B C, Milton N J et al. 1993a. Genetic sequence stratigraphy for the North Sea Late Jurassic and early Cretaceous: distribution and prediction of Kimmeridgian-Late Ryazanian reservoirs in the North Sea and adjacent areas. *In*: Parker J R, ed. Petroleum Geology of Northwest Europe: Proceedings of the 4th Conference. London: Geological Society. 347~370

Pawlewicz M. 2006. Total Petroleum Systems of the North Carpathian Province of Poland, Ukraine, Czech Republic, and Austria

Pegrum R M, Spencer A M. 1990. Hydrocarbon plays in the northern North Sea. *In*: Brooks I, ed. Classic Petroleum Provinces. Special Publication No. 50. London: Geological Society. 441~470

Perroud H, Van der Voo R, Bonhomment N. 1984. Palaeozoic evolution of the Armorican plate on the basis of palaeomagnetic data. Geology, 212: 558~579

Phillips W E A, Stillmann C J, Murphy T. 1976. A Caledonian plate tectonic model. J. Geol. Soc. London, 132 (6):579~609

Plein E. 1978. Rotliegend Ablagerungen im Norddeeutschen Becken: Zeitschr. Deutsch. Geol. Ges. , 129: 71~97

Popadyuk I, Vul M, Ladyzhensky G et al. 2006. Petroleum geology of the Borislav-Pokuttya zone, the Ukrainian Carpathians. *In*: Golonka J, Picha F J eds. The Carpathians and their foreland: Geology and hydrocarbon resources. AAPG Memoir 84, 455~466

Prelogovic E, Saftic B, Kuk V et al. 1998. Tectonic activity in the Croatian part of the Pannonian basin. Tectonophysics, 297 (1~4): 283~293

Rast N. 1984. The Alleghenian orogeny in eastern North America. *In*: Hutton D H W, Sanderson D J, eds. Variscan tectonics of the North Atlantic region. Geol. Soc. Lond. Spec. Publ. , 14: 197~218

Rat P. 1974. Le system Bourgogne-Morvan-Bresse (articulation entre le bassin parisien et le domaine p6ri-alpin). *In*: Debelmas J, ed. G~olgie de la France. Vol. II. Paris: Doin Editeur. 480~500

Rawson P F, Riley L A. 1982. Latest Jurassic-Early Cretaceous Events and the Late Cimmerian Unconformity in the North Sea Area. AAPG Bull. , 66: 2628~2648

Reineke V, Rullkotter J, Smith E L et al. 2006. Toxicity and compositional analysis of aromatic hydrocarbon fractions of two pairs of undegraded and biodegraded crude oils from the Santa Maria (California) and Vienna basins. Organic Geochemistry, 37 (12): 1885~1899

Relogovic E, Saftic B, Kuk V et al. 1998. Tectonic activity in the Croatian part of the Pannonian basin. Tectonophysics, 297 (1~4): 283~293

Richards P C, Brown S, Dean J M et al. 1988. A new palaeogeographic reconstruction for the Middle Jurassic of the northern North Sea. J. Geol. Soc., 145: 883~886

Richards P C, Lott G K, Johnson H et al. 1993. Jurassic of the central and northern North Sea. In: Knox R W O B, Cordey W G, eds. Litho-stratigraphic Nomenclature of the UK North Sea. Nottingham: BGS

Richter-Bernburg G. 1955. Stratigraphische Gliederung des deut-schen Zechstein. Zeitschr. Deutsche Geol. Ges., 105: 843~854

Richter-Bernburg G. 1959. Zur Palaegeographie der Zechsteins. In: I Giacimenti Gassiferi dell'Europa Occidentale 1, Accademia Nazionale dei Lincei, Rome. 88, 89

Rizun P B, Senkovskiy. 1973. Position of the southwestern boundary of the East European Platform in the Ukraine. Geotectonics, (4): 211~214

Roberts J D, Mathieson A S, Hampson J M. 1987. Statfjord. fu: Spencer A M, et al., eds. Geology of the Norwegian Oil and Gas Fields. London: Graham and Trotman. 319~340

Rögl F, Ćorić H, Pervesler P et al. 2007. Cyclostratigraphy and Transgressions at the Early/Middle Miocene (Karpatian/Badenian) Boundary in the Austrian Neogene Basins (Central Paratethys). Scripta Fac. Sci. Nat. Univ. Masaryk. Brun., Geology, 36: 7~13

Rondeel H E, Simon O J. 1974. Betic cordilleras. In: Spencer A M, ed. Mesozoic-Cenozoic orogenic belts, data for orogenic studies. Geol. Soc. London Spec. Publ., 4: 23~35

Royden L H. 2000. Late Cenozoic tectonics of the Pannonian Basin. AAPG Memoir, 45: 27~48

Royden L H, Ferenc Horváth. 1988. The Pannonian Basin. AAPG Memoir, 45

Ruzencev S V, Samygin S G. 1979. Die tektonische Entwicklung des Sudurals im unteren und mittleren Palaozoikum. Z. Geol. Wiss. Berlin, 7 (10): 1123~1186

Sachsenhofer R F, Jelen B, Hasenhuttl C et al. 2001. Thermal history of Teriary basin in Slovenia (Alpine-Dinaride-Pannonian junction). Tectonophysics, 334: 77~99

Salcher B C, Wagreich M. 2010. Climate and tectonic controls on Pleistocene sequence development and river evolution in the Southern Vienna Basin (Austria). Quaternary International, 222 (1~2): 154~167

Savostin L A, Sibuet J C, Zonnenshain L P et al. 1986. Kinematic evolution of the Tethys belt from the Atlantic Ocean to the Pamirs since the Triassic. Tectonophysics, 123 (1~4): 1~35

Schatzinger R A, Feazel C T, Henry W E. 1985. Evidence of resedimentation in Chalk from the Central Graben, North Sea. In: Crevello P D, Harris P M, eds. SEPM Core Workshop No. 6, Society of Economic Paleonological Mineralogists, New Orleans. 342~385

Schubert F, Diamond L W, Tóth T M. 2007. Fluid-inclusion evidence of petroleum migration through a buried metamorphic dome in the Pannonian Basin, Hungary. Chemical Geology, 244 (3~4): 357~381

Secor D T Jr, Snoke A W, Dallmeyer R D. 1986. Character of the Alleghenian orogeny in the southern Appalachians. Part III. Regional tectonic relations. Geol. Soc. Am. Bull., 97 (1): 1345~1353

Seguret M. Daignieres M. 1985. Coupes balancée d'échelle crustale des Pyrénées. C. R. Acad. Sic. Pris 301, 2 (5): 341~346

Sestini G. 1974. Northern Appenines. In: Spencer A M, ed. Mesozoic-Cenozoic orogenic belts, data for orogenic studies. Geol. Soc. Lond. Spec. Publ., 4: 61~84

Sittler C. 1969a. The sedimentary trough of the Rhine Graben. Tectonophysics, 8: 543~560

Soper N J, Hutton D H W. 1984. Late Caledonian sinistral displacements in Britain: Implications for a three-plate collision model. Tectoncis, 3 (1): 781~794

Sorgenfrei T. 1969. A review of petroleum development in Scandinavia. In: Hepple P W, ed. The Exploration for Petro-leum in Europe and North Africa. London: Institute of Petrology. 191~203

Spariosu D J, Kent D, Keppie J D. 1984. Late Paleozoic motions of the Meguma Terrane, Nova Scotia: New paleomagnetic evidence. *In*: van der Voo R, Scotese C R, Bonhommet N, eds. Plate reconstruction from Paleozoic paleomagnetism. Am. Geophys. Union, Geol. Soc. Am. , Geodynam. Ser. , 12: 82~97

Spiers C J, Urai J L, Lister G S et al. 1984. Water weakening and dynamic recrystallization in salt. *In*: Abstracts with Programmes No. 16, Geological Society of America, Abstract No. 52601. 665

Stancu-kristoff G, Stehn O. 1984. Ein grossregionaler Schnit durch Nordwestdeutche Oberkarbon Becken vom Ruhrgebiet bis in die Nordsee: Fortschr. Geol. Rheinland u. Westf, 32 (1): 35~38

Stewart D J, Schwander M, Bolle L. 1995. Jurassic depositional systems of the Horda Platform, Norwegian North Sea: practical consequences of applying sequence stratigraphic tech niques. *In*: Steel R J, Felt V L, Johanesson E P et al. eds. Sequence Stratigraphy on the Northwest European Margin. Special Publication, No. 5, NPS. 291~323

Stewart S A, Coward M P. 1995. Synthesis of salt tectonics in the southern North Sea, UK. Marine and Petroleum Geology, 12 (5): 457~475

Svoboda J. 1966. The Barrandian Basin. *In*: Svoboda J, ed. Regional geology of Czechoslovakia. Part I. The Bohemian Massif. Geol. Surv. Cech. Publ. , 281~341

Szalay A. 2005. Maturation and migration of hydrocarbons in the southeastern Pannoin basin. AAPG Memoir, 45: 347~357

Tari V, Pamic J. 1998. Geodynamic evolution of the northern Dinarides and the southern part of the Pannonian Basin. Tectonophysics, 297 (1~4): 269~281

Taylor D J, Dietvorst J P A. 1991. The cormorant field, Block 211/2Ia, 211/26a, UK North sea. *In*: Abbotts I L. ed. UK North Sea United Kingdom Oil and Gas Fields: 25 Years Commemorative Volume. London: Memoir No. 14, Geological Society. 73

Taylor J C M. 1980. Origin of the Werraanhydrit in the southern North Sea—A reappraisal. *In*: Fuchtbauer H, Peryt T M, eds. The Zechstein Basin with Emphasis on Carbonate Sequences. Contributions to Sedimentology No. 9 Schweitzer-bart'sche Verlagsbuchhandlung, Stuttgart. 91~113

Taylor J C M. 1981. Zechstein facies and petroleum prospects in the central and northern North Sea. *In*: Illing L V, Hobson G D, eds. Petroleum Geology of the Continental Shelf of North-West Europe. London: Institute of Petroleum. 176~185

Teichmuller M. 1986. Organic petrology of source rocks, history and state of the art. *In*: Leythaeuser D, Rullkotter J, eds. Advances in Organic Geochemistry, 1985. Oxford: Pergamon. 581~600

Thorne J A, Watts A B. 1989. Quantitative analysis of North Sea subsidence. AAPG Bull. , 73 (1): 88~116

Tollmann A. 1978. Plattentektonische Fragen in den Ostalpen und der plattentektonische Mechanismus des Mediterranen Orogen. Mitt. osterr. Geol. Ges. , 69: 291~351

Trettin H P. 1973. Early Palaeozoic evolution of the northern parts of the Canadian Archipelago. *In*: Pitcher M G, ed. Arctic geology. Am. Assoc. Petrol. Geol. Mem. , 19: 57~75

Trusheim F. 1960. Mechanism of salt migration in northern Germany. AAPG Bull. , 44: 1519~1540

Tucker M E. 1991. Sequence stratigraphy of carbonate evaporite basins: models and application to the Upper Permian Zechstein of northeast England and adjoining North Sea. J. Geol. Soc. , 148: 1019~1036

Tyson R V, Wilson R C L, Downie C. 1979. A stratified water column environment model for the Type Kimmeridge Clay. Nature 277: 377~380

U. S. Geological Survey Open-File Repot 2005

Umpleby D C. 1979. Geology of the Labrador Shelf. Geol. Sur. Can. Paper, 79-13: 34

Underhill J R. 1994. Discussion on the palaeoecology and sedi-mentology across a Jurassic fault scrap, NE Scotland. I: Geol. Soc. ISI, 729~731

Underhill J R, Brodie J A. 1993. Structural geology of the Easter Ross Peninsula, Scotland: implications for on the Great Glen Fault Zone. J. Geol. Soc. ISO, 515~527

USGS. 2006. USGS Open-File Report，2006-1237. http://pubs. usgs. gov/of/2006/1237

Vail P R，Mitchum Jr R M Thompson III S. 1977. Seismic stratigraphy and global changes of sea level. *In*：Payton C E，ed. Seismic stratigraphy application to hydrocarbon exploration. Am. Assoc. Petrol. Mem，26：49～212

Vail P R，Todd R G. 1981. Northern North Sea jurassic unconformities，chronostratigraphy and sea level changes from seismic stratigraphy. *In*：llling L V，Hobson G D，eds. Petroleum Geology of the Continental Shell of North-West Europe. London：Institute of Petroleum. 216～235

van Buchem F S P，de Boer P L，McCave I N et al. 1995. The organic carbon distribution in Mesozoic marine sediments and the influence of orbital climatic cycles：England and western north Alantic. *In*：Paleogeography，Paleoclimate

van Wees J-D，Stephenson R A，Ziegler P A et al. 2000. On the origin of the Southern Permian Basin，Central Europe. Marine and Petroleum Geology，17（1）：43～59

Vegas R，Banda E. 1983. Tectonic framework and Alpine evolution of the Iberian Peninsula. Earth Evol. Sci.，2（4）：320～343

Vendeville B C，Jackson M P A. 1992. The rise of diapirs during thin-skinned extension. Mar. Petr. Geol.，9：331～353

Vollsett J，Dore A G. 1984. A revised Triassic and Jurassic Lithostratigraphic Nomenclature of the Norwegian North Sea. Bulletin No. 59，NPD，Stavanger，Norway：53

Wagreich M，Schmid H P. 2002. Backstripping dip-slip fault histories：apparent slip rates for the Miocene of the Vienna Basin. Terra Nova，14（3）：163～168

Welte D H，Kratochvil H，Rullkötter J et al. 1982. Organic geochemistry of crude oils from the Vienna Basin and an assessment of their Origin. Chemical Geology，35（1，2）：33～68

Wessely G. 1990. Geological results of deep exploration in the Vienna basin. Geologische Rundschau，79（2）：513～520

Wignall P B，Ruffell A H. 1990. The influence of a sudden climatic change on marine deposition in the Kimmeridgian of northwest Europe. J. Geol. Soc.，147：365～371

Wills J M. 1991. The Forties Field，Block 21/10，22/6a，UK North Sea. *In*：Abbotts I L，ed. United Kingdom oil and gas fields，25 Years Commemorative Volume. Geological Society Memoir，no. 14. 301～308

Wilson J T. 1966. Did the Atlantic close and then reopen? Nature，211：676～681

Windhoffer G，Bada G，Nieuwland D et al. 2005. On the mechanics of basin formation in the Pannonian basin：Inferences from analogue and numerical modeling. Tectonophysics，410：398～415

Ziegler P A. 1980. North Western Europe：Subsidence patterns of Post Variscan basins. *In*：Proceedings International Geological Congress，Paris. C3～C5. No. 59，NPD，Stavanger，Norway 53

Ziegler P A. 1982a. Geological atlas of western and central Europe. Amsterdam：Elsevier Sci. Publ. Co

Ziegler P A. 1982b. Faulting and graben formation in western and central Europe. London：Phil. Trans. Roy. Soc. A305. 113～143

Ziegler P A. 1984. Caledonian and Hercynian crustal consolidation of western and central Europe—a working hypothesis. Geol. Mijnbouw，63（1）：93～108

Ziegler P A. 1986. Geodynamic model for Palaeozoic crustal consolidation of wesern and centern Europe. Tectonophysics，126：303～328

Ziegler P A. 1988. Evolution of the Arctic-North Atlantic and the Western Tethys. AAPG Memoir，43

Ziegler P A. 1990a. Geological Atlas of Western and Central Europe. 2nd ed. Shell Intemationale Petroleum Maatschappij B. V.，Geological Society，Bath（distributors）. 239

Ziegler P A. 1990b. Tectonic and palaeogeographic development of the North Sea rift system. *In*：Blundell D J，Gibbs A D，eds. Tectonic Evolution of the North Sea Rifts. Oxford：Oxford Science Publications. 1～36

Ziegler P A，Louwerens C J. 1979. Tectonics of the North Sea. *In*：Oele E，Schittenhelm R T E，Wiggers A J，eds. The Quaternary History of the North Sea. Acta Univ. Ups. Syrup. Univ. Ups. Annum Quingentesimum Celebrantis：2. Uppsala. 7～22

Znosko J, Pajchlowa M. 1968. Geological cross sections. *In*: Znosko J, ed. Geological atlas of Poland, 1 : 220 000. Warsaw: Geological Institute

Zonenshain L P, Korinevsky V G, Kazmin V G et al. 1984. Plate tectonic model of the south Urals development. Tectonophysics, 109: 95~135

Zötl J G. 1997. The spa Deutsch-Altenburg and the hydrogeology of the Vienna basin (Austria). Environmental Geology, 29 (3, 4): 176~187

Zuschin M, Harzhauser M, Mandic O. 2007. The Stratigraphic and Sedimentologic Framework of Fine-Scale Faunal Replacements in the Middle Miocene of the Vienna Basin (Austia). PALAIOS, 22 (3): 285~295

中外文专用名词对照表　附　录

阿尔必期　Albian
阿基坦-坎塔布连　Aquitaine-Cantabrica
阿卡德期　Acadian
阿摩里卡　Armoricain
阿普利亚　Apulian
埃尔斯米尔　Ellesmerian
埃吉尔　Aegir
埃姆斯期　Emsian
埃斯蒙德　Esmond
埃唐日期　Hettangian
艾费尔期　Eifelian
奥地利-阿尔卑斯　Austro-Alpine
奥顿期　Aulunian
奥卡德　Orcadian
巴登期　Badenian
巴拉顿-大诺　Balaton-Darno
巴伦支陆架　Barents Shelf
巴柔期　Bajocian
北方洋　Boreal Ocean
贝蒂克　Betic
比斯开湾　Biscay
波希米亚　Bohemia
布达法　Budafa bul
布尔迪加尔期　Burdigalian
布伦特　Brent
赤底期　Rotliegend
达西第斯　Dacides
鞑靼期　Tatarian
代赖奇凯　Derecske
唐顿期　Downtonian
道斯英　Dowsing

迪纳拉-海伦尼克　Dinaric-Hellenic

蒂萨河　Tiszá

东米德兰陆架　East Midland Shelf

杜克拉　Dukla

多瑙河次级盆地　Danube Subbasin

法门期　Famennian

菲拉拉弧　Ferrara Arc

芬诺萨尔马特-波罗的海　Fennosarmatia-Baltic

芬诺斯坎迪亚　Fennoscandia

弗拉斯期　Frasnian

弗利兰岛　Vlieland

浮游有孔虫　planktonic foraminifera

钙结球　calcispheres

格罗宁根　Groningen

海尔微　Helvetic

海伦尼德　Hellenides

含鱼纹层　Achanarras/Sandwick

横穿喀尔次级盆地　Transcarpathian Subbasin

横推断层　transcurrent fault

基梅里　Cimmerian

基默里奇期　Kimmeridge

吉丁期　Gedinnian

吉维期　Givetian

极北　Thulean province

净毛比 N/G

卡多米　Cadomian

卡坎层　Carcan FM

卡尼期　Carnian

卡西莫夫期　Kasimovian

卡赞期　Kazanian

坎潘期　Campanian

颗石鞭毛类　coccolithophorids

库赞　Kössen

拉腊米　Larami

拉皮特斯　Laptus

拉普兰　Lappland

莱茵海西　Rhenohercynian

劳伦-俄罗斯古陆　Laurussian megacontinent

劳伦-格陵兰　Laurentia-Greenland

里阿斯期　Lias

里古利亚　Liguride

利洁期　Ligerian

梁赞期　Ryazanian

伦敦-布拉班特-阿摩里卡隆起　London-Brabant-Armoricain Massif

罗科尔-法罗　Rockall-Fareoes

罗蒙诺索夫　Lomonosov

马古拉　Magula

马蹄形山　orocline

毛科　Makó

墨西拿期　Messinian

尼欧可木期　Neocomian

诺利期　Norion

诺曼底高　Normandian High

帕拉索　Pelso

潘诺期　Pannonian

庞蒂　Pontides

彭尼内　Penninic

珀贝克组　Purbeck

齐根期　Siegenian

奇伦托　Cilento

萨尔马特期　Sarmatian

萨克马尔-马格尼托哥尔斯克　Sakmarian-Magnitogorsk

萨克马尔期　Sakmarian

萨克森　Saxony

萨克森图林根　Saxothuringian

塞拉瓦勒期　Serravalian

双亲拗陷　Parents D

斯蒂芬期　Stephanina

斯奇巴　Skiba

斯克瑞　Skrry

斯韦尔德鲁普　Sverdrup

特隆赫姆峡湾　Trondheimsfjord

提塘期　Tithonian

桶　bal.

图阿尔期　Toarcian

威斯特法期　Westphalian

维斯　Wessex

维斯普雷姆　Veszprém

维宪期动物群　Visean flora

西涅缪尔期　Sinemurian

匈牙利大平原　Great Hungarian Plain

休伊特　Hewett

因纽伊特　Innuitian

优菲米期　Ufimian

油当量　oe

原始生烃能力　IGC

泽希斯坦期　Zechstein

扎格博-赞泊雷　Zagrab-Zemplén

佐洛-德拉瓦-萨瓦次级盆地　Zala-Darva-Save Subbasin

中德国高　Mid German High

中陆谷　Midland Valley